国 家 出 版 基 金 资 助 项 目
"十四五"时期国家重点出版物出版专项规划项目

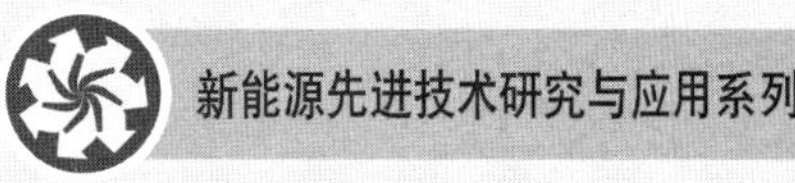

燃料电池电催化剂

电催化原理、设计与制备

Fuel Cells Electrocatalysts

Electrocatalytic Fundamental, Design and Synthesis

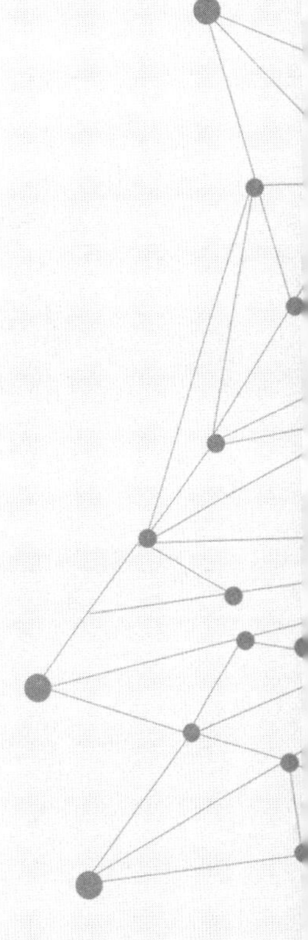

尹鸽平 杜春雨 王家钧 孔凡鹏 著

哈爾濱工業大學出版社
HARBIN INSTITUTE OF TECHNOLOGY PRESS

内 容 简 介

本书主要内容:燃料电池电催化剂的基本原理、研究现状与挑战;电催化反应机理;电催化剂的研究方法;氧还原和直接液体燃料氧化用多种电催化剂的设计、制备和作用机制;铂基电催化剂的稳定性研究等。

本书特色:①结合作者团队的研究成果,着重介绍了燃料电池电催化反应机理及高效催化剂结构调控等方面的最新研究进展和观点;②结合本团队的研究成果,设立专章介绍了电催化剂/电解液界面的研究方法,对于加强电催化剂研究的科学性和严谨性具有促进作用;③设立专章介绍了电催化剂稳定性方面的成果和进展,包括作者团队在电催化剂载体及活性组分的稳定性调控方面的研究成果,对解决电催化剂耐久性瓶颈具有重要参考价值。

本书兼顾了燃料电池电催化剂研究的知识性、前沿性和系统性,既可供科研工作者和技术人员交流参考,也可作为高校、院所相关专业师生的教学参考书。

图书在版编目(CIP)数据

燃料电池电催化剂:电催化原理、设计与制备/尹鸽平等著. —哈尔滨:哈尔滨工业大学出版社,2024.6

(新能源先进技术研究与应用系列)

ISBN 978-7-5767-1172-1

Ⅰ.①燃… Ⅱ.①尹… Ⅲ.①燃料电池-电催化剂 Ⅳ.①TM911.4

中国国家版本馆 CIP 数据核字(2024)第 028574 号

策划编辑 王桂芝 陈雪巍
责任编辑 杨 硕 刘 威 李广鑫
出版发行 哈尔滨工业大学出版社
社 址 哈尔滨市南岗区复华四道街 10 号 邮编 150006
传 真 0451-86414749
网 址 http://hitpress.hit.edu.cn
印 刷 辽宁新华印务有限公司
开 本 720 mm×1 000 mm 1/16 印张 31 字数 590 千字
版 次 2024 年 6 月第 1 版 2024 年 6 月第 1 次印刷
书 号 ISBN 978-7-5767-1172-1
定 价 176.00 元

国家出版基金资助项目

新能源先进技术研究与应用系列

编审委员会

总　序

能源是人类社会生存发展的重要物质基础，攸关国计民生和国家安全。当前，随着世界能源格局深刻调整，新一轮能源革命蓬勃兴起，应对全球气候变化刻不容缓。作为世界能源消费大国，牢固树立和贯彻落实创新、协调、绿色、开放、共享的发展理念，遵循能源发展"四个革命、一个合作"战略思想，推动能源生产和利用方式发生重大变革，建设清洁低碳、安全高效的现代能源体系，是我国能源发展的重大使命。

由于煤、石油、天然气等常规能源储量有限，且其利用过程会带来气候变化和环境污染，因此以可再生和绿色清洁为特质的新能源和核能越来越受到重视，成为满足人类社会可持续发展需求的重要能源选择。特别是在"双碳"目标下，构建清洁、低碳、安全、高效的能源体系，加快实施可再生能源替代行动，积极构建以新能源为主体的新型电力系统，是推进能源革命，实现碳达峰、碳中和目标的重要途径。

"新能源先进技术研究与应用系列"图书立足新时代我国能源转型发展的核心战略目标，涉及新能源利用系统中的"源、网、荷、储"等方面：

(1) 在新能源的"源"侧，围绕新能源的开发和能量转换，介绍了二氧化碳的能源化利用，太阳能高温热化学合成燃料技术，海域天然气水合物渗流特性，生物质燃料的化学㶲，能源微藻的光谱辐射特性及应用，以及先进核能系统热控技术、核动力直流蒸汽发生器中的汽液两相流动与传热等。

(2)在新能源的“网”侧,围绕新能源电力的输送,介绍了大容量新能源变流器并联控制技术,面向新能源应用的交直流微电网运行与优化控制技术,能量成型控制及滑模控制理论在新能源系统中的应用,面向新能源发电的高频隔离变流技术等。

(3)在新能源的“荷”侧,围绕新能源电力的使用,介绍了燃料电池电催化剂的电催化原理、设计与制备,Z 源变换器及其在新能源汽车领域中的应用,容性能量转移型高压大容量电平变换器,新能源供电系统中高增益电力变换器理论及其应用技术等。此外,还介绍了特色小镇建设中的新能源规划与应用等。

(4)在新能源的“储”侧,针对风能、太阳能等可再生能源固有的随机性、间歇性、波动性等特性,围绕新能源电力的存储,介绍了大型抽水蓄能机组水力的不稳定性,锂离子电池状态的监测和状态估计,以及储能型风电机组惯性响应控制技术等。

该系列图书是哈尔滨工业大学等高校多年来在太阳能、风能、水能、生物质能、核能、储能、智慧电网等方向最新研究成果及先进技术的凝练。其研究瞄准技术前沿,立足实际应用,具有前瞻性和引领性,可为新能源的理论研究和高效利用提供理论及实践指导。

相信本系列图书的出版,将对我国新能源领域研发人才的培养和新能源技术的快速发展起到积极的推动作用。

2022 年 1 月

前　言

能源问题是21世纪人类社会生存和发展面临的重大挑战。质子交换膜燃料电池(proton exchange membrane fuel cell,PEMFC)可以直接、高效地将氢能转换为电能,是解决能源问题的革命性技术之一,现已受到世界各国的重点关注。然而,PEMFC的发展严重受制于成本和寿命两大瓶颈,解决这些问题的关键在于设计与构筑高活性、高稳定性的电催化材料,这是现代电催化材料研究的前沿和难点之一,涉及诸多基础理论难题。其中,电催化材料的设计与可控制备、电催化机理、电催化材料的稳定性及性能衰减机制、电催化材料的功能调控方法及机理是亟待解决的关键科学问题。

哈尔滨工业大学特种化学电源研究所多年来致力于燃料电池领域的应用基础研究,在国家自然科学基金重点项目、面上项目和青年项目以及国家重点研发计划项目的支持下,围绕电催化机理与电催化剂设计构筑的关键科学问题,深入研究了高活性与高稳定性的电催化材料,包括低铂与非铂催化材料的结构与氧电极活性的构效关系、碳载体材料的长时稳定性及调控机制、低铂与非铂催化材料结构的时变性解析以及高活性与高稳定电催化材料的构筑四个方面:通过设计新型纳米结构复合材料阐明其电催化机理,发展电催化材料合成新方法;通过系统研究碳载体的稳定性,揭示其对所负载活性组分的作用机制,研究改善其稳定性的新途径;发展高效调控催化活性组分、载体及二者相互作用的新方法,并揭示其原理,解决电催化材料活性和稳定性功能调控难题。上述研究工作为高效电催化剂的设计与制备提供了一些可资借鉴的理论依据和策略。

本书共分 7 章:第 1 章介绍燃料电池的工作原理、研究现状与发展前景;第 2 章介绍电化学测试过程参数设置对测试结果、催化剂评估结果的影响,并给出准确测量催化剂性能的参数设置方法;第 3 章介绍高性能氧还原用的低铂催化剂的设计原理、构筑方法和性能增强机制;第 4 章介绍甲醇电氧化机制及催化剂的设计与研究;第 5 章介绍多种新型有机小分子(如甲酸、乙醇、二甲醚等)的电氧化机制及催化剂的设计与研究;第 6 章介绍多种碳材料的稳定性及其对催化剂稳定性的影响机制,以及低铂催化剂的长时结构演变行为;第 7 章介绍多种非贵金属催化剂及其性能增强机制。

本书是对本团队师生二十余年来在该方向研究工作的总结,主要由尹鸽平、杜春雨、王家钧和孔凡鹏撰写,其中尹鸽平负责全书的规划、协调及部分章节的修改统稿,杜春雨、王家钧和孔凡鹏分别负责部分章节的修改统稿。本团队的历届研究生邵玉艳、王家钧、张生、路蕾蕾、陈广宇、杜磊、孔凡鹏、韩国康、刘玉鑫、李灿、张娜、孙雍荣、王雅静、孙薇等的研究工作构成了本书的素材,马玉林、杜磊、韩国康、高云智、陈广宇、李凌峰等参与了本书的资料整理、图片绘制及校对工作等,在此一并表示感谢。

限于作者研究水平和写作水平,书中难免存在疏漏和不足之处,恳请读者批评指正。

作　者

2024 年 3 月

目　录

第1章

绪　论

近几十年来，世界人口和工业活动急剧增加，经济不断发展，造成了能源消耗的持续增长。目前广泛使用的化石能源是不可再生能源，同时，化石能源的大量使用导致的各种环境问题也日益凸显，如化石能源燃烧过程中排放的二氧化碳、硫氧化物、氮氧化物等严重破坏了生态环境，对人体健康也造成了极大的危害。因此，寻找高效和环境友好的新能源已成为各国政府与科学家们迫切需要解决的一个难题。事实上，每一次能源变革都极大地促进了人类文明的发展。燃料电池具有高效能、低排放等特点，被认为是21世纪为能源经济可持续发展提供最有力支持的发电技术，近年来引起了世界各国的重视，相应的政策密集出台，为燃料电池和相关技术的发展提供了大力支持。

1.1 燃料电池的发展历史

1838 年,C. Schönbein 阐述了燃料电池的工作原理。随后,W. Grove 首次发现在硫酸溶液中电解产生的氢气和氧气能够在铂电极上放电。1889 年,L. Mond 和 C. Langer 采用浸有电解质的多孔材料为隔膜,以铂黑为两极的电催化剂,组装成了一个实际的燃料电池,并首次赋予其“燃料电池”的名称。此后,W. Ostwald 对燃料电池各部分的作用和原理进行了详细阐述,奠定了燃料电池的理论基础。

然而,与此同时,内燃机得到了快速的发展并被迅速推广到各行各业,使得人们对燃料电池的研究兴趣下降。尽管如此,仍有一些科学家持续关注燃料电池的发展。1923 年,A. Schmid 创造性地提出了多孔气体扩散电极的概念;1959 年,F. Bacon 提出了双孔结构电极的概念,并成功开发出第一个 5 kW 级的中温(200 ℃)碱性燃料电池;同年,H. Ihrig 开发了 15 kW 功率的燃料电池驱动的牵引车。作为燃料电池历史上的里程碑事件,碱性燃料电池被用于“阿波罗”登月飞船的主电源,为人类首次登上月球做出了重大贡献。

基于燃料电池在航天领域的成功应用,以及石油危机的出现,对燃料电池的研究在 20 世纪 70 年代达到一个高潮。美国和日本等国都制定了关于燃料电池的长期发展规划。重要的是,对燃料电池研究的重点也从航天、航空等领域的应用转向民用、地面等领域的应用。在这一时期,各国研究和发展的重点是以磷酸为电解质的磷酸燃料电池。随后,由于在电能和热能方面的高效率,20 世纪 80 年代的熔融碳酸盐燃料电池和 90 年代的固体氧化物燃料电池都受到了广泛关注,并得到了快速发展。尤其进入 90 年代后,随着高性能催化剂和聚合物膜的发展以及电极结构的改进,质子交换膜燃料电池(proton exchange membrane fuel cell,PEMFC)的发展出现重大突破,已经在电动交通工具、便携式电源等方面展现出巨大的潜力。21 世纪以来,在世界各国科学家的共同努力下,PEMFC 取得了突破性进展,已经有燃料电池汽车被成功推向市场,拉开了燃料电池大规模商业化、实用化的序幕。

1.2 燃料电池的工作原理、特点和分类

燃料电池本质上是电化学能量转换装置,将化学能转换成电能,这与其他电池(batteries)技术相似。其单体电池是由正、负两个电极(负极即燃料电极,正极即氧化剂电极)及电解质组成。其工作原理是通过阴极、阳极的电化学反应将燃料和氧化剂中存储的化学能直接转换为电能。燃料电池工作时,阳极通入燃料(通常是氢气、有机小分子或甲烷等碳氢有机物),发生氧化反应;阴极通入氧气或空气,发生还原反应;在阳极、阴极之间的电解质可以传递离子,实现离子在燃料电池内部的迁移;在外电路,电子流动形成电流,从而实现化学能向电能的转换。理论上讲,只要外部持续提供反应物质,反应产物不断排出,燃料电池便可以源源不断地向外部输电,所以燃料电池可以被看作是一种“发电技术”。以氢氧燃料电池为例,其反应可以看作是电解水的逆过程(需要强调的是,二者微观过程不完全可逆),其反应方程式如下:

负极: $$H_2+2OH^- \longrightarrow 2H_2O+2e^- \tag{1.1}$$

正极: $$1/2O_2+H_2O+2e^- \longrightarrow 2OH^- \tag{1.2}$$

电池反应: $$H_2+1/2O_2 = H_2O \tag{1.3}$$

作为一种新的发电技术,燃料电池又与其他电池存在很大差别。这主要表现在其他电池的活性物质直接作为电池自身的组成部分,也就是反应物存储在电池内部,因此这些电池本质上是一种能量存储装置,所能获得的最大能量取决于电池本身所含的活性物质数量,这就是这一类电池强调能量密度和功率密度的原因。同时,在工作过程中,其他电池电极的活性物质不断消耗变化,其性能难以保持稳定,无论一次放电寿命还是循环寿命都很有限。而燃料电池在本质上是一种能量转换装置,或者说是发电装置,其燃料和氧化剂存储在电池外部,理论上只要不间断地向电池内部提供燃料和氧化剂并同时排出反应产物,燃料电池就可以连续产生电能。而且燃料电池的电极主要起到催化剂的作用,理论上在工作过程中并不发生变化,原则上电池性能非常稳定,寿命是无限的。当然,在实际情况中,由于电池组成部件的老化失效,燃料电池的使用寿命也有一定限制。

燃料电池技术具有以下突出的特点和优势。

(1)污染小。采用氢气和氧气作为燃料和氧化剂,燃料电池的副产物仅为水,并不产生二氧化碳温室气体和硫氧化物、氮氧化物等污染物,因此是一种清洁能源。考虑到经济效益,燃料电池采用有机物、重整气等作为燃料时,尽管在该过程中会产生二氧化碳,但这一过程产生的二氧化碳量比热机发电的排放量要减少30%以上。综上所述,燃料电池的污染可以忽略不计。

(2)效率高。燃料电池将燃料和氧化剂中的化学能等温地转换为电能,不受卡诺循环限制。在工作中,燃料电池的实际效率为40%~60%;若采用热电联供的方式,燃料电池的能量转换效率可达80%以上。同时,一般的汽油、柴油发动机在低于额定负载条件下运行时,由于机械损失和热损失增加,其实际效率会下降;然而在低于额定负载条件下,燃料电池的各种极化会减小,因此整体效率会提高。

(3)噪声低。一般热机由于有大量运动部件,因此工作过程中产生大量噪声。而燃料电池不存在运动的机械部件,因此工作时更为安静,不产生噪声污染。

(4)响应速度快。由于不存在机械能的转换,燃料电池对负载变化的响应速度很快。小型燃料电池可在微秒范围实现对负载的匹配;兆瓦级燃料电池电站也可在数秒内实现对负载变化的响应。这样的响应速度是热机无法实现的。

(5)易于建设和维护。燃料电池通常不需要庞大的配套建设,占地面积不大。由于燃料电池安静、清洁,因此可以在人群密集区建设,如城区、居民区、景区等,可作为电源使用。同时,燃料电池易于模块化,可以方便地组装、拆卸、运输,易于维护。

迄今,已经有多种燃料电池被发明。按照电解质的种类、工作温度、燃料的来源等可将燃料电池进行多种分类。例如,按照工作温度,可将燃料电池分为低温、中温、高温燃料电池;按照燃料来源,可将燃料电池分为直接型、间接型和再生型燃料电池。直接型燃料电池指燃料不经过任何处理,直接通入燃料电池,如前面提到的氢氧质子交换膜燃料电池;间接型燃料电池指燃料在进入燃料电池前需要经过处理转化,如将甲醇重整产生的含氢混合气用作燃料;再生型燃料电池包含燃料电池模式和电解水模式,可将燃料电池模式下产生的水继续在电解模式下裂解得到清洁的氢气,继而循环利用。

目前比较常见的燃料电池分类方法是按照电解质来进行分类,见表1.1。

表 1.1　几种常见的燃料电池

类型	质子交换膜燃料电池(PEMFC)	碱性燃料电池(AFC)	磷酸燃料电池(PAFC)	熔融碳酸盐燃料电池(MCFC)	固体氧化物燃料电池(SOFC)
燃料	氢气	氢气	氢气	氢气/一氧化碳	氢气/一氧化碳
氧化剂	氧气/空气	氧气/空气	氧气/空气	氧气/空气/二氧化碳	氧气/空气
电解质	固态高分子膜	碱溶液	磷酸	熔融碳酸盐	固态氧化物
工作温度/℃	40 ~ 80	50 ~ 120	150 ~ 220	600 ~ 700	600 ~ 1 000
效率/%	60	60	40	50 ~ 60	50 ~ 60
应用	备用电源/便携式电源/分布式电站/交通领域	军用/空间探测用电源	分布式电站	分布式电站	分布式电站
存在的挑战	催化剂昂贵/燃料纯度要求高	电解质要求高	启动时间长	材料高温稳定性和热相容性要求高/启动时间长	材料高温稳定性和热相容性要求高/启动时间长

1.2.1　质子交换膜燃料电池

质子交换膜燃料电池采用固态高分子的质子交换膜(最典型和常用的是 Nafion 膜)作为电解质,工作温度通常较低,在 60 ~ 80 ℃之间。由于工作温度较低,质子交换膜燃料电池非常适用于交通领域,如电动汽车电源。进入 21 世纪,已经有很多公司尝试开发质子交换膜燃料电池汽车,如日本丰田公司已经成功地推出了 Mirai 系列电动汽车并投放市场。质子交换膜燃料电池通常需要高活性的 Pt 基贵金属作为催化剂。然而在低温范围,即便是痕量的一氧化碳也会对 Pt 基贵金属的活性造成极大伤害(催化剂中毒失活),因此质子交换膜燃料电池

对于燃料的纯度要求极高。同时需要指出,由于使用 Pt 基贵金属,质子交换膜燃料电池的价格也成为其发展的阻碍。尽管近年来涌现出多种性能优异的非贵金属催化剂,但其距离大规模商业化应用还有较大差距。采用与 PEMFC 相似的结构,可以将氢气更换为液体有机物燃料,如甲醇、甲酸、乙醇、二甲醚等,被称为直接液体燃料电池(direct liquid fuel cell,DLFC)。由于 DLFC 采用有机小分子溶液作为阳极反应物,不需要气瓶等附件,整体系统更加简单,但其反应路径复杂,因此其实际的功率密度远低于理论功率密度。从应用角度,DLFC 更适合于对输出电流和功率需求不高的设备,如笔记本电脑、电动自行车等。

1.2.2 碱性燃料电池

碱性燃料电池采用碱性水溶液作为电解质,工作温度稍高。碱性燃料电池是发展最充分、最成熟可靠的一类燃料电池。20 世纪 60 年代,美国国家航空航天局(NASA)已将碱性燃料电池用于航天器的能量来源。由于非贵金属催化剂在碱性下的活性和稳定性都好于 Pt 基催化剂,因此碱性燃料电池的成本要比质子交换膜燃料电池低。通常情况下,碱性燃料电池的功率密度比 PEMFC 更高,但碱性电解质对于空气中的二氧化碳非常敏感,这不仅会影响电池的寿命,也对密封性和气体纯度提出了很高的要求,从而大大提高了成本。鉴于此,碱性燃料电池并不适合民用,而是常用于军事或空间探测装置。

1.2.3 磷酸燃料电池

磷酸燃料电池采用磷酸作为电解质,是商业化发展最快的一类燃料电池。其工作温度较质子交换膜燃料电池和碱性燃料电池高,因此催化剂对毒化物种的耐受性较强。然而其效率不高,同时由于工作温度属于中温范围,余热利用率也不高,因此启动时间比质子交换膜燃料电池和碱性燃料电池更长。

1.2.4 熔融碳酸盐燃料电池

熔融碳酸盐燃料电池采用熔融碳酸盐作为电解质,工作温度属于高温范围,因此对燃料的纯度要求不高,同时不需要昂贵的贵金属作为催化剂,具有较高的热电联供效率。但是在高温下熔融态的电解质难以管理,极易造成电解液渗漏等问题。同时高温对电池材料的热稳定性以及各个组件之间的热相容性提出了更高的要求。

1.2.5 固体氧化物燃料电池

固体氧化物燃料电池也属于高温(>800 ℃)燃料电池的一种。与熔融碳酸盐燃料电池一样,固体氧化物燃料电池对催化剂、燃料的要求不高,热电联供效率高。固体氧化物燃料电池适用于固定式发电的应用场景,例如建筑物内热电联供、电站发电等。尽管在高温下固体氧化物燃料电池不存在液态成分,电解质易于管理,但固态氧化物的机械强度、热相容性受到了更大的挑战,其启动时间也较长。固体氧化物燃料电池和 PEMFC 是近年来重点发展的两类燃料电池体系,具有重要的研究价值。同时,为了拓宽固体氧化物燃料电池的应用范围,近年来也加强了中温(500~800 ℃)固体氧化物燃料电池的研发,并取得了一系列重要进展。

与中高温燃料电池(磷酸燃料电池、熔融碳酸盐燃料电池、固体氧化物燃料电池等)相比,低温燃料电池如质子交换膜燃料电池更接近实用化应用,如分散式电站、便携式电源、交通运输等领域。其特点是使用高分子膜作为电解质,阴极、阳极都需要使用高活性的电催化剂(Pt 或 Pt 基)促进阴阳两极电化学反应较快地进行。因此,质子交换膜燃料电池是最具应用前景的一类燃料电池。

2020 年,我国提出“将提高国家自主贡献力度,采取更加有力的政策和措施,二氧化碳排放力争于 2030 年前达到峰值,努力争取 2060 年前实现碳中和”,向世界展现了中国新能源产业结构升级的决心。2021 年 8 月 13 日,国家相关五部委批复同意广东、北京、上海三个省市为首批氢燃料电池汽车示范应用工作城市群,重点支持我国 PEMFC 关键零部件的国产化、自主化发展。我国 PEMFC 产业已经初具规模,但还处在商业化的前期阶段。

1.3 质子交换膜燃料电池简介

质子交换膜燃料电池(PEMFC)通常是以全氟磺酸型固体聚合物为电解质,因此也称为聚合物电解质燃料电池或固体聚合物电解质燃料电池等。20 世纪 60 年代,通用电气公司为 NASA 开发了质子交换膜燃料电池,期望应用于美国“双子星座”航天器。但当时采用的电解质膜是聚苯乙烯磺酸膜,在质子交换膜燃料电池工作过程中会发生分解,不仅缩短了电池寿命,还污染了水。因此,最终 NASA 采用了碱性燃料电池。此后,质子交换膜燃料电池的研究陷入低潮。到 80 年代中期,在加拿大国防部资助下,巴拉德动力公司开展了质子交换膜燃

料电池的研究工作。在美加两国科学家的努力下,成功研发出更轻薄、性能更先进的全氟磺酸膜(杜邦公司做出了卓越的贡献),并通过催化剂制备工艺和电极制造工艺的改进,使质子交换膜燃料电池的性能得以大幅度提高,更加接近实用化。

PEMFC 除具有能量转换效率高和环境友好等燃料电池的一般优点外,还具有功率密度大、运行温度低、可在室温下快速启动、质量轻、体积小等突出优点,因而有着广泛的应用前景:①质子交换膜燃料电池是极好的车辆用动力电源,尤其是地球上石油资源枯竭后,人们需要用氢来替代石油,作为交通工具的燃料;②质子交换膜燃料电池可作为移动电源、家庭电源与分散电源使用;③质子交换膜燃料电池可用作水下机器人、潜水艇等一些不依赖空气推进的电源。

由于 PEMFC 有着广泛的用途,因此国际形成了质子交换膜燃料电池的开发热潮。特别是近几年,人们对由传统发电技术和汽车造成的环境污染更加重视,PEMFC 的开发逐渐由军用转向民用,如移动式电源、家用电站和电动车,使得其应用前景更加广泛。在乘用车领域,丰田 Mirai 轿车用燃料电池电堆寿命超 5 000 h;在商用车领域,美国的燃料电池巴士运营时间超过 3 万 h,电堆没有大的维修或者更换;在固定式发电领域和家用热电联产方面,世界各地已陆续安装了数十万台燃料电池发电装置,从 2011 年的 81.4 MW 增加到 2018 年的 240 MW,平均年复合增长率近 20%。各国家和地区均积极发展氢能源并制定了相应的路线图,其中韩国计划 2040 年国内累计燃料电池车销量达 290 万辆,加氢站达 1 200座;欧洲计划 2050 年燃料电池车保有量超 5 300 万辆,2040 年加氢站达 15 000座。除燃料电池车外,日本、韩国、欧洲等国家和地区在路线图中还制定了家用燃料电池、燃料电池发电的规划。

我国对 PEMFC 的发展制定了以 2020 年、2025 年和 2030 年为时间节点的“三步走”战略,推动实现千辆、万辆和百万辆燃料电池车在区域内示范运行。燃料电池成本的下降及性能的提升,将有力地促进燃料电池大规模商业化的实现。目前,我国在氢燃料电池领域的研发、产业化及商业应用已经取得了很大的进展。目前,国内从事质子交换膜燃料电池研究开发或产业化工作的单位主要有中国科学院大连化学物理研究所、中国科学院长春应用化学研究所、中国科学院上海高等研究院、清华大学、厦门大学、上海交通大学、同济大学、武汉大学、武汉理工大学、华南理工大学、重庆大学、哈尔滨工业大学、复旦大学、中山大学、南京大学、天津大学、北京理工大学、中国电子科技集团公司第十八研究所、上海空间电源研究所、北京绿能飞驰电源技术有限责任公司、上海神力科技有限公司、大连新源动力股份有限公司等单位,经过几十年的积累与发展,已形成了一支学科专业较为齐全的研究与开发队伍。

PEMFC 系统由电堆、燃料供应体系、氧化剂供应体系、水管理体系、热管理体系和控制系统等组成。膜电极(membrane electrode assembly,MEA)是 PEMFC 的关键部分,决定着电池的性能和运行的稳定性。MEA 主要由阳极(anode)、阴极(cathode)和质子交换膜(proton exchange membrane)三部分构成。其中,阴极和阳极都由催化层和扩散层两部分组成。催化层是由催化剂与载体以及碳粉、Nafion 溶液等组成,主要为电化学氧化-还原反应提供反应场所,常用的是 Pt 基贵金属催化剂,如 Pt/C,成本较高。扩散层本身不发生化学或电化学反应,它一方面可均匀地疏散和传输反应物和生成物,另一方面可收集和传递电子,导通电流,常用的是碳纸或者碳布等碳基材料。目前使用较多的质子交换膜是美国 Gore 公司的增强型全氟磺酸树脂膜,价格比较昂贵。阳极燃料可以直接采用纯氢气、有机小分子等。阴极氧化剂通常采用纯氧气或空气,工作温度在 60 ~ 80 ℃。

近年来,各国和各企业均在 PEMFC 技术研究方面进行了持续的高投入和努力,PEMFC 在技术上已经较为成熟,然而目前的技术水平依然不能使其实现大规模的商业化。其中的两个主要问题是制造成本高与使用寿命短,而最重要的是催化剂。由于氧还原反应的可逆性很差,即使使用对氧电化学还原反应活性很高的 Pt、Pd 等贵金属催化剂,也会造成电池效率的巨大损失。事实上,燃料电池效率损失的 80% 来自阴极。同时,当年产量高于 5 万台时,预计 PEMFC 电堆成本的 50% 以上是贵金属催化剂造成的。此外,电堆寿命衰减的最主要原因是催化剂发生失活。因此,研究具有高活性和高稳定性的燃料电池用阴极氧还原反应(oxygen reduction reaction,ORR)的催化剂,无论对于基础研究还是 PEMFC 的商品化开发均具有极其重要的意义。

1.4 燃料电池电催化剂的研究现状与挑战

"电催化"一词是由 N. Kobosev 于 1935 年第一次提出,并在随后的一二十年由 Grubb 及 Bockris 等逐步推广发展。电催化剂可以定义为在电极反应中,电极或溶液中某些物质能够显著地影响(加速或抑制)电极反应的速率,而其本身不发生任何变化的一类材料。真实条件下,许多电化学反应通常不能在其平衡电势附近发生,原因是其具有不良的动力学特征,即此电化学反应需要较大的极化。但如果选用合适的电极材料对电极表面进行修饰,则反应速率将会大大增

加。电催化过程是指在电极/电解质界面上进行电荷转移反应时的非均相催化过程,由于电催化反应是在电场作用下进行的,因此它比普通非均相催化过程更为复杂。电催化剂是指能产生电催化作用的物质,在电催化剂的作用下,电极反应可得到显著加速。

电催化剂是燃料电池的核心部分,其催化活性对燃料电池的性能有重大影响,并决定着燃料电池的成本和寿命。燃料电池电催化剂必须兼顾催化活性、导电性与稳定性等几方面的性能,并具有如下特点。

(1)应有较高的电催化活性。

(2)应为电的良导体,或其载体是电的良导体。

(3)在工作电极电势范围内,在氧化剂和还原剂存在下,应耐受电解质的腐蚀。

(4)在工作条件下不发生任何化学反应。

其中电催化活性是最重要的选择因素,具体表现为采用该催化剂的电极反应速率的高低。电催化剂对电极反应速率的影响可分为电子结构效应和表面结构效应。电子结构效应主要是指电极材料的能带、表面态密度等对反应活化能的影响;而表面结构效应是指电极材料的表面结构(化学结构、原子排列结构、合金等)通过与反应物分子相互作用,改变双电层结构进而影响反应速率。在实际体系中,电子结构效应和表面结构效应一般是相辅相成、共同作用的。

影响催化剂电催化活性的主要因素如下。

(1)催化剂的结构和组成。催化剂活性中心的电子结构对催化剂的活性有重大影响,其晶体结构与导电性密切相关,而孔结构作为传质的主要通道也极大地影响了催化速率;催化剂组成优化也被证明能够显著改善催化剂的活性。

(2)催化剂的载体。催化剂的载体应具备良好的导电性和抗腐蚀能力,否则将影响催化剂颗粒的活性和稳定性。

(3)催化剂局域化学环境。催化剂活性位点周围的环境,包括局域 pH、与活性位点相关的电解质成分等,会对电催化性能有一定影响。

氢气与氧气是质子交换膜燃料电池广泛采用的阳极燃料与阴极氧化剂,虽然阳极的氢分子氧化速率已经足够快,但在阴极催化剂上氧分子还原反应的动力学仍然较慢并成为制约 H_2-O_2 型 PEMFC 性能的一个主要因素。为了维持 PEMFC 在高能量效率方面的优越性,必须控制 PEMFC 的单电池工作电压在 0.65 V以上(以保证其能量转换效率大于55%)。然而在 PEMFC 中,若使用碳载铂纳米颗粒催化剂,PEMFC 中 Pt 的负载量必须高达 1 g/kW 才能在 0.65 V 以上的工作电压下提供足够高的输出功率。由于 Pt 的储量有限,而且价格贵,要实现以质子交换膜燃料电池为动力电源的电动汽车大规模产业化，就必须将阴极催化层中 Pt 的负载量降低到 0.2 g/kW 以下。提高 Pt 催化剂的活性可以降低 Pt 的负载量，从而降低 PEMFC 的成本。

阴极氧还原反应是一个非常复杂、缓慢的反应。由于 O—O 键很强，O_2 反应过程中需要很高的活化能，且在反应过程中会形成非常稳定的 Pt—O 和 Pt—OH 键，占据 Pt 的活性位点，从而降低 Pt 的利用率，导致 PEMFC 的能量转换效率急剧降低。因此，为了获得实际工作所需的电流密度，必须提高阴极 Pt 催化剂的载量以提供更多的 Pt 活性位点，这导致 PEMFC 成本升高。因此，为推进 PEMFC 的快速商业化，必须提高催化剂（特别是阴极催化剂）的催化活性和稳定性。相关研究主要关注催化剂金属 Pt，通过控制 Pt 金属颗粒的尺寸和形貌、对 Pt 进行表面修饰、合成 Pt 基合金或核壳催化剂等方法提高催化剂的活性和稳定性，降低贵金属 Pt 的使用量，从而大幅度降低 PEMFC 的成本。目前，在以旋转圆盘电极（rotating disk electrode，RDE）为代表的三电极体系中，Pt 催化剂的本征活性已经得到了很大程度的提高，例如锯齿状的 Pt 纳米线催化剂展现出了惊人的质量比活性，0.9 V 时 Pt 质量比活性高达 13 A/mg。然而，在燃料电池膜电极（MEA）测试中，尚没有 0.9 V 时 Pt 质量比活性超过 2 A/mg 的例子。

催化剂的另一组成部分——载体，会通过与催化剂纳米金属颗粒之间的相互作用明显影响催化剂的活性和稳定性。同时，载体自身的稳定性也直接影响催化剂的稳定性。目前通常采用炭黑作为碳基载体，然而，PEMFC 阴极电极电势较高，容易造成碳载体的电化学腐蚀，导致 Pt 粒子从载体上脱落失效。为了解决碳载体耐腐蚀性差的问题，一些新兴的碳材料相继进入人们的视野，一维的碳纳米管、碳纤维，二维的石墨烯、石墨炔，以及三维碳材料如多孔碳等作为 PEMFC 的载体材料得到广泛研究。与普通炭黑材料相比，高石墨化的碳材料通常具有较高的稳定性，但是由于表面缺陷很少，这一类材料只能为纳米颗粒成核或沉积提供有限的位置。因此，如何在高度石墨化碳材料表面均匀地担载催化剂颗粒是一个挑战。无论如何改进碳材料的表面化学及其结构，碳材料本身的性质决定其稳定性的提高是有限的。因此，还有一些研究着眼于非碳材料，如氧化物、碳化物、氮化物和导电高分子等。许多使用非碳载体材料的催化剂在 RDE 测试中有很好的活性，但是在 MEA 测试中却不能充分发挥其性能，主要原因既有与碳载体催化剂在 MEA 中活性表达降低的共性问题，还有其弱电子导电性的影响。因此为了兼顾导电性与耐腐蚀性，一些碳-金属氧化物的复合载体材料也得到广泛研究。

PEMFC 未来的主要发展方向之一是为重载交通工具提供可靠动力，如重载

卡车、火车,甚至飞机等。因此,PEMFC 的能量转换效率必须进一步提高。为了实现能量转换效率的提高,需要工作温度更高的 PEMFC,这将会给相关关键零部件与材料的寿命带来极大的伤害。因此,研究更加稳定的催化剂材料十分具有挑战性。另一个具有挑战的方向是可再生燃料电池。这是因为可再生燃料电池会同时在燃料电池模式和电解池模式下进行工作,其工作电压更高、反应环境更加苛刻,将很容易造成材料性能的大幅衰减。

PEMFC 成本的主要瓶颈在于 Pt,为了解决这一问题,迫切需要超低 Pt 催化剂的研发。目前,大规模商用的 PEMFC 的 Pt 载量为 0.2 ~ 0.35 mg/cm^2。为了满足成本的需求,Pt 的载量需要进一步降低至小于 0.1 mg/cm^2。然而,当 Pt 的载量降至 0.1 mg/cm^2后,MEA 性能严重下降,尤其是在工作电流大于 1 A/cm^2的高电流密度区间。另外,为了实现对 Pt 的完全替代,目前已有大量研究工作关注非贵金属催化剂,其活性和稳定性已经与 Pt/C 催化剂相当,某些催化剂甚至已经开始超越 Pt/C 催化剂(尤其是碱性体系)。尽管如此,非贵金属催化剂在酸性体系中的活性和稳定性还远不能满足需求。非贵金属 ORR 催化剂的体系、种类繁多,含有的元素、结构复杂,涉及多种可能的反应活性位点,造成反应活性位点解析的困难。目前对非贵金属 ORR 催化剂活性位点的认识还有很多不足,这阻碍了高效催化剂的设计与合成,直接限制了非贵金属 ORR 催化剂的进一步发展。因此,加强对非贵金属 ORR 催化剂反应活性位点的理解,尤其是与非贵金属氧析出反应(OER)催化剂反应活性位点的区别和联系是未来的研究重点之一。

本章参考文献

[1] U. S. DRIVE. Fuel cell technical team roadmap[R]. United States: Energy Efficiency and Renewable Energy, 2013.

[2] U. S. DRIVE. Fuel cell technical team roadmap[R]. United States: Energy Efficiency and Renewable Energy, 2017.

[3] DIMITRIOS P. Fuel cell R&D overview[C]. United States: DOE Annual Merit Review and Peer Evaluation, 2019.

[4] KARREN M. FC-PAD: Components and characterization[C]. United States: DOE Annual Merit Review and Peer Evaluation, 2017.

[5] PIOTR Z. Electrocat (electrocatalysis consortium)[C]. United States: DOE

Annual Merit Review and Peer Evaluation, 2019.

[6] JASON M. Technical targets for hydrogen-fueled long-haul tractor-trailer trucks [C]. United States: DOE Advanced Truck Technologies, 2017.

[7] RODNEY B. FC-PAD. Fuel cell performance and durability consortium update to USCAR analysis of Toyota mirai components provided by USCAR[C]. Los Alamos: Los Alamos National Lab, 2018.

[8] DU L, PRABHAKARAN V, XIE X H, et al. Low-PGM and PGM-free catalysts for proton exchange membrane fuel cells: Stability challenges and material solutions[J]. Adv Mater, 2021, 33 (6): e1908232.

[9] DU L, XING L X, ZHANG G X, et al. Strategies for engineering high-performance PGM-free catalysts toward oxygen reduction and evolution reactions [J]. Small Meth, 2020, 4 (6): 2000016.

[10] DU L, SHAO Y Y, SUN J M, et al. Advanced catalyst supports for PEM fuel cell cathodes[J]. Nano Energy, 2016, 29: 314-322.

[11] DU L, XING L X, ZHANG G X, et al. Metal-organic framework derived carbon materials for electrocatalytic oxygen reactions: Recent progress and future perspectives[J]. Carbon, 2019, 156: 77-92.

[12] WANG P T, SHAO Q, HUANG X Q. Updating Pt-based electrocatalysts for practical fuel cells[J]. Joule, 2018, 2 (12): 2514-2516.

[13] WANG X X, SWIHART M T, WU G, et al. Achievements, challenges and perspectives on cathode catalysts in proton exchange membrane fuel cells for transportation[J]. Nat Catal, 2019, 2: 578-589.

[14] THOMPSON S T, PAPAGEORGOPOULOS D. Platinum group metal-free catalysts boost cost competitiveness of fuel cell vehicles[J]. Nat Catal, 2019, 2: 558-561.

[15] FAN J T, CHEN M, ZHAO Z L, et al. Bridging the gap between highly active oxygen reduction reaction catalysts and effective catalyst layers for proton exchange membrane fuel cells[J]. Nat Energy, 2021, 6: 475-486.

[16] SEH Z W, KIBSGAARD J, DICKENS C F, et al. Combining theory and experiment in electrocatalysis: Insights into materials design [J]. Science, 2017, 355 (6321): eaad4998.

[17] STAMENKOVIC V R, STRMCNIK D, LOPES P P, et al. Energy and fuels from electrochemical interfaces[J]. Nat Mater, 2016, 16 (1): 57-69.

第2章

电催化剂的基本电化学研究方法

当前主要通过将催化剂材料制备成膜电极(MEA)或者基于旋转圆盘电极技术而开发的薄膜旋转圆盘电极(thin-film rotating disk electrode,TF-RDE)评估所制备材料的催化剂活性。MEA方法具有较大的局限性,如催化剂用量大、MEA制备技术复杂以及存在传质影响等,因此很难准确地获得催化剂材料的本征活性。相比而言,TF-RDE方法因具有催化剂用量少、高效以及操作简单等优点而被广泛应用于评估催化剂的ORR活性。采用TF-RDE方法可以很好地调控ORR中O_2的传输,但在实际测试中,催化剂材料的ORR活性仍会受到实验测试相关因素的影响,从而影响测试结果的可靠性。本章采用TF-RDE方法,详细研究了动电势极化参数对商业碳载铂催化剂(Pt/C)ORR动力学进程的影响,主要包括电化学极化方法、TF-RDE测试系统引起的不可避免的误差以及测量结果可靠性的问题,同时研究了光滑多晶铂电极表面的ORR极化行为。最后基于上述研究结果,提出了可准确评估催化剂材料ORR活性的动电势参数,为催化剂性能的科学评价提供了依据。

2.1　催化剂氧还原活性评估电化学极化方法的对比研究

在 MEA 单体电池测试中，通常利用恒电势阶跃法（potentiostatic step method）测试（准）稳态的电流-电压（$I-U$）极化曲线评估催化剂的 ORR 活性，也就是在一系列不同的电池电压（单调递增或递减的离散点）下恒定 5 ~ 15 min，进而获得一系列相对稳定的电流。恒电势阶跃法与燃料电池实际工作中的放电模式较为接近，因此其测试结果可以准确地反映催化剂在实际应用的燃料电池电堆中的 ORR 活性。针对 MEA 方法表征催化剂的 ORR 活性，美国能源部（US DOE）的燃料电池技术团队基于恒电势阶跃法建立了详细的测试方案及评估标准。利用统一标准测得的稳态极化曲线，不但可以准确地判断催化剂的 ORR 活性，而且便于不同研究机构间实验结果的横向比较。

只有利用相同的极化方法对催化剂进行测试，得到的 ORR 活性才具有可比性。为了与 MEA 单体电池测试催化剂 ORR 活性相匹配，本节研究尝试在三电极体系中也利用恒电势阶跃法进行催化剂的 ORR 活性测试。图 2.1 所示是在氧气饱和的 0.1 mol/L $HClO_4$ 溶液中，在电极转速为 1 600 r/min 的条件下，控制 TF-RDE|Pt/C的电极电势从 0.67 V 连续阶跃到 1.03 V（开路电势，间隔为 10 mV）所获得的氧还原电流密度随时间变化的 ORR 极化曲线。从图 2.1 及其插图中可以明显看出，每一个阶跃电势下的 ORR 电流都在持续不断地衰减。这与 MEA 方法中利用恒电势阶跃法测试的 ORR 电流响应不同。在 MEA 中，一般电势恒定 1 ~ 2 min 后，电流相对趋于稳定。

在 ORR 催化剂的研究中，由于不同催化剂之间的 ORR 活性都是通过将电极电势为 0.9 V 时的动力学电流密度转换成 Pt 质量比活性或电化学表面积比活性来进行比较的，因此本节研究尝试将 TF-RDE|Pt/C 的电极电势恒定在 0.9 V，来观察其 ORR 电流。图 2.2 所示为 TF-RDE|Pt/C 电极电势从 0.2 V 直接阶跃到 0.9 V 后保持 30 min 的氧还原电流密度及相应的质量比活性随时间变化的曲

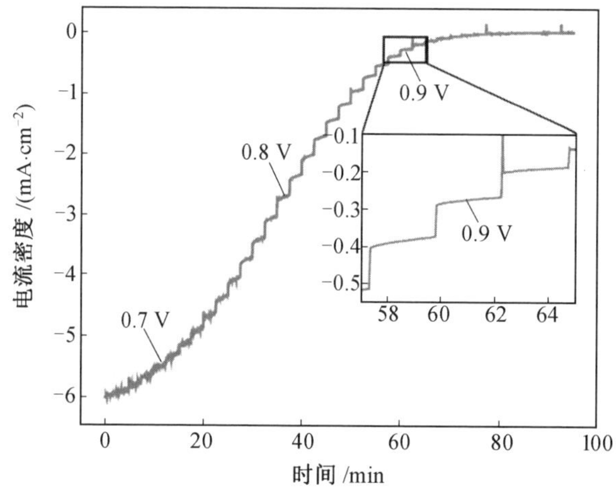

图 2.1 TF-RDE|Pt/C 电极的氧还原电流密度随时间变化的 ORR 极化曲线

线。从图中可以看出,即使电极电势在 0.9 V 恒定了 30 min,ORR 电流密度仍然在不断降低。相应地,Pt 质量比活性从最初的 0.50 A/mg 衰减到 0.03 A/mg。由于催化剂的 ORR 表观质量比活性不断变化,因此不能判断究竟哪一个 ORR 表观活性值才能代表该催化剂催化氧还原反应的本征活性。同时,尝试将电极电势从 0.2 V 阶跃到 0.6 V 以上的其他电势并保持一段时间(燃料电池的实际工作电压为 0.6~1.0 V),其电流响应随时间的变化曲线展现了与图 2.2 中相同的变化趋势。这些结果表明,在三电极体系中,对于催化剂修饰的 TF-RDE 电极,利用恒电势阶跃的方法不能测得(准)稳态 ORR 极化曲线以及无法判断催化剂的 ORR 活性。

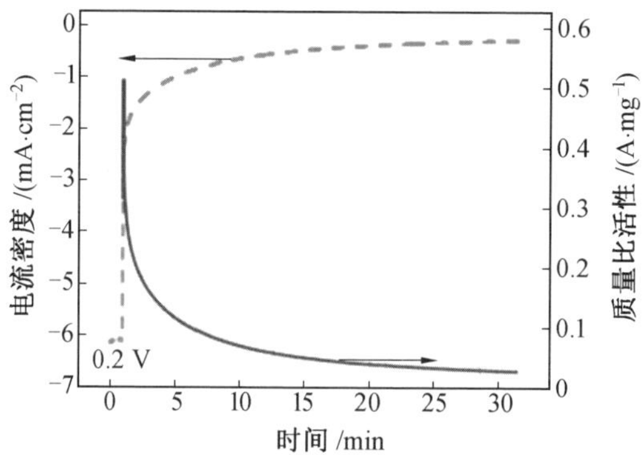

图 2.2 TF-RDE|Pt/C 电极的氧还原电流密度及相应的质量比活性随时间变化的曲线

实际上，在 MEA 的单体电池测试中，随着时间的延长放电电流也会有一些降低，只不过其电流衰减的速度相对比较缓慢，因此可以获得准确的（准）稳态 ORR 极化曲线。这种电流衰减主要归因于催化剂的自毒化效应（self-poisoning effect），也就是随着 ORR 的进行，催化剂表面吸附的含氧物种会不断增多，进而抑制了氧气的还原。然而在三电极体系中，除了催化剂的自毒化效应导致 ORR 电流降低之外，在 TF-RDE 电极高速旋转的条件下，即使使用最高纯度的高氯酸，电解液中的痕量杂质（如 Cl^-，其浓度大于 10^{-7} mol/L）也将持续不断地在催化剂表面积累，导致 ORR 活性衰减进一步加剧。因此，对于 TF-RDE 三电极体系，并不能建立（准）稳态氧还原反应。

循环伏安（cyclic voltammetry, CV）法是最具代表性的动电势极化方法，是电化学及电催化研究中最经常使用的一种测量技术。该方法通过控制电极电势在设置的电势区间内以恒定的速率反复地进行线性扫描，同时记录电极表面实时的电流响应。通过获得的 *I-U* 极化曲线，即循环伏安曲线，研究电极表面电化学过程的反应机理与反应动力学。图 2.3(a)所示为典型的 TF-RDE|Pt/C 电极在 Ar 饱和的 0.1 mol/L $HClO_4$溶液中的循环伏安曲线。在 0.05～1.03 V 的扫描电势范围内，Pt 表面发生了两个过程明确的电化学反应。其中，0.05～0.4 V 范围的电流响应对应的是 Pt 表面氢的欠电势吸脱附；0.7～1.03 V 范围对应的是含氧物种（OH_{ad}/O_{ad}）在 Pt 表面的吸脱附。从图 2.3(a)中可以看出，第 2 圈循环的伏安响应和第 10 圈循环的伏安响应完全重合（对于充分活化的催化剂，一般2 圈循环之后的伏安响应都重合，这里仅仅以第 2 圈和第 10 圈循环为例说明对 TF-RDE|Pt/C 电极实施循环伏安扫描可以获得稳定且重现的伏安响应曲线）。这是因为循环伏安测试时，电极电势始终以恒定速率在设定的电势区间内不断变化，通过连续的伏安扫描可以使催化剂表面的吸脱附建立动态平衡，最终表现为不同循环圈数的吸脱附响应电流完全重合。此外，吸附的痕量杂质在循环伏安扫描过程中可以被不断移除，致使其不能在催化剂表面持续积累，这也是催化剂表面吸脱附平衡得以建立的重要原因。因此，对于 TF-RDE，连续的循环伏安扫描可以获得准确的吸脱附响应电流。

进一步研究发现，在相同的动电势参数下测得的第 2 圈循环和第 10 圈循环的 ORR 电流响应也完全重合（图 2.3(b)）。这表明通过循环伏安法可以获得稳定的 ORR 极化曲线来反映催化剂的内在催化本性。也就是说，利用动电势极化的循环伏安法可以测得催化剂本质的 ORR 活性。值得注意的是，与电极表面发生的吸脱附反应不同，在上述电势区间内（0.05～1.03 V），电极无论是正向扫描（简称正扫）还是负向扫描（简称负扫），电极表面始终发生的是阴极氧还原反

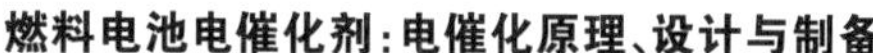

应,即电流始终为负值。

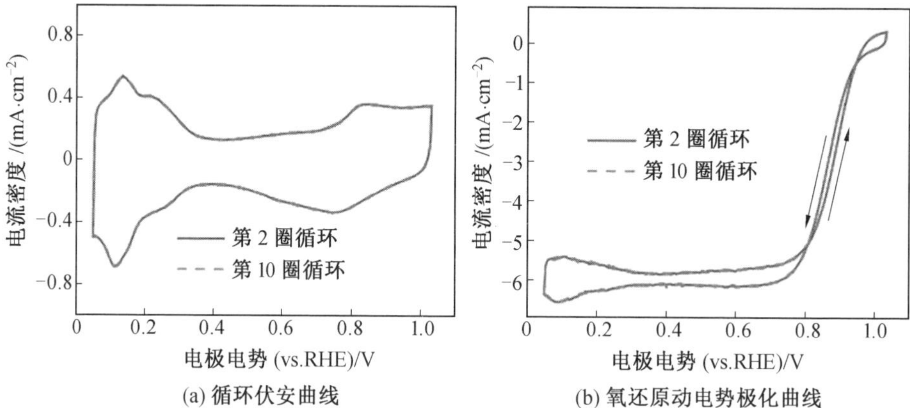

(a) 循环伏安曲线　　(b) 氧还原动电势极化曲线

图 2.3　TF-RDE|Pt/C 电极在 Ar 饱和的 0.1 mol/L $HClO_4$ 溶液中的电化学行为曲线（扫描范围为 0.05 ~ 1.03 V;扫描速率为 50 mV/s）

以上结果充分表明,利用 TF-RDE 方法在三电极体系下对催化剂 ORR 活性进行评估,为了获得可真实反映催化剂催化本性的测试结果,不能像在 MEA 方法中那样使用恒电势阶跃法,而需使用动电势极化法。

2.2　动电势极化法评估催化剂氧还原活性的误差校正及测试体系可靠性的判断

为了测试 Pt/C 催化剂准确的 ORR 活性,在利用 Koutecky-Levich(K-L)方程计算 ORR 动力学电流密度之前,需要将氧还原测试过程中由电极表面吸脱附及双层充放电引起的背景电流(background current)从实际测得的 ORR 电流中扣除。通常认为,在相同动电势极化参数下,在 Ar 饱和的溶液中(O_2浓度为零)测得的循环伏安曲线可以近似认为是 ORR 的背景电流。如图 2.4 所示,在正扫方向,扣除背景电流后的 ORR 电流比实际测得的电流要大,这是因为在正扫过程中,实际测得的电流是氢脱附、含氧物种吸附的氧化电流以及电极双层充电电流(两者都是正电流)与阴极氧还原电流(负电流)正负叠加的结果,因此真正的 ORR 电流应该是在实测电流的基础上减去这部分背景正电流。对于负扫,氢吸附、含氧物种脱附的还原电流以及电极双层放电电流都是负电流,情况刚好相反。

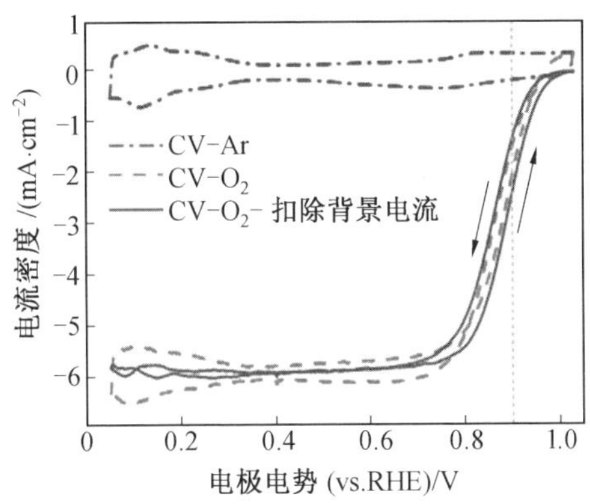

图 2.4　Pt/C 催化剂的循环伏安曲线以及扣除背景电流前后的 ORR 极化曲线（扫描范围为 0.05 ~ 1.03 V；扫描速率为 50 mV/s）

同时，也要对电解质溶液欧姆内阻引起的电压降，即欧姆降（IR drop）进行补偿。图 2.5 所示为欧姆内阻补偿（IR 补偿）前后的 ORR 极化曲线。溶液欧姆内阻从交流阻抗谱（图 2.5 插图）中获得。

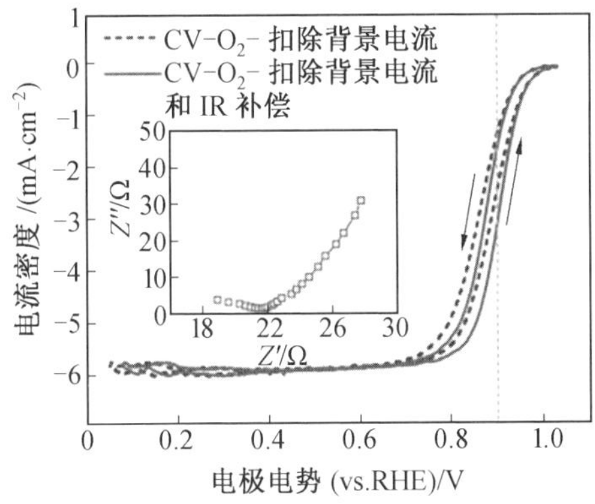

图 2.5　溶液欧姆内阻补偿前后的 Pt/C 催化剂的 ORR 极化曲线（背景电流已扣除）

背景电流和欧姆降都是测试过程中不可避免的误差来源。仅直观比较极化曲线，同一电势下，误差校正前后的 ORR 电流变化已较为明显（如正扫方向，0.9 V所对应的电流密度从 2.1 mA/cm^2 增大到 3.1 mA/cm^2），如果将其转换成动力学电流密度（即利用 K-L 方程，扣除传质影响），再计算相应的 Pt 质量比活性，背景电流和欧姆降的影响将更为明显。如图 2.6 所示，Pt/C 催化剂误差校正前后的 ORR 质量比活性相差一倍。这充分说明利用 TF-RDE 及动电势极化法对催化剂的 ORR 活性进行评估，对实际测得的 ORR 极化曲线进行背景电流的扣除及欧姆内阻的补偿是非常必要也是必需的。进一步，从图 2.5 中的 ORR 极化曲线可以看出,在电极电势 E>0.7 V,也就是动力学控制区域及动力学与扩散混合控制区域,正、负扫电流之间出现了明显的电流滞后。这种现象是由于含氧物种(OH_{ad}/O_{ad})在催化剂表面吸脱附不可逆,致使同一电势下负扫时 OH_{ad}/O_{ad} 覆盖度比正扫时高,从而导致负扫时 ORR 电流比正扫时小很多,也就是通常所说的位阻效应(site-blocking effect)。

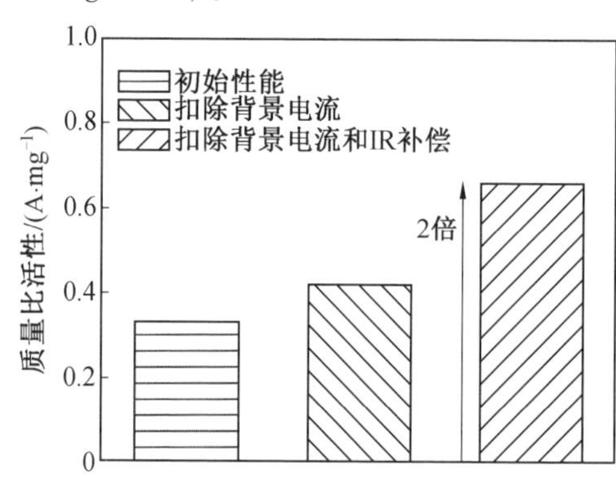

图 2.6 Pt/C 催化剂误差校正前后的氧还原质量比活性柱状图

此外,需要特别指出的是,通常电化学还原反应施加阴极极化是从开路电势向电势更负的方向扫描,但通过线性扫描伏安法获得的 ORR 极化曲线并不可靠,甚至会导致错误的实验结果。这是因为直接从高电势扫描到低电势的方法使电极表面在测试前就预先吸附了大量的 OH_{ad}/O_{ad},导致催化剂的表观 ORR 活性受预先吸附的 OH_{ad}/O_{ad} 覆盖度及扫描过程中 OH_{ad}/O_{ad} 脱附的影响,从而不能准确地反映催化剂的本质活性。而且在对电极施加线性电势扫描前,其状态并不受电化学工作站的控制,以至于每次测试开始时催化剂表面预先吸附 OH_{ad}/O_{ad} 的量并不相同,即使起始电势相同,测得的 ORR 极化曲线也并不重现。为了更好地说明这一点,本节研究设计了如下实验:利用线性扫描伏安法对已经活化好的 Pt/C 催化剂在 O_2 饱和的 0.1 mol/L 的 $HClO_4$ 溶液中进行 ORR 极化曲线测试,控制 TF-RDE|Pt/C 电极以 10 mV/s 的扫描速率从 1.10 V 扫描至 0.05 V,但在开始线性扫描前让电极在 1.10 V 恒定不同时间,实验结果如图 2.7 所示。从图 2.7 中可以明显看出,恒定在 1.10 V 不同时间后的 ORR 极化曲线完全不重合——恒定时间越长,所测的 ORR 极化曲线越向电势更负的方向移动,与利用循环伏安法所测的稳定的 ORR 极化曲线(图中虚线所示)之间的差别也越大。这是因为恒定时间不同,催化剂表面预先吸附的 OH_{ad}/O_{ad} 的量不同,从而导致所测催化剂的 ORR 表观活性出现很大差别。

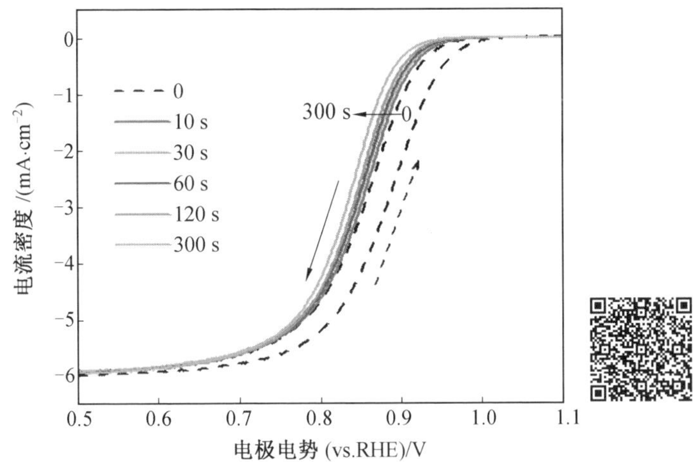

图 2.7　Pt/C 催化剂在 O_2 饱和的 0.1 mol/L $HClO_4$ 溶液中的 ORR 极化曲线

图 2.8 所示为 TF-RDE Pt/C 电极在 Ar 饱和的 0.1 mol/L $HClO_4$ 溶液中，在 1.10 V恒定不同时间后所测试的第 1 圈循环伏安曲线（从 1.10 V 开始负扫）。从图 2.8 中可以明显看出，负扫时恒定不同时间的 Pt/C 催化剂，其表面OH_{ad}/O_{ad}的还原峰大不相同，从而证实了上述解释。

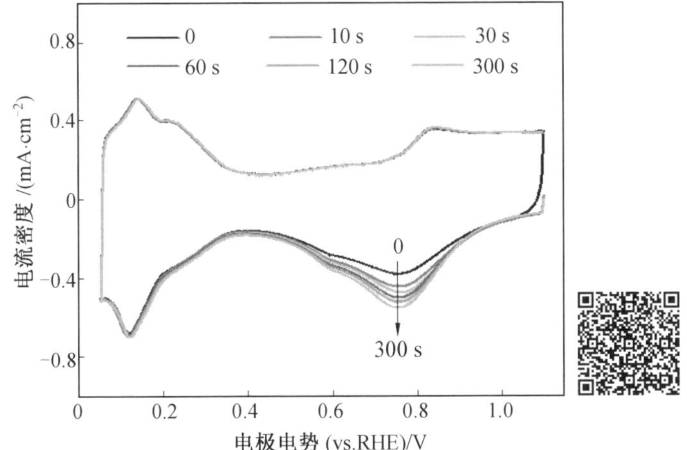

图 2.8　TF-RDE|Pt/C 电极在 Ar 饱和的 0.1 mol/L $HClO_4$ 溶液中的第 1 圈循环伏安曲线

基于以上研究可知，用 TF-RDE 方法评估催化剂的 ORR 活性时，必须使用循环伏安法对电极进行反复扫描直到获得稳定、重现的伏安响应曲线。同时，为了避免在高电势区域催化剂表面预先吸附的 OH_{ad}/O_{ad}的影响，ORR 活性及动力学参数应从伏安曲线的正扫片段（positive segment）中获取。在计算 ORR 动力学电流密度及 Pt 质量比活性前,需对实测极化曲线进行背景电流扣除及欧姆内阻补偿等误差校正。

氧还原反应动力学还对催化剂在玻碳电极表面的载量和 Nafion 含量、催化剂薄膜品质以及电解池中杂质等实验细节非常敏感。因此,在电化学测试前,必须确保所制备的催化剂薄膜的品质(指膜的薄厚及均匀程度)以及电解池体系(电解池和电解液)的清洁程度满足实验要求,以保证测试结果可靠。TF-RDE 方法是基于光滑旋转圆盘电极表面的对流扩散模型建立起来的,只有当催化剂分布均匀、完全将 RDE 电极覆盖住并且氧气在催化剂薄膜内的传质阻力可忽略不计时,利用 K-L 方程才能获得准确的 ORR 动力学电流密度。如果所制备的催化剂薄膜过厚或分布不均匀,甚至不能将 RDE 电极表面完全覆盖,那么 TF-RDE 电极表面的扩散传质将不同于光滑 RDE 电极表面的扩散传质,其 ORR 极化曲线与光滑 RDE 电极的极化曲线相比也势必会发生偏离。因此,可以通过对比相同实验条件下测试的光滑多晶铂电极的 ORR 极化曲线对催化剂薄膜品质进行判断。通常,薄膜品质与催化剂在 RDE 电极上的载量息息相关。载量过低则催化剂粉末难以将 RDE 电极完全覆盖,而且分布不均匀;载量过高则催化剂薄膜过厚。先前的研究已经证明,合适的催化剂载量一般为 10~20 $\mu g/cm^2$。本节研究制备了过低载量(5.1 $\mu g/cm^2$)、适中载量(10.2 $\mu g/cm^2$)及过高载量(30.6 $\mu g/cm^2$)的三种催化剂薄膜,以此代表三种不同品质,通过其 ORR 极化曲线与多晶铂电极 ORR 极化曲线的比较,说明如何判断催化剂薄膜品质是否满足实验结果可靠性的要求。图 2.9(a)所示为多晶铂电极和三种不同载量 TF-RDE 电极在 O_2 饱和的 0.1 mol/L $HClO_4$ 溶液中的 ORR 极化曲线。从图中可知,当催化剂载量过低时,其 ORR 极限扩散电流密度(5.8 mA/cm^2)小于多晶铂电极的极限扩散电流密度(6.0 mA/cm^2,与 K-L 方程计算的理论值相符)。这是因为,催化剂载量过低,其在玻碳电极表面分布不均甚至电极不能被完全覆盖,通常未被覆盖区域或催化剂较少的区域都是在圆盘电极的边缘,使得扩散至这部分区域的 O_2 不能被完全还原,从而导致其 ORR 的极限扩散电流密度变小,并且极化曲线变缓、动力学与扩散混合控制区域被延长(主要是催化剂分布不均导致,在催化剂较少的区域由于其 ORR 活性过低,相对于催化剂较多的区域,受极限扩散的影响变小,甚至不会出现极限扩散)。由此可知,可以通过对比极限扩散电流密度和混合控制区域的大小判断催化剂分布是否均匀以及玻碳电极是否被完全覆盖。进一步,利用 K-L 方程计算多晶铂和三种不同载量催化剂的 ORR 动力学电流密度,并绘制出塔费尔(Tafel)曲线。如图 2.9(b)所示的动力学控制区域,由于 O_2 的传质影响较小,三种不同催化剂载量薄膜电极的 ORR 表观 Tafel 斜率

与多晶铂电极的表观 Tafel 斜率几乎相等；然而，在 0.8～0.9 V的动力学与扩散混合控制区域，载量过低和载量过高薄膜电极的 ORR 表观 Tafel 斜率均明显偏离多晶铂电极上的相应值：载量过高时，该斜率的偏离主要是催化剂薄膜过厚，使 O_2在薄膜内的传质阻力增大所致；而载量过低时，该斜率的偏离则主要是催化剂分布不均而使极化曲线变缓、动力学与扩散混合控制区域被延长所致。对于分布均匀、厚度适中的 Pt/C 催化剂薄膜，由于其表面的 O_2传质与光滑多晶铂表面的 O_2传质相当，因此它们的 Tafel 曲线始终保持平行。

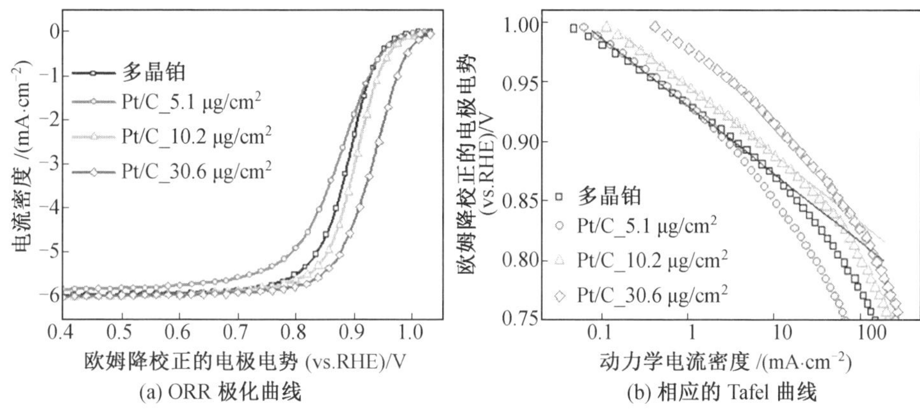

图 2.9　多晶铂电极三种不同载量的 TF-RDE|Pt/C 电极在 O_2饱和的 0.1 mol/L $HClO_4$溶液中的电化学行为曲线

根据经验，在动力学控制区域及混合控制区域，只有催化剂薄膜的 ORR 极化曲线和多晶铂电极的 ORR 极化曲线相互平行，相应的 Tafel 曲线才能保持平行，因此在极限扩散电流密度相同时，可以通过对比 ORR 极化曲线在动力学控制区域及混合控制区域的变化趋势判断薄膜品质。此外，由于光滑的多晶铂电极表面粗糙度（定义为电化学活性面积（electrochemical surface areas，ECSA）与实际电极面积的比值（S_{ECSA}/S_{Elec}），本实验中多晶铂电极表面的粗糙度约为 1.8）非常低，其表面对电解池体系的杂质非常敏感，因此，可以通过测试多晶铂电极表面氧还原活性来衡量电解池体系清洁与否。根据0.9 V的动力学电流密度，可以计算出本节研究所使用的多晶铂电极表面的氧还原电化学活性面积为 1.92 mA/cm²，与文献中所报道的可靠数值相当，表明本节研究的电解池体系足够清洁。为了比较，本节研究也对使用 24 h 后的多晶铂电极在 0.1 mol/L $HClO_4$溶液中进行了 ORR 测试。从图 2.10(a)中可以看出，此时所测试的 ORR 极化曲线已明显负移。电解池体系不够清洁势必对催化剂的活性评估产生影响。图 2.10(b)所示为 TF-RDE|Pt/C 电极在清洁的和使用 24 h 后的 0.1 mol/L $HClO_4$

溶液中所测试的 ORR 极化曲线，可以看出，0.9 V 电势所对应的 ORR 电流已有所差别。

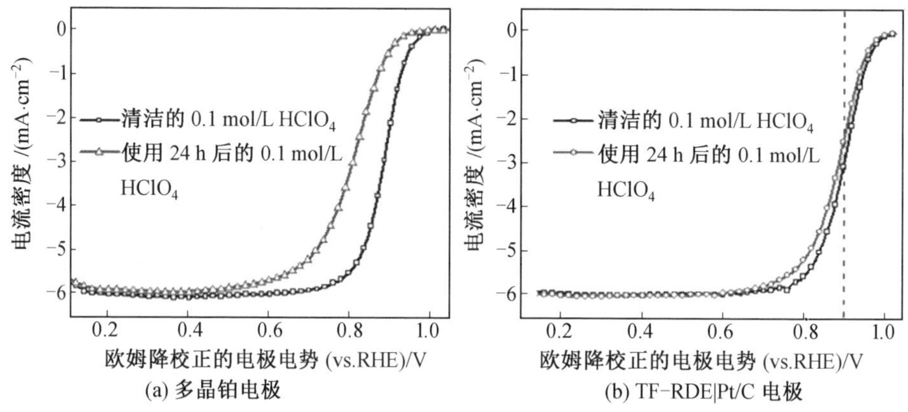

图 2.10　在清洁的和使用 24 h 后的 O_2 饱和的 0.1 mol/L $HClO_4$ 溶液中所测试的 ORR 极化曲线

2.3　动电势极化参数对催化剂表面氧还原动力学的影响

在 TF-RDE 三电极电解池体系中，尽管都采用动电势极化的循环伏安法来评估纳米颗粒催化剂的 ORR 活性，但是文献中报道的结果仍然存在较大的差异。例如，不同文献报道的商业的 Pt/C（质量分数为 20%）催化剂的 ORR 活性相差达一个数量级以上。除了背景电流和欧姆内阻所引起的误差以及催化剂薄膜品质和电解池体系清洁程度的影响，另一个可能的原因是对电极实施动电势极化时，所采用的动电势参数不一致。因此，有必要系统研究动电势参数（循环伏安扫描速率和扫描范围）对催化剂的氧还原动力学及催化活性的影响。

为了降低电解池体系中痕量杂质（如 Cl^-）以及纳米颗粒催化剂背景电流的影响，文献中通常采用的循环伏安扫描速率在 5 ~ 50 mV/s 之间。为了揭示催化剂的氧还原动力学及催化活性与扫描速率之间的关系，本节研究分别采用 5 mV/s、10 mV/s、20 mV/s、50 mV/s 四个扫描速率对 TF-RDE|Pt/C 电极进行 ORR 测试。从图 2.11(a) 中可以看出，在这四个扫描速率下测试的 ORR 极化曲线最大的差别位于动力学及混合控制区域($0.7\ V<E<1.0\ V$)。随着扫描速率的增大，极化曲线明显向电势更正的方向移动，表明 ORR 的反应动力学与扫描速率有关，相应的 Tafel 曲线如图 2.11(b) 所示。需要强调的是，当 $E<0.85\ V$ 时，

ORR 的电流密度与极限扩散电流密度十分接近，这时采用 K-L 方程计算的动力学电流密度会有一定的误差，因此本节研究仅仅比较了电势区间为 0.85 V<E<0.95 V 的 Tafel 曲线。从图 2.11(b)可以看出，线性拟合的表观 Tafel 斜率并不随扫描速率变化，大约为 -63 mV/dec(dec 为 decade(十进位)的缩写)，近似等于-2.3RT/F(-59 mV/dec)，并与 MEA 方法中测得的表观 Tafel 斜率一致。

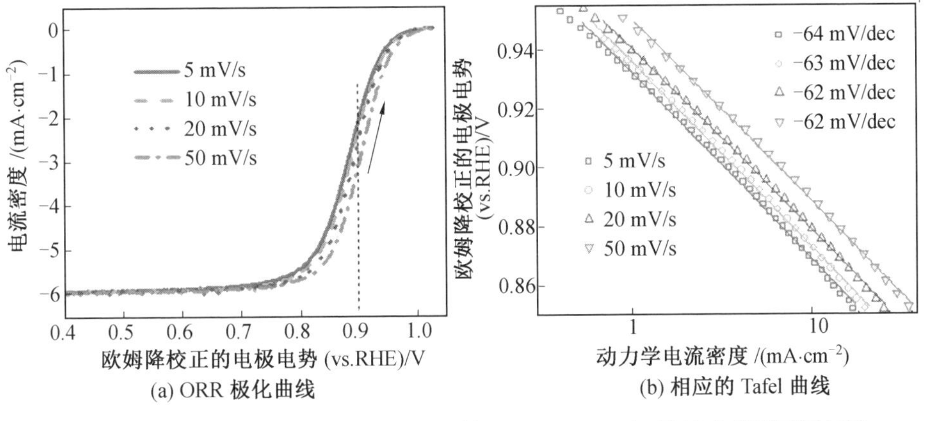

图 2.11　TF-RDE|Pt/C 电极在 O_2饱和的 0.1 mol/L $HClO_4$溶液中利用不同扫描速率测试的电化学行为曲线

先前的研究表明，Tafel 斜率与氧还原的反应机理及催化表面同 OH_{ad}/O_{ad}的相互作用密切相关。不变的 Tafel 斜率表明扫描速率的变化并不影响催化剂表面的 ORR 反应机理。需要指出的是，本实验结果与 Mentus 等报道的实验现象不同，他们的结果显示 ORR 表观 Tafel 斜率对扫描速率非常敏感。这种 ORR 表观 Tafel 斜率依赖于扫描速率的实验现象很可能是电解液的微量杂质以及没有进行欧姆内阻补偿造成的。进一步从图 2.12 中可知，当电极扫描速率从5 mV/s变化到 50 mV/s 时，Pt/C 催化剂的 Pt 质量比活性从 0.33 A/mg 增大到0.66 A/mg。催化剂质量比活性的变化趋势与 Chorkendorff 和 Mayrhofer 等报道的结果类似。

铂基催化剂表面的氧还原反应速率主要受表面吸附 OH_{ad}/O_{ad}的覆盖度控制(位阻效应)，而且 OH_{ad}/O_{ad}来源于 H_2O 的氧化，而不是氧还原反应本身。因此，有必要考察扫描速率对催化剂表面 OH_{ad}/O_{ad}的吸附行为的影响。从图 2.13 中可以看出，当电极电势 E>0.6 V 时，由 OH_{ad}/O_{ad}吸附引起的差分电容响应(即电流响应对扫描速率归一化)随着扫描速率降低而增大。这意味着，扫描速率越慢，OH_{ad}/O_{ad}在催化剂表面的覆盖度越高。不同扫描速率下 OH_{ad} 的覆盖度(Q_{OH}/Q_{H-UPD}(H-UPD 表示氢欠电势沉积)，为了计算可行，这里仅以 OH_{ad}代表含氧物种)随电极电势的变化在图 2.13 插图中给出。从图 2.13 插图可知，电势为

0.9 V时,当扫描速率从 50 mV/s 减小到 5 mV/s 时,OH_{ad}的覆盖度从起初的 0.5 变化到 0.64。这是因为 OH_{ad}/O_{ad}在电极表面的吸脱附依赖于电极电势和极化时间,在正扫时,更慢的扫描速率意味着催化剂处于 H_2O 氧化的电势区域的时间更长,因此相应的 OH_{ad}/O_{ad} 覆盖度会变大。OH_{ad}/O_{ad} 的位阻效应导致催化剂的表观氧还原活性依赖于电极的扫描速率。

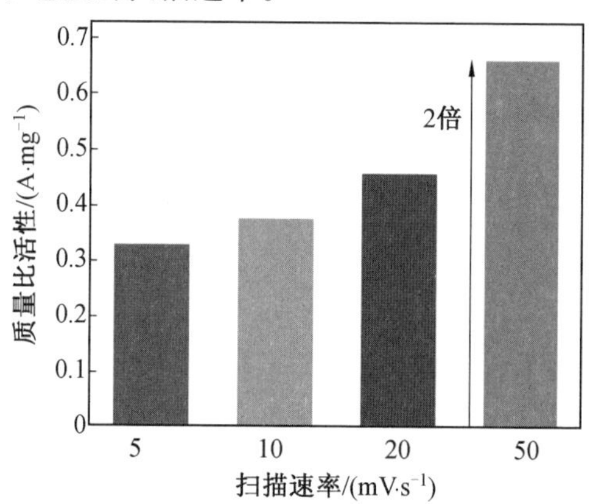

图 2.12　不同扫描速率测试的 Pt/C 催化剂的氧还原质量比活性柱状图

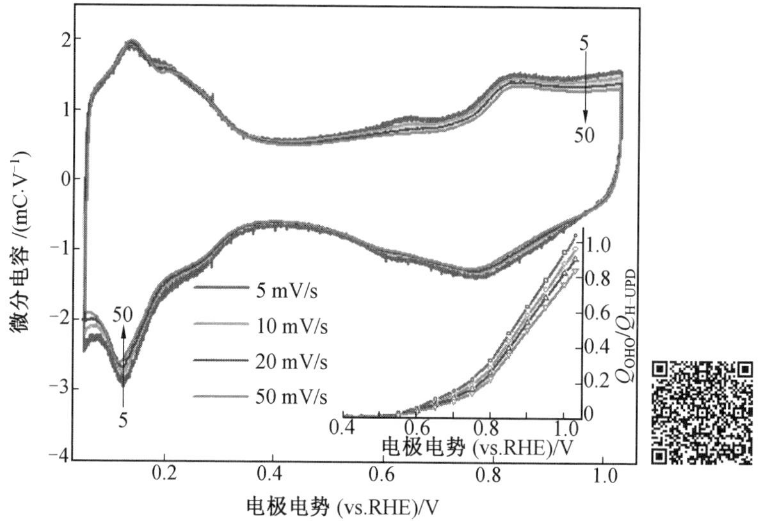

图 2.13　TF-RDE|Pt/C 电极在 Ar 饱和的 0.1 mol/L $HClO_4$溶液中的扫描速率归一化的循环伏安曲线(插图是不同扫描速率下催化剂表面 OH_{ad}的覆盖度)

以上结果表明,在测试范围内,扫描速率越快,测得的催化剂 ORR 活性越

好。当电极扫描速率为 50 mV/s 时,Pt/C 在 0.9 V 的质量比活性达到 0.66 A/mg。需要强调的是,对于 Pt/C,MEA 方法中测得的 ORR 质量比活性仅为 0.11 A/mg。对于同一催化剂,两种体系中 ORR 活性差异主要是因为催化剂的利用率不同(MEA 中催化剂的利用率较 TF-RDE 中催化剂的利用率低),而且不同的电化学极化方法导致催化剂表面的 OH_{ad}/O_{ad}吸附量也不同。在 MEA 方法中,恒电势极化条件下,催化剂表面的 OH_{ad}/O_{ad}吸附处于(准)平衡状态。而对于动电势极化的 TF-RDE,OH_{ad}/O_{ad}的吸附一直处于非平衡状态,这样导致催化剂表面 OH_{ad}/O_{ad}的覆盖度较平衡态时低,因此仅仅考虑这种差异,TF-RDE 方法测得的催化剂活性大小也较 MEA 方法中测得的活性值要高。根据这些分析可知,利用 TF-RDE 方法测得的催化剂 ORR 活性数值并不能直接代表催化剂在实际燃料电池中的 ORR 活性。但先前的研究已经证明,同一催化剂在两种体系中的活性趋势是相同的。也就是说,采用 TF-RDE 方法表征新合成催化剂的 ORR 活性,通过比较其与相同扫描速率下测得的商业 Pt/C 基准催化剂的活性,作为预评估新合成催化剂在 MEA 方法中的电催化活性是可行的。

综合考虑电解液中痕量杂质的影响(扫描速率低于 5 mV/s 时,痕量杂质对催化剂表面氧还原反应影响将不可忽略)、测试的效率(扫描速率越低,获得稳定的吸脱附及氧还原的伏安响应曲线所需要的时间越长)以及 TF-RDE 方法与 MEA 方法测试的催化剂活性差异(扫描速率越高,ORR 活性差异越大),在使用 TF-RDE 方法表征催化剂的 ORR 活性以及考察其他动电势参数对催化剂活性的影响时,建议采用的扫描速率为 10 mV/s。

利用动电势极化评估催化剂的 ORR 活性,在参数选择方面,与扫描速率相比,电势的扫描范围更容易被忽略。本节研究系统考察了不同电势扫描范围对 Pt/C 催化剂氧还原动力学及催化活性的影响。首先将循环伏安扫描的电势上限固定在开路电势 1.03 V,考察不同的扫描电势下限值对 Pt/C 催化剂的氧还原动力学的影响。图 2.14(a)所示为依次改变电势下限从 0 到 0.6 V 所测试的 ORR 极化曲线。可以看出,当电势下限高于 0.05 V 时,随着电势下限的进一步升高,测得的 ORR 极化曲线逐渐向负电势方向移动,相应的极限扩散电流密度也轻微降低。而且,随着循环扫描圈数的增加,氧还原的伏安响应也变得不是特别稳定。根据 0.9 V 时的电流密度计算得到的质量比活性如图 2.14(b)所示。从图中可以看出,电势下限为 0 和 0.05 V 所对应的质量比活性几乎相同,为 0.38 A/mg;然而随着电势下限从 0.1 V 变化到 0.6 V,所测试的质量比活性逐渐衰减,最大损失为 72%。

虽然随着电势下限的增高氧还原反应的过电势不断增大,但从图 2.15(a)可

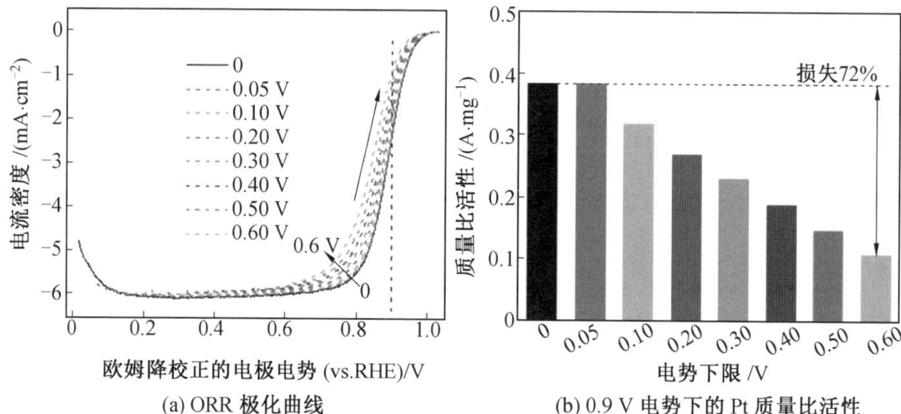

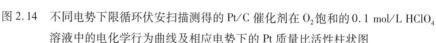

(a) ORR 极化曲线　　(b) 0.9 V 电势下的 Pt 质量比活性

图 2.14　不同电势下限循环伏安扫描测得的 Pt/C 催化剂在 O_2 饱和的 0.1 mol/L $HClO_4$ 溶液中的电化学行为曲线及相应电势下的 Pt 质量比活性柱状图

知,表观 Tafel 斜率始终约为-65 mV/dec,表明氧还原反应的机理并没有受到影响。也许不同电势下限催化剂氧还原活性的差异仍然可以归因于不同的 OH_{ad}/O_{ad} 覆盖度,由此推测当电势下限高于 0.05 V 时,在负扫过程中并不是所有的 OH_{ad}/O_{ad} 都能从 Pt 表面脱附下来。进而,本实验测试了不同电势下限催化剂表面的循环伏安响应。如图 2.15(b)所示,当电势下限高于 0.05 V 时,OH_{ad}/O_{ad} 的吸附峰明显降低。此外,根据负扫时的电流响应计算出未从 Pt 表面脱附掉的 OH_{ad}/O_{ad} 的覆盖度。从图 2.15(b)插图可以看出,当电势下限设置为 0.6 V 时,负扫时未脱附的 OH_{ad}/O_{ad} 的覆盖度增高至 0.29。这个实验结果印证了作者团队的推断,而且在氧气饱和的条件下,这个值可能还会更高。因此,电势下限升高导致催化剂的 ORR 表观活性降低,是由于负扫时未脱附的 OH_{ad}/O_{ad} 在接下来的正扫时进一步阻碍了氧气的吸附及还原。

固定循环伏安扫描的电势下限为 0.05 V,进一步考察电势上限的影响。本实验设定 5 个电势上限,相应的 ORR 极化曲线和循环伏安曲线分别如图 2.16(a)和(b)所示。由图可知正扫方向的 ORR 极化曲线完全重合(图 2.16(a)),表明即使电势上限接近氧化还原的标准平衡电势(1.23 V),当电势下限为 0.05 V 时,也足以保证所有的 OH_{ad}/O_{ad} 都能从 Pt 表面脱附,以至于在随后的正扫过程中氧还原反应并未受到影响。从图 2.16(b)中也可以看出,尽管更高的电势上限导致更大的 OH_{ad}/O_{ad} 脱附还原峰,但正扫过程中的 CV 曲线完全重合,负扫方向的 ORR 极化曲线强烈依赖于电势上限的大小,对应的 Pt 质量比活性如图 2.16(a)插图所示。更高电势上限导致更低的氧还原活性是由于催化剂表面在

正扫过程中吸附了更多的 OH_{ad}/O_{ad}。为了保证实验结果的可靠性，氧还原催化剂的活性评价应该依据电势下限足够低的循环伏安曲线的正扫片段。

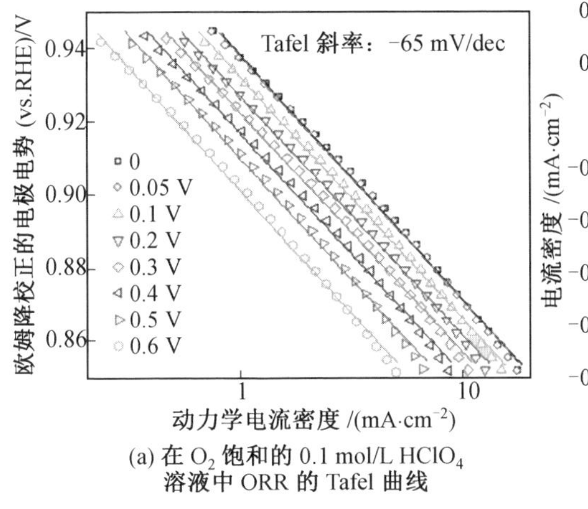

(a) 在 O_2 饱和的 0.1 mol/L $HClO_4$ 溶液中 ORR 的 Tafel 曲线

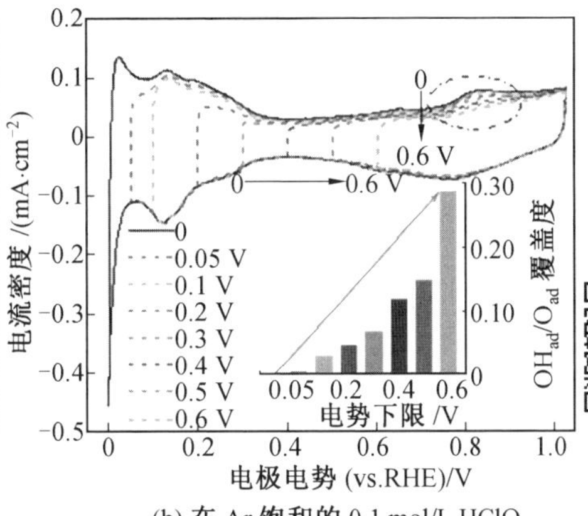

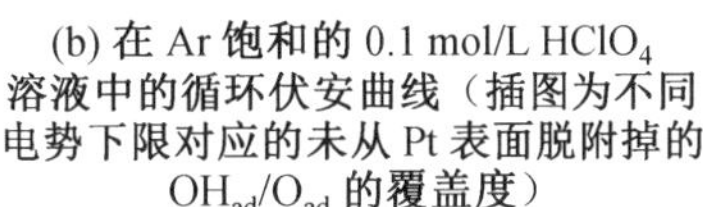

(b) 在 Ar 饱和的 0.1 mol/L $HClO_4$ 溶液中的循环伏安曲线（插图为不同电势下限对应的未从 Pt 表面脱附掉的 OH_{ad}/O_{ad} 的覆盖度）

图 2.15　不同电势下限循环伏安扫描测得的 Pt/C 催化剂电化学行为曲线

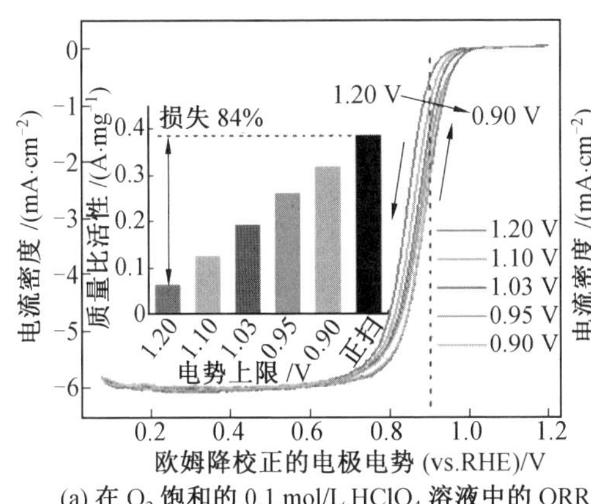

(a) 在 O_2 饱和的 0.1 mol/L $HClO_4$ 溶液中的 ORR 极化曲线（插图为相应的质量比活性柱状图）

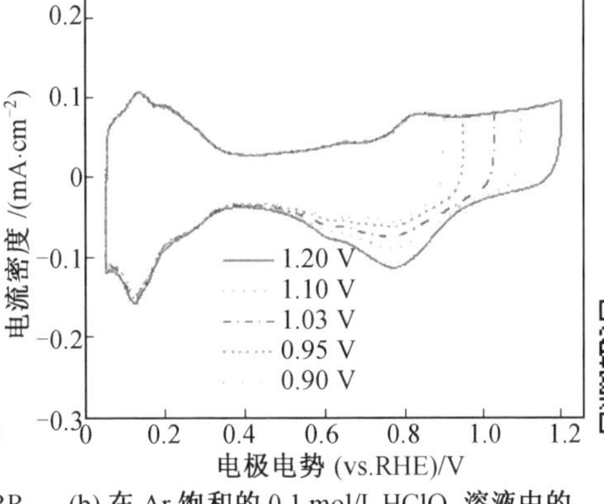

(b) 在 Ar 饱和的 0.1 mol/L $HClO_4$ 溶液中的循环伏安曲线（电势下限固定在 0.05 V）

图 2.16　不同电势上限循环伏安扫描测得的 Pt/C 催化剂电化学行为曲线

以上研究结果表明，Pt/C 催化剂表面的 ORR 极化行为强烈依赖于相关动电势参数的选择。尽管催化剂薄膜的厚度小于 1 μm，以至于氧气的扩散传输阻力可以忽略，但是在微观角度它仍然是具有纵向梯度（从 Pt/C 电极表面到催化剂薄膜表面）的多孔涂层。这些性质也许会引起施加的电极电势在催化剂薄膜内分布不均以及电化学响应滞后，进而导致 ORR 活性依赖于动电势参数。

为了确定这种影响是否存在，本节研究也考察了不同动电势参数测试的光滑多晶铂电极表面的氧还原行为。同时，为了尽可能地避免电解液中痕量杂质的干扰，本节实验所采用的扫描速率比测试 TF-RDE|Pt/C 电极所采用的扫描速率高 10 倍。在多晶铂电极上观察到与 TF-RDE|Pt/C 电极相同的实验现象。如图2.17(a)和(b)所示，当扫描速率从 50 mV/s 增大至 500 mV/s 时，多晶铂电极表面的 ORR 极化曲线也向电势更正的方向移动，相应的 OH_{ad}/O_{ad} 吸脱附差分电容则不断减小。图 2.18(a)和(b)所示分别为不同电势下限测试的多晶铂电极表面的 ORR 极化曲线和相应的循环伏安曲线。从局部放大图中可以明显地看出，曲线的变化趋势与 TF-RDE|Pt/C 电极的情况相同。

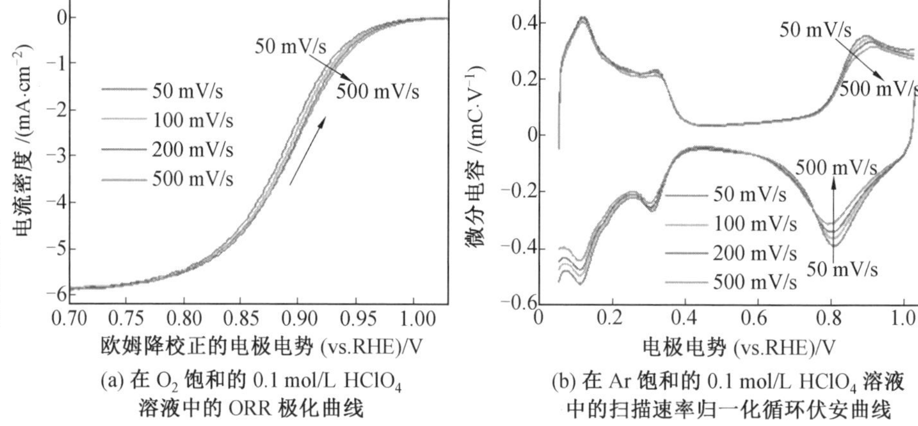

(a) 在 O_2 饱和的 0.1 mol/L $HClO_4$ 溶液中的 ORR 极化曲线

(b) 在 Ar 饱和的 0.1 mol/L $HClO_4$ 溶液中的扫描速率归一化循环伏安曲线

图 2.17 不同扫描速率测试的多晶铂电极电化学行为曲线

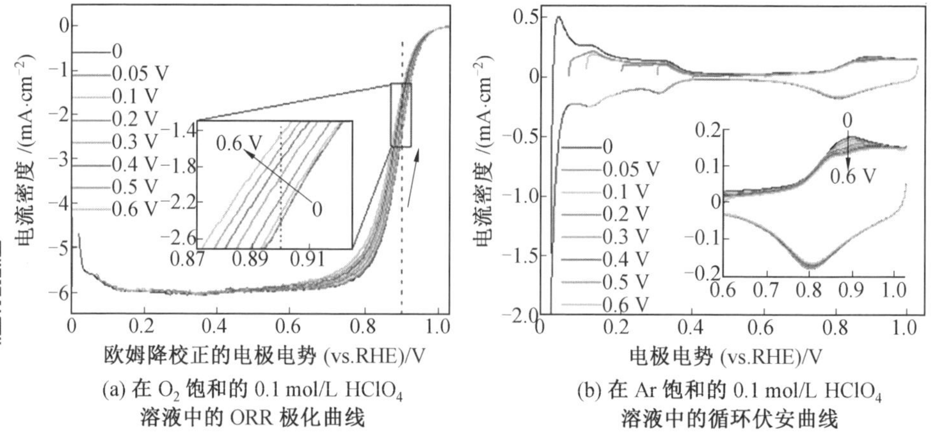

(a) 在 O_2 饱和的 0.1 mol/L $HClO_4$ 溶液中的 ORR 极化曲线

(b) 在 Ar 饱和的 0.1 mol/L $HClO_4$ 溶液中的循环伏安曲线

图 2.18 不同电势下限测试的多晶铂电极电化学行为曲线

通常认为电极电势负扫至0.4 V(H-UPD起始电势)时,铂表面吸附的OH_{ad}/O_{ad}已完全脱附。然而,以上研究结果表明,即便是在H-UPD区域内(E<0.4 V),铂表面吸附的OH_{ad}/O_{ad}也并不能脱附完全。其中的一个证据是,当电极电势从1.03 V扫描到0.2 V时,Pt/C催化剂表面未脱附的OH_{ad}/O_{ad}约占最初吸附的3%(见图2.15(b)插图)。此外,本节研究对多晶铂电极在正、负扫过程中OH_{ad}/O_{ad}的吸附电量进行连续积分,如图2.19(a)所示。从积分电量随电势的变化曲线中可以看出,当电极负扫到最低点(电流密度的绝对值最小)时,仍有3.4%的OH_{ad}/O_{ad}吸附在电极表面。进一步研究发现,当多晶铂电极电势从1.03 V扫描到0.10 V,并且在0.10 V保持30 s时,随后正扫的伏安曲线又恢复至最初的清洁表面的伏安响应(图2.19(b))。这些实验现象说明,多晶铂表面含氧物种的吸脱附严重不可逆。这可能与表面吸附的O_{ad}没有足够低的电势而不能被移除有关。本节研究的实验结果表明,无论是Pt纳米颗粒还是多晶铂,循环伏安扫描的低电势必须低至0.05 V才能保证所有吸附的OH_{ad}/O_{ad}被完全移除。目前只能通过以上这些间接方式进行证明,深入探测含氧物种在金属表面的吸脱附行为有待先进电化学原位表征技术的开发。

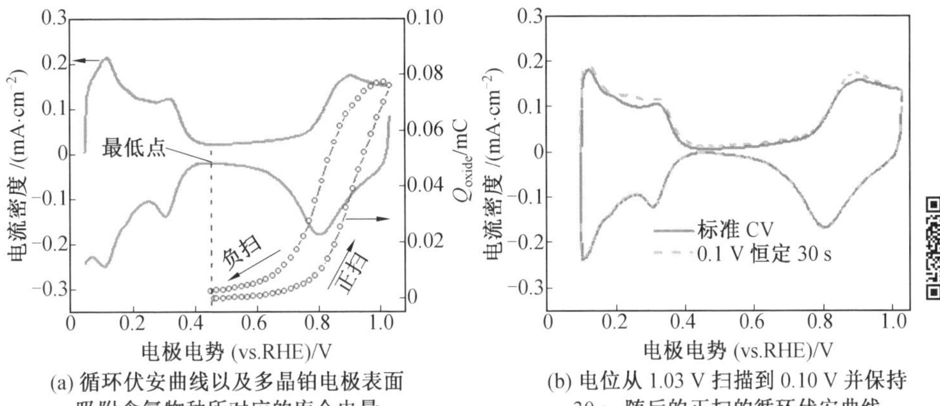

(a) 循环伏安曲线以及多晶铂电极表面吸附含氧物种所对应的库仑电量

(b) 电位从1.03 V扫描到0.10 V并保持30 s,随后的正扫的循环伏安曲线

图2.19 多晶铂电极在Ar饱和的0.1 mol/L $HClO_4$溶液中的电化学行为曲线

不同电势上限测试的多晶铂电极ORR极化曲线和循环伏安曲线也表现出与TF-RDE|Pt/C电极相同的变化规律,如图2.20(a)和(b)所示。

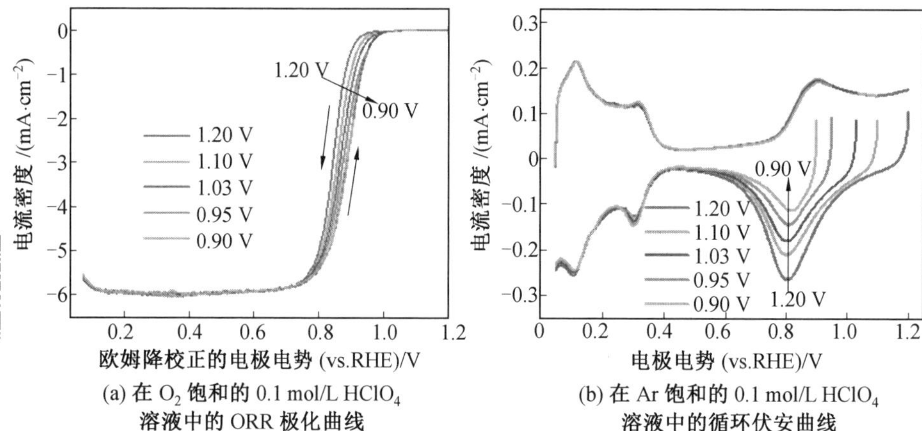

(a) 在 O_2 饱和的 0.1 mol/L $HClO_4$ 溶液中的 ORR 极化曲线

(b) 在 Ar 饱和的 0.1 mol/L $HClO_4$ 溶液中的循环伏安曲线

图 2.20 不同电势上限测试的多晶铂电极电化学行为曲线

以上研究结果表明,多晶铂电极表面的氧还原展现出与 TF-RDE|Pt/C 电极相同的电化学行为,因此可以确定氧还原动力学依赖动电势极化参数,与氧气的传质以及薄膜电极微观结构无关。这也从侧面证明 TF-RDE 方法用于纳米颗粒催化剂氧还原活性的预评估是可靠的。

本章参考文献

[1] CANO Z P, BANHAM D, YE S Y, et al. Batteries and fuel cells for emerging electric vehicle markets[J]. Nature Energy, 2018, 3: 279-289.

[2] DENG Y J, LUO J M, CHI B, et al. Advanced atomically dispersed metal-nitrogen-carbon catalysts toward cathodic oxygen reduction in PEM fuel cells[J]. Advanced Energy Materials, 2021, 11(37): 2101222.

[3] LU X F, XIA B Y, ZANG S Q, et al. Metal-organic frameworks based electrocatalysts for the oxygen reduction reaction[J]. Angew Chem Int Ed, 2020, 59(12): 4634-4650.

[4] 杜真真, 王珺, 王晶, 等. 质子交换膜燃料电池关键材料的研究进展[J]. 材料工程, 2022, 50(12): 35-50.

[5] ZHANG H G, OSMIERI L, PARK J H, et al. Standardized protocols for evaluating platinum group metal-free oxygen reduction reaction electrocatalysts in polymer electrolyte fuel cells[J]. Nature Catalysis, 2022, 5: 455-462.

[6] CHEN G Y, LI M, KUTTIYIEL K A, et al. Evaluation of oxygen reduction activity by the thin-film rotating disk electrode methodology:The effects of potentiodynamic parameters[J]. Electrocatalysis, 2016, 7(4): 305-316.

[7] VIELSTICH W, LAMM A, GASTEIGER H. Handbook of fuel cells: Fundamentals, technology, applications[M]. Hoboken:Wiley,2003.

[8] GASTEIGER H A, KOCHA S S, SOMPALLI B, et al. Activity benchmarks and requirements for Pt, Pt-alloy, and non-Pt oxygen reduction catalysts for PEMFCs [J]. Applied Catalysis B: Environmental, 2004, 56(1): 9-35.

[9] MAYRHOFER K, STRMCNIK D, BLIZANAC B B, et al. Measurement of oxygen reduction activities via the rotating disc electrode method:From Pt model surfaces to carbon-supported high surface area catalysts [J]. Electrochimica Acta, 2007, 53(7): 3181-3188.

[10] GARSANY Y, BATURINA O A, SWIDER-LYONS K E, et al. Experimental methods for quantifying the activity of platinum electrocatalysts for the oxygen reduction reaction[J]. Anal Chem, 2010, 82(15): 6321-6328.

[11] WANG J X, MARKOVIC N M, ADZIC R R. Kinetic analysis of oxygen reduction on Pt (111) in acid solutions: Intrinsic kinetic parameters and anion adsorption effects[J]. The Journal of Physical Chemistry B, 2004, 108(13): 4127-4133.

[12] KE K, HIROSHIMA K, KAMITAKA Y, et al. An accurate evaluation for the activity of nano-sized electrocatalysts by a thin-film rotating disk electrode: Oxygen reduction on Pt/C[J]. Electrochimica Acta, 2012, 72: 120-128.

[13] SHINOZAKI K, PIVOVAR B S, KOCHA S S. Enhanced oxygen reduction activity on Pt/C fornafion-free, thin, uniform films in rotating disk electrode studies[J]. ECS Transactions, 2013, 58(1): 15-26.

[14] TAKAHASHI I, KOCHA S S. Examination of the activity and durability of PEMFC catalysts in liquid electrolytes[J]. Journal of Power Sources, 2010, 195(19): 6312-6322.

[15] KOCHA S S, ZACK J W, ALIA S M, et al. Influence of ink composition on the electrochemical properties of Pt/C electrocatalysts[J]. ECS Transactions, 2013, 50(2): 1475-1485.

[16] YANNICK G, GE J, JEAN S, et al. Analytical procedure for accurate comparison of rotating disk electrode results for the oxygen reduction activity of

Pt/C[J]. Journal of the Electrochemical Society, 2014, 161(5): F628-F640.
[17] FABBRI E, TAYLOR S, RABIS A, et al. The effect of platinum nanoparticle distribution on oxygen electroreduction activity and selectivity [J]. ChemCatChem, 2014, 6(5): 1410-1418.
[18] HIGUCHI E, UCHIDA H, WATANABE M. Effect of loading level in platinum-dispersed carbon black electrocatalysts on oxygen reduction activity evaluated by rotating disk electrode[J]. Journal of Electroanalytical Chemistry, 2005, 583(1): 69-76.
[19] PASTI IGOR A, GAVRILOV NEMANJA M, MENTUS SLAVKO V. Potentiodynamic investigation of oxygen reduction reaction on polycrystalline platinum surface in acidic solutions: The effect of the polarization rate on the kinetic parameters[J]. Int J Electrochem Sci, 2012, 7(11): 11076-11090.
[20] SHINOZAKI K, ZACK J W, RICHARDS R M, et al. Oxygen reduction reaction measurements on platinum electrocatalysts utilizing rotating disk electrode technique[J]. Journal of the Electrochemical Society, 2015, 162(10): F1144-F1158.

第3章

铂基氧还原反应催化剂设计

电催化阴极氧气还原一直是燃料电池等能源转换技术研究中的热点课题。尽管氧气分子热力学不稳定,倾向于被还原,但其自身特殊的电子构型(三重电子基态)致使它与大多数分子(电子自旋单态)直接反应都需要克服很高的能垒,因此在没有催化剂存在的条件下,氧还原反应速率十分缓慢。如常温、常压下直接将氧气和氢气混合,即使时间足够长,也不会观察到水。在质子交换膜燃料电池中,尽管Pt对阴极氧还原反应已表现出最好的催化活性,但与阳极侧的氢气氧化反应相比,氧还原反应仍非常迟缓(在Pt表面,氧气还原的交换电流密度比氢气氧化的交换电流密度低六个数量级),严重制约电池的性能输出及能量转化效率。由于地壳中Pt的储量有限、价格昂贵,现阶段燃料电池的造价并不能满足电动车产业化需求。同时,Pt催化剂的自身稳定性仍较电动车的寿命要求有一定差距。因此,设计和构筑高活性、高稳定的低铂催化剂对于促进质子交换膜燃料电池商业化具有重要的意义。

3.1　铂基催化剂设计概述

根据美国能源部 2012 年发布的研究报告，未来最早大规模量产的燃料电池汽车上所使用的催化剂仍然是以金属 Pt 为主要活性组分，并指出 Pt 的用量至少是目前商业碳载铂催化剂（Pt/C）用量的 1/10 ~ 1/4 才能满足燃料电池汽车的商业化需求，因此设计高性能低铂催化剂至关重要。目前主要是通过设计特殊结构来调控 Pt 的电子结构和几何结构（如合金结构、核壳结构），修饰表面 Pt 原子和含氧物种的结合能，从而提升 Pt 表面的 ORR 动力学进程。美国阿贡国家实验室 Markovic NM 小组利用磁控溅射制备表面组成确定的 Pt_3Ni 催化剂，并在超高真空环境下热处理催化剂，通过元素偏析制备了表面组成为 100% Pt 的催化剂（记为 Pt-skin），三种催化剂氧还原活性依次为 Pt-skin > Pt_3Ni > Pt，认为表面 Pt 的电子结构受到内层修饰，是催化剂氧还原活性提升的主要原因。该研究小组制备了 Pt_3Ni(111)、Pt_3Ni(100) 和 Pt_3Ni(110) 催化剂，其中 Pt_3Ni(111) 的活性是商业 Pt/C 催化剂活性的 96 倍，是活性最高的催化剂。Pt_3Ni(111) 具有高活性的主要原因是近表层的 Ni 修饰了表层 Pt 的电子结构，降低了其与含氧中间态粒子的结合能，同时确定了氧还原反应高活性催化位点的组成。德国柏林工业大学 Strasser、Peter 小组利用 N，N-二甲基甲酰胺（DMF）制备八面体 PtNi 催化剂，同时利用电子能量损失谱（electron energy loss spectroscopy，EELS）揭示出八面体 PtNi 纳米晶的元素各向异性，其中 Pt 主要位于八面体的棱和顶点位置，而 Ni 主要分布于八面体的面的位置，并指出各向异性是限制八面体 PtNi 氧还原活性的主要原因之一。夏幼南课题组指出，在八面体 PtNi 合成过程中均会引入表面活性剂，而表面活性剂在催化剂表面的吸附降低了活性中心的数量和氧还原的催化活性。他们采用一种新的合成方法，制备了表面清洁的 9 nm 的八面体 PtNi 催化剂，其质量比活性和面积比活性相比于商业 Pt/C 催化剂分别得到 17 倍和 51 倍的提升。但是八面体 PtNi 催化剂在活性大幅度提升的同时，稳定性远远低于实际需求，经过 5 000 圈加速稳定性测试，其活性衰减接近 40%，而失活原因可能是内层的 Ni 发生大量的溶出，严重破坏表层 Pt 的电子结构和形貌。鉴于八面体 PtNi 元素各向异性和 Ni 的溶出，杨培东课题组制备了 $PtNi_3$ 纳米晶，利用刻蚀的方法成功地将 $PtNi_3$ 转变为 Pt_3Ni 纳米笼，其质量比活性和面积比活性相比于商业 Pt/C 催化剂分别得到 36 倍和 22 倍的提升，同时该结构展现了高的稳定性，经过 10 000 圈稳定性的测试，其催化活性相比于初始活性几乎没有出现衰减。黄昱课题组引入第三金属 M 掺杂八面体 Pt_3Ni/C 催化剂，发现 Mo 掺杂的 Pt_3Ni/C 展现了很高的氧还原活性，其面积比活性和质量比活性相比于商业 Pt/C 催化剂分别提升 81 倍和 73 倍。计算表明，在氧还原条件下，Mo 原子会迁移到表面，在顶点位置稳定存在，而且会促进 Mo—Ni 键和 Mo—Pt 键的形成，抑制 Pt 和 Ni 的溶解。同时，Mo 可以有效调节近表面 Pt 的电子结构，使得 Pt 和含氧粒子结合能适中。

相比于合金催化剂，核壳催化剂的不稳定元素全部位于体相内部，可以保证在电化学环境中，表面 Pt 的组成不会发生变化。热处理过程元素偏析是一种制备具有核壳结构的催化剂的有效方法。Abruna 采用热处理方法制备金属间化合物 Pt-Co 核壳催化剂，在经过 700 ℃热处理后，Pt 原子发生偏析，形成核壳结构，而且核内的合金转变为金属间化合物，其中 Co 原子可以有效地调控 Pt 的电子结构和几何参数，其氧还原活性提升近 8 倍，同时核壳结构催化剂的稳定性也得到明显的提升。Xia 等利用双亲性分子作为反应溶剂，成功地在八面体 Pd 纳米晶表面制备 PtNi 薄壳形成 PtNi@ Pd 催化剂，在内核 Pd 和表层 Ni 的双重作用下，有效改变 Pt 和含氧粒子的结合能，其面积比活性和质量比活性分别提升了 12.5 倍和 14 倍，而且展现了高的稳定性。美国布鲁克海文国家实验室 Adzic 研究员利用欠电势沉积技术和化学置换反应成功地制备出 Pt 单层催化剂，使得核壳结构的贵金属用量降低到极限。Zhang 分别在 Ru(0001)、Ir(111)、Rh(111)、Au(111)和 Pd(111)表面制备单原子层 Pt(Pt monolayer，Pt_{ML})，其中 $Pt_{ML}/Pd(111)$ 具有最高的活性，主要是由于 Pd 基底使得 Pt_{ML} 受到压缩应力，并使 Pt 和含氧粒子结合能降低，加速氧气还原进程。Sasaki 制备了 $Pt_{ML}/Pd/C$ 催化剂，并发现这种催化剂在实际燃料电池体系中具有超高的电化学稳定性。

尽管多种结构设计均可以提升催化剂的活性和稳定性，但是目前催化剂的表面结构与活性和稳定性间的关系尚不明晰。另外，催化剂的长循环行为和催化剂的结构、组成及形貌间的耦合关系尚不明晰，缺少有效的描述催化剂稳定性的因子。最后，催化剂的活性和稳定性通常难以兼得，严重阻碍了高性能催化剂的设计。因此，需深入研究影响催化剂的活性表达的多重因子，并研究多重因子

在长循环过程中的演变行为，从而揭示控制催化剂活性和稳定性的关键因子，助力于设计和构筑高性能的低铂催化剂。

3.2　铂基催化剂的形貌调控与修饰及 ORR 性能

3.2.1　利用聚电解质可控合成 Pt 纳米晶

目前，贵金属结晶化过程中特殊晶面的可控选择生长受到了广泛关注。化学还原方法是最高效和方便的合成 Pt 纳米晶的方法。在化学还原过程中控制 Pt 纳米晶形貌的关键是合理运用形貌控制剂以增强特殊晶面的生长。这些形貌控制剂包括下面几种：①大分子或高分子，如十六烷基三甲基溴化铵（cetyltrimethylammonium bromide，CTAB）、油酸（oleic acid，OA）、聚乙烯吡咯烷酮（polyvinyl pyrrolidone，PVP）、聚丙烯酸（poly（acrylic acid），PAA）或 P123；②带负电或正电的离子，如 Br^-、I^-、NO_3^-、Ag^+、Fe^{2+}/Fe^{3+}；③羰基化合物，如 $Fe(CO)_5$、$Cr(CO)_6$、$Mn_2(CO)_{10}$；④痕量金属，如 Co 等。值得注意的是，常用的形貌控制剂如 PVP、PAA 或卤素离子会在 Pt 表面发生强吸附，从而阻碍反应物到达活性位点，因此这些物质通常会降低电催化剂的催化活性。

本书发展了一类利用聚电解质可控合成 Pt 纳米晶的方法，即在水热法制备催化剂过程中利用聚电解质聚二甲基二烯丙基氯化铵（poly（diallyldimethyl ammonium chloride），PDDA）同时作为 Pt 前驱体的还原剂、Pt 纳米颗粒形成过程中的稳定剂以及 Pt 特殊晶面生长过程中的形貌控制剂。通过调控水热反应过程中 PDDA 的质量浓度实现了对 Pt 纳米晶形貌的调控，PDDA 质量浓度由高到低依次为 60 mg/mL、40 mg/mL、30 mg/mL 和 20 mg/mL，形成的 Pt 纳米晶透射电子显微镜（TEM）照片如图 3.1（a）~（d）所示，高分辨透射电子显微镜（HRTEM）照片如图 3.1（e）~（h）所示。也就是说，当 PDDA 处于 60 mg/mL 的高质量浓度情况下，Pt 纳米晶的形貌是六面体，当 PDDA 质量浓度降低至 40 mg/mL 和 30 mg/mL时，Pt 纳米晶的形貌发生变化，开始由六面体经由截角六面体向八面体过渡。当 PDDA 质量浓度继续下降至 20 mg/mL 后，Pt 纳米晶几乎没有特殊形貌出现，而是表现为球状，说明此时 PDDA 仅仅能够实现对 Pt 前驱体的还原以及对 Pt 颗粒的稳定作用，并不能够实现对特殊晶面的控制。可见 PDDA 质量浓度在 Pt 纳米晶的调控过程中起到关键作用。

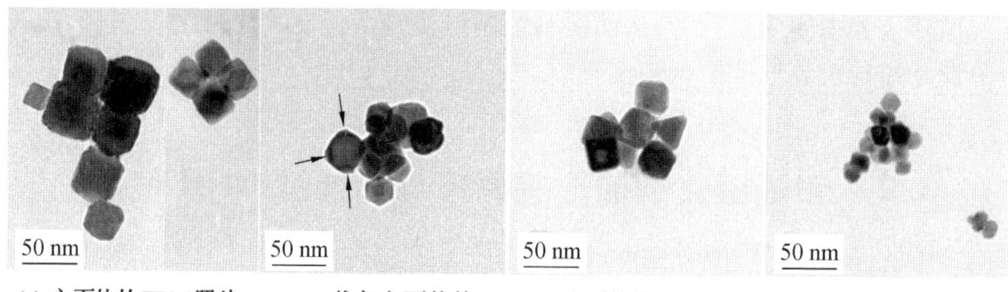

(a) 六面体的TEM照片　(b) 截角六面体的TEM照片　(c) 八面体的TEM照片　(d) 颗粒的TEM照片

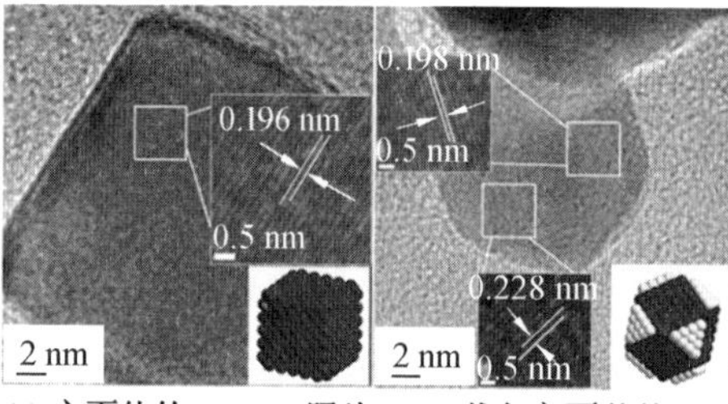
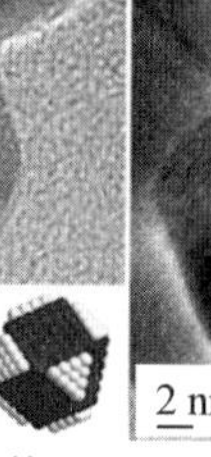
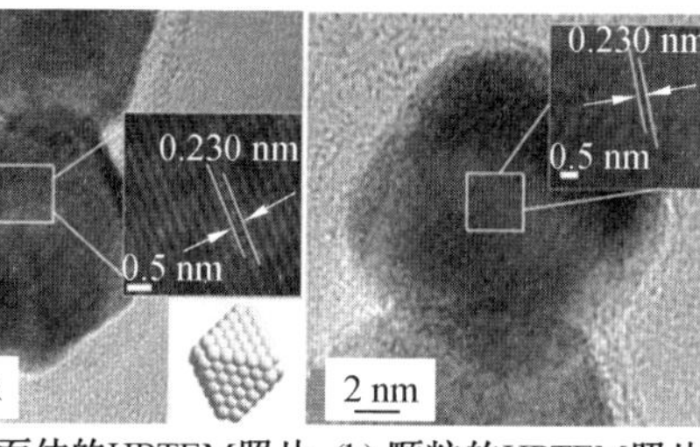

(e) 六面体的HRTEM照片　(f) 截角六面体的HRTEM照片　(g) 八面体的HRTEM照片　(h) 颗粒的HRTEM照片

图 3.1　Pt 纳米晶的透射电子显微镜（TEM）及高分辨率透射电子显微镜（HRTEM）照片（底部插图为相应的 Pt 纳米晶示意图，蓝色和黄色球体分别代表 Pt(100) 和 Pt(111) 晶面的原子）

PDDA 是由二烯丙基二甲基氯化铵聚合而成，如图 3.2(a) 所示。其长链上存在两类有机基团，分别是疏水的烃基长链和亲水的氨基部分。因此，当 PDDA 质量浓度很大时，亲水的氨基部分有朝外整齐排列的趋势，类似胶体中胶束的形成过程，如图 3.2(b) 所示；反之，当 PDDA 质量浓度较小时，PDDA 仅仅是以链式的状态存在，如图 3.2(c) 所示。此外，氨基已经被证明是一类极易在 Pt(100) 晶面吸附的官能团。因此，在高质量浓度的情况下，含有大量暴露氨基的 PDDA 胶束会趋向于吸附在 Pt(100) 晶面，从而降低 Pt(100) 晶面的生长速度，根据布拉维法则（Bravais law）最终形成的晶体中会主要含有 Pt(100) 晶面，也就是形成六面体形貌；而低质量浓度时，PDDA 不会特别地吸附在 Pt(100) 晶面上，主要是因为烃基长链造成的空间位阻作用。根据能量最低原理，Pt 纳米晶趋向于生成含大量 Pt(111) 晶面的八面体。这就是通过改变 PDDA 质量浓度可以实现 Pt 纳米晶形貌调控的原因。

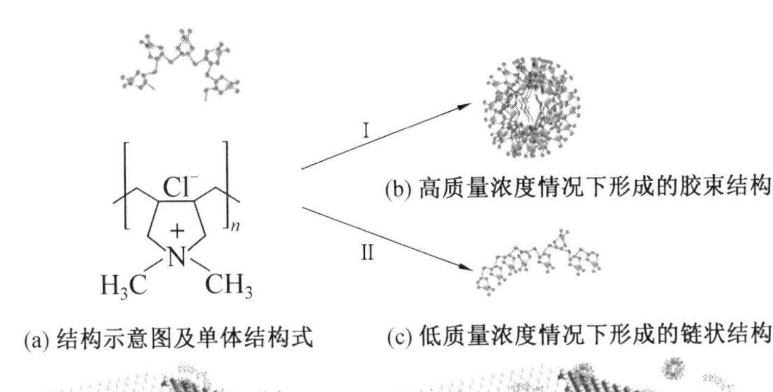

(a) 结构示意图及单体结构式

(b) 高质量浓度情况下形成的胶束结构

(c) 低质量浓度情况下形成的链状结构

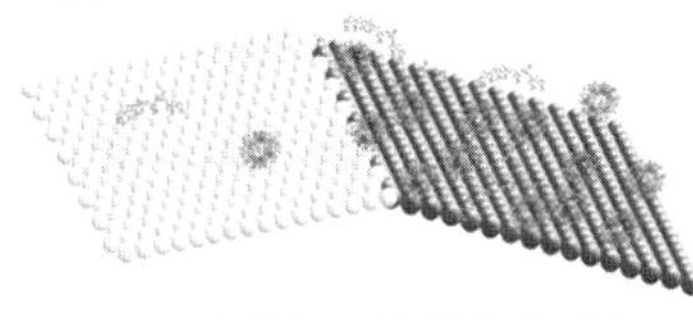

(d) 吸附在 Pt 纳米晶表面的胶束结构的 PDDA

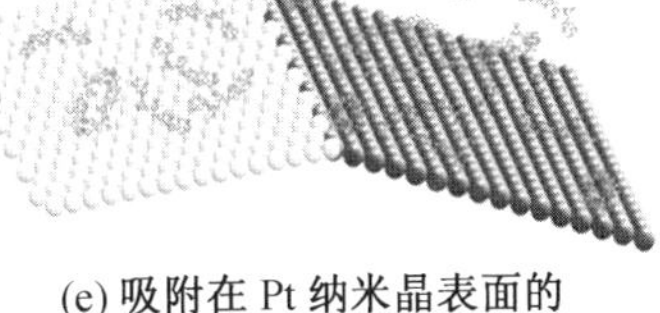

(e) 吸附在 Pt 纳米晶表面的链式结构的 PDDA

N 原子　C 原子　Pt 原子 (111) 晶面　Pt 原子 (100) 晶面

图 3.2　PDDA 的结构与吸附形式

循环伏安(CV)曲线也可以侧面证明上述 Pt 纳米晶颗粒的晶面暴露情况。如图 3.3(a)所示,氢吸脱附区由两个峰组成,两个峰的比值可以在一定程度上说明催化剂中 Pt(100)和 Pt(111)晶面的存在情况,也印证了前面的结论。此外,上述 Pt 纳米晶催化剂对氧还原反应(ORR)具有较高的催化活性,如图 3.3(b)所示。通过比较图中 0.9 V 的电流密度可知,采用 PDDA 还原控制制备的 Pt 纳米晶都具有高于商业 Pt 黑催化剂的活性,其中,八面体 Pt 具有最高的 ORR 活性。图 3.3(c)给出了八面体 Pt 表面 ORR 的 K-L 曲线,展现了不同电势下良好的平行性。通过计算可知该催化剂表面 ORR 转移电子数为 3.8,证明了该催化剂在 ORR 动力学方面的优势。此外,对上述催化剂进行了长时间的循环伏安测试,并比较稳定性测试前后活性的大小,得到图 3.3(d)。可见,Pt 六面体催化剂展现出相对较高的稳定性,且与催化剂制备过程中的 PDDA 质量浓度呈正相关。

八面体 Pt 催化剂之所以具有更好的催化活性,可以归因于其表面存在大量 Pt(111)优势晶面。在高氯酸溶液中,通常认为 Pt(111)晶面的活性高于 Pt(100)晶面,因此富含(111)晶面的八面体 Pt 催化剂展现了良好的催化活性。对这些催化剂的 X 射线光电子能谱法(XPS)的分析如图 3.4 所示。从图 3.4(a)中可见仅有六面体 Pt 催化剂出现了 N 的信号,这可能是因为在制备过程中使用了最高的 PDDA 质量浓度所致。图 3.4(b)给出了不同催化剂的 Pt 4f 峰变化,可以明显看到,随着 PDDA 质量浓度的增大,Pt 4f 峰发生了明显的正移。该正移说明

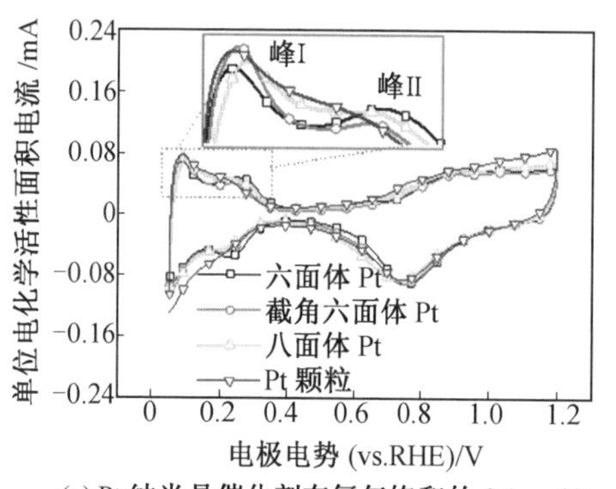

(a) Pt 纳米晶催化剂在氮气饱和的 0.1 mol/L $HClO_4$ 溶液中的 CV 曲线(扫描速率 50 mV/s)

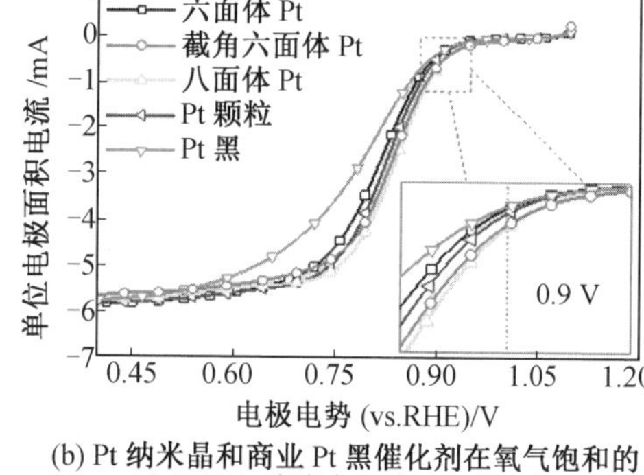

(b) Pt 纳米晶和商业 Pt 黑催化剂在氧气饱和的 0.1 mol/L $HClO_4$ 溶液中的线性扫描电势 (LSV) 曲线(转速 1 600 r/min, 扫描速率 5 mV/s)

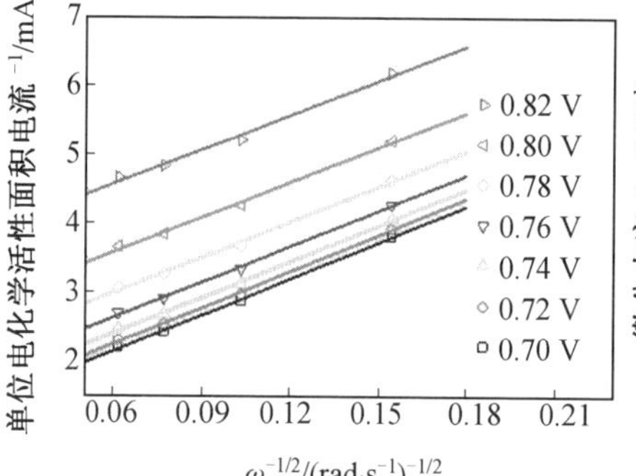

(c) 八面体 Pt 表面 ORR 的 K-L 曲线

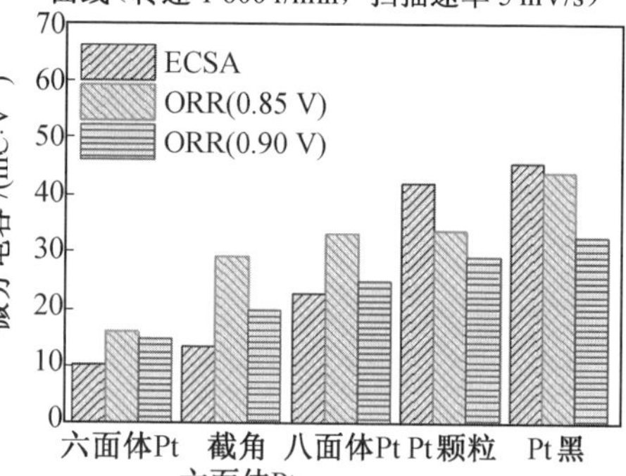

(d) Pt 纳米晶催化剂和商业 Pt 黑催化剂在稳定性测试 28 h 后 ECSA 和 ORR 动力学电流衰减百分比

图 3.3　Pt 纳米晶的电化学性能

受到 N 的影响,Pt 的电子云密度降低,能够有效地提高 Pt 对于 ORR 的催化活性。

六面体 Pt 表现出的高稳定性,应与其中 Pt 的价态有关。图 3.4(c)给出了三种催化剂的 Pt 4f 分峰结果,通过分峰计算可知,使用 PDDA 作为还原剂制备的 Pt 纳米晶中 Pt(0)的含量均高于商业 Pt 黑催化剂中的 Pt(0)含量,说明 PDDA 对于 Pt 前驱体的还原作用是十分有效的。更高含量的单质状态的 Pt 会在一定程度上提高催化剂的稳定性。另外,制备过程中大量的 PDDA 会在 Pt 纳米晶表面发生吸附作用,也会在一定程度上起到对 Pt 纳米晶表面的保护作用。

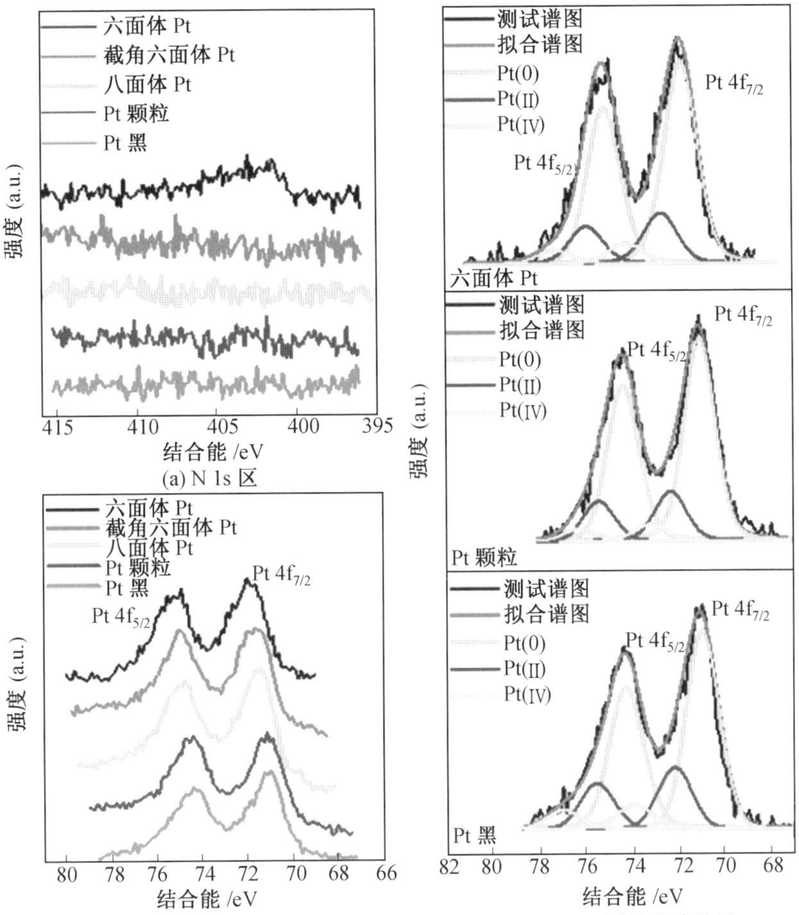

(a) N 1s 区

(b) Pt 4f 区的 XPS

(c) Pt 4f 区的分峰结果

图 3.4 Pt 纳米晶催化剂和商业 Pt 黑催化剂的 XPS 谱图

3.2.2 Pt 纳米线的控制合成

由于 ORR 属于表面电催化反应，所以催化剂表面微观结构可以直接控制 ORR 反应速度。研究报道，分别利用去合金化、电化学氧化等技术处理平整的 Pt(111)单晶电极，使其表面变得凹凸不平，发现含缺陷的单晶电极的 ORR 活性远高于未处理 Pt(111)电极的催化活性，称该效应为结构效应。近期研究发现结构效应不同于电子效应和应力效应，其在长期稳定性测试过程中可以稳定存在。另外，特殊形貌的纳米晶往往是热力学不稳定的，其形貌在长循环测试过程中可能会逐渐消失，趋于热力学稳定的结构。而一维结构催化剂，如 Pt 纳米线(Pt

nanowires,Pt NWs)具有高的电化学表面积,更为重要的是纳米线可以提高活性中心和载体碳的作用面积,有助于提升其电化学稳定性。因此,具有结构效应的 Pt NWs 不仅应具有高的 ORR 活性,还应能增强电化学稳定性。

以 Pt 纳米线为基础,利用“吸附-还原-扩散”合成策略制备铂镍合金纳米线(PtNi NWs),之后利用去合金化技术在 O_2饱和的酸性溶液中处理 PtNi NWs 催化剂,希望利用 O_2和 Ni 原子间强的吸附能,使表面和内部的 Ni 原子几乎全部去除,使纳米线表面缺陷数量最大化,并探索去合金化后的催化剂在 RDE 模式和 MEA 模式下的性能,研究其长期稳定性。

图3.5 是去合金化后的 Pt NWs 的制备示意图。首先以油胺为溶剂、$Mo(CO)_6$为还原剂、乙酰丙酮铂为 Pt 前驱体,在 170 ℃反应 2 h 后降至室温,利用无水乙醇沉积 Pt NWs,采用离心方法收集和清洗 Pt NWs,最后将其分散到环己烷溶剂中。按照 10% 负载量将其担载到 Vulcan XC-72(以下简称 XC-72)碳载体表面,记为 Pt NWs。之后按照“吸附-还原-扩散”方法制备 PtNi NWs,将 Pt NWs和 $Ni(NO_3)_2$混合,加热烘干后,在 200 ℃还原气氛下热处理 2 h 制得 PtNi NWs,最后将 PtNi NWs 浆料滴至碳纸表面,再进行去合金化处理。由于在去合金化过程中 Ni 原子会发生溶解,所以 Pt 表面会形成大量缺陷。基于文献报道,通常去合金化是在 Ar 饱和的酸性溶液中进行(D-Ar-Pt NWs),但是在 Ar 条件下,Ni 原子并不能完全被去除,因此去合金化催化剂呈现近表面为富 Pt 层(记为 Pt-rich),而内部仍是 PtNi 的结构。在 ORR 长循环稳定性测试过程中,高活性 PtNi 基催化剂内部的 Ni 原子会不断向外溶解而降低催化剂稳定性;同时,溶解的 Ni 会破坏质子交换膜,不利于燃料电池的长期稳定性。为了使 Ni 原子近乎全部去除,尝试将滴有 PtNi NWs 的碳纸在 O_2饱和的酸性溶液中进行去合金化处理,将此去合金化后的 Pt NWs 记为 D-O_2-Pt NWs。

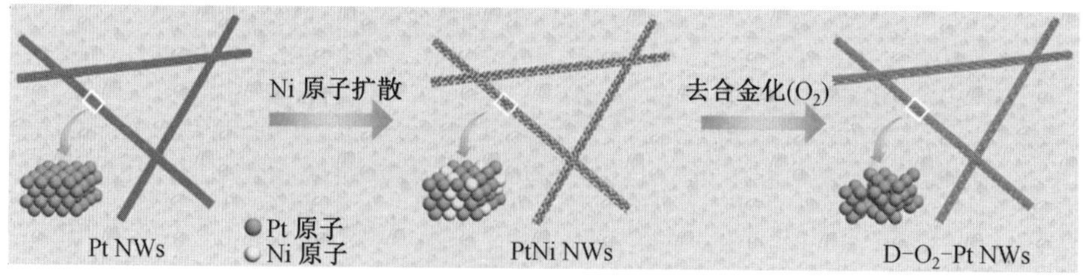

图 3.5 去合金化后的 Pt NWs 的制备示意图

图3.6(a)、(b)分别是 Pt NWs 的高角环形暗场扫描透射电子显微镜(HAADF-STEM)图和 TEM 图,可知所有纳米线的直径均为 1 ~2 nm。合金化后的 PtNi NWs 也保持着纳米线的形貌,并且没有发生团聚,如图 3.6(c)、(d)所

示。相应地，在去合金化后，得到 D-O_2-Pt NWs。图 3.6(e)、(f)分别是其 HAADF-STEM 图和 TEM 图，表明去合金化过程并没有破坏其一维形貌和分散性。之后，利用 X 射线衍射（XRD）研究 Pt NWs、PtNi NWs 和 D-O_2-Pt NWs 的晶体结构，如图 3.6(g)所示。制备的 Pt NWs 的 XRD 花样和标准 Pt（PDF#04-0802）的衍射峰位置完全重合；而合金化的 PtNi NWs 的 XRD 花样衍射峰位置向右偏移，并且位于 Pt 和 Ni 标准谱中间，直接证明 Ni 和 Pt NWs 发生了合金化；最后在 O_2饱和的 0.1 mol/L $HClO_4$溶液中去合金化得到 D-O_2-Pt NWs，其 XRD 衍射峰和 Pt NWs 衍射峰完全重合，表明二者晶格参数相同，去合金化后 Ni 原子几乎全部被从内部移除并溶解。

通过 XPS 研究 Pt NWs 在合金化及去合金化后电子结构的变化，如图 3.6(h)～(j)所示。在合金化后，Pt 4f XPS 峰向低结合能方向偏移，表明引入的 Ni 原子调节了 Pt 的电子结构；但当 Ni 原子去除后，D-O_2-Pt NWs 的 Pt 4f XPS 峰位置和 Pt NWs 的峰位置几乎相同，说明 D-O_2-Pt NWs 和 Pt NWs 的电子结构相同。通过对 XPS 谱图拟合，可以获得 Pt(0) 和 Pt(Ⅱ)的相对含量，发现 D-O_2-Pt NWs 具有更高的 Pt(Ⅱ)相对含量，这可能是由于在去合金化过程中，新暴露的 Pt 发生氧化，从而使 Pt(Ⅱ)含量增高。

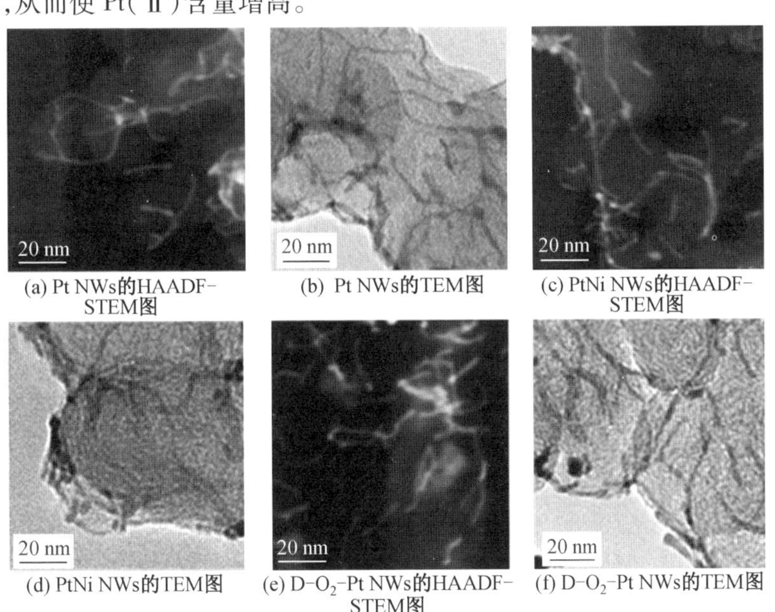

(a) Pt NWs的HAADF-STEM图　(b) Pt NWs的TEM图　(c) PtNi NWs的HAADF-STEM图

(d) PtNi NWs的TEM图　(e) D-O_2-Pt NWs的HAADF-STEM图　(f) D-O_2-Pt NWs的TEM图

图 3.6 Pt NWs、PtNi NWs 和 D-O_2-Pt NWs 催化剂的 HAADF-STEM 图、TEM 图、XRD 花样和 XPS 谱图

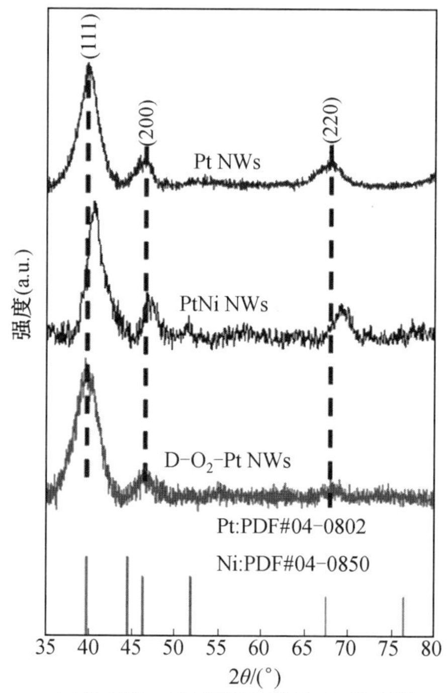

(g) Pt NWs、PtNi NWs 和 D-O_2-Pt NWs 催化剂的 XRD 花样

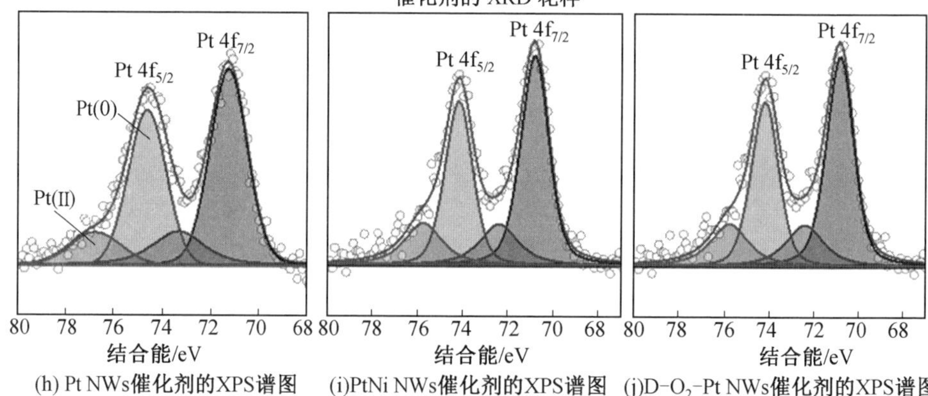

(h) Pt NWs催化剂的XPS谱图 (i)PtNi NWs催化剂的XPS谱图 (j)D-O_2-Pt NWs催化剂的XPS谱图

续图 3.6

图 3.7(a)是 Pt/C、Pt NWs 和 D-O_2-Pt NWs 催化剂在 Ar 饱和的 0.1 mol/L $HClO_4$溶液中的 CV 曲线。对于一维材料 Pt NWs 和 D-O_2-Pt NWs,其 CV 曲线也含有氢区、双层区及其 Pt 的氧化/还原区。根据 H-UPD 区域得到 Pt NWs 的电化学比表面积为 70.0 m^2/g,而 D-O_2-Pt NWs 的电化学比表面积为 86.8 m^2/g,说明去合金化过程可以提升其电化学比表面积,增加 Pt 的利用率,该增加应是大

量的 Ni 原子发生溶解，使内部更多的 Pt 原子暴露的结果。图 3.7(b)是 Pt/C、Pt NWs和 D-O_2-Pt NWs 在 O_2饱和的 0.1 mol/L $HClO_4$溶液中的线性扫描伏安(LSV)曲线，相比于 Pt/C 催化剂的半波电势(half-wave potential)，Pt NWs 和 D-O_2-Pt NWs 的半波电势分别提高了 16 mV 和 50 mV，证明一维结构 Pt NWs 可以提高 ORR 活性，而 D-O_2-Pt NWs 则具有更高的 ORR 活性。值得注意的是，D-O_2-Pt NWs 内部的 Ni 原子已经几乎全部被去除，所以其活性提升不是之前所提出的电子效应和应力效应。根据 K-L 方程得出 Pt/C、Pt NWs 和 D-O_2-Pt NWs 在 0.9 V 时的动力学电流密度，进而获得不同催化剂的面积比活性和质量比活性，结果如图3.7(c) 和 (d) 所示。其中，D-O_2-Pt NWs 的面积比活性为

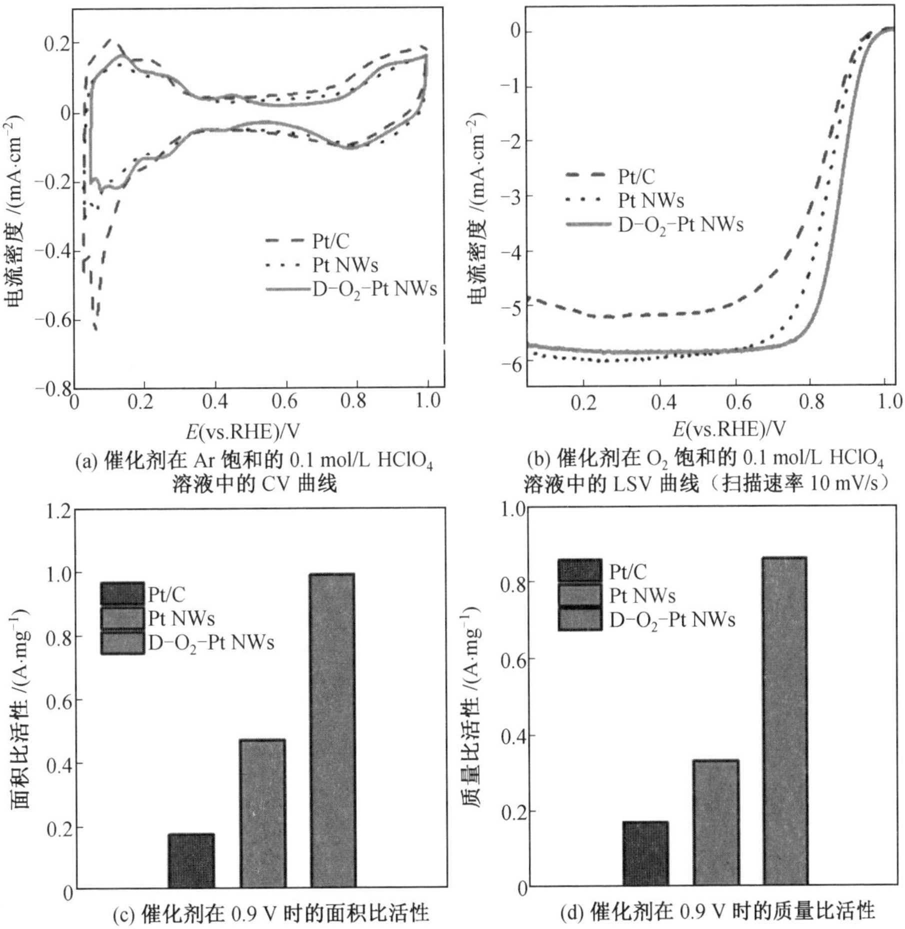

(a) 催化剂在 Ar 饱和的 0.1 mol/L $HClO_4$ 溶液中的 CV 曲线

(b) 催化剂在 O_2 饱和的 0.1 mol/L $HClO_4$ 溶液中的 LSV 曲线（扫描速率 10 mV/s）

(c) 催化剂在 0.9 V 时的面积比活性

(d) 催化剂在 0.9 V 时的质量比活性

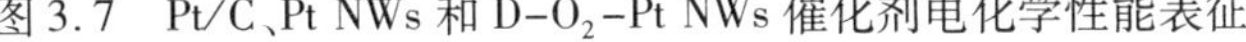

图 3.7　Pt/C、Pt NWs 和 D-O_2-Pt NWs 催化剂电化学性能表征

0.99 mA/cm²，是 Pt/C（0.17 mA/cm²）的 5.8 倍，是 Pt NWs 的 2 倍；D－O_2－Pt NWs的质量比活性为0.86 A/mg，是 Pt/C 的5倍，是 Pt NWs 的2.6倍，并超过 US DOE 2020 年的指标（0.44 A/mg），证明具有表面缺陷的 Pt NWs 可以提升 ORR 反应动力学。

通常都是在 RDE 模式下评估不同催化剂的 ORR 活性，但是 RDE 模式下的环境并不能模拟实际燃料电池膜电极（MEA）的运行环境。文献报道，尽管一些催化剂在 RDE 模式下的 ORR 活性远高于 Pt/C 催化剂的 ORR 活性，但是其 MEA 模式下的活性却和 Pt/C 的活性几乎相同。为此，需要考察 D－O_2－Pt NWs 在实际燃料电池中的性能。图 3.8（a）是分别担载 Pt/C 和 D－O_2－Pt NWs 的氢－空气燃料电池的极化曲线和相应的功率密度曲线，直接证明 D－O_2－Pt NWs 在 MEA 模式下催化性能也优于 Pt/C。当输出电流密度为 500 mA/cm² 时，担载 Pt/C 的 MEA 电压为 495 mV，而担载 D－O_2－Pt NWs 的 MEA 电压为 585 mV，比担载 Pt/C 的 MEA 电压高 90 mV。图 3.8（b）是担载 Pt/C 和 D－O_2－Pt NWs 的氢－空气燃料电池在 0.5 V 时的动力学电流密度和功率密度峰值，其中担载 Pt/C 的 MEA 电流密度仅为 480 mA/cm²，而担载 D－O_2－Pt NWs 的 MEA 电流密度可达到 700 mA/cm²，比担载 Pt/C 的 MEA 电流密度高 45%。另外，担载 Pt/C 的 MEA 功率密度峰值是 293 mW/cm²，而担载 D－O_2－Pt NWs 的 MEA 功率密度峰值是 374 mW/cm²，比担载 Pt/C 的 MEA 功率密度峰值高近 30%。上述测试结果均表明：在 RDE 模式下和实际燃料电池模式下，相比于 Pt/C，D－O_2－Pt NWs 催化剂均展现了显著提升的 ORR 活性。

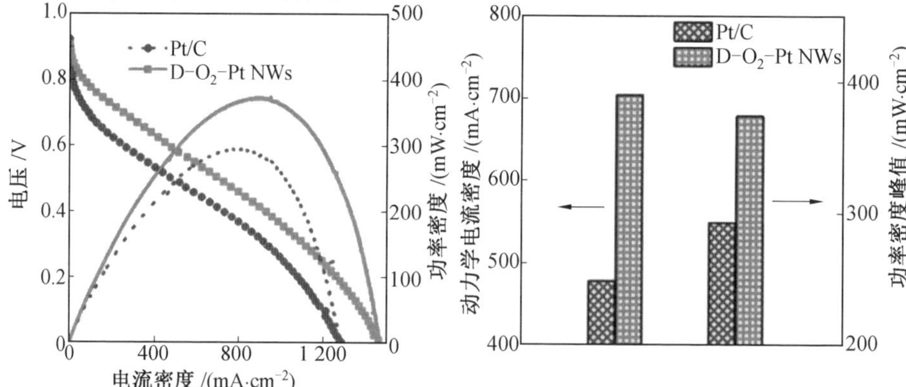

(a) 氢－空气燃料电池的极化曲线和功率密度曲线

(b) 氢－空气燃料电池在 0.5 V 时的动力学电流密度和功率密度峰值

图 3.8　担载 Pt/C 和 D－O_2－Pt NWs 的氢－空气燃料电池性能（阳极 Pt 担载量为 0.35 mg/cm²；H_2和空气流速为 0.2 L/min；80 ℃；100 RH%）

为了探索 D-O_2-Pt NWs 精细结构与性能的对应关系，对其进行 X 射线吸收谱（XAS）测试。图 3.9（a）是 Pt 箔、Pt/C 和 D-O_2-Pt NWs 催化剂在 Pt L_3边的 X 射线近边吸收谱（XANES）谱图，三者的结合能和白线峰强度几乎相同，说明 D-O_2-Pt NWs 的电子结构与 Pt/C、Pt 箔几乎相同。

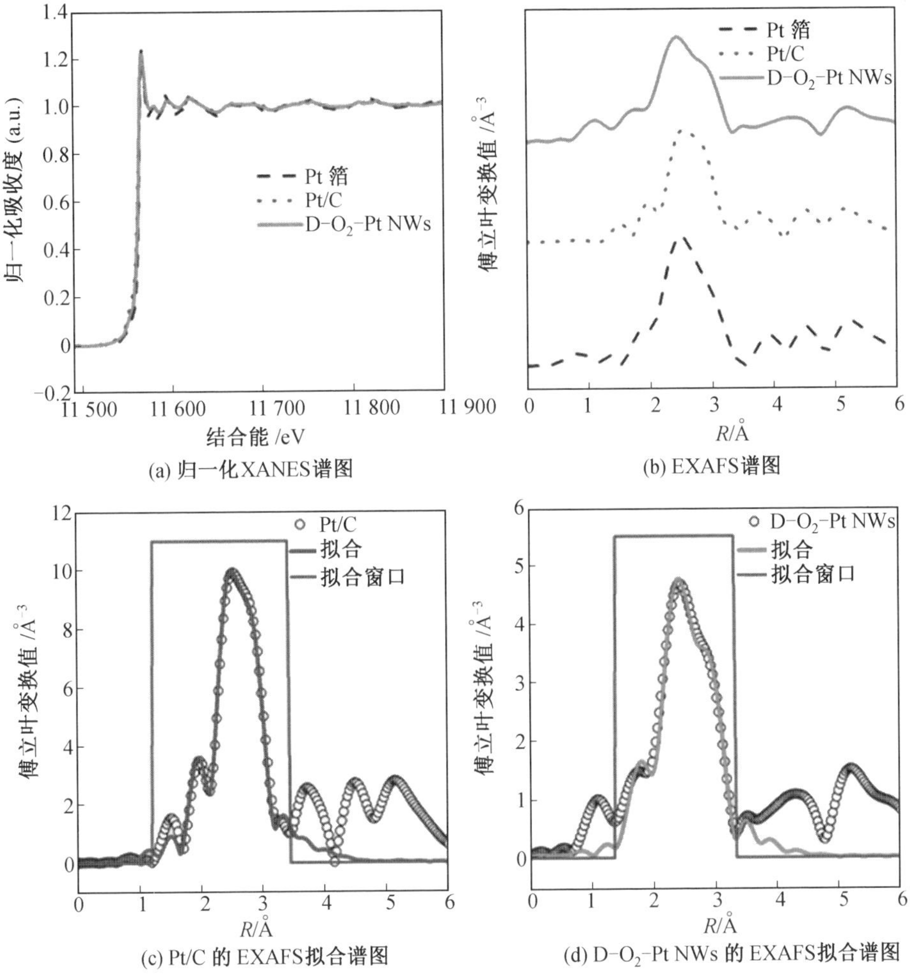

(a) 归一化XANES谱图

(b) EXAFS谱图

(c) Pt/C 的 EXAFS拟合谱图

(d) D-O_2-Pt NWs 的 EXAFS拟合谱图

图 3.9　Pt 箔、Pt/C 和 D-O_2-Pt NWs 催化剂在 Pt L_3边的 XAS 谱图

图 3.9（b）是 Pt 箔、Pt/C 和 D-O_2-Pt NWs 在 Pt L_3边的扩展 X 射线吸收精细结构谱（EXAFS）谱图，位于约 2.6 Å（1 Å=0.1 nm）的对应峰是 Pt—Pt 键信号峰，三者的峰位置几乎相同，说明 D-O_2-Pt NWs 的 Pt—Pt 键长与 Pt/C、Pt 箔几乎相同，这与 XRD 结论相一致。由于 Ni 原子几乎全部溶解，因此 Pt 原子的电子结构

和几何结构不受影响。Ni 原子溶解会形成大量缺陷,为了研究 D-O_2-Pt NWs 缺陷状态,分别对 Pt/C 和 D-O_2-Pt NWs 的 EXAFS 谱图进行拟合,如图 3.9(c)、(d)所示。经 EXAFS 谱图拟合发现 Pt 箔的 Pt—Pt 配位数为 12,而 Pt/C 催化剂中的 Pt—Pt 配位数则降至 9.3。Pt 纳米颗粒通常具有较高的比表面积和部分缺陷等,所以配位数降低。D-O_2-Pt NWs 催化剂中的 Pt—Pt 配位数仅为 7.59,文献报道 Pt NWs 的 Pt—Pt 配位数通常与 Pt/C 的配位数相接近,所以 D-O_2-Pt NWs具有较低的配位数应是由于 Ni 原子的溶解产生大量缺陷,使得 Pt—Pt 配位数降低。

为了观察 D-O_2-Pt NWs 催化剂的表面状态,分别对 Pt NWs 和 D-O_2-Pt NWs进行 HRTEM 测试。图 3.10(a)、(b)分别是 Pt NWs 和 D-O_2-Pt NWs 催化剂的 HRTEM 图,由图可知,Pt NWs 表面相对光滑,然而对于 D-O_2-Pt NWs,表面则凹凸不平,这应是由于 Ni 的溶解导致表面产生大量的缺陷。这与电化学活性面积(ECSA)和 XAS 拟合结果相吻合,证明了去合金化后表面会形成大量缺陷的结论。

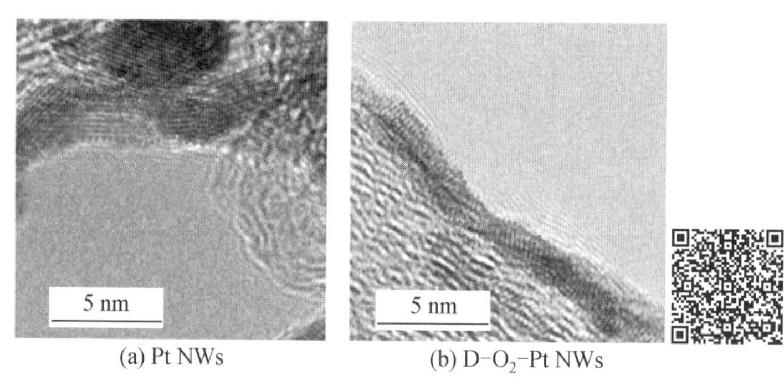

(a) Pt NWs　　(b) D-O_2-Pt NWs

图 3.10　Pt NWs 和 D-O_2-Pt NWs 的 HRTEM 图

对 Pt/C、Pt NWs 和 D-O_2-Pt NWs 催化剂进行加速老化测试以评估其稳定性。在 0.6 ~ 1.0 V 循环 30 000 圈和 50 000 圈,并分别测试循环前后的氧还原性能,结果如图 3.11(a) ~ (c)所示。

相比于 Pt NWs 和 D-O_2-Pt NWs,Pt/C 催化剂在经过稳定性测试后,其半波电势明显负移,而 Pt NWs 和 D-O_2-Pt NWs 的半波电势负移则较小。图 3.11(d)是 D-O_2-Pt NWs 催化剂稳定性测试后的 HAADF-STEM 图,部分纳米线团聚变成大尺寸的纳米颗粒。由图 3.11(e)、(f)可知,在 50 000 圈循环后,Pt/C 催化剂在 0.9 V 时的质量比活性由 0.185 A/mg 降至 0.07 A/mg,发生约 62% 的衰减;Pt NWs在 0.9V 时的质量比活性则由 0.38 A/mg 降至 0.29 A/mg,发生约 24% 的衰减;而 D-O_2-Pt NWs 在 0.9 V 时的质量比活性由 0.81 A/mg 降至 0.67 A/mg,

发生约 17% 的衰减。D-O_2-Pt NWs 具有高稳定性主要应由两个方面引起：一方面是其特殊的一维结构可增加活性中心 Pt 和碳载体间的接触面积，从而提升活性中心 Pt 和载体间相互作用强度；另一方面是表面存在缺陷，该结构不仅具有较高的活性，并且不同于电子效应和应力效应，这种结构效应在长期稳定性测试过程中并不会被破坏。

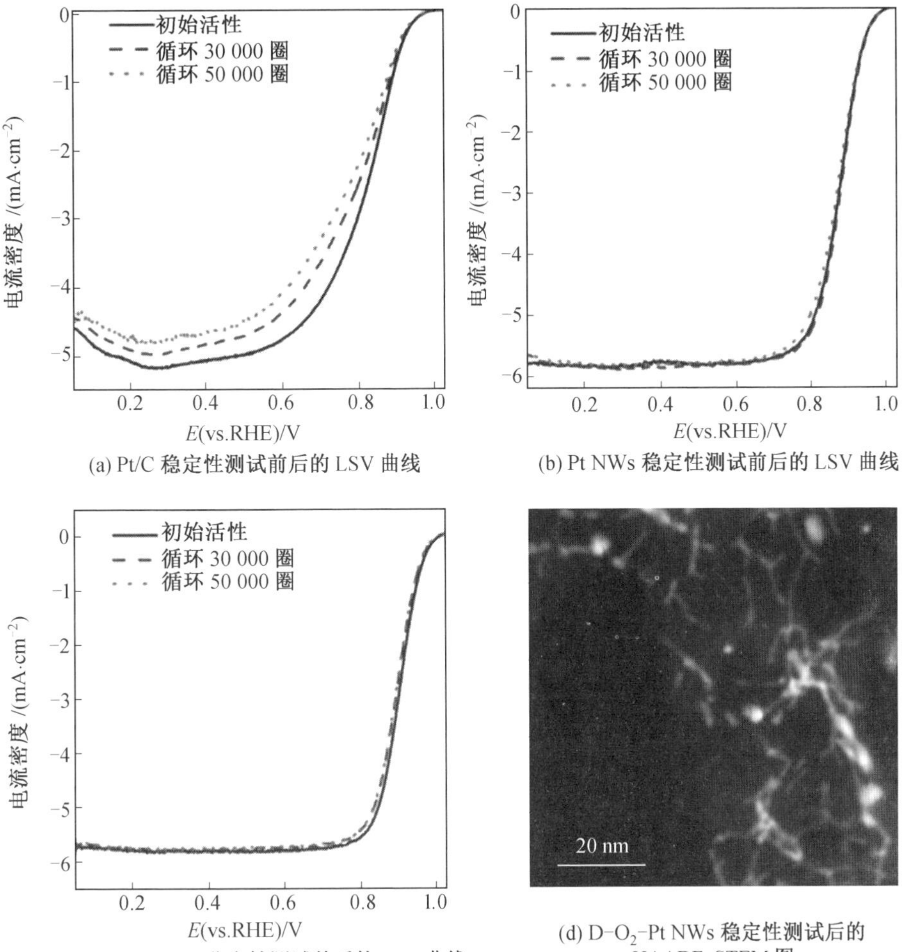

(a) Pt/C 稳定性测试前后的 LSV 曲线

(b) Pt NWs 稳定性测试前后的 LSV 曲线

(c) D-O_2-Pt NWs 稳定性测试前后的 LSV 曲线

(d) D-O_2-Pt NWs 稳定性测试后的 HAADF-STEM 图

图 3.11　Pt/C、Pt NWs 和 D-O_2-Pt NWs 稳定性测试前后的 LSV 曲线、形貌变化和质量比活性衰减

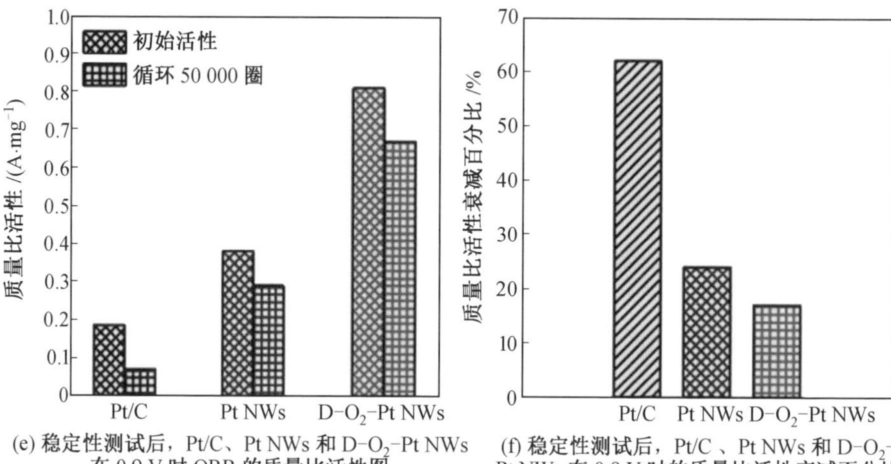

(e) 稳定性测试后，Pt/C、Pt NWs 和 D-O_2-Pt NWs 在 0.9 V 时 ORR 的质量比活性图

(f) 稳定性测试后，Pt/C 、Pt NWs 和 D-O_2-Pt NWs 在 0.9 V 时的质量比活性衰减百分比

续图 3.11

3.2.3 Pt-普鲁士蓝催化剂的制备及其 ORR 性能

在 Pt 电极表面，ORR 过程将会产生少量的具有强氧化性的过氧化氢(H_2O_2)，其对于燃料电池体系中的组件是有害的，尤其是质子交换膜。此外，Pt 催化剂通常受制于长期工作过程中性能的严重衰减，其原因包括催化剂的奥斯特瓦尔德熟化(Ostwald ripening)、团聚、溶解和/或载体腐蚀。为了解决这些问题，目前通常采用的策略包括构建 Pt 基合金催化剂、暴露优势晶面、设计制备核壳或单层结构，这些方法可以通过调控催化剂的电子和/或几何结构有效地提高 ORR 的活性。尽管取得了上述重要的进展，继续发展高效 ORR 电催化剂及其新制备方法仍是亟待解决的问题。

普鲁士蓝(prussian blue，PB)及其类似物具有六面体结构，其化学式通常为 $M[M'(CN)_6]$，其中 M 和 M′分别代表不同的金属元素或离子。在该结构中，八面体的$[M'(CN)_6]^{n-}$阴离子与连有 N 的 M^{n+}阳离子络合，由交替出现的 Fe^{II}、Fe^{III} 离子和中间充当桥梁的有机氰键构成，其结构是 $Fe^{II}—C\equiv N—Fe^{III}$(图 3.12(a))。PB 通常被认为是最高性能的 H_2O_2分解催化剂之一，据此，本书尝试将该物质与 Pt 复合作为 ORR 催化剂，用于减少 ORR 过程中 H_2O_2的产生。为此设计并制备了一种具有新型结构的 PB 物质，其由微小的纳米颗粒和无定形的膜状物质构成(将之命名为 PB crystalline nanograins mosaicked within amorphous membrane，PB CNG-M-AM)。这种新型的 PB CNG-M-AM 被作为 Pt 的助催化剂催化 ORR。研究表明，PB 和 Pt 之间存在一种完全不同于传统的电子效应和

应力效应的协同机理，该机理微妙地调节 ORR 反应路径，并显著地提升了 ORR 动力学性能。另外，PB CNG-M-AM 能够有效地阻止 Pt 纳米颗粒发生迁移、溶解或从载体上脱落，从而可保持其长时间工作过程中的活性。这种碳材料担载的 Pt 和 PB 复合催化剂(Pt-PB/C)展现出了优异的 ORR 催化综合性能，包括活性、四电子选择性以及稳定性，尤其是在 ORR 实际工作的电势范围内。

PB 的制备方法通常是将 Fe^{2+} 和 $[Fe^{III}(CN)_6]^{3-}$ 或 Fe^{3+} 与 $[Fe^{II}(CN)_6]^{4-}$ 混合。这些制备方法通常形成较大的 PB 纳米晶。就电化学应用中的物理接触和电子转移而言，这些大颗粒对于 Pt 纳米颗粒以及碳载体是不适宜的。为了解决该问题，本书在 PB 制备过程中引入了 H_2O_2。简单来说，将含有 H_2O_2 的 $FeCl_3$ 溶液在超声下与 $K_4Fe^{II}(CN)_6$ 溶液混合，形成了特殊结构形貌的 PB。如图 3.12(b)所示，该 PB 材料看起来是无定形态，没有固定的晶形。图 3.12(c)中的选区电子衍射(SAED)也没有出现衍射环，从侧面印证了上述材料中存在无定形态的可能性。然而，HRTEM 结果则显示该样品中含有晶粒(图 3.12(d))，同时 XRD 中也出现了明显的衍射峰(图 3.12(e))，这些都是样品中含有晶体结构的显著标志。据此认为该样品是一种特殊的非晶态和晶粒的混合结构。选取该样品的 HRTEM 图片，对其晶格条纹进行分析(图 3.13)，表明该物质中存在多种暴露的 PB 晶面，包括 PB(400)(420)(440)等(PDF#52-1907)。

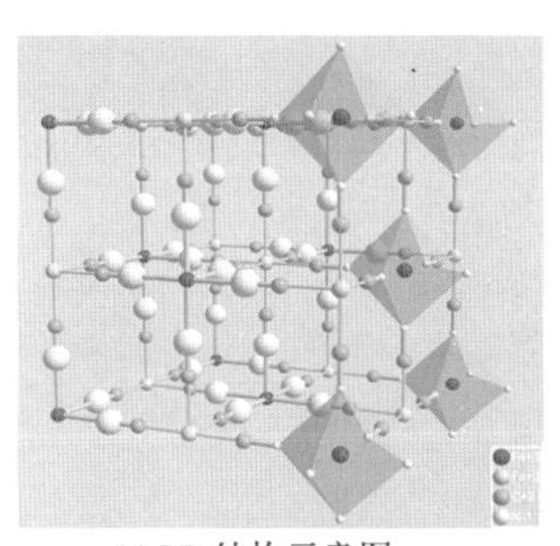

(a) PB 结构示意图

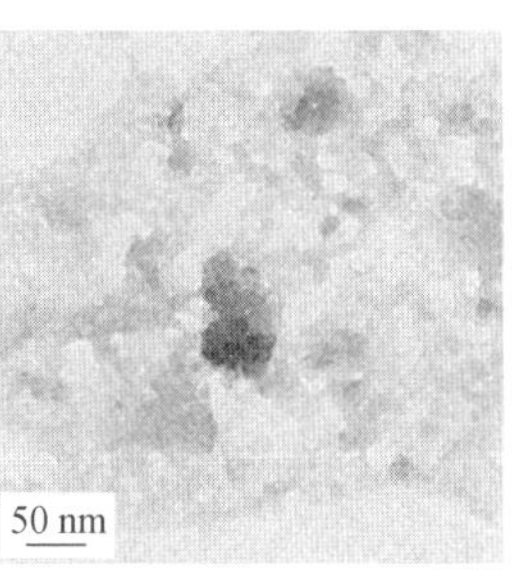

(b) PB CNG-M-AM TEM 照片

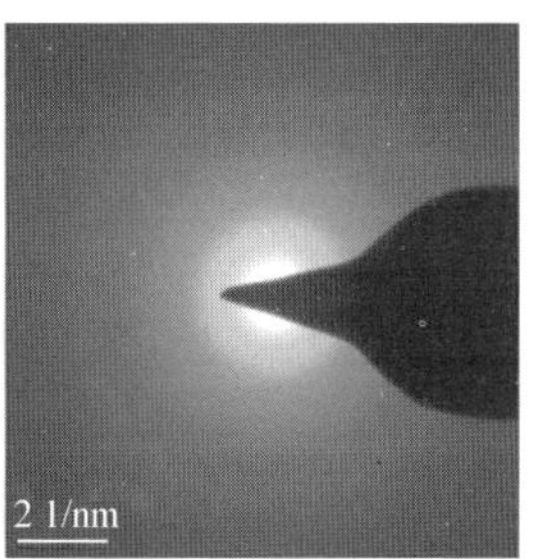

(c) PB CNG-M-AM SAED 图片

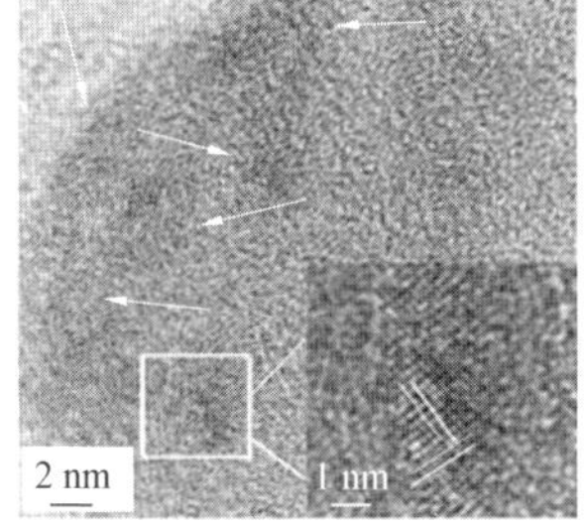

(d) PB CNG-M-AM HRTEM 照片

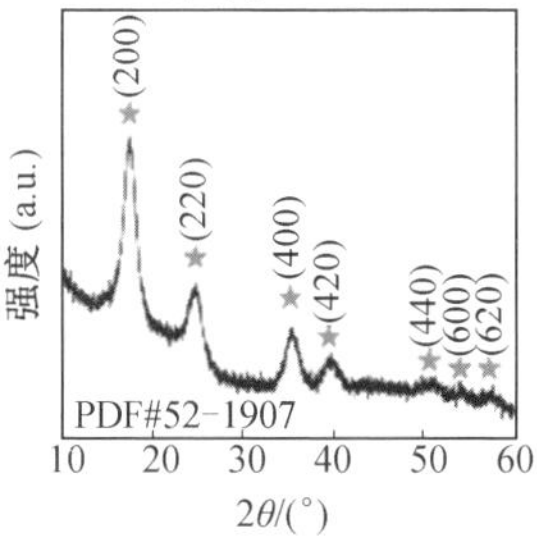

(e) PB CNG-M-AM XRD 谱

图 3.12 PB CNG-M-AM 样品的结构示意图与物理表征

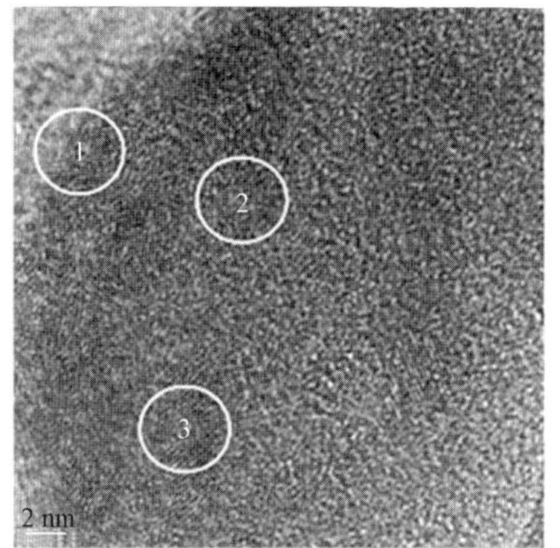

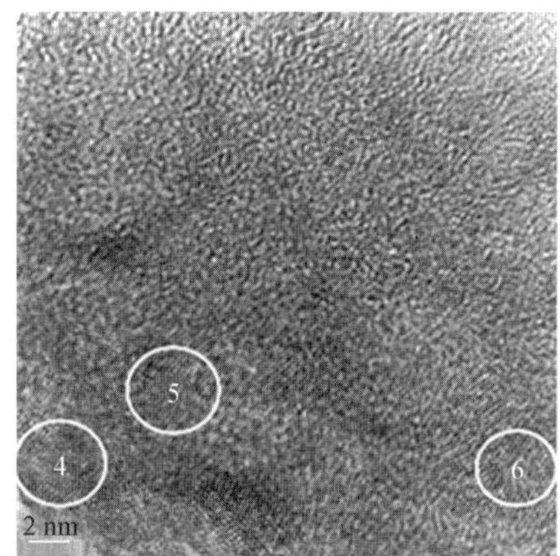

(a) PB CNG-M-AM样品的HRTEM照片

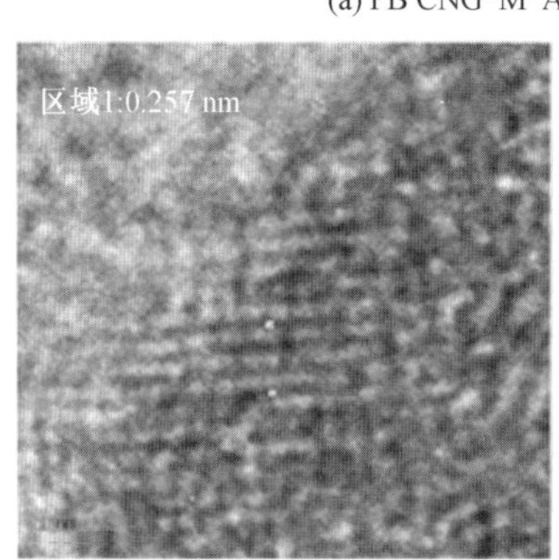

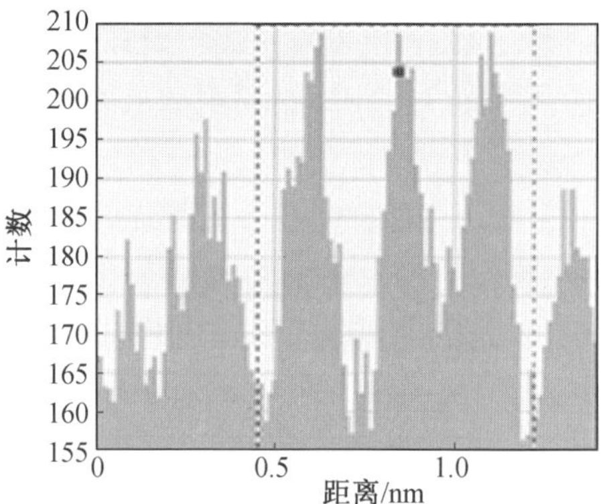

(b) 区域1局部放大图和晶格条纹测量

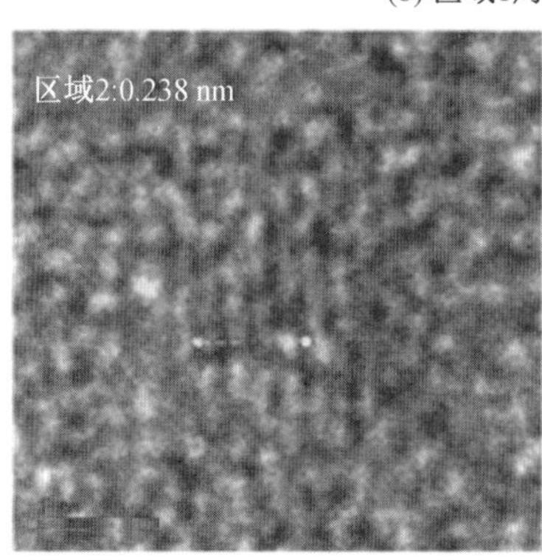

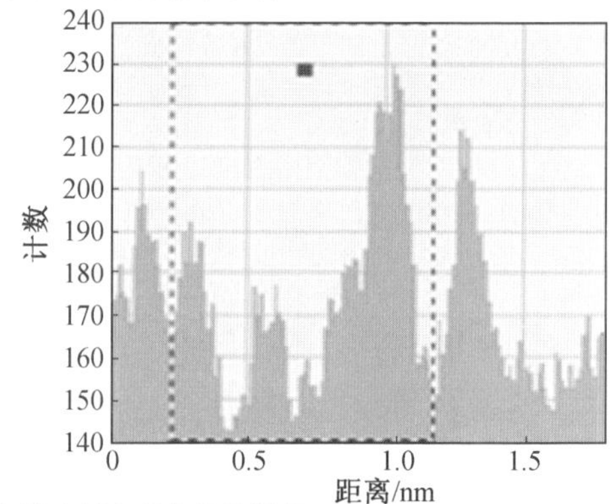

(c) 区域2局部放大图和晶格条纹测量

图 3.13　PB 的物理表征

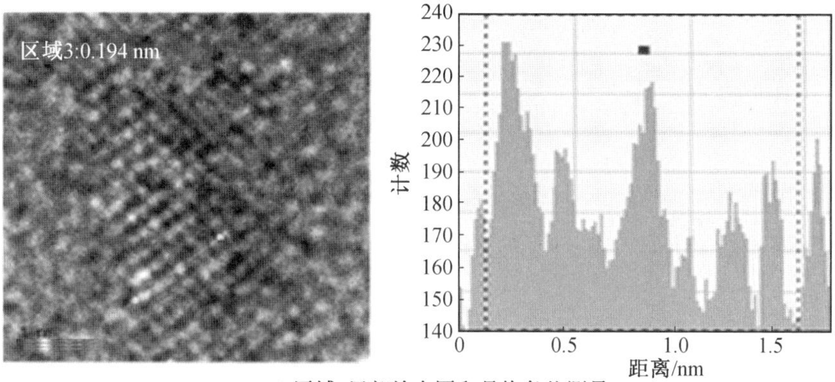

(d) 区域3局部放大图和晶格条纹测量

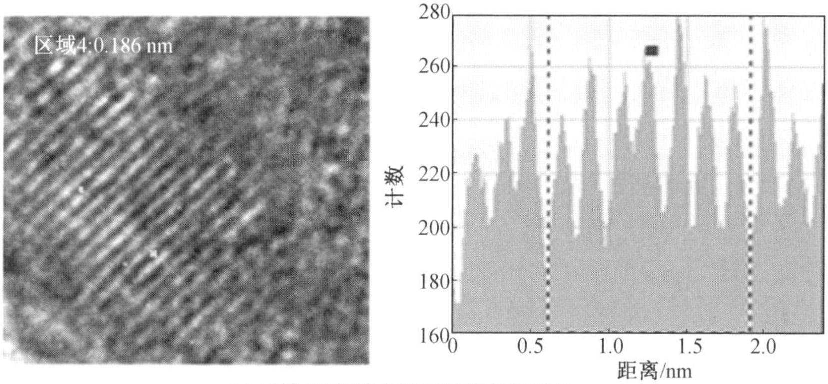

(e) 区域4局部放大图和晶格条纹测量

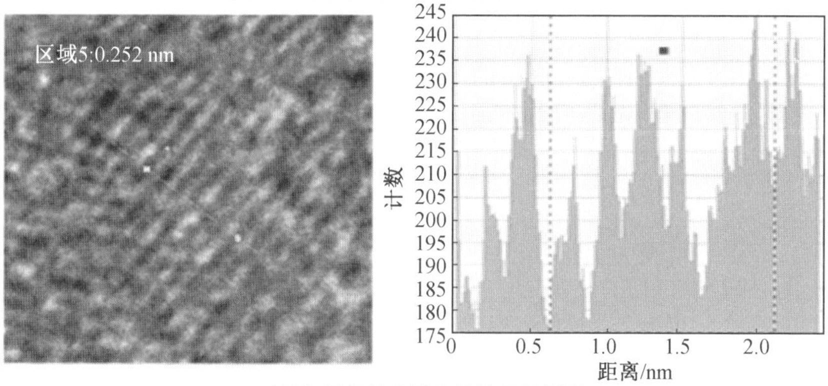

(f) 区域5局部放大图和晶格条纹测量

续图 3.13

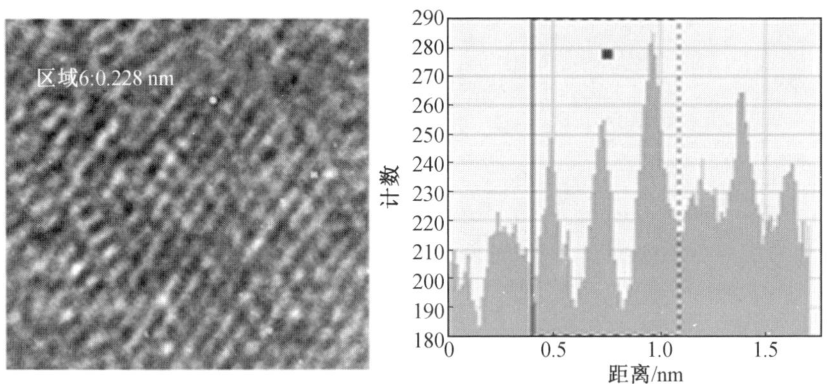

(g) 区域6局部放大图和晶格条纹测量

续图 3.13

这样一种特殊结构的形成与制备过程中 H_2O_2 的运用有关。有文献表明，Fe^{3+} 能够有效地催化 H_2O_2 的分解，形成棉絮状的中间产物如 $Fe(OH)_3$ 等。可认为这一催化过程会消耗大量的 Fe^{3+}。随后加入的 $[Fe^{II}(CN)_6]^{4-}$ 会与剩余的小部分 Fe^{3+} 迅速发生反应，从而形成 PB 纳米晶粒。由于 Fe^{3+} 被耗尽，无定形的中间态物种 $Fe(OH)_3$ 会可逆地缓慢释放 Fe^{3+}，连续地与 $[Fe^{II}(CN)_6]^{4-}$ 发生作用，从而生成无定形态、膜状的 PB。与此同时，在 H_2O_2 分解过程中产生的氧气气泡也会对上述反应过程产生干扰，从而有利于无定形态的形成。得益于上述特殊的过程，得到了新型的 PB CNG-M-AM，而不是一般的 PB 纳米颗粒或纳米晶。

上述 PB 材料本身在水溶液中呈现带负电荷的状态，而 PDDA 辅助制备的 Pt 纳米颗粒带正电荷，因此可以借助自组装法将二者结合，然后担载在碳载体表面，从而形成电催化剂。根据不同的 Pt 和 PB 的比例，将制得的催化剂命名为 Pt-PB($m:n$)/C，其中 $m:n$ 为 Pt 和 PB 的质量比。一个典型的催化剂是 Pt-PB(4∶1)/C，如图 3.14(a) 所示，该催化剂表面的 Pt 颗粒分布均匀，粒径约为 2.3 nm。然而在该催化剂的 TEM 图中并没有发现明显的 PB，通过图 3.14(b) 中对某一区域的元素分析可知，该区域充满了 Fe 元素，而 Fe 元素唯一的来源是 PB，说明膜状的 PB 样品均匀地覆盖在碳载体表面。

对不同比例的 Pt-PB/C 催化剂进行 ORR 活性测试。图 3.15(a) 和 (b) 分别给出了不同催化剂在 ORR 测试过程中的环电流密度和盘电流密度。可知含有 PB 的催化剂表面的 H_2O_2 产量较低，说明 PB 的引入能够有效地缓解 H_2O_2 的产生。同时，不同比例的催化剂也展现出不同的 ORR 活性，Pt-PB(4∶1)/C 具有最好的 ORR 活性，而 Pt-PB(1∶1)/C 的 H_2O_2 产量尽管最低，其 ORR 活性却是

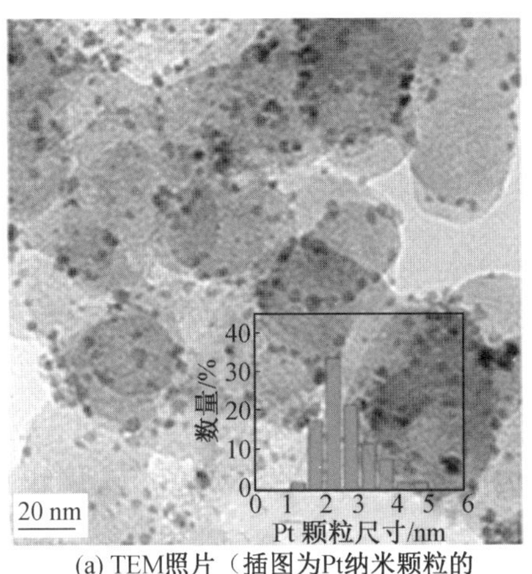

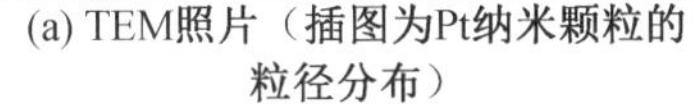

(a) TEM照片（插图为Pt纳米颗粒的粒径分布）

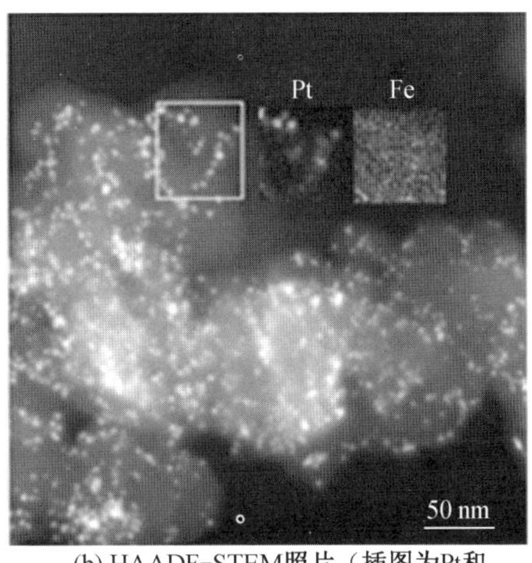

(b) HAADF-STEM照片（插图为Pt和Fe的元素分布图）

图 3.14 Pt-PB(4∶1)/C 催化剂的 TEM 和 HAADF-STEM 照片

最差的,远不如 Pt-PB(4∶1)/C,甚至比商业 Pt/C 催化剂更低。这主要是因为受到 PB 导电性的影响,催化剂中过多的 PB 会影响电子传输,从而影响了催化活性。同时 Pt-PB(8∶1)/C 的活性也比 Pt-PB(4∶1)/C 差,这主要是因为过少的 PB 不能形成连续的 Pt-PB-气三相界面,不能完全发挥出 PB 的促进作用,所以整体上活性受到抑制。从图 3.15(c)和(d)的质量比活性和面积比活性对比可知,Pt-PB(4∶1)/C 展现了数倍于商业 Pt/C 催化剂的 ORR 活性。值得注意的是,PDDA 辅助得到的 Pt/C 也展示出了略高于商业 Pt/C 催化剂的活性,但是并不明显,说明 Pt-PB(4∶1)/C 催化剂活性提升的主要原因并不是 PDDA 的引入。

通常,Pt 催化剂 ORR 活性的提升主要得益于表面原子的特殊排列(几何效应)和/或电子结构的修饰(电子效应)。通过一系列研究,排除了几何效应和电子效应对活性提高的可能性,也排除了 PB 本身对 ORR 活性提升的作用,推测 Pt-PB间的协同作用促进了 Pt 表面的 ORR 活性。据此提出一个新的机理以解释 Pt 和 PB 对 ORR 的协同作用。O_2直接解离或通过中间态 OOH_{ad}间接成为吸附 O(O_{ad})的过程被广泛认为是 Pt 表面 ORR 反应发生的控制步骤。在以前的报道中,与其他原子成键的 Fe,例如 FeN_x,比 Pt 更有利于 O—O 键活化。为了研究 Pt 和 PB 表面 O—O 键活化的能垒,比较 Fe—O 键和 Pt—O 键形成的活化能,本书利用原位漫反射傅立叶变换红外光谱记录了 Pt 纳米颗粒和 PB 在富氧环境中随着温度变化的表面成键情况。当温度从 30 ℃变化至 180 ℃时,Pt 纳米颗粒表面几乎没有信号;当温度达到 120 ℃后,PB 表面开始在约 1 200 cm^{-1}处出现一个明显的吸收峰,如图 3.16 所示。这个峰可能对应 Fe—O 键或 Fe—O—O 键,说明

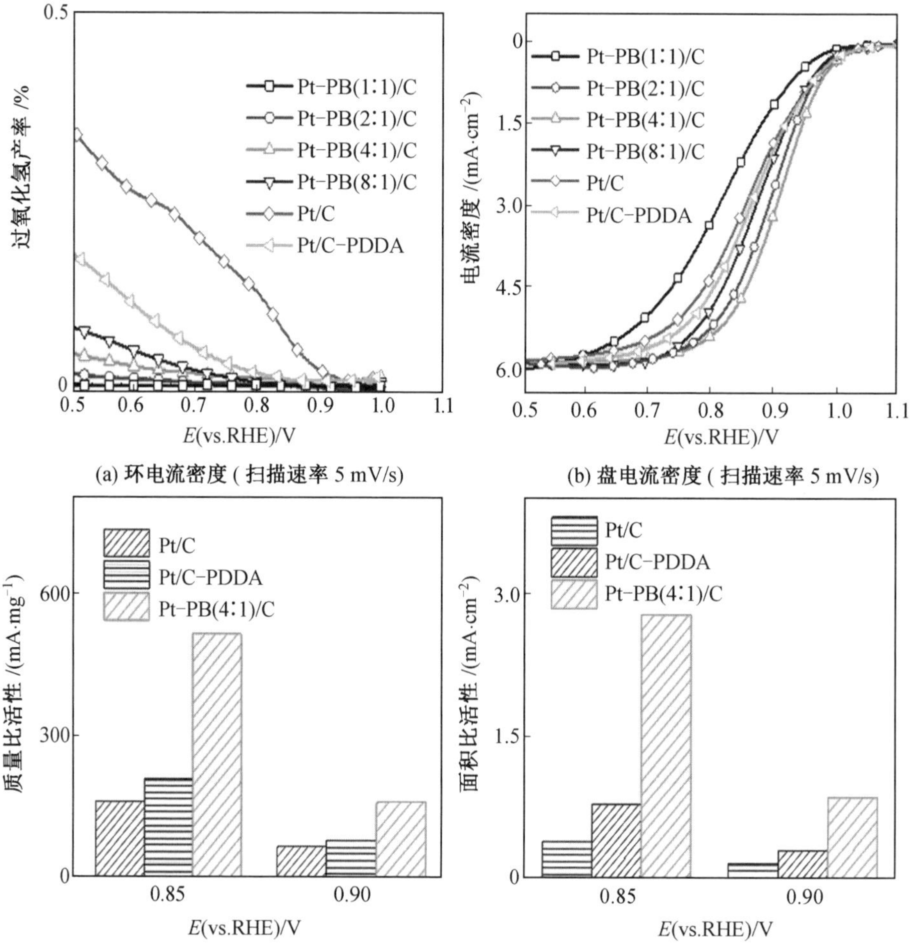

(a) 环电流密度(扫描速率 5 mV/s)

(b) 盘电流密度(扫描速率 5 mV/s)

(c) 不同电势下的动力学质量比活性

(d) 不同电势下的面积比活性

图 3.15　催化剂的电化学性能表征

PB 对于 O_2的解离具有较好的活性。尽管如此,接下来的 ORR 基元步骤难以在 PB 表面快速进行,这主要是因为 PB 中只有高自旋态 Fe 离子的氧化还原反应能够形成电子传输通道,进而催化这些基元步骤,因此 PB 本身难以在较高电势下完全催化 ORR。值得注意的是,PB 并不能完全覆盖碳材料表面,碳载体表面的 Pt 颗粒和 PB 之间可能存在三种位置关系(图 3.17):①Pt 与 PB 接触;②Pt 与碳颗粒和 PB 同时接触;③Pt 与碳颗粒接触。第一类位置中电子转移会被低导电性的 PB 阻碍,而第二类和第三类位置中 Pt 纳米颗粒与碳载体能够保持良好接触,同时形成 PB-Pt-气三相界面,可以作为 ORR 的活性位点。根据上面的分析,由

于 PB 对 O_2 解离有较好的活性，O_2 首先在 PB-Pt-气三相界面上发生解离吸附形成 O_{ad}；接着 O_{ad} 被邻近的 Pt 纳米颗粒迅速还原。这样，该复合催化剂表面的 ORR 路径得以调控，能够有效地降低反应能垒，提高催化活性。

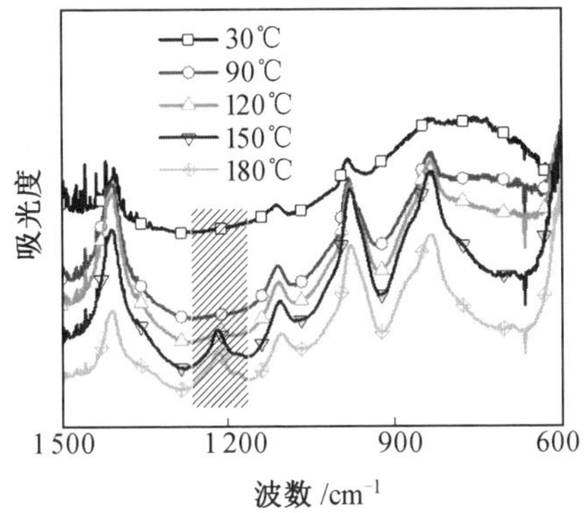

图 3.16　PB 在氧气环境下不同温度的原位漫反射傅立叶变换红外光谱

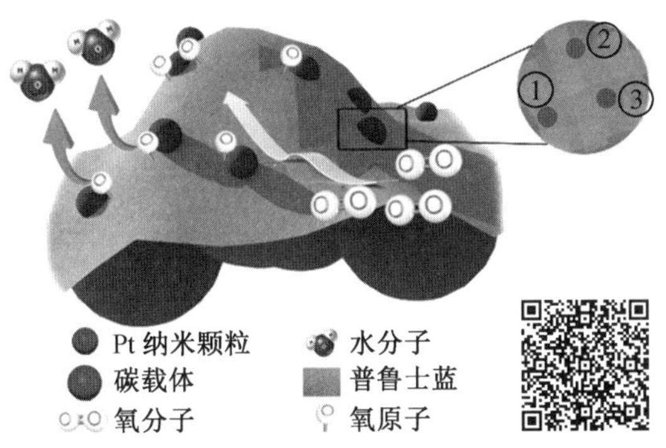

图 3.17　Pt 与 PB 的协同作用示意图

进一步考察该催化剂的稳定性。如图 3.18(a)～(c)所示，Pt-PB(4∶1)/C 催化剂在稳定性测试前后的 LSV 曲线变化最小。根据这一组图对三种催化剂在不同电势下的动力学电流密度衰减百分比进行计算，结果如图 3.18(d)所示。可见 Pt-PB(4∶1)/C 催化剂电流密度衰减最少。Pt-PB(4∶1)/C 催化剂优异的稳定性可能来源于两方面，一方面是 PDDA 对 Pt 颗粒的保护作用，另一方面是膜状的 PB 对 Pt 颗粒的锚定作用。

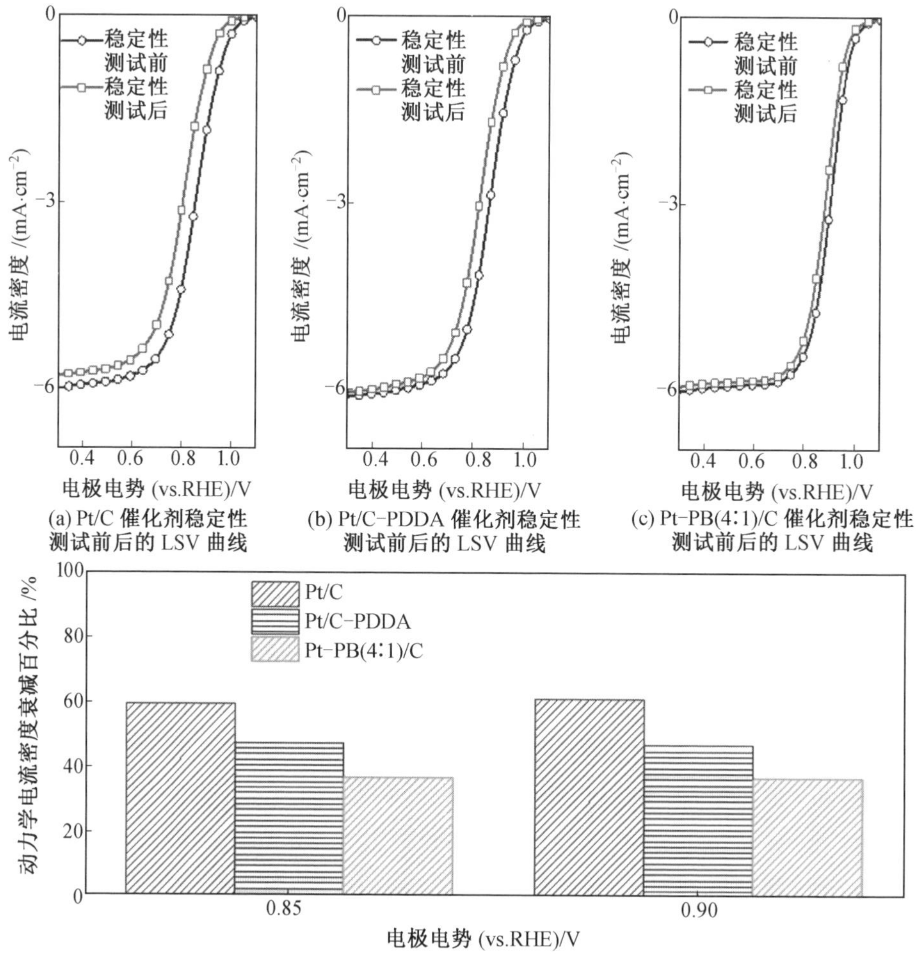

(a) Pt/C 催化剂稳定性测试前后的 LSV 曲线

(b) Pt/C-PDDA 催化剂稳定性测试前后的 LSV 曲线

(c) Pt-PB(4∶1)/C 催化剂稳定性测试前后的 LSV 曲线

(d) 三种催化剂在不同电势下的动力学电流密度衰减百分比

图 3.18 催化剂的稳定性测试

3.3 铂镍及其多元催化剂的形貌调控与 ORR 性能

3.3.1 PtNi 合金催化剂的制备条件对形貌的影响

阿贡国家实验室 Markovic 小组报道 $Pt_3Ni(111)$催化剂的氧还原活性是商业 Pt/C 催化剂活性的 96 倍,是目前活性最高的,因此受到广泛的关注。而就催化

剂稳定性而言,阴极反应氧气还原处于高电势、强酸等苛刻条件下,碳载体自身处于热力学不稳定状态,易发生氧化溶解,会导致贵金属纳米颗粒脱落失活,严重限制催化剂的使用寿命。

N,N-二甲基酰胺(DMF)在以前的研究中已经被用作还原剂和溶剂来合成金和银纳米颗粒,进一步,通过水热法在DMF和水的混合溶剂中成功制备了Pt六面体和截角八面体。图3.19(a)是DMF的结构示意图。DMF作为一种拥有极短碳链的小分子溶剂,不会强烈吸附于所合成纳米颗粒的表面,这是作为无表面活性剂合成溶剂的一个非常关键的条件。最近有研究报道,在纯DMF作为溶剂和还原剂而不使用任何长碳链的表面活性剂的条件下,通过一种简单的溶剂热法就能够合成具有特殊晶面的PtNi合金,其氧还原反应催化活性高达商业Pt/C催化剂的15倍。但是由于缺乏表面活性剂的稳定分散作用,这些PtNi合金纳米颗粒的分散性很差,尺寸和形貌也非常不均一。通过向DMF溶剂中加入适量的表面活性剂PVP能够合成均一的PtNi合金纳米颗粒,但是其催化活性仅能达到商业Pt/C催化剂的5.7倍。由此可见,长碳链的表面活性剂损害了PtNi合金纳米颗粒的催化性能。

本节介绍了使用一种新型的无表面活性剂的溶剂——甲酰哌啶(FPD),以取代DMF,在CO气体的动态气氛下来合成均一的Pt_3Ni纳米颗粒。图3.19(b)是FPD的结构示意图。DMF的沸点是153 ℃,低于在常压下制备Pt合金氧还原催化剂的最佳温度范围。因此,常压下在DMF中进行的反应速率很慢或者基本不能发生。而FPD与DMF具有相似的结构,只是DMF的两个甲基官能团被FPD吡啶环取代。这种结构上的差别导致了FPD具备223 ℃的高沸点,使得以FPD为溶剂的反应能够在更宽的温度范围内进行。

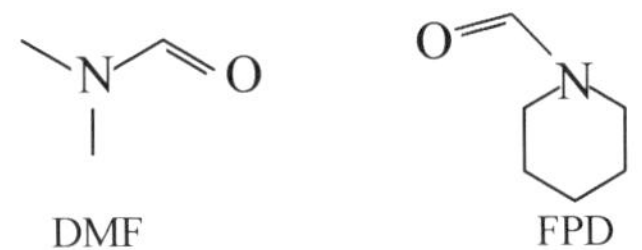

图3.19　DMF和FPD的结构示意图

图3.20是暴露于CO不同时间条件下合成的PtNi合金样品的TEM图。很明显,如图3.20(a)所示,当整个反应过程都在氩气气氛下进行时得到的样品尺寸分布十分不均匀,而一旦在反应初期通入CO,暴露于CO的时间无论长短,得到的样品均具有均匀的尺寸,如图3.20(b)~(f)所示。当通入CO时间小于10 min时,所得到的样品(图3.20(b)和(c))中大部分颗粒显示六面体形貌,而

当通入 CO 时间大于或等于 10 min 时,所得样品(图 3.20(d) ~ (f))具有八面体或者截角八面体的形貌,该形貌对于获得高氧还原活性非常重要。

根据实验可以推断 CO 的作用主要是在反应初期参与了 PtNi 合金的成核过程,通过控制晶核的均一性达到控制最终所得颗粒粒径的均一性。在反应刚开始发生时溶液中形成了 PtNi 合金簇,CO 气体分子迅速吸附在新形成的 PtNi 合金簇表面,吸附的 CO 将会限制接下来的晶核形成过程,保证晶核尺寸分布的均一性。这个过程在反应开始后迅速完成,因此后期通入 CO 的时间无论长短,只要早期通入 CO 就能够保证成核的均一性,在接下来的生长过程中,由于反应溶液浓度下降,原子在精细的晶核上缓慢地沉积生长,同时反应溶液的各向均匀性使最终形成的纳米颗粒具有均一的形貌和尺寸。

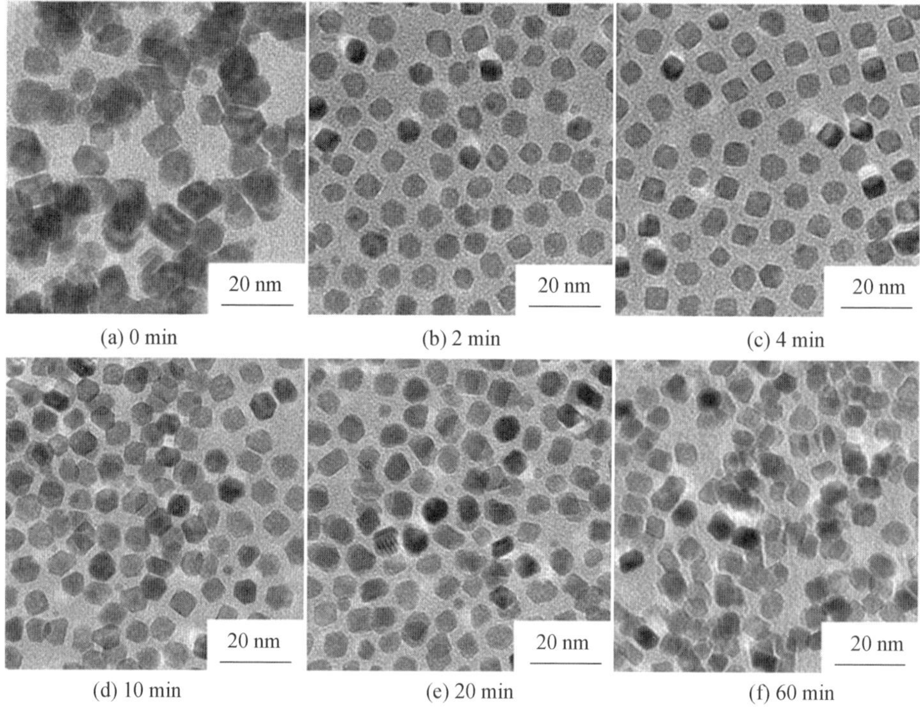

图 3.20　暴露于 CO 不同时间条件下合成的 PtNi 合金样品的 TEM 图

图 3.21 是通入不同时间 CO 气体合成的 PtNi 合金催化剂在 Ar 饱和的 0.1 mol/L $HClO_4$溶液中的循环伏安曲线,扫描速率为 50 mV/s。从图 3.21 可以看出,这六个样品的循环伏安曲线在 0.05 ~0.4 V 之间都出现了明显的氢吸脱附特征,但是对于不接触 CO 气体合成的样品,由于颗粒尺寸较大,它的氢吸脱附面积最小。当改变 CO 通气的时间时, CV 曲线上氢吸脱附面积的差别可能是表面

原子组成排列方式不同造成的。

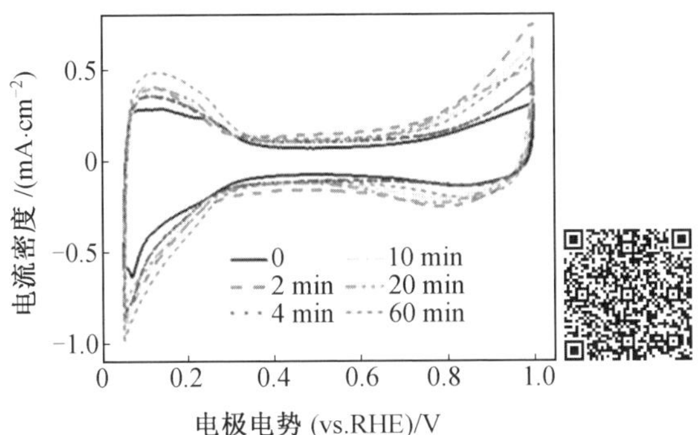

图 3.21　通入不同时间 CO 气体合成的 PtNi 合金催化剂在 Ar 饱和的 0.1 mol/L $HClO_4$ 溶液中的循环伏安曲线

图 3.22 是通入不同时间 CO 气体合成的 PtNi 合金催化剂在 O_2 饱和的 0.1 mol/L $HClO_4$ 溶液中的 ORR 极化曲线(电极转速为 1 600 r/min,扫描速率为 10 mV/s)。如图所示,通入 CO 气体时合成的 5 个 PtNi 合金催化剂上的起始电势都比未通入 CO 气体合成的 PtNi 合金催化剂的起始电势更高,半波电势更正;当通入 CO 气体的时间为 10 min 时得到的 PtNi 合金催化剂上氧还原反应的起始电势最高,半波电势最正,表明其 ORR 活性最高。研究发现 PtNi 合金的表面 Ni 含量随本体 Ni 含量增加而增加,而 PtNi 合金催化剂的氧还原活性则随着表面 Ni 含量的增加而提高,在本节的实验条件下,PtNi 合金的表面 Ni 原子占比最高达 8.26%,而相应的最高氧还原电流密度则为 1.12 mA/cm^2(0.9 V vs. RHE),达到商业 Pt/C 催化剂的 5 倍。由此可以推断,PtNi 合金表面组成是影响其催化活性的关键因素。在本节中,简单地通过新型溶剂和 CO 气体的配合使用就可以达到

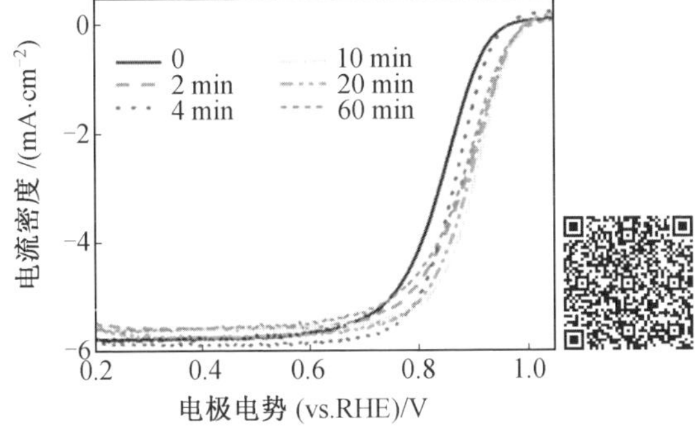

图 3.22　通入不同时间 CO 气体合成的 PtNi 合金催化剂在 O_2 饱和的 0.1 mol/L $HClO_4$ 溶液中的 ORR 极化曲线

控制 PtNi 合金的尺寸分布和表面组成,以调控催化剂活性的目的。

3.3.2 PtNi 合金的组成与形貌的影响因素研究

研究表明,DMF 和小分子物质的配合使用有利于促进金属纳米颗粒的形貌控制。本节尝试使用小分子酸丙酸(PA)来调解和促进八面体形状的 PtNi 合金纳米颗粒的合成,得到的八面体 PtNi 合金氧还原活性高达商业 Pt/C 催化剂的 13 倍。高的活性是由于八面体 PtNi 合金具有(111) 晶面,而且表面非常干净。推测其机理可能是由于 DMF 在 PtNi 合金表面分解,然后化学吸附于其表面,这个过程可以提供 Pt 离子和 Ni 离子还原所需的电子。DMF 氧化产物和丙酸之间相互作用形成二甲氨基甲酸,二甲氨基甲酸分子之间通过氢键相互作用和偶极-偶极相互作用产生羧酸二聚体。随后羧酸二聚体发生脱水反应生成酸酐,该酸酐可以作为一种容易脱附的包覆剂,吸附于形成的 PtNi 晶核表面,影响 Pt 离子和 Ni 离子在不同方向晶面的沉积速率。酸酐在(111)晶面可能的优先吸附抑制了 Pt 离子和 Ni 离子还原,使 PtNi(100) 晶面的相对生长速率更快,导致在较长的生长过程中八面体形状的优先形成。

图 3.23 是在纯 DMF 和 DMF/PA(体积比为 11/1)中合成的 PtNi 合金的 TEM 图。可以看出,在纯 DMF 中合成的 PtNi 合金纳米颗粒尺寸较大,形状不规则且分布不均匀。但是用 1 mL PA 取代 1 mL DMF 后,合成的 PtNi 合金纳米颗粒变得尺寸均匀,显示了八面体形貌。

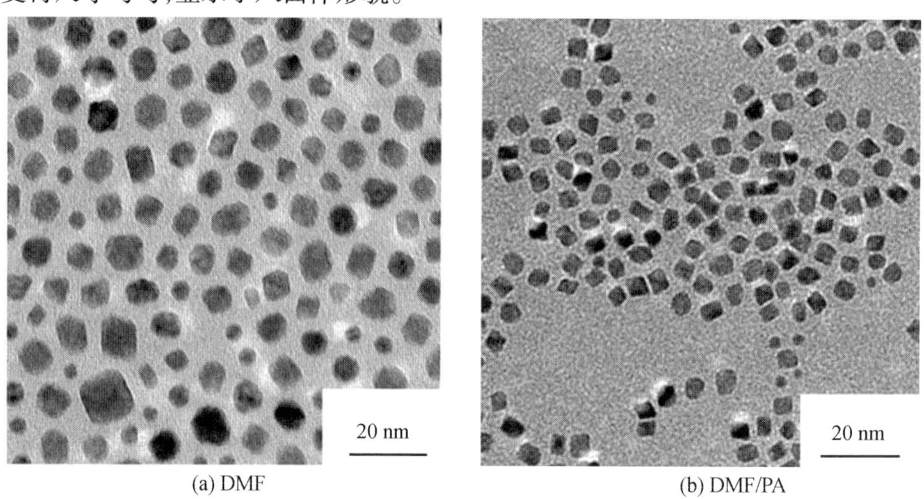

图 3.23　在纯 DMF 和 DMF/PA 中合成的 PtNi 合金的 TEM 图

研究了 DMF/PA 的体积比对 PtNi 合金的形貌和尺寸的影响,发现随着丙酸

体积增加,合成的 PtNi 合金纳米颗粒尺寸分布都十分均匀,但尺寸越来越小。当丙酸的体积只有 0.5 mL 时,PtNi 合金纳米颗粒的形貌最不规则。这说明 DMF 和 PA 的比例对于 PtNi 合金的形貌控制有很重要的影响。

溶剂碳链的长度是另外一个影响合成产物形貌的重要因素。保持 DMF 和小分子酸的体积比为 11/1,将三个碳的丙酸分别替换为等体积的一个碳的甲酸(FA)和两个碳的乙酸(AA),合成 PtNi 合金。图 3.24 是在 DMF/FA 和 DMF/AA 溶剂中合成的 PtNi 合金的 TEM 图。从图 3.24(a)可知,采用甲酸时合成的 PtNi 合金纳米颗粒尺寸非常小且形貌很不规则;然而,采用乙酸时, PtNi 合金纳米颗粒尺寸分布明显变得均匀,而且显示了四面体和八面体的形貌。

统计粒径发现,当所用酸为甲酸和乙酸时,合成的 PtNi 合金纳米颗粒的平均尺寸分别为 3.18 nm 和 4.73 nm。由此可知,所用酸的碳链越长,合成的纳米颗粒尺寸越大,可知小分子酸的碳链长度对所合成纳米颗粒的形貌和尺寸也有明显的影响,即碳链较长的小分子酸更有利于八面体 PtNi 纳米颗粒的合成。而且,直链酸的碳链越长,酸性越弱,因此小分子酸的酸性也有可能影响所得纳米颗粒的尺寸和形貌。通过表征发现三种不同混合溶剂中合成的纳米颗粒组成分别为 $Pt_{1.1}Ni$、$Pt_{1.05}Ni$ 和 $Pt_{1.02}Ni$,均接近理论值 PtNi。

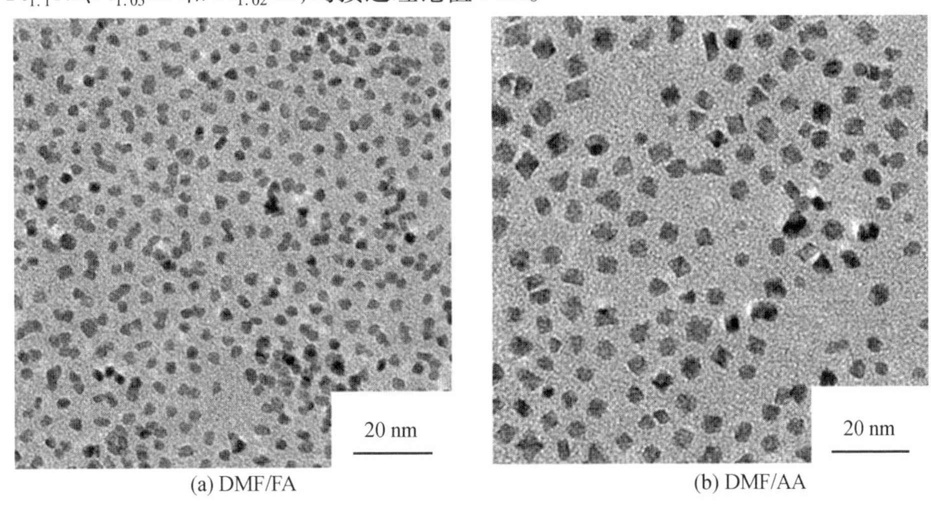

(a) DMF/FA　　(b) DMF/AA

图 3.24　在 DMF/FA 和 DMF/AA 中合成的 PtNi 合金的 TEM 图

由图 3.25 可知,三种催化剂都表现出明显的氢吸脱附特征,根据氢吸脱附区域的面积积分可得圆盘电极上催化剂的活性面积。据观察,当所用酸为甲酸和丙酸时,催化剂的活性面积接近,而采用乙酸时催化剂的活性面积稍低于其他两种酸存在时合成的催化剂活性面积。在 DMF/FA 体系中合成的 PtNi 合金颗粒尺寸较小,因此催化剂的活性较高;而在 DMF/AA 体系中合成的 PtNi 合金颗粒具有八面体形貌,有利于氢吸脱附的发生,因此也表现出较高的催化剂活性面积。在 DMF/PA 体系中合成的 PtNi 合金尺寸居中,但是八面体和四面体比例低于 DMF/AA 体系中的八面体 PtNi 合金,因此其活性面积相对稍低。

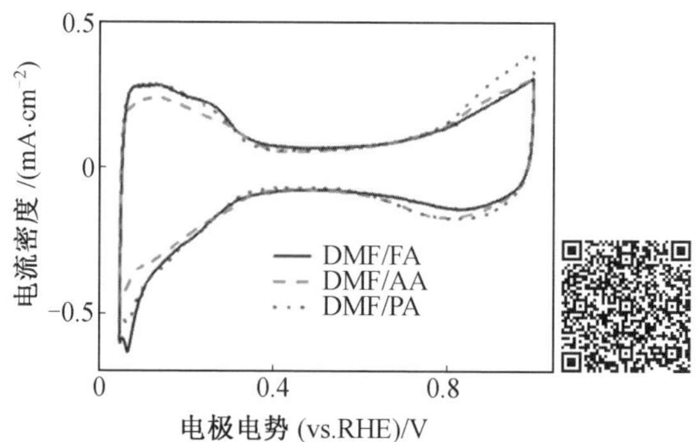

图 3.25 不同溶剂中合成的 PtNi 合金的循环伏安曲线(混合溶剂体积比为 11/1)

图 3.26 是商业 Pt/C 催化剂和不同溶剂中合成的 PtNi 合金在 O_2 饱和的 0.1 mol/L $HClO_4$ 溶液中测得的 ORR 极化曲线,扫描速率为 10 mV/s。从 ORR 极化曲线可以看出,在基于 DMF 溶剂体系中合成的 PtNi 合金的氧还原起始电势和半波电势均比商业 Pt/C 催化剂大,说明这些催化剂的氧还原活性都比商业催化剂高。

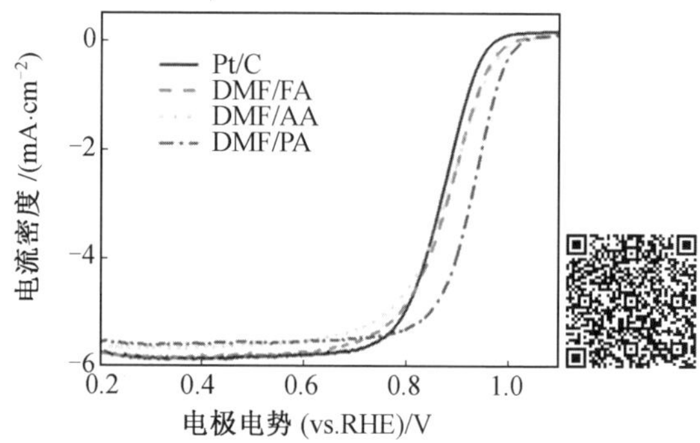

图 3.26 商业 Pt/C 催化剂和不同溶剂中合成的 PtNi 合金的 ORR 极化曲线(混合溶剂体积比为 11/1)

在改变 Pt 和 Ni 前驱体的原子比例但是保持溶液中前驱体浓度不变的条件下,进一步合成了不同组成、形貌的 PtNi 合金。图 3.27 是在体积比为 11/1 的 DMF/PA 溶剂中合成的 Pt_3Ni 合金和 $PtNi_3$ 合金的 TEM 图。

由图 3.27 可见,当合成 Pt_3Ni 合金时,得到的纳米颗粒显示了六面体形貌,

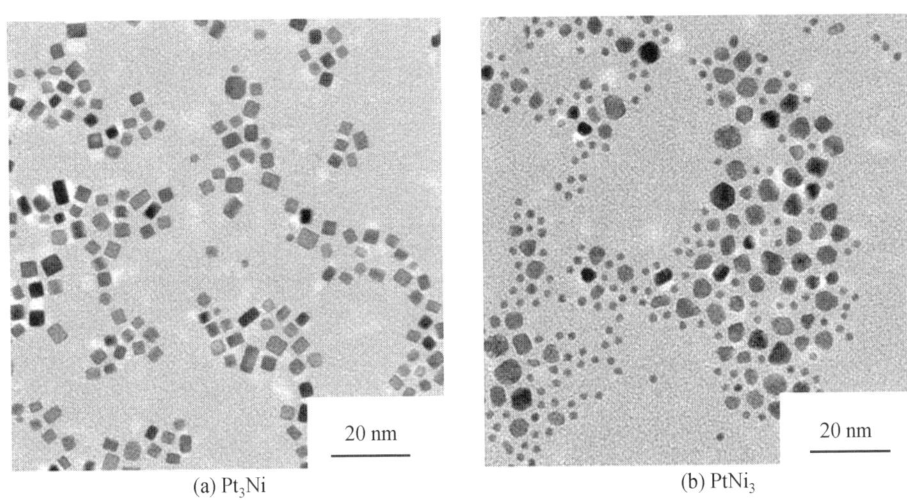

(a) Pt_3Ni (b) $PtNi_3$

图3.27 在体积比为11/1的DMF/PA溶剂中合成的Pt_3Ni和$PtNi_3$合金的TEM图

尺寸和形貌都很均一。这说明在这个合成体系中,不仅反应的温度、羧酸的种类、前驱体的总浓度和反应时间影响所得合金的形貌和尺寸,两种前驱体的浓度比也影响了最终所得合金的形貌和尺寸。但是从图3.27(b)中可以看出,当合成$PtNi_3$时,得到的纳米颗粒形貌很不规则,且尺寸非常不均匀,这再次说明了两种前驱体的浓度比能够影响所得纳米颗粒的形貌和尺寸。

图3.28是在体积比为11/1的DMF/PA溶剂中合成的Pt_3Ni、PtNi和$PtNi_3$合金的XRD谱图。由图3.28可以看出,三种合金都出现了对应于(111)、(200)、(220)和(311)晶面的特征衍射峰,说明这三种合金都是面心立方结构。该图还显示出,随着合成溶液中Ni浓度增大,Pt浓度减小,所得合金的各个原子晶面的衍射角度逐渐向高角度方向偏移。根据韦达定理可知,2θ值的正移意味着合金组成逐渐由富Pt合金向富Ni合金转变。

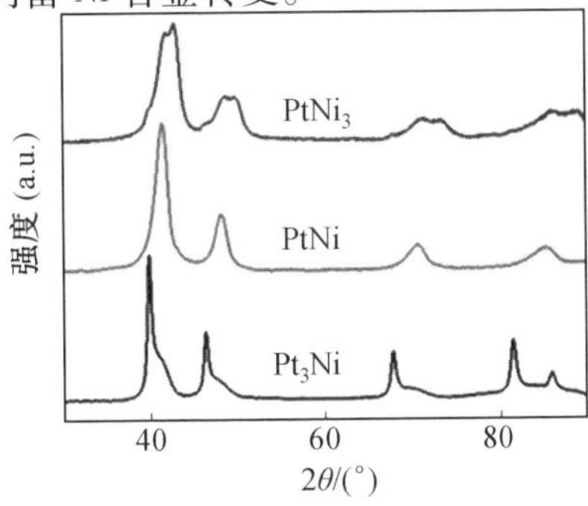

图3.28 在体积比为11/1的DMF/PA溶剂中合成的Pt_3Ni、PtNi和$PtNi_3$合金的XRD谱图

图3.29是在体积比为11/1的DMF/PA溶剂中合成的Pt_3Ni/C、PtNi/C和$PtNi_3/C$合金催化剂的循环伏安曲线。三种催化剂都显示出典型的氢/氧吸脱附行为,而且随着Ni含量增加,氢区面积呈现先增大后减小的趋势。这是由于不同组成的合金,其表面原子排列差别很大,而表面吸附性能对表面原子排列方式非常敏感。八面体的PtNi合金可能由于其规则的八面体形貌有利于氢原子在其表面的吸脱附,所以PtNi/C催化剂表现了最高的氢区面积,而$PtNi_3$合金在循环过程中会发生Ni的溶解,Ni溶解后暴露的活性面积有利于氢的吸脱附,因此它的氢区面积居中。

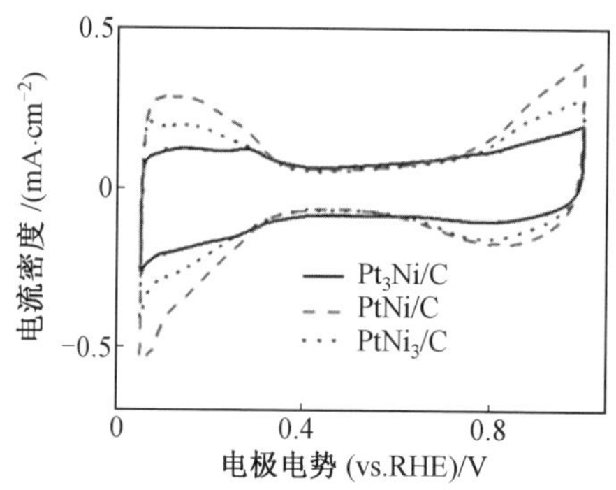

图3.29　在体积比为11/1的DMF/PA溶剂中合成的Pt_3Ni/C、PtNi/C和$PtNi_3/C$合金催化剂的循环伏安曲线

图3.30是在体积比为11/1的DMF/PA溶剂中合成的Pt_3Ni/C、PtNi/C和$PtNi_3/C$合金催化剂的ORR极化曲线,电极转速为1 600 r/min,扫描速率为10 mV/s。如图所示,三种催化剂的氧还原催化活性趋势与氢区面积的变化趋势一致,即随着Ni含量增加,氧还原催化活性呈现先增大后减小的趋势。PtNi/C催化剂上氧还原反应的起始电势最高,半波电势最正,这表明其对氧还原反应的催化活性最高。通过K-L方程计算可以得到Pt_3Ni/C、PtNi/C和$PtNi_3/C$三种合金催化剂的氧还原反应的动力学电流密度,如图3.31所示。

由图3.31可知,Pt_3Ni/C、PtNi/C和$PtNi_3/C$合金催化剂上氧还原电流密度分别为1.3 mA/cm^2、2.6 mA/cm^{2}和1.6 mA/cm^2,分别是商业Pt/C催化剂的6.5倍、13倍和8倍。八面体PtNi合金由于其表面由(111)晶面组成,而(111)晶面的原子排列方式是有利于促进氧还原的吸附和还原的,同时由于其具有非常干净的活性表面,因此八面体PtNi合金显示了极高的氧还原活性。而对于$PtNi_3$合金,循环测试过程中Ni的溶解导致表面原子出现了许多新鲜的活性位点,因此它的还原活性也较高。而六面体Pt_3Ni表面由(100)晶面组成,与(111)晶面相

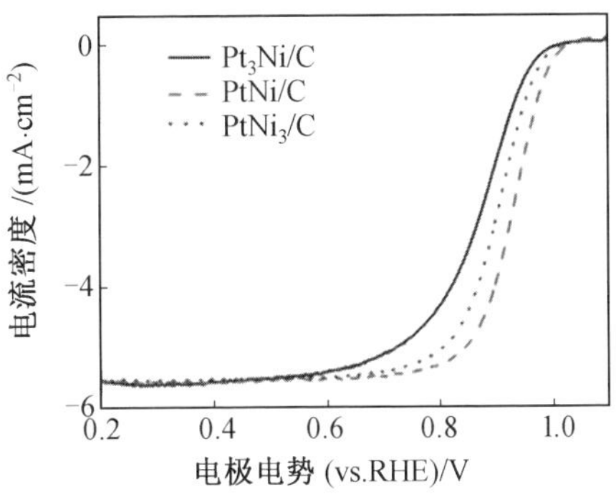

图3.30 在体积比为11/1的DMF/PA溶剂中合成的Pt_3Ni/C、PtNi/C和$PtNi_3/C$合金催化剂的ORR极化曲线

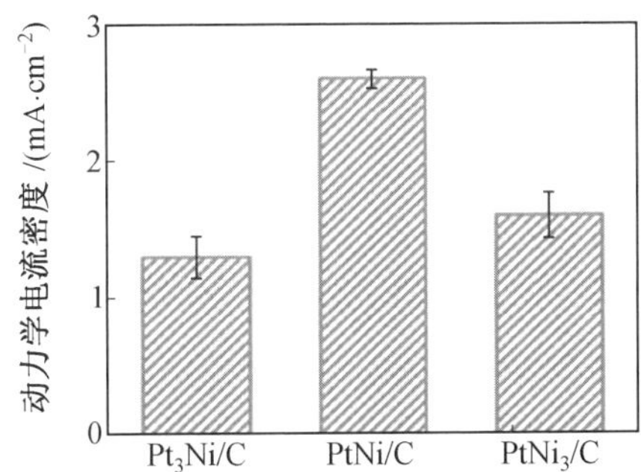

图3.31 在体积比为11/1的DMF/PA溶剂中合成的Pt_3Ni/C、PtNi/C和$PtNi_3/C$合金催化剂的氧还原反应的动力学电流密度对比

比,(100)晶面的原子排列方式虽不是促进氧还原活性的优势排列,但由于表面非常干净,其活性依然能够达到商业Pt/C催化剂的6.5倍。由此可见,纳米材料的表面洁净度是影响其催化性能的一个极为关键的因素。

3.3.3 八面体PtNi催化剂近表面结构的设计和调控

研究发现$Pt_3Ni(111)$单晶具有超高的ORR活性,以此为基础,近年来已成功制备出表面为(111)晶面的八面体PtNi催化剂,该类催化剂具有显著提升的ORR动力学。但是通过研究不同体相组成($Pt_{1.5}Ni$和$Pt_{1.0}Ni$)的八面体PtNi催化剂,发现八面体PtNi催化剂不能同时保持高活性和高稳定性。如当催化剂组成为$Pt_{1.5}Ni$时,在去合金化处理后,近表面是一个相对较厚的Pt-rich,内部组成保持不变,该结构催化剂往往具有较好的稳定性。但是由于Pt-rich较厚,内部Ni原子引起的电子效应和应力效应将随着Pt-rich厚度增加而显著下降,对表面

Pt 原子的调控作用降低,使其 ORR 活性较低。然而当催化剂体相组成变为 $Pt_{1.0}$Ni 时,经去合金化处理后,近表面则演变为一个薄的 Pt-rich,所以表面 Pt 原子易受到内部 Ni 原子的调控(如配体效应和应力效应),从而使其具有高的 ORR 活性。但同时,该类催化剂的稳定性通常较差,可能是薄的 Pt-rich 不能有效地限制内部相对多的 Ni 原子在稳定性测试过程中的扩散和溶解,致使产生的应力效应和电子效应逐渐衰减。近表面结构可以直接影响催化剂的活性和稳定性,设计和构筑具有特殊近表面结构的八面体 PtNi 催化剂有助于制备高活性和高稳定性催化剂。

首先以 DMF 为溶剂和还原剂,以乙酰丙酮铂($Pt(acac)_2$)、乙酰丙酮镍($Ni(acac)_2$)和苯甲酸为反应前驱体,利用溶剂热法在 XC-72 碳载体表面制备表面清洁的八面体 $Pt_{1.5}$Ni。溶剂热结束后,采用"吸附-还原-扩散"方法向 $Pt_{1.5}$Ni 催化剂中引入少量 Ni 原子,即将其与 $Ni(NO_3)_2$混合,冷冻干燥后,在 150 ℃、还原气氛下获得近表面组成调控的催化剂,记为 MS-$Pt_{1.5}$Ni。最后分别将 $Pt_{1.5}$Ni 和 MS-$Pt_{1.5}$Ni 在加热条件下进行酸洗处理去除表面/近表面的 Ni 原子,可获得表面富 Pt、内部组成为 PtNi 的合金催化剂。

图 3.32(a)是 A-MS-$Pt_{1.5}$Ni(A 表示酸洗,acid wash)的 TEM 图,所有的纳米颗粒具有形貌、粒径、分散均一性。通过 HRTEM 图可知 A-MS-$Pt_{1.5}$Ni 保持了八面体形貌。由图 3.32(b)可知,酸洗后的 Ni 元素和 Pt 元素保持均匀分散状态。利用线扫能量色散 X 射线谱(X-ray energy dispersive spectrum, EDS)分析研究 A-MS-$Pt_{1.5}$Ni催化剂的近表面结构,如图 3.32(c)所示,其表面组成仍是 Pt-rich 结构,而内部则是 PtNi 合金。同时发现 A-MS-$Pt_{1.5}$Ni 近表面 Pt-rich 厚度仅为 2 ~ 3原子层。

通过线扫 EDS 分析也可知 A-$Pt_{1.5}$Ni 表面 Pt-rich 厚度为 5 ~ 6 原子层。可见通过调控催化剂近表面的组成可实现催化剂近表面结构的调控,即降低近表面 Pt-rich 的厚度。为了直观证明近表面 Pt-rich 的结构,对 A-MS-$Pt_{1.5}$Ni 和 A-$Pt_{1.5}$Ni 进行 HAADF-STEM 和原子分辨率的高角环形暗场扫描透射显微镜(AR-HAADF-STEM)表征,如图 3.33 所示。

图 3.33(a)是单一 A-MS-$Pt_{1.5}$Ni 纳米颗粒的 HAADF-STEM 图。在 HAADF-STEM模式中,其明暗程度与原子序数直接相关,即原子序数越大,原子亮度越高。所以,依据明暗程度,可知外部为 Pt 原子,而内部则是 PtNi 原子。为研究表面结构,对图 3.33(a)进行局部放大(图 3.33(b)),直接获得表面 Pt-rich 的厚度为 2 ~ 3 原子层,与线扫 EDS 分析的结果一致。由图 3.33(c)可以发现,A-$Pt_{1.5}$Ni 表面/近表面也是 Pt-rich,内部为 PtNi,且 Pt-rich 厚度明显高于 A-MS-$Pt_{1.5}$Ni 表

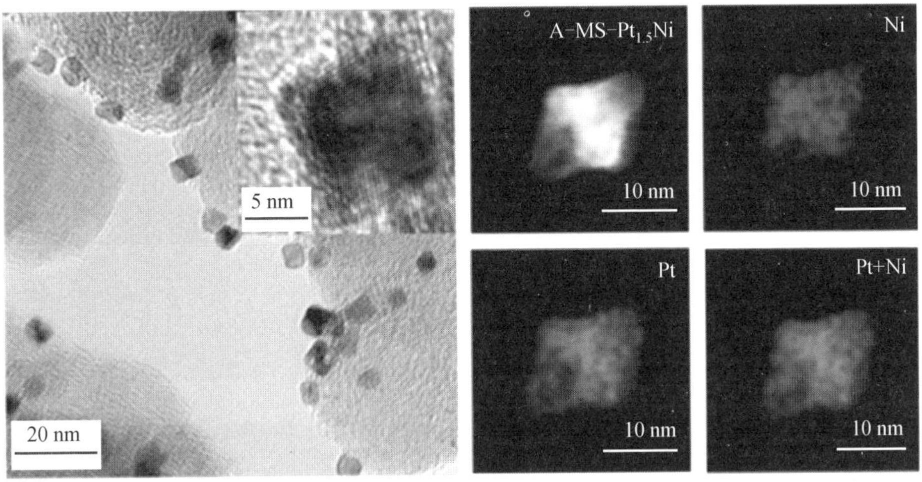

(a) TEM 图(插图为 HRTEM 图)

(b) HAADF-STEM 图

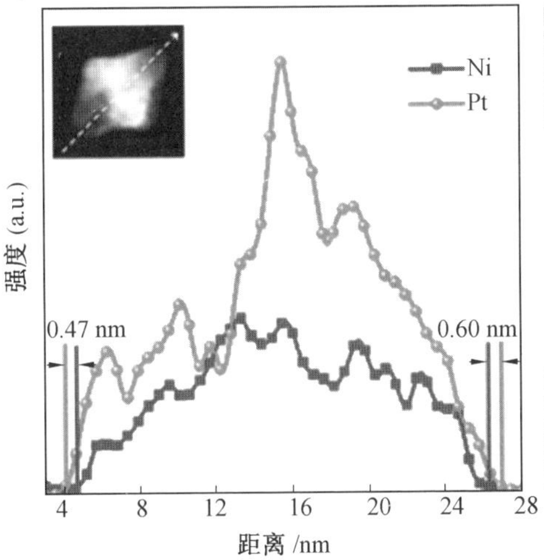

(c) 线扫 EDS 分析

图 3.32 A-MS-$Pt_{1.5}$Ni 催化剂的物理表征

面 Pt-rich 厚度。图 3.33(d)则直观证明 A-$Pt_{1.5}$Ni 的表面为 5~7 原子层厚度的 Pt-rich,内部为 PtNi 合金;而经过预处理后的催化剂 A-MS-$Pt_{1.5}$Ni 具有更薄的 Pt-rich。以上表征证实通过改变催化剂的近表面组成可调控其近表面结构。

同时,采用 X 射线吸收近边结构技术研究 Pt 的电子结构,图 3.34(a)、(b)分别是 A-MS-$Pt_{1.5}$Ni、MS-$Pt_{1.5}$Ni、$Pt_{1.5}$Ni 和 Pt 箔在 Pt L_3边和 Pt L_2边的归一化 XANES 谱图。基于 Pt L_3边和 Pt L_2边的 XANES 谱图中的白线峰强度可以定性反映 5d 轨道的空穴数,也可以表明电子结构是否发生变化。Pt L_3边和 Pt L_2边的

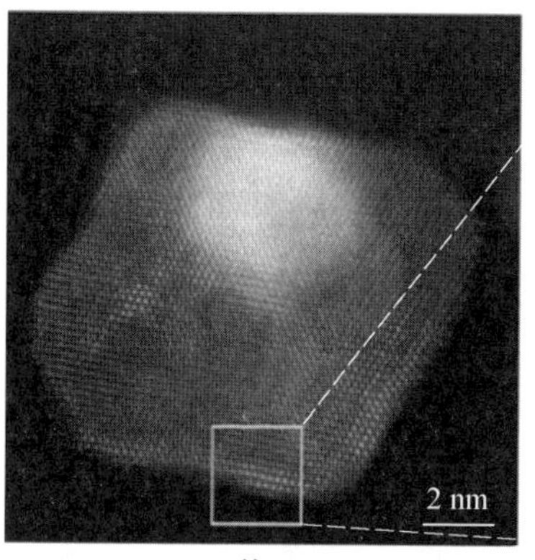

(a) A-MS-$Pt_{1.5}Ni$ 的 HAADF-STEM 图

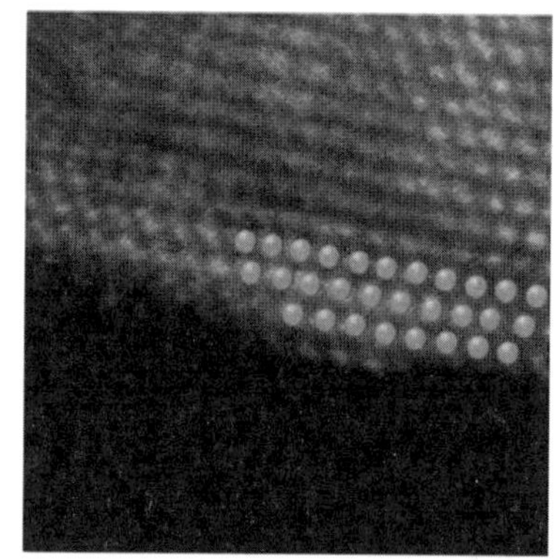

(b) A-MS-$Pt_{1.5}Ni$ 的 AR-HAADF-STEM 图

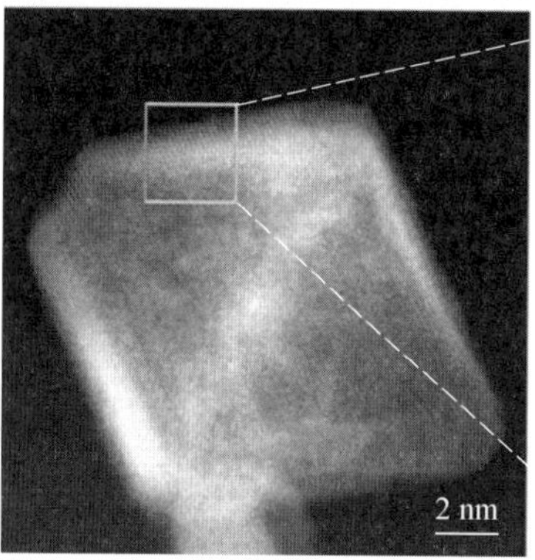

(c) A-$Pt_{1.5}Ni$ 的 HAADF-STEM 图

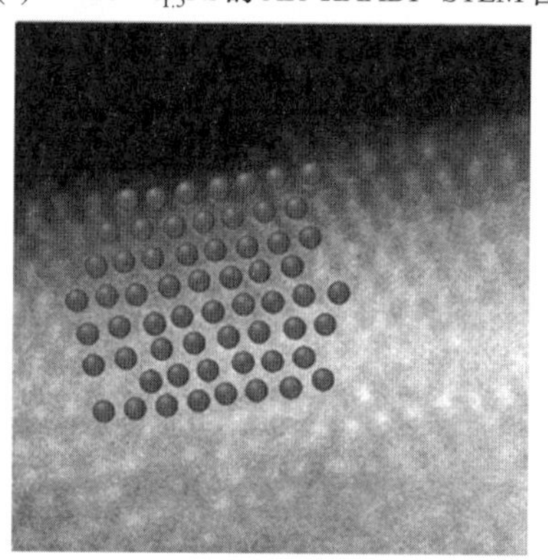

(d) A-$Pt_{1.5}Ni$ 的 AR-HAADF-STEM 图

图 3.33 A-MS-$Pt_{1.5}Ni$、A-$Pt_{1.5}Ni$ 的 HAADF-STEM 图和 AR-HAADF-STEM 图

XANES 谱图中催化剂的白线峰强度均呈相同的变化趋势,即 Pt 箔< MS-$Pt_{1.5}Ni$< A-MS-$Pt_{1.5}Ni$<$Pt_{1.5}Ni$,该强度变化定性地表明 A-MS-$Pt_{1.5}Ni$ 中 Pt 的电子结构确实被修饰。为定量地证明 A-MS-$Pt_{1.5}Ni$ 的 Pt 电子结构发生的变化,基于 Pt L_3边和 Pt L_2边的 XANES 谱图,利用式(3.1)~(3.7)计算获得不同催化剂 $5d_{5/2}$和 $5d_{3/2}$轨道电子填充度。计算得出 A-MS-$Pt_{1.5}Ni$ 的 $5d_{5/2}$和 $5d_{3/2}$轨道电子填充度不同于其他催化剂,定量地证明了电子结构发生的变化。XAS 技术属于体相分析表面信息和内部信息的综合信息的技术,不能直接给出表面 Pt 原子 5d 轨道空位数的变化。但是基于前面的讨论可知内部并未受到影响,所以 XANES 谱图的区别可归因于表面电子结构的变化,同样可以证明表面/近表面变薄会导致表面 Pt 原子电子结构发生变化。

$$\Delta A_3 = \int \mu(\mathrm{Pt})_{L_3WL} - \int \mu(\mathrm{Au})_{L_3WL} \tag{3.1}$$

$$\Delta A_2 = \int \mu(\mathrm{Pt})_{\mathrm{L_2WL}} - \int \mu(\mathrm{Au})_{\mathrm{L_2WL}} \tag{3.2}$$

$$\Delta A_3 = C_0 N_0 E_3 (R_{\mathrm{d}}^{2\mathrm{p}3/2})^2 \frac{6h_{5/2} + h_{3/2}}{15} \tag{3.3}$$

$$\Delta A_2 = C_0 N_0 E_2 (R_{\mathrm{d}}^{2\mathrm{p}1/2})^2 \frac{1}{3} h_{3/2} \tag{3.4}$$

$$C = C_0 N_0 R^2 \tag{3.5}$$

$$h_{5/2} = \frac{1}{2C}\left(5 \frac{E_2}{E_3}\Delta A_3 - \Delta A_2\right) \tag{3.6}$$

$$h_{3/2} = \frac{3\Delta A_2}{C} \tag{3.7}$$

式中,ΔA_3 和 ΔA_2 分别是以 Au L_3 边和 Au L_2 边为背景的 Pt L_3 边和 Pt L_2 边强度积分;WL 表示白线峰;μ 是吸收度;N_0 是 Pt 原子的密度;h_j 是 j (3d 或 5d) 轨道电子未填充数;E_3 和 E_2 分别是 Pt L_3 边和 Pt L_2 边的 XANES 谱图的 E_0 值;C 是常数,$C = 7.484 \times 10^4\ \mathrm{cm}^{-1}$;$R$ 是至中心原子的距离。

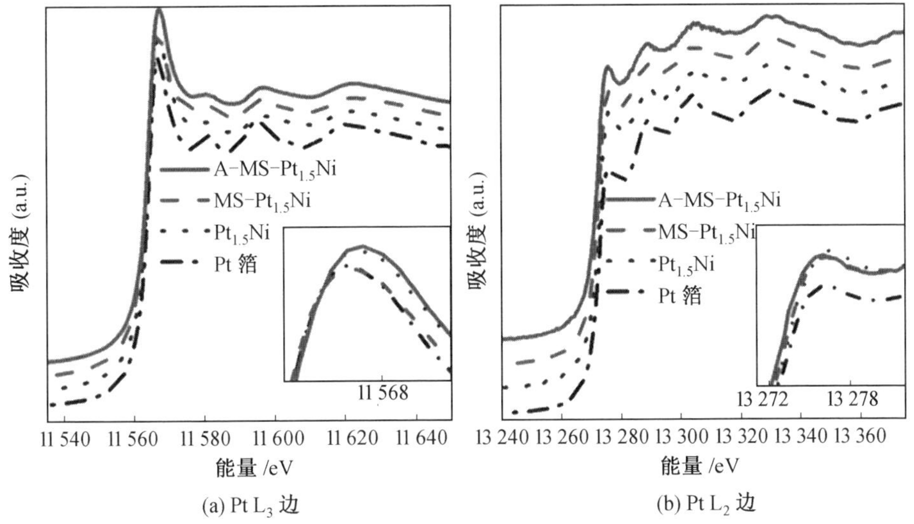

图 3.34　A-MS-$Pt_{1.5}Ni$、MS-$Pt_{1.5}Ni$、$Pt_{1.5}Ni$ 和 Pt 箔归一化的 XANES 谱图

根据拟合后的结果,发现相比于 Pt 箔的 Pt—Pt 键的键长,Ni 的引入可以降低 Pt—Pt 键的键长;相反,$Pt_{1.5}Ni$、MS-$Pt_{1.5}Ni$ 和 A-MS-$Pt_{1.5}Ni$ 中 Ni—Ni 键的键长则高于 Ni 箔中的 Ni—Ni 键的键长,证明 Pt 原子和 Ni 原子发生了合金化。但是,对于 A-MS-$Pt_{1.5}Ni$ 的 Pt—Pt 键长及其配位数与其他催化剂的几乎相同。可以认为,修饰后的催化剂键长和配位环境没有发生变化,即表面 Pt-rich 厚度变

薄可能并没有改变键长和配位环境。由于 EXAFS 分析是体相分析,同时内部的 Pt 没有受到影响,所以 EXAFS 难以检测出表面 Pt 原子的键长和配位变化情况。

图 3.35(a)是催化剂在 Ar 饱和的 0.1 mol/L $HClO_4$ 溶液中的 CV 曲线,均展现了氢区、氧区和双层区三个特征区。在 O_2饱和的 0.1 mol/L $HClO_4$溶液中,A-$Pt_{1.5}$Ni、A-$Pt_{1.0}$Ni 和 A-MS-$Pt_{1.5}$Ni 催化剂的 ORR 性能均远高于商业 Pt/C 催化剂的 ORR 性能(图 3.35(b)),其中 A-$Pt_{1.5}$Ni、A-$Pt_{1.0}$Ni 和 A-MS-$Pt_{1.5}$Ni 催化剂的 LSV 曲线的半波电势分别比商业 Pt/C 催化剂的 LSV 曲线的半波电势正移了 60 mV、50 mV 和 40 mV。根据 K-L 方程获得不同催化剂在 0.9 V 电势下的动力学电流密度,进而获得 0.9 V 时不同催化剂的面积比活性和质量比活性(图 3.35

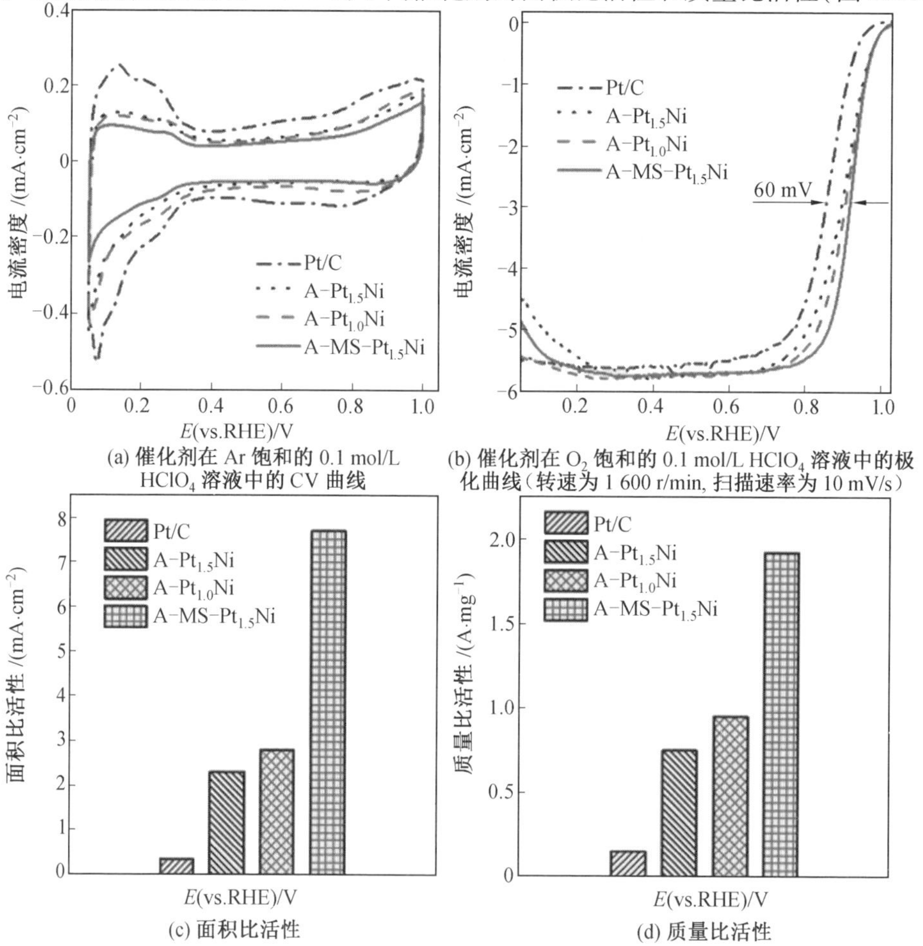

(a) 催化剂在 Ar 饱和的 0.1 mol/L $HClO_4$ 溶液中的 CV 曲线

(b) 催化剂在 O_2 饱和的 0.1 mol/L $HClO_4$ 溶液中的极化曲线(转速为 1 600 r/min, 扫描速率为 10 mV/s)

(c) 面积比活性

(d) 质量比活性

图 3.35　Pt/C、A-$Pt_{1.5}$Ni、A-$Pt_{1.0}$Ni 和 A-MS-$Pt_{1.5}$Ni 催化剂电化学性能表征

(c)、(d))。首先可以发现 A-$Pt_{1.0}$Ni 的 ORR 质量比活性和面积比活性均高于 A-$Pt_{1.5}$Ni的。这是因为内部具有更多的 Ni 原子,可以更有效地调控表面原子的电子结构和几何结构。而 A-MS-$Pt_{1.5}$Ni 则展现了更高的 ORR 活性,其面积比活性为7.7 mA/cm^2,是商业 Pt/C 催化剂催化活性的 22 倍,是 A-$Pt_{1.5}$Ni 催化活性的 3 倍;同时 A-MS-$Pt_{1.5}$Ni 催化剂的质量比活性为 1.9 A/mg,是商业 Pt/C 催化剂催化活性的 10 倍,并且是 US DOE 2020 指标(0.44 A/mg)的4.3倍。

为了解析近表面结构对催化剂 ORR 活性的影响,对其进行了密度泛函理论(DFT)。图 3.36(a)是 Pt(111)、Pt_{5ML}/$Pt_{1.5}$Ni(111)和 Pt_{2ML}/$Pt_{1.5}$Ni(111)模型表面原子的态密度的二维投影(2ML 和 5ML 分别表示 2 层 Pt 原子和 5 层 Pt 原子),得出 Pt(111)、Pt_{5ML}/$Pt_{1.5}$Ni(111)和 Pt_{2ML}/$Pt_{1.5}$Ni(111)的 d 带中心分别是 -2.888 eV、-2.923 eV 和-2.966 eV。Nørskov 等提出的 d 带中心理论为,d 带中心远离费米能级时,可以降低金属表面和含氧粒子 OH^* 的结合能。而对于 Pt 基催化剂表面 ORR 的反应过程,中间产物 OH^* 的脱附是 ORR 过程的控制步骤。所以降低 Pt 和 OH^* 的结合能有利于 OH^* 脱附,从而加速反应过程。为了比较不同催化剂中 Pt 和 OH^* 的结合能,利用 DFT 计算 Pt(111)、Pt_{5ML}/$Pt_{1.5}$Ni(111)和

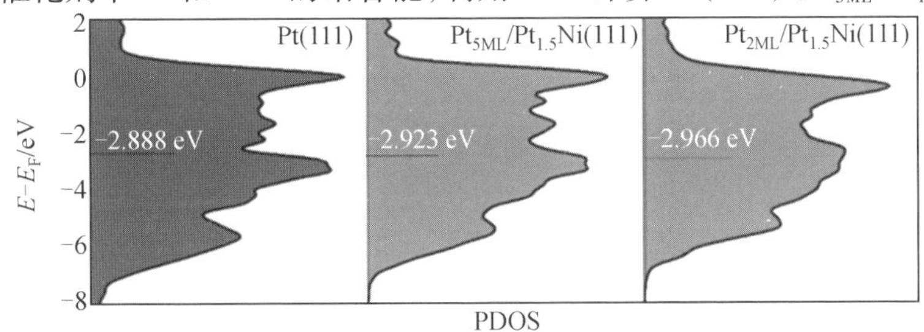

(a) 表面原子的态密度的二维投影

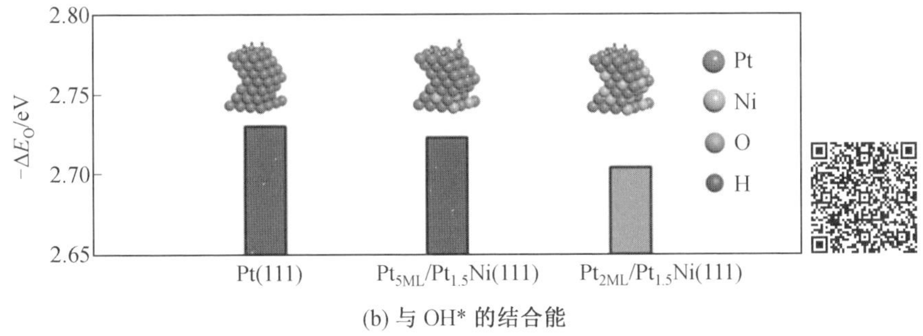

(b) 与 OH* 的结合能

图 3.36　Pt(111)、Pt_{5ML}/$Pt_{1.5}$Ni(111)和 Pt_{2ML}/$Pt_{1.5}$Ni(111)表面原子的态密度的投影及其与 OH^* 的结合能

$Pt_{2ML}/Pt_{1.5}Ni(111)$表面与OH^*的结合能。由图3.36(b)可知，$Pt_{5ML}/Pt_{1.5}Ni(111)$和$Pt_{2ML}/Pt_{1.5}Ni(111)$表面的OH^*结合能均低于Pt(111)表面的OH^*结合能，这应是由于内部Ni原子引起的电子效应和应力效应；而$Pt_{2ML}/Pt_{1.5}Ni(111)$表面OH^*结合能低于$Pt_{5ML}/Pt_{1.5}Ni(111)$表面OH^*结合能，则是由于内部的电子效应和应力效应随着Pt层的增加发生衰减，所以$Pt_{2ML}/Pt_{1.5}Ni(111)$表面具有最低OH^*结合能，导致A-MS-$Pt_{1.5}Ni$具有高的ORR活性。

3.3.4 Pt_3Ni/SnO_2-C 催化剂的制备及ORR性能

SnO_2是一种在酸性溶液中非常稳定的氧化物，而且SnO_2可以修饰Pt基催化剂的电子中心，有助于提升ORR动力学性能。本书研究了SnO_2修饰的Pt催化剂和Pt_3Ni合金催化剂，通过构筑Pt_3Ni-SnO_2-C三相界面增加反应活性位点，C的引入弥补了SnO_2导电性低的缺点，同时保证Pt_3Ni和SnO_2的充分接触，以最大限度地发挥催化剂与SnO_2的协同效应和电子效应。

图3.37是Pt_3Ni/C和Pt_3Ni/SnO_2-C催化剂的XRD图。从图3.37(a)可以看出，两种催化剂的2θ值位于39°、46°、67°和81°的四个特征衍射峰分别对应Pt_3Ni合金的(111)、(200)、(220)和(311)晶面，表明两种催化剂的Pt_3Ni合金都具有面心立方结构。但是Pt_3Ni/SnO_2-C的XRD图中出现了SnO_2晶面的特征衍射峰，如2θ值位于34°和52°的两个特征峰分别对应SnO_2的(101)和(211)晶面，这表明Pt_3Ni/SnO_2-C催化剂中存在SnO_2相。图3.37(b)为Pt_3Ni/C和Pt_3Ni/SnO_2-C位于35°和45°之间的放大图，可以看出，加入SnO_2后，Pt_3Ni合金(111)晶面的特征衍射峰位置发生了变化，相应的2θ角度值与Pt_3Ni/C相比增大了，表明SnO_2的加入对Pt_3Ni合金的晶格结构产生了影响。

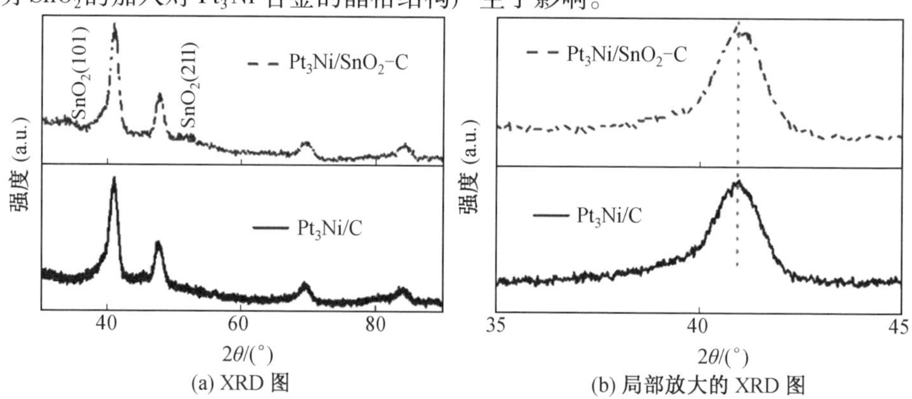

图3.37 Pt_3Ni/C和Pt_3Ni/SnO_2-C催化剂的XRD图

图3.38是Pt_3Ni/C和Pt_3Ni/SnO_2-C催化剂的TEM照片。可以看出，Pt_3Ni/C催化剂上的金属颗粒均匀地分散在碳载体表面，颗粒尺寸分布也很均匀，大部分合金颗粒显示了八面体/截角八面体形貌。加入SnO_2后的Pt_3Ni合金颗粒依然保持了八面体/截角八面体形貌，但Pt_3Ni/SnO_2-C催化剂的金属颗粒稍有团聚。主要原因可能是沉积于SnO_2和C边界位置的金属颗粒有团聚结块的趋势，因为热力学计算表明该处有利于金属颗粒的优先沉积。

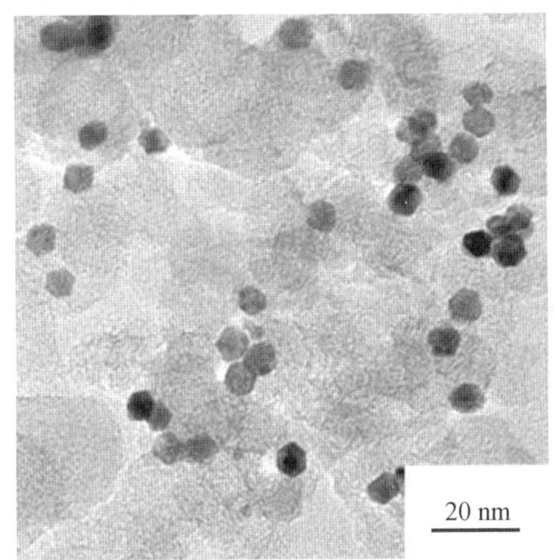

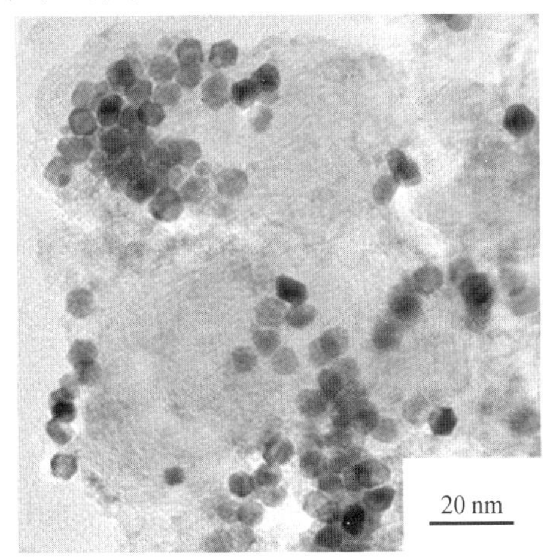

图3.38 Pt_3Ni/C和Pt_3Ni/SnO_2-C催化剂的TEM照片

采用HRTEM表征分析Pt_3Ni合金颗粒与SnO_2-C复合载体的位置关系。由图3.39可以明显看出Pt_3Ni/C和Pt_3Ni/SnO_2-C两种催化剂的Pt_3Ni合金颗粒都显示了截角八面体形貌，证明以甲酰哌啶作为新型溶剂，结合CO气体的辅助作用可以制备得到尺寸均匀的八面体/截角八面体Pt_3Ni合金颗粒。两种催化剂的HRTEM图像中均可见清晰的金属晶格条纹，晶格间距经测量均为0.216 nm，对应Pt_3Ni合金的(111)晶面。但是Pt_3Ni/SnO_2-C催化剂显示了另外一种较宽的晶格条纹，经测量其晶格间距为0.330 nm，对应SnO_2的(110)晶面。进一步观察可知，该SnO_2纳米颗粒和Pt_3Ni合金颗粒相邻，有利于保证Pt_3Ni和SnO_2之间充分接触和相互作用。

由Pt_3Ni/C和Pt_3Ni/SnO_2-C催化剂的SEM-EDS图(图3.40)可知，两种催化剂中都存在明显的Pt、Ni、O、C能谱峰，同时Pt_3Ni/SnO_2-C催化剂出现了Sn元素的能谱峰。两种催化剂的Pt原子和Ni原子的本体原子比分别为70.4/29.6和36.81/13.47，与Pt前驱体和Ni前驱体的投料比3∶1接近。同时，Pt_3Ni/SnO_2-C催化剂中Pt和Ni原子总数与Sn原子本体比例为50.28/49.72，接近1∶1，也与投料比几乎一致，说明Pt_3Ni/SnO_2-C催化剂制备过程中，所有金属原

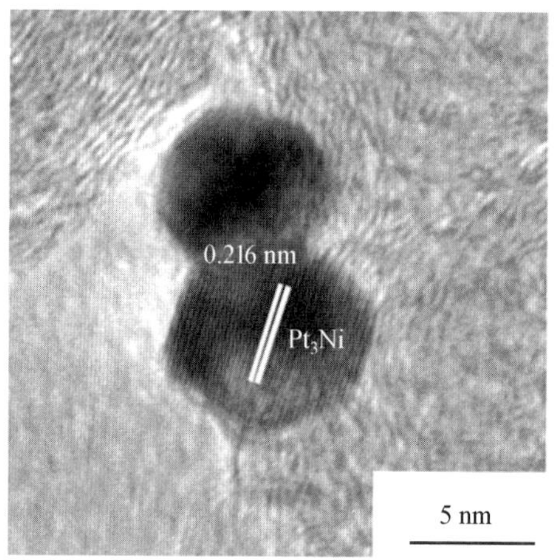

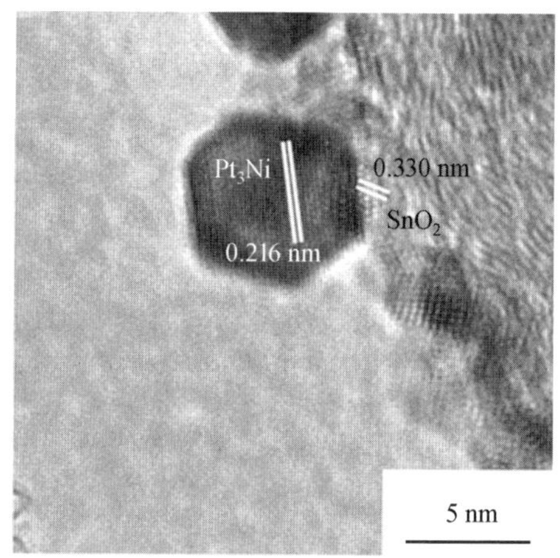

图 3.39　Pt_3Ni/C 和 Pt_3Ni/SnO_2-C 催化剂的 HRTEM 照片

子均顺利沉积到了 SnO_2-C 复合载体上。

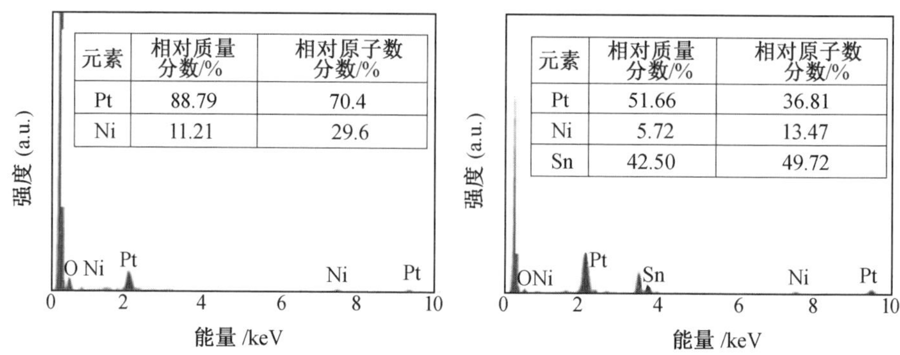

元素	相对质量分数/%	相对原子数分数/%
Pt	88.79	70.4
Ni	11.21	29.6

元素	相对质量分数/%	相对原子数分数/%
Pt	51.66	36.81
Ni	5.72	13.47
Sn	42.50	49.72

图 3.40　Pt_3Ni/C 和 Pt_3Ni/SnO_2-C 催化剂的 SEM-EDS 谱图

图 3.41 是 Pt_3Ni/C 和 Pt_3Ni/SnO_2-C 催化剂在 Ar 饱和的 0.1 mol/L $HClO_4$ 溶液中的循环伏安曲线，扫描速率为 50 mV/s。很明显，Pt_3Ni/SnO_2-C 催化剂的氢吸脱附面积小于 Pt_3Ni/C 催化剂，即 Pt_3Ni/SnO_2-C 催化剂的电化学活性面积较 Pt_3Ni/C 催化剂小。这是因为 SnO_2 的存在占据了相邻 Pt 原子表面部分可吸脱附氢的活性位点。

图 3.42(a) 是 Pt_3Ni/C 和 Pt_3Ni/SnO_2-C 催化剂在 O_2 饱和的 0.1 mol/L $HClO_4$ 溶液中的 ORR 极化曲线，电极转速为 1 600 r/min，扫描速率为 10 mV/s。从图中可以看出，Pt_3Ni/SnO_2-C 催化剂对氧还原反应的起始电势和半波电势均较 Pt_3Ni/C 催化剂正，这说明前者具有更高的电催化氧还原活性。图 3.42(b) 是两种催化剂在 0.8～1.0 V 之间的放大 ORR 极化曲线。可见 Pt_3Ni/SnO_2-C 催化

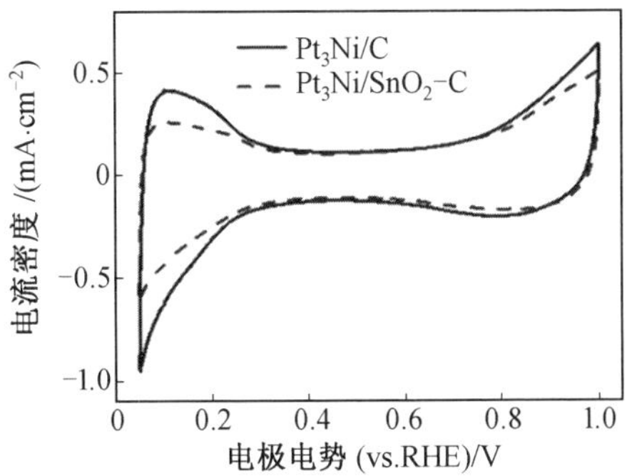

图 3.41　Pt_3Ni/C 和 Pt_3Ni/SnO_2-C 催化剂在 Ar 饱和的 0.1 mol/L $HClO_4$ 溶液中的循环伏安曲线

剂位于 0.9 V 的电流密度高于 Pt_3Ni/C 催化剂，而且加入 SnO_2 后，Pt_3Ni 催化剂位于 0.9 V 的电流密度接近半波电势处的电流密度。通过 K-L 方程计算 Pt_3Ni/C 和 Pt_3Ni/SnO_2-C 催化剂在 0.9 V 的氧还原反应动力学电流密度，分别为 1.12 mA/cm^2 和 2.67 mA/cm^2，即 Pt_3Ni/SnO_2-C 催化剂的氧还原催化活性是 Pt_3Ni/C 催化剂的 2.4 倍，表明 SnO_2 的修饰能够对 Pt_3Ni 合金催化剂的氧还原反应具有明显的促进作用。

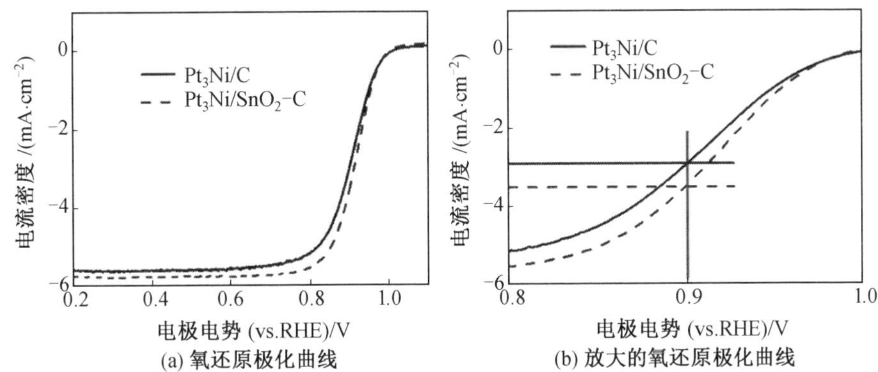

图 3.42　Pt_3Ni/C 和 Pt_3Ni/SnO_2-C 催化剂在 O_2 饱和的 0.1 mol/L $HClO_4$ 溶液中的 ORR 极化曲线和 0.8～1.0 V 之间的放大 ORR 极化曲线

在 O_2 饱和的 0.1 mol/L $HClO_4$ 溶液中对 Pt_3Ni/C 和 Pt_3Ni/SnO_2-C 催化剂进行加速老化测试，以评估 SnO_2 纳米颗粒对 Pt_3Ni 催化剂长期稳定性的影响。图 3.43 为加速老化测试过程中 Pt_3NiC 和 Pt_3Ni/SnO_2-C 催化剂电化学活性面积和电势循环次数的关系图。可以看出，两种催化剂的电化学活性面积虽然都表现出逐渐衰减的趋势，但是引入 SnO_2 之后的 Pt_3Ni/C 催化剂电化学活性面积衰减速度明显变慢。10 000 圈循环后，Pt_3Ni/C 催化剂的电化学活性面积衰减了

46%，而 Pt_3Ni/SnO_2-C 催化剂的电化学活性面积仅衰减了 20.3%。由此推断 Pt_3Ni/SnO_2-C 催化剂的耐腐蚀能力比 Pt_3Ni/C 催化剂高 1.5 倍左右。

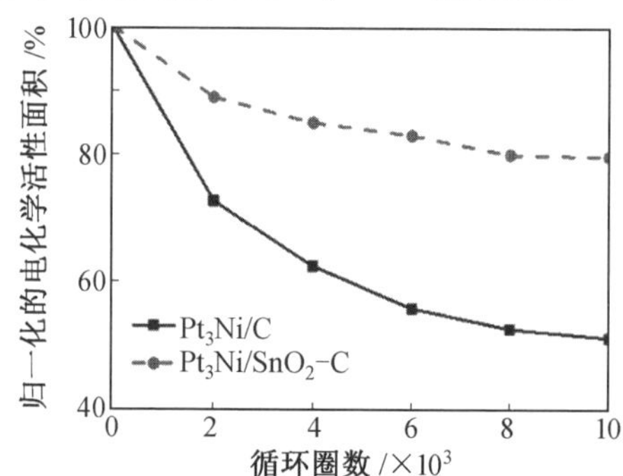

图 3.43　加速老化测试过程中 Pt_3Ni/C 和 Pt_3Ni/SnO_2-C 催化剂电化学活性面积和电势循环次数的关系图

图 3.44 是加速老化测试过程中 Pt_3Ni/C 和 Pt_3Ni/SnO_2-C 催化剂在 0.9 V 的 ORR 电流密度变化趋势图。与电化学活性面积衰减趋势相似，两种催化剂的氧还原动力学电流密度均表现出逐渐降低的趋势，但 Pt_3Ni/SnO_2-C 催化剂的氧还原动力学电流密度降低得更慢。10 000 圈循环后，Pt_3Ni/C 和 Pt_3Ni/SnO_2-C 催化剂在 0.9 V 的氧还原动力学电流密度损失率分别为 38.1% 和 15.1%，再一次说明 Pt_3Ni/SnO_2-C 催化剂的电化学稳定性比 Pt_3Ni/C 催化剂高 1.5 倍左右。而且在整个电势循环测试过程中，Pt_3Ni/SnO_2-C 催化剂的氧还原电流密度衰减得比较缓慢，然而，Pt_3Ni/C 催化剂的氧还原电流在前 4 000 个循环迅速衰减，这也说明 Pt_3Ni/SnO_2-C 催化剂的电化学稳定性比 Pt_3Ni/C 催化剂明显提高。

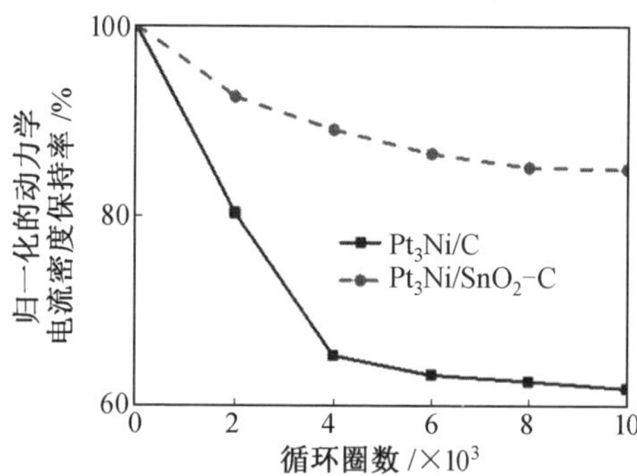

图 3.44　加速老化测试过程中 Pt_3Ni/C 和 Pt_3Ni/SnO_2-C 催化剂在 0.9 V 的 ORR 电流密度变化趋势图

催化剂的表面组成和原子排列方式是影响氧还原催化活性的重要因素。Peter Strasser 课题组通过改变合成反应时间成功调节了 PtNi 合金表面组成，提高了氧还原催化活性。改变合成反应时间起到类似退火处理的作用，通过金属原子之间的相互扩散消除了近表面组成浓度梯度。因此，表面组成是影响 PtNi 合金催化活性的一个重要因素。为了分析 SnO_2 的加入对 Pt_3Ni 催化剂的催化活性和稳定性影响机制，对 Pt_3Ni/C 和 Pt_3Ni/SnO_2-C 催化剂进行了 XPS 测试，如图 3.45 所示。由图 3.45(a)可以发现，两催化剂的 Ni 元素特征峰都很微弱，说明 Ni 元素的表面含量很低。通过表面含量比较，发现两催化剂金属均具有表面富 Pt 的组成，这是由于 Pt 原子比 Ni 原子具有更高的表面能，为了降低合金体系的吉布斯自由能，表面能较高的 Pt 原子产生了自体相内向表面迁移的趋势，导致 Pt_3Ni 合金表面 Pt 浓度高于整体浓度，即产生了表面偏析效应。图 3.45(b)和(c)显示了 Pt_3Ni/C 和 Pt_3Ni/SnO_2-C 催化剂 Pt 4f 的高倍率 XPS 谱图。图 3.45(b)中 Pt_3Ni/C 合金催化剂结合能位于 71.3 eV 和 74.5 eV 左右的拟合峰源于 Pt(0)的 $4f_{7/2}$ 和 $4f_{5/2}$ 自旋轨道，这两个峰的面积最大，表明 Pt_3Ni/C 合金催化剂的 Pt 原子大部分以原子态存在。有研究报道，与纯 Pt 相比，由于 Ni 向 Pt 进行了电子的转移，PtNi 合金的 Pt(0)结合能发生了负向的移动，这与本节研究结果一致。

然而，图 3.45(c)显示，加入 SnO_2 后 Pt_3Ni 合金的 Pt(0)结合能位于 71.5 eV 和 74.7 eV 左右，与 Pt_3Ni/C 催化剂相比正移了 0.2 eV。这是由于 Ni 向 Pt 进行了电子转移，改变了 Pt 的电子密度和费米能级。最新研究表明，金属和金属氧化物之间的相互作用可以促进金属进一步从催化剂本体向表面析出。Pt_3Ni/SnO_2-C 催化剂比 Pt_3Ni/C 催化剂的表面 Ni 含量更低，显示了更强的 Pt 偏析效应，这表明 SnO_2 和 Pt 之间的电子效应进一步促进了 Pt 的偏析效应，调节了 PtNi 合金的表面原子分布。

根据以上结果提出 SnO_2 修饰的 Pt_3Ni 合金催化剂氧还原性能提高的可能机理：①SnO_2 的修饰导致 Pt_3Ni/SnO_2-C 催化剂具有更丰富的表面 Pt 含量，这种结构更好地抑制了非贵金属 Ni 的溶解，提高了合金催化剂的稳定性。②Pt_3Ni/SnO_2-C 催化剂中 Pt_3Ni 和 SnO_2 之间具有强烈的相互作用，这种相互作用一方面表现为二者之间的电子效应改变了 Pt 的电子结构，提高了催化剂的氧还原活性；另一方面，Pt_3Ni 合金纳米颗粒能够被 SnO_2 有效“锚定”，限制了合金颗粒的迁移和团聚，降低了金属颗粒的长大速率。③Pt_3Ni 和 SnO_2 之间的电子效应还可降低金属颗粒的氧化程度，通过缓解金属颗粒的溶解增加了金属颗粒的稳定性。④SnO_2 自身具有很高的抗电化学氧化能力，从而提高了催化剂整体的抗腐蚀性能和稳定性。

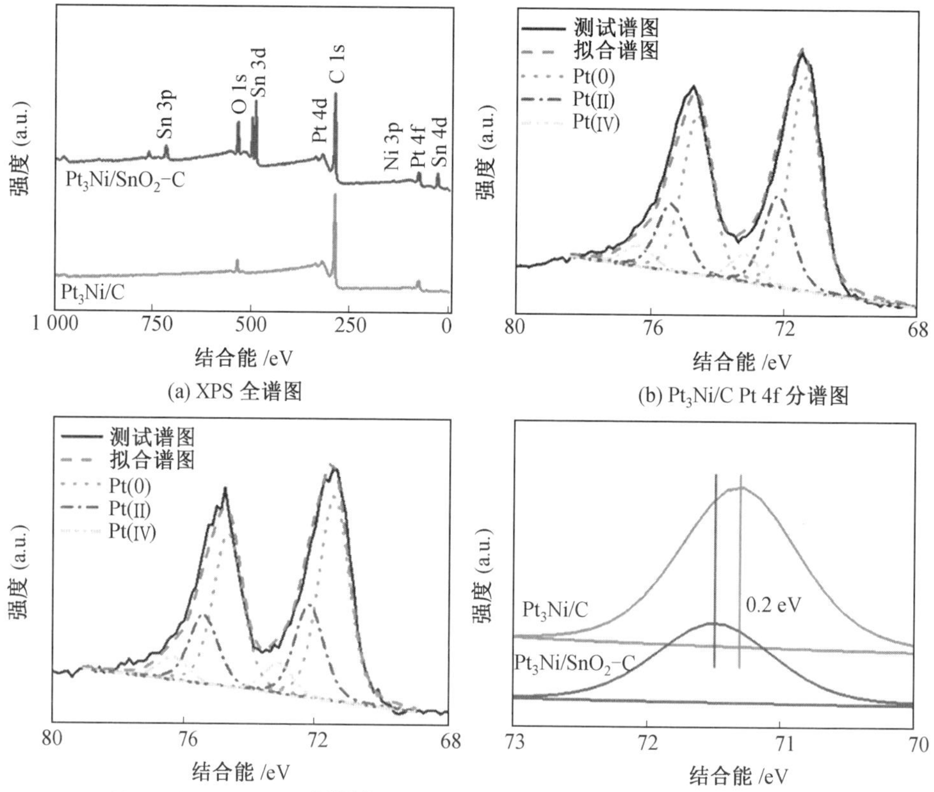

(a) XPS 全谱图

(b) Pt_3Ni/C Pt 4f 分谱图

(c) Pt_3Ni/SnO_2-C Pt 4f 分谱图

(d) 放大的 Pt(0) 拟合峰

图 3.45　Pt_3Ni/C 和 Pt_3Ni/SnO_2-C 催化剂的 XPS 全谱图

综上可知，SnO_2的引入在不影响 Pt_3Ni 合金颗粒形貌的前提下，有效调节了 Pt_3Ni 合金的表面原子组成，同时修饰了 Pt 的电子结构。与具有相似形貌的单纯 Pt_3Ni 合金催化剂相比，SnO_2的修饰显著提高了 Pt_3Ni 合金催化剂的氧还原反应性能和电化学稳定性。

3.3.5　八面体 Pt-Pd-Ni 纳米笼的控制合成及 ORR 性能

为了设计高 ORR 活性的低铂催化剂，需要将贵金属 Pt 的原子利用率最大化，达到低 Pt 载量的要求，同时还需要调控 Pt 原子的电子、几何结构和表面原子排列，以提升 ORR 活性。调控催化剂组分既可以调控 Pt 的电子结构和几何结构，还可以提高 Pt 的利用率，而调控催化剂的形貌是调控表面原子排列的有效方法。为此，众多研究通过特殊形貌的核壳、单层催化剂（M@Pt 和 Pt-M@Pt）的构筑，调控表面 Pt 原子的电子结构和几何结构。尽管核壳结构甚至是单层结构的

催化剂可以提升 Pt 的利用率，但是其内部大量非 Pt 贵金属如 Pd 及其合金并不能被利用，对催化剂成本的降低也十分有限。而对于酸洗或去合金化形成的 Pt-M@Pt 型（M=Fe，Co，Ni 等）催化剂，如八面体 PtNi 催化剂，尽管相比于其他结构催化剂具有高 ORR 活性，但是在稳定性测试过程中内部 3d 过渡金属可发生扩散和溶解，导致活性迅速下降。中空结构是一种相对优异的结构，该结构既可以提高 Pt 原子的利用率，还可以消除内部原子的扩散和溶解以保持其稳定性。因此制备具有八面体形貌、中空结构的 PtNi 催化剂，应既可以提升 ORR 活性，又可以提升稳定性。多篇文献报道，金属 Pd 可以提升 Pt 的电化学稳定性。因此，如将 Pd 原子引入具有八面体形貌和中空结构的 PtNi 纳米颗粒中构筑八面体 Pt-Pd-Ni 纳米笼催化剂，应有助于进一步提升催化剂的稳定性。

本节采用多步合成方法首次制备了八面体 Pt-Pd-Ni 纳米笼。首先利用刻蚀剂 Fe^{3+}/Br^{-} 对 Pd@Pt 核壳结构催化剂进行刻蚀处理，使得内部的 Pd 原子被溶解，获得八面体 Pt-Pd 纳米笼。如果在刻蚀之前引入 Ni，那么 Ni 原子在刻蚀过程中将会被溶解，所以需要在刻蚀后，利用“吸附-还原-扩散”方法将 Ni 原子引入八面体 Pt-Pd 纳米笼，从而制备 Pt-Pd-Ni 三元金属纳米笼催化剂。研究发现，八面体 Pt-Pd-Ni（原子比为 3∶1∶1）纳米笼（Pt_3PdNi NCs）可以显著提升 ORR 活性和稳定性。利用 X 射线吸收精细结构谱解析 Pt-Pd-Ni 三元金属纳米笼的精细结构，采用密度泛函理论理解其表面 ORR 反应动力学。

图 3.46（a）是 Pt_3PdNi NCs 催化剂的 HAADF-STEM 图，可见所有的纳米颗粒均保持八面体形貌。图 3.46（b）是图 3.46（a）中纳米颗粒的局部放大图，可以看到表面存在明显的孔洞，应是 Pd 的扩散和溶解引起的。对 Pt_3PdNi NCs 进行元素分析，如图 3.46（c）～（h）所示，可知 Pt、Pd 和 Ni 元素均是在表面分布，纳米颗粒内部几乎无元素信号，EDS 元素分布同样证明了纳米笼的空心结构，同时证明 Ni 元素的确被引入 Pt_3Pd NCs 体相。

图 3.46（i）是 Pt_3PdNi NCs 催化剂的 HRTEM 图，通过量取“圈”中的晶格条纹，如图 3.46（j）所示，确认晶格间距是 0.22 nm。对图 3.46（i）进行傅立叶变换，也可以计算得到晶格间距为 0.22 nm，与 HRTEM 获得的间距相同，证明 Pt_3PdNi NCs纳米颗粒的晶面为（111）。另外，利用 XPS 技术研究表面 Pt 原子的价态，如图 3.46（k）所示，对 Pt 4f XPS 进行分峰拟合，发现 Pt_3PdNi NCs 的 Pt 表面含有金属态和 2 价氧化态，其中金属态 Pt 占 76%。

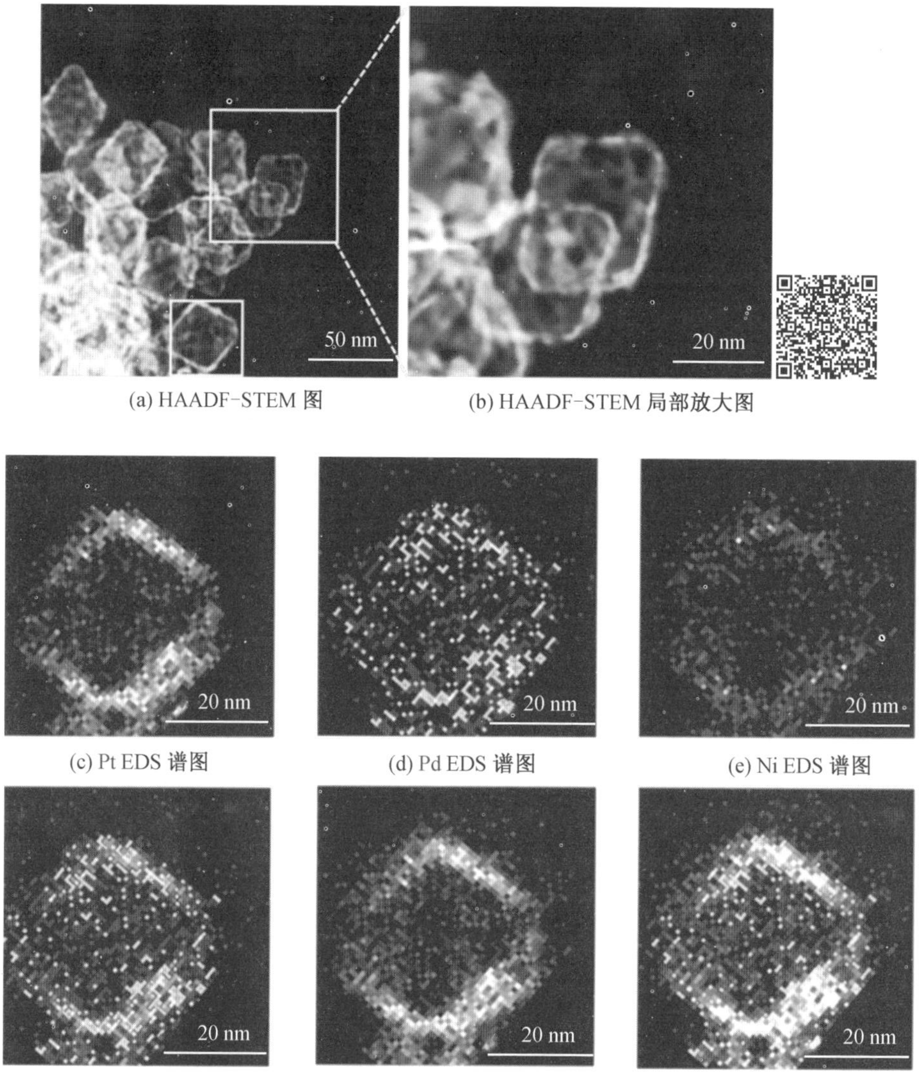

(a) HAADF-STEM 图

(b) HAADF-STEM 局部放大图

(c) Pt EDS 谱图

(d) Pd EDS 谱图

(e) Ni EDS 谱图

(f) Pt+Pd EDS 谱图

(g) Pt+Ni EDS 谱图

(h) Pt+Ni+Pd EDS 谱图

图 3.46　Pt_3PdNi NCs 催化剂的物理表征

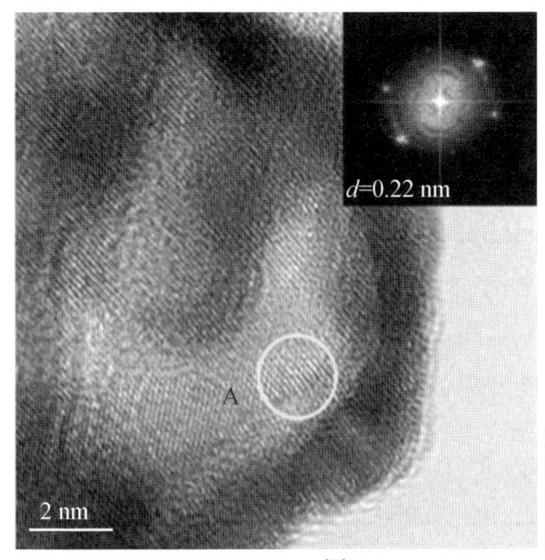

(i) HRTEM 图

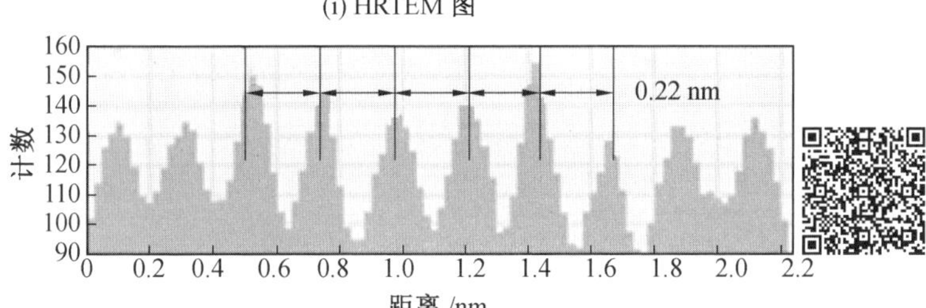

(j) Pt_3 PdNi NCs 的晶格间距图

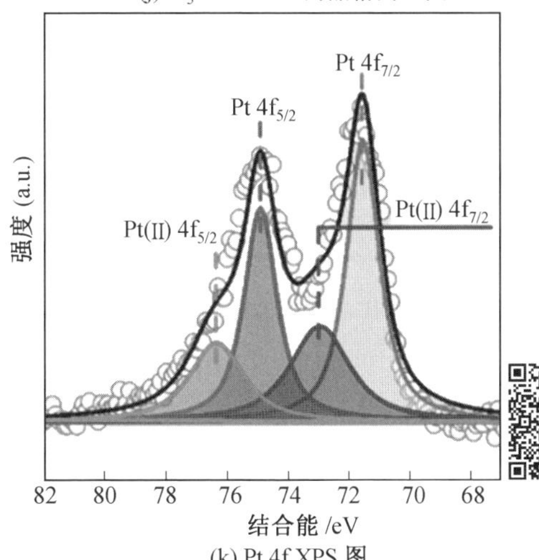

(k) Pt 4f XPS 图

续图 3.46

图3.47(a)是Pt/C、Pt_3Pd NCs和Pt_3PdNi NCs在Ar饱和的0.1 mol/L $HClO_4$溶液中的CV曲线,可见Pt_3Pd NCs和Pt_3PdNi NCs催化剂的CV曲线均含有氢区、双层区和氧区。但是其氢区形状明显不同于Pt/C催化剂的氢区,应是由表面独特的原子排布引起。同时通过H原子的吸附区,可以获得Pt_3Pd NCs和Pt_3PdNi NCs的ECSA分别为38.6 m^2/g和31.8 m^2/g,其ECSA和文献所报道的六面体、八面体和二十面体纳米笼的ECSA相接近。在O_2饱和的0.1 mol/L $HClO_4$溶液中进行氧还原性能测试。图3.47(b)是三种催化剂的LSV曲线,相比于Pt/C催化剂的LSV曲线的半波电势,Pt_3Pd NCs和Pt_3PdNi NCs催化剂的半波电势分别正移30 mV和40 mV左右,表明Pt基八面体纳米笼催化剂的确可以

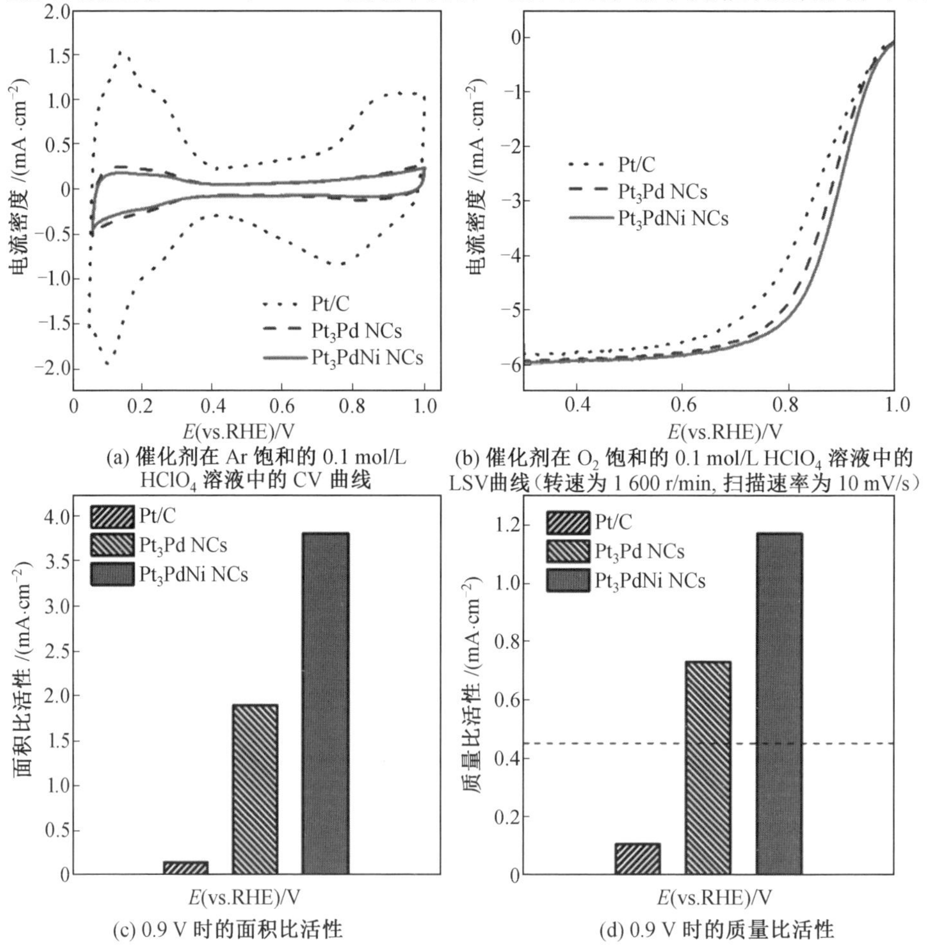

(a) 催化剂在Ar饱和的0.1 mol/L $HClO_4$溶液中的CV曲线

(b) 催化剂在O_2饱和的0.1 mol/L $HClO_4$溶液中的LSV曲线(转速为1 600 r/min,扫描速率为10 mV/s)

(c) 0.9 V时的面积比活性

(d) 0.9 V时的质量比活性

图3.47　Pt/C、Pt_3Pd NCs和Pt_3PdNi NCs催化剂电化学性能表征

增强 ORR 性能，与文献报道相符。而在引入 Ni 后 Pt 基八面体纳米笼催化剂的催化活性可得到进一步的提升，推测可能是引入的 Ni 原子和 Pd 原子调控了 Pt 的电子结构和几何结构。

为了定量比较催化剂的活性，依据 K-L 方程获得 0.9 V 时催化剂的动力学电流密度。图 3.47(c)、(d) 分别是 Pt/C、Pt_3Pd NCs 和 Pt_3PdNi NCs 催化剂在 0.9 V时的面积比活性和质量比活性。其中，Pt_3PdNi NCs 的面积比活性约为 3.8 mA/cm^2，该活性大约是 Pt/C 催化剂的 25 倍，是 Pt_3Pd NCs 催化剂的 2 倍；Pt_3PdNi NCs 的质量比活性为 1.17 A/mg，该活性是 Pt/C 催化剂的 10 倍，而 Pt_3Pd NCs催化剂的质量比活性为 0.73 A/mg，证实 Ni 的引入可以进一步提升催化剂的活性。

为评估催化剂的稳定性，将催化剂制成薄膜电极。对其先进行活化测试获得初始 ORR 活性，之后在 0.1 mol/L $HClO_4$溶液中，电势区间 0.6～1.0 V 内循环 10 000 圈，再进行活性评价，即完成催化剂的稳定性测试。图 3.48 是 Pt/C、Pt_3Pd NCs和 Pt_3PdNi NCs 催化剂在 Ar 饱和的 0.1 mol/L $HClO_4$溶液中稳定性测试前后的 CV 曲线及 ECSA 柱状图。图 3.48(a) 是 Pt/C 催化剂稳定性测试前后的 CV 曲线，经过 10 000 圈的稳定性测试，CV 曲线仍保持 H 原子的吸脱附峰以及 Pt 的氧化还原峰。基于稳定性测试前后的 CV 曲线计算相应的电化学活性面积，得出 Pt/C 催化剂在稳定性测试前、后的电化学活性面积分别为 69 m^2/g 和 52 m^2/g，活性面积发生 25% 的衰减。由于 Pt 纳米颗粒尺寸小，具有高比表面能，在稳定性测试过程中，可能会发生团聚或溶解，从而致使活性面积下降。

图 3.48(b) 是 Pt_3Pd NCs 催化剂稳定性测试前后的 CV 曲线，可见其在稳定性测试前后的 CV 曲线几乎相同，活性面积仅衰减 5%。由于 Pt_3Pd NCs 具有较大的粒径，可降低比表面能。同时它具有独特的三维结构，之前的研究表明独特的三维结构可以增强纳米颗粒和载体间的相互作用。而且内部的 Pd 原子通过调控 Pt 的结构，可以提升 Pt 的抗氧化能力，所以 Pt_3Pd NCs 催化剂的电化学活性面积仅下降 5%。图 3.48(c) 是 Pt_3PdNi NCs 催化剂稳定性测试前后的 CV 曲线，Pt_3PdNi NCs 在稳定性测试后也展现了 H 原子的吸脱附峰和 Pt 的氧化还原峰，Pt_3PdNi NCs 在稳定性测试前的电化学活性面积为 31.8 m^2/g，而其在稳定性测试后的活性面积升至 33.0 m^2/g，其电化学活性面积变化趋势不同于 Pt/C 和 Pt_3Pd NCs。利用电感耦合等离子体发射光谱法(inductively coupled plasma optical emission spectrometer，ICP-OES)技术分析稳定性测试后的 Pt_3PdNi NCs 的组成为 $Pt_3PdNi_{0.8}$，说明在稳定性测试过程中，20% 的 Ni 原子发生溶解，从而使得更多的 Pt 暴露，导致活性面积增大。

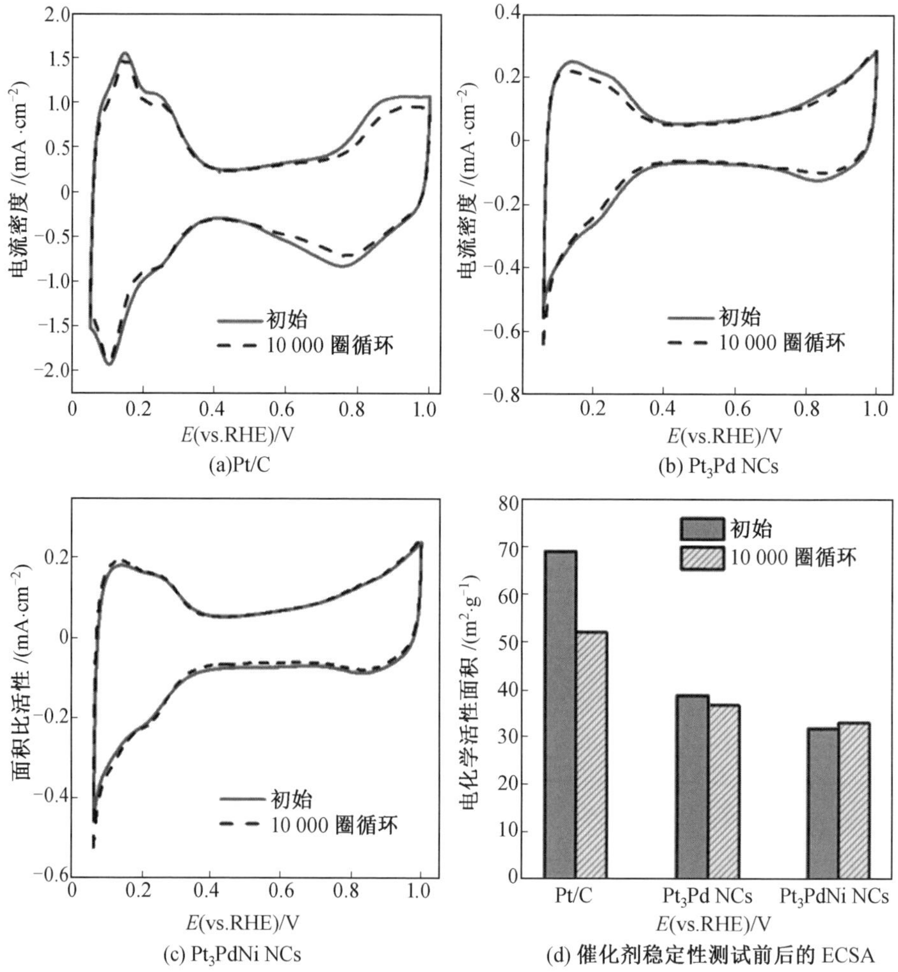

(a)Pt/C

(b) Pt_3Pd NCs

(c) Pt_3PdNi NCs

(d) 催化剂稳定性测试前后的 ECSA

图 3.48　催化剂稳定性测试前后在 Ar 饱和的 0.1 mol/L $HClO_4$ 溶液中的 CV 曲线及 ECSA 柱状图

进一步分析 10 000 圈循环前后 ORR 活性的变化。图 3.49(a)～(c)分别是 Pt/C、Pt_3Pd NCs 和 Pt_3PdNi NCs 催化剂稳定性测试前后的 LSV 曲线，对于 Pt/C 催化剂，可以直观地发现稳定性测试后的 LSV 曲线的半波电势明显发生负移，而 Pt_3Pd NCs 和 Pt_3PdNi NCs 催化剂在稳定性测试前后的 ORR 极化曲线几乎重合。为了准确、定量比较稳定性测试前后的活性变化，对稳定性测试前后的 0.9 V 时的质量比活性进行比较，如图 3.49(d)所示。Pt/C 催化剂稳定性测试后的质量比活性降至 0.08 A/mg，活性衰减了 24%。而 Pt_3PdNi NCs 催化剂在稳定性测试

后的质量比活性为 0.98 A/mg，活性发生 16% 的衰减，但其活性仍是 Pt/C 催化剂活性的 12 倍。

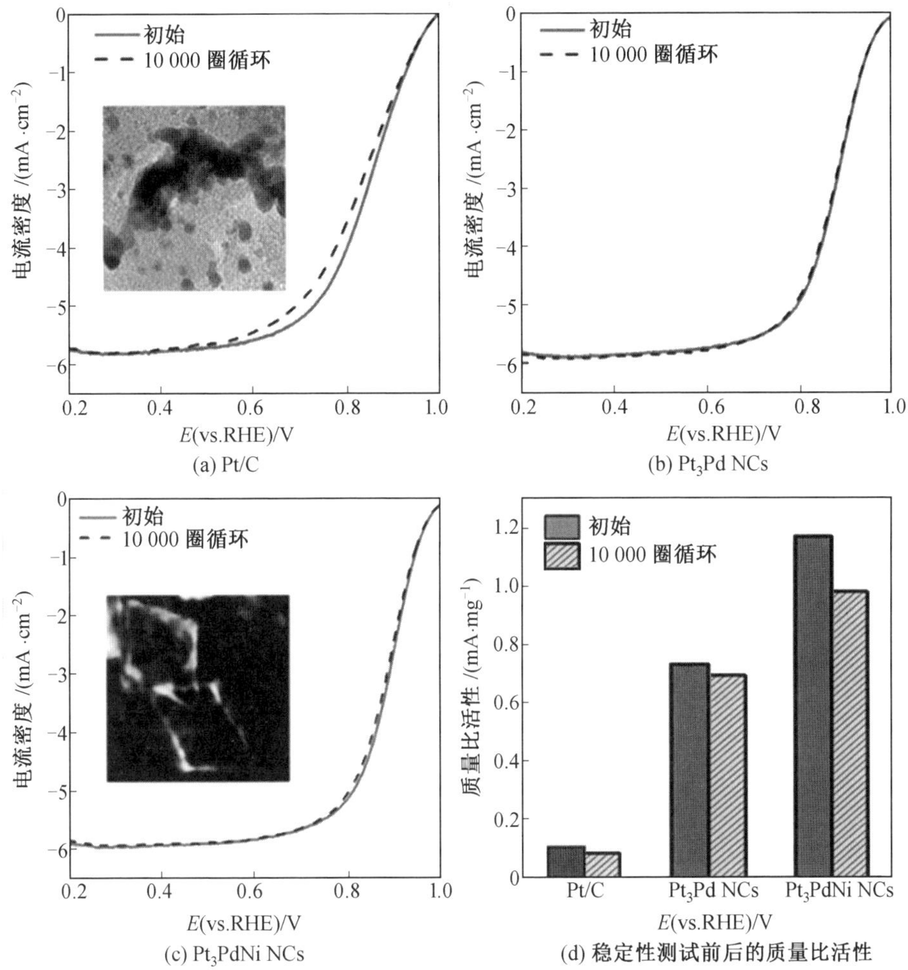

(a) Pt/C

(b) Pt_3Pd NCs

(c) Pt_3PdNi NCs

(d) 稳定性测试前后的质量比活性

图 3.49　催化剂在 O_2 饱和的 0.1 mol/L $HClO_4$ 溶液中稳定性测试前后的 LSV 曲线（转速为 1 600 r/min，扫描速率为 10 mV/s）和稳定性测试后 TEM 图以及稳定性测试前后的质量比活性

图 3.49(a) 插图是 Pt/C 催化剂在稳定性测试后的 TEM 图，发现 Pt 纳米颗粒团聚明显，该团聚是其活性面积下降的主要原因之一，也导致其活性衰减。而 Pt_3PdNi NCs 催化剂在稳定性测试后仍保持良好的八面体纳米笼形貌（图 3.49(c) 插图），同时其三维结构和内部的 Pd 原子可以增加载体与纳米颗粒间的作用

力，提升 Pt 的抗氧化能力，进而提升 Pt_3PdNi NCs 催化剂的稳定性。

为了揭示 Pt_3PdNi NCs 催化剂的高活性和高稳定性的本质原因，分析了 Pt_3PdNi NCs催化剂的微观精细结构及其构效关系。首先利用 X 射线吸收精细结构谱（EXAFS）表征 Pt_3PdNi NCs 和 Pt_3Pd NCs，获得催化剂的微观结构。在此基础上利用密度泛函理论，计算不同催化剂对应的理论模型表面的氧还原中间产物的吸附能以及表面 Pt 原子的空位生成能，从而揭示其高活性和高稳定性原因。

图3.50（a）是 Pt 箔、Pt_3Pd NCs 和 Pt_3PdNi NCs 催化剂在 Pt L_3边的 XANES 谱图，Pt 箔的 XANES 作为参比样品。Pt_3Pd NCs 和 Pt_3PdNi NCs 的 XANES 谱图中的吸收边（E_0）和 Pt 箔的几乎相同，证明 Pt_3Pd NCs 和 Pt_3PdNi NCs 中的 Pt 主要为金属态。Pt 的 L_3边对应的是$2p_{3/2}$电子至5d 轨道的跃迁，白线峰的高低可直接反映 Pt 的5d 带电子填充度。图3.50（a）插图是 Pt 箔、Pt_3Pd NCs 和 Pt_3PdNi NCs 在 Pt L_3边的白线峰，可以发现 Pt_3PdNi NCs 的白线峰强度高于 Pt_3Pd NCs 的白线峰强度，而该强度的变化应是由于 Ni 的引入改变了 Pt 的电子分布，从而引起白线峰强度的变化，也可理解为 Ni 的引入可以调控 Pt 的电子结构。

为了研究 Ni 的引入对几何结构的影响，对 Pt_3Pd NCs 和 Pt_3PdNi NCs 进行 EXAFS 测试。图3.50（b）显示了 Pt_3Pd NCs 和 Pt_3PdNi NCs 催化剂的 EXAFS 谱图，其中位于约2.6 Å 的峰是 Pt—Pt 键的信号峰。为了获得不同催化剂的 Pt—Pt 键长及配位数等结构信息，分别对 Pt_3Pd NCs 和 Pt_3PdNi NCs 的 EXAFS 谱图进行拟合，如图3.50（c）、（d）所示。根据拟合结果，Pt_3Pd NCs 催化剂的 Pt—Pt 配位数为10.96，而 Pt_3PdNi NCs 催化剂的 Pt—Pt 配位数为10.88，配位数的降低可能是因为引入的 Ni 原子和 Pt 原子发生合金化。另外，通过 EXAFS 拟合获得催化剂中 Pt—Pt 键长，其中 Pt 箔中的 Pt—Pt 键长为2.76 Å，Pt_3Pd NCs 的 Pt—Pt 键长为2.74 Å。由于 Pd 原子的原子半径小于 Pt 原子的原子半径，所以 Pd 原子的引入可以降低 Pt—Pt 键长，使其产生压缩应力。而 Pt_3PdNi NCs 的 Pt—Pt 键长降至2.72 Å，表明 Ni 原子的引入可以进一步降低 Pt—Pt 键长，产生更明显的压缩应力，经过计算，Ni 原子的引入产生了0.74%的压缩应力。根据文献报道，压缩应力可以调控表面 Pt 原子的 d 带中心，进而降低中间产物在 Pt 表面的吸附能，加速 ORR 过程的动力学。

通过上面的分析可知，Pt_3PdNi NCs 催化剂仍具有（111）晶面，而且 Ni 的引入可以降低 Pt—Pt 键长，并引起压缩应力。其独特的原子排布（（111）晶面）和压缩应力均有利于 ORR 动力学。为深入理解其高活性和高稳定性的特性，采用密度泛函理论揭示其本质原因。建立 Pt（111）的5层模型，每层为3×3 的原子阵列，如图3.51 所示。对于 Pt_3Pd NCs 纳米颗粒，用3 个 Pd 原子取代 Pt（111）的第

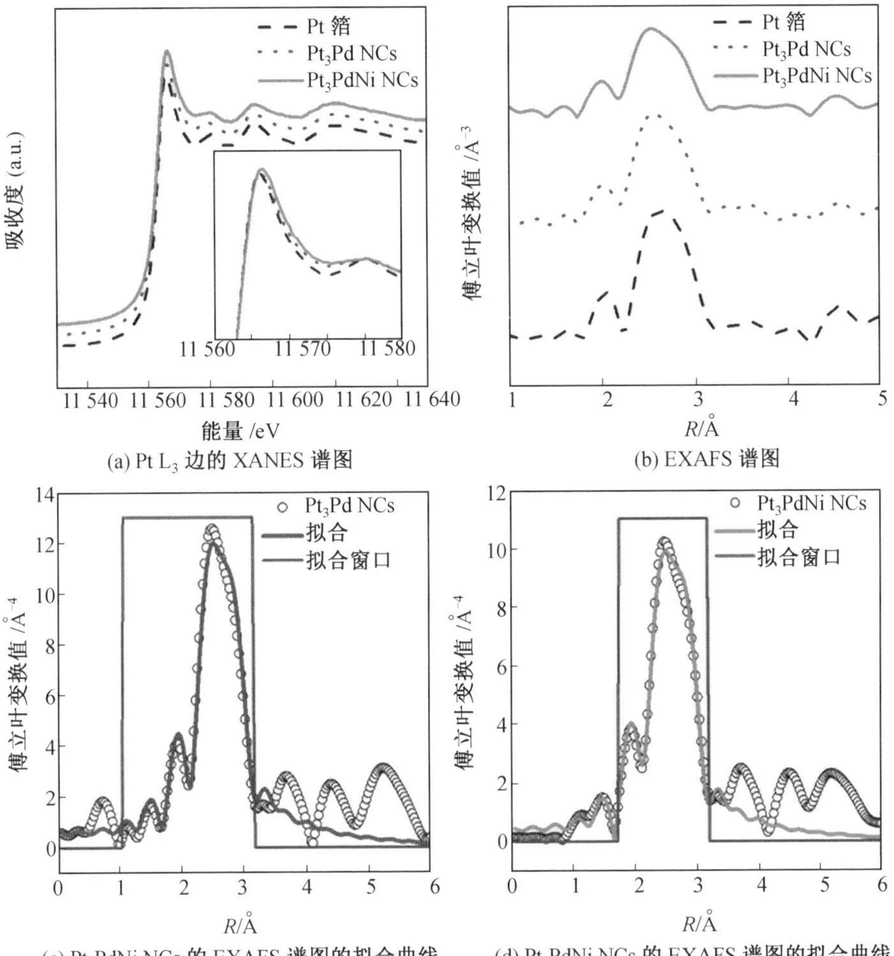

(a) Pt L_3 边的 XANES 谱图

(b) EXAFS 谱图

(c) Pt_3PdNi NCs 的 EXAFS 谱图的拟合曲线

(d) Pt_3PdNi NCs 的 EXAFS 谱图的拟合曲线

图 3.50　Pt_3Pd NCs 和 Pt_3PdNi NCs 催化剂的 XAFS 表征

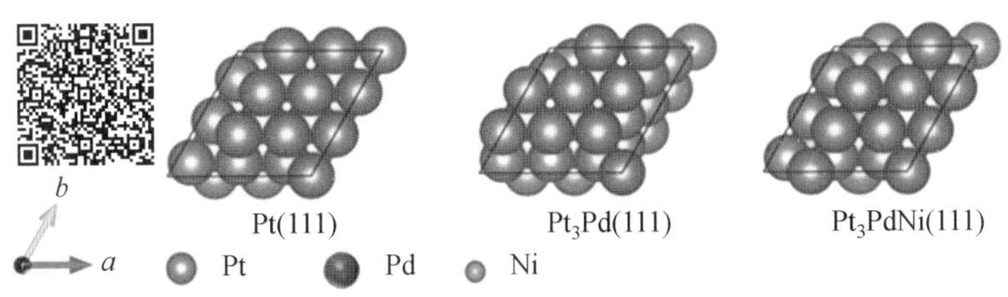

图 3.51　Pt(111)、Pt_3Pd(111)和 Pt_3PdNi(111)周期排布模型

一层表面,用 2 个 Pd 原子取代 Pt(111)的第二层表面。对于 Pt_3PdNi NCs 纳米颗粒,第一层和第二层表面均被 2 个 Pd 原子和 2 个 Ni 原子掺杂。

在确立 Pt(111)、Pt_3Pd(111)和 Pt_3PdNi(111)模型单元基础上,通过 DFT 计算可以获得表面 Pt 原子的 Pt—Pt 键长,其中 Pt(111)表面的 Pt—Pt 键长为 2.824 Å,而 Pt_3Pd(111)表面 Pt—Pt 键长则降至 2.820 Å。引入 Ni 后,Pt_3PdNi(111)表面的 Pt—Pt 键长则为 2.776 Å。模拟结果也说明内部的 Ni 原子可以降低 Pt—Pt 键长,该现象与 EXAFS 的拟合结论相一致,即 Ni 原子的引入可以产生压缩应力,使 Pt—Pt 键长降低。

已经发现 Ni 原子的引入可以调控 Pt 原子的电子结构和几何结构,其可以直接决定表面原子的 d 带中心。Pt(111)、Pt_3Pd(111)和 Pt_3PdNi(111)表面原子的 d 带中心位置分别为-1.82 eV、-1.88 eV 和-1.91 eV,证实 Ni 原子的引入可以进一步降低表面原子的 d 带中心,使其远离费米能级(Fermi level)。根据 Nørskov 等提出的催化理论,d 带中心远离费米能级可以降低表面原子和含氧粒子的结合能,对于发生在 Pt 及 Pt 基催化剂表面的 ORR 过程,其控制步骤是中间产物 OH^* 的脱附,所以当 OH^* 吸附能降低时,有利于其脱附,从而促进反应动力学。因此,计算并比较 Pt(111)、Pt_3Pd(111)和 Pt_3PdNi(111)模型表面的 OH^* 吸附能,有助于理解 Pt_3PdNi NCs 的快速反应动力学。图 3.52 是三种催化剂模型表面的 OH^* 的吸附模型,用于模拟 OH^* 在 Pt/C、Pt_3Pd NCs 和 Pt_3PdNi NCs 表面的吸附,以揭示不同催化剂表面和 OH^* 间的相互作用强度。图 3.53 是 Pt(111)、Pt_3Pd(111)和 Pt_3PdNi(111)模型表面的 OH^* 吸附能,其中 Pt_3PdNi(111)模型表面的 OH^* 吸附能降至 1.94 eV。基于之前的讨论,可知较低的 OH^* 吸附能有利于加速 ORR 过程,所以 Pt_3PdNi NCs 催化剂具有更高的 ORR 活性。

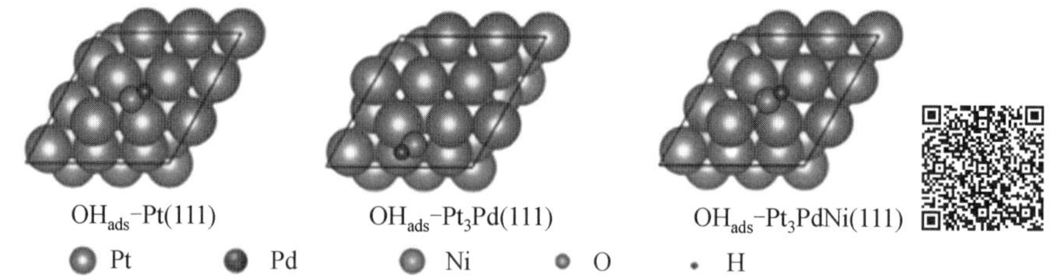

图 3.52　Pt(111)、Pt_3Pd(111)和 Pt_3PdNi(111)表面的 OH^* 吸附模型

对于 Pt 及 Pt 基催化剂,在长期 CV 循环过程中,金属 Pt 原子的溶解被认为是其稳定性下降的主要原因。根据文献报道,Pt 原子的空位生成能可以用来衡量不同催化剂中 Pt 原子溶解程度的难易,高空位生成能可以被认为金属原子相

对不易溶解，相反，低空位生成能可以被认为相对容易溶解。因此，计算 Pt(111)、Pt_3Pd(111)和 Pt_3PdNi(111)不同模型中表面 Pt 原子空位生成能，以理解三种催化剂的电化学稳定性差异。图 3.54 是 Pt(111)、Pt_3Pd(111)和 Pt_3PdNi(111)表面 Pt 原子空位生成能，其中 Pt(111)表面 Pt 原子空位生成能为 -1.143 eV，而 Pt_3PdNi(111)表面 Pt 原子具有更高的空位生成能，即 -0.97 eV，表明相比于 Pt/C 催化剂，Pt_3PdNi NCs 表面的 Pt 原子不易发生溶解。所以 Pt_3PdNi NCs 具有更好的电化学稳定性。

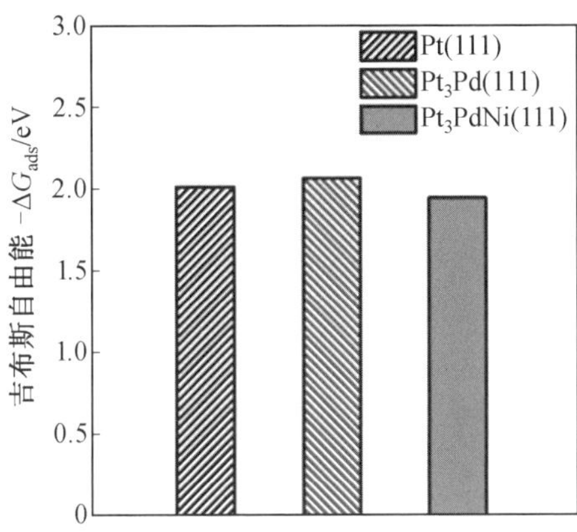

图 3.53　Pt(111)、Pt_3Pd(111)和 Pt_3PdNi(111)模型表面的 OH^* 吸附能

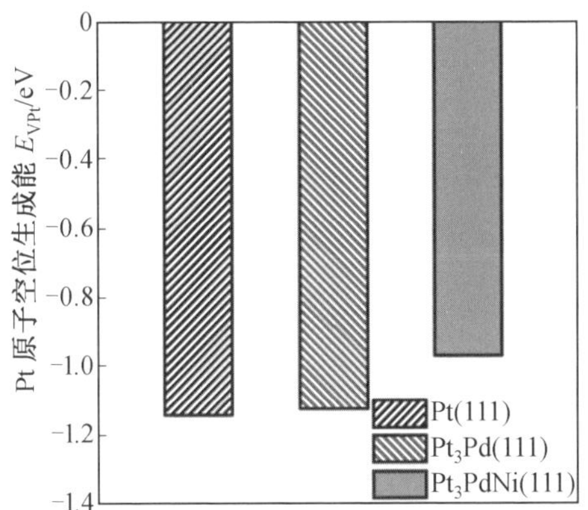

图 3.54　Pt(111)、Pt_3Pd(111)和 Pt_3PdNi(111)表面 Pt 原子空位生成能

3.4 Pt 单层催化剂制备及 ORR 性能

目前 ORR 催化剂的研究工作主要集中在通过提高 Pt 的利用率及催化效率,使 Pt 的单位质量比活性增大,从而达到降低 Pt 用量的目的。以价格相对低廉的金属纳米颗粒(M)为基底,在其表面覆盖几个原子层厚度的 Pt 而形成的 Pt 基核壳纳米颗粒催化剂(M@ Pt),不仅可以使更多的 Pt 原子暴露在催化剂表面,提高 Pt 的利用率,而且通过核-壳之间的电子效应(electronic ligand effect)或晶格应变效应(lattice strain effect),可以充分地调节表面 Pt 的 ORR 催化效率,因此引起学术界极大的研究兴趣。作为一种极限情况,单原子层 Pt(Pt_{ML})催化剂最大限度地发挥了核壳结构的优势,是降低 Pt 用量的最有效途径之一。由于 Pt_{ML}的 ORR 活性及稳定性高度依赖于基底材料的本性,因此选择合适的基底材料,进而考察其组成及结构对表面 Pt_{ML}的催化氧还原动力学的影响,对于发展燃料电池用 Pt_{ML}催化剂具有重要意义。近年来,功能纳米材料的可控合成技术取得了很大进展,利用液相化学合成法可以制备出多种组成及形貌特定的 Pt 基合金及核壳纳米颗粒催化剂,但这种方法对原子级单层 Pt 的构建目前仍存在很大难度。Adzic 课题组利用欠电势沉积-置换技术制备 Pt 单层催化剂,首先在基底金属表面欠电势沉积单原子层 Cu,随后利用 Pt 与 Cu 之间自发的氧化还原反应,使 Pt 离子原位置换 Cu,从而在相应的基底金属表面形成单原子层 Pt。由于利用 Cu 欠电势沉积-Pt 置换方法制备的核壳结构催化剂其 Pt 壳厚度仅为一个原子层,因此通常将这种方法制备的催化剂称为 Pt 单层催化剂。

本节利用快速共还原法并结合金属的热力学偏析特性成功制备出两种组成相同而空间构型截然不同的 Au-Ni 双金属纳米颗粒,即 AuNi 合金和 Ni@ Au 核壳。在此基础上利用欠电势沉积-置换技术,在这两种原子排布不同的纳米颗粒及纯 Au 表面构建 Pt_{ML},考察其在酸性条件下对 ORR 的催化活性及稳定性。通过与纯 Au 纳米颗粒为基底的 Pt_{ML}催化剂对比,揭示基底材料组成与结构对表面 Pt_{ML}的 ORR 性能的影响机制。对于 Au-Ni 双金属基底,选择合金和核壳这两种代表性原子排布方式进行对比研究的原因是:从二元体系的相行为角度考虑,这两种相结构对应的原子间相互作用完全不同,一种是同质相互作用,一种是异质相互作用。这样,在保证组成相同的前提下,可以突出不同结构的基底金属原子间电子相互作用对表面 Pt_{ML}的 ORR 催化性能的影响。

3.4.1　碳载 AuNi 合金与 Ni@ Au 核壳结构纳米颗粒的制备

热力学相图(图 3.55)表明,体相的 Au 和 Ni 在很宽的温度范围内都不能混溶。而且,Au 和 Ni 之间的还原电势相差很大($E°(AuCl_4^-/Au) = 1.002\ V$;$E°(Ni^{2+}/Ni) = -0.257\ V$)。因此,Au-Ni 双金属纳米颗粒的可控合成是一项充满挑战的任务。前期的研究表明,在 Au、Ni 前驱体共存的体系中,Au 通常会优先还原;而且 Ni 的还原电势较低,即使是传统的强还原剂 $NaBH_4$ 也只能部分还原 Ni,因此难以合成 AuNi 合金纳米颗粒;此外,由于 Au 与 Ni 会自发地进行氧化还原反应,因此最常制备核壳结构纳米颗粒的外延生长法也不适用于 Ni@ Au 核壳纳米颗粒的制备。

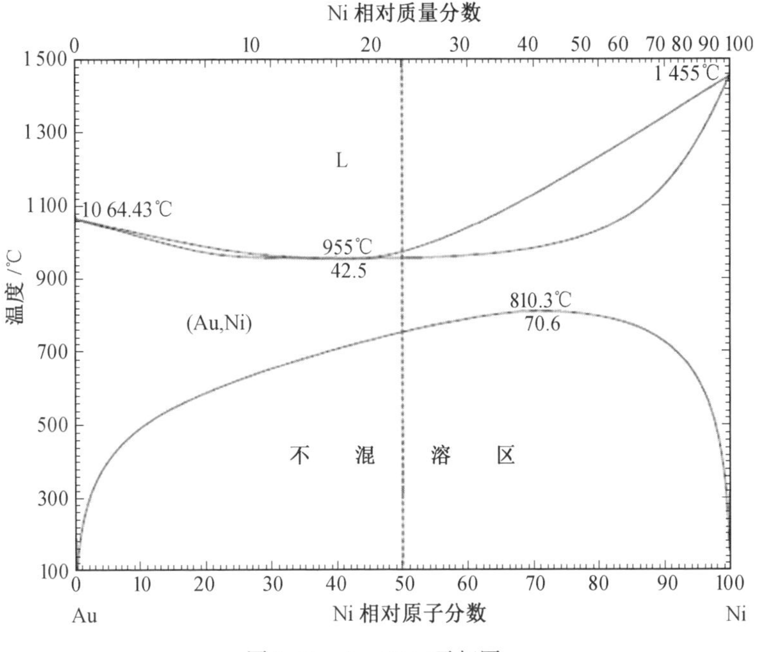

图 3.55　Au-Ni 二元相图

为了解决上述难题,采取如下策略制备 AuNi 合金和 Ni@ Au 核壳纳米颗粒:首先利用还原性极强的正丁基锂(butyl-Li)在质子惰性有机体系(二辛醚)中,还原前驱体 $HAuCl_4$ 和乙酰丙酮镍($Ni(acac)_2$)。由于 butyl-Li 的还原电势(vs. Li/Li^+)非常低(1.0 V),因此可以保证 Au 和 Ni 的前驱体被同时快速还原,从而形成粒径较小的 AuNi 合金纳米颗粒。将其担载到 XC-72 碳载体上,获得 AuNi/C;随后对合成的 AuNi/C 合金纳米颗粒进行高温热处理(400 ℃,1 h)。由于 Au 的表面能比 Ni

低很多，为了降低整个纳米颗粒的能量，在热处理过程中 Au 会自发地从 AuNi 合金纳米颗粒内部偏析至表面，从而形成 Ni@ Au/C 核壳纳米颗粒。同时，为了使 AuNi 合金纳米颗粒的粒径与 Ni@ Au 核壳纳米颗粒的粒径相近，更好地研究基底结构的影响，将最初合成的 AuNi/C 合金纳米颗粒在 200 ℃下退火 2 h。为方便讨论，将获得的 AuNi/C 合金纳米颗粒和 Ni@ Au/C 核壳纳米颗粒分别用 AuNi-a/C 和 AuNi-cs/C 表示。随后将制备好的 AuNi-a/C 和 AuNi-cs/C 基底材料滴涂到 RDE 电极表面，利用欠电势沉积-置换技术制备 Pt_{ML} 催化剂。催化剂的整个制备过程如图 3.56所示。利用相同的方法，也制备了 $Pt_{ML}Au/C$ 催化剂。

利用 HRTEM 观察所制备的 AuNi-cs/C 和 AuNi-a/C 的形貌及金属粒子大小。图 3.57(a)和(b)分别是 AuNi-cs/C 和 AuNi-a/C 的高分辨 TEM 图像。可以看出，两种基底材料的形貌相同：金属纳米颗粒表面光滑，直径为 4 ~7 nm 且高度分散在 XC-72 载体表面。

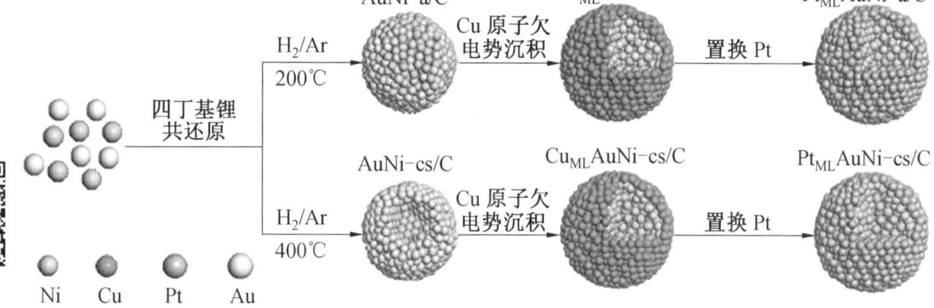

图 3.56　Pt_{ML}AuNi-a/C 和 Pt_{ML}AuNi-cs/C 催化剂的逐步合成示意图

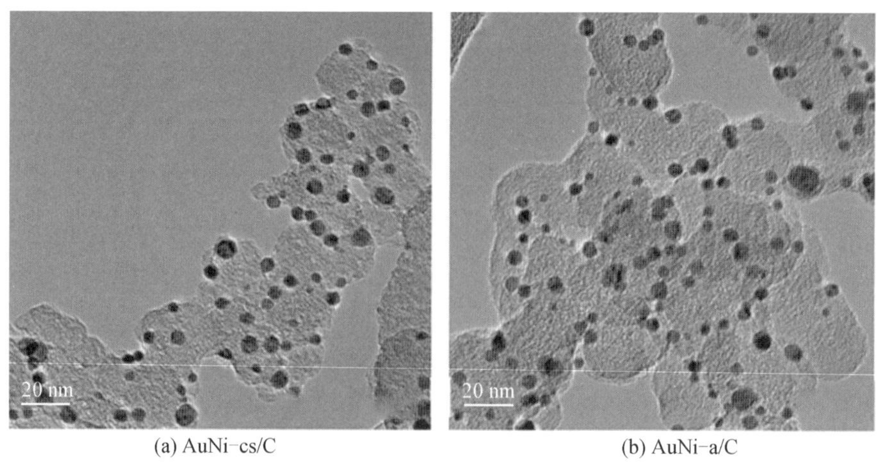

(a) AuNi-cs/C　　(b) AuNi-a/C

图 3.57　AuNi-cs/C 和 AuNi-a/C 的高分辨 TEM 图像

图 3.58 所示为相应的 AuNi-cs/C 和 AuNi-a/C 金属纳米颗粒的粒径分布图。统计计算得到其平均粒径分别为 5.3 nm 和 5.8 nm，近似相同。SEM-EDS 测试显示 AuNi-cs/C 和 AuNi-a/C 中 Au 与 Ni 原子比也均与理论原子比 1∶1 接近，如图 3.59 所示。

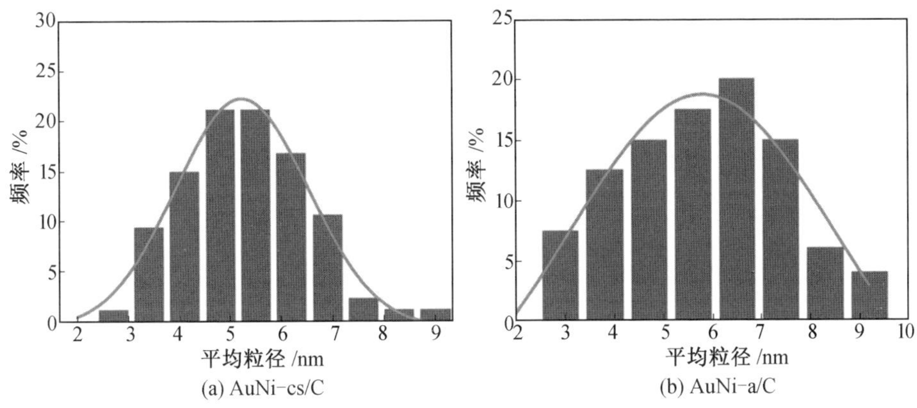

图 3.58　AuNi-cs/C 和 AuNi-a/C 金属纳米颗粒的粒径分布图

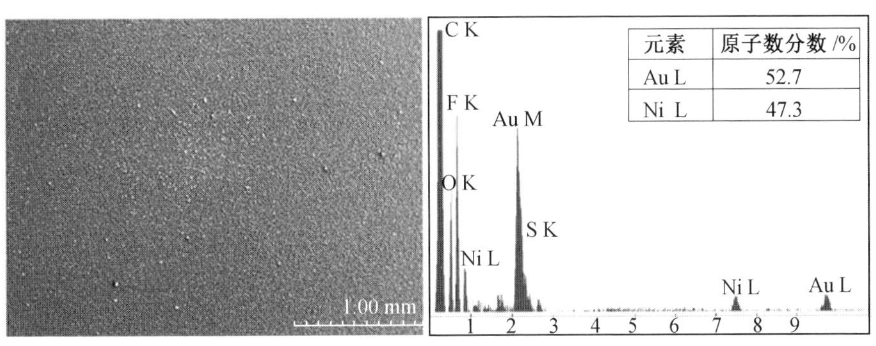

(a) AuNi-cs/C

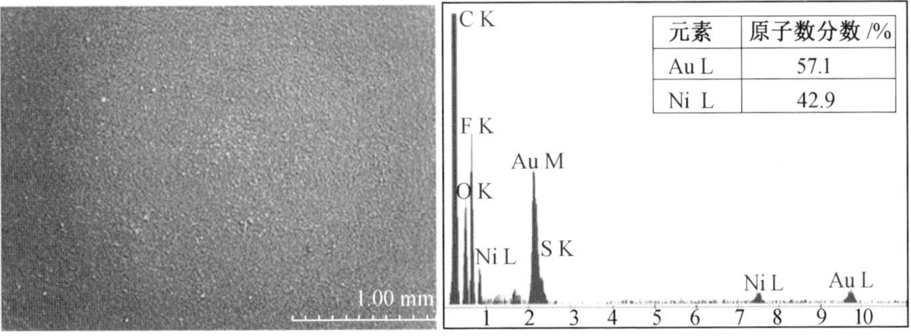

(b) AuNi-a/C

图 3.59　SEM 图片及 EDS 谱图

进一步利用高角环形暗场扫描透射电子显微镜(HAADF-STEM)并结合电子能量损失谱(EELS)考察Au、Ni在AuNi-cs/C和AuNi-a/C两种基底材料中单个金属纳米颗粒内的分布情况,从直观上判断其纳米结构。

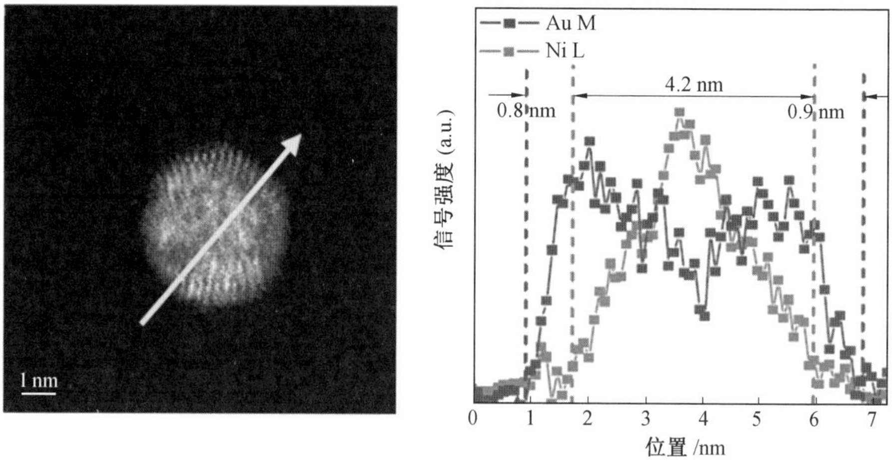

(a) AuNi-cs

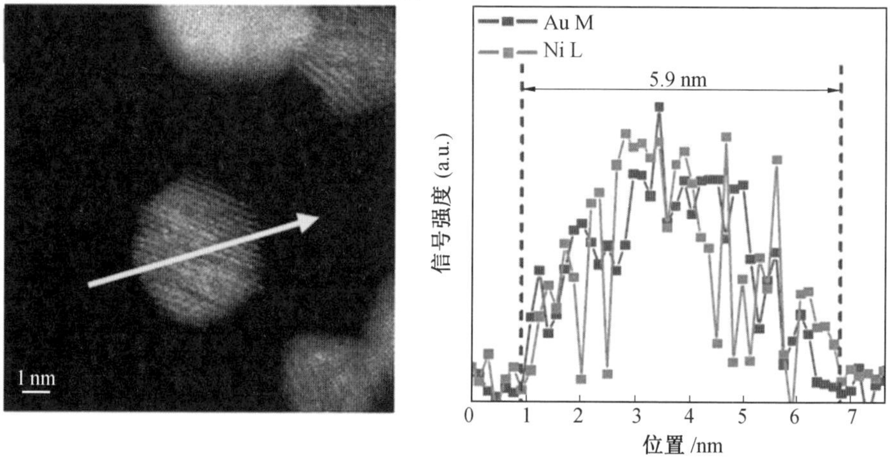

(b) AuNi-a

图3.60　AuNi-cs和AuNi-a纳米颗粒的高倍率HAADF-STEM图像及EELS谱图

图3.60(a)和(b)所示分别为AuNi-cs和AuNi-a纳米颗粒的高倍率HAADF-STEM图像及从箭头起始位置到终止位置线扫(line-scan)所采集的Au和Ni的EELS信号。箭头上不同位置的EELS信号强弱直接反映元素在此处的含量。Ni的信号出现在1.7~5.9 nm范围内,并且越接近中间位置信号越强,表

明 Ni 集中在纳米颗粒内部;然而,Au 的信号出现在更大的 0.9 ~6.8 nm 范围内,并且两边信号较中间的信号强,表明 Au 集中在纳米颗粒的外部,即 Au 在 Ni 表面形成了壳层。通过对比可知,富 Ni 核的直径为 4.2 nm 左右,Au 壳的厚度为 0.8 ~0.9 nm。与 AuNi-cs 纳米颗粒的 EELS 结果不同,线扫 AuNi-a 获得的 Au 和 Ni 的 EELS 信号同时在 1.0 ~6.9 nm 范围内出现,并且整个范围内变化趋势相同。这充分说明 AuNi-a 是 Au 和 Ni 均匀分布的合金结构的纳米颗粒。

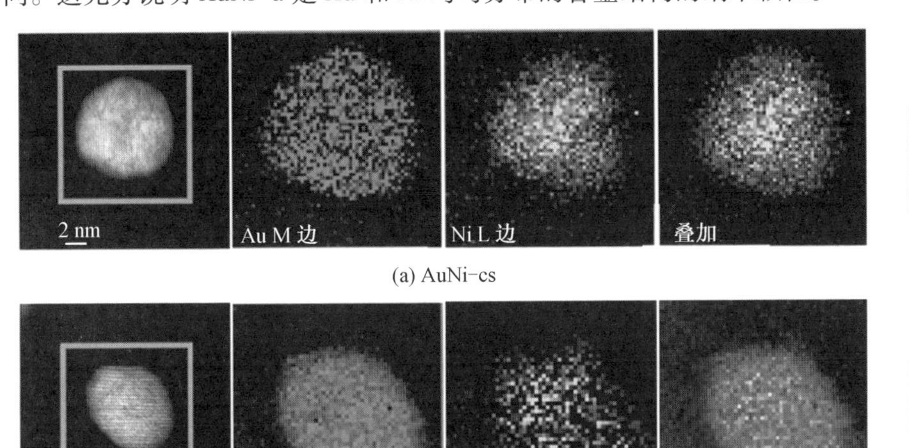

(a) AuNi-cs

(b) AuNi-a

图 3.61　AuNi-cs 和 AuNi-a 纳米颗粒中 Au 和 Ni 的元素分布图及两种元素叠加后的图像

为了进一步证明这两种基底材料的结构,选取另一个纳米颗粒,并观测 Au 和 Ni 在整个纳米颗粒内的分布情况。图 3.61(a)和(b)分别是对 AuNi-cs 和 AuNi-a 纳米颗粒进行面扫 EELS 测试而获得的 Au 和 Ni 的元素分布图,以及这两种元素分布图叠加后的图像。面扫测得的元素分布图相当于纳米颗粒内元素的二维投影。从图 3.61(a)叠加后的图像中可以清晰地看出,Au 沿着“二维投影”粒子的周边分布,表明 AuNi-cs 是一个具有“Au 皮肤”的核壳结构纳米颗粒。而且,对比 Au 和 Ni 的二维投影轮廓可知,“Au 皮肤”的厚度约为 0.8 nm。相比之下,Au 和 Ni 在 AuNi-a 内的分布则没有在某一特定区域富集。也就是说,在整个 AuNi-a 纳米颗粒内,Au 和 Ni 原子之间充分合金化。

相比于普通的 X 射线(如轰击铜靶产生的 X 射线),同步辐射 X 射线的能量更高、通量更大且准直性好(发散角小、平行度高)。利用同步辐射 X 射线测得的衍射谱十分光滑,具有更高的 2θ 角分辨率,因此可以准确获得材料精细的纳米结构信息。图3.62所示为AuNi-cs/C和AuNi-a/C的同步辐射XRD谱图。通过对比可以看出,AuNi-cs/C和AuNi-a/C的衍射谱与Au(面心立方结构,Fm-$3m$空间群)的(111)、(200)、(220)和(311)晶面衍射(图中虚线)一一对应,然而所有晶面衍射峰的2θ角明显比纯Au的相应晶面衍射峰的2θ角大。例如,纯Au的(111)晶面衍射峰的2θ角为24.56°,而AuNi-cs/C和AuNi-a/C的(111)晶面衍射峰则偏移到更高的角度,分别为25.13°和25.94°,表明Ni原子的混入确实使AuNi-cs和AuNi-a纳米颗粒中Au的晶格收缩,这与作者团队最初的设想一致。此外,从AuNi-cs/C的XRD谱中还可以观察到在2θ角为28.33°和32.81°的两个小衍射峰,分别对应于Ni的Ni(111)和Ni(200)晶面,说明在AuNi-cs/C基底材料中存在富Ni核,因为AuNi-cs/C的XRD谱是来自Ni核信号和Au壳信号叠加的结果。另外,在AuNi-a/C中没有观察到任何Ni的衍射峰,也进一步证明其具有合金结构。

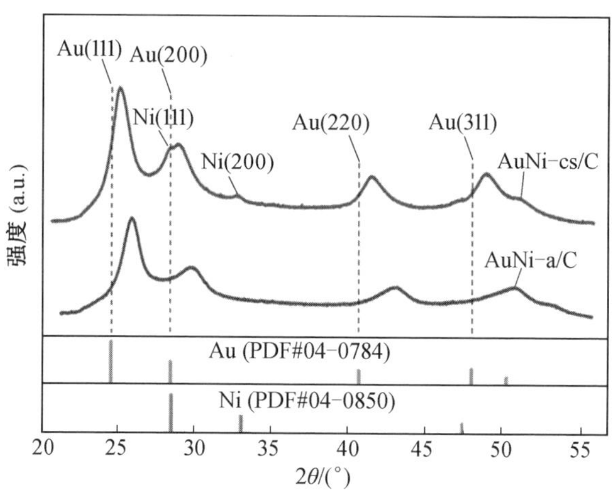

图3.62 AuNi-cs/C和AuNi-a/C的同步辐射XRD谱图($\lambda = 1$ Å)

利用布拉格(Bragg)方程可计算出具有代表性的(111)晶面的晶面间距(d_{111}),从而计算出晶格常数(a),具体数值见表3.1。从表中可以看出,随着Ni的混入,AuNi-cs/C和AuNi-a/C的d_{111}和a都比纯Au的明显降低。也就是说,AuNi-cs/C和AuNi-a/C这两种基底材料中Au的晶格都有一定程度的收缩。更重要的是,可发现这两种基底材料中Au的晶格收缩程度并不相同。AuNi-a/C的d_{111}和a比AuNi-cs/C的d_{111}和a还要小。这充分说明以合金方式在Au纳米颗粒中混入Ni比以核壳方式使Au的晶格收缩程度更大。利用谢乐(Scherrer)方程计算了AuNi-cs/C和AuNi-a/C的金属纳米颗粒粒径(表3.1),其结果与高分辨TEM观察的结果吻合。

表3.1 AuNi-cs/C和AuNi-a/C的(111)和(200)衍射晶面的2θ角、(111)晶面的晶面间距、晶格常数及粒径的比较

晶面(111)	2θ/(°)	晶面间距 d_{111}/Å	晶格常数 a/Å	晶面(200)	2θ/(°)	颗粒粒径/nm
Au	24.56	2.359	4.086	Au	40.66	—
AuNi-cs/C	25.13	2.307	3.996	AuNi-cs/C	41.47	5.3
AuNi-a/C	25.94	2.236	3.861	AuNi-a/C	43.14	5.5
Ni	28.53	2.036	3.530	Ni	47.41	—

为了进一步探测AuNi-cs/C和AuNi-a/C中Au、Ni原子的局域几何(键长及配位)及电子结构,对两种基底材料进行了X射线吸收谱(XAS)表征。作为对比也测试了Au箔、Ni箔及NiO粉末的吸收谱。图3.63(a)和(b)所示分别为Au L_3边和Ni K边的XANES谱图。从图3.63(a)中可以看出,AuNi-a/C和AuNi-cs/C的XANES谱图与Au箔的标准吸收谱之间存在明显差别,特别是光子能量在11 925~11 940 eV的区域内。这种差别可归因于Au原子与周围Ni原子之间的电子耦合作用。Au的L_3近边吸收(白线峰,图中虚框所示)对应的是Au的$2p_{3/2}$电子至5d空轨道的跃迁,其吸收强度的大小(白线峰的高低)可以直接反映出Au的5d轨道的电子空穴的多少。与纯Au相比,AuNi-a/C和AuNi-cs/C具有更高的白线峰,表明其Au的5d轨道的空穴增多(5d带电子填充度降低)。也就是说,AuNi-a/C和AuNi-cs/C中Au的5d电子发生了转移。同时发现,AuNi-a/C中Au的白线峰要比AuNi-cs/C中Au的白线峰稍高,表明AuNi-a/C基底中更多的Au的5d电子发生了转移。

在相应的Ni K边XANES谱图中也观察到了Ni与其周围的Au原子之间明显的电子相互作用(图3.63(b))。但与Au L_3边的XANES谱图变化趋势相反,Ni K边XANES谱图表明在光子能量为8 335 eV附近(Ni K边的边前吸收,对应于Ni 1s电子至3d空轨道的跃迁),AuNi-a/C和AuNi-cs/C中Ni K边前吸收与纯Ni相比有轻微降低。AuNi-a/C和AuNi-cs/C的Ni K边前吸收降低归因于Ni的3d轨道被部分填充。结合Au L_3的XANES谱图可知,在AuNi-a/C和AuNi-cs/C基底材料中,Au的5d电子部分转移至Ni的3d空轨道。

图3.64(a)所示为AuNi-cs/C、AuNi-a/C以及Au箔的Au L_3边的R空间傅立叶变换扩展精细谱(FT-EXAFS)谱图。图中虚线(2.5 Å处)所表示的是Au箔中最邻近的Au—Au配位峰(first Au—Au bond),横坐标r值的大小反映Au—Au键的长短。从图3.64(a)中可以看出,在纳米颗粒中加入Ni原子后Au—Au距

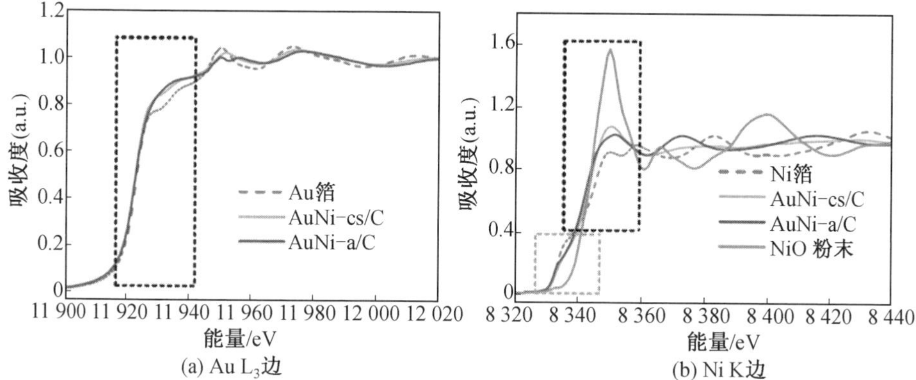

图 3.63　Au L_3 边和 Ni K 边的 XANES 谱图

离明显减小。Au—Au 配位峰向 r 值更小的方向移动是因为 Au 原子与 Ni 原子间的几何相互作用使 Au 的晶格收缩。AuNi-a/C 纳米颗粒中 Au—Au 距离比 AuNi-cs/C 的更小，表明合金结构中的这种几何相互作用更明显。

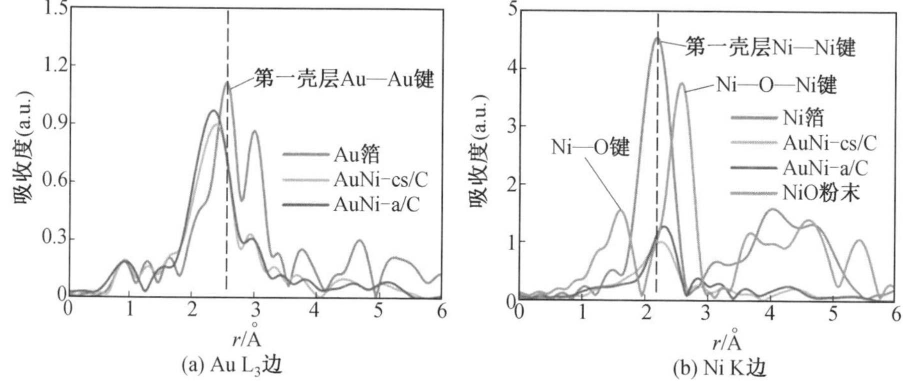

图 3.64　Au L_3 边和 Ni K 边的 FT-EXAFS 谱

图 3.64(b)所示为 Ni 箔、AuNi-cs/C、AuNi-a/C 和 NiO 粉末的 Ni K 边的 R 空间 FT-EXAFS 谱图。从图中可以看出，AuNi-a/C 和 AuNi-cs/C 在 2.2 Å 附近的最邻近的 Ni—Ni 配位峰移向 r 值更大的方向，这是 Au 的几何效应导致的。此外，与 Ni 箔相比，更低 AuNi-a/C 和 AuNi-cs/C 的 Ni—Ni 配位峰强度是由于纳米颗粒的尺寸效应的影响。进一步通过与 NiO 粉末的 FT-EXAFS 谱图相比较可以确定，AuNi-a/C 和 AuNi-cs/C 中的 Ni 完全是金属态。因此，可以排除这两种结构的纳米颗粒更低的 Ni K 边的边前吸收和更高的 Ni K 边吸收是 Ni 被氧化的结果。

通过对 AuNi-cs/C 和 AuNi-a/C 的 FT-EXAFS 谱图的 Au—Au 和 Ni—Ni 最邻近配位峰进行拟合，得到具体的键长和配位数等信息。通过拟合计算得到的配位数(N)、键长(R)及无序度因子(Debye-Waller 因子，σ^2)见表 3.2 和表 3.3，进而利用这些参数判断这两种基底材料中金属纳米颗粒的空间结构。

理想的 A-B 双金属固溶体合金纳米颗粒具有如下关系：①配位数比值 $N_{A—A}/N_{A—B}$ 与实际材料中两种金属元素的原子比(x_A/x_B)相等，即 $N_{A—A}/N_{A—B}=x_A/x_B$，式中，$N_{A—A}$ 表示色散原子 A 与吸收原子 A 之间的配位数，$N_{A—B}$ 表示色散原子 B 与吸收原子 A 之间的配位数，x_A 表示纳米颗粒中金属 A 的摩尔分数，x_B 表示金属 B 的摩尔分数；②对于整个金属纳米颗粒，有 $N_{A—A}+N_{A—B}=N_{B—A}+N_{B—B}$，该式表明金属 A 和金属 B 在整个纳米颗粒中充分混合、均匀分布，简化为 $N_{A—M}=N_{B—M}$。对于 AuNi-a/C 样品，吸收原子 Au 的配位数比值($N_{Au—Au}/N_{Au—Ni}$)和吸收原子 Ni 的配位数比值($N_{Ni—Ni}/N_{Ni—Au}$)分别为 1.15 和 1.21，在误差允许范围内与 EDS 测得的 Au 与 Ni 的原子比($x_{Au}/x_{Ni}=1$)相等。进一步分析可知，Au 的总配位数($N_{Au—Au}+N_{Au—Ni}=10.1$)也与 Ni 的总配位数($N_{Ni—Ni}+N_{Ni—Au}=10.4$)几乎相等。这些结果表明，Au 原子和 Ni 原子合金纳米颗粒中分布均匀，没有任何偏析。也就是说，AuNi-a 确实是固溶体合金结构。

表 3.2　AuNi-cs 和 AuNi-a 纳米颗粒中金属原子间相互配位的配位数和合金化程度比较

纳米颗粒	$N_{Au—Au}$	$N_{Au—Ni}$	$N_{Ni—Ni}$	$N_{Ni—Au}$	$P_{observed}$	$R_{observed}$	$J_{Au}/\%$	$J_{Ni}/\%$
AuNi-cs/C	6.7	3.8	8.1	3.8	0.36	0.32	72	63
AuNi-a/C	5.4	4.7	5.7	4.7	0.47	0.45	93	91

表 3.3　AuNi-cs 和 AuNi-a 纳米颗粒中金属键键长和相应的无序度因子

样品	$R_{Au—Au}$	$\sigma^2_{(Au—Ni)}$	$R_{Au—Ni(Ni—Au)}$	$\sigma^2_{(Au—Ni)}$	$R_{Ni—Ni}$	$\sigma^2_{(Ni—Ni)}$
Au 箔	2.866	0.007 9 (±0.007)	—	—	—	—
AuNi-cs/C	2.802	0.011 (±0.004 3)	2.675	0.009 2 (±0.002 7)	2.602	0.019 2 (±0.004 2)
AuNi-a/C	2.795	0.009 4 (±0.004 7)	2.676	0.011 3 (±0.002 9)	2.628	0.012 3 (±0.002 7)
Ni 箔	—	—	—	—	2.481	0.005 3 (±0.000 8)

根据 Hwang 等的报道,利用式(3.8)和式(3.9)进一步预测 Au-Ni 双金属纳米颗粒的原子排布和空间几何构型。

$$J_{Au}=\frac{P_{observed}}{P_{random}}\times 100\% \tag{3.8}$$

$$J_{Ni}=\frac{R_{observed}}{R_{random}}\times 100\% \tag{3.9}$$

式中,J_{Au}和 J_{Ni}分别表示 Au 和 Ni 的合金化程度;$P_{observed}$表示实际观测的 $N_{Au—Ni}$与($N_{Au—Au}+N_{Au—Ni}$)的比值;$R_{observed}$表示实际观测的 $N_{Ni—Au}$与($N_{Au—Au}+N_{Au—Ni}$)的比值;P_{random}表示 Au 原子随机分布在 Au-Ni 双金属纳米颗粒中的 $N_{Au—Ni}$与($N_{Au—Au}+N_{Au—Ni}$)的比值;R_{random}表示 Ni 原子随机分布在 Au—Ni 双金属纳米颗粒中的 $N_{Ni—Au}$与($N_{Au—Au}+N_{Au—Ni}$)的比值。对于本研究合成的 AuNi-a/C 和 AuNi-cs/C,Au 和 Ni 的原子比为 1∶1,则 P_{random}和 R_{random}为 0.5。

理想的 A-B 合金固溶体,其 J_A和 J_B为 100%。对于 AuNi-a/C 基底材料,计算得到 J_{Au}和 J_{Ni}分别为 93% 和 91%,与理论值接近。这进一步表明 AuNi-a 具有合金结构,且 Au 原子和 Ni 原子都均匀地随机分散在整个合金纳米颗粒中。

与 AuNi-a/C 情况不同,对于 AuNi-cs/C 基底,吸收原子 Au 的配位数比值($N_{Au—Au}/N_{Au—Ni}$)和吸收原子 Ni 的配位数比值($N_{Ni—Ni}/N_{Ni—Au}$)分别为 1.78 和 2.13。这两个数值明显大于其对应的原子比($x_{Au}/x_{Ni}=1$),表明在 AuNi-cs/C 中存在更多的 Ni—Ni 和 Au—Au 配位键。根据配位数关系 $N_{Ni—Ni}$(8.1) > $N_{Au—Au}$(6.7) > $N_{Au—Ni}$(= $N_{Ni—Au}$=3.8)以及 J_{Au}(72%) > J_{Ni}(63%)可知,AuNi-cs 是具有富 Ni 核和富 Au 壳的核-壳结构纳米颗粒。此外,Ni 的总配位数($N_{Ni—Ni}+N_{Ni—Au}$=11.9)非常接近于 12(面心立方结构金属体相最邻近配位数),进一步证明没有 Ni 在 AuNi-cs 纳米颗粒表面。$N_{Au—Au}$=6.7 表明壳层厚度为 1~2 Au 原子层。AuNi-a/C 和 AuNi-cs/C 对应的 $R_{Au—Au}$都比纯 Au 的 $R_{Au—Au}$(2.866 Å)小。Au—Au 键长的变化趋势与 XRD 表征得到的晶格参数变化趋势十分吻合。

STEM-EELS 表征双金属纳米颗粒结构虽然直观,但其最大的问题是仅能观测材料中的一个或几个纳米颗粒,因此其结果具有一定的随机性和偶然性。而 XAS 是对大量粉末进行测试(与 XRD 表征类似),因此利用这种技术获知的双金属纳米颗粒空间几何构型将更为准确,也更有说服力。以上这些 EXAFS 拟合结果与 STEM-EELS 和 XRD 测试结果高度吻合,充分证明利用强还原剂 buytl-Li 快速共还原 Au 和 Ni 并结合 Au 的热力学表面偏析特性可以实现 AuNi 合金和 Ni@ Au核壳结构的双金属纳米颗粒的可控合成。

3.4.2　AuNi@ Pt_{ML} 催化剂的制备及基底构型对 ORR 性能的影响机制

进一步利用 Cu 欠电势沉积-Pt 置换技术在 Au/C、AuNi-cs/C 和 AuNi-cs/C 三种基底上制备 Pt_{ML} 催化剂，并考察其电化学行为。图 3.65 所示为 Au/C、AuNi-cs/C和 AuNi-a/C 在 Ar 饱和的 50 mmol/L $CuSO_4$+50 mmol/L H_2SO_4溶液中的 Cu 欠电势沉积-溶出曲线。从图中可以看出，Cu 在这三种基底表面的欠电势-溶出伏安响应大致相同；Cu 欠电势沉积(vs. Ag/AgCl)开始于 0.45 V，结束于 0.07 V，在 0.1 V 和 0.3 V 附近出现两个欠电势沉积峰，而且与正扫的 Cu-UPD 溶出峰呈镜面对称。这与先前报道的 Cu 在 Au(111)、Au(100)和 Au(110)单晶表面的欠电势沉积一致。与 Au/C 相比，Cu 在 AuNi-cs/C 和 AuNi-a/C 表面的欠电势沉积峰有一定负移，也许是因为 Ni 的混入削弱了 Au 表面与 Cu-UPD 原子之间的结合能。对 Au/C、AuNi-cs/C 和 AuNi-a/C 表面的 Cu 欠电势沉积单层所对应的电流进行积分，并利用法拉第定律计算出 Pt 单层在单位电极面积上的质量，分别为 2.70 $\mu g/cm^2$、2.14 $\mu g/cm^2$ 和 2.23 $\mu g/cm^2$。

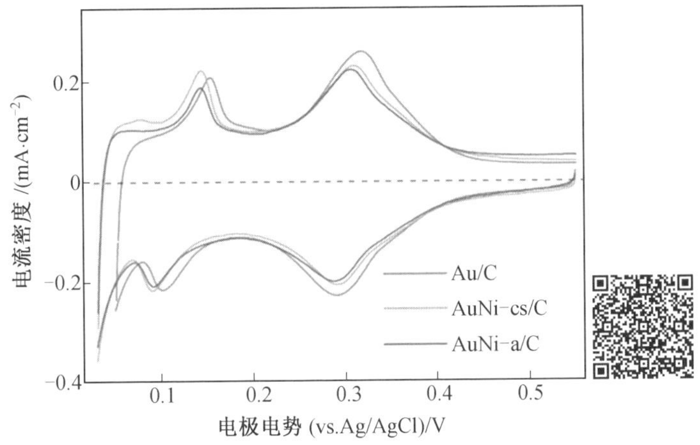

图 3.65　Au/C、AuNi-cs/C 和 AuNi-a/C 表面的 Cu 欠电势沉积-溶出曲线

利用循环伏安技术考察不同基底对其表面 Pt 单层电化学特性的影响。图 3.66 显示了在 Ar 饱和的 0.1 mol/L $HClO_4$溶液中测得的 Pt_{ML}Au/C、Pt_{ML}AuNi-cs/C 和 Pt_{ML}AuNi-a/C 的循环伏安曲线，同时在相同条件下测试了质量分数为 20% 的商业 Pt/C 催化剂的循环伏安曲线，扫描速率为 20 mV/s。与 Pt/C 相同，所有的 Pt 单层都展现出三个定义明确的氧化还原电势窗口，分别对应于 H_2 析出(< 0.05 V)、H 欠电势沉积(H-UPD，0.05 ~ 0.40 V)以及 Pt 表面氧化(0.70 ~

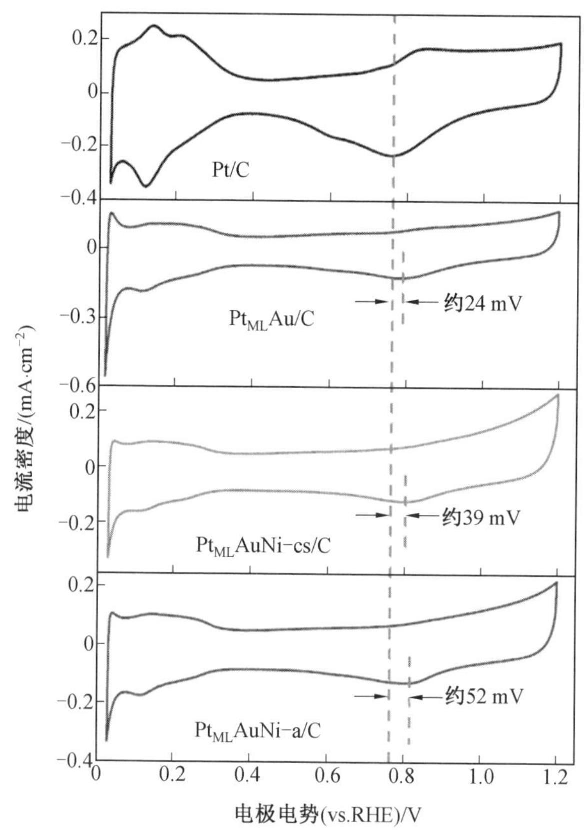

图 3.66 Pt/C、$Pt_{ML}Au/C$、$Pt_{ML}AuNi-cs/C$ 和 $Pt_{ML}AuNi-a/C$ 在 Ar 饱和的 0.1 mol/L $HClO_4$ 溶液中的循环伏安曲线

1.20 V)。对 $Pt_{ML}Au/C$、$Pt_{ML}AuNi-a/C$ 和 $Pt_{ML}AuNi-cs/C$ 的 H-UPD 峰进行积分,获得 Pt 单层的 ECSA 分别为 115 m^2/g、119 m^2/g 和 124 m^2/g。此外,在 0.70 V以上的表面氧化区域,三个基底均导致 Pt_{ML} 表面电化学吸附含氧物种的还原峰电势相对于 Pt/C 明显正移,表明这些 Pt_{ML} 催化剂表面的亲氧性减弱。对于 $Pt_{ML}Au/C$ 催化剂,Pt_{ML} 表面与含氧物种之间结合能的弱化,主要是因为 Au 纳米颗粒表面更大的晶格压缩应变使其支撑的 Pt_{ML} 晶格有一定收缩,从而降低了 Pt—O 键强度。进一步对比可知,在这三个 Pt_{ML} 催化剂中,$Pt_{ML}AuNi-a/C$ 的还原峰移动最大($Pt_{ML}Au/C$、$Pt_{ML}AuNi-cs/C$ 和 $Pt_{ML}AuNi-a/C$ 的还原峰电势分别正移约 24 mV、39 mV 和 52 mV,如图 3.66 中虚线所示),表明具有最大晶格收缩应变的 AuNi 合金基底使 Pt_{ML} 晶格进一步收缩,导致 Pt_{ML} 的 d 带能级更负。

下面借助 RDE 技术评估不同基底支撑的 Pt 单层催化剂的 ORR 动力学。图

3.67 所示为 Pt/C、Pt_{ML}Au/C、Pt_{ML}AuNi－cs/C 和 Pt_{ML}AuNi－a/C 在 O_2 饱和的 0.1 mol/L $HClO_4$溶液中的 ORR 极化曲线（Pt 在 RDE 电极上的载量分别为 10.2 μg/cm²、2.70 μg/cm²、2.14 μg/cm²和 2.23 μg/cm²；扫描速率为 10 mV/s；电极转速为 1 600 r/min）。与设想的一致，以 AuNi-cs/C 和 AuNi-a/C 为基底的 Pt_{ML}的表观氧还原催化活性较以 Au/C 为基底的 Pt_{ML}明显提高。此外，观察到在 0.8 V 以上，也就是动力学及动力学-扩散混合控制区域，Pt 单层的 ORR 极化曲线与 Pt/C 的 ORR 极化曲线平行，这意味着它们的表观 Tafel 斜率相同。也就是说，Pt 单层催化剂表面的 ORR 机理并未改变，O_2的第一电子转移仍然是氧还原反应的决速步骤。而且，所有 Pt_{ML}氧还原极限电流密度也与四电子途径的 ORR 极限电流密度理论值（6.05 mA/cm²）相符，表明 ORR 的最终产物是 H_2O。

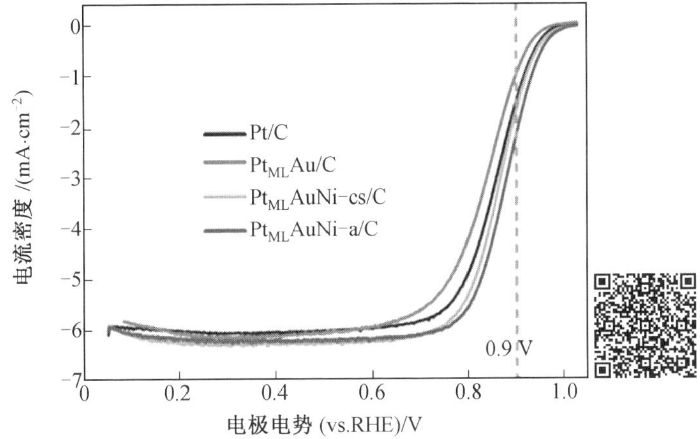

图 3.67　Pt/C、Pt_{ML}Au/C、Pt_{ML}AuNi-cs/C 和 Pt_{ML}AuNi-a/C 在 O_2饱和的 0.1 mol/L $HClO_4$溶液中的 ORR 极化曲线

进一步选取代表性的 0.9 V 时的 ORR 电流，利用 K-L 方程扣除 O_2传质的影响，定量评估不同基底组成及结构对 Pt_{ML}的 ORR 活性的影响。图 3.68（a）所示为三种 Pt_{ML} 催化剂和 Pt/C 催化剂的 Pt 质量比活性。从图中可以看出，Pt_{ML}AuNi-a/C催化剂具有最高的 Pt 质量比活性（1.52 A/mg），是 Pt/C 催化剂的 6.9 倍。同时，考虑到贵金属 Au 的使用，进一步计算了这三种 Pt_{ML}催化剂的 Pt 和 Au 的总质量比活性，如图 3.68（b）所示。比较总质量比活性可以看出，Pt_{ML}Au/C 的 ORR 活性低于 Pt/C；而 Pt_{ML}AuNi-cs/C 的 ORR 活性比 Pt_{ML}Au/C 明显提高，而且比 Pt/C 稍好；对于 Pt_{ML}AuNi-a/C，其 ORR 活性更高，为 0.34 A/mg，分别是标准 Pt/C 和 Pt_{ML}Au/C 活性的 1.5 倍和 3.1 倍。

Pt_{ML}催化剂的一大优势是 Pt 原子的利用率接近 100%，几乎所有的 Pt 原子

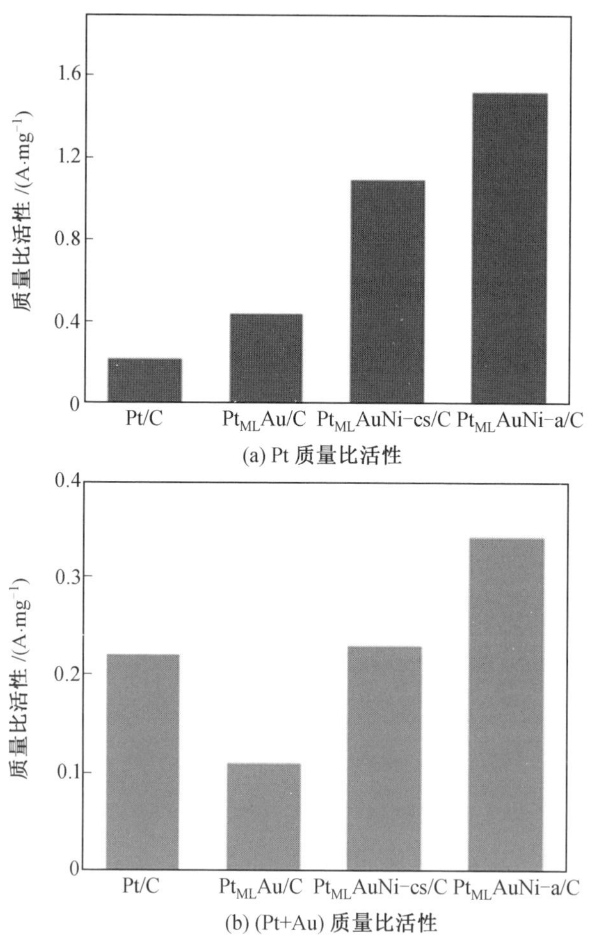

图 3.68　Pt/C、Pt_{ML}Au/C、Pt_{ML}AuNi-cs/C 和 Pt_{ML}AuNi-a/C 的 ORR 活性

都会参与 ORR。然而,对于 Pt/C(4 nm),则只有约 30% 的 Pt 原子处于表面。通过比较单位电化学表面积的 ORR 活性判断不同表面 Pt 原子的 ORR 催化效率,对于 ORR 电催化的基础研究而言则更为合适。如图 3.69 所示,Pt_{ML}AuNi-a/C 的面积比活性仍然最高,为 1.18 mA/cm^2,是 Pt/C 的 4.7 倍。进一步比较可知,Pt/C、Pt_{ML}Au/C、Pt_{ML}AuNi-cs/C 和 Pt_{ML}AuNi-a/C 的电化学表面比活性依次增大,这是因为含氧物种吸附强度的降低有利于 Pt 表面活性位点的恢复,从而提高其 ORR 活性,也就是所谓的位阻效应机理(site-blocking effect)。

先前的研究表明,Pt_{ML}Au/C 的 ORR 活性比 Pt/C 高,是因为 Au 纳米颗粒增强的表面压缩应变使其支撑的 Pt_{ML}晶格有一定收缩,从而降低了 Pt 表面的含氧

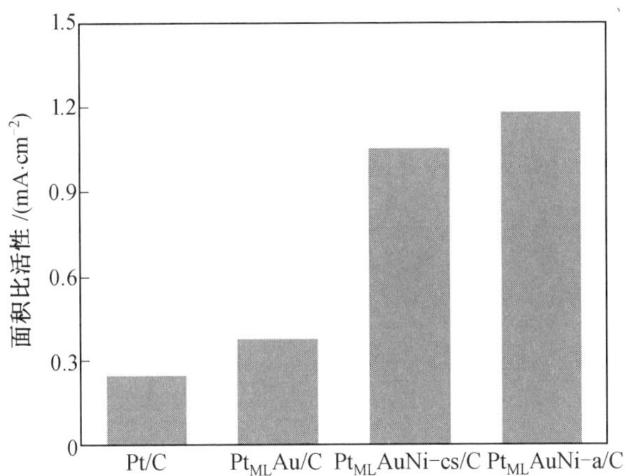

图 3.69　Pt/C、Pt_{ML}Au/C、Pt_{ML}AuNi-cs/C 和 Pt_{ML}AuNi-a/C 催化 ORR 的电化学表面比活性

物种结合能。但仅仅依靠 Au 纳米颗粒自身的收缩,Pt 单层表面含氧物种结合能降低的程度还远远不够,因此 Pt_{ML}Au/C 的 ORR 活性提高并不明显。本节的结果表明,在纯 Au 纳米颗粒中混入 Ni 原子将进一步提高 Pt_{ML}催化氧还原的活性/效率。尽管不可能通过 EXAFS 获得 Pt_{ML}AuNi-cs/C 和 Pt_{ML}Au-a/C 中 Pt_{ML}的结构信息(由于 Pt L_3边的吸收峰(11 564 eV)与 Au L_3边的吸收峰(11 919 eV)非常接近,以至于两种吸收相互叠加),但是 AuNi-cs/C 和 AuNi-a/C 的 XRD 和 XAS 测试结果表明,相对于纯 Au,AuNi-cs/C 和 AuNi-a/C 中 Au—Au 原子间距显著收缩。因此,表面 Pt 单层中 Pt—Pt 的原子间距也将进一步收缩,导致 Pt 单层的 d 带中心比 Au 表面的 Pt 单层 d 带中心进一步负移,从而优化了 Pt—O 键的强度。而且,Pt_{ML}AuNi-cs/C 和 Pt_{ML}Au-a/C 表面吸附含氧物种的还原峰正移也印证了这一结论。这种几何效应是 Pt_{ML}AuNi/C 催化剂活性增强的主要原因。此外,XANES 结果表明,在 AuNi-cs/C 和 AuNi-a/C 中,由于 Ni 原子的存在,Au 的 d 带填充度下降。这种电子相互作用也许对 Au—Ni 双金属基底表面 Pt 单层的 ORR 活性具有一定的促进作用。

进一步可知,在合金结构的 Pt_{ML}AuNi-a/C 催化剂中上述这两种效应都比核壳结构的 Pt_{ML}AuNi-cs/C 更明显。例如,XRD 分析表明,晶格常数 a 按 Au (4.086 Å) > AuNi-cs/C(3.996 Å) > AuNi-a/C(3.861 Å)的顺序递减。对于块状 Pt 和纳米 Pt(5 nm),其晶格常数分别约为 3.923 Å 和 3.915 Å。在本节的三种 Pt_{ML}催化剂中,AuNi-a/C 基底表面的 Pt—Pt 原子间距收缩最为明显,甚至比 Pt/C 的还要小,因此以 AuNi 合金结构纳米颗粒为基底的 Pt_{ML}催化剂展现出最好的 ORR 活性。图 3.70 所示为 Pt 单层在 Au、Ni@ Au 核壳和 AuNi 合金表面的堆叠模型示意图。

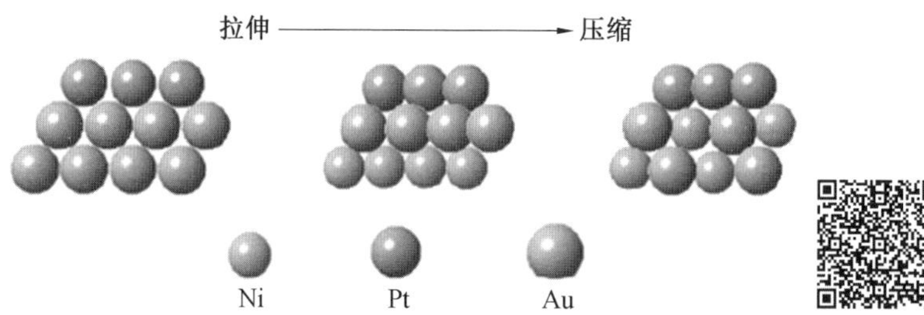

图 3.70 Pt 单层在 Au、Ni@ Au 核壳和 AuNi 合金表面的堆叠模型示意图

以 Pt/C 为参考,进一步考察以 Au/C、AuNi-cs/C 和 AuNi-a/C 为基底的 Pt_{ML}催化剂的 ORR 稳定性。在空气饱和的 0.1 mol/L $HClO_4$溶液中,在 0.6 ~ 1.0 V电势区间内,以 50 mV/s 的扫描速率对催化剂薄膜电极进行长时间循环伏安扫描,通过加速老化测试,模拟燃料电池汽车在行驶过程中阴极氧还原催化剂所处的工作环境。图 3.71(a) ~(d)所示分别为 Pt/C、Pt_{ML}Au/C、Pt_{ML}AuNi-cs/C 和 Pt_{ML}AuNi-a/C 催化剂经历 5 000 圈循环加速老化测试前后的 ORR 极化曲线(扫描速率为 10 mV/s;电极转速为 1 600 r/min)。利用 0.9 V 时的 ORR 电流密度计算出稳定性测试前后催化剂的 Pt 质量比活性,如图 3.72 所示。对比可知,在稳定性测试过程中,Pt/C 和 Pt_{ML}Au/C 的 ORR 活性损失非常明显,分别为初始值的 27% 和 48% 。相比之下,Pt_{ML}AuNi-cs/C 和 Pt_{ML}AuNi-a/C 的 ORR 活性损失

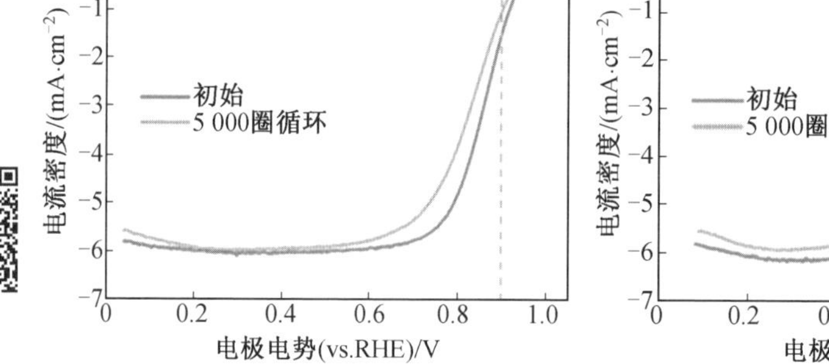

(a) Pt/C

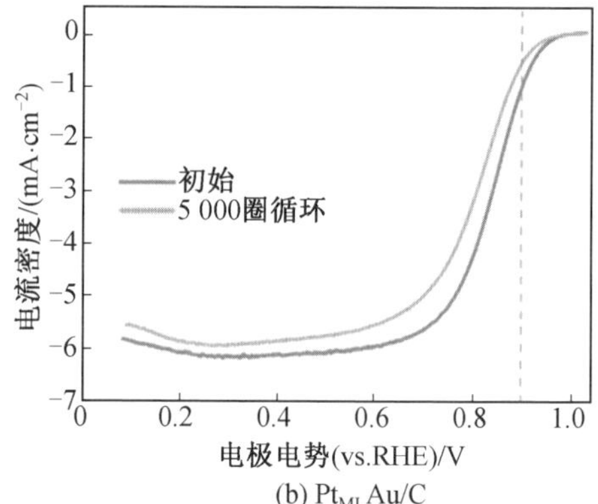

(b) Pt_{ML}Au/C

图 3.71 催化剂的稳定性测试前后的 ORR 极化曲线

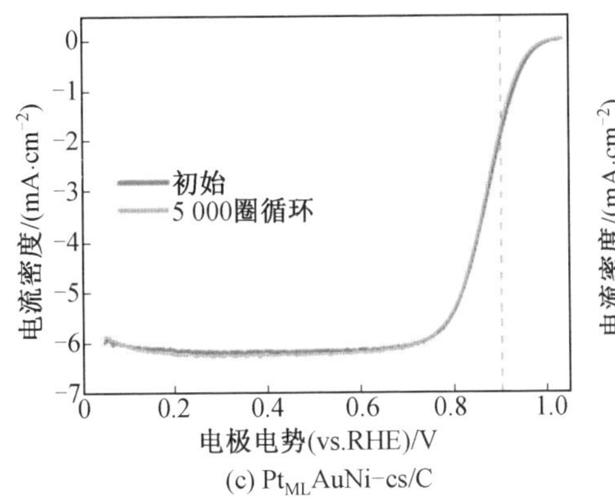

(c) $Pt_{ML}AuNi$-cs/C

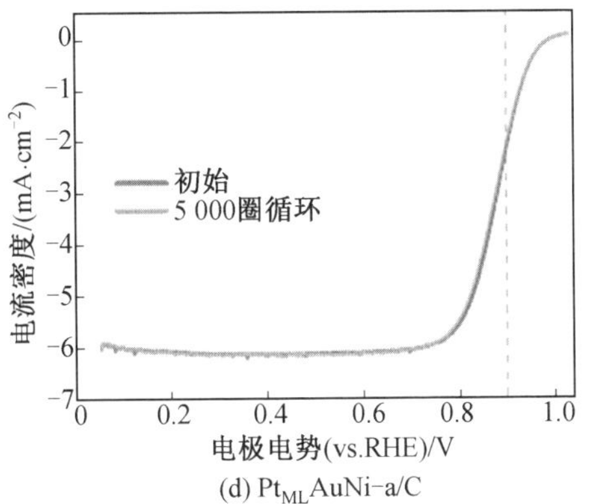

(d) $Pt_{ML}AuNi$-a/C

续图 3.71

则很小,分别为初始值的9%和6%。而且,即使经历了5 000 圈循环,$Pt_{ML}AuNi$-a/C 的 ORR 活性(1.43 A/mg)仍为稳定性测试前 Pt/C ORR 活性(0.22 A/mg)的6.5 倍。

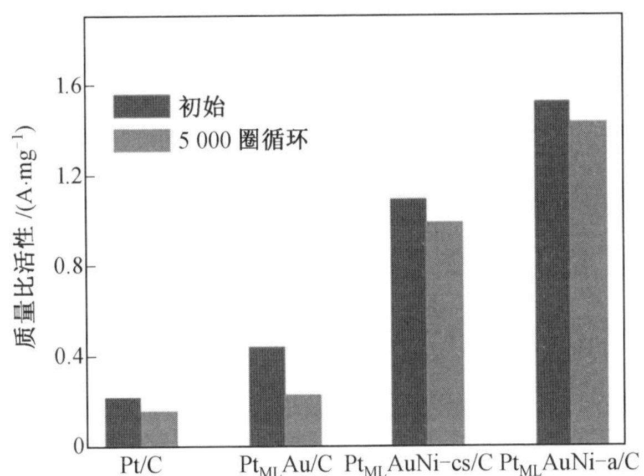

图 3.72　稳定性测试前后 Pt/C、$Pt_{ML}Au$/C、$Pt_{ML}AuNi$-cs/C 和 $Pt_{ML}AuNi$-a/C 的 ORR 质量比活性

先前的研究表明,Au 可以提高 Pt 的氧化电势,进而能稳定 Pt 纳米颗粒。这种稳定作用同样也适用于 $Pt_{ML}Au$/C、$Pt_{ML}AuNi$-cs/C 和 $Pt_{ML}AuNi$-a/C 催化剂。实验结果表明,以 Au/C、AuNi-cs/C 和 AuNi-a/C 为基底的 Pt_{ML}起始氧化电势约为0.8 V,比 Pt/C 的起始氧化电势高 0.1 V。然而,由稳定性测试亦可发现,$Pt_{ML}Au$/C的 ORR 活性衰减比 Pt/C 还要大。这是因为 Au 的表面能(1.50 J/m^2)比 Pt(2.48 J/m^2)低,在稳定性测试过程中 Au 倾向于偏析到 Pt 表面,从而使部

分表面 Pt 原子被掩埋。对于 $Pt_{ML}AuNi$-cs/C 和 $Pt_{ML}AuNi$-a/C 催化剂,ORR 稳定性的提高很可能是因为 Ni 的存在修饰了 Au 的电子结构和晶格参数,改变了它与 Pt_{ML}之间的相互作用,进而使 Au 的表面偏析得到抑制。

3.5　SO_2对铂基氧还原催化剂的毒化机理与催化剂再生方法研究

质子交换膜燃料电池(PEMFC)作为一种理想的清洁能源转化装置,其发展与应用一直受到国内外学术界和产业界的广泛关注。近几年,燃料电池的性能有较大突破,燃料电池汽车也已经成功投放市场,但 PEMFC 的稳定性仍然是制约其大规模商业化进程的重要因素。除了本征因素和系统因素外,环境因素也是影响 PEMFC 稳定性、加速其老化衰减的三大成因之一。PEMFC 在实际应用中通常采用空气为阴极燃料,空气中的大量杂质,如 SO_2、NO_x、有机小分子等会随着空气流入 PEMFC 电堆,这些杂质会与 Pt 发生强相互作用,占据表面氧还原反应(ORR)的活性位点,严重影响电池系统的输出性能,甚至导致膜电极组件永久性失活。因此,PEMFC 对于空气杂质稳定性的影响逐渐受到广泛关注。

SO_2被认为是最主要的空气污染物,对 PEMFC 阴极 Pt 基氧还原催化剂的毒化程度最大。我国环境空气质量二级标准中 SO_2的 1 h 平均质量浓度限值约为 0.2 mg/L。研究表明,当阴极燃料中 SO_2的质量浓度为 0.25 mg/L 时,PEMFC 工作 20 h 后性能会衰减 10%。SO_2质量浓度越高,PEMFC 输出性能损失越大。在 SO_2质量浓度较高的区域,如化工厂、火山与温泉附近等区域,SO_2对 PEMFC 的毒化影响更严重。并且,SO_2对 PEMFC 的毒化作用不可逆,纯净空气吹扫只能恢复一小部分的性能,采用高电势下的循环扫描也不能达到完全再生的效果。因此,探究 SO_2对 Pt/C 催化剂的毒化机理,明确 SO_2对 Pt 电催化剂的毒化特点与去毒化的难点,制定针对性的抗毒化方案与去毒化方法,对提升 PEMFC 的运行寿命、加速其商业化发展具有重要意义。

在目前已发表的关于 SO_2对 PEMFC 的毒化影响的工作中,研究对象大多数是负载 Pt/C 催化剂的膜电极(MEA)。虽然以 MEA 为研究对象得到的 SO_2毒化影响结果更贴近于实际,但由于 MEA 中影响电池性能的因素很多,例如扩散层中水的分布、气体的流速、工作温度等,所以很难准确地揭示 SO_2对 Pt/C 催化剂的毒化行为与毒化机理。电化学现场光谱技术是研究电化学微观反应机理的重要手段,但是由于 SO_2在 Pt 电极界面不同电势下的演化行为比较复杂,吸附在 Pt

电极表面的 SO_2 会随着电极电势的改变转化为多种多样的含硫物种，所以毒化机理的研究对光谱的敏感度要求较高。衰减全反射表面增强红外吸收光谱（ATR-SEIRAS）是利用红外反射光研究吸附薄层的光谱分析技术，可以快速跟踪电化学反应界面吸附物种的红外吸收信号，可检测到痕量的吸附物种或中间产物，直接得到不同电势下电极/溶液界面的实时信息，并且不受水溶液的干扰，是研究 SO_2 在 Pt 电极/溶液界面吸附的有效手段。

针对以上问题，本研究团队以多晶 Pt 电极为研究对象，利用 ATR-SEIRAS 技术解析了 SO_2 在 Pt 电极表面随电势的演化行为；以商业 Pt/C 催化剂为研究对象，研究了 SO_2 对商业 Pt/C 催化剂 ORR 性能的毒化影响；明确了 SO_2 对 Pt 催化剂的毒化特点与去毒化的难点；进而阐明了 SO_2 在 Pt 电极表面电氧化再生过程的机理，并探索出一种效率更高、对催化剂稳定性影响更小的氧化再生策略。

SO_2 毒化 PEMFC 的根本原因是对 Pt/C 催化剂的毒化作用。SO_2 与 Pt 之间的强相互作用，直接影响 O_2 在 Pt 表面的吸附和还原，造成电池性能的衰减。Pt 表面大量的活性位点被 SO_2 占据会改变 ORR 的反应机制，两电子反应机制的还原产物 H_2O_2 会腐蚀 PEMFC 的质子交换膜，SO_2 在 Pt 表面复杂的氧化去毒化过程会造成 PEMFC 稳定性的衰减。因此，想要解决 SO_2 毒化导致的 PEMFC 性能与寿命衰减的问题，首先要明确 SO_2 在 Pt 催化剂表面的毒化机理与再生机理。本节通过研究 SO_2 在 Pt 电极表面不同电势下的演化行为，分析 SO_2 对 Pt 电极的毒化特点与去毒化难点。

3.5.1 Pt 表面 SO_2 的吸脱附行为与再生方法研究

图 3.73 所示为 SO_2 毒化前后的多晶 Pt 电极和 SO_2-Pt 电极（根据 SO_2 在酸性溶液中的溶解平衡常数可知，Na_2SO_3 的酸性溶液中含硫物种主要以 SO_2 分子的形式存在，所以恒电势极化后的 Pt 电极表面吸附了一层 SO_2，记为 SO_2-Pt 电极）在 Ar 饱和的 0.1 mol/L $HClO_4$ 溶液中的循环伏安（CV）曲线，电势扫描速率为 50 mV/s，扫描顺序为 0.05 V→1.0 V→0.05 V。多晶 Pt 电极的毒化方法为液相恒电势极化法，即将活化后的多晶 Pt 电极在 0.1 mol/L $HClO_4$+0.5 mmol/L Na_2SO_3 溶液中采用 0.65 V 恒电势极化 1 min。

从图 3.73 中可以明显看出，多晶 Pt 电极被 SO_2 毒化后，SO_2-Pt 电极 CV 曲线第 1 圈（CV1）的氢吸脱附区域（0.05 ~ 0.4 V）面积出现严重衰减。在电势正扫的过程中，CV 曲线未出现含硫物质的氧化峰，并且循环 8 圈后 CV 曲线（CV8）相对于 CV1 无明显变化，表明吸附在 Pt 表面的含硫物质在 0.05 ~ 1 V 的电势范围内不会脱附。

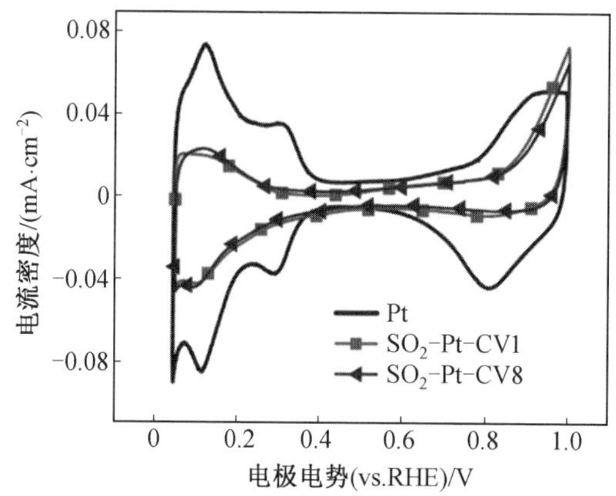

图 3.73　多晶 Pt 电极和 SO_2-Pt 电极在 $HClO_4$ 溶液中的循环伏安曲线

将图 3.73 中的循环伏安扫描的高电势提高到 1.5 V,电势扫描顺序为 0.05 V→1.5 V→0.05 V,CV 曲线发生了变化,结果如图 3.74 所示。电势从 0.05 V向 1.5 V 扫描的过程中,在 1.2 V 处出现一个强氧化峰(见 CV1 的正扫曲线);在接下来的负扫过程中,0.75 V 出现 Pt 氧化物的还原峰,随后出现明显的氢吸附峰(0.05 ~0.4 V),这表明在第 1 圈正扫的过程中有一部分含硫物质从表面脱附,活性位点重新暴露。这些重新暴露的 Pt 表面在正扫过程中被氧化,因此,负扫时出现了相应的 Pt 氧化物的还原峰与氢吸附峰。以上实验现象表明,升高电极电势很可能改变了 Pt 表面含硫物质的种类与吸附行为。

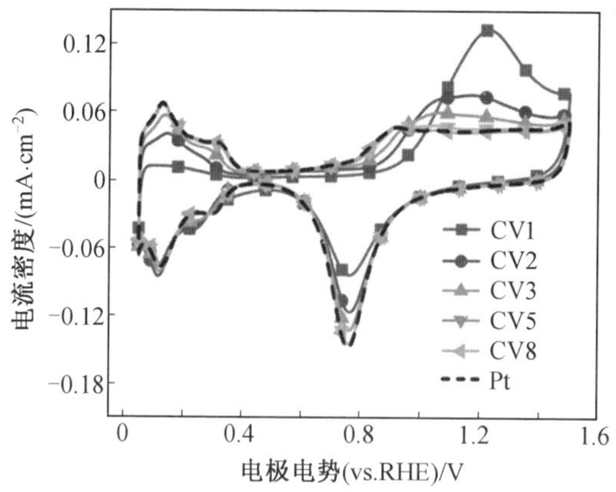

图 3.74　多晶 Pt 电极和 SO_2-Pt 电极在 $HClO_4$溶液中的循环伏安曲线

为进一步研究 Pt 表面含硫物种与电极电势之间的关系,利用 ATR-SEIRAS 分析了 SO_2在 Pt 电极界面不同电势下的演化行为。图 3.75(a)所示为 SO_2-Pt 电

极在 Ar 饱和的 0.1 mmol/L $HClO_4$ 溶液中的 ATR-SEIRAS 谱图，光谱时间分辨率为 10 s。采集光谱的同时伴随着循环伏安扫描的测试（图 3.75(c)），电势扫描方向为 0.05 V → 1.5 V → 0.05 V，扫描速率为 5 mV/s。参比光谱采于 0.65 V 下未毒化的多晶 Pt 电极。

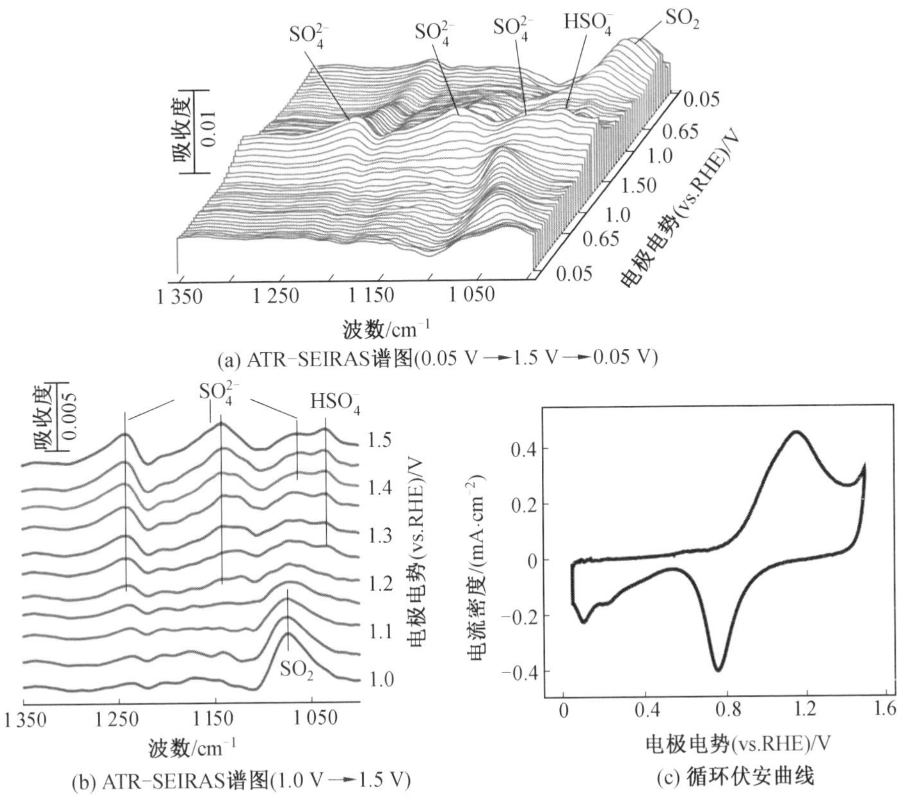

(a) ATR-SEIRAS谱图(0.05 V → 1.5 V → 0.05 V)

(b) ATR-SEIRAS谱图(1.0 V → 1.5 V)

(c) 循环伏安曲线

图 3.75　SO_2-Pt 电极在 $HClO_4$ 溶液中的 ATR-SEIRAS 谱图与循环伏安曲线

从图 3.75(a) 中可以看到，电势从 0.05 V 向 1.0 V 移动的过程中，只观察到处于 1 000 ~ 1 120 cm^{-1} 范围内的一个红外谱带，与 Pt 表面吸附态 SO_2 的 S—O 振动频率相对应。随着电势从 1.0 V 移动到 1.5 V，约 1 240 cm^{-1}、1 140 cm^{-1}、1 064 cm^{-1} 和 1 033 cm^{-1} 处开始出现红外吸收峰，并且峰强逐渐增强，放大图如图 3.75(b) 所示；与此同时，图 3.75(c) 中相应的电势区间出现明显的氧化峰（约 1.2 V）。结合文献可知，ATR-SEIRAS 谱图中约 1 240 cm^{-1} 处的吸收峰代表的是 Pt 表面三重吸附的 SO_4^{2-}；约 1 140 cm^{-1} 处的吸收峰代表溶液中的 SO_4^{2-}；约 1 064 cm^{-1} 处的吸收峰代表在 Pt 缺陷位一重吸附的 SO_4^{2-}；约 1 033 cm^{-1} 处的吸收

峰代表吸附态的 HSO_4^-。Pt 表面吸附的含硫物种均为 SO_2 的氧化产物。

高电势下吸附在 Pt 表面的 SO_2 被氧化为易溶于水的 SO_4^{2-}/HSO_4^-,从 Pt 表面脱附进入电解液中,释放了 Pt 表面的活性位点。电极电势继续从 1.5 V 向 0.05 V扫描,图 3.75(a)中仍然可以观察到 SO_2 的红外吸收峰,这表明经过一次 0.05 V 到 1.5 V 的电势扫描,Pt 表面的含硫物质只有部分能够氧化脱附。从图 3.74 的高电势循环伏安曲线中也可以看出,随着循环圈数的增加,SO_2 的氧化峰面积逐渐变小,含氧物种的吸附峰面积逐渐增大,氢吸脱附区域的面积逐渐增大,表明在高电势循环伏安扫描过程中,SO_2 是逐渐氧化脱附的。当循环 8 圈后,CV 曲线不再变化,并且与干净多晶 Pt 电极的 CV 曲线相互重合,表明至少要经过 8 次的高电势循环才可将 Pt 表面吸附的 SO_2 完全除去。

综上,含硫物质在 Pt 表面的吸附形式与电势密切相关。电极电势小于 1 V 时,无论 Pt 表面吸附的是何种含硫物种,都不会从表面脱附,只有在高电势下将含硫物质氧化为溶于水的 SO_4^{2-} 或 HSO_4^- 后才可以实现 Pt 表面活性位点的再生,至少要经过 8 次高电势的循环伏安扫描(0.05 ~1.5 V)才能将 Pt 表面的 SO_2 全部除去。这种特殊的演化行为使得燃料电池 Pt 基氧还原电催化剂对 SO_2 的毒化更为敏感。

PEMFC 工作时,阴极的电势窗口为 0.6 ~0.9 V。根据 SO_2 在 Pt 表面的演化规律可知,阴极燃料中的 SO_2 杂质气体一旦吸附在 Pt/C 催化剂表面,在其电势窗口内便不会脱附。SO_2 会造成 Pt 电极表面 ORR 活性位点的不可逆毒化,进而影响电池的工作效率。随着 PEMFC 工作时间的延长,Pt 表面 SO_2 的覆盖度逐渐变大,ORR 活性位点会大面积失活,加速 Pt/C 催化剂的老化,严重影响 PEMFC 的性能和运行寿命。

图 3.76 所示为被不同浓度 SO_2 毒化后的 Pt/C 催化剂(记为 SO_2-Pt/C)与干净的 Pt/C 催化剂在 Ar 饱和的 0.1 mol/L $HClO_4$ 溶液中的首圈循环伏安曲线,扫描速率为 50 mV/s,电势扫描顺序为 0.05 V→1.5 V→0.05 V。从图中可以看出,SO_2 的浓度越大,SO_2-Pt/C 催化剂 CV 曲线中氢脱附的面积越小,SO_2 氧化峰的峰值电流越大。被 0.001 mol/L SO_2 毒化后,Pt/C 催化剂的 ECSA 由 71.5 m^2/g 衰减到 10.5 m^2/g,SO_2 的覆盖度(θ)高达 0.85,Pt 表面几乎完全被毒化。图 3.77(a)所示为不同 θ 下的 SO_2-Pt/C 和干净的 Pt/C 催化剂在 O_2 饱和的 0.1 mol/L $HClO_4$ 溶液中的 ORR 极化曲线,扫描速率为 10 mV/s,旋转圆盘电极的转速为 1 600 r/min。从图中可以看出,SO_2 毒化后 Pt/C 催化剂的 ORR 极化曲线明显负移,曲线的起始电势和半波电势都有一定程度的衰减,这说明 SO_2 和 O_2 在 Pt 表面的竞争吸附中,SO_2 更占优势。Pt 表面一旦被 SO_2 毒化,在 ORR 的电势区间 O_2 便

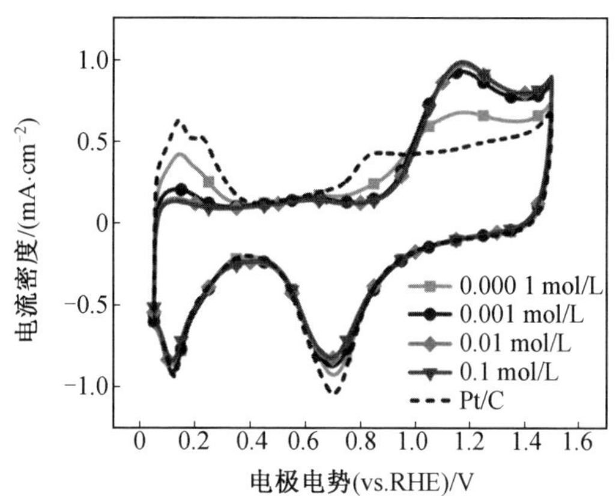

图 3.76　被不同浓度 SO_2 毒化前后的 Pt/C 催化剂和干净的 Pt/C 催化剂在 $HClO_4$ 溶液中的首圈循环伏安曲线

无法再吸附，ORR 过程被抑制。利用 K-L 方程计算图 3.77(a) 中各催化剂在 0.9 V时的 ORR 质量比活性，SO_2 覆盖度和 ORR 质量比活性的关系如图 3.77(b) 所示。由图可知，随着 θ 的增大，催化剂的 ORR 质量比活性急剧下降。当 Pt 表面 SO_2 的覆盖度达到 0.85 时，Pt/C 催化剂的 ORR 质量比活性从 0.271 A/mg 衰减到0.082 A/mg，几乎完全失活。这说明 SO_2 的覆盖度可作为影响 Pt 电催化活性的量度，SO_2 的浓度是影响 Pt/C 催化剂催化活性的关键因素。

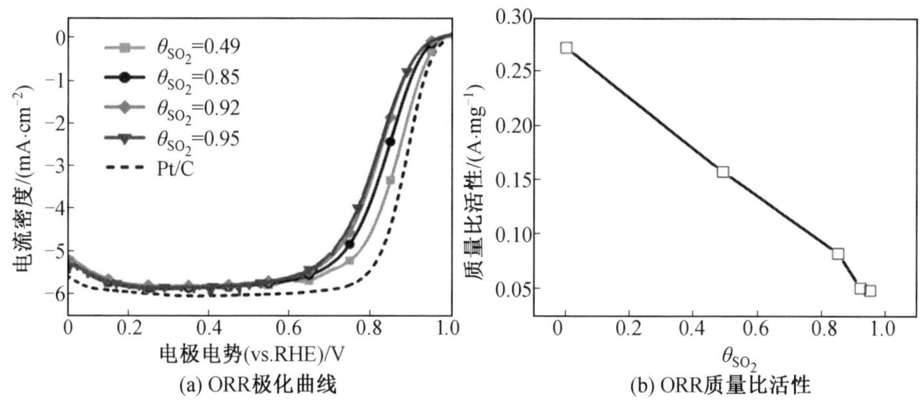

图 3.77　SO_2-Pt/C 和 Pt/C 催化剂的 ORR 极化曲线与 0.9 V 下的 ORR 质量比活性

对于 SO_2 毒化后 Pt/C 催化剂的再生，目前研究最多、应用最广泛的再生策略为高电势循环伏安氧化法(三角波)。由 SO_2 在多晶 Pt 电极表面的演化规律可知，至少需要经过 8 次的高电势循环伏安扫描(0.05 ~ 1.5 V)才能将 SO_2 全部氧化除去。

图3.78所示为SO_2-Pt/C和Pt/C催化剂在Ar饱和的0.1 mol/L $HClO_4$溶液中的循环伏安曲线,电势扫描顺序为0.05 V→1.5 V→0.05 V。由图可知,四组CV曲线相对于循环圈数的变化规律是相似的:随着循环圈数增加,SO_2的氧化峰逐渐减弱;氧区与氢区的面积逐渐增大;当循环8圈后CV曲线不再变化,表明高电势循环伏安氧化法再生循环的次数与SO_2在Pt表面的覆盖度无关,无论Pt表面吸附了多少SO_2,都需要至少8次高电势循环才能完全氧化除去。这说明SO_2的高电势氧化去毒化过程被某种因素制约,每次高电势循环总有一部分SO_2不能氧化脱附。除此之外,循环8圈后CV曲线不再变化,但是Pt/C催化剂的ECSA并没有完全恢复(图3.78中CV8与Pt/C曲线的氢区)。这可能与长时间的高电势氧化有关,高电势会加速Pt/C催化剂Pt颗粒的团聚和碳载体的腐蚀,导致ECSA的衰减。

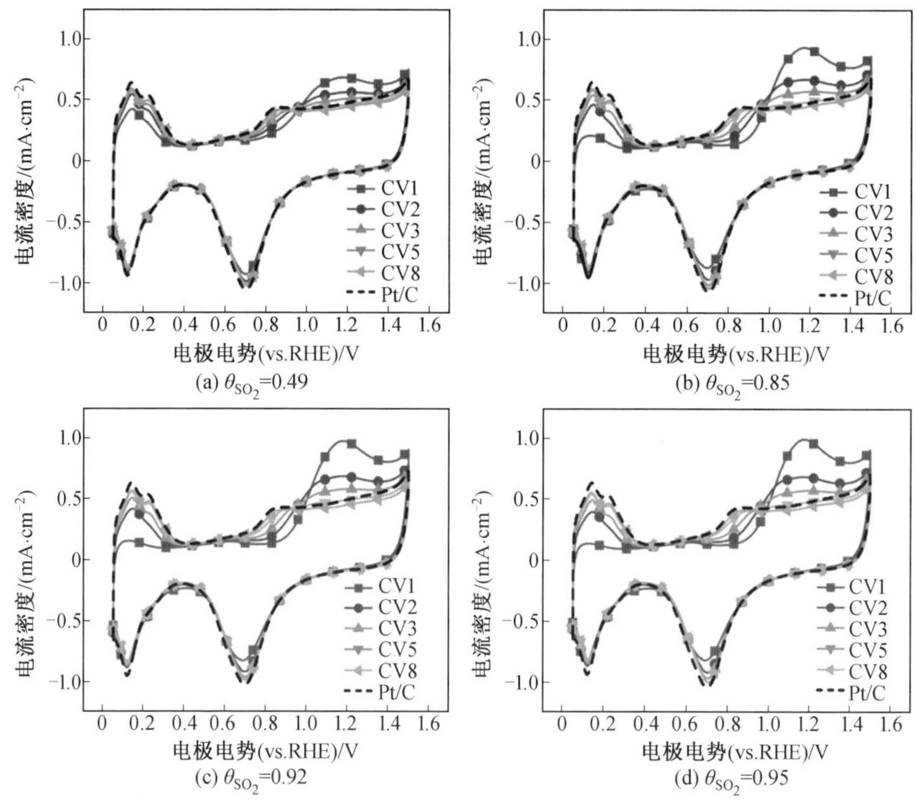

图3.78　SO_2-Pt/C和Pt/C催化剂在$HClO_4$溶液中的循环伏安曲线

综上，SO_2与 Pt 之间的强相互作用是导致 Pt/C 催化剂被毒化的根本原因，SO_2在与 O_2的竞争吸附中更占优势，吸附在 Pt 表面后会牢牢占据 ORR 的活性位点，阻止 O_2的吸附和还原，从而导致 PEMFC 性能的衰减；同时 SO_2较高的氧化电势和复杂的氧化过程使得 Pt/C 催化剂毒化后的再生过程较困难，多次的高电势循环伏安扫描会导致 Pt/C 催化剂稳定性的衰减，严重影响 PEMFC 的运行寿命。

根据以上所述的毒化特点与去毒化难点，可以从两个方面缓解 SO_2对 Pt/C 催化剂的毒化影响：①减小 SO_2在 Pt 表面的吸附能，减弱 SO_2与 Pt 之间的相互作用，使 O_2在竞争吸附中更占优势；②开发有效的去毒化策略，促使 SO_2毒化后的 Pt/C 催化剂可以稳定、高效地再生。

由以上研究可知，Pt 电极表面活性位点的完全再生需要多次的高电势循环才能实现，复杂的高电势氧化再生方法不仅操作烦琐，对 Pt/C 催化剂的稳定性也有较大影响。因此，研究不同再生条件对 SO_2去毒化效果的影响，解析制约其去毒化过程的根本原因，对于开发出更有效、更温和的再生方法具有指导意义。

本节采用恒电势极化的方法研究了外部条件（氧化电势、氧化时间、脉冲次数等）对 Pt 电极表面 SO_2氧化去毒化效果的影响规律，为后续 SO_2去毒化机理的合理假设提供了数据支持。随后，以商业 Pt/C 催化剂为研究对象，采用恒电势极化的方法研究了 Pt/C 催化剂表面 SO_2的电氧化过程。分析了极化电势 E_H和极化时间 T_H对再生效果的影响，将 SO_2-Pt/C 催化剂置于 Ar 饱和的 0.1 mol/L $HClO_4$溶液中进行再生实验。图 3.79 所示为 SO_2-Pt/C 电极电势-时间关系曲线。

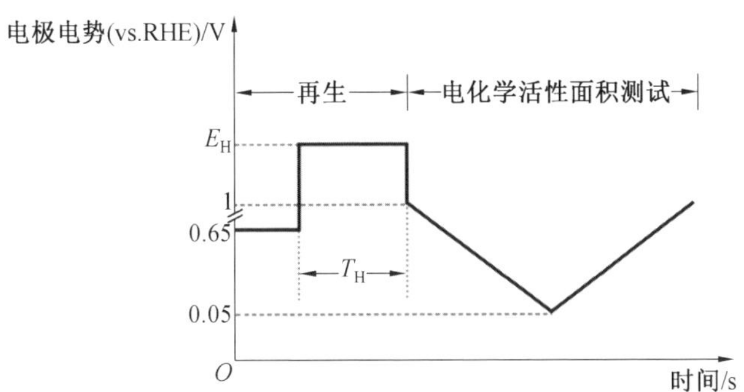

图 3.79　SO_2-Pt/C 电极电势-时间关系曲线

图 3.79 中电压程序分为恒电势氧化和循环伏安两个阶段。在恒电势氧化阶段中，将电极电势从 0.65 V 升到高电势 E_H(1.0～1.5 V)并恒电势保持一段时间 T_H，如图中“再生”阶段所示。此阶段的目的是将 SO_2氧化为 SO_4^{2-}/HSO_4^-，使其

从催化剂表面脱附。随后将程序设置为循环伏安模式，电势扫描区间为 0.05 ~ 1 V，如图中“电化学活性面积测试”阶段所示，此阶段的目的是得到氧化再生后催化剂的电化学活性面积（ECSA）。

图 3.80（a）所示为 Pt/C 和 SO_2-Pt/C 催化剂在 $HClO_4$ 溶液中不同极化电势下极化 5 s 后的 CV 曲线（“电化学活性面积测试”阶段），其中 E_H 分别为 1.0 V、1.2 V、1.3 V、1.4 V、1.5 V。

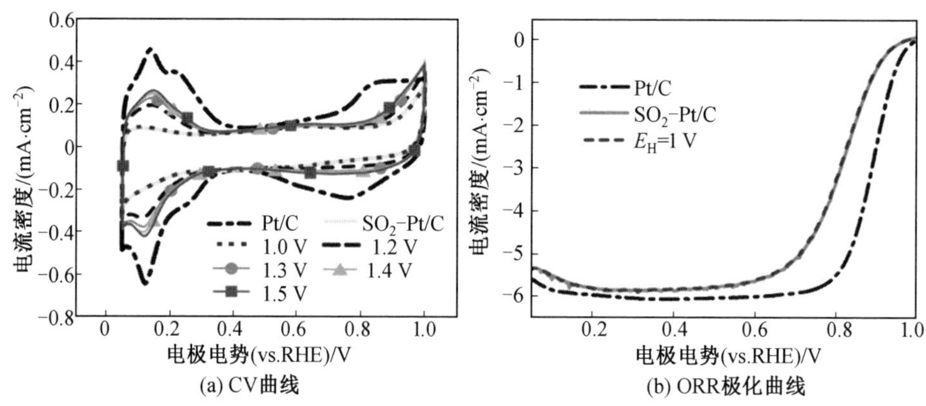

图 3.80　Pt/C 和 SO_2-Pt/C 催化剂在不同极化电势下极化 5 s 的 CV 曲线与 1 V 恒电势极化 5 s 后的 ORR 极化曲线

从图中可以看出，CV 曲线氢吸脱附区域的面积随着 E_H 的升高而增大，说明极化电势越高，SO_2 越容易被电氧化除去，催化剂的再生效率越高。值得注意的是，当 E_H = 1.0 V 时，极化后 CV 曲线相对于未再生的 SO_2-Pt/C 几乎没有变化，并且 ORR 性能也没有改善，如图 3.80（b）所示。这再一次证明电极电势为 1 V 时，Pt 表面吸附的含硫物质还不能够被氧化为 SO_4^{2-}/HSO_4^-。虽然恒电势氧化的电势越高越有利于 SO_2 的去毒化，但是过高的氧化电势会加速 Pt/C 催化剂稳定性的衰减，过低的氧化电势又达不到明显的去毒化效果，所以一般采用 1.5 V 为最高的氧化电势。

继而研究了极化时间 T_H 对去毒化效果的影响。图 3.81 所示为 SO_2-Pt/C 催化剂在 1.5 V 下极化不同时间后的 CV 曲线，其中 T_H 分别设为 2 s、3 s、5 s、10 s 和 60 s。从图中可以看出，极化时间小于 5 s 时，CV 曲线的氢区面积随着极化时间的延长而增大。极化时间超过 5 s，图中 T_H 为 5 s、10 s 和 60 s 的 CV 曲线几乎重合。恒电势极化时间超过 5 s，再生后催化剂的 CV 曲线不再变化，但氢吸脱附区域仍然较干净的 Pt/C 小得多。这说明当恒电势时间小于 5 s 时，延长恒电势氧化的时间对 SO_2 的去毒化过程有利，可以提高催化剂的再生效率。恒电势时间

超过5 s,再生效率不会进一步提升。虽然SO_2-Pt/C催化剂在1.5 V下恒电势极化5 s后,再生效果最好,但是表面的含硫物质并没有完全除去。延长恒电势极化的时间,去毒化过程不会继续进行,说明Pt电极表面SO_2的氧化过程被抑制。

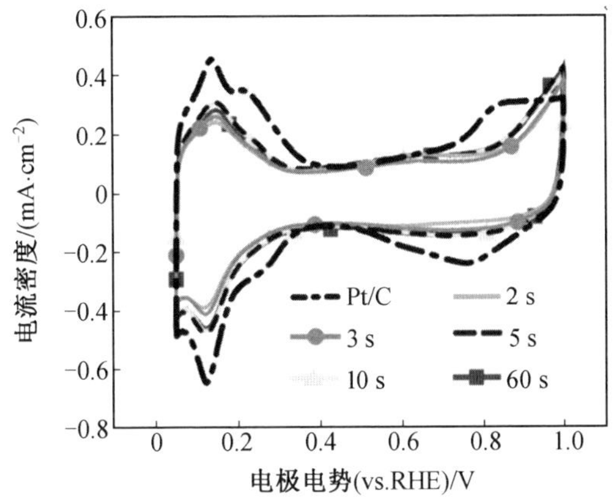

图3.81　SO_2-Pt/C催化剂在1.5 V下极化不同时间后的CV曲线

通过以上研究可知,以1.5 V恒电势极化5 s的再生条件去毒化效果最好,但是并没有达到完全去毒化的效果。重复图3.82中的测试程序(E_H=1.5 V,T_H=5 s),SO_2会继续被氧化。图3.82中的电极电势-时间曲线分为12个阶段(A_1~A_{12}次循环),每个阶段都包括恒电势氧化过程(电极电势从0.65 V升高到1.5 V,恒电势极化5 s)和循环伏安过程(0.05~1 V)。将SO_2-Pt/C催化剂置于Ar饱和的0.1 mol/L $HClO_4$溶液中进行再生测试,A_N次循环(N=1,2,3,4,5,6,12)中循环伏安过程("电化学活性面积测试"阶段)得到的CV曲线如图3.83(a)所示。根据氢吸脱附法计算了图3.83(a)中CV曲线对应催化剂的ECSA,结果如图3.83(b)所示,其中A_N为经过N(N=1, 2, 3, 4, 5, 6, 12)次再生过程(E_H=1.5 V, T_H=5 s)后催化剂的ECSA,A_0为干净的Pt/C催化剂的ECSA,A_P为

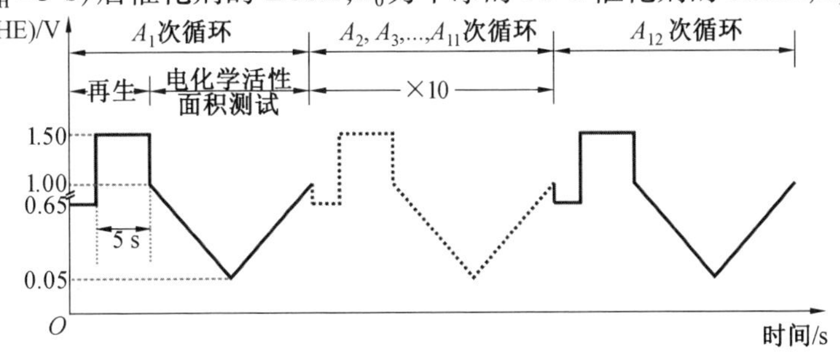

图3.82　SO_2-Pt/C电极电势-时间关系曲线

毒化后再生前 SO_2-Pt/C 催化剂的 ECSA。

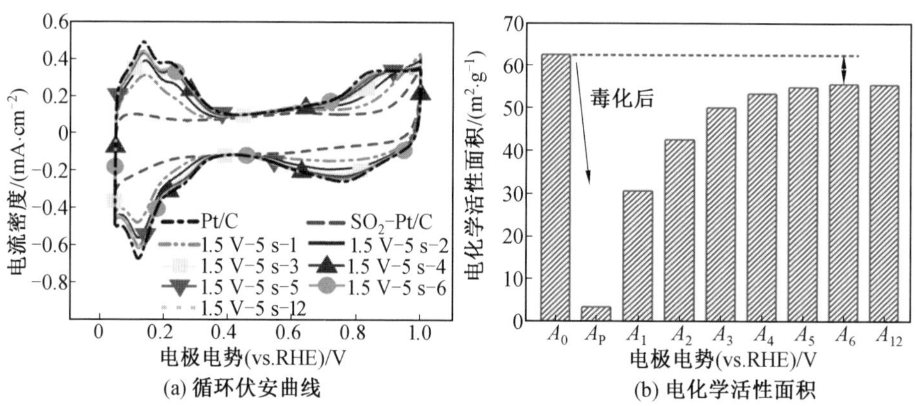

图 3.83　Pt/C 与 N 次再生后 SO_2-Pt/C 催化剂在 $HClO_4$ 溶液中的循环伏安曲线与电化学活性面积(N=1,2,3,4,5,6,12)

从图 3.83(a)中可以看出,随着恒电势氧化再生次数的增加,Pt/C 催化剂 CV 曲线的形状逐渐接近干净的 Pt/C,经过 6 次的再生过程(E_H=1.5 V,T_H=5 s)后,循环伏安曲线几乎不再变化。同时,从图 3.83(b)中可以看出,毒化后 SO_2-Pt/C 的 ECSA 相对于干净的 Pt/C 衰减严重;随着再生次数的增加,催化剂的 ECSA 逐渐变大。经过 6 次的再生过程后 Pt/C 催化剂的 ECSA(A_6)达到最大值,ORR 性能也几乎恢复到毒化前的状态,如图 3.84 所示。继续增加恒电势极化的次数,ECSA 稍有下降。说明长时间的恒电势氧化只可以去除 Pt 表面部分的 SO_2,SO_2的电氧化过程被抑制后,不会随着恒电势时间的延长继续进行;但是重复电势跃迁和恒电势氧化的过程后,氧化再生过程会继续。这说明多次短时间的电压脉冲信号比长时间的恒电势更有利于 SO_2的去毒化过程。值得注意的是,虽然 SO_2-Pt/C 催化剂经过 6 次再生过程后,电催化性质得到有效的恢复,但是其 ECSA 并没有恢复到毒化前的状态($A_6 \approx 0.9A_0$)。

为了确定上述催化剂毒化-再生测试过程中 ECSA 衰减的原因,设计如下实验进行验证。将干净的 Pt/C 催化剂在干净的 $HClO_4$溶液中进行与上述同样的恒电势“毒化”过程(0.65 V 恒电势极化 1 min)与 6 次恒电势“再生”过程测试,再生前后催化剂的 CV 曲线如图 3.85 所示。计算 ECSA 后发现,A_6与 A_0也为 0.9 倍的关系。这说明催化剂活性面积的衰减为再生过程的高电势氧化所致,而与 SO_2无关;同时也说明 1.5 V 恒电势极化 5 s 循环 6 次的再生策略,可将 Pt 表面的 SO_2完全除去。

通过以上研究发现,吸附在 Pt 表面的 SO_2可以通过高电势氧化的方法去除,

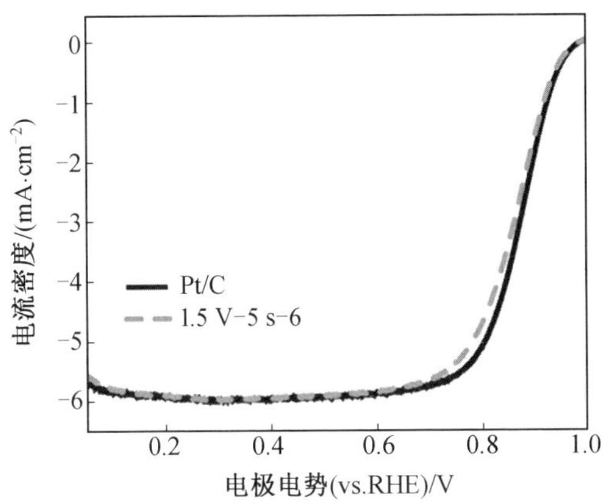

图 3.84　Pt/C 与 6 次再生后 SO_2-Pt/C 催化剂的 ORR 极化曲线

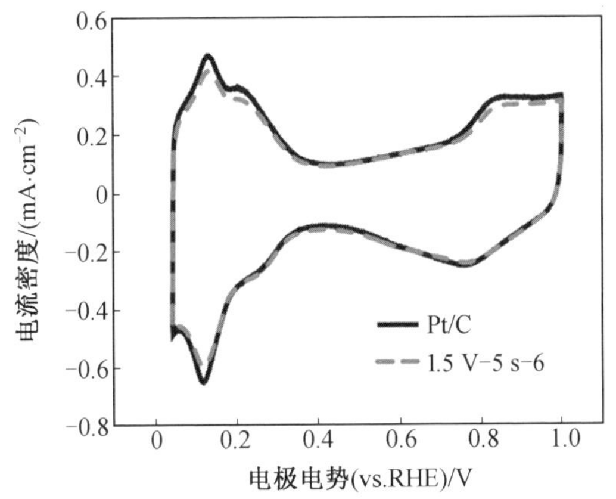

图 3.85　Pt/C 与 6 次再生后 SO_2-Pt/C 催化剂的 CV 曲线

但长时间的恒电势只可以去除表面部分的 SO_2，多次短时间的恒电势脉冲才可以达到完全再生的效果。这说明 SO_2 在 Pt 上的氧化过程受某些因素制约。因此，解析 SO_2-Pt/C 催化剂的再生机理，对于优化再生策略、减小催化剂的毒化损失和再生过程导致的附加活性损失非常重要。

由以前的研究结果可知，长时间的恒电势氧化对 Pt 表面部分 SO_2 的去毒化过程没有作用，这很可能与 SO_2 在 Pt 表面的吸附方式有关，某种吸附方式的 SO_2 很难通过高电势氧化的方法从 Pt 表面去除；多次短时间的电压脉冲信号比长时间的恒电势更有利于 SO_2 的去毒化过程，说明 SO_2 的氧化去毒化过程与脉冲信号的低电势有关，改变低电势很有可能改变 SO_2 在 Pt 表面的吸附形式，使得 SO_2 的氧化反应能继续进行。为了从分子水平上认识 SO_2 在 Pt 上的电氧化过程，采用

ATR-SEIRAS 分析了 Pt 表面 SO_2的吸附形式与电极电势的关系,进而提出了 SO_2在 Pt 电极表面的氧化去毒化机理。

图 3.86(a)所示为 SO_2-Pt 电极在 Ar 饱和的 $HClO_4$溶液中的 ATR-SEIRAS 谱图,采谱的同时电极电势以 5 mV/s 速率从 0.65 V 向 0.05 V 移动,光谱的分辨率为 10 s,参比光谱采于 0.05 V。从图 3.86(a)中只能观察到明显的 Pt 表面吸附态 SO_2(1 000 ~ 1 120 cm^{-1})的红外吸收峰,没有其他含硫物种的红外信号。将 1 000 ~ 1 120 cm^{-1}范围内的红外谱带(图 3.86(a)中虚线框区域)放大,如图 3.86(b)所示。从图中可以明显看出,在 0.65 ~ 0.25 V 电势范围内,SO_2的红外吸收谱带呈不对称分布,这应该是多个吸收峰位置相差不大的红外谱带相互叠加造成的,很有可能与不同吸附方式的 SO_2有关。

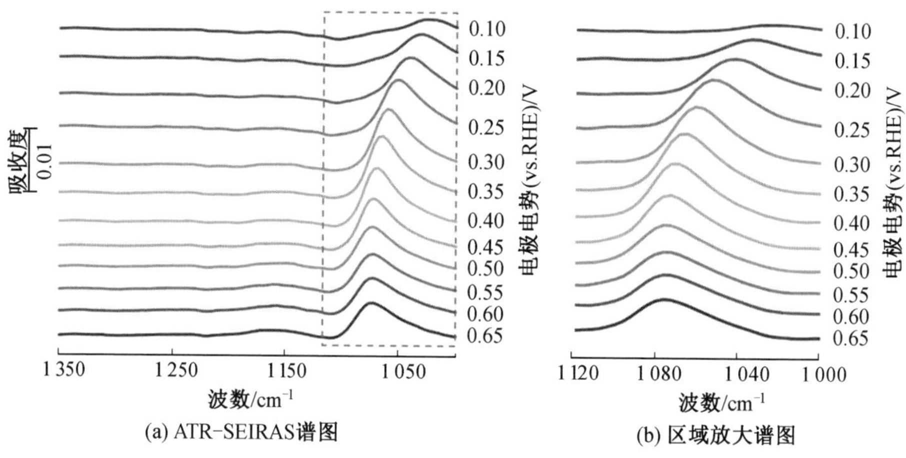

图 3.86 SO_2-Pt 电极在 $HClO_4$溶液中的 ATR-SEIRAS 谱图与区域放大谱图

根据文献可知,SO_2在 Pt(111)晶面上最常见的吸附构型有三种,分别为顶点式、桥式和平行式吸附。三种吸附构型的侧视图与俯视图如图 3.87 所示。对于顶点吸附的 SO_2(表示为 SO_{2A})和桥式吸附的 SO_2(表示为 SO_{2B}),分子中只有 S 原子与表面的 Pt 原子相互作用。平行吸附的 SO_2(表示为 SO_{2P})分子中两个 S 原子与 O 原子都与 Pt 原子相互作用,占据表面三个相邻的 Pt 位点,因此 SO_{2P}分子中的 S—O 键平行于 Pt 表面,在垂直于 Pt 表面的方向没有偶极的变化。根据表面增强红外吸收光谱(SEIRAS)工作原理可知,在局部表面垂直方向有偶极变化的分子振动才能产生红外吸收信号,平行吸附在 Pt 表面的 SO_2是没有红外活性的,因此图 3.86 中不对称的红外吸收峰应该是 SO_{2A}和 SO_{2B}的红外吸收谱带叠加后形成的。SO_{2A}的红外吸收峰(表示为 $\nu_{SO_{2A}}$)位于 1 075 cm^{-1}左右,SO_{2B}的红外吸

收峰(表示为 $\nu_{SO_{2B}}$)位于 1 050 cm^{-1}左右,因此在红外光谱中 $\nu_{SO_{2B}}$的位置处于波数较低的右侧,$\nu_{SO_{2A}}$处于波数较高的左侧。

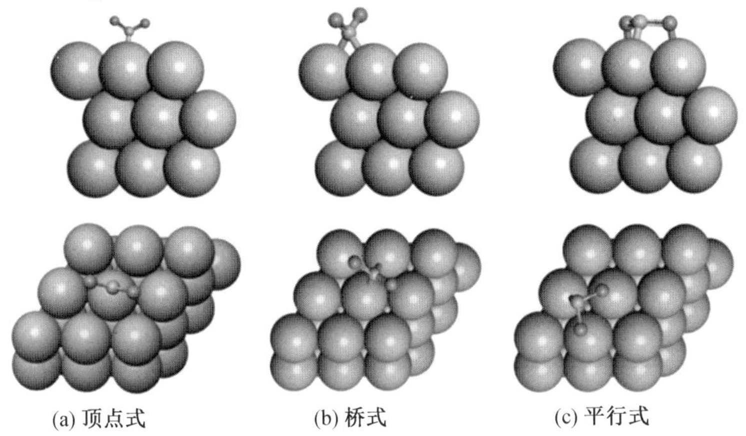

图 3.87 SO_2在 Pt(111)晶面上三种吸附构型的侧视图与俯视图

不同吸附态的 SO_2分子中 S 原子与 Pt 原子之间的配位方式不同,吸附后 S—O 的键长也存在差别,所以量子化学计算的结果也可以证明两个吸收峰的相对位置。以图 3.87 所示的三种结构为理论计算模型,利用密度泛函理论(DFT)计算 SO_2在 Pt(111)表面吸附后的 S—Pt 键的吸附能与 S—O 键的键长,发现 SO_{2B}的 S—O 键比 SO_{2A}的长。由于键长较长的 S—O 键键强较弱,S—O 键的拉伸振动频率应处在更低的波数,所以 $\nu_{SO_{2B}}$峰位置对应的波数更小。

根据以上分析结果,可以将图 3.86 中 0.65 ~0.25 V 范围内不对称的 ν_{SO_2}红外吸收谱带分为两个独立的吸收峰:顶点吸附 SO_2的红外吸收峰 $\nu_{SO_{2A}}$和桥式吸附 SO_2的红外吸收峰 $\nu_{SO_{2B}}$,结果如图 3.88 所示。

对图 3.88 中不同电压下 ν_{SO_2}、$\nu_{SO_{2A}}$、$\nu_{SO_{2B}}$的红外谱带进行强度积分,结果如图 3.89 所示。图 3.89 所示为采集红外光谱的同时记录的 LSV 曲线,从图中可以看出,ν_{SO_2}的积分强度随电势的负移呈现先增加后减小的趋势,0.35 V 为拐点。从上面的讨论可知,平行吸附的 SO_{2P}在 SEIRAS 谱图中没有吸收信号,因此电势从 0.65 V 负移到 0.35 V 的过程中,ν_{SO_2}积分强度的增加应该与吸附位点的转移有关。电势降低,SO_{2P}的 O—Pt 键断裂,没有红外活性的平行吸附的 SO_2逐渐转化为具有红外活性的顶点式和桥式吸附 SO_2,所以 ν_{SO_2}的积分强度变大。随着电势继续负移,图 3.89 所示的 LSV 曲线在 0.35 V 左右开始出现明显的还原电流,这代表 SO_2开始还原为没有红外活性的 S 单质(S^0),因此当电势低于 0.35 V 时,ν_{SO_2}的积分强度逐渐减小。

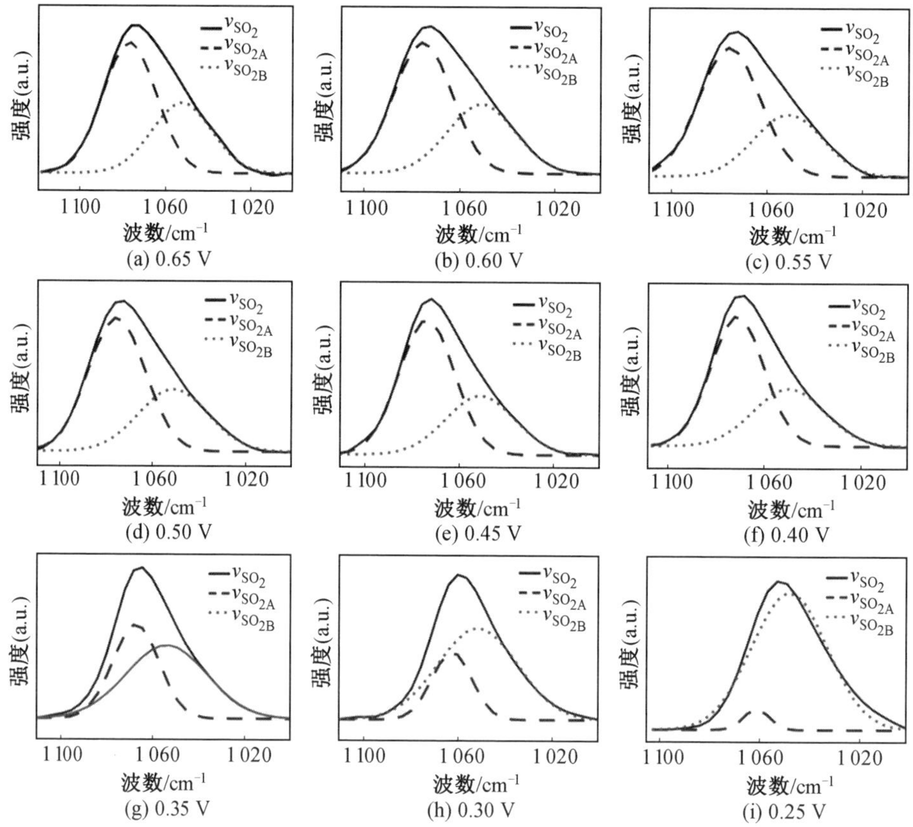

图 3.88 ν_{SO_2}谱带分峰后的 SEIRAS 谱图

图 3.89 中 $\nu_{SO_{2A}}$和 $\nu_{SO_{2B}}$的积分强度随电势的变化稍有不同。电势从 0.40 V 负移到 0.25 V，$\nu_{SO_{2A}}$的积分强度呈现明显的下降趋势，而 $\nu_{SO_{2B}}$的积分强度呈现明显的上升趋势。这说明在 0.40～0.25 V 的电势区间，一部分的 SO_{2A}可能还原为 S^0，而大部分的 SO_{2A}转化为 SO_{2B}。这种吸附位点向更稳定的结构转移的现象在很多文献中都有报道。DFT 计算的结果表明，桥式吸附的 SO_2在 Pt 表面的吸附能更大，吸附得更稳定，所以在还原过程中绝大多数顶点吸附的 SO_2会转移为桥式吸附。电势负移到 0.25 V 左右时，$\nu_{SO_{2A}}$的积分强度几乎为零，说明表面几乎不存在顶点吸附的 SO_2。电势从 0.25 V 负移到 0.10 V，$\nu_{SO_{2B}}$的积分强度逐渐减小，SO_{2B}逐渐还原为单质硫(S^0)。

不同电势下 Pt 表面 SO_2吸附构型之间的转化机制可总结为式(3.10)～(3.13)。电极电势从 0.65 V 向 0.40 V 移动的过程中，平行吸附的 SO_2转化为顶

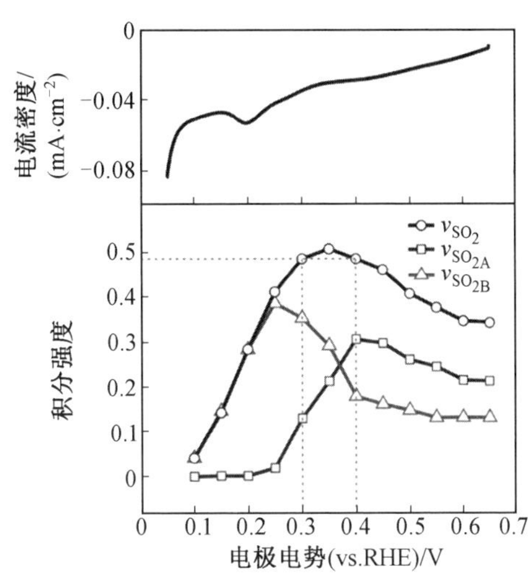

图 3.89　SO_2-Pt 电极在 $HClO_4$ 溶液中的 LSV 曲线与 SO_2 红外谱带的强度积分

点和桥式吸附(式(3.10));电极电势从 0.40 V 移动到 0.25 V,少部分顶点吸附的 SO_2 还原为单质硫(S^0)(式(3.11)),大部分顶点吸附的 SO_2 转化为桥式吸附(式(3.12));电极电势从 0.25 V 向 0 移动,桥式吸附的 SO_2 全部还原为单质硫(S^0)(式(3.13))。

在 1.5 V 的高电势下,SO_{2A} 和 SO_{2B} 都可以氧化为溶于水的 SO_4^{2-}/HSO_4^-,从 Pt 表面脱附。但是,SO_{2P} 与 Pt 表面之间会形成 Pt—O 键,高电势可能不利于 Pt—O 键的断裂。恒电势氧化一段时间后,SO_{2P} 仍然会占据 Pt 表面的活性位点,所以即使延长恒电势氧化的时间,Pt 表面也不会继续再生。当电极电势又降低到 0.65 V时,Pt 表面吸附的含氧物种被还原,Pt—O 键键能减弱,SO_{2P} 转化为 SO_{2A} 和 SO_{2B}。继续将电势升高到 1.5 V,一部分 SO_{2A} 和 SO_{2B} 又会氧化脱附,另一部分在高电势下会转化为较稳定的平行吸附方式,见式(3.14)和式(3.15)。因此,若要除去 Pt 表面全部的 SO_2,需要进行多次的氧化脉冲过程。

$$0.65\ \text{V} \rightarrow 0.40\ \text{V} \qquad SO_{2P} \rightarrow SO_{2A} + SO_{2B} \tag{3.10}$$

$$0.40\ \text{V} \rightarrow 0.25\ \text{V} \qquad \begin{cases} SO_{2A} \rightarrow S^0 & (3.11) \\ SO_{2A} \rightarrow SO_{2B} & (3.12) \end{cases}$$

$$0.25\ \text{V} \rightarrow 0 \qquad SO_{2B} \rightarrow S^0 \tag{3.13}$$

$$1.0\ \text{V} \rightarrow 1.50\ \text{V} \qquad \begin{cases} SO_{2A} \rightarrow SO_4^{2-}/HSO_4^- + SO_{2P} & (3.14) \\ SO_{2B} \rightarrow SO_4^{2-}/HSO_4^- + SO_{2P} & (3.15) \end{cases}$$

平行吸附的 SO_2 是抑制 Pt/C 催化剂氧化再生过程的主要原因,高电势氧化法可以将 Pt 表面吸附的 SO_{2A} 和 SO_{2B} 氧化除去，但是不能氧化 SO_{2P}。既然 SO_2 在 Pt 上的吸附构型会随电势改变，那么调节脉冲氧化之前的电极电势（表示为 E_L），将 SO_{2P} 转化为 SO_{2A} 和 SO_{2B}，应该会影响 Pt/C 催化剂脉冲氧化的再生效果。本书通过多电势阶跃的方法研究了 E_L 与催化剂再生效果之间的关系，并开发了更高效、对 Pt/C 催化剂稳定性影响更小的方波氧化再生方法。

将 SO_2 毒化后的 Pt/C 催化剂在 Ar 饱和的 0.1 mol/L $HClO_4$ 溶液中进行多次电势阶跃实验，电极电势随时间的变化曲线为方波形式，如图 3.90 所示。SO_2-Pt/C 先在低电势下恒电势极化 5 s，然后将电势阶跃到 1.5 V 继续恒电势极化 5 s，这样就完成了一次氧化脉冲过程。

将再生后催化剂的 ECSA 与未毒化时 ECSA 的比值（表示为 A_R/A_0）相对于 E_L 作图，结果如图 3.91 所示。由图可知，A_R/A_0 随着 E_L 的降低呈现先增大再减小的变化趋势，与图 3.89 中红外谱带的强度积分随电势的变化规律相似。

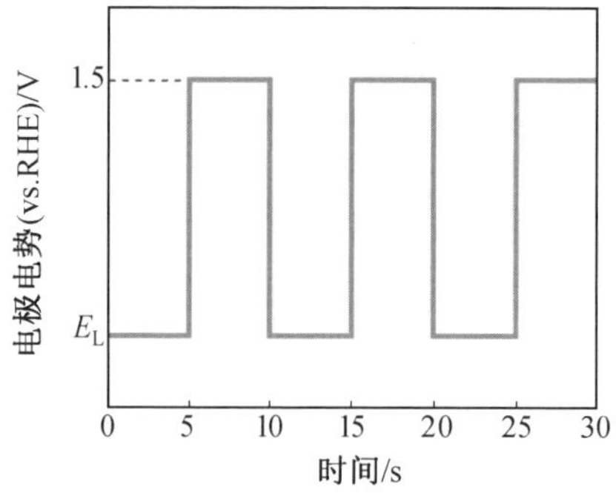

图 3.90　氧化再生方法的电压-时间关系曲线

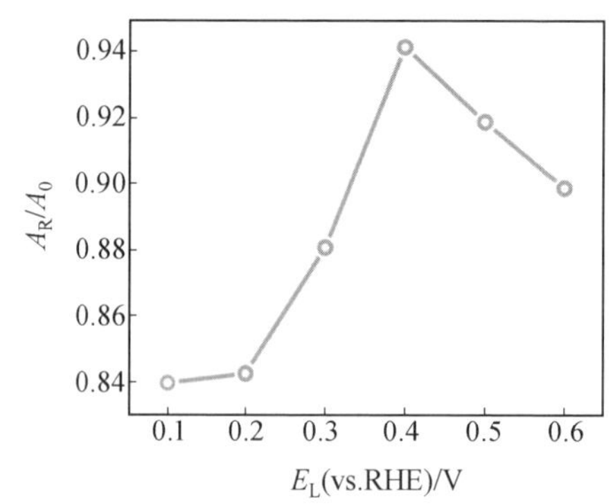

图 3.91　A_R/A_0-E_L 关系曲线

可见，当 E_L 较高时（0.6 ~ 0.4 V），E_L 越小越有利于 Pt—O 键的断裂，平行吸

附的 SO_2 更容易转化为顶点和桥式吸附，因此 Pt/C 催化剂的再生效果越好。当 E_L 低于 0.35 V 时，Pt 表面的 SO_2 逐渐还原为单质硫（S^0）。有文献表明，吸附在 Pt 表面的 S^0 相比于 SO_2 更不容易电氧化为 SO_4^{2-}，所以电势越低，Pt 表面吸附的单质硫（S^0）越多，Pt/C 催化剂的再生效果越差。实验现象与本书提出的再生机理相互印证，充分证明了机理的可靠性。

值得注意的是，图 3.89 中 0.3 V 和 0.4 V 电势下 ν_{SO_2} 的积分强度是相同的，而 $\nu_{SO_{2A}}$ 和 $\nu_{SO_{2B}}$ 的积分强度相差较大，说明两个电势下 Pt 电极表面吸附的 SO_{2A} 和 SO_{2B} 的总含量是相同的，但 SO_{2A} 和 SO_{2B} 的相对含量差别很大。电极电势为 0.4 V 时，Pt 表面 SO_{2A} 的相对含量较多，而电极电势为 0.3 V 时，SO_{2B} 的相对含量较多。结合图 3.91 中的再生结果，E_L 为 0.4 V 时的再生效果明显好于 0.3 V，这表明 Pt 表面顶点吸附的 SO_2 在高电势下更容易氧化脱附，这可能与桥式吸附的 SO_2 在高电势下相比于顶点吸附的 SO_2 更容易转化为平行吸附方式有关。将三种吸附方式的 SO_2 按照氧化脱附的能力排序为：$SO_{2A}>SO_{2B}>SO_{2P}$。

除此之外，由图 3.91 可知，当 $E_L=0.4$ V 时，催化剂方波氧化再生的效果最好。经过连续三次的氧化脉冲（0.4 V_5 s_1.5 V_5 s）后，SO_2-Pt/C 催化剂的 ECSA 恢复到未毒化时的 94%。作为对比，将干净的 Pt/C 催化剂在干净的 $HClO_4$ 溶液中进行同样的方波氧化再生过程（$E_L=0.4$ V），氧化再生前后催化剂的 CV 曲线如图 3.92 所示。

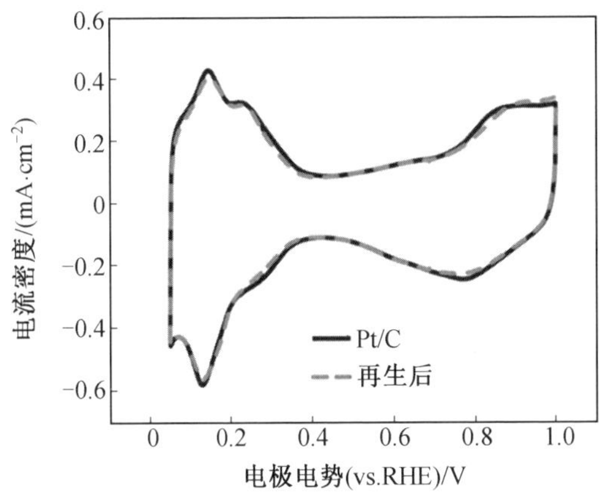

图 3.92 Pt/C 催化剂方波氧化再生前后在 $HClO_4$ 溶液中的 CV 曲线

将图 3.92 中氧化后 Pt/C 催化剂的电化学活性面积与干净的 Pt/C 催化剂相比较，发现方波氧化再生实验后，催化剂的 ECSA 衰减到未毒化时的 94%。也就是说，在没有 SO_2 存在的情况下对 Pt/C 进行相同的方波氧化再生过程后，ECSA

也会有6%左右的损失。这说明图3.91中E_L=0.4 V时,催化剂ECSA的损失与SO_2无关,经过方波氧化再生过程(0.4 V_5 s_1.5 V_5 s,循环3次)后,Pt表面的SO_2全部被氧化除去。

ATR-SEIRAS的测试结果也证明再生后Pt表面不存在毒化的SO_2。图3.93所示为SO_2-Pt电极再生前后的ATR-SEIRAS谱图。

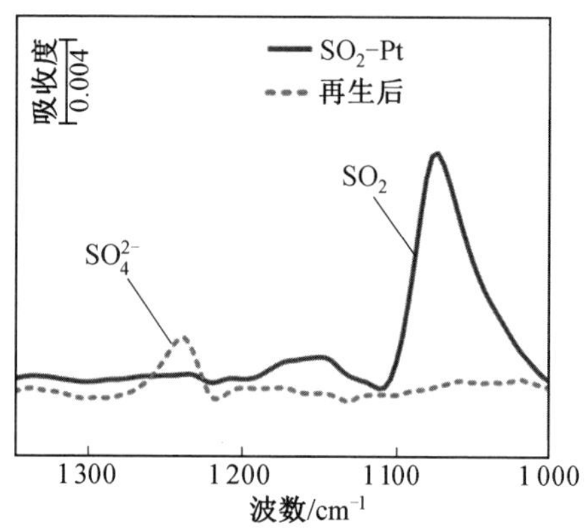

图3.93 SO_2-Pt电极再生前后的ATR-SEIRAS谱图

图3.93中实线为SO_2-Pt电极(电极电势为0.65 V)在Ar饱和的0.1 mol/L $HClO_4$溶液中的ATR-SEIRAS谱图,在1 000~1 120 cm^{-1}范围内可以观察到明显的SO_2的红外吸收峰。SO_2-Pt电极经过方波氧化再生过程(0.4 V_5 s_1.5 V_5 s,循环3次)后,红外吸收光谱如图3.93中的虚线所示。除了SO_4^{2-}的红外吸收峰,在光谱中未观察到其他含硫物种的吸收峰,说明Pt电极表面吸附的SO_2完全被氧化除去。

经过以上分析讨论,得出方波氧化再生过程中SO_2在Pt表面的演化过程,如图3.94所示。

首先,将SO_2-Pt/C催化剂在0.4 V下极化5 s,使Pt表面平行吸附的SO_2转化为顶点和桥式吸附(见图3.94中方程①)。然后,直接将电极电势升高到1.5 V并继续保持5 s。极化过程中,大部分的SO_2氧化为溶于水的SO_4^{2-}或HSO_4^-从表面脱附,少量的SO_2转化为平行吸附方式继续占据活性位点(见图3.94中方程②、③),其中桥式吸附比顶点吸附的SO_2更容易转化为平行吸附。上述方波电势再生过程循环3次,Pt表面吸附的SO_2可被全部氧化除去,Pt/C催化剂可实现完全再生。与传统的循环伏安氧化法相比,方波氧化法将8次的高电势循环简化为3次的氧化脉冲,使Pt/C催化剂在30 s内即可实现完全再生。

为了比较方波氧化再生方法(0.4 V_5 s_1.5 V_5 s,循环3次)与传统的三角

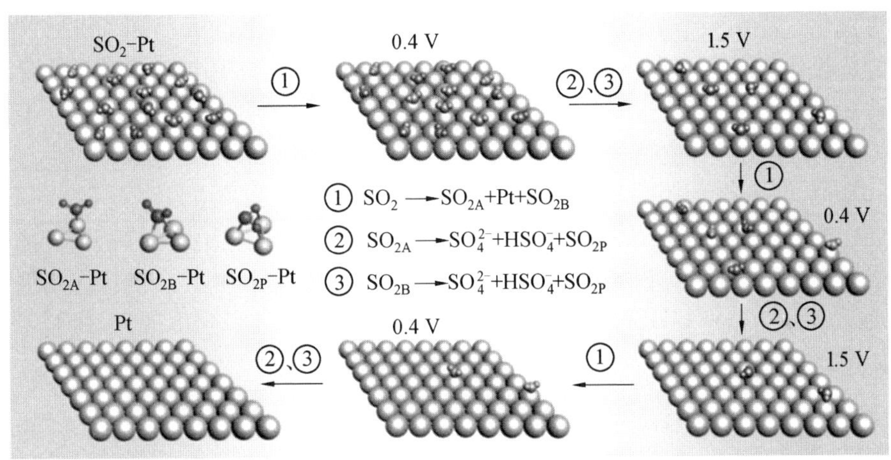

图 3.94　方波氧化再生过程示意图

波氧化再生方法(0.05 ~ 1.5 V,循环 8 圈)对 Pt/C 催化剂形貌的影响,设计了图 3.95 和图 3.96 所示的两个氧化再生方案来加速 Pt/C 催化剂的老化过程,放大两种再生方法对催化剂稳定性的影响。

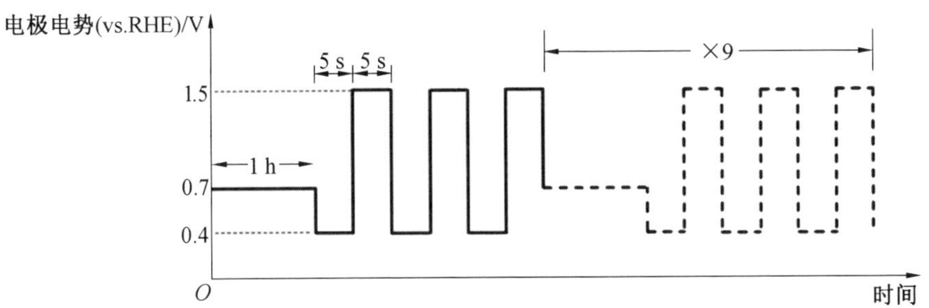

图 3.95　方波氧化再生方案

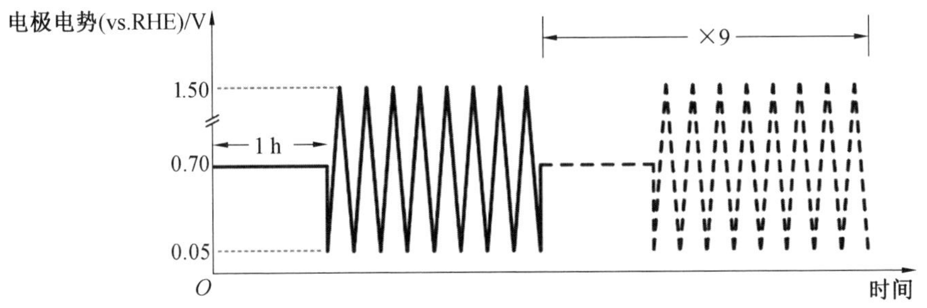

图 3.96　三角波氧化再生方案

图 3.95 所示的氧化再生方案包括 10 个电势循环,每个循环中都包括一个恒

电势极化过程和一个方波氧化再生过程(0.4 V_5 s_1.5 V_5 s,循环3次),其中恒电势极化过程为将催化剂在0.7 V下极化1 h(0.7 V_1h),目的是模拟实际工作状态下的ORR过程。图3.96所示为三角波氧化再生方案,同样包括10个电势循环,每个循环都包括一个ORR过程(0.7 V_1 h)和一个三角波氧化再生过程(0.05~1.5 V,循环8圈)。为了定量地表示ORR极化和再生过程对Pt/C催化剂老化的影响,分别对干净的Pt/C催化剂和0.7 V恒电势10 h后的Pt/C催化剂也进行了形貌表征,相应的TEM照片如图3.97(a)、(b)所示。Pt/C催化剂在Ar饱和的0.1 mol/L $HClO_4$溶液中分别进行加速实验,其老化后的Pt/C形貌分别如图3.97(c)、(d)所示。

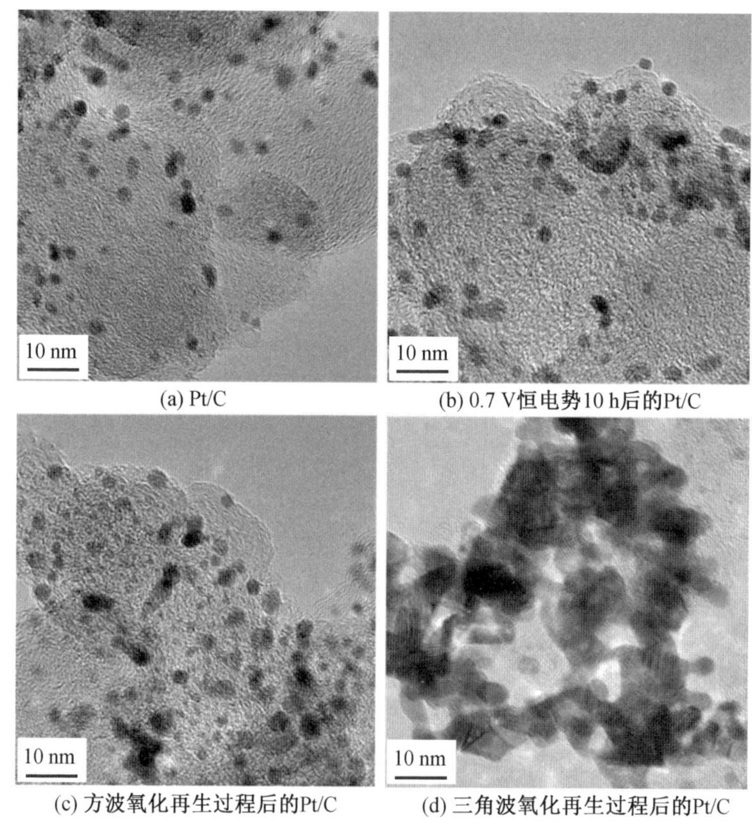

(a) Pt/C　(b) 0.7 V恒电势10 h后的Pt/C
(c) 方波氧化再生过程后的Pt/C　(d) 三角波氧化再生过程后的Pt/C

图3.97　Pt/C催化剂的TEM照片

从图3.97(d)中可以明显看到,碳载体表面的Pt颗粒出现了明显的团聚现象,颗粒长大,说明经过三角波氧化再生过程后,催化剂老化非常严重。然而,经过方波氧化再生过程的催化剂(图3.97(c)),Pt颗粒仍相对均匀地分散在碳载

体上，只出现了轻微的团聚现象。这说明方波氧化再生过程对 Pt/C 催化剂的形貌影响更小。

图 3.98 所示为图 3.97 中各个催化剂 Pt 颗粒的粒径分布图。由图可知，0.7 V恒电势极化 10 h 后 Pt 颗粒的平均粒径由 2.18 nm 增大到 2.51 nm，说明 ORR 极化导致 Pt 尺寸增加了 15%。方波氧化再生过程后 Pt 颗粒平均粒径约为 2.73 nm（图 3.98(c)），三角波氧化再生过程后 Pt 颗粒平均粒径生长到 3.84 nm（图 3.97(d)），说明方波氧化再生过程导致 Pt 尺寸增加了 9%，而三角波氧化再生过程导致 Pt 尺寸增加了 53%。这说明本书提出的方波氧化再生方法大大降低了传统三角波氧化再生方法对 Pt/C 催化剂稳定性的影响。

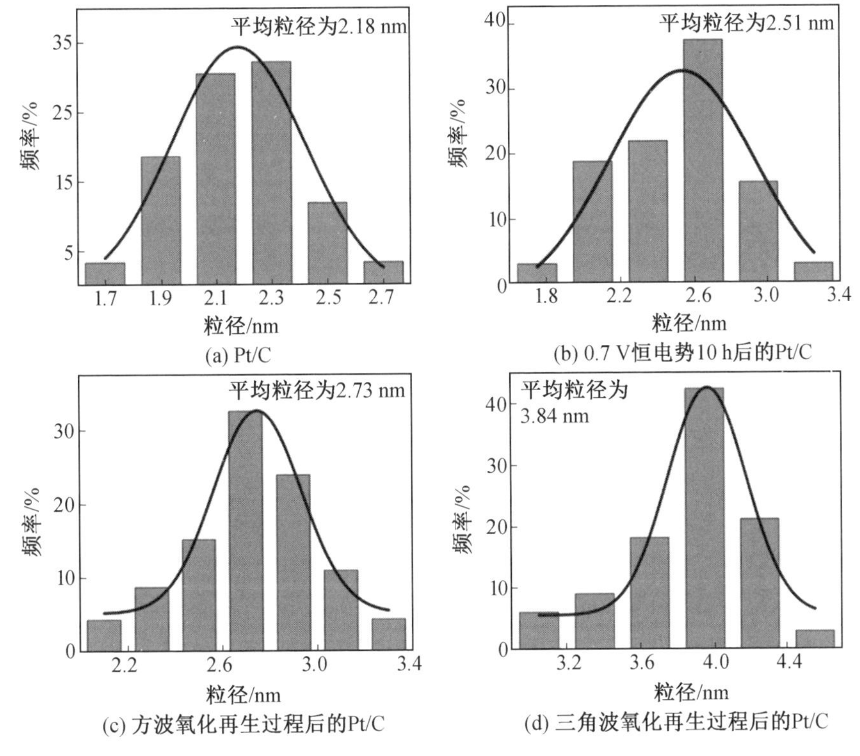

(a) Pt/C　(b) 0.7 V恒电势10 h后的Pt/C

(c) 方波氧化再生过程后的Pt/C　(d) 三角波氧化再生过程后的Pt/C

图 3.98　Pt/C 催化剂 Pt 颗粒的粒径分布图

综上，相比于传统的三角波氧化再生方法（0.05～1.5 V，循环 8 圈），本书提出的方波氧化再生方法（0.4 V_5 s_1.5 V_5 s，循环 3 次）在 30 s 之内即可实现活性位点的完全再生，并且大大缓解了高电势氧化对催化剂稳定性的影响，是一种高效便捷、对 Pt/C 催化剂稳定性影响更小的再生方法。但是还应该指出，方波氧化再生方法仍然会导致 Pt/C 催化剂活性面积的衰减。高电势氧化会加速

Pt 颗粒的奥斯特瓦尔德熟化过程,Pt 原子在高电势下会被氧化成 Pt^{2+} 溶解在电解质中,溶液中的 Pt^{2+} 会再沉积到现有的 Pt 纳米颗粒上,使 Pt 颗粒尺寸变大,催化剂的电化学活性面积变小,从而导致 ORR 电催化活性的衰减。除此之外,高电势也会加速碳载体的氧化和腐蚀。碳载体的腐蚀不仅会使载体的导电性降低,还会导致 Pt 纳米颗粒的脱落和孔隙结构的坍塌,进而降低 PEMFC 的工作效率和使用寿命。因此,需要寻找更有效、更温和的再生方法来解决 SO_2 去毒化的问题。

3.5.2 Pt/C 催化剂表面 NO 的吸脱附行为

氮氧化物 NO_x($x=1$ 或 2)作为燃油汽车尾气的主要成分,是常见的空气污染物。我国环境空气质量二级标准中 NO_x 的 1 h 平均质量浓度限值为 250 $\mu g/m^3$,是继 SO_2 之后国家环保规划中实行总量控制的第二类污染物。研究表明,NO_x 也会吸附在 Pt 表面,毒化 Pt/C 催化剂的活性位点,影响 PEMFC 的性能。Van Zee 等评估了 PEMFC 阴极对不同空气杂质的耐久性,发现在 PEMFC 阴极中通入总量为 61.8 μmol 的 NO_x 后,电池性能衰减将近 50%。将阴极燃料换为干净的空气,通气 24 h 后 PEMFC 的性能可以完全恢复。Chen 等在三电极体系下研究了 NO_x 对 Pt/C 催化剂氧还原性能的影响,发现 Pt/C 电极在 NO_x 饱和的电解液中 0.65 V 恒电势毒化后,ORR 活性衰减了 98.5%,造成衰减的主要原因是 NO_x 占据了 Pt 表面 ORR 的活性位点,抑制了 ORR 反应的进行。因此,研究 NO_x 对 Pt 电极的毒化影响对于提升 PEMFC 对于空气杂质的稳定性是非常必要的。

空气中主要的杂质气体 NO_x 和 SO_2 都能与 Pt 之间发生强相互作用,所以两者共存时,对 Pt 电极的毒化作用也会相互影响。衣宝廉等研究了 1 mg/L NO_x、1 mg/L SO_2 与 SO_2 和 NO_x 的混合气体(1 mg/L SO_2 +0.8 mg/L NO_2 +0.2 mg/L NO)对 PEMFC 性能的影响,发现 SO_2 对 PEMFC 的毒化影响最为严重,PEMFC 在 1 mg/L SO_2 的毒化环境下工作 100 h 后,输出电压衰减了 35%;1 mg/L NO_x 使输出电压输出衰减 10%;混合毒化气体使输出电压衰减 23%。作者认为混合气体的毒化程度低于单一 SO_2 的原因是 NO_x 优先在催化剂上吸附,导致 SO_2 可吸附的位点减少,说明 NO_x 会影响 SO_2 在 Pt 表面的吸附行为。因此,研究污染物之间的耦合关系以及共存时对 Pt/C 催化剂的毒化影响也是非常必要的。

通常造成大气污染的 NO_x 主要是一氧化氮(NO)和二氧化氮(NO_2),主要来源是化石燃料的燃烧,例如燃油汽车排放的尾气。尾气排放的 NO_x 中 NO 约占 95%,与空气中的 O_2 发生反应,会转化为 NO_2。本节首先利用电化学测试技术和 ATR-SEIRAS 研究了 NO 在多晶 Pt 电极表面随电势变化的演化行为,以及 NO 对

Pt/C 催化剂 ORR 性能的毒化影响。继而研究 NO 与 SO_2共存时,对 Pt/C 催化剂表面的毒化影响;解析 NO 抑制 Pt 表面 SO_2吸附行为的作用机理;结合 NO 在 Pt 表面的演化行为,提出一种非氧化的 SO_2去毒化方法。

图 3.99 所示为 NO 毒化前后的多晶 Pt 电极在 Ar 饱和的0.1 mol/L $HClO_4$溶液中的 CV 曲线,扫描速率为50 mV/s。NO 毒化方法为 3.5.1 节所述的液相恒电势极化法,酸性 $NaNO_2$溶液中 Pt 电极表面会生成 NO 的吸附层。研究表明,0.65 V恒电势极化制备的 NO 吸附层与在 NO 饱和溶液中得到的 NO 吸附层没有区别。将活化后的多晶 Pt 电极在 0.1 mol/L $HClO_4$+0.1 mol/L $NaNO_2$溶液中0.65 V恒电势极化1 min,将 NO 毒化后的多晶 Pt 电极记为 NO-Pt。图 3.99(a)中 CV 曲线电势扫描顺序为0.65 V→1.5 V→0.05 V。

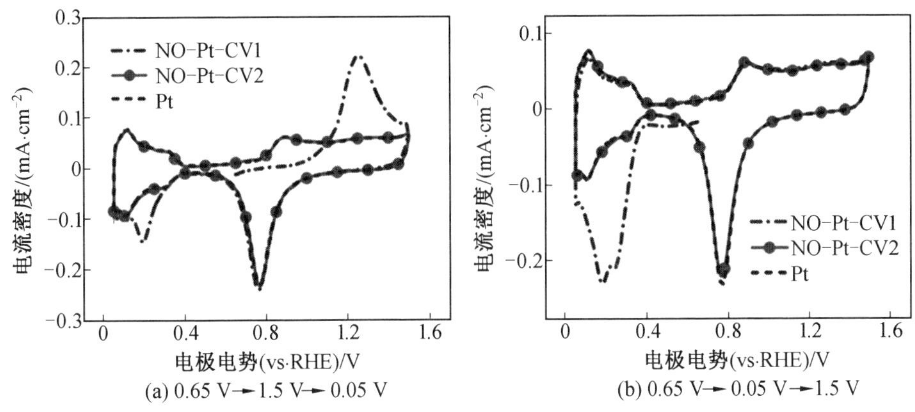

(a) 0.65 V→1.5 V→0.05 V (b) 0.65 V→0.05 V→1.5 V

图 3.99 NO 毒化前后的多晶 Pt 电极在 $HClO_4$溶液中的 CV 曲线

从图 3.99 中可以看到,CV 曲线的第1圈(NO-Pt-CV1)在1.25 V 处出现了明显的氧化峰,对应 NO 在 Pt 表面氧化为 NO_3^- 的过程。在接下来的电势负扫过程中,0.15 V 处出现还原峰,对应 NO 还原为 NH_4^+ 的过程。由于 NO_3^- 与 NH_4^+ 都是易溶于水的离子,所以上述氧化与还原过程都可以实现 Pt 表面 NO 的去毒化。图 3.99(a)中第2圈的 CV 曲线(NO-Pt-CV2)与未毒化的多晶 Pt 电极 CV 曲线完全重合,说明经过一圈的循环伏安扫描(0.05 ~1.5 V)即可将 NO 完全除去。将起始的电势扫描方向变成负向,CV 曲线如图 3.99(b)所示。图中 CV 曲线在第1圈负扫时出现 NO 的还原峰,随后便与未毒化的多晶 Pt 电极的 CV 曲线重合,并未在高电势观察到 NO 的氧化峰,说明经过一次负扫过程即可将 NO 完全除去。通过以上现象可知,还原过程的去毒化效果更好。

通过 ATR-SEIRAS 测试进一步解析 NO 在 Pt 表面的演化行为。图 3.100 所示为 NO-Pt 电极在 Ar 饱和的 $HClO_4$溶液中采集的 ATR-SEIRAS 谱图,采谱的同时伴随0.65 V→1.5 V→0.65 V的循环伏安扫描,扫描速率为5 mV/s,参比光谱为0.1 mol/L $HClO_4$溶液中多晶Pt电极(0.65 V)表面的红外吸收光谱。从图中可以看到,电势从0.65 V扫描到1.0 V的过程中,约1 710 cm^{-1}和1 630 cm^{-1}处出现两个明显的红外吸收峰,其中约1 710 cm^{-1}处归属为Pt(111)晶面上线性吸附的NO(表示为NO_L);约1 630 cm^{-1}处归属为Pt(111)晶面上桥式吸附的NO(表示为NO_B)。电势继续正扫,ν_{NO_L}与ν_{NO_B}的强度逐渐下降,同时在约1 280 cm^{-1}处出现了一个新的吸收峰,与吸附态HNO_2中N—O键的弯曲振动频率相对应,表示为$\delta_{N—OH}$。电势移动到1.1 V时,$\delta_{N—OH}$的强度达到最大,而后随着电势的正移逐渐减小,同时1 330 cm^{-1}处又出现一个新的红外吸收峰,代表着未配位的NO_3^-中不对称N—O键的拉伸振动。电势继续从1.5 V向0.65 V负扫的过程中又观察到了NO的吸收峰。

通过以上分析,可以将Pt表面NO的电氧化过程描述如下:Pt电极表面吸附的NO在1.0 V左右开始氧化,氧化产物为HNO_2;从1.1 V开始,HNO_2逐渐氧化为溶于水的NO_3^-并从表面脱附。虽然电势扫描到了1.5 V,但一次高电势扫描只能除去部分的NO,这与Pt表面SO_2的电氧化行为相似。

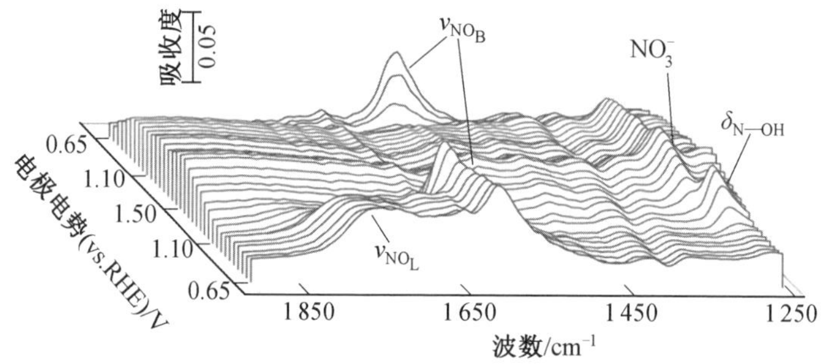

图3.100 NO-Pt电极在$HClO_4$溶液中采集的ATR-SEIRAS谱图

图3.101所示为NO-Pt电极在Ar饱和的$HClO_4$溶液中采集的ATR-SEIRAS谱图,采谱的同时伴随0.65 V→0.05 V的循环伏安扫描,扫描速率为5 mV/s,参比光谱为0.1 mol/L $HClO_4$溶液中多晶Pt电极(0.65 V)表面的红外吸收光谱。从图中可以看出,电极电势从0.65 V扫描到0.33 V的过程中,ATR-SEIRAS谱图中有两个明显的红外吸收峰,分别代表线性吸附的NO_L与桥式吸附的NO_B。随着电势继续负扫,ν_{NO_L}的强度从0.33 V开始衰减,在0.23 V时ν_{NO_L}完全消失;ν_{NO_B}的强度从0.25 V开始衰减,电势负扫到0.15 V左右时,吸收峰完全消失。电极电势从0.15 V继续负扫,图3.101中已观察不到NO的红外吸收峰,只能在1 610 cm^{-1}处观察到界面H_2O中H—OH键弯曲振动的吸收峰,表示为$\delta_{H—OH}$。这

说明经过一次电势的负扫，NO 即可完全被还原为 NH_4^+ 并从表面脱附，Pt 表面活性位点实现完全再生。

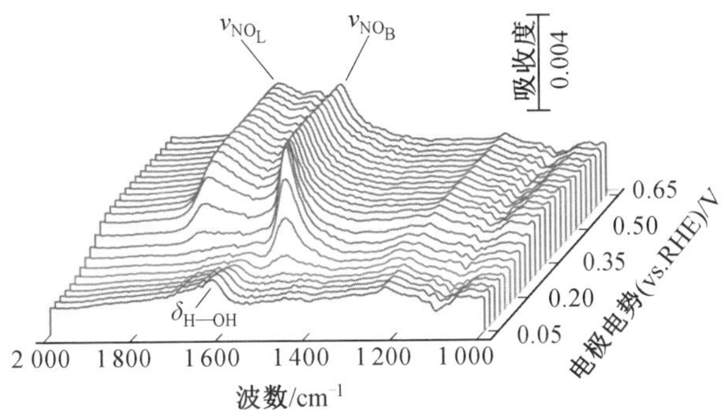

图 3.101　NO-Pt 电极在 $HClO_4$ 溶液中采集的 ATR-SEIRAS 谱图

通过对 NO 在 Pt 表面演化行为进行解析，发现吸附在 Pt 上的 NO 不仅在高电势可以氧化脱附，在低电势也可以还原脱附，并且低电势负扫一圈即可将 Pt 表面的 NO 完全除去（0.05 ~ 0.4 V），去毒化效果更好。与 SO_2 需要多次高电势循环扫描的氧化去毒化过程相比，NO 的还原去毒化过程更简单、高效。

图 3.102 所示为 NO 毒化后的 Pt/C 催化剂（记为 NO-Pt/C）与未毒化的 Pt/C 催化剂在 O_2 饱和的 0.1 mol/L $HClO_4$ 溶液中的 ORR 极化曲线，电势扫描顺序为 1 V→0.05 V→1 V，扫描速率为10 mV/s，旋转圆盘电极的转速为 1 600 r/min。从图中可以看到，电势从 1 V 向 0.35 V 扫描的过程中，NO-Pt/C 催化剂的 ORR 电流密度明显小于 Pt/C 催化剂。这说明 NO 和 O_2 在 Pt 表面的竞争吸附中，NO 更占优势，吸附在 Pt 表面后会占据 ORR 反应的活性位点，抑制 ORR 反应的进

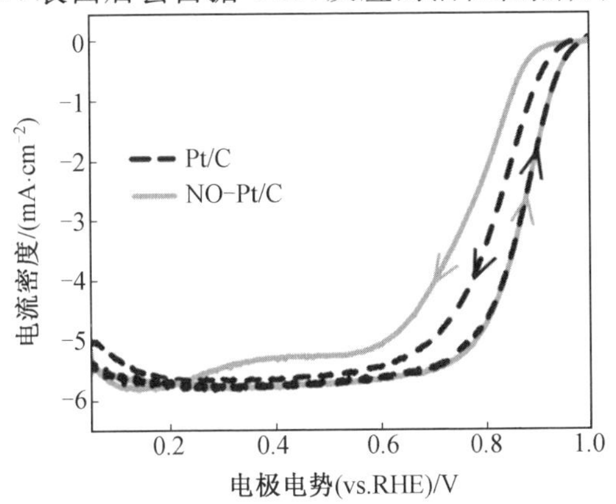

图 3.102　Pt/C 与 NO-Pt/C 催化剂在 O_2 饱和的 0.1 mol/L $HClO_4$ 溶液中的 ORR 极化曲线

行。电极电势从 0.35 V 继续负扫,NO-Pt/C 催化剂 ORR 电流密度逐渐变大,随后的正扫 ORR 极化曲线与未毒化的 Pt/C 重合。根据 NO 在 Pt 表面的演化机理可知,Pt 表面吸附的 NO 从 0.33 V 左右开始还原为 NH_4^+ 并从表面脱附,所以随着电势的负移,Pt 表面的活性位点重新暴露,催化剂的 ORR 性能逐渐恢复。经过一次负扫过程即可除去 Pt 表面所有的 NO,更重要的是低电势极化对 Pt/C 催化剂的活性面积的影响较小,还原再生后 Pt/C 催化剂的 ORR 活性可完全恢复到未毒化的状态。

图 3.103 所示为不同浓度 NO 毒化后的 Pt/C 催化剂在 O_2 饱和的 $HClO_4$ 溶液中的 ORR 极化曲线。电极电势先从 1.0 V 负扫到 0.05 V,ORR 极化曲线如图 3.103(a)所示;接下来改变电势扫描方向,由 0.05 V 继续向 1.0 V 正扫,产生的 ORR 极化曲线如图 3.103(b)所示,发现催化剂在正扫过程几乎不受 NO 的毒化影响,推测 NO 在负扫过程发生了还原脱附,致使催化剂在正扫过程中不受其毒化。

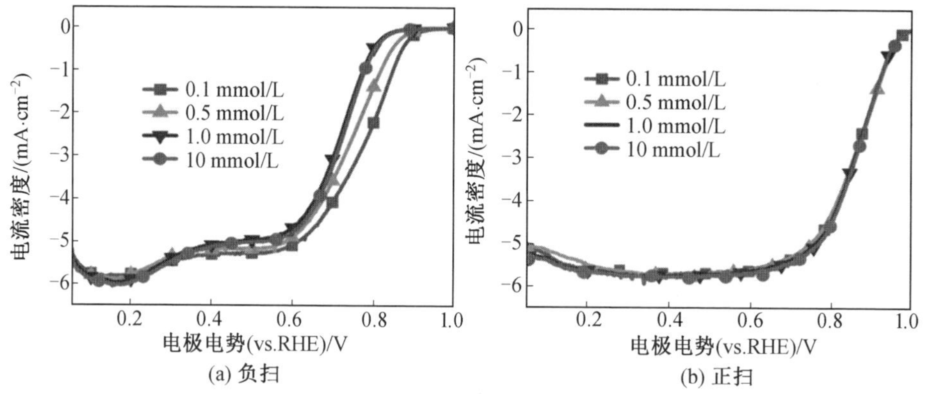

图 3.103 不同浓度 NO 毒化后的 Pt/C 催化剂在 $HClO_4$ 溶液中的 ORR 极化曲线

3.5.3 NO 对 Pt/C 催化剂表面 SO_2 毒化行为的影响

空气中主要的杂质气体 NO 和 SO_2 都能与 Pt 发生强相互作用,当两种杂质共存时,气体之间的竞争吸附和相互作用很有可能影响对 Pt 电极的毒化行为。因此,本节进一步研究 NO 与 SO_2 共存对 Pt/C 催化剂氧还原性能的影响。图 3.104(a)所示为混合气体毒化后的 Pt/C 催化剂在 O_2 饱和 0.1 mmol/L $HClO_4$ 溶液中的 ORR 极化曲线,扫描速率为 10 mV/s,旋转圆盘电极的转速为 1 600 r/min,电势扫描方向为 0.05 V→1 V(已进行过一次 1 V→0.05 V 的负扫过程)。经过一次负扫后,Pt 表面的 NO 会全部还原脱附,不会毒化影响 Pt/C 催化剂的 ORR 过

程。因此,图 3.104(a)中的正扫曲线反映的是混合气体中 SO_2 对 Pt/C 催化剂 ORR 性能的毒化影响。

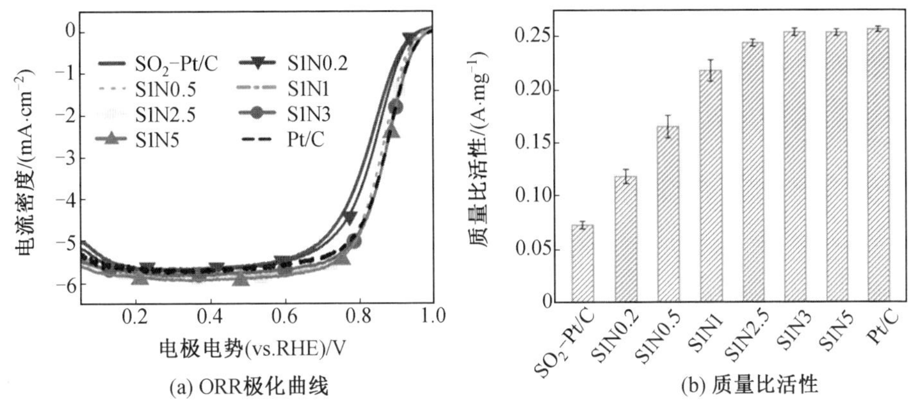

图 3.104　NO 与 SO_2 共存时毒化前后 Pt/C 催化剂的 ORR 极化曲线与质量比活性
($S1Nx$(x=0.2,0.5,1,2.5,3.5)代表 SO_2 和 NO 的浓度比值)

由图可知,混合气体中 NO 的含量越多,ORR 曲线越向正移,催化剂的 ORR 活性越好,说明 SO_2 对 Pt/C 催化剂 ORR 毒化作用越弱。图 3.104(b)所示为图 3.104(a)中催化剂在 0.9 V 处的 ORR 质量比活性。从图中可以看出,干净的 Pt/C 催化剂被 SO_2 毒化后,其质量比活性从 0.256 A/mg 衰减到 0.073 A/mg,活性损失最大。随着混合气体中 NO 浓度的增加,催化剂的 ORR 质量比活性逐渐提升。当混合气体中 NO 的浓度是 SO_2 浓度的 3 倍时,图 3.104(b)中 S1N3 催化剂的 ORR 质量比活性为 0.254 A/mg,与干净的 Pt/C 催化剂相当。这再一次证明,当混合气体中 NO 的浓度大于 SO_2 浓度的 3 倍时,SO_2 的毒化行为完全被抑制,对 Pt/C 催化剂的 ORR 性能无毒化影响。

为进一步证明上述结论——当混合气体中 NO 的浓度是 SO_2 浓度的 3 倍时,SO_2 的毒化几乎完全被 NO 抑制,进行了如图 3.105 所示的 ATR-SEIRAS 测试。

图 3.105(a)和(b)所示分别为 0.65 V 下的多晶 Pt 电极在 1 mmol/L SO_2 和 1 mmol/L NO 溶液中采集的 ATR-SEIRAS 谱图,光谱的时间分辨率为 10 s,参比光谱为 0.65 V 的多晶 Pt 电极在 0.1 mmol/L $HClO_4$ 溶液中的红外光谱。图 3.105(a)中有三个明显的红外吸收峰,其中约 1 650 cm^{-1} 处的吸收峰归属于界面水合氢离子(H_3O^+),约 1 170 cm^{-1} 处的吸收峰归属于溶液相中的 SO_2(aq),1 000~1 120 cm^{-1} 范围内的强吸收峰代表 Pt 表面上吸附态的 SO_2(ad)。图 3.105(b)中 1 710 cm^{-1} 附近的吸收峰代表线性吸附 NO(NO_L),1 630 cm^{-1} 附近的吸收峰代表桥式吸附的 NO(NO_B)。从图 3.105(a)和图 3.105(b)中可以直观地

观察到 SO_2分子和 NO 分子在 Pt 表面的毒化过程。图 3.105(c)所示为 0.65 V 下的多晶 Pt 电极在 1 mmol/L SO_2和 3 mmol/L NO 的混合溶液中采集的 ATR-SEIRAS 谱图,从图中可以观察到明显的 NO_L和 NO_B红外吸收峰,却没有 SO_2吸收峰的信号。这一现象充分证明了当混合气体中 NO 的浓度为 SO_2浓度的 3 倍时,SO_2在 Pt 表面的吸附行为完全被抑制。

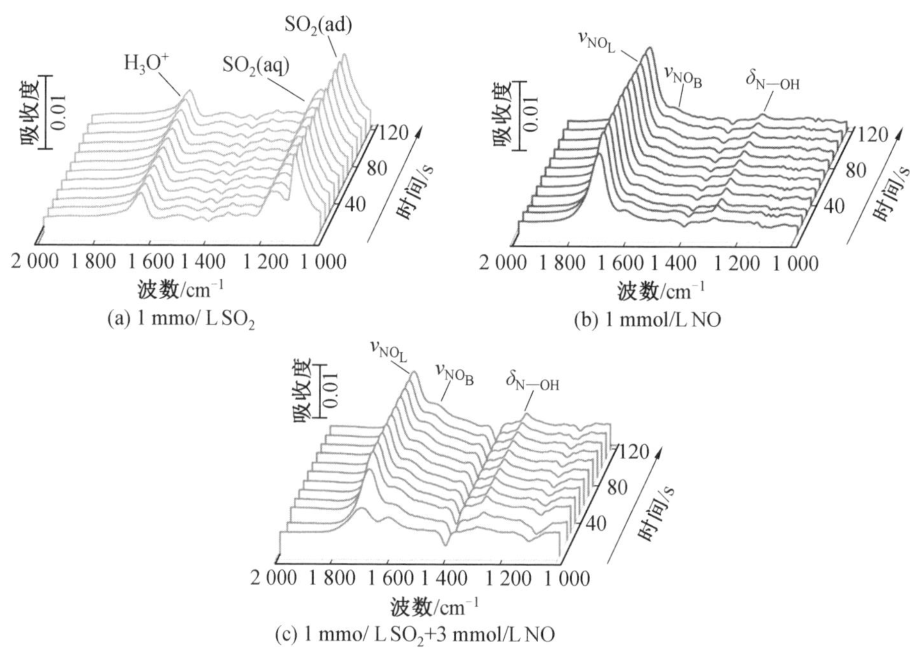

图 3.105　多晶 Pt 电极在不同溶液中采集的 ATR-SEIRAS 谱图

当 NO 和 SO_2共存时,NO 会抑制 SO_2在 Pt 表面的吸附过程。混合气体中 NO 相对含量越大,抑制作用越明显。分析原因可能有以下两点:一是 NO 和 SO_2在 Pt 表面的吸附能不同,两者之间的竞争吸附可能影响 SO_2的吸附行为;二是两者在 Pt 表面共吸附时,NO 分子的 N—O 键与 SO_2分子中的 S—O 键可能发生振动耦合,使 SO_2中的电子发生重排,从而影响 SO_2与 Pt 之间的相互作用。

SO_2和 NO 在 Pt(111)晶面上吸附能的大小可以反映 SO_2和 NO 共存时在 Pt 表面的竞争吸附作用。利用密度泛函理论(DFT)分别计算两种吸附形式的 SO_2和 NO 在 Pt(111)晶面上的吸附能,结果见表 3.4。

表 3.4 SO_2和 NO 在 Pt(111)晶面上的吸附能

吸附位置	SO_2 吸附能/eV	NO 吸附能/eV
顶点	1.02	2.34
桥式	1.88	2.60

计算结果表明,NO 和 SO_2分子在 Pt 表面桥式吸附的吸附能更大,说明 Pt 电极表面,两种气体分子均是桥式吸附的结构更稳定。除此之外,无论以何种形式吸附在 Pt 电极表面,NO 的吸附能都比 SO_2的吸附能大。这表明当 NO 与 SO_2共存时,NO 在竞争吸附中占优势,比 SO_2更容易吸附在 Pt 表面。

当 NO 和 SO_2在 Pt 表面共吸附时,NO 分子的 N—O 键与 SO_2分子中的 S—O 键可能发生振动耦合。耦合作用很可能引发 NO 和 SO_2中的电子重排,从而影响与 Pt 之间的相互作用。利用 ATR-SEIRAS 的测试方法研究吸附在 Pt 表面的 SO_2与 NO 之间的相互作用。图 3.106 中的实线为 0.65 V 的多晶 Pt 在 1 mmol/L Na_2SO_3溶液中的 ATR-SEIRAS 谱,参比光谱采于 0.1 mmol/L $HClO_4$溶液中。

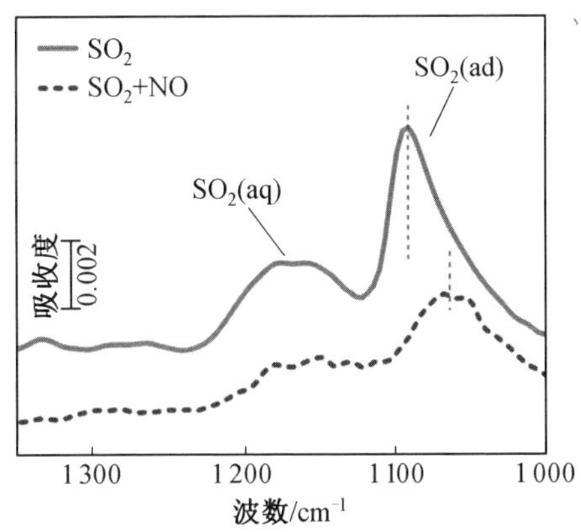

图 3.106 加入 $NaNO_2$前后多晶 Pt 电极在 Na_2SO_3溶液中的 ATR-SEIRAS 谱图

从图中可以观察到吸附态 SO_2(SO_2(ad))和液相中 SO_2(SO_2(aq))的红外吸收峰。向电解液中加入 1 mmol/L NO 后,SO_2(ad)的吸收峰的强度减弱,吸收峰位置从 1 070 cm^{-1}红移至 1 050 cm^{-1}。吸收峰强度减弱说明 NO 加入后 SO_2在 Pt 表面的覆盖度降低。SO_2的吸收峰红移说明 NO 的耦合作用使得 SO_2(ad)的电子发生重排,即 S 与 O 之间的共用电子对向 O 偏移,S—O 键变长。

利用 DFT 计算 SO_2在 Pt(111)吸附时的电荷分布,如图 3.107 所示。计算结果表明未配位的 SO_2分子中 S 的电荷数为 0.490。当 SO_2在 Pt(111)晶面吸附时,

S 向 Pt 转移部分电子形成 S—Pt 键,从而吸附在 Pt 上。已知 NO 的耦合作用会导致 S 与 O 之间的共用电子对向 O 偏移,所以 NO 的加入很可能会导致 Pt—S 键的强度减弱,使得 SO_2更容易从 Pt 表面脱附。综上,竞争吸附与耦合作用是 NO 抑制 SO_2在 Pt 上吸附的根本原因。

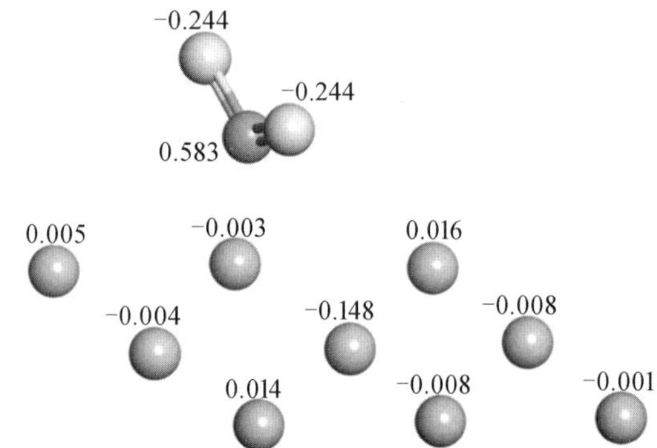

图 3.107　SO_2在 Pt(111)吸附时的电荷分布

通过以上讨论可知,NO 可以取代吸附在 Pt 表面的 SO_2,还可以通过简单的低电势还原的方法从 Pt 表面完全除去。基于此,针对 SO_2毒化后的 Pt/C 催化剂,本书提出一种非氧化再生方法,如图 3.108 中方法Ⅰ所示。非氧化再生方法包括 NO 取代和 NO 还原两个过程,其中 NO 的还原过程为恒电势还原法,将 NO 取代 SO_2后的催化剂在 0.2 V 下恒电势极化 5 s(0.2 V_5 s)后,催化剂的 ECSA 和 ORR 性能可完全恢复。

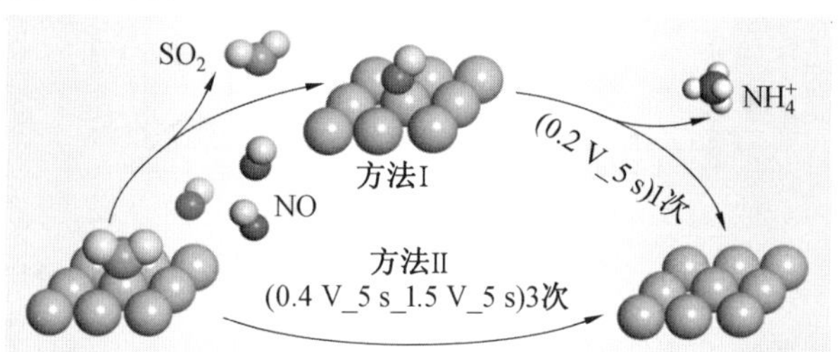

图 3.108　非氧化再生方法示意图

为了比较图 3.108 中两种非氧化再生方法对 Pt/C 催化剂形貌的影响,采用氧化再生方法研究非氧化再生方法对 Pt/C 催化剂形貌稳定性的影响。图 3.109 所示的非氧化再生方法同样包括 10 个电势循环,每个循环都包括一个 ORR 过程(0.7 V_1h)和一个非氧化再生过程(0.2 V_5 s)。由于 NO 的取代过程可以不用施加电势,所以未在图 3.109 中体现。

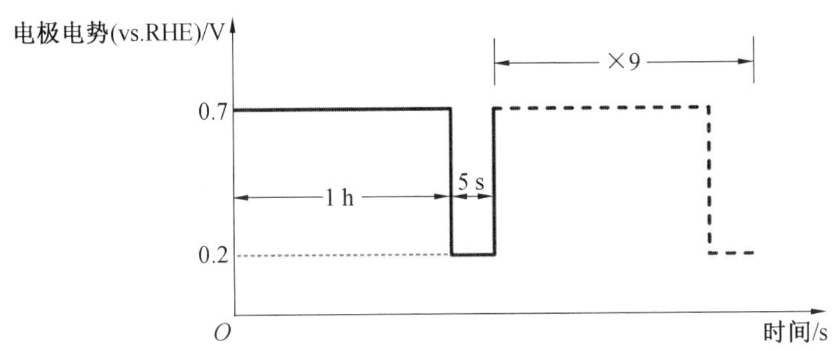

图3.109 非氧化再生方法

Pt/C 催化剂在 Ar 饱和的0.1 mol/L $HClO_4$溶液中经过如图3.109 所示老化过程后,其 TEM 照片和粒径分布如图3.110 所示。从图中可以看出,Pt 颗粒在碳载体上均匀分散,颗粒平均尺寸为2.4 nm。与方波再生老化后 Pt/C 催化剂的形貌相比,还原再生后的催化剂颗粒尺寸明显小于方波氧化再生后的颗粒尺寸,与0.7 V 恒电势10 h 后的 Pt/C 催化剂的颗粒尺寸相当(2.5 nm)。这说明过非氧化再生策略避免了高电势氧化过程对 Pt/C 催化剂的老化影响,减弱了奥斯特瓦尔德熟化和碳腐蚀对 Pt/C 催化剂活性面积的影响,对 Pt/C 催化剂的催化活性与稳定性影响更小。

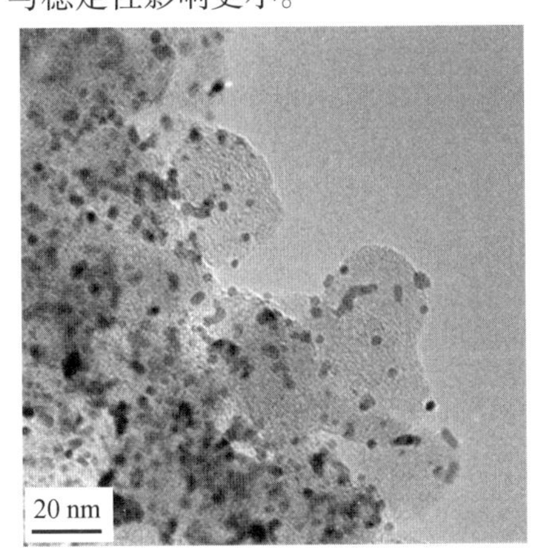

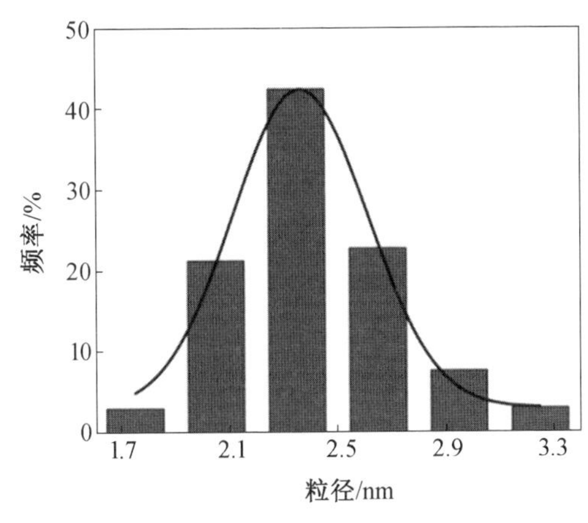

图3.110 非氧化再生后 Pt/C 催化剂的 TEM 照片和粒径分布图

3.5.4 PtRu/C 催化剂的抗 SO_2 毒化性能

Ru 原子在燃料电池阴极电势范围内表面生成 OH^*,有助于解离水生成 OH^*,可促进 SO_2 的氧化脱附。为此设计了一种抗 SO_2毒化的 PtRu/C 催化剂,并制备了不同 Pt 与 Ru 摩尔比(1∶1、2∶1、3∶1、4∶1、5∶1、6∶1、7∶1)的催化剂

（分别记为 Pt_1Ru_1/C、Pt_2Ru_1/C……），将其与商业 Pt/C 催化剂在 0.5 mmol/L Na_2SO_3电解液中 0.65 V 恒电势极化 1 min，得到毒化后的催化剂 SO_2-PtRu/C 和 SO_2-Pt/C。图 3.111 所示为 SO_2毒化前后不同摩尔比 PtRu/C 催化剂与商业 Pt/C 催化剂的 ORR 极化曲线。从图中可以看出，Pt_1Ru_1/C 催化剂毒化前后的 ORR 曲线几乎无变化，说明 SO_2对 Pt_1Ru_1/C 几乎无毒化影响。随着 Pt 与 Ru 摩尔比的变化，毒化后 ORR 曲线出现不同程度的负移，说明合金组分会影响催化剂抗中毒能力。为了更直观地比较催化剂的抗 SO_2毒化性能，将毒化前后 ORR 曲线的 $E_{1/2}$负移量和 0.9 V 的质量比活性损失百分比随组分变化作成折线图，结果如图3.112所示，发现 Ru 的引入可以有效提升催化剂的抗中毒能力。

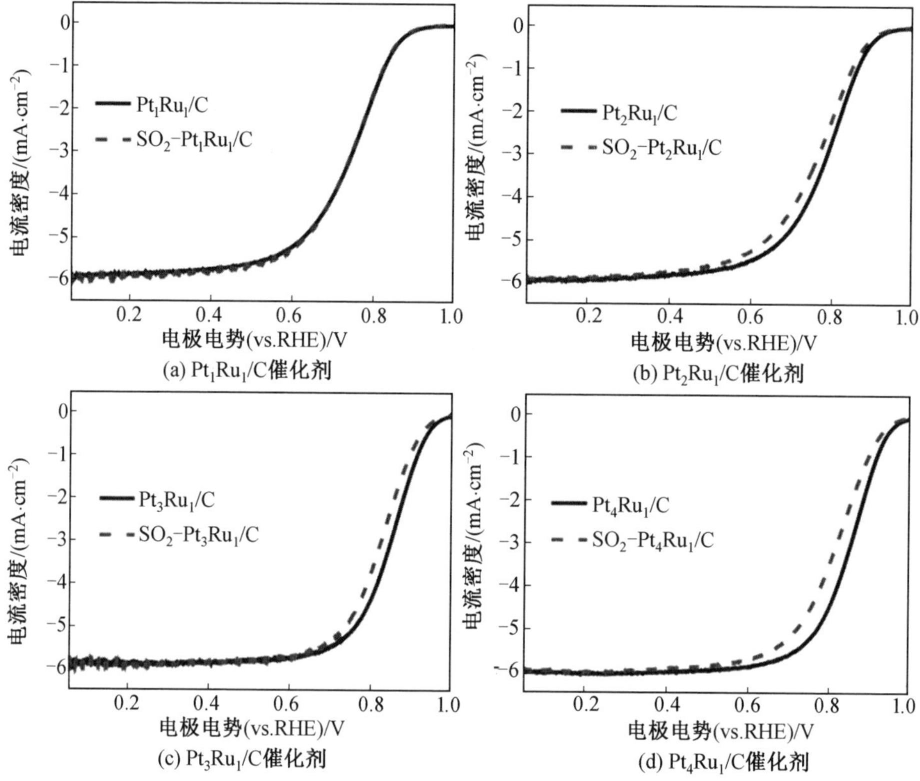

图 3.111　SO_2毒化前后不同摩尔比 PtRu/C 催化剂与商业 Pt/C 催化剂的 ORR 极化曲线

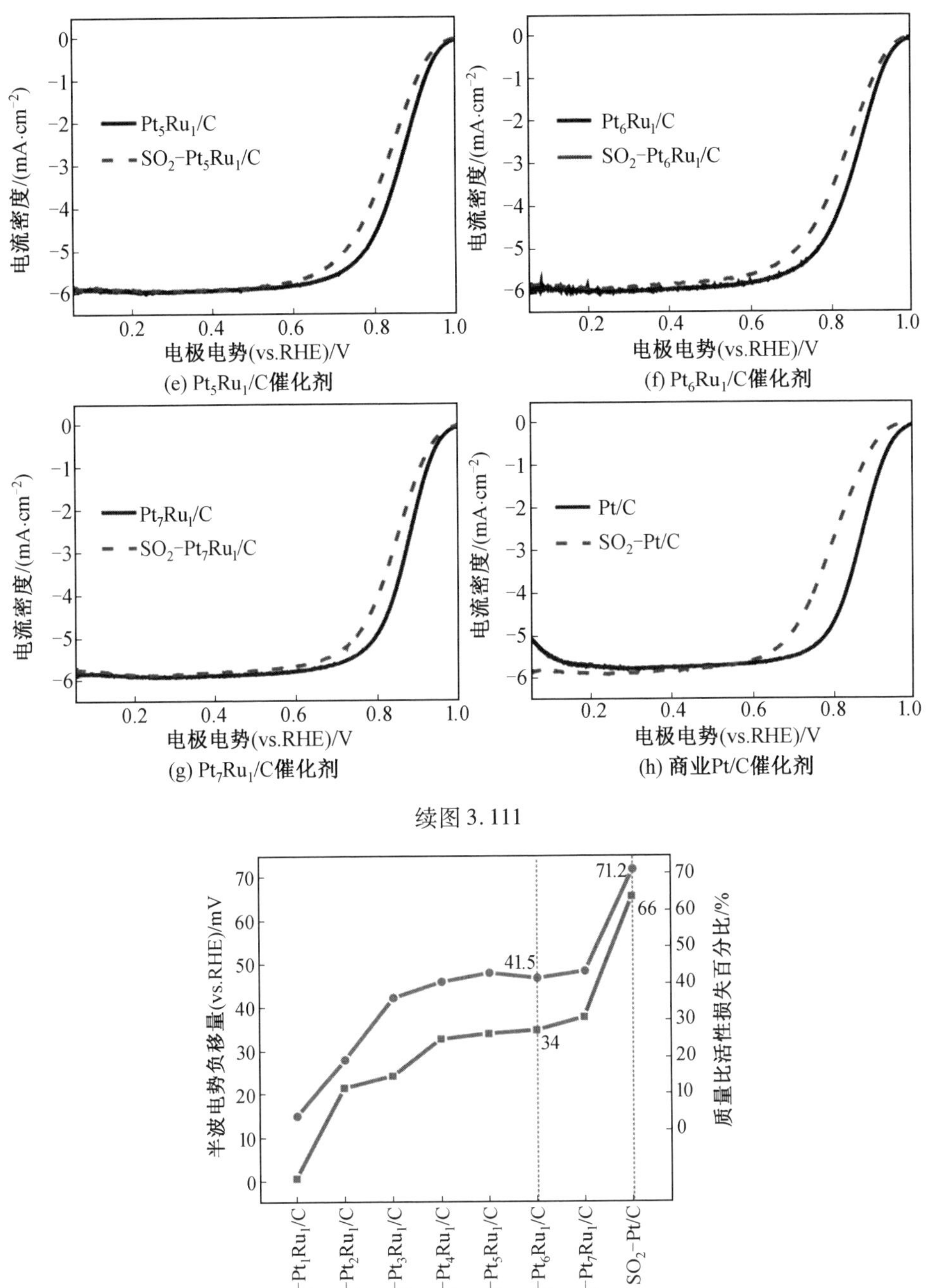

续图 3.111

图 3.112　SO_2-PtRu/C 和 SO_2-Pt/C 催化剂半波电势负移量与质量比活性损失百分比

本章参考文献

[1] STAMENKOVIC V R, MUN B S, ARENZ M, et al. Trends in electrocatalysis on extended and nanoscale Pt-bimetallic alloy surfaces[J]. Nat Mater, 2007, 6(3): 241-247.

[2] STAMENKOVIC V R, FOWLER B, MUN B S, et al. Improved oxygen reduction activity on Pt_3Ni(111) via increased surface site availability[J]. Science, 2007, 315(5811): 493-497.

[3] CUI C H, GAN L, LI H H, et al. Octahedral PtNi nanoparticle catalysts: Exceptional oxygen reduction activity by tuning the alloy particle surface composition[J]. Nano Lett, 2012, 12(11): 5885-5889.

[4] CHOI S I, XIE S F, SHAO M H, et al. Synthesis and characterization of 9 nm Pt-Ni octahedra with a record high activity of 3.3 A/mg (Pt) for the oxygen reduction reaction[J]. Nano Lett, 2013, 13(7): 3420-3425.

[5] CHEN C, KANG Y J, HUO Z Y, et al. Highly crystalline multimetallic nanoframes with three-dimensional electrocatalytic surfaces[J]. Science, 2014, 343(6177): 1339-1343.

[6] HUANG X Q, ZHAO Z P, CAO L, et al. ELECTROCHEMISTRY. High-performance transition metal-doped Pt_3Ni octahedra for oxygen reduction reaction[J]. Science, 2015, 348(6240): 1230-1234.

[7] WANG D L, XIN H L, HOVDEN R, et al. Structurally ordered intermetallic platinum-cobalt core-shell nanoparticles with enhanced activity and stability as oxygen reduction electrocatalysts[J]. Nat Mater, 2013, 12(1):81-87.

[8] CHOI S I, SHAO M H, LU N, et al. Synthesis and characterization of Pd@Pt-Ni core-shell octahedra with high activity toward oxygen reduction[J]. ACS Nano, 2014, 8(10):10363-10371.

[9] ZHANG J, MO Y VUKMIROVIC M B, et al. Platinum monolayer electrocatalysts for O_2 reduction: Pt monolayer on Pd(111) and on carbon-supported Pd nanoparticles[J]. J Phys Chem B, 2004, 108(30): 10955-10964.

[10] ZHANG J L, VUKMIROVIC M B, XU Y, et al. Controlling the catalytic

activity of platinum-monolayer electrocatalysts for oxygen reduction with different substrates[J]. Angew Chem Int Ed, 2005, 44(14): 2132-2135.

[11] SASAKI K, NAOHARA H, CAI Y, et al. Core-protected platinum monolayer shell high-stability electrocatalysts for fuel-cell cathodes[J]. Angew Chem Int Ed, 2010, 49(46): 8602-8607.

[12] ZHANG S, SHAO Y Y, LIAO H G, et al. Polyelectrolyte-induced reduction of exfoliated graphite oxide: A facile route to synthesis of soluble graphene nanosheets[J]. ACS Nano, 2011, 5(3): 1785-1791.

[13] CHATTOT R, ASSET T, BORDET P, et al. Beyond strain and ligand effects: Microstrain-induced enhancement of the oxygen reduction reaction kinetics on various PtNi/C nanostructures[J]. ACS Catal, 2017, 7(1): 398-408.

[14] LI M F, ZHAO Z P, CHENG T, et al. Ultrafine jagged platinum nanowires enable ultrahigh mass activity for the oxygen reduction reaction[J]. Science, 2016, 354(6318): 1414-1419.

[15] AHN C Y, PARK J E, KIM S, et al. Differences in the electrochemical performance of Pt-based catalysts used for polymer electrolyte membrane fuel cells in liquid half- and full-cells[J]. Chem Rev, 2021, 121(24): 15075-15140.

[16] HU J, WU L J, KUTTIYIEL K A, et al. Increasing stability and activity of core-shell catalysts by preferential segregation of oxide on edges and vertexes: Oxygen reduction on Ti-Au@Pt/C[J]. J Am Chem Soc, 2016, 138(29): 9294-9300.

第4章

直接甲醇燃料电池阳极催化剂设计与研究

直接甲醇燃料电池(direct methanol fuel cell,DMFC)使用有机小分子甲醇作为阳极燃料,具有能量密度高、结构适中、燃料容器尺寸小、可立即增压以及易于存储和运输等优点,受到研究者的广泛关注。不同于氢气分子的电氧化,甲醇分子电氧化涉及的质子/电子转移步数多,吸附构型与反应路径多样,反应机制更加复杂,动力学进行缓慢,而且由于含碳分子氧化末期往往形成CO或CHO等强吸附物质,对贵金属催化剂具有明显的毒化作用,这些问题都制约着直接液体燃料电池的性能提升与商业化应用。甲醇小分子电氧化是电催化领域的重要模型反应,了解其电氧化反应机理,理解电催化剂结构与组成对其各反应路径及相关动力学等的影响机制,不仅是提高直接甲醇燃料电池能量效率的关键,更能帮助人们从分子水平上理解电催化反应的本质,是设计有机小分子氧化电催化剂的科学基础。

4.1　酸性体系铂基催化剂

4.1.1　酸性体系甲醇电氧化催化剂概述

目前，DMFC 所用的电催化剂多数以 Pt 为主催化剂成分，Pt 以纳米级颗粒高度分散在大比表面积的载体上以提高 Pt 的利用率和催化活性。在酸性电解液中，甲醇会发生逐步脱氢反应而形成 Pt_3—COH：

$$CH_3OH+2Pt \longrightarrow PtCH_2OH+PtH \tag{4.1}$$

$$PtCH_2OH+2Pt \longrightarrow Pt_2CHOH+PtH \tag{4.2}$$

$$Pt_2CHOH+2Pt \longrightarrow Pt_3COH+PtH \tag{4.3}$$

$$Pt_3COH \longrightarrow Pt_2CO+Pt+H^++e^- \tag{4.4}$$

此时的 CO 物种在 Pt 表面强烈吸附，导致 Pt 催化剂中毒，催化性能降低。然而，若水能够在 Pt 表面解离生成含氧基团（主要是羟基—OH），—OH 可与 CO 发生氧化反应，解决催化剂中毒问题。

$$Pt_2CO+OH_{ad} \longrightarrow PtCO_2H+Pt \tag{4.5}$$

$$PtCO_2H+OH_{ad} \longrightarrow CO_2+Pt+H_2O \tag{4.6}$$

然而 Pt 表面水解离的电势通常较高，难以解决毒化问题，为了降低甲醇氧化中间体对 Pt 催化剂的毒化作用，一般向 Pt 中加入一些亲氧金属，如 Ru、Pd、Sn 和 W 等与 Pt 形成二元或多元合金。亲氧组分的加入不仅可以促进水的吸附解离，还能通过电子作用修饰 Pt 的电子构型，减弱中间产物在金属活性位点上的吸附强度。目前普遍接受的甲醇电氧化机理是“双功能机理（bifunctional mechanism）”，用来描述甲醇在二元或多元合金上的电催化反应，即在催化剂的表面需要有两种活性中心位，一种是 Pt 的活性位点，用于甲醇的吸附、C—H 键的活化以及脱质子过程；另一种是 Pt 或其他组分，用于水的吸附及活化解离，最终吸附产生的含碳毒化中间产物与含氧物种发生反应，完成阳极过程，其他亲氧组分的加入不仅可以促进水的吸附解离,还能通过“电子效应”改变 Pt 的核外电子排布,从而影响甲醇的吸附和脱质子过程,减弱中间产物在金属活性位点上的吸附强度。

DMFC 阳极极化的主要原因是甲醇氧化中间产物如 CO 在 Pt 催化剂表面覆盖,需在较高的过电势下将其氧化。通常加入的助催化剂组分,可在较低电势下提供活性氧基团促进毒化物种的氧化。例如,PtRu 催化剂中的 Ru 能使吸附的含碳中间产物的碳原子上电子云密度降低,使其更容易受到水分子的亲核攻击,因此在较低的电势下产生的含氧物种—OH 等,可通过“双功能机理”作用降低 CO_{ad}的氧化电势。这些表面吸附态含氧物种包括 Ru—$(OH)_{ad}$和 Pt—$(OH)_{ad}$,而且它们的含量还会因 Ru 的存在而有所增加,它们将吸附在 Pt 表面的中间物种氧化去除,露出新的 Pt 活性位点,进一步吸附氧化甲醇,提高催化剂抗中毒能力,即

$$\text{Pt—}(\text{CO})_{ad}+\text{Ru—}(\text{OH})_{ad} \longrightarrow \text{CO}_2+\text{H}^++\text{e}^- \tag{4.7}$$

从电子效应看,Ru 的加入可以减弱 Pt 和甲醇反应吸附的中间物 CO_{ad}等的吸附强度,红外信号清楚证明了 Ru 的加入可使 CO_{ad}的吸附频率红移,原因在于 CO_{ad}在 PtRu 合金催化剂上的化学吸附能较低。根据上述的“双功能机理”作用分析:在 PtRu 催化剂中,Pt 表面进行甲醇的电化学吸附、脱质子过程,Ru 表面则进行水分子的活化以及提供活性氧、除去含碳中间产物过程,但是 Ru 以何种存在形式发挥作用目前尚无定论。许多研究表明 PtRu 的合金化结构提高了对甲醇的电氧化性能。Wei 等认为 PtRu 的合金化结构比 RuO_2更能有效地氧化甲醇,Lu 等对一系列 PtRu 催化剂进行阳极活化处理后发现,由于不可逆氧化钌含量降低,催化剂表面甲醇电氧化活性提高。Park 等采用溅射法在金属态和氧化态 Ru 表面沉积薄膜 Pt 催化剂,发现金属态 Ru 表面沉积 Pt 后具有更高的催化活性。Hsu 等在 PtRu/CNT(碳纳米管)催化剂中通过 XPS 分析电化学处理前后 PtRu 氧化态含量变化对甲醇氧化性能的影响,发现处理后的 PtRu 催化剂中 Ru(Ⅳ)含量增加,提高了甲醇的电氧化性能,这是由于将 CO_{ad}氧化成 CO_2,RuO_2可以提供两个氧原子发生反应(4.8),而 Ru 只能通过形成 Ru—$(OH)_{ad}$提供一个氧原子,按反应(4.9)和(4.10)进行,前者的贡献是后者的 2 倍。另外 Ru 必须通过先形成 Ru—$(OH)_{ad}$才可以氧化 Pt—CO_{ad},从还原电势上看,Ru(Ⅳ)比 Ru(0)更负,反应活性更强。

$$\text{RuO}_2+2\text{Pt—CO}_{ad} \longrightarrow 2\text{Pt}+\text{Ru}+2\text{CO}_2 \tag{4.8}$$

$$\text{Ru}+\text{H}_2\text{O} \longrightarrow \text{Ru—}(\text{OH})_{ad}+\text{H}^++\text{e}^- \tag{4.9}$$

$$2\text{Ru—}(\text{OH})_{ad}+\text{Pt—CO}_{ad} \longrightarrow 2\text{Ru}+\text{Pt}+\text{CO}_2+\text{H}_2\text{O} \tag{4.10}$$

Rolison 等的热重分析(TGA)和 XPS 分析结果表明,PtRu 电催化剂中含有大

量的水合钌氧化物 RuO_xH_y(或 $RuO_2 \cdot xH_2O$),它是一种良好的质子和电子混合导体,PtRu 催化剂中真正起催化作用的含 Ru 物种也是 RuO_xH_y,而不是 Ru 金属或非水合的 RuO_2。微观结构分析也可证明:PtRu 合金催化剂中部分 Ru 与活泼含氧基团结合,以无定形 RuO_x 氧化物形式存在。早期的 XPS 结果也证明了 Ru 主要以氧化态形式存在,Pt—O 成分中的氧则主要来自 Pt 表面吸附态氧,而其他少量金属态的 Ru 和氧化态的 Pt 则存在于催化剂的体相而不是表面,产生界面间结构的可控高能表面是 RuO_2、RuO_xH_y、Pt、PtO_x 和 PtO_xH_y 的表面而不是 Pt_xRu_y 的表面。此外,其他一些研究人员也同样证明了 $RuO_2 \cdot xH_2O$ 对甲醇的氧化有促进作用。Ma 等研究表明 Ru(0) 和 RuO_xH_y 都能够促进甲醇氧化,水合态氧化钌具有更强的促进作用,但无水 RuO_2 对甲醇氧化的促进作用很弱。Li 等通过比较 PtRu/C 催化剂在不同气氛下高温处理后对甲醇催化氧化性能和抗中毒能力的差别后发现,经氧气气氛处理的催化剂出现明显的 Ru 偏析现象,RuO_2 含量增加,降低合金化程度,对甲醇氧化性能的促进作用和抗 CO 中毒能力均降低;经氢气气氛处理的催化剂也出现明显的 Ru 偏析现象,金属态 Ru 增加,合金化程度未变,该催化剂对甲醇氧化的催化性能降低,但抗 CO 中毒能力增强,这与金属 Ru 及合金化有关;氮气处理有助于催化剂表面 Pt 含量的降低,催化剂组成和结构稳定,表现出对甲醇更好的电催化性能和抗毒化作用。上述结果表明 PtRu/C 催化剂的合金化程度对催化剂性能影响并不大,而催化剂表面组成和表面物种与其性能密切相关。

其他一些催化剂也会对甲醇电氧化起到促进作用,如 Wu 等将 Pt、Ru 沉积在掺杂氮的炭黑上,明显提高了甲醇氧化的性能,减小了电化学反应阻抗,这主要是由于氮的加入增强了催化剂的导电性,有利于电极反应的电子转移,还可以使载体的缺陷增加,表面含氧基团增加,增强载体与金属粒子之间的相互作用。近几年杂多酸因具有较好的质子导电性而受到研究者的广泛关注,将杂多酸引入到催化剂中,通过提供羟基或羧基等含氧基团可以增加载体与前驱体盐或金属粒子的结合位以及载体的比表面积等,如 Maiyalagan 等采用硅钨酸处理的石墨化纤维作为 Pt、Ru 粒子的载体,制备的催化剂对甲醇的催化氧化活性好于商业的 PtRu/C 催化剂(Johnson Mathey)。

由于 Pt 的储量有限,价格昂贵,因而其应用受到限制。另一贵金属 Pd 的价格比 Pt 便宜,稳定性也极好。当前,可以通过合成 PtPd 催化剂来降低 Pt 用量以提高催化剂的电化学性能。在碱性条件下,Pd 基催化剂表现出较高的活性;在酸性条件下,由于氢在 Pd 表面产生竞争吸附,所以 Pd 基催化剂对甲醇氧化没有活性,但是 PtPd 催化剂可以促进甲醇的氧化。原因在于 Pt 作为反应活性中心,Pd

则作为中间毒化物种的氧化中心,促进中间产物进一步氧化;另外,Pd 表面可以提高对甲醇中含氧物种 OH 等的吸附量,降低反应活化能,提高整体反应速率。Lu 等研究表明 PtPd 催化剂具有很好的抗 CO 毒化作用,认为与纯 Pt 相比,PtPd 合金催化剂表面更有利于水的解离,从而促进毒化物种的氧化。Xu 等从前线分子轨道理论及密度泛函理论角度计算分析了 Pd 合金化后的化学活性,原因在于最高与最低占据轨道间能隙的减小使反应活性加强。Thanasilp 等利用中空介孔碳(HCMS)作为载体 Pt-Pd/HCMS 催化剂,研究发现少量 Pd 的存在明显提高了 Pt-Pd/HCMS 催化剂的活性和稳定性,原因在于 Pd 的加入可以重构 Pt—C 之间作用力,适合做阴、阳极催化剂。

在醇类电氧化的阳极催化剂中,PtSn 催化剂被认为对乙醇氧化具有最好的催化活性。在对 CO 的电氧化过程中,PtSn 也表现出很好的催化活性,但对甲醇氧化的催化活性能否提高仍存在争议,有些结果甚至相互矛盾。Honma 等发现 PtSn 合金催化剂电极比纯 Pt 电极的电催化活性提高近十倍,但是也有研究小组报道 PtSn 催化活性相当小,甚至负增长。PtSn 催化剂的制备方法不同,其催化性能也存在差异。Frelink 等分别采用电沉积、溶胶-凝胶法和化学浸渍法制备了 PtSn 催化剂,发现前两种方法制备的催化剂都促进了甲醇的氧化,而浸渍法制备的催化剂性能与不加 Sn 的催化剂相比反而下降,说明 PtSn 催化剂的组成结构、物种存在形式及晶面特征等与性能密切相关。一般情况下,PtSn 催化剂存在完全合金化结构(fcc Pt_3Sn 合金)、完全非合金化结构($Pt-SnO_x$ 或 $Pt-Sn_{ad-atoms}$)或部分合金化结构(fcc $Pt_{(1-x)}Sn_x$ 合金),Sn 以何种存在形式发挥对甲醇电氧化的催化作用目前尚无定论。Antolini 等认为完全合金化的 PtSn 催化剂性能较差,但随着 Sn 的溶解,甲醇氧化活性有所提高;完全非合金化结构型催化剂一般以 SnO_2 存在时催化活性好,以 Sn 原子修饰 Pt 存在时,只有在 Sn 低含量时活性较好,少量的 Sn 足以发挥其促进作用,过多的 Sn 会阻碍甲醇在电极上的吸附;部分合金化结构型,在 SnO_x、Sn 含量的增加较少时,甲醇电氧化催化活性较好,当合金化 Sn 占 1/3 时具有对甲醇最好的催化活性。而 Schryer 等认为 PtSn 合金化结构有利于吸附 CO_{ad} 的氧化。一般 SnO_x 主要以 SnO_2 形式存在,对其促甲醇氧化作用一般得到公认。Grass 和 Lintz 等分析 PtSn 催化剂中的 SnO_x 发挥对甲醇氧化的促进作用,主要是因为氧化物吸附的氧可以溢流至三相界面处,提供含氧物种,促进毒化物种的氧化。Ye 等利用脉冲电沉积法合成 $PtSnO_2/C$ 催化剂,其中 SnO_2 与碳作为混合载体对 Pt 粒子进行电沉积,该催化剂对甲醇氧化和氧还原都表现出很好的电催化活性,原因在于"双功能机理",即 SnO_2 可以在更低的电势下提供含氧物种,将 CO_{ad} 等中间毒化产物氧化,如反应(4.11)和(4.12)。另外 Sn 的

沉积，同时起到对 Pt 的锚定作用。Pt 与 Sn 之间存在“电子效应”，Sn 可以通过改变 Pt 的电子结构，削弱 CO_{ad} 的吸附强度。XPS 研究也已经证实“电子效应”的存在。

$$SnO_2 + H_2O \longrightarrow SnO_2—OH_{ad} + H^+ + e^- \tag{4.11}$$

$$Pt-CO_{ad} + SnO_2—OH_{ad} \longrightarrow Pt + SnO_2 + CO_2 + H^+ + e^- \tag{4.12}$$

W 的加入能显著地增加 Pt 邻近位置上的—OH_{ad} 的数量，从而有助于甲醇氧化吸附中间产物的氧化，而且 W 在酸性体系中稳定性也很好。Shukla 等研究了不同原子比的 Pt/WO_{3-x} 催化剂性能差别，实验结果表明：Pt 与 W 原子比为 3∶1 时对甲醇氧化的电催化活性最佳，而 Pt 与 W 原子比为 3∶2 时催化活性最差。通过 XPS 等物理表征手段证明了催化剂中的钨是以水合氧化物形式存在的，这些水合氧化物的存在丰富了 Pt 表面的含氧物种，阻止 CO_{ad} 等中间产物的毒化，进而提高催化剂性能。Wang 等研究了 W 加入到 PtRu/C 催化剂中对甲醇在 Pt 上电氧化的助催化作用。XPS 分析表明，催化剂中的 W 主要以氧化态存在，在反应过程中，W 在不同氧化态之间的迅速转变有助于水的解离吸附，丰富催化剂表面的含氧基团。另外 WO_x 具有很好的质子传导性，可以有效地传导吸附在 Pt 表面的质子，以清洁 Pt 的表面，促进甲醇进一步吸附脱氢，即发生“氢表面溢流”效应，见反应(4.13)和(4.14)。

$$WO_x + yH^+ + ye^- \longrightarrow H_yWO_x \tag{4.13}$$

$$Pt—H + WO_x \rightarrow Pt + HWO_x \tag{4.14}$$

除了以上 PtRu、PtPd、PtSn 和 PtW 合金外，其他二元合金如 PtCo、PtMo、PtRe、PtPb 和 PtOs 等也对甲醇氧化表现出良好的电催化活性。

高催化活性和稳定性一直都是 DMFC 研究人员所追求的目标，而在实际电池工作中，贵金属会因载体的不稳定而发生脱落、团聚和颗粒长大，降低其催化活性。因此，除了金属催化剂组成之外，载体性质对催化剂活性和稳定性也具有重要影响。一个理想的 DMFC 阳极催化剂载体需满足以下要求。

(1)良好的导电性。载体材料承担着电化学反应中的电子传输任务，具有良好导电性的载体材料会对反应过程中的电子转移起到促进作用，可减小 DMFC 的欧姆极化，加速甲醇氧化的反应速率。

(2)较高的比表面积。载体材料比表面积的大小将直接影响贵金属颗粒的担载和分散情况。比表面积越大，颗粒的分散性越好，有助于提高贵金属的利用率，降低使用成本。

(3)载体材料与贵金属之间具有较强的相互作用。载体材料与贵金属之间要有强烈的相互作用，该作用可使得贵金属“锚定”在载体表面，对催化剂稳定性的提高具有重要意义。

(4)高稳定性。载体材料的高稳定性对提高催化剂稳定性起到至关重要的作用。载体材料要能防止酸性或碱性电解质的腐蚀，还要能防止高电势的氧化。只有使用了高稳定性的载体材料，才能使负载其表面的贵金属颗粒不发生脱落及团聚，为催化剂的高活性提供保证。

(5)合理的表面结构。一方面载体承担着贵金属颗粒的担载任务，材料表面需要有一定的缺陷，以保证贵金属颗粒“锚定”其表面；另一方面载体也为反应物或产物提供扩散通道，这就需要其具有合理的孔结构，以有助于反应物或产物的快速扩散。

因此，寻找一个合理的阳极催化剂载体材料对于解决 DMFC 目前所面临的问题具有重要意义。传统的贵金属催化剂载体为碳材料，包括炭黑、碳纳米管、石墨烯等。XC-72 材料因其比表面积较大、导电性好、孔结构适宜以及成本低等特点，而成为常用的载体材料。相比于单纯的铂黑，Pt/XC-72 催化剂使甲醇氧化活性得到了明显的提高，这主要是因为 XC-72 表面有助于小尺寸 Pt 颗粒的负载。然而，XC-72 自身也有一些缺陷，如杂质金属硫化物的存在；孔结构中存在大量微孔，使得金属颗粒沉积在微孔中而无法发挥催化作用。Shao 等通过对 XC-72和多壁碳纳米管(MCNT)两种载体对比研究发现，XC-72 成分中有一些无定形碳和石墨碳，这类碳结构中存在着大量的悬挂键和缺陷，悬挂键不稳定易被氧化，因此 XC-72 在电化学过程中稳定性较差。相比较而言，MCNT 的缺陷较少，稳定性就会有所提高。但未经任何处理的 CNT 表面因缺陷少会增加沉积金属颗粒的难度，为了利于纳米颗粒的负载需对其表面进行功能化处理。为此，需将 CNT 进行酸化处理，处理后的 CNT 表面含有大量的含氧基团，有助于生成小尺寸的 Pt 纳米颗粒(<3 nm)，提高颗粒在其表面的分散性，使得 Pt 的活性位点增多，促进甲醇氧化活性的提高。Ha 等以氧化石墨为石墨烯前驱体(即还原氧化石墨烯，rGO)，负载其表面的 Pt 纳米颗粒为 2.9 nm 且分散性较均匀，与商业 Pt/C 催化剂相比，在加速老化后发现，Pt/rGO 中 Pt 的粒径为 2.9 ~ 3.7 nm，而 Pt/C 中 Pt 的粒径由反应前的 4.5 nm 增加到 5.1 nm，这一结果表明，以还原的氧化石墨为载体可有效实现对 Pt 纳米颗粒的“锚定”，避免 Pt 纳米颗粒的团聚。

4.1.2 B、N 共掺杂石墨烯载体的制备及性能研究

调控碳载体表面性质的有效方法之一是杂原子掺杂，如氮(N)、硼(B)、磷(P)、硫(S)等非金属元素的掺杂。当使用三聚氰胺作为氮源将氧化石墨进行 N 掺杂后，得到 N 掺杂的石墨烯(NG)，通过对图 4.1 比较，可以发现 N 掺杂过程并

未破坏石墨烯本身微米级别的二维结构，并在 NG 中保留了大量褶皱，未对形貌产生明显影响。

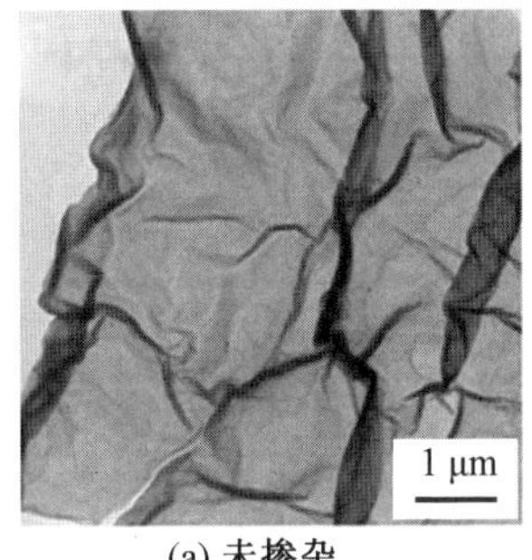

(a) 未掺杂

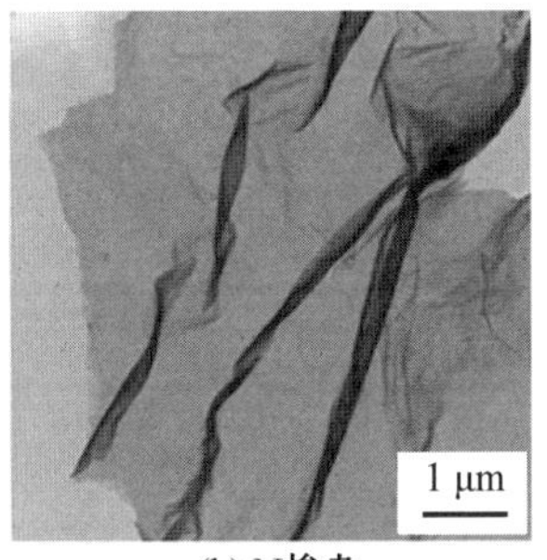

(b) N掺杂

图 4.1　石墨烯的 TEM 图

通过 XPS 测试，NG 载体中 N 的存在形式主要是电子结合能位于 398.3 eV 的吡啶 N 和位于 400.3 eV 的吡咯 N，其中以吡啶 N 含量占比更高，为 86.7%（图 4.2）。由于吡啶 N 会与 Pt 盐发生螯合作用，可将 Pt 盐锚定在吡啶 N 掺杂处，因此高比例吡啶 N 的存在将有助于增强 Pt 纳米颗粒在 NG 载体表面的稳定性。

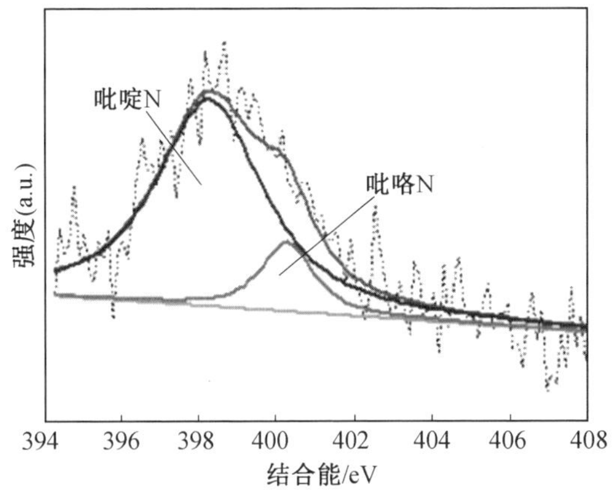

图 4.2　NG 载体的 N1s XPS 谱图

通过 TEM 观察 Pt/G 和 Pt/NG 两种催化剂的形貌，从图 4.3(a) 和 (b) 中可以看出 Pt 纳米颗粒能够均匀地分散在 G 和 NG 表面，没有明显的团聚现象。随机选取了 100 个纳米颗粒，进行粒径测量，得到粒径分布和平均粒径。从图 4.3(c) 和 (d) 中可以看出相比于 Pt/G 平均粒径的 2.6 nm，Pt/NG 的平均粒径为 2.4 nm，说明 NG 载体有助于小粒径 Pt 纳米颗粒的沉积，其原因可能是 NG 中杂原子的掺杂使得载体缺陷程度增加，有助于 Pt 的前驱体在其表面吸附和成核，而小粒径的 Pt 颗粒为甲醇氧化提供了更多的活性位点,利于甲醇氧化活性的提高。

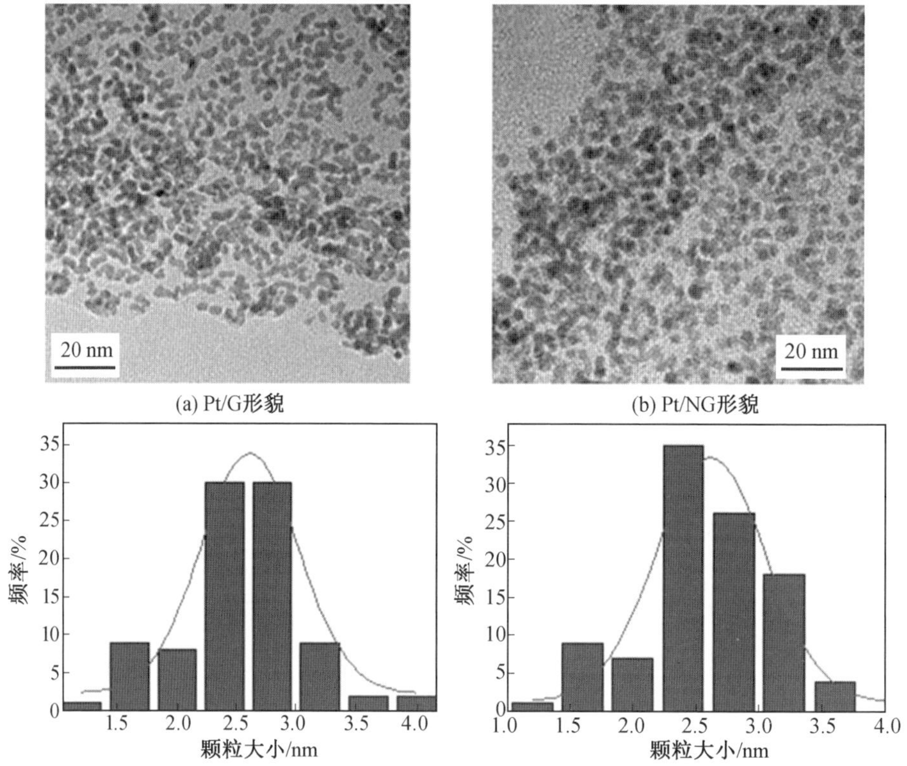

(a) Pt/G形貌

(b) Pt/NG形貌

(c) Pt/G平均粒径2.6 nm

(d) Pt/NG平均粒径2.4 nm

图 4.3 Pt/G 和 Pt/NG 催化剂的形貌分析

通过图 4.4(a)所示硫酸溶液中的循环伏安曲线氢区的计算,可以确定 Pt/NG 的 ECSA 为 61.2 m^2/g,该数值明显高于 Pt/G(43.2 m^2/g)。产生这一结果的原因是 NG 载体中杂原子的掺杂使得载体的缺陷增多,导致 Pt 在 NG 表面颗粒较小,ECSA 增大,活性位点增多,这一分析结果与图 4.3 所示粒径分布及分析结果相吻合。在甲醇氧化过程中,如图 4.4(b)所示,Pt/NG 甲醇氧化峰电势为 0.81 V,相比于 Pt/G(0.88 V)负移 70 mV,表明 NG 作为载体有助于甲醇氧化活性的提高。在恒电势条件持续反应时,由于甲醇在氧化过程中生成的中间产物(如 CO)会吸附在 Pt 催化剂表面引起中毒甚至失活,阻碍甲醇分子在 Pt 催化剂表面吸附及氧化,电流密度数值下降,催化活性降低。从图 4.4(c)的计时电流(chronoamperometry,CA)结果中可以看到,当恒定电势为 0.6 V,扫描时间为 900 s时,Pt/NG 的电流密度为 0.10 mA/cm^2,明显高于 Pt/G 的 0.04 mA/cm^2(2.5

倍)，该结果也表明，NG 载体有助于提高甲醇氧化的催化活性，同时对抗 CO 中毒能力也有促进作用。

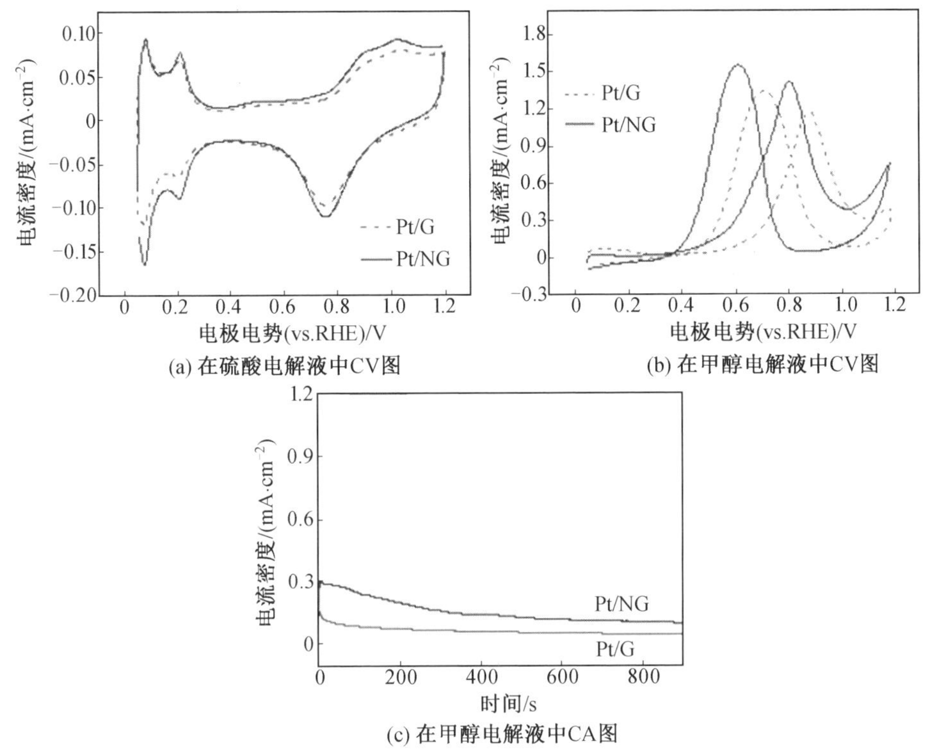

(a) 在硫酸电解液中CV图　(b) 在甲醇电解液中CV图

(c) 在甲醇电解液中CA图

图 4.4　Pt/NG 和 Pt/G 催化剂的电化学行为

适宜的载体会提高载体与贵金属之间的相互作用，增强 Pt 的锚定作用，避免了 Pt 的迁移和团聚。在稳定性测试中，经过 1 000 圈的电势扫描，图 4.5(a) 显示 Pt/G 和 Pt/NG 催化剂的电化学活性面积分别减少了 27.30% 和 23.24%，这表明相对于 G 载体来说，NG 载体可增强对 Pt 纳米颗粒的锚定作用。而在硫酸和甲醇混合溶液中，随着循环圈数的增加，峰电流密度值减小程度不同，图 4.5(b) 显示当第 1 000 圈时，Pt/G 和 Pt/NG 催化剂的峰电流密度分别减小了 25.47% 和 18.63%，这表明相对于 G 载体来说，Pt/NG 催化剂具有较高的甲醇氧化稳定性。

通过对甲醇氧化的机理分析可知，降低水的解离电势可成为提高甲醇电氧化性能的一种有效方法。当电势处于 0.2 V$<E<$0.9 V 时，水会在 Pt 表面发生解离形成—OH，如图 4.6 所示，在此电势区间，Pt/NG 催化剂的起始氧化峰电势明显低于 Pt/G，尤其在 0.8 V 时，该现象更为明显。这表明，相比于 Pt/G 催化剂，水更容易在 Pt/NG 催化剂表面解离生成—OH，这对缓解 CO 中毒起到了至关重

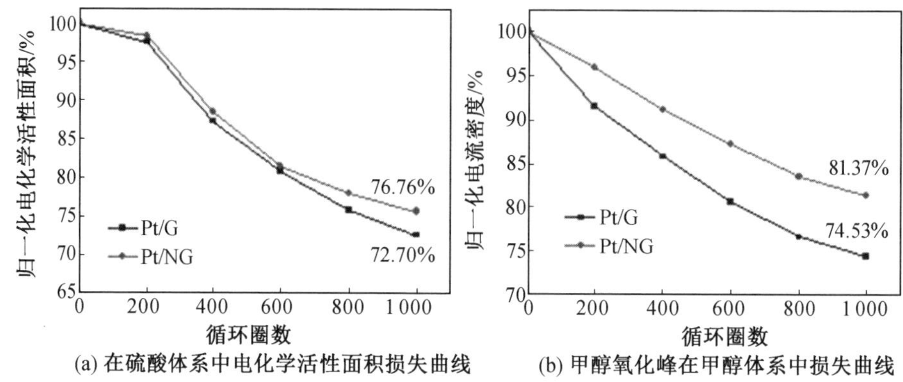

图 4.5 Pt/NG 和 Pt/G 催化剂的稳定性

要的作用。这一作用在 CO 溶出实验中可以更好地被证明。从图 4.6 可以看出,相比于 Pt/G 催化剂,CO 在 Pt/NG 催化剂表面的起始氧化电势和峰电势都发生了负移,起始氧化电势负移 50 mV,峰电势负移 60 mV。结果表明,CO 在 Pt/NG 催化剂表面更易被氧化,这可能是因为 Pt/NG 催化剂表面的水更易生成—OH,—OH 生成电势的降低也会导致 CO 的氧化电势降低。

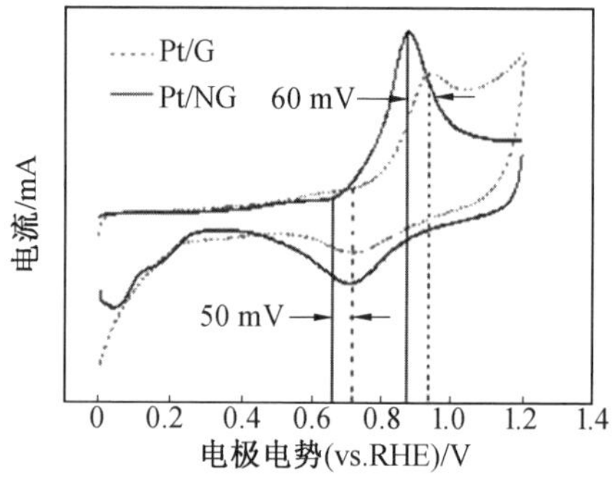

图 4.6 Pt/G 和 Pt/NG 催化剂的 CO 氧化性能图

考虑到载体的 N 掺杂量(质量分数,下同)可能会对 Pt/NG 的电催化性能产生影响,在图 4.7 中 N 掺杂量为 3.2%(原子数分数 2.6%)的 NG 载体基础上,改变制备工艺制备了 N 掺杂量分别为 1.5%(原子数分数 1.3%)和 3.6%(原子数分数 3.2%)两个比例的 NG 载体。三种载体的 XPS 测试结果如图 4.7 所示。根据对吡啶 N 和吡咯 N 两个特征峰面积的积分处理可得到,三个比例中吡啶 N 的含量分别为 54.3%、86.7% 及 32.5%,这表明 N 掺杂量的差异会对不同掺杂形式的含量产生影响,以 GO 为掺杂前驱体,其边缘或缺陷处含有大量的官能团,利于三聚氰胺在其缺陷处吸附,当高温焙烧时,三聚氰胺开始分解,此时大量的 N

会挥发掉，只有少量的N掺杂到石墨烯的边缘或缺陷处。

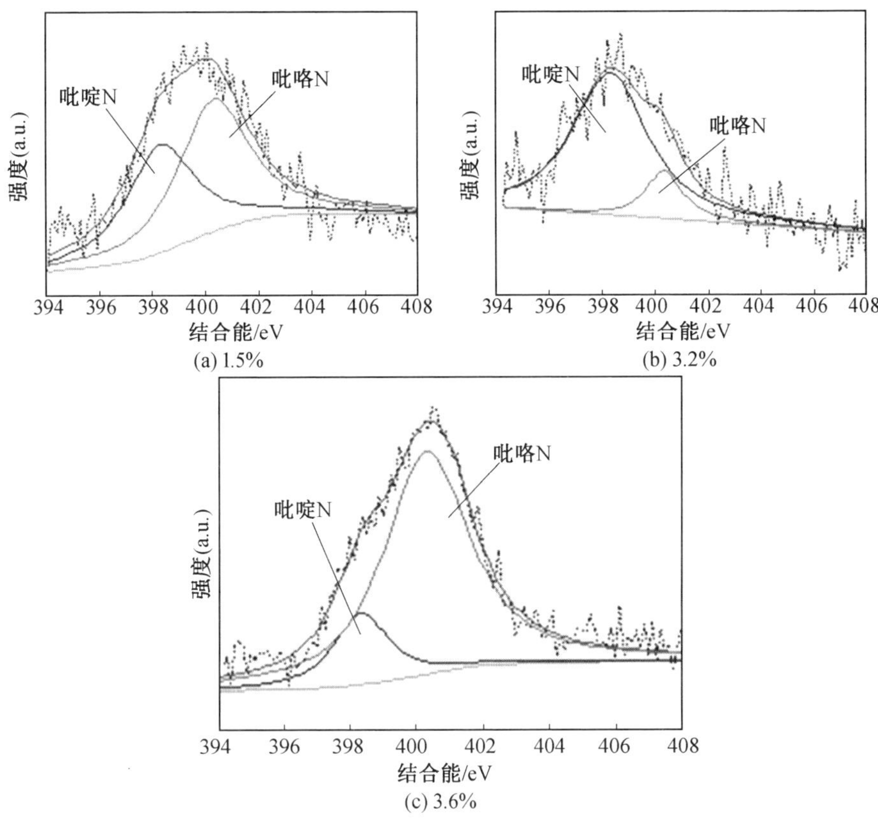

图4.7 不同N掺杂量NG中N 1s的XPS谱图

以上述制备的N掺杂量分别为1.5%、3.2%和3.6%三个比例的NG样品为载体，通过微波-多元醇法将Pt纳米颗粒沉积到上述三种载体表面。将Pt/NG（N掺杂量为1.5%）、Pt/NG（N掺杂量为3.2%）和Pt/NG（N掺杂量为3.6%）三种催化剂分别置于0.5 mol/L H_2SO_4和0.5 mol/L H_2SO_4+0.5 mol/L CH_3OH电解液中进行电化学性能测试，结果如图4.8所示。通过氢区面积计算可以得到ECSA，通过该参数的对比可以知道实际参加电化学反应的活性面积，Pt/NG（N掺杂量为1.5%）、Pt/NG（N掺杂量为3.2%）和Pt/NG（N掺杂量为3.6%）三种催化剂所对应的ECSA分别为59.4 m^2/g、61.2 m^2/g和60.2 m^2/g。这一结果说明，不同N掺杂量会对催化剂的ECSA产生影响，可能是NG载体中吡啶N所占的比例不同所导致。结合图4.7中N 1s XPS谱图分析可知，当NG载体中N掺杂量为3.2%时，吡啶N约占86.7%，高于其他两个样品，因为吡啶N可与Pt盐发生螯合作用,有助于提高 Pt 在载体表面的分散程度,因此 ECSA 数值也较大。而对应甲醇正扫氧化峰电流密度值分别为 0.71 mA/cm^2、1.42 mA/cm^2 和 0.83 mA/cm^2,当 N 的掺杂量为 3.6% 时,催化剂表现出了优异的催化活性。当恒电势反应 900 s 时,三种催化剂的电流密度分别为 0.04 mA/cm^2、0.10 mA/cm^2 和 0.08 mA/cm^2。结果表明,当掺杂量为 3.6% 时,Pt/NG 催化剂活性最好,同时呈现出了较好的抗 CO 中毒能力。产生这一结果的主要原因可能是当 N 掺杂量为 3.6% 时,因 NG 载体中吡啶 N 较高,利于与 Pt 盐发生螯合作用,有助于提高 Pt 分散程度,可促进甲醇电氧化性能的提高。

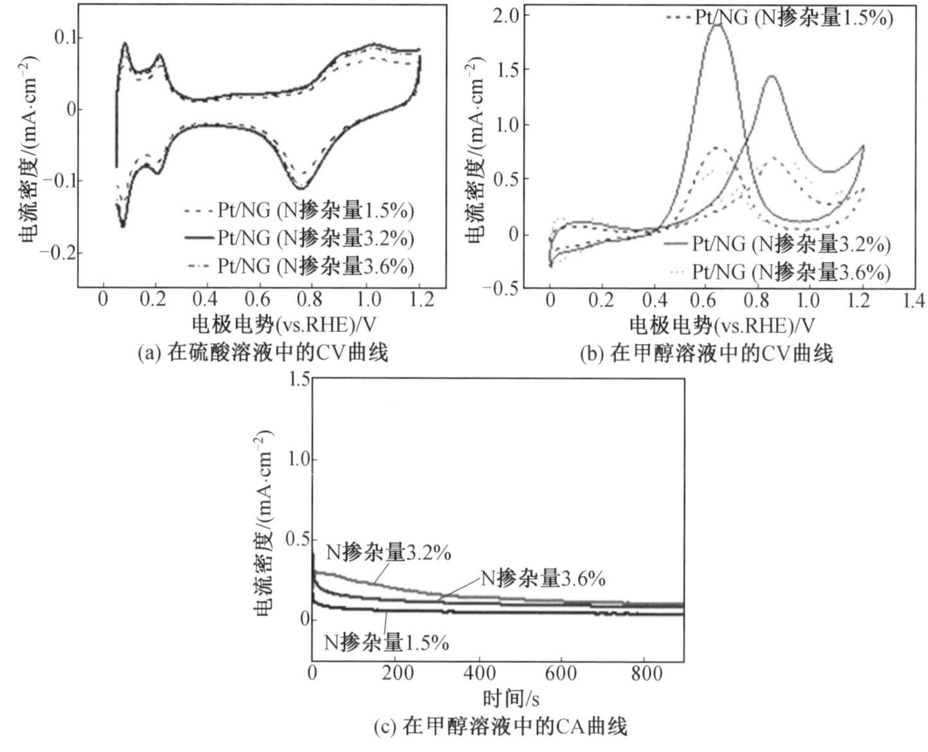

图 4.8 不同 N 掺杂量的 Pt/NG 的电化学行为

在元素周期表中,B 原子与 C 原子同属于一个周期且相邻,其原子半径较为接近,但具有更小的电负性。当使用硼酸作为掺杂源对石墨烯进行 B 掺杂后,图 4.9 中 XPS 表征 B 的特征结合能位置主要位于 191.0 eV 附近,与 187.0 eV(B 单质)相比,发生了正向偏移,这表明掺杂后的 B 原子周围的化学环境发生了变化,不是以独立 B 原子的形式存在。从分峰结果可以看出,B 的电子结合能主要位于 190.4 eV 和 191.9 eV,分别对应于 BC_2O 和 BCO_2 两种形式,这一结果表明,B

原子已掺杂到石墨烯结构中。

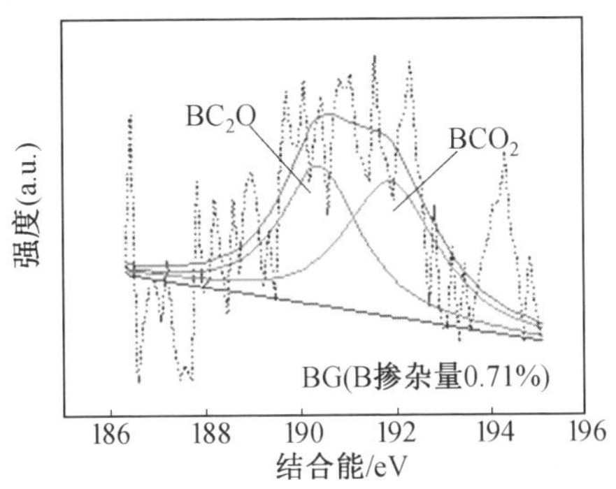

图4.9 BG载体中B 1s的XPS谱图

通过TEM对B掺杂与未掺杂的石墨烯进行形貌观察。从图4.10(a)和(b)中可以清楚地看到,G和BG均保持着2D层状结构,且尺寸均为微米级别,这就意味着BG的制备过程并未对G的形貌方面产生影响。选取G及BG石墨烯两种材料的褶皱处进行HRTEM分析,图4.10(c)和(d)显示G和BG单层厚度均约为0.34 nm,这表明杂原子B的掺杂未改变石墨烯的单层厚度。

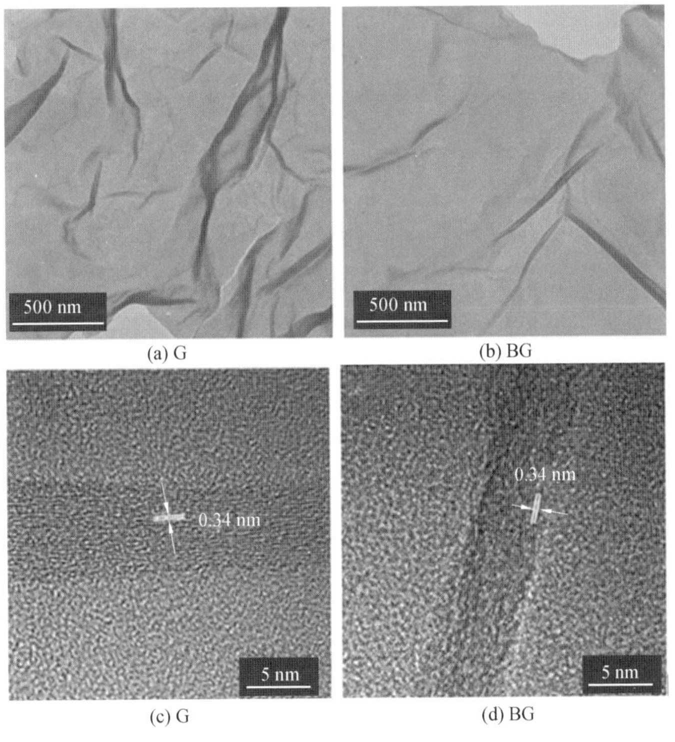

(a) G (b) BG (c) G (d) BG

图4.10 G与BG载体的形貌

拉曼光谱(Raman spectroscopy)是一种有效判断石墨烯质量的表征手段。从图4.11中可以看到,BG和G都分别在1 320 cm^{-1}和1 570 cm^{-1}位置出现了D峰和G峰两个特征峰。由于D峰受缺陷影响,而G峰主要由sp^2碳原子的面内振动引起,因此通过I_D/I_G的数值可以衡量材料的缺陷程度。通过计算可得到BG的I_D/I_G数值为0.73,明显高于G的0.67。这一结果说明,B原子掺杂使得sp^2碳原子的面内振动减弱,因此BG的缺陷程度高于G,缺陷程度的增加有助于后续金属颗粒的负载和分散性的提高。

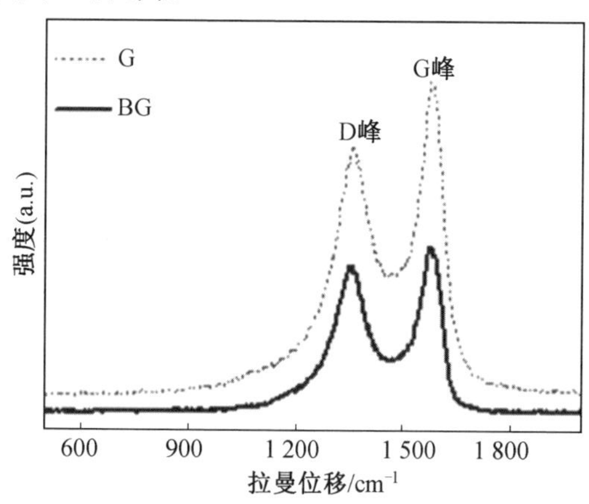

图4.11 BG与G载体的Raman谱图

采用微波-多元醇法将Pt纳米颗粒负载到G和BG两种载体表面,通过XRD分析两种催化剂的晶体结构。图4.12显示Pt/G和Pt/BG两种催化剂都在25.8°的位置出现了C(002)的特征衍射峰,这归因于载体碳材料G及BG。而相比于Pt/G,Pt/BG催化剂中Pt(200)的衍射峰发生了宽化,这可能是粒径尺寸的不同所引起,根据Scherrer方程,计算出BG表面Pt的粒径为2.7 nm,该数值小于Pt/G的3.0 nm。这一结果表明,BG表面有助于小颗粒Pt纳米颗粒的形成。

为了更直观地观察到G和BG两种载体表面Pt纳米颗粒的分散程度以及粒径尺寸分布情况,对Pt/G和Pt/BG两种催化剂进行了TEM测试。由图4.13可以看出,Pt纳米颗粒均匀地分散在G和BG载体表面,并且可清晰地看到Pt颗粒没有明显的团聚现象。从粒径分布曲线可看出,Pt/G中Pt颗粒的粒径分布较宽,平均粒径约为2.8 nm,Pt/BG中Pt颗粒的粒径分布较窄,且平均粒径约为2.4 nm。这一结果说明BG表面Pt的颗粒较小,且分布较为均匀,与XRD的分析结果相一致。

通过图4.14所示三种催化剂在0.5 mol/L H_2SO_4溶液中的循环伏安曲线可

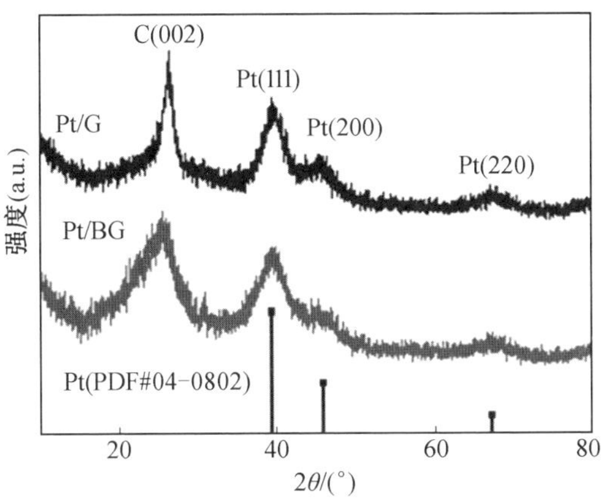

图4.12　Pt/G 和 Pt/BG 催化剂的 XRD 图

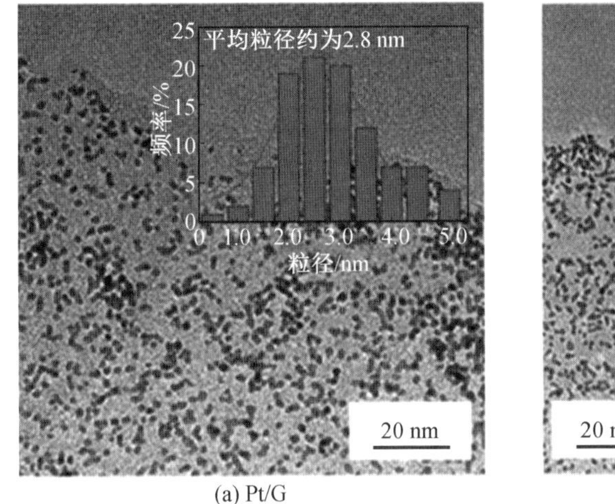

(a) Pt/G

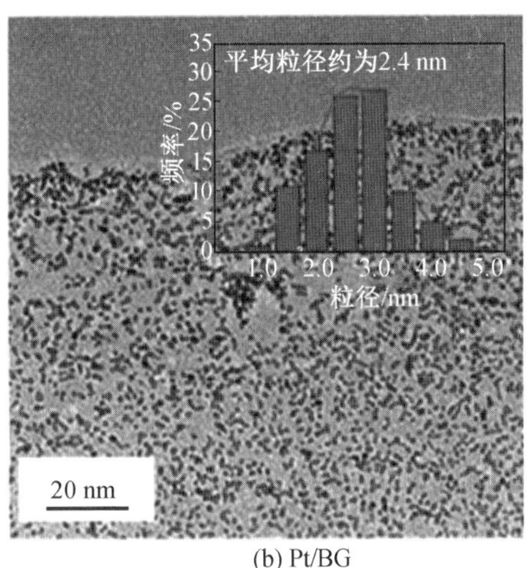

(b) Pt/BG

图4.13　Pt/G 和 Pt/BG 催化剂的 TEM 图以及粒径分布图

以计算得出 ECSA。其中，Pt/BG 的 ECSA 为 58.8 m^2/g，明显高于 Pt/G（43.2 m^2/g）和 Pt/XC-72（50.5 m^2/g）。产生这一结果主要有两方面的原因，一是 Pt 颗粒在载体表面的分散性提高，纳米颗粒不易团聚，使得 Pt 的活性面积增加，意味着参加电化学反应的活性位点增多；二是 Pt 颗粒的尺寸大小对电化学活性面积的影响，颗粒越小，比表面积越大，活性位点越多。

对 Pt/XC-72、Pt/G 和 Pt/BG 三种催化剂在甲醇电解液中的电流数值进行归一化处理，以面积比活性作为衡量甲醇电氧化性能优劣的指标，如图 4.15(a)所示。可以看到 Pt/BG 催化剂的正扫电流密度为 1.68 mA/cm^2，而 Pt/XC-72 和 Pt/G 两种催化剂的甲醇氧化峰电流密度分别为 0.88 mA/cm^2 和 1.16 mA/cm^2。

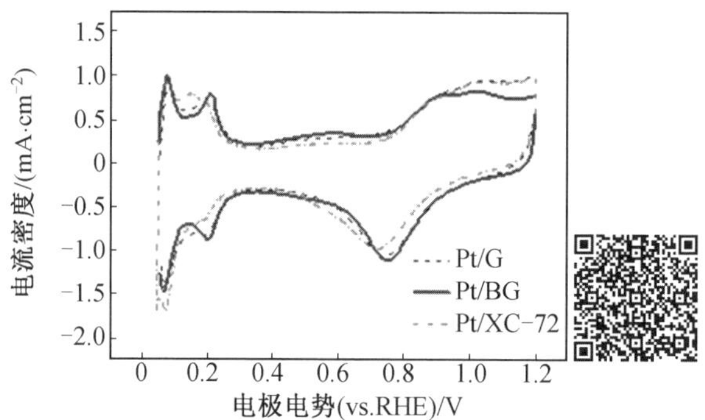

图 4.14 商业 Pt/XC-72、Pt/G 和 Pt/BG 催化剂在硫酸溶液中的 CV 曲线

这一结果表明,Pt/BG 催化剂的甲醇电氧化活性高于 Pt/XC-72 和 Pt/G 两种催化剂。除此之外,甲醇起始氧化电势也是衡量甲醇氧化活性的一个重要指标。选取 0.10 mA/cm^2 的电流密度位置作为起始氧化峰位置,Pt/BG 催化剂的起始氧化峰电势为 0.58 V,而 Pt/XC-72 和 Pt/G 两种催化剂的起始氧化峰电势分别为 0.61 V 和 0.60 V。相比于 Pt/XC-72 和 Pt/G 两种催化剂,Pt/BG 的起始氧化峰电势分别负移 30 mV 和 20 mV。这说明甲醇在 Pt/BG 催化剂表面更容易被氧化,催化剂具有更高的催化活性。在 0.6 V 恒电势 CA 测试中,图 4.15(b) 显示时间为 900 s 时,Pt/BG 催化剂的电流密度值为 0.16 mA/cm^2,明显高于 Pt/XC-72 的 0.005 mA/cm^2 和 Pt/G 的 0.04 mA/cm^2。这一结果表明,Pt/BG 催化剂对甲醇氧化的催化活性明显优于 Pt/XC-72 和 Pt/G 两种催化剂,同时也表明 Pt/BG 催化剂具有更高的抗 CO 中毒能力。

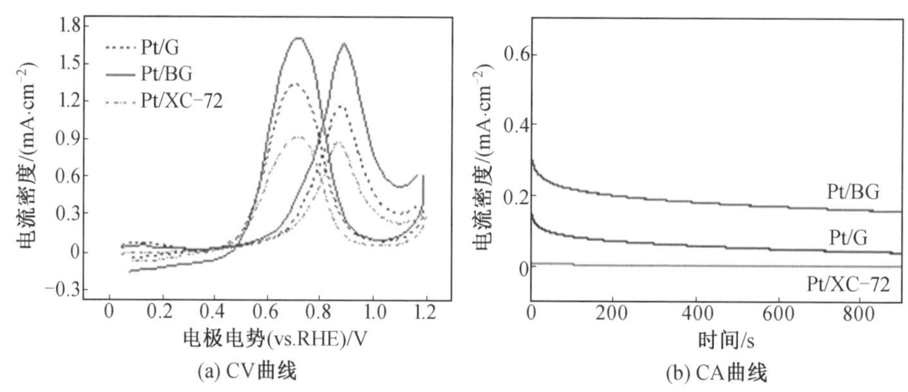

图 4.15 Pt/XC-72、Pt/G 和 Pt/BG 在甲醇溶液中的电化学行为

为了考察不同 B 掺杂量的 BG 载体对 Pt 纳米颗粒形貌及分散性的影响,对 Pt/BG(B 掺杂量为 0.71%)、Pt/BG(B 掺杂量为 1.66%)和 Pt/BG(B 掺杂量为

1.76%）三个样品进行 TEM 表征及粒径分布分析。如图 4.16 所示，Pt 纳米颗粒均匀地分布在不同 B 掺杂量的 BG 载体表面，并且可清晰地看到 Pt 纳米颗粒没有明显的团聚现象产生。随机选取 100 个纳米颗粒，对其进行粒径尺寸的统计，统计结果如插图所示。从结果中可看出，Pt/BG（B 掺杂量为 0.71%）中 Pt 的平均粒径尺寸约为 2.7 nm，Pt/BG（B 掺杂量为 1.76%）中 Pt 的平均粒径尺寸约为 2.6 nm，这些数值都大于 Pt/BG（B 掺杂量为 1.66%）中 Pt 的平均粒径尺寸（约为 2.4 nm）。这一结果表明，相比于 BG（B 掺杂量为 0.71%）和 BG（B 掺杂量为 1.76%）两个载体，BG（B 掺杂量为 1.66%）表面的 Pt 颗粒较小，可能与其中 B 主要以 BCO_2形式存在有关。

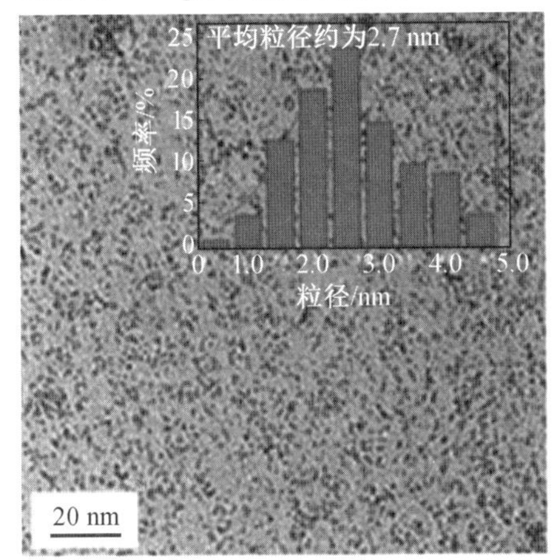

(a) B掺杂量为0.71%

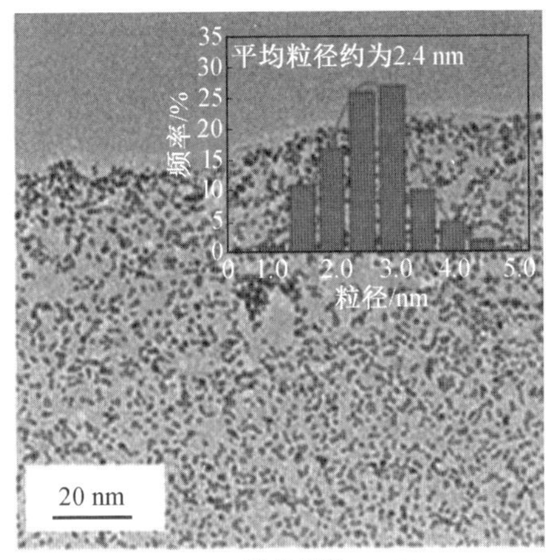

(b) B掺杂量为1.66%

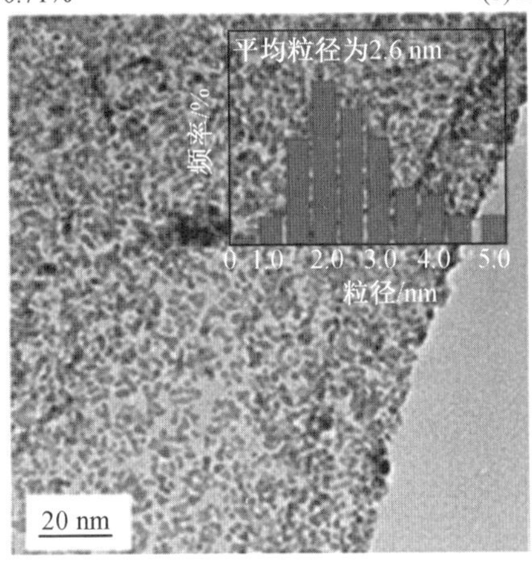

(c) B掺杂量为1.76%

图 4.16　不同 B 掺杂量 BG 载体负载 Pt 后的 TEM 及粒径分布图

在0.5 mol/L H_2SO_4电解液中通过CV曲线对Pt/BG（B掺杂量为0.71%）、Pt/BG（B掺杂量为1.66%）和Pt/BG（B掺杂量为1.76%）三种催化剂的ECSA进行比较，如图4.17所示。根据图4.17（a）中氢吸脱附峰的面积，可计算出ECSA，B掺杂量为0.71%、1.66%和1.76%三个比例为载体的催化剂，其对应的ECSA分别为52.5 m^2/g、58.8 m^2/g和57.3 m^2/g。这一结果归因于BG载体中B的掺杂量不同，从而引起Pt粒径尺寸的差异。

为了避免电化学面积不同所引起性能上的差异，衡量甲醇氧化活性时归一化到电化学面积比活性。图4.17(b)显示当载体中B掺杂量为1.66%时，Pt/BG催化剂的峰电流密度为1.68 mA/cm^2，高于Pt/BG（B掺杂量为0.71%）的1.18 mA/cm^2和Pt/BG（B掺杂量为1.76%）的0.91 mA/cm^2，而在恒电流CA测试900 s后，图4.17（c）显示Pt/BG（B掺杂量为1.66%）催化剂的电流密度为0.16 mA/cm^2，高于Pt/BG（B掺杂量为0.71%）的0.12 mA/cm^2和Pt/BG（B掺杂量为1.76%）的0.07 mA/cm^2，这再次证明了Pt/BG（B掺杂量为1.66%）催化剂具有高催化活性，并且该掺杂量的载体也对Pt催化剂的抗CO中毒能力起到了促进作用。

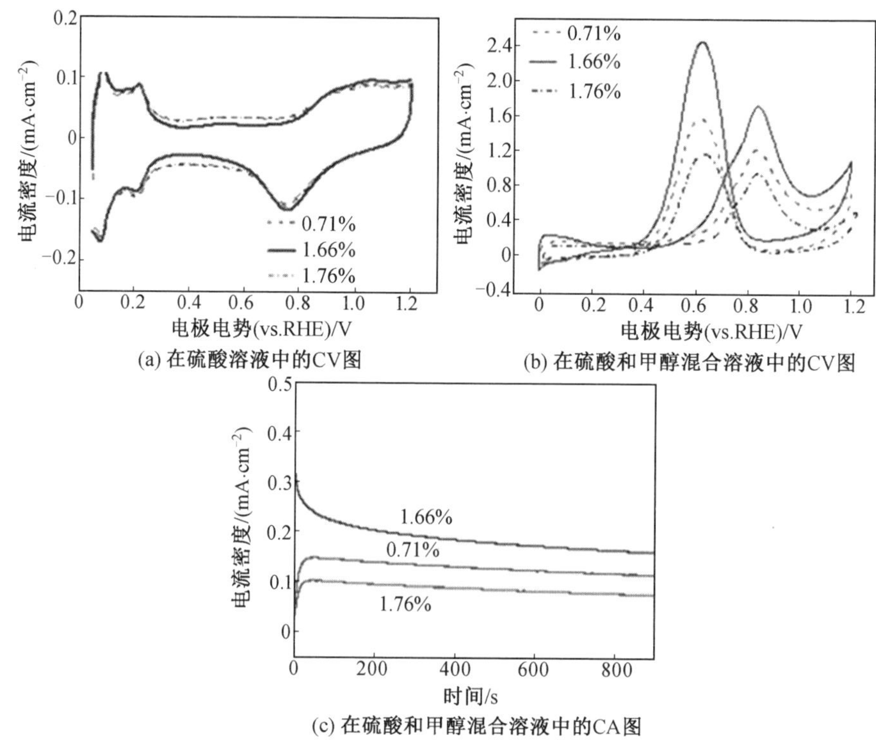

图4.17　不同B掺杂量的Pt/BG的电化学行为

为了研究 Pt/G 和 Pt/BG 催化剂甲醇电催化性能的提高机制，对两种催化剂的 CO 氧化情况进行考察，如图 4.18 所示。Pt/BG 催化剂 CO 起始氧化峰电势为 0.677 V，峰电势为 0.783 V；Pt/G 起始氧化峰电势为 0.737 V，峰电势为 0.806 V。与 Pt/G 相比，Pt/BG 的起始氧化峰电势负移 60 mV，峰电势负移 23 mV。这一结果表明，CO 在 Pt/BG 催化剂表面更容易被氧化，Pt/BG 催化剂具有更好的抗 CO 中毒能力。抗 CO 中毒能力的增强，可减少 Pt 的中毒，使得有更多的活性位点用于甲醇氧化，Pt/BG 催化剂具有较高的甲醇催化活性的根本原因仍是抗 CO 中毒能力的提高，但引起抗 CO 中毒能力提高的主要原因并不是—OH的生成电势低和氧含量增加所致。

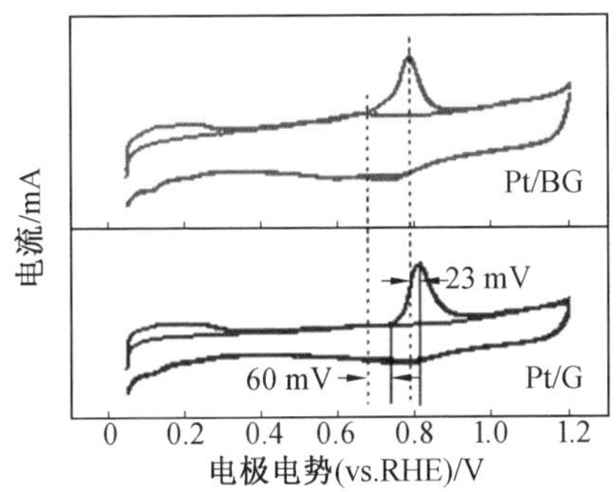

图 4.18　Pt/G 和 Pt/BG 催化剂的 CO 氧化曲线

抗 CO 中毒能力的提高除受氧含量和—OH 生成电势的影响以外，还受到 CO 在催化剂表面吸附能力的影响。CO 吸附在 Pt 催化剂表面时，主要是由 C 的 2s 轨道组成的 CO 的 5σ 轨道向 Pt 的 d 轨道提供电子，形成 σ 键，同时，CO 的 2p 电子数有所增加，这时为了不使 Pt 表面过分聚集负电荷，中心金属向 CO 分子反馈电子形成反馈 π 键。这样，CO 分子在 Pt 表面的吸附形成了 $\sigma-\pi$ 键。当 Pt 的 dπ 轨道向 CO 的 $2\pi^*$ 轨道的电子反馈过程能力减弱，可减弱 CO 在 Pt 表面的吸附能，因此，通过调整 d 轨道的电子结构可实现对 CO 吸附能的有效调控。Nørskov 提出“d 带中心理论”模型用于解释过渡金属表面的电子结构与吸附物种反应活性的关系，为构筑具有良好抗 CO 中毒能力的催化剂提供了理论依据。Nørskov 等通过量子化学计算过渡金属表面 CO 的吸附/解离能、过渡金属的 d 带中心、d 带的电子数以及 CO 轨道与金属 d 轨道的重叠矩阵与吸附/解离之间的关系。该理论指出，当过渡金属 d 带中心值越大，远离 Fermi 能级位置，d 轨道与吸附物种的轨道相互重叠越小，对 CO 吸附强度越弱。Zheng 等在对 Pt 的 d 带中心位置分析时发现，Pt 的 d 带中心位置的偏移方向与 Pt 4f 的电子结合能的偏移方向一致，因此可以采用 XPS 测试方法间接分析 Pt 的 d 带中心。当 Pt 的电子结合能发生负向偏移时,其 Pt 的 d 带中心值增大,意味着远离 Fermi 能级位置,反之亦然。对 Pt/G 和 Pt/BG 催化剂 XPS 测试中的 Pt 4f 峰进行分峰处理,结果如图 4.19 所示。可以看到,在 Pt/G 和 Pt/BG 催化剂中 Pt 主要存在两种价态,即零价金属态和二价氧化态。相比于 Pt/G,Pt/BG 催化剂中 Pt 的电子结合能发生负向偏移(0.16 eV),这表明 Pt/BG 催化剂中载体的改变使得 Pt 电子结构发生了改变。将该现象与“d 带中心理论”相结合分析可知,Pt/BG 催化剂载体中低电负性 B 原子的掺杂,使得 Pt 的电子结合能发生了负向偏移,意味着 Pt 的 d 带中心值增大,远离 Fermi 能级位置,造成 Pt 的 d 轨道与 CO 的轨道相互重叠减小,减弱 CO 在 Pt 表面的吸附强度,有助于 CO 在低电势处被氧化去除。同时,载体的改变使得 Pt/BG 的零价 Pt 含量为 66.3%,高于 Pt/G(29.7%)。这一结果表明,BG 载体有助于零价金属态 Pt 的形成,甲醇氧化主要发生在零价金属态 Pt 表面,零价 Pt 含量增多意味着甲醇氧化活性位点增多。

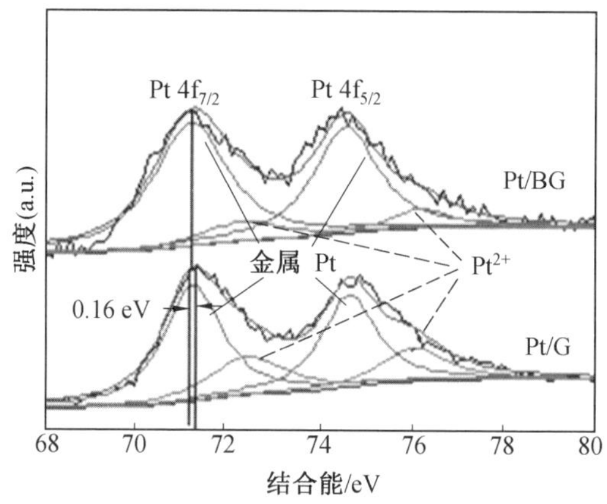

图 4.19 Pt/G 和 Pt/BG 催化剂的 Pt 4f XPS 谱图

在对 Pt/BG 催化剂的甲醇氧化活性提高机制分析中发现,以 BG 为载体的 Pt/BG 催化剂,其性能提升机制不同于 Pt/NG 催化剂,Pt/BG 催化剂中并未因载体的改变而使得催化剂的氧含量增加,—OH 的生成电势降低,但 BG 载体可减弱 CO 在 Pt 表面的吸附能力,也可降低 CO 的氧化电势。为了进一步提高 Pt 催化剂在甲醇氧化中的催化活性,将 Pt/NG 催化剂的“降低—OH 生成电势,增加氧含量”与 Pt/BG 催化剂的“减弱 CO 吸附能力”相结合,在 NG 载体基础上进行 B 原子的掺杂,从而制备了双原子掺杂型石墨烯载体(BNG)。

采用 Raman 光谱技术可对 NG 和 BNG 材料的缺陷程度进行研究,通过图 4.20计算可得到 BNG 的 I_D/I_G值为 1.03,明显大于 NG 的 0.85。这一结果表明,BNG 材料的缺陷程度更大,这是由于在 NG 材料中,只有 N 原子掺杂到碳结

构中,对于 BNG 来说,除了 N 原子掺杂以外,B 原子也掺杂到碳结构中,引起石墨烯的缺陷位点更多。

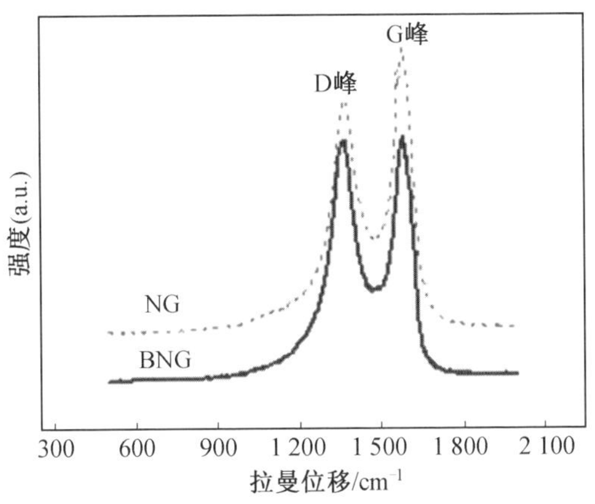

图 4.20 NG 与 BNG 载体的 Raman 图

对石墨烯(G)、NG 和 BNG 三种材料的比表面积和孔径情况进行分析,测试结果如图 4.21 所示。从图中可以看到,G、NG 和 BNG 三种载体材料都出现了等温线的吸附分支与等温线的脱附分支这一特征,出现了迟滞回线(属于Ⅳ型类 H_3 型等温线)。这是因为 G、NG 和 BNG 三种载体材料层与层无序堆叠出现了不规则的狭缝状孔道。根据 BET(Brunauer-Emmett-Teller)方程,可以计算得到 G、NG 和 BNG 三种样品的 BET 比表面积分别为 315.7 m^2/g、326.5 m^2/g 和 328.8 m^2/g,这些数值都远小于单层石墨烯的理论数值(2 630 m^2/g)。这是因为所制备的 G、NG 和 BNG 三种样品并不是以单一片层结构形式存在,而是以无序堆叠状存在,所以 BET 变小。根据 BJH(Barret-Joyner-Halenda)孔径分布图(内嵌图)可以观察到,孔径分布主要集中在 2 ~40 nm 之间,这些孔径来自于石墨烯层与层之间堆叠的狭缝。

分析 NG 和 BNG 载体物理结构后,需对两种载体负载 Pt 后的物理性质和电化学性能进行对比分析。对 Pt/NG 和 Pt/BNG 两种催化剂的物相结构进行表征分析,结果如图 4.22 所示。从图中可以看到,Pt/NG 和 Pt/BNG 两种催化剂在 25.8°时出现了清晰的特征衍射峰,该峰属于 C(002)晶面,除此之外,Pt 的特征衍射峰与 Pt 的标准卡片(PDF#04-0802)结果相一致。值得注意的是相比于 Pt/NG,Pt/BNG 中 Pt(200)的衍射峰发生了宽化,这可能是 Pt 粒径不同所引起,根据 Scherrer 公式,计算出 Pt/BNG 催化剂中 Pt 的粒径为 2.4 nm,小于 Pt/NG 催化剂的 2.7 nm。这一结果表明,BNG 表面有助于 Pt 纳米小颗粒的形成。

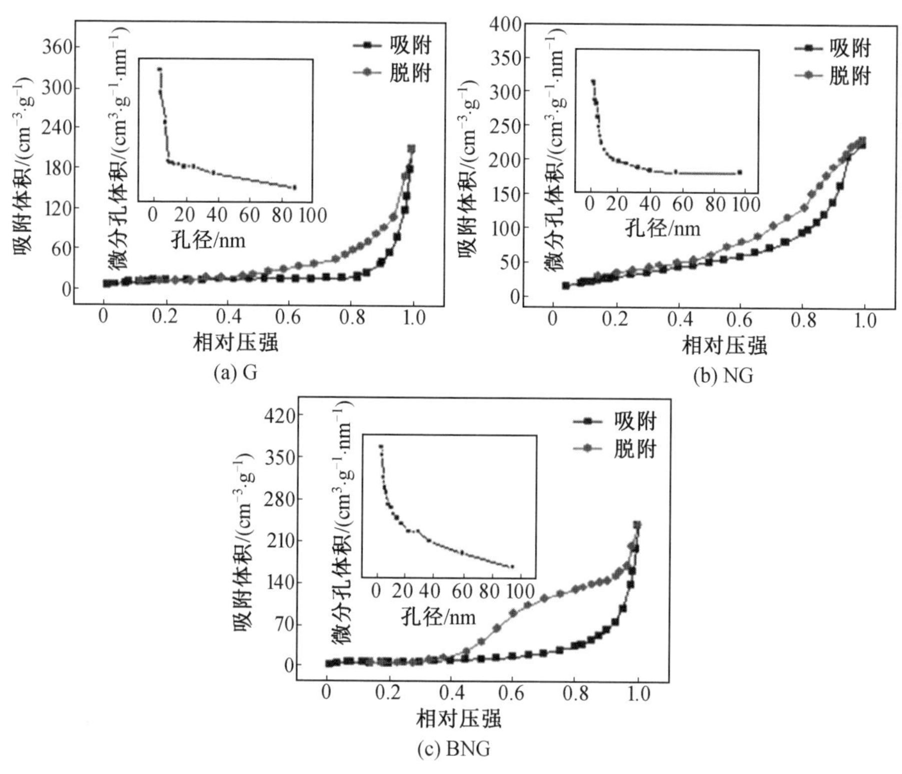

图 4.21　G、NG 和 BNG 载体的比表面情况图

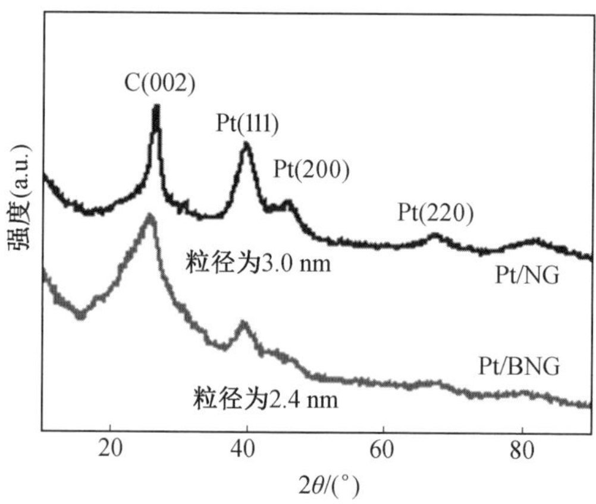

图 4.22　Pt/NG 和 Pt/BNG 催化剂的 XRD 图

为了直观观察到 Pt 颗粒在 NG 和 BNG 表面的分散情况，采用 TEM 对 Pt/NG 和 Pt/BNG 两种催化剂进行表征，测试结果如图 4.23 所示。可以看到，Pt 纳米颗粒均匀分散在 NG 和 BNG 两种载体表面，同时也可清晰地看到 NG 和 BNG 载体的 2D 片层结构。为了进一步分析 Pt 纳米颗粒在载体表面的粒径分布情况，对 Pt/NG 和 Pt/BNG 两种催化剂进行粒径分布统计。可看到，Pt/NG（图 4.23（c））中 Pt 颗粒的粒径分布较宽，平均粒径为 2.5 nm，Pt/BNG（图 4.23（d））中 Pt 颗粒的粒径分布较窄，平均粒径为 2.3 nm。这一结果说明了 BNG 表面的 Pt 颗粒较小，这与 XRD 的分析结果一致。

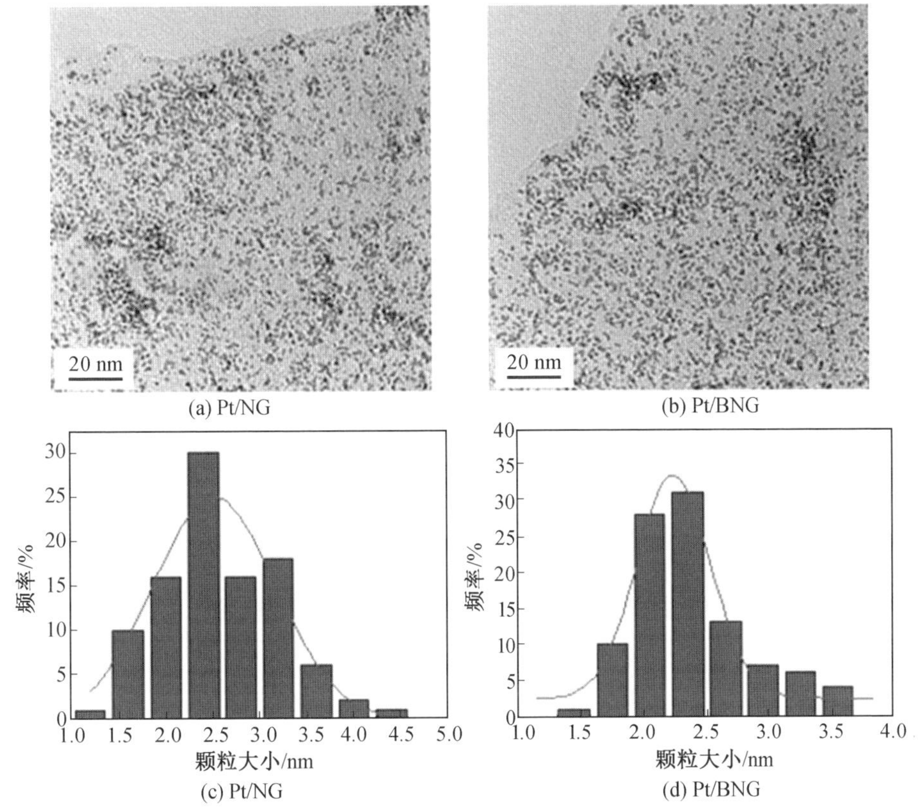

20 nm

(a) Pt/NG

20 nm

(b) Pt/BNG

频率/%

颗粒大小/nm

(c) Pt/NG

频率/%

颗粒大小/nm

(d) Pt/BNG

图 4.23　Pt/NG 和 Pt/BNG 催化剂的 TEM 及粒径分布图

为了考察 Pt/BG、Pt/NG 和 Pt/BNG 三种催化剂的 ECSA 情况，将 Pt/BG、Pt/NG 和 Pt/BNG 置于 0.5 mol/L H_2SO_4 电解液中进行 CV 测试。从图 4.24（a）中可以看到，Pt/BG、Pt/NG 和 Pt/BNG 三种催化剂都出现了氢脱附/吸附峰、Pt 氧化峰和 Pt 还原峰三个特征峰。根据氢的脱附峰积分面积计算得到，Pt/BNG 的

ECSA 为 70.6 m^2/g，该数值明显高于 Pt/NG(60.5 m^2/g)和 Pt/BG(58.8 m^2/g)。这主要归因于两方面，一方面，Pt 在 BNG 载体表面具有较高的分散性；另一方面，Pt/BNG 催化剂中 Pt 粒径均小于 Pt/NG(2.5 nm)和 Pt/BG(2.4 nm)，粒径越小，ECSA 越大。

将 Pt/BG、Pt/NG 和 Pt/BNG 三种催化剂分别置于 0.5 mol/L H_2SO_4 + 0.5 mol/L CH_3OH电解液中进行甲醇电氧化性能测试，测试对比图如图 4.24(b)和(c)所示。比较正扫氧化峰电流密度数值发现，Pt/BNG 的电流密度为 2.46 mA/cm^2，相比于 Pt/NG(1.58 mA/cm^2)和 Pt/BG(1.68 mA/cm^2)均有明显提高。这表明 Pt/BNG 催化剂的甲醇氧化活性高于 Pt/NG 和 Pt/BG 两种催化剂。恒电势 CA 测试 900 s 后，Pt/BNG 催化剂的电流密度值为 0.19 mA/cm^2，相比于 Pt/NG(0.06 mA/cm^2)和 Pt/BG(0.16 mA/cm^2)均有明显提高。这一结果表明，Pt/BNG 催化剂对甲醇氧化的催化活性明显优于 Pt/NG 和 Pt/BG 两种催化剂，同时也说明 Pt/BNG 催化剂具有更高的抗 CO 中毒能力。

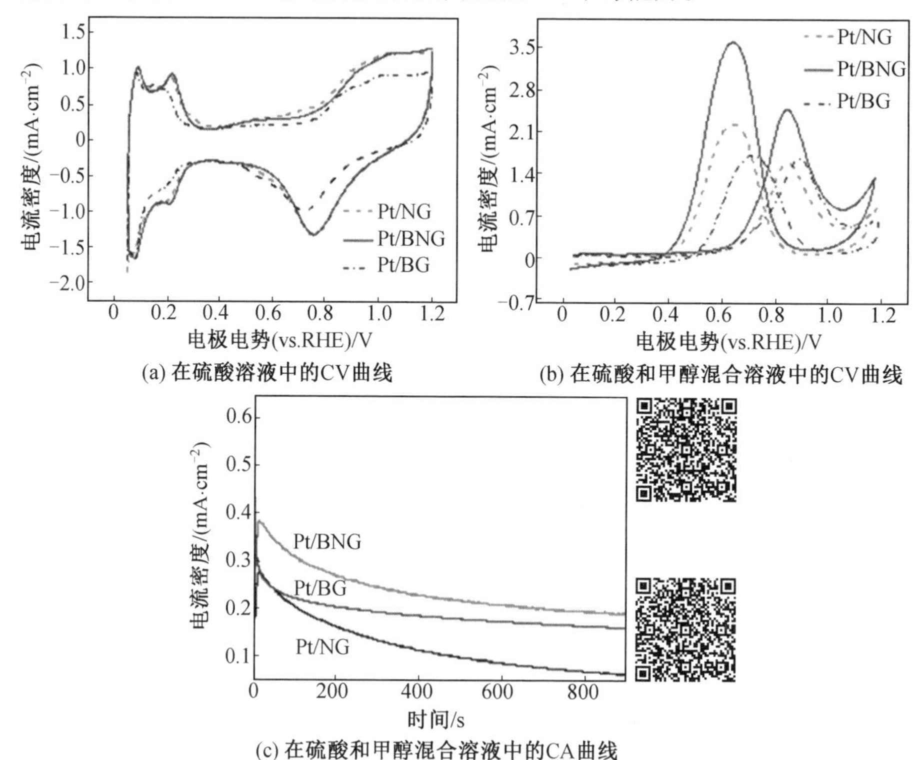

图 4.24　Pt/BG、Pt/NG 和 Pt/BNG 的电化学行为

作为催化剂载体选择的一个重要标准，载体材料要与贵金属之间具有较强的相互作用，该作用可使得贵金属“锚定”在载体表面，对催化剂稳定性的提高具有重要意义，通常采用循环伏安方法对催化剂的稳定性进行测试。图4.25(a)和(b)分别是Pt/NG和Pt/BNG在0.5 mol/L H_2SO_4溶液中ECSA的变化情况以及在0.5 mol/L H_2SO_4+0.5 mol/L CH_3OH溶液中甲醇氧化峰电流的变化情况。通过图中的曲线可以看出，在第1 000圈时，Pt/BNG催化剂的电化学活性面积减少了20.76%，而Pt/NG的电化学活性面积减少了24.29%。这表明，相比于N原子的单一掺杂，B、N共掺杂的石墨烯载体更有助于Pt的锚定，对提高Pt的稳定性起到了促进作用。而当第1 000圈时，Pt/NG和Pt/BNG催化剂的峰电流分别减少了15.19%和12.32%，这表明Pt/BNG催化剂具有较高的甲醇氧化稳定性。

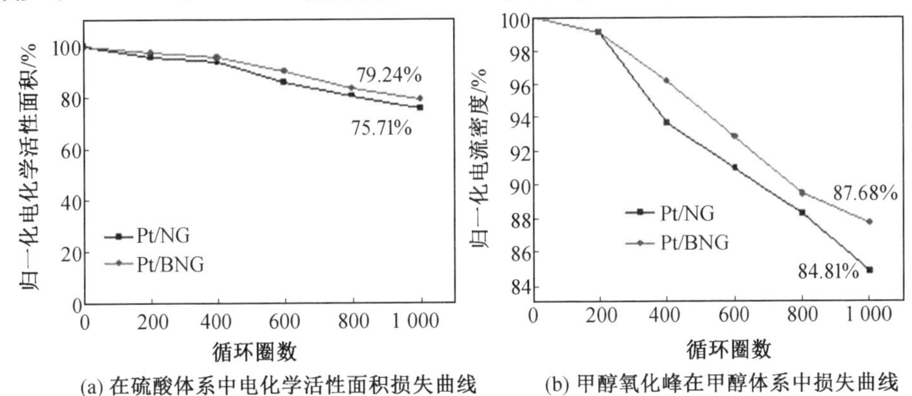

(a) 在硫酸体系中电化学活性面积损失曲线　(b) 甲醇氧化峰在甲醇体系中损失曲线

图4.25　Pt/NG和Pt/BNG催化剂的稳定性

采用CO氧化和程序升温脱附(TPD)两种方法考察CO在Pt/NG和Pt/BNG催化剂表面的氧化与吸附情况。图4.26分别是Pt/NG和Pt/BNG催化剂在0.5 mol/L H_2SO_4溶液中的CO氧化曲线和TPD测试曲线。可以看到，Pt/BNG催化剂CO起始氧化峰电势为0.655 V，峰电势为0.775 V，与Pt/NG相比，Pt/BNG的起始氧化峰电势负移30 mV，峰电势负移10 mV。这一结果表明，CO在Pt/BNG催化剂表面更容易被氧化，说明Pt/BNG催化剂具有更好的抗CO中毒能力。根据TPD测试结果，Pt/NG和Pt/BNG两种催化剂的CO脱附温度存在较大差异。对于Pt/BNG催化剂来说，CO脱附峰出现的温度为170 ℃，明显低于Pt/NG催化剂的CO脱附温度300 ℃，这一结果表明，相比于Pt/NG催化剂，CO在Pt/BNG催化剂表面的吸附能力较弱，导致了CO氧化电势较负，这就解释了CO氧化曲线中CO在Pt/BNG催化剂表面起始氧化电势和峰电势较负的原因。

为了研究Pt/NG和Pt/BNG两种催化剂中Pt的电子结构情况，对两个样品

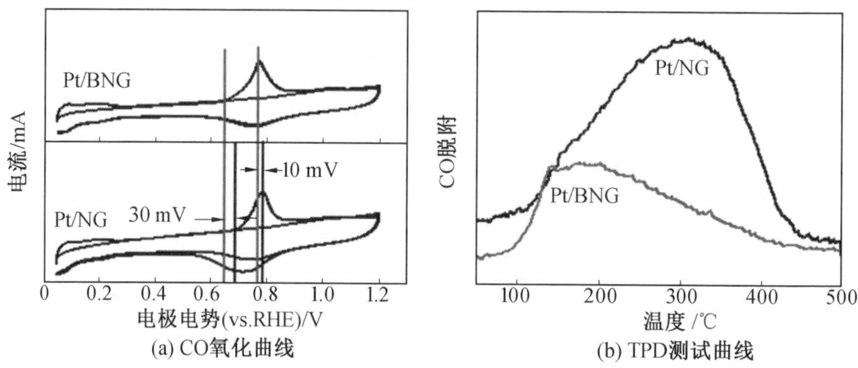

图 4.26 Pt/NG 和 Pt/BNG 催化剂对 CO 的脱附行为

的 Pt 进行 XPS 测试及分析，如图 4.27 所示。可以看出，Pt/BNG 催化剂中 Pt 的电子结合能分别为 71.1 eV 和 74.4 eV，Pt/NG 催化剂中 Pt 的电子结合能分别为 71.4 eV 和 74.7 eV，发现相比于 Pt/NG 催化剂，Pt/BNG 催化剂中 Pt 的电子结合能发生了负向偏移（0.3 eV），根据 Nørskov 的"d 带中心理论"，当 Pt 电子结合能发生负向偏移就意味着 Pt 的 d 带中心位置增大，远离 Fermi 能级位置，d 轨道与吸附物种的轨道相互重叠减小，此时 Pt 对 CO 吸附强度减弱。此外，从图 4.26 中 CO 的氧化图及 TPD 的结果分析也可得到 Pt/BNG 催化剂表面的 CO 吸附强度较弱。这些实验结果都与该理论的分析结果相吻合，表明"d 带中心理论"为分析 Pt/BNG 催化剂性能提升机制提供了理论基础，同时 CO 与 TPD 的测试结果也印证了"d 带中心理论"。

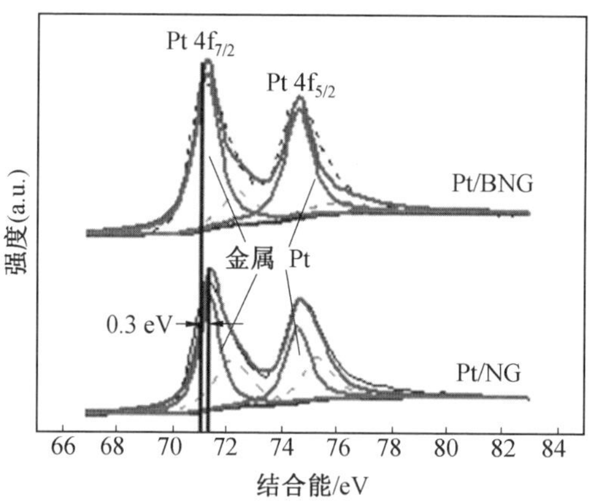

图 4.27 Pt/NG、Pt/BNG 催化剂的 Pt 4f XPS 谱图

4.1.3　光化学合成铂纳米颗粒电催化剂及其甲醇电氧化性能研究

除了对碳材料的掺杂之外，金属氧化物在充当贵金属碳载体方面也具有独特的优势。通过水热反应以葡萄糖为原料在 TiO_2 表面生长一薄层碳，在反应过程中二氧化碳纳米棒中部分 Ti^{4+} 还原为 Ti^{3+}，从而导致其禁带宽度（band gap）变窄。同时，超薄碳层的包覆提供了负载铂纳米颗粒的活性位点并解决了二氧化钛导电性差的问题。使用高倍透射电子显微镜进行形貌表征。图 4.28 所示为二氧化钛与葡萄糖理论含碳量的质量比，即钛碳比为 1∶3 时（记为 TNR@ GC-1∶3）载体的高倍透射电子显微镜图。从图中可以看出二氧化碳纳米棒整体有着比较明显的晶格条纹，表明其具有良好的结晶性，使用 Digital Micrograph 软件量得晶格间距为 0.35 nm，所对应的是锐钛矿晶形（101）晶面的二氧化钛。同时在二氧化钛纳米棒边缘看到包覆完整的无定形态的碳层，厚度约为 1.5 nm。以上结果表明在钛碳比为 1∶3 时，制得的碳层可以均匀完整地包覆二氧化钛纳米棒，且能维持其纳米棒的结构及锐钛矿晶形，抑制高温下锐钛矿晶形向金红石晶形的转变。

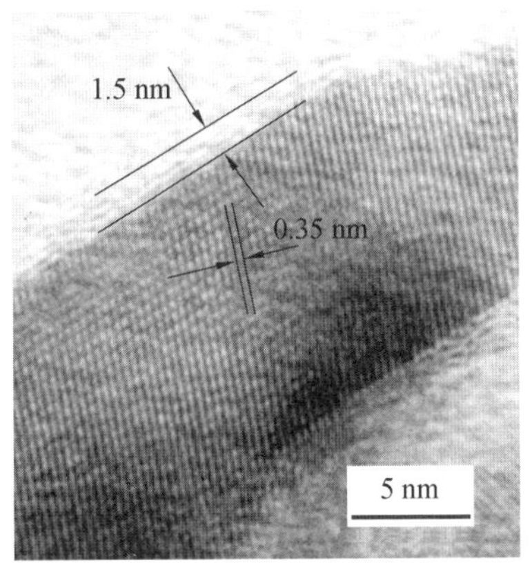

图 4.28　超薄碳层包覆的二氧化钛纳米棒的高倍透射电子显微镜图

不同钛碳比包覆碳层后 TNR@ GC 载体中实际含碳量是通过对热重测试的数据分析而得。图 4.29 展示了不同钛碳比的 TNR@ GC 样品的热重测试图（测试条件为：在空气和氩气气氛中煅烧，加热速率为 10 ℃/min）。从图中可以看出三种钛碳比的 TNR@ GC 载体材料的热重曲线形状类似，在低于 200 ℃的初始升温阶段样品的质量损失较慢，这是脱除样品中吸附水的阶段。接着在 400 ~ 500 ℃附近，TNR@ GC 载体的质量迅速下降，一般认为这是包覆的碳层开始燃烧的温度，一直到 600 ℃剩余样品质量开始保持稳定不变，说明包覆的碳层已经完全烧尽。从图中数据可以计算出 TNR@GC-1：1、TNR@GC-1：3 和 TNR@GC-1：5样品损失的质量分数分别为 8.2%、19.5% 和 47.8%，因水热和高温烧结过程存在着碳的损失，所以实际含碳量要低于理论含量碳，但实际含碳量随钛碳比增加的比例及趋势是合理的。

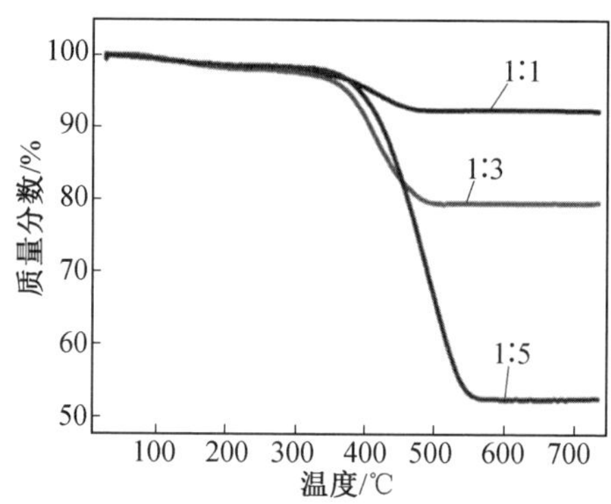

图 4.29　不同钛碳比的 TNR@GC 样品的热重曲线

为研究不同钛碳比的碳层包覆后 TNR@GC 材料与锐钛矿型二氧化钛的光学吸收特性的变化，测试了样品的紫外可见吸收光谱（UV-vis）。如图 4.30 所示，碳层包覆后 TNR@GC 样品在紫外线和可见光区域均表现出较强的光吸收特性，并且呈现出随含碳量增加而增强的趋势，表明超薄碳层包覆引起 TNR@GC 样品的光谱响应范围和光吸收能力增强。同时，碳层包覆后 TNR@GC 样品的紫外吸收边相对于纯锐钛矿型二氧化钛出现红移，表明其禁带宽度变窄。依据公式 $\alpha h\nu = A(h\nu - E_g)^n$ 计算碳层包覆后 TNR@GC 样品的禁带宽度变化，其中：A 为常数，α 为摩尔吸收系数，h 为普朗克常量，ν 为入射光子频率，n 在这里为 1/2，E_g 为计算所求的禁带宽度值。由此可以计算出在碳层包覆后不同钛碳比的 TNR@GC 样品的能带宽度的变化，其中钛碳比为 1：1 样品的禁带宽度值为 3.0 eV，钛碳比为 1：3 样品的禁带宽度值降低到 2.5 eV，1：5 样品中的禁带宽度太弱而无法计数。相比于纯锐钛矿型二氧化钛的禁带宽度（3.2 eV）变窄（图 4.30（b）），相对于纯锐钛矿型二氧化钛其更容易发生光激发而产生空穴电子，在其表面更加容易发生光还原铂的反应。

随后，利用 XPS 测试分析碳层包覆后不同钛碳比的 TNR@GC 样品中钛元素价态和表面电子态，锐钛矿 TiO_2 颗粒作为空白对比样品。Ti 2p 的 XPS 光谱如图 4.31（a）所示，能级由两个峰组成，随着含碳量的增加，可以观察到 Ti 2p 的两个能级峰的位置都发生明显的负位移，这可能是由于包覆碳层后 TNR@GC 材料中可能有 Ti^{3+} 的存在。应该注意的是随着包覆碳量的增加，当钛碳比达到 1：5 时，

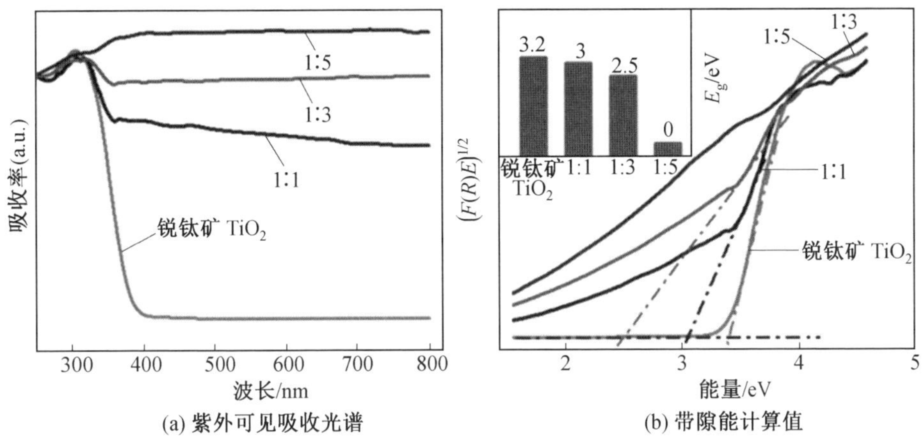

图 4.30　锐钛矿型二氧化钛和不同钛碳比的碳层包覆二氧化钛纳米棒的光吸收特性与电子结构

过多碳的加入使得包覆二氧化钛纳米棒形成较厚的碳层,阻断了 XPS 测试中对载体材料所含钛元素的检测。同时电子顺磁共振(EPR)进一步验证了 Ti^{3+} 的存在。如图 4.31(b)所示,锐钛矿型二氧化钛的黑线显示在 $g=2.005$ 时的 EPR 信号可忽略不计,而在 TNR@ GC-1∶3 样品的 EPR 曲线中观察到了明显的标志信号峰。这一观察结果证实了经过超薄碳层包覆后在 TNR@ GC-1∶3 样品中相当比例的四价钛被还原为三价钛。

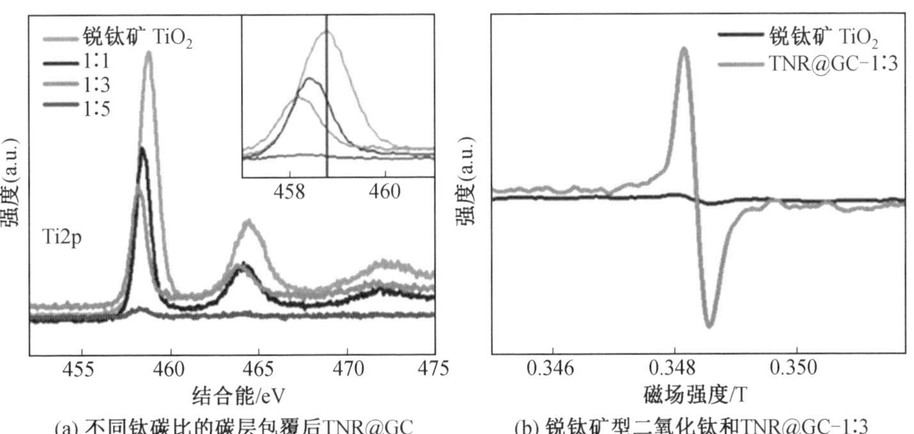

图 4.31　不同钛碳比的碳层包覆二氧化钛纳米棒和锐钛矿型二氧化钛的电子结构

图4.32所示为p-Pt/TNR@GC-1:3催化剂的透射电子显微镜照片、高分辨透射电子显微镜照片和Pt纳米颗粒的尺寸分布图。可以明显地看到,产物p-Pt/TNR@GC-1:3催化剂仍然保持着明显的棒状形貌,纳米棒的直径大约是20 nm。同时,二氧化钛纳米棒的长度和直径经过800 ℃高温处理后与烧结前几乎没有显著变化,这归因于包覆在外的碳层有效地保护了二氧化钛纳米棒的形态,避免了其在高温下发生结构坍塌以及从锐钛矿晶形到金红石晶形的转变,维持了其原本的棒状微观结构。从HRTEM图中可以看出二氧化碳纳米棒整体有着比较明显的晶格条纹,0.35 nm的晶格间距对应于锐钛矿晶形二氧化钛纳米棒的(101)晶面,而Pt纳米颗粒中0.23 nm的晶格间距对应的则是面心立方(fcc)晶形铂的(111)晶面。此外,在有着明显晶格条纹的二氧化钛纳米棒的边缘观

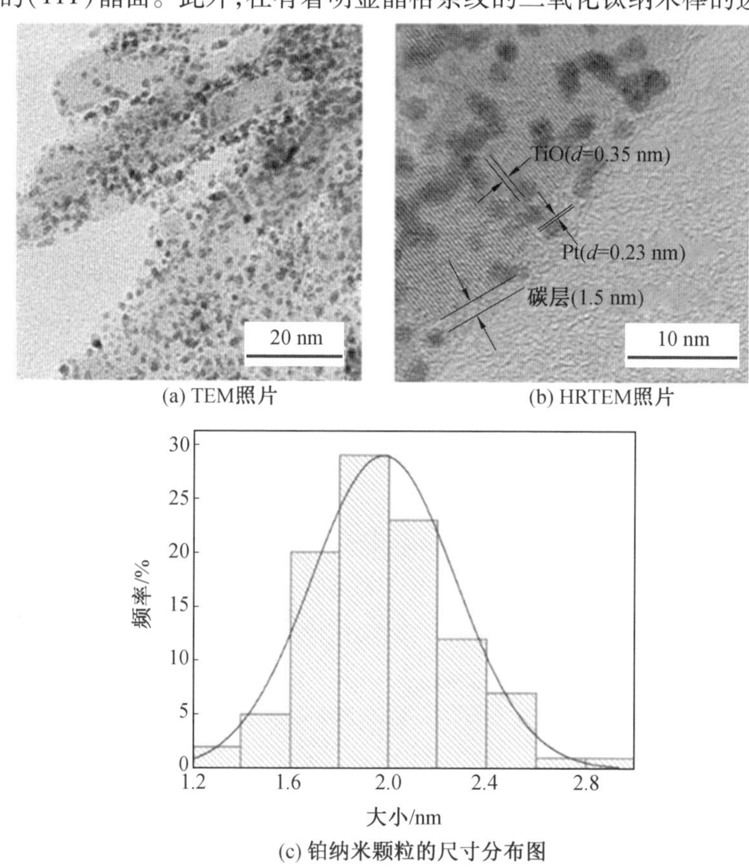

(a) TEM照片　(b) HRTEM照片

(c) 铂纳米颗粒的尺寸分布图

图4.32　p-Pt/TNR@GC-1:3的形貌

察到一层薄薄的均匀包裹的无定形态的结构，即为包覆的超薄石墨碳层。这表明制备的载体材料拥有核壳结构，包覆的超薄石墨碳层的厚度大约为 1.5 nm。从图中观察到铂纳米颗粒的分布是围绕着碳层包覆的二氧化钛纳米棒均匀分散，这有益于电化学活性面积的增加，提升铂基催化剂的活性。铂纳米颗粒的平均尺寸通过粒径统计获得，大约为 2.07 nm。

图 4.33 所示为商业 Pt/C 催化剂和经不同钛碳比的碳层包覆后的 p-Pt/TNR@GC 催化剂在氩气饱和的 0.5 mol/L $HClO_4$溶液中的循环伏安曲线。通过氢吸附/解吸（H_{ad}）积分所产生的电荷计算电化学活性面积（ECSA），p-Pt/TNR@GC-1∶1 的 ECSA 为 46.3 m^2/g，相比之下 p-Pt/TNR@GC-1∶3 催化剂拥有更高的 ECSA（62.6 m^2/g），而在 p-Pt/TNR@GC-1∶5 催化剂上的 ECSA 则可忽略不计。可以看出，p-Pt/TNR@GC-1∶3 的电化学活性面积最高，且随着钛碳比的增加，电化学活性面积先增加后降低，当钛碳比为 1∶3 时达到峰值，而太厚的碳层不仅严重影响了 Pt 纳米颗粒的光还原负载量，也降低了催化剂本身的金属载体相互作用。p-Pt/TNR@GC-1∶3 拥有最高的电催化活性的原因有以下几个方面：首先，在 Pt 纳米颗粒与超薄碳层包覆的二氧化钛纳米棒之间存在较强的金属载体相互作用，形成 Pt 颗粒-超薄碳层-二氧化钛构成的三明治纳米结构；其次，使用超薄碳层的包覆大大改善了二氧化钛纳米棒导电性不足的缺点；最后，Pt 纳米颗粒在钛碳比为 1∶3 时碳层包覆的二氧化钛纳米棒上的分散很均匀并且颗粒尺寸较小。

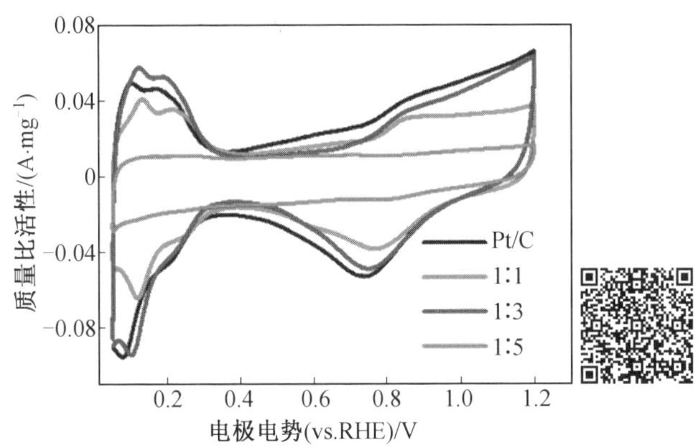

图 4.33　商业 Pt/C 催化剂和经不同钛碳比的碳层包覆后的 p-Pt/TNR@GC 催化剂的循环伏安曲线

在 0.5 mol/L $HClO_4$ 与 0.5 mol/L CH_3OH 混合溶液中进行循环伏安测试。从图 4.34 中可以明显看到,电催化剂 p-Pt/TNR@ GC-1∶3 表现出最高的甲醇电氧化反应活性,远高于其他两个钛碳比包覆二氧化钛负载铂的催化剂,其中 Pt/C 催化剂单位质量比活性为 0.38 A/mg,而电催化剂 p-Pt/TNR@ GC-1∶3 的甲醇电氧化正扫峰电流密度高达 1.12 A/mg,且起始电势比 Pt/C 更负。Pt/C、p-Pt/TNR@ GC-1∶1 与 p-Pt/TNR@ GC-1∶3 催化剂以电化学活性面积归一化后的电流密度分别为 6.95A/m^2、9.07 A/m^2 和 17.89 A/m^2。

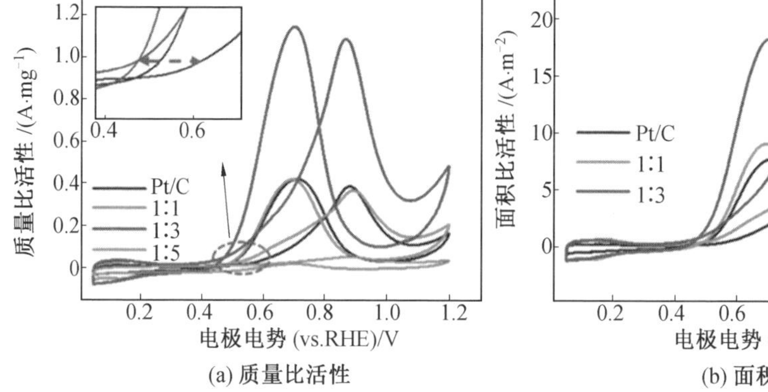

(a) 质量比活性

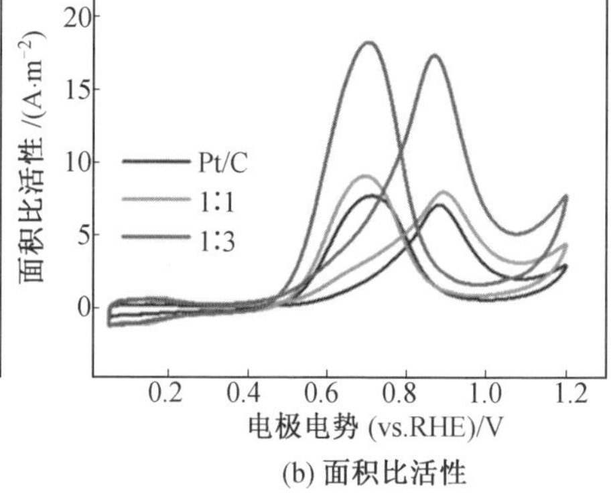

(b) 面积比活性

图 4.34 电催化剂 Pt/C 和不同钛碳比的碳层包覆后 p-Pt/TNR@ GC 催化剂在高氯酸和甲醇混合溶液中的循环伏安测试的电化学行为

在实际运行的商业化 DMFC 型燃料电池中,电催化剂在相对恒定的电势下长时间工作,因此将研究电极电势设置为 0.4 V,并保持 2 400 s,以此评估催化剂的稳定性。图 4.35 中计时电流测试期间,电催化剂 p-Pt/TNR@ GC-1∶3 始终拥有比商业 Pt/C 催化剂更高的甲醇氧化电流,经过 2 400 s 的测试后,电催化剂 p-Pt/TNR@ GC-1∶3 的最终稳定的电流密度是商业 Pt/C 催化剂的 3.6 倍;电催化剂 p-Pt/TNR@ GC-1∶3 在经过 2 400 s 后的电流保持率为 76.2%,远高于商业 Pt/C 催化剂的 29.6%,反映出甲醇电氧化反应的稳定性更强。

基于上述加速甲醇电氧化循环测试和计时电流测试的结果可知,光化学合成制备的铂基电催化剂 p-Pt/TNR@ GC 拥有的铂纳米颗粒-超薄碳层-二氧化钛纳米棒三明治结构,不仅利用超薄碳层完美地解决了二氧化钛载体的导电性与铂纳米颗粒分散均匀的活性位点的问题,同时三明治结构也有利于铂纳米颗粒的均匀分散,表现出对甲醇电氧化反应活性和稳定性大幅增强的作用。为进一步理解催化剂 p-Pt/TNR@ GC-1∶3 对甲醇电氧化的高活性和稳定性作用,测试电催化剂的一氧化碳溶出(CO stripping tests)来评估其抗一氧化碳中毒能力。如

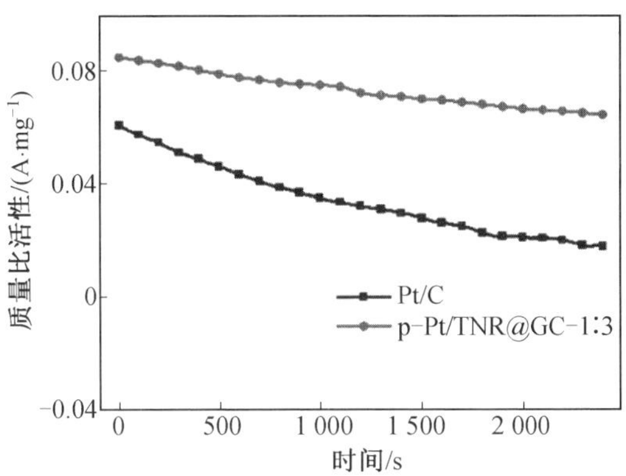

图 4.35　电催化剂 p-Pt/TNR@ GC-1 ∶ 3 和 Pt/C 的计时电流测试

图 4.36 所示，电催化剂 p-Pt/TNR@ GC-1 ∶ 3 的一氧化碳电氧化峰电势相对于商业催化剂 Pt/C 的一氧化碳电氧化峰电势提前了约 90 mV，表明电催化剂 p-Pt/TNR@ GC-1 ∶ 3上更易发生对一氧化碳的氧化反应，进而表现出更优秀的抗一氧化碳中毒能力。电催化剂 p-Pt/TNR@ GC-1 ∶ 3 具有更好的抗一氧化碳中毒能力是由于它特殊的铂纳米颗粒-超薄碳层-二氧化钛纳米棒三明治结构，铂纳米颗粒与二氧化钛之间具有较强金属载体相互作用，使铂纳米颗粒表层铂原子的价态受到影响，进而导致中间产物与铂纳米颗粒的作用力被大幅削弱，使得铂纳米颗粒对一氧化碳的氧化反应更容易发生。因此，一氧化碳溶出实验结果证明电催化剂 p-Pt/TNR@ GC-1 ∶ 3 拥有的抗一氧化碳中毒能力要强于商业 Pt/C。

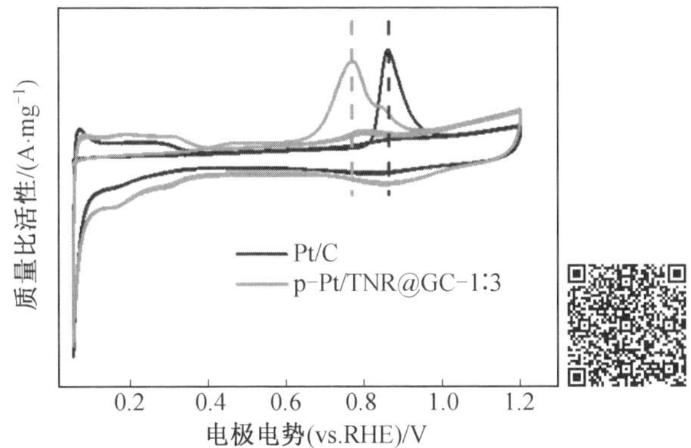

图 4.36　电催化剂 p-Pt/TNR@ GC-1 ∶ 3 和 Pt/C 的一氧化碳溶出测试曲线

4.1.4 Ru@Pt/C-TiO_2 制备及甲醇电氧化性能研究

CO 是 Pt 表面甲醇电氧化的主要中间产物,CO 分子在 Pt 表面发生强烈的化学吸附,使得催化剂中毒,严重抑制了催化剂的活性。引入具有强亲氧性的第二金属可以促进吸附水的分解并产生活性 *OH 基团,*OH 基团可以氧化相邻吸附的 CO 分子,进而提升 Pt 表面甲醇氧化动力学。该机理为双功能机理,在甲醇氧化反应中有着独特的应用潜力,尤其适合作为 Ru@Pt 核壳催化剂的助催化剂,弥补被包裹在内部的 Ru 丢失的双功能机理。

首先基于湿化学合成 Ru/C 催化剂,之后通过化学沉积法合成具有核壳结构的 Ru@Pt/C 催化剂。通过图 4.37 可知,在 2θ 位于 25°的衍射峰归因于碳载体的(002)晶面;在样品 Ru/C 的 XRD 谱图中衍射峰位于 38.3°、42.1°、44.0°、58.3°、69.2°、78.5°分别对应于具有六方结构 Ru(PDF#89-3942)的(100)、(002)、(101)、(102)、(110)、(103)晶面;在 Ru@Pt/C 的 XRD 谱图中在 34°~49°及 65°~71°各存在一个宽的衍射峰,这是由于 Ru 与 Pt 均在此范围存在衍射峰,导致衍射峰宽化,然而仍可通过该图看出具有立方相的 Pt(PDF#87-0640)在 39.9°的主峰及 46.4°、67.7°、81.6°、86.0°处的衍射峰,这些衍射峰分别对应于 Pt 的(111)、(200)、(220)、(311)及(222)晶面。因此,由 XRD 分析可知通过两步乙醇法成功还原出了 Ru、Pt。

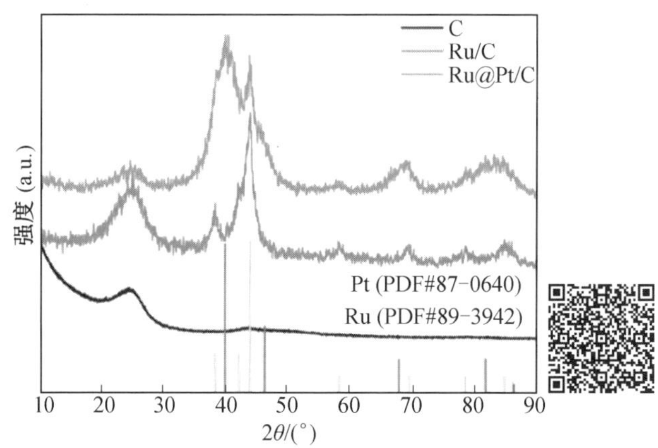

图 4.37 C、Ru/C 和 Ru@Pt/C 的 XRD 谱图

为了确认 Ru 纳米颗粒是否沉积在了碳载体表面,对 Ru/C 样品进行 TEM 分析,如图 4.38 所示。

由图 4.38(a)、(b)可见,Ru 纳米颗粒在碳载体上分布较为均匀,未发生明

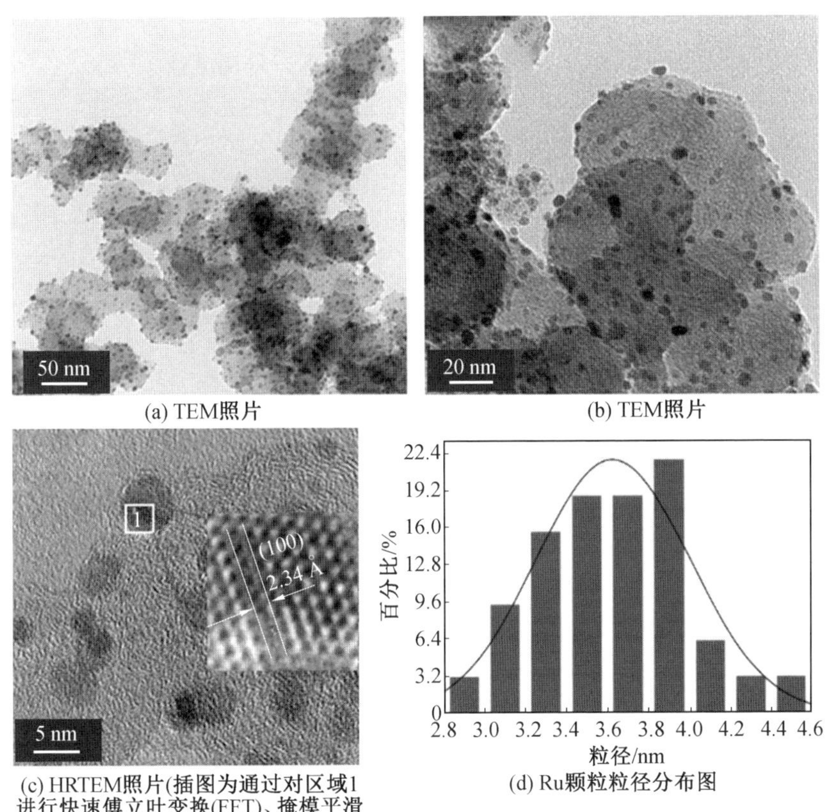

(a) TEM照片

(b) TEM照片

(c) HRTEM照片(插图为通过对区域1进行快速傅立叶变换(FFT)、掩模平滑边缘及反FFT得到)

(d) Ru颗粒粒径分布图

图 4.38　Ru/C 的形貌

显团聚,通过对 100 个纳米颗粒进行统计,发现平均粒径为 3.60 nm 的 Ru 纳米颗粒成功负载于碳载体表面,并且通过对图 4.38(c)区域 1 进行快速傅立叶变换(FFT)、掩模平滑边缘及反 FFT 得到了插图中明显的晶格条纹,晶面间距 2.34 Å 对应于 Ru 的(100)晶面,因此,可进一步确定碳载体上分布的是 Ru 纳米颗粒。

为确定两步还原后是否制备出 Ru@Pt 核壳纳米颗粒以及其是否沉积在碳载体表面,对其进行 TEM 和 HRTEM 分析,结果如图 4.39 所示。

可见,无数具有类似球状的纳米颗粒成功沉积于碳载体表面(图 4.39(a)、(b))。对单个粒子进行放大,在图 4.39(c)中可明显看出晶格条纹,并且存在两种不同类型的晶格条纹,在内部晶格间距为 2.34 Å 的对应于 Ru 的(100)晶面,而外部晶格间距为 2.26 Å 的对应于 Pt 的(111)晶面,因此所得纳米颗粒是内部为 Ru 而外部为 Pt 的 Ru@Pt 核壳纳米颗粒,通过粒径分布图(图 4.39(d))可知所得纳米颗粒的平均粒径为 4.54 nm。因此,可确定具有平均粒径为 4.54 nm 的

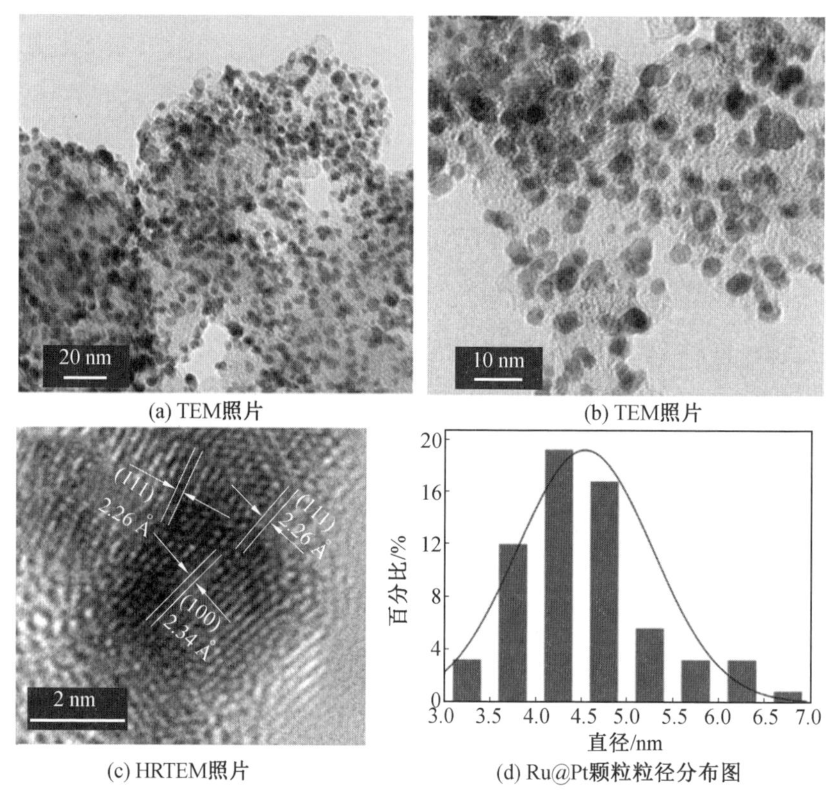

(a) TEM照片　(b) TEM照片

(c) HRTEM照片　(d) Ru@Pt颗粒粒径分布图

图 4.39　Ru@ Pt/C 的形貌

Ru@ Pt 核壳纳米颗粒成功沉积于碳载体表面。

为进一步表征是否为 Ru@ Pt 核壳结构,对其进行 HAADF-STEM 表征,如图 4.40 所示。

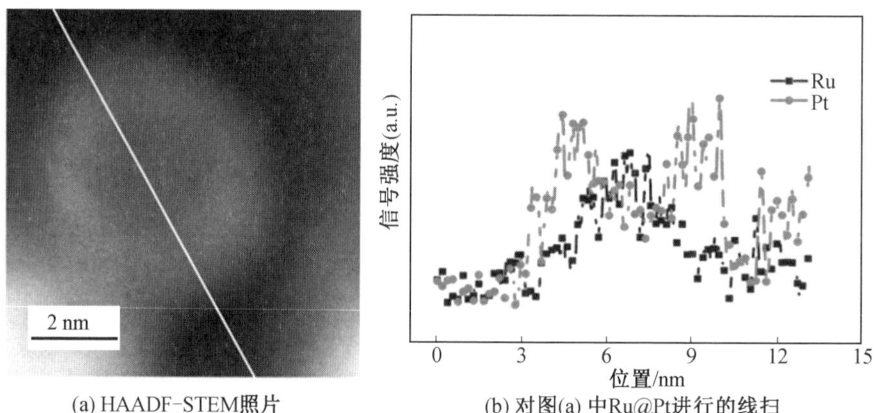

(a) HAADF-STEM照片　(b) 对图(a) 中Ru@Pt进行的线扫

图 4.40　Ru@ Pt 的形貌及元素分析

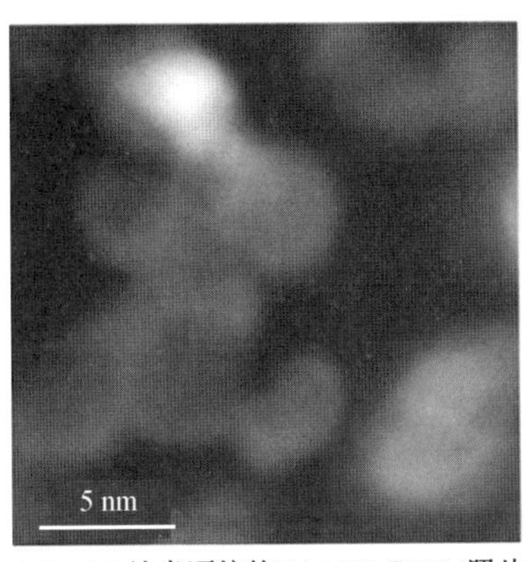

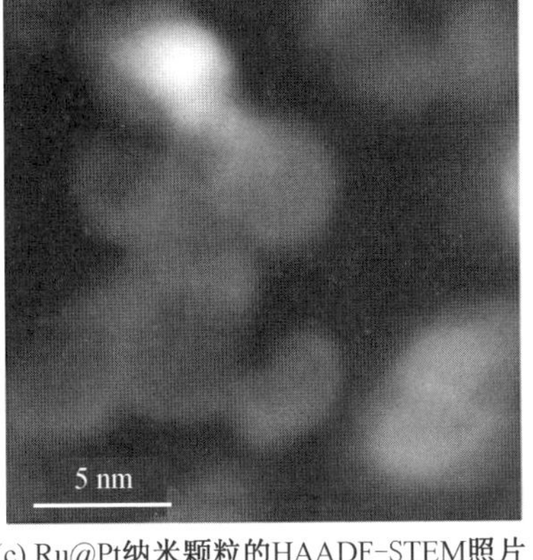

(c) Ru@Pt纳米颗粒的HAADF-STEM照片

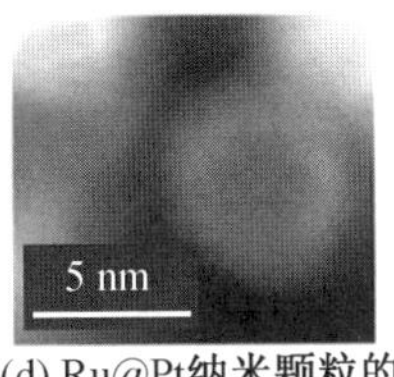

(d) Ru@Pt纳米颗粒的HAADF-STEM照片

(e) 对图(d)进行2D面扫的照片

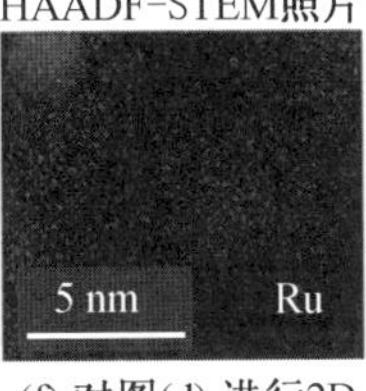

(f) 对图(d)进行2D面扫的照片

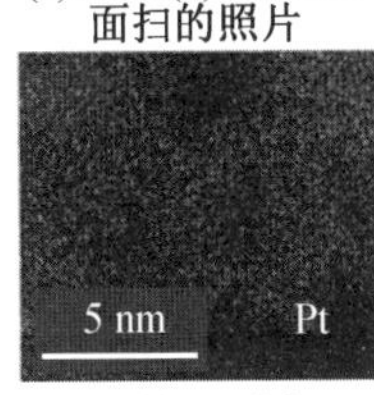

(g) 对图(d)进行2D面扫的照片

续图 4.40

图 4.40(a)表明内部和外部的亮度不同,是由于 Pt 的原子序数(78)大于 Ru(44)。图 4.40(b)的线扫表明中间位置 Ru 的强度比 Pt 的强,而边缘部分则是 Pt 的强度比 Ru 的强,因此是内部为 Ru 外部为 Pt 的核壳结构。图 4.40(c)、(d)与图 4.40(a)结果一样,图 4.40(e)、(f)中的面扫表明内部 Ru 多而外部 Pt 多,进一步证明了其为核壳结构。

为确定 Ru、Pt 的载量,对其进行 SEM-EDS 分析,结果如图 4.41 所示。

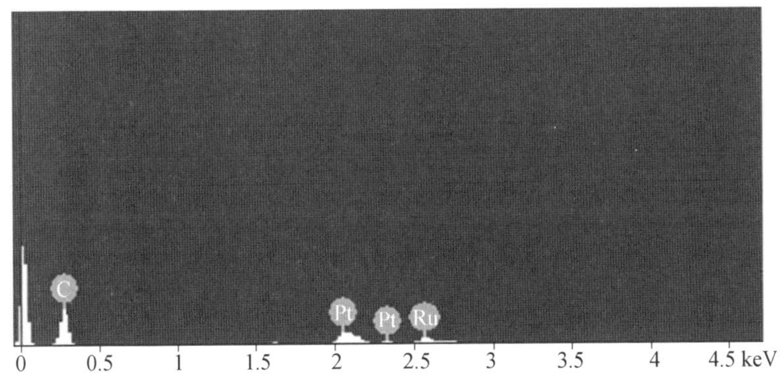

图 4.41 Ru@ Pt/C 的 SEM-EDS 谱图

可知,Pt 质量分数为 20.01%,Ru 质量分数为 10.35%,则 Ru 与 Pt 原子比接近 1∶1,因此,通过一系列的表征可得出所制备的物质为 Ru@ Pt/C,其中 Ru 与 Pt 原子比接近 1∶1。

为确定 Ru/C-TiO_2和 Ru@ Pt/C-TiO_2的物相组成及晶体结构,对所得样品进行 XRD 测试,结果如图 4.42 所示。

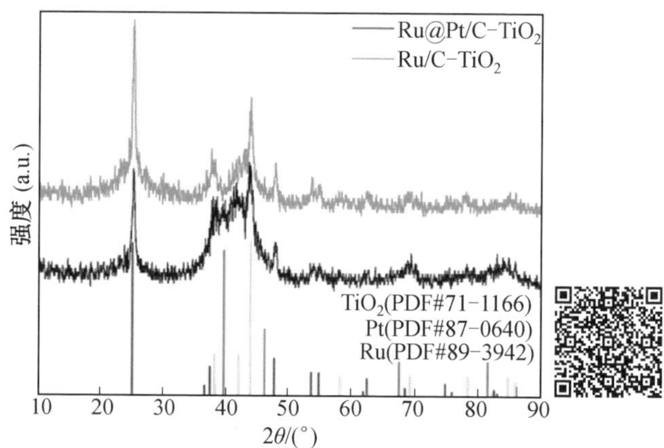

图 4.42　Ru/C-TiO$_2$、Ru@Pt/C-TiO$_2$ 的 XRD 谱图

研究发现在所制备的 Ru/C-TiO$_2$ 的样品中可明显看到 TiO$_2$ 的衍射峰，其中位于 25.3°、37.8°、48.0°、53.8°、55.1°、62.7°的衍射峰对应于具有四方相的锐钛矿 TiO$_2$(PDF#71-1166)的(101)、(004)、(200)、(105)、(211)、(213)晶面，而位于 42.1°、44.0°、69.2°的衍射峰对应于 Ru 的(100)、(002)、(102)晶面。在 Ru@Pt/C-TiO$_2$ 样品的 XRD 谱图中发现位于 25.3°、48.0°及 53°～55°的衍射峰归因于 TiO$_2$ 的特征衍射峰，而在 35°～47°范围内存在的宽的衍射峰是 Pt、Ru 的特征衍射峰造成的，但在该范围仍可看出三个明显的衍射峰，分别位于 39.9°、42.1°及 44.0°，前者对应于 Pt 的(111)晶面，而后两者分别对应于 Ru 的(002)及(101)晶面。因此所制备物质为 Ru/C-TiO$_2$。

为分析 Ru 及 TiO$_2$ 纳米颗粒是否沉积于碳载体表面，采用 TEM 及 HRTEM 对 Ru/C-TiO$_2$ 样品进行测试，结果如图 4.43 所示。

通过图 4.43(a)可观察到碳载体表面存在两种粒径尺寸明显不同的纳米颗粒，大颗粒粒径在 18.0 nm 左右，而小颗粒粒径在 3～4 nm，小颗粒粒径尺寸与 Ru/C 中 Ru 的尺寸相吻合，因此，小颗粒为 Ru 纳米颗粒。为了确定大颗粒的物质类型，对单个大颗粒进行 HRTEM 分析，如图 4.43(b)所示。通过该图发现大颗粒存在条纹间距为 2.33 Å 及 3.52 Å 的晶格条纹，分别对应于 TiO$_2$ 的(112)及(101)晶面。经过对图 4.43 分析可知，两种尺寸不同的 Ru、TiO$_2$ 纳米颗粒成功负载于碳载体表面。

为分析 Ru@Pt、TiO$_2$ 纳米颗粒在碳载体上的分布状态，对所制备的 Ru@Pt/C-TiO$_2$ 纳米复合物进行 TEM 及 HRTEM 分析，结果如图 4.44 所示。

由图 4.44(c)可知虚线框标出的是粒径为 18.0 nm 的颗粒，而箭头所指方向

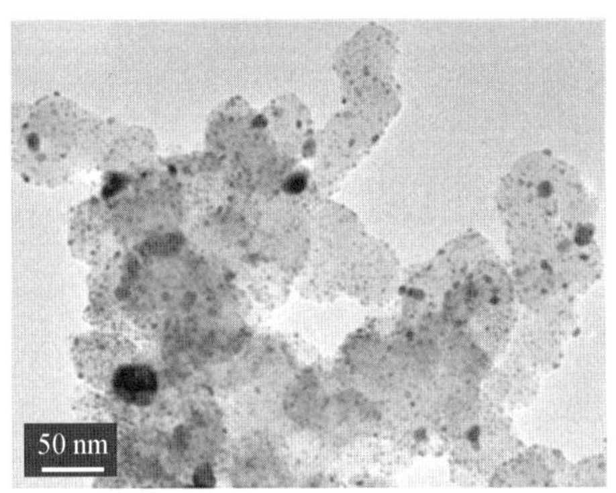

(a) TEM 照片

(b) HRTEM 照片（插图是对方框区域进行的 FFT、掩模平滑边缘及反 FFT）

图 4.43　Ru/C-TiO_2的形貌

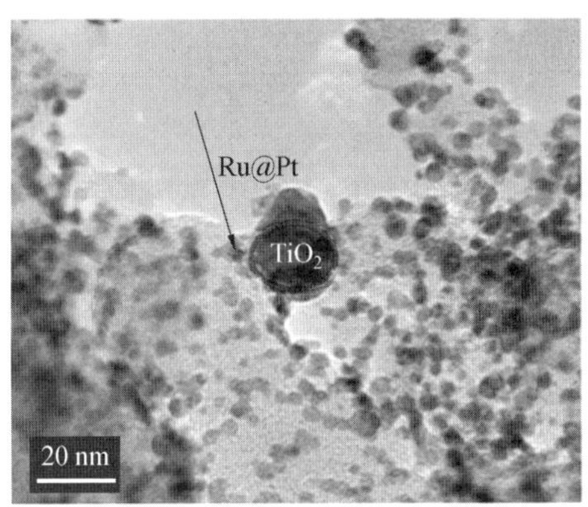

(a) TEM 照片

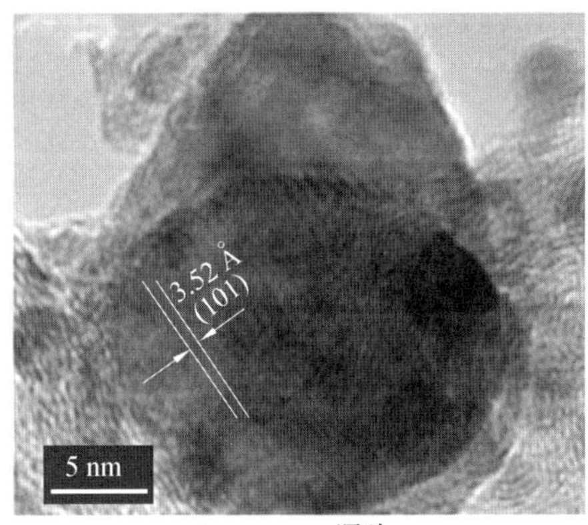

(b) HRTEM 照片

图 4.44　Ru@ Pt/C-TiO_2的形貌

为平均粒径尺寸为 4.20 nm 的小颗粒，并且小颗粒粒径在 4 ~ 5 nm。结合对 Ru@ Pt/C、Ru/C、Ru/C-TiO_2的 TEM 分析可知，小颗粒为 Ru@ Pt 核壳纳米颗粒，而大颗粒可初步判定为 TiO_2纳米颗粒。为进一步确定大颗粒的物相组成，对其进行高分辨 TEM 分析，结果如图 4.44(b)所示。可见大颗粒存在条纹间距为 3.52 Å的晶格条纹，对应于 TiO_2的(101)晶面，进而可确定大颗粒为 TiO_2纳米颗粒。因此，经过 TEM、HRTEM 分析可知，Ru@ Pt 核壳纳米颗粒以及具有大尺寸的 TiO_2纳米颗粒成功负载于碳载体表面。

为确定 Ru、Pt、TiO_2的载量，对其进行 SEM-EDS 分析，结果如图 4.45 所示。可知，Pt 质量分数为 19.98%，Ru 质量分数为 10.33%，TiO_2质量分数为13.90%，Ru 与 Pt 原子比约为 1 ∶ 1，TiO_2与 C 的质量比接近 1 ∶ 4，所以所制备的物质为

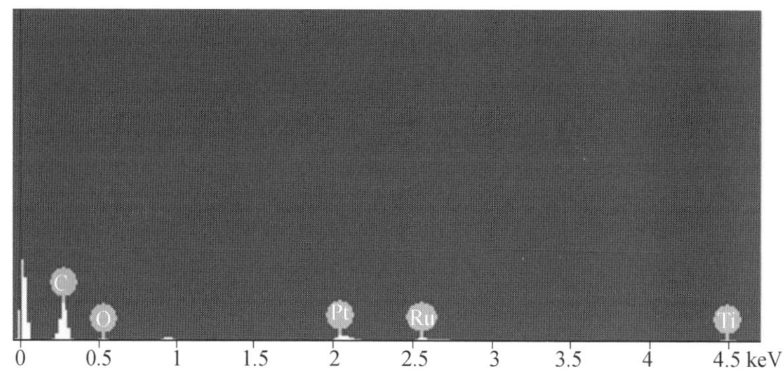

图 4.45　Ru@ Pt/C-TiO_2的 SEM-EDS 谱图

Ru@ Pt/C-TiO_2,其中 Ru 与 Pt 原子比约为 1 ∶ 1。

为确定 Pt/C-TiO_2物相组成及晶体结构,对所得样品进行 XRD 测试,结果如图 4.46 所示。

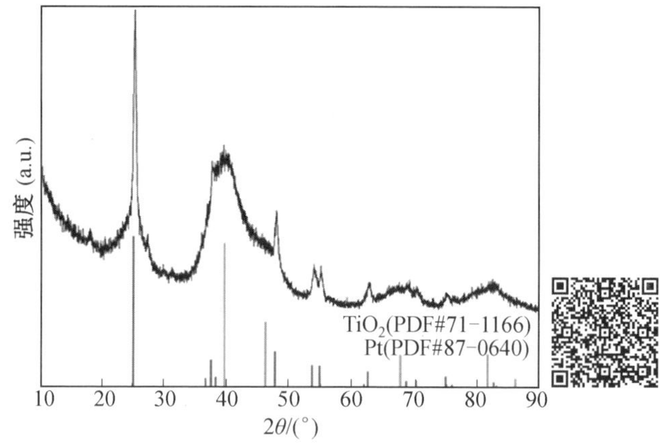

图 4.46　Pt/C-TiO_2的 XRD 谱图

研究发现在所制备的 Pt/C-TiO_2的样品中可明显看到 TiO_2的衍射峰,其中位于 25.3°、37.8°、48.0°、53.8°、55.1°、62.7°的衍射峰分别对应于具有四方相的锐钛矿 TiO_2(PDF#71-1166)的(101)、(004)、(200)、(105)、(211)、(213)晶面,而在 39.9°、46.4°、67.7°、81.6°及 86.0°处观察到的衍射峰分别对应于 Pt 的(111)、(200)、(220)、(311)及(222)晶面。此外,碳峰由于和 TiO_2在 25.3°的衍射峰相重合而不明显。可见,Pt 被成功还原出来。

为分析 Pt 及 TiO_2纳米颗粒是否沉积于碳载体表面,采用 TEM 及 HRTEM 对 Pt/C-TiO_2样品进行表征,结果如图 4.47 所示。通过图 4.47(a)观察到碳载体表

面存在粒径范围在 2 ~ 4 nm 的小颗粒，小颗粒均匀分布于碳载体表面。通过图 4.47(b)可明显看到晶格条纹，条纹间距为 2.26 Å，对应于 Pt 的(111)晶面。由图 4.47(c)可知 Pt 的平均粒径为 2.65 nm。可见，Pt 和 TiO_2 纳米颗粒成功负载于碳载体表面。

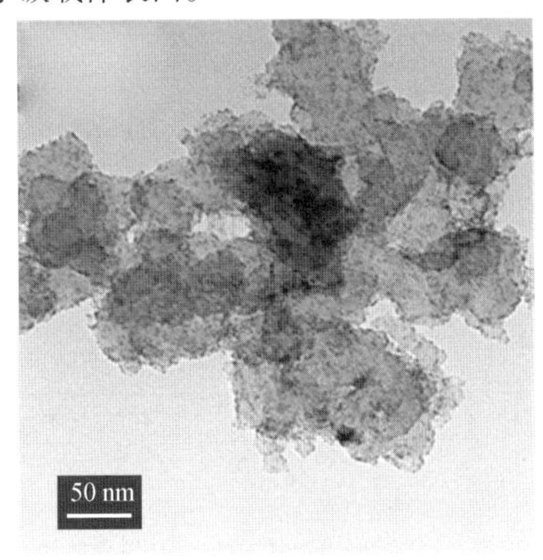

(a) TEM 照片

5 nm

(111)

2.26 Å

(b) HRTEM 照片（插图是对方框区域进行的 FFT、掩模平滑边缘及反 FFT）

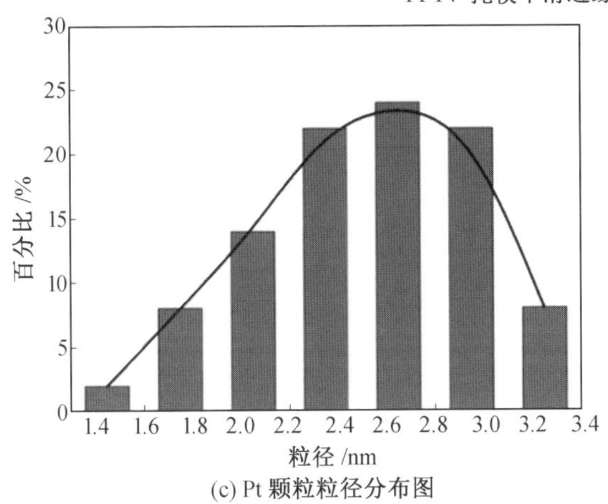

(c) Pt 颗粒粒径分布图

图 4.47　Pt/C-TiO_2 的形貌

为确定 Pt、TiO_2 的载量，对其进行 SEM-EDS 分析，结果如图 4.48 所示。可见，Pt 质量分数为 19.95%，TiO_2 质量分数为 16.00%，TiO_2 与 C 的质量比接近 1∶4，所以所制备物质为 Ru@Pt/C-TiO_2，其中 Ru 与 Pt 原子比接近 1∶1。

为分析所制备的 Pt/C-TiO_2、Ru@Pt/C 和 Ru@Pt/C-TiO_2 纳米复合物表面 Pt 与 Ru 或者 TiO_2 的电子相互作用情况以及 Pt 的表面价态，对其进行 XPS 分析，采

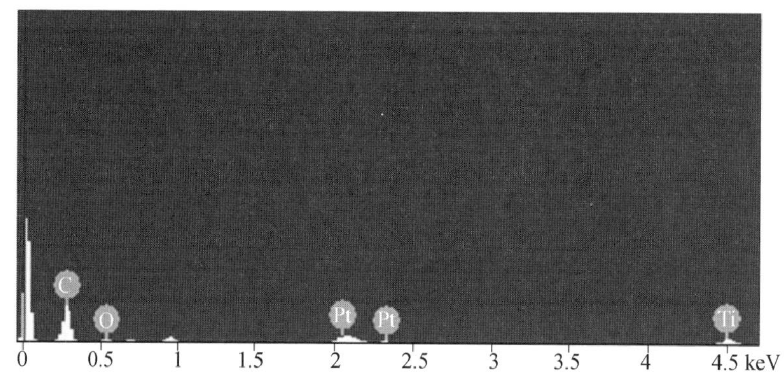

图 4.48　Pt/C-TiO_2的 SEM-EDS 谱图

用商业 Pt/C 作为对比,结果如图 4.49 所示。

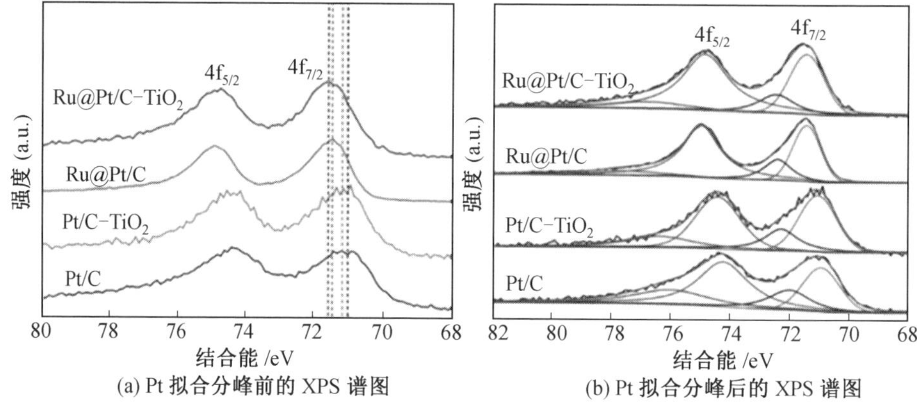

图 4.49　Ru@ Pt/C-TiO_2、Ru@ Pt/C、Pt/C-TiO_2、Pt/C 的电子结构

图 4.49(a)显示 Pt 4f XPS 谱图存在两个明显的峰,这是自旋轨道分裂引起的,其中,结合能位于 71.5 eV 附近的峰对应于 Pt $4f_{7/2}$轨道,而位于 75.0 eV 左右的峰对应于 Pt $4f_{5/2}$轨道;商业 Pt/C 的 Pt $4f_{7/2}$ XPS 峰位于 71.1 eV,而 Ru@ Pt/C 的 Pt $4f_{7/2}$ XPS 峰位于 71.4 eV,相比于 Pt/C 中的 Pt $4f_{7/2}$ XPS 特征峰,Ru@ Pt/C 的发生了明显的正移,说明 Pt 沉积于 Ru 表面后 Pt 的电子结构受到 Ru 的影响而发生变化,即 Ru 与 Pt 之间存在电子相互作用,进而导致 Pt 表面电子云密度发生变化;所制备样品 Ru@ Pt/C-TiO_2的 Pt $4f_{7/2}$的峰相比于 Ru@ Pt/C 发生略微的正向偏移,偏移幅度为 0.12 eV,说明 TiO_2的存在可进一步影响 Pt 的电子结构,因而 TiO_2与 Pt 之间同样存在电子相互作用。此外,相比于 Pt/C,Pt/C-TiO_2的 Pt $4f_{7/2}$ XPS 峰也发生正移,进一步表明 Pt 和 TiO_2之间存在电子相互作用。可见,

Ru@ Pt/C-TiO_2中 Pt 与 Ru、TiO_2之间的电子相互作用导致 Pt 的$4f_{7/2}$结合能发生正移，使得 Pt 的 d 带中心发生负移，进而弱化了 CO—Pt 之间的化学键，提高了 Pt 基催化剂的抗 CO 中毒能力。图 4.49(b)所示为商业 Pt/C、Pt/C-TiO_2、Ru@ Pt/C 及 Ru@ Pt/C-TiO_2的 Pt 4f 分峰拟合后的 XPS 谱图结果，通过该图可知，Pt $4f_{7/2}$和$4f_{5/2}$峰均可分出两个明显的峰，说明催化剂表面的 Pt 存在两种价态，以 Pt $4f_{7/2}$为例，在 Pt $4f_{7/2}$ XPS 峰分出的两个峰中，位于低结合能的峰对应于零价 Pt (Pt(0))，而位于高结合能方向的峰对应于 Pt 的氧化物如 PtO、$Pt(OH)_2$等。对于 Ru@ Pt/C-TiO_2，位于 71.4 eV 处的 Pt $4f_{7/2}$ XPS 峰归因于 Pt(0)，在催化剂表面所占比值为 66.6%，而 72.4 eV 处的 XPS 峰归因于 Pt 的氧化物如 PtO、$Pt(OH)_2$等，所占比值为 33.4%。Ru@ Pt/C-TiO_2催化剂中表面 Pt(0)的含量略低于 Ru@ Pt/C(69.7%)、Pt/C-TiO_2(70.1%)及 Pt/C(71.2%)。

C-TiO_2和 Pt/C-TiO_2以及对比样 TiO_2的 Ti 2p XPS 谱图如图 4.50 所示。

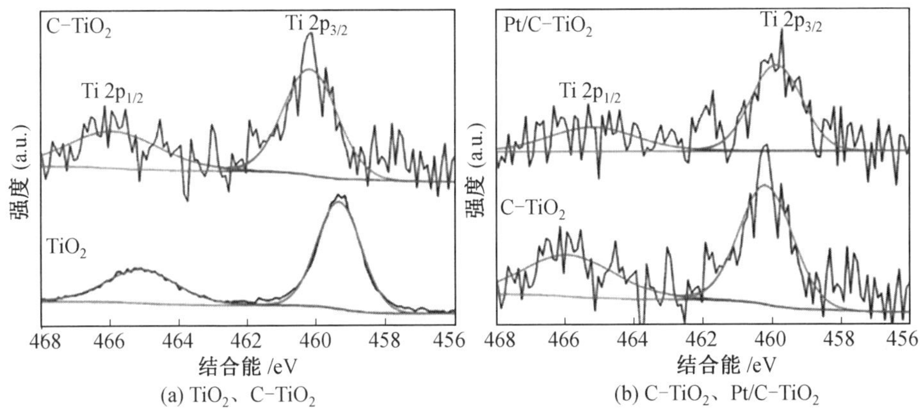

(a) TiO_2、C-TiO_2 (b) C-TiO_2、Pt/C-TiO_2

图 4.50 不同催化剂的 Ti 2p XPS 谱图

由图 4.50(a)可见，在碳上沉积 TiO_2后，Ti $2p_{3/2}$峰略微正移，这可能是 TiO_2与碳载体上的含氧基团之间的相互作用引起的。图 4.50(b)中，相比于 C-TiO_2，Pt/C-TiO_2的 Ti $2p_{3/2}$的峰向低结合能方向移动，是电子从 Pt 转移到 TiO_2引起的。为分析 TiO_2中 Ti 的化学状态和表面含氧物种，研究了 Pt/C-TiO_2的 Ti 2p XPS 谱图和 TiO_2的 O 1s XPS 谱图，结果分别如图 4.50(b)和图 4.51 所示。

图 4.50(b)中位于 459.8 eV 和 465.1 eV 的两个峰对应于由于自旋-轨道分裂产生的 Ti $2p_{3/2}$和 Ti $2p_{1/2}$，对应文献可知样品中 Ti 以四价的形式存在。从图 4.51 中可以观察到存在一个宽的不对称的 O 1s XPS 谱图，表明存在至少两种化学状态的 O。解卷积后，可以得到 530.8 eV、532.7 eV 的两个峰，分别对应于晶格氧、羟基氧或吸附水。因此，TiO_2表面存在羟基(—OH)或吸附水。

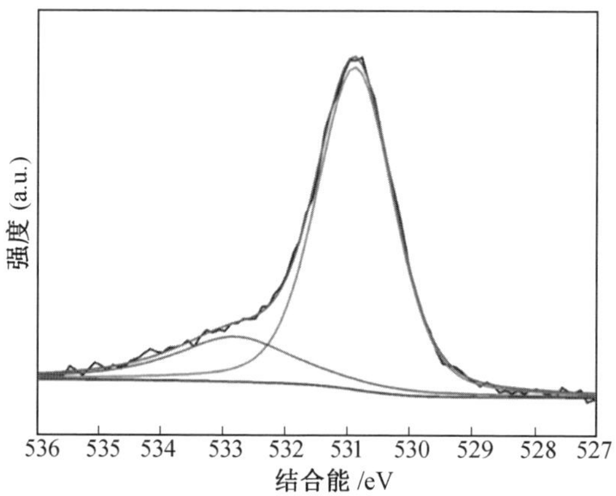

图 4.51　TiO_2中的 O 1s XPS 谱图

为确定各类催化剂在甲醇氧化过程中的催化活性位点数量,通过测试各催化剂在 0.5 mol/L H_2SO_4溶液中的循环伏安曲线得到了各催化剂的电化学活性面积(ECSA),结果如图 4.52 所示。

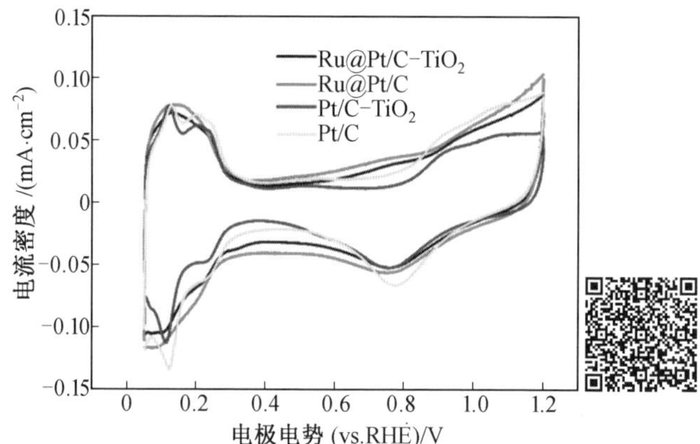

图 4.52　Ru@ Pt/C-TiO_2、Ru@ Pt/C、Pt/C-TiO_2、Pt/C 催化剂在 0.5 mol/L H_2SO_4 溶液中的循环伏安曲线(扫描速率为 50 mV/s)

研究发现在 0.05 ~0.35 V 的电势范围内存在明显的氢吸脱附区,根据该区域可计算出催化剂的电化学活性面积,经计算发现 Ru@ Pt/C-TiO_2的电化学活性面积为 69.6 m^2/g,稍高于 Ru@ Pt/C(67.8 m^2/g),但显著高于 Pt/C-TiO_2(61.5 m^2/g)和商业 Pt/C(60.0 m^2/g),可见其电化学活性面积较大。

各类催化剂的甲醇氧化性能通过在 0.5 mol/L H_2SO_4+0.5 mol/L CH_3OH 溶液中测试 CV 和 0.6 V 下的 CA 得到,如图 4.53 所示。

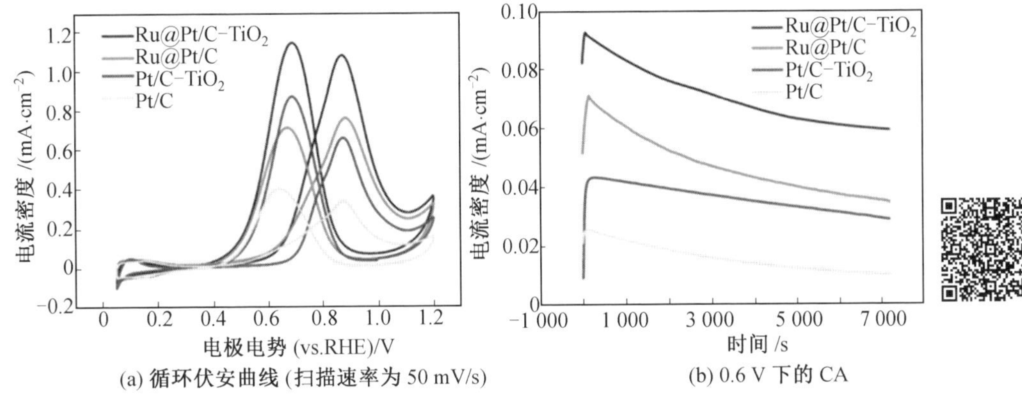

(a) 循环伏安曲线(扫描速率为 50 mV/s)　(b) 0.6 V 下的 CA

图4.53　Ru@ Pt/C-TiO_2、Ru@ Pt/C、Pt/C-TiO_2、Pt/C 催化剂在0.5 mol/L H_2SO_4+0.5 mol/L CH_3OH 溶液中的电化学行为

图4.53(a)中电流密度是通过电流除以电化学活性面积得到的，通过该图发现 Ru@ Pt/C-TiO_2的甲醇氧化峰电流密度(1.080 mA/cm^2)明显高于 Ru@ Pt/C(0.760 mA/cm^2)、Pt/C-TiO_2(0.660 mA/cm^2)及 Pt/C(0.340 mA/cm^2)；并且 Ru@ Pt/C-TiO_2的正扫峰电势为0.870 V，低于 Ru@ Pt/C、Pt/C-TiO_2及商业 Pt/C。在0.6 V 恒电势下测得的 CA 曲线如图4.53(b)所示，结果显示商业 Pt/C、Pt/C-TiO_2、Ru@ Pt/C 及 Ru@ Pt/C-TiO_2均在早期阶段发生快速衰减。这可能是甲醇在电氧化过程中产生的 CO、CH_2O、CHO 等有毒物种吸附在 Pt 活性位点表面，使得可用于甲醇氧化的活性位点数量减少引起的。然而，2 h 后 Ru@ Pt/C-TiO_2的电流密度为0.059 mA/cm^2，分别是 Ru@ Pt/C(0.035 mA/cm^2)、Pt/C-TiO_2(0.029 mA/cm^2)和商业 Pt/C(0.010 mA/cm^2)的1.69倍、2.03倍和5.90倍，Ru@ Pt/C-TiO_2表现出优异的甲醇氧化活性及稳定性。

为研究所得催化剂的抗 CO 中毒能力，在0.5 mol/L H_2SO_4溶液中采用 CO 溶出伏安法测试催化剂的 CO 溶出伏安曲线，结果如图4.54所示。

通过该图发现 Ru@ Pt/C-TiO_2的 CO 氧化起始电势为0.320 V，明显低于 Ru@ Pt/C(0.450 V)、Pt/C-TiO_2(0.620 V)及 Pt/C(0.650 V)，而 Ru@ Pt/C-TiO_2的 CO 氧化峰电势为0.576 V，显著低于 Ru@ Pt/C(0.610 V)、Pt/C-TiO_2(0.781 V)及 Pt/C(0.795 V)。因此，相比于商业 Pt/C、Pt/C-TiO_2及 Ru@ Pt/C 催化剂，所制备的 Ru@ Pt/C-TiO_2纳米复合催化剂表现出优异的抗 CO 中毒能力。

催化剂的稳定性也是衡量催化剂性能好坏的一个重要指标。对 Ru@ Pt/C-TiO_2、Ru@ Pt/C、Pt/C-TiO_2、Pt/C 催化剂在0.5 mol/L H_2SO_4溶液中进行1 000 圈循环伏安测试，结果如图4.55所示。经过1 000 圈循环后，Ru@ Pt/C-TiO_2、Ru@

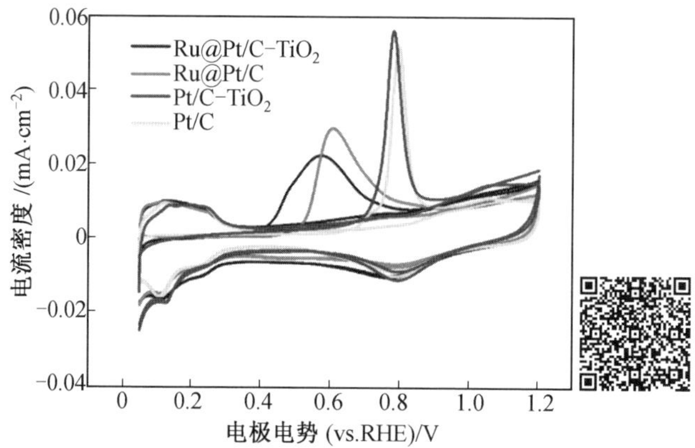

图 4.54　Ru@ Pt/C-TiO_2、Ru@ Pt/C、Pt/C-TiO_2及商业 Pt/C 催化剂在 0.5 mol/L H_2SO_4 溶液中的 CO 溶出伏安曲线(扫描速率为 10 mV/s)

Pt/C、Pt/C-TiO_2、Pt/C 的电化学活性面积分别是相应第 100 圈的 74.3%、64.9%、56.1%、55.0%,分别下降了 25.7%、35.1%、43.9%、45.0%。因此,Ru@ Pt/C-TiO_2电催化剂的稳定性优于 Ru@ Pt/C,远优于 Pt/C-TiO_2及商业 Pt/C,这可能是由于具有亲氧特性的 TiO_2有利于吸附—OH,可促进 Pt 表面吸附的 CO 等有毒中间产物的氧化去除,进而释放 Pt 活性位点,使其参与甲醇氧化,另外,Pt 与 Ru、TiO_2之间强烈的电子相互作用使得 Pt 难以在循环过程中发生团聚和脱落,进而改善了材料的循环稳定性。

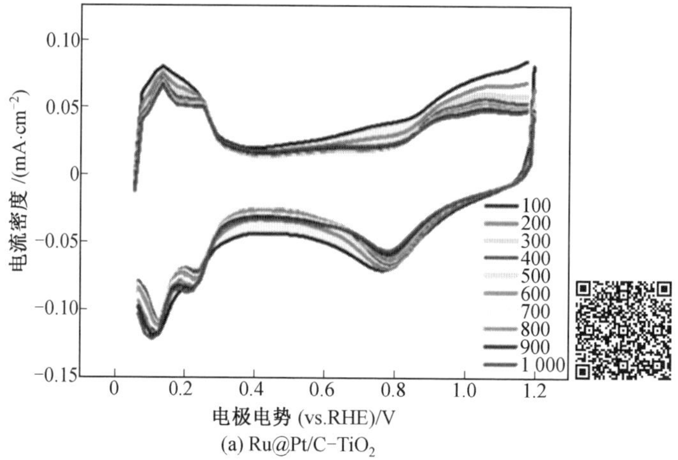

(a) Ru@Pt/C-TiO_2

图 4.55　Ru@ Pt/C-TiO_2、Ru@ Pt/C、Pt/C-TiO_2和 Pt/C 催化剂在 0.5 mol/L H_2SO_4中扫描 1 000 圈的老化情况

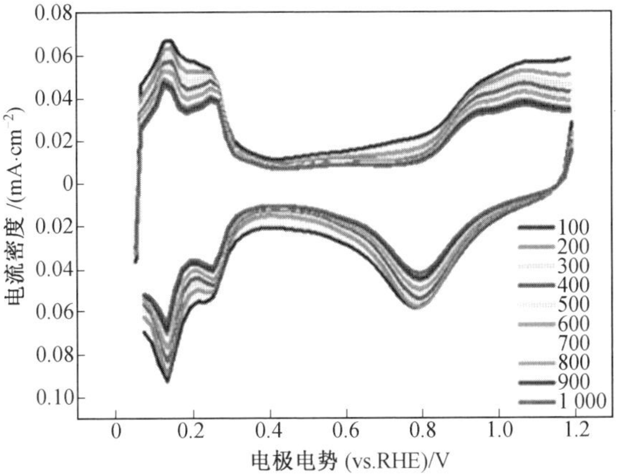

(b) Ru@Pt/C

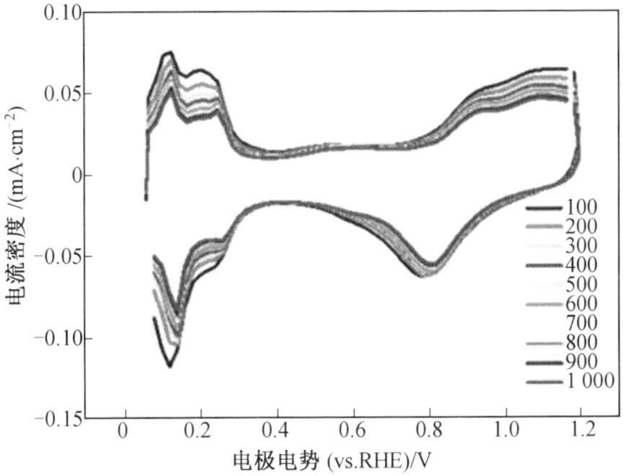

(c) Pt/C-TiO_2

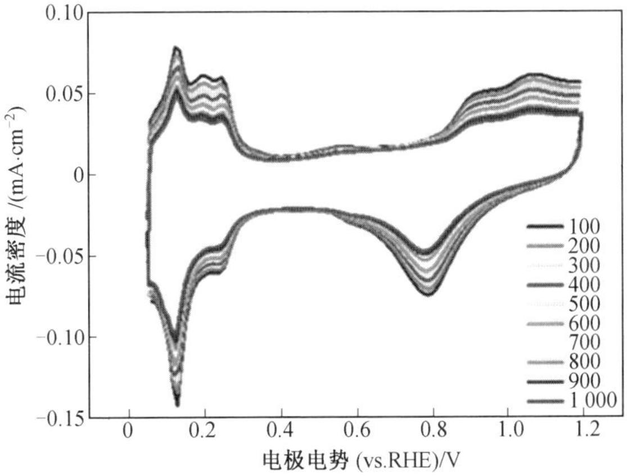

(d) Pt/C

续图 4.55

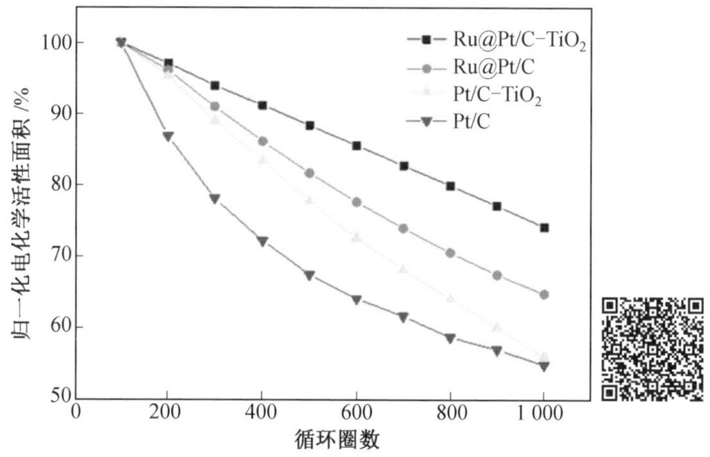

(e) 电化学活性面积相对相应的第 100 圈时的比例

续图 4.55

总之,通过构成 Pt 基核壳结构以及与 TiO_2 金属氧化物复合,可显著改善 Ru@ Pt/C-TiO_2 催化剂的甲醇催化活性、稳定性及抗 CO 中毒能力,使其性能优于 Ru@ Pt/C、Pt/C-TiO_2 及商业 Pt/C,该催化剂的设计策略为解决 Pt/C 催化剂稳定性及抗 CO 中毒能力提供了借鉴。

通过对催化剂组成、形貌及电子结构的分析可知,Ru@ Pt/C-TiO_2 催化剂甲醇氧化性能优异的原因包括三个方面:①Ru@ Pt 核壳结构的构筑使得内层 Ru 与 Pt 相互作用导致 Pt 电子结构的变化,进而弱化 CO—Pt 的化学键,加速类 CO 毒性物种的氧化释放,使得更多的 Pt 活性位点参与甲醇氧化反应;②沉积的 TiO_2 同样和 Pt 相互作用使得 Pt 的电子云密度发生变化,从而导致更多的 Pt 活性位点参与甲醇氧化;③亲水性的 TiO_2 可促进水分子的分解,在其表面产生更多的—OH,由双功能机理可知,这些—OH 可在较低电势下与 Pt 表面吸附的 CO 物种发生氧化反应,进而提高其抗 CO 中毒能力。其甲醇氧化机理示意图如图 4.56 所示。

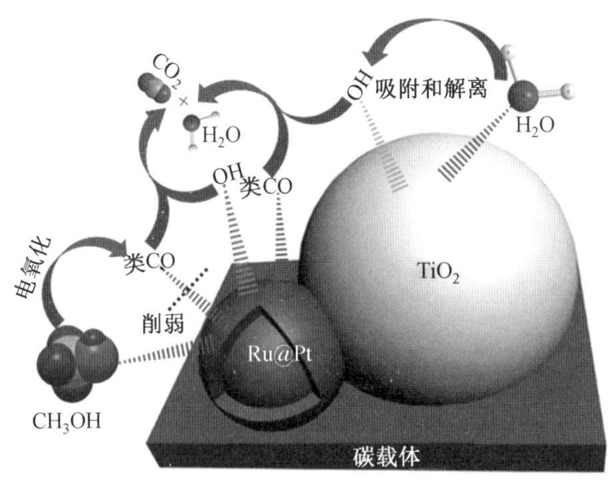

图 4.56　Ru@ Pt/C-TiO_2催化剂甲醇氧化机理示意图

4.1.5　Pt/FeP 纳米片制备及甲醇电氧化性能研究

由于碳材料在燃料电池停止/启动过程产生的高压环境中不稳定,因此开发高稳定性的非碳载体十分必要。近几年,一些具有高导电性及结构稳定性的化合物,如过渡金属碳化物、磷化物、碳氮化物等受到了广泛的关注与研究。

本节采用 δ-FeOOH 低温磷化方法制备 FeP 纳米片,并进行 Pt 纳米颗粒负载。为分析所合成的物质是否为 FeP 以及后续的液相还原过程中是否形成了 Pt/FeP,对其进行 XRD 表征,如图 4.57 所示。

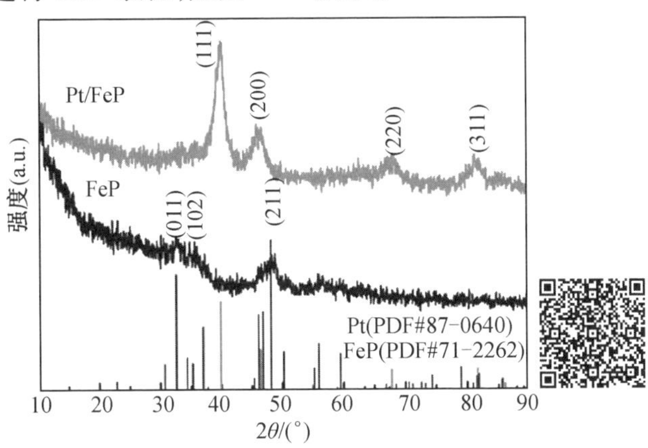

图 4.57　FeP 纳米片和 Pt/FeP 纳米片的 XRD 谱图

由图可见,FeP 中的三个位于 32.7°、35.5°、48.3°的弱衍射峰与 FeP 的

(011)、(102)、(211)晶面相对应,因此,δ-FeOOH 磷化后所得材料为具有正交晶系结构的 FeP(PDF#71-2262),并且材料的结晶性差。Pt/FeP 纳米复合材料的 XRD 谱图中位于39.9°、46.4°、67.7°及81.6°的衍射峰分别与Pt(PDF#87-0640)的(111)、(200)、(220)、(311)晶面相吻合,因此,$NaBH_4$还原后得到了结晶性良好的 Pt 纳米颗粒。但在该谱图中几乎看不到 FeP 的峰,很可能是结晶性良好的 Pt 纳米颗粒的衍射峰掩盖了 FeP 的弱衍射峰导致的。

为表征所制备的 FeP 的形貌,对其进行 SEM、TEM、HRTEM 表征,结果如图4.58 所示。

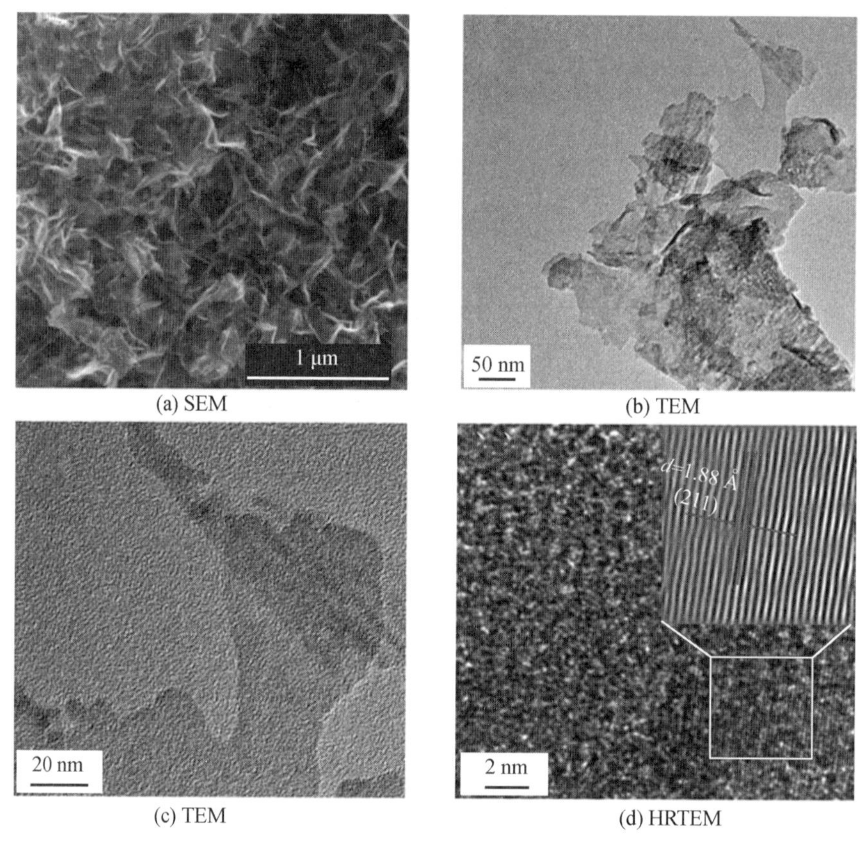

(a) SEM (b) TEM (c) TEM (d) HRTEM

图4.58 FeP 纳米片的形貌

由图4.58(a)中 SEM 照片可见,FeP 呈现出纳米片状结构并且彼此互相交联形成多孔结构。由图4.58(b)中更能清晰地看出 FeP 呈现纳米片结构并且纳米片表面有孔。而在图4.58(c)中可以看出纳米片非常薄。通过图4.58(d)中的 HRTEM 图像可见,局部区域出现了不太明显的晶格条纹,表明其结晶性差,此

外对方框区域进行 FFT、掩模平滑边缘及反 FFT 之后可得其晶面间距为 1.88 Å，对应 FeP 的(211)晶面。

为进一步确定 Fe、P 的比例，对其进行 SEM-EDS 分析，如图 4.59 所示。从图中可见，Fe 与 P 原子比为 1∶1，进一步证实了所制备的材料为 FeP，结合形貌分析可知成功制备出了具有纳米片状结构的 FeP。

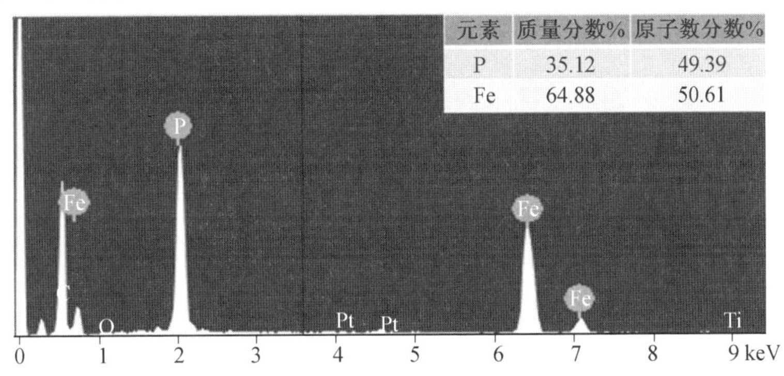

图 4.59　FeP 纳米片的 SEM-EDS 谱图

为分析所制备的 Pt/FeP 纳米片中 Pt 的载量，对其进行 SEM-EDS 及 ICP 表征，其中 SEM-EDS 谱图如图 4.60 所示。

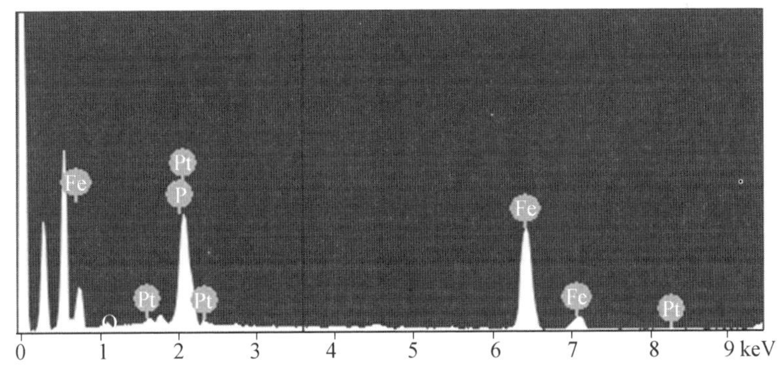

图 4.60　Pt/FeP 纳米片的 SEM-EDS 谱图

可见，P 和 Pt 的峰会重合，但是 Fe 的含量是固定的，由图 4.60 可推断出 P 的含量，故而可确定 P 的含量及 Pt 的含量。经计算得到 Pt 质量分数为 19.20%，与理论质量分数 20.00% 相近。此外，通过 ICP 测试发现 Pt 质量分数为20.00%，与理论质量分数 20.00% 相吻合。

为表征所制备的 Pt/FeP 的形貌，对其进行 TEM 及 HRTEM 测试，结果如图 4.61 所示。

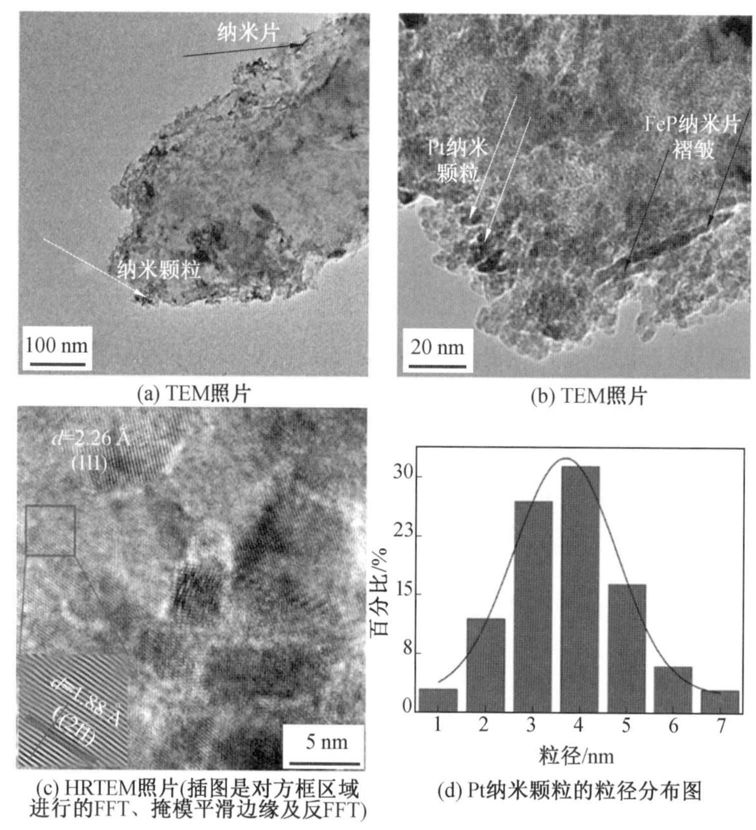

图 4.61　Pt/FeP 纳米片的形貌

由图 4.61(a)、(b)可见,黑色箭头指向的是 FeP 纳米片,白色箭头指向的是 Pt 纳米颗粒,因此,通过 TEM 照片可知 Pt 纳米颗粒均匀地锚定在了 FeP 纳米片表面。由图 4.61(c)可见,样品表面存在较为明显的晶格条纹,其中,晶格间距为 2.26 Å 的对应于 Pt(111)晶面,而在该插图中晶格条纹间距为 1.88 Å,对应于 FeP(211)晶面。对随机选取的 100 个 Pt 纳米颗粒进行粒径统计,之后进行高斯拟合,得到的粒径分布如图 4.61(d)所示,可知 Pt 纳米颗粒的平均尺寸为 3.68 nm。通过上述分析可知,平均粒径为 3.68 nm 的 Pt 纳米颗粒均匀负载于 FeP 纳米片表面。

为确定 FeP 纳米片及 Pt/FeP 纳米片的表面元素组成及价态,对其进行 XPS 测试,所得结果如图 4.62、图 4.63 所示。

由图 4.62(a)Pt/FeP 的 XPS 全谱图可知其表面由 Fe、P、O、C 和 Pt 组成,其中 C 源自外部污染物,O 可能归因于样品长期暴露于空气中而导致的表面氧化。

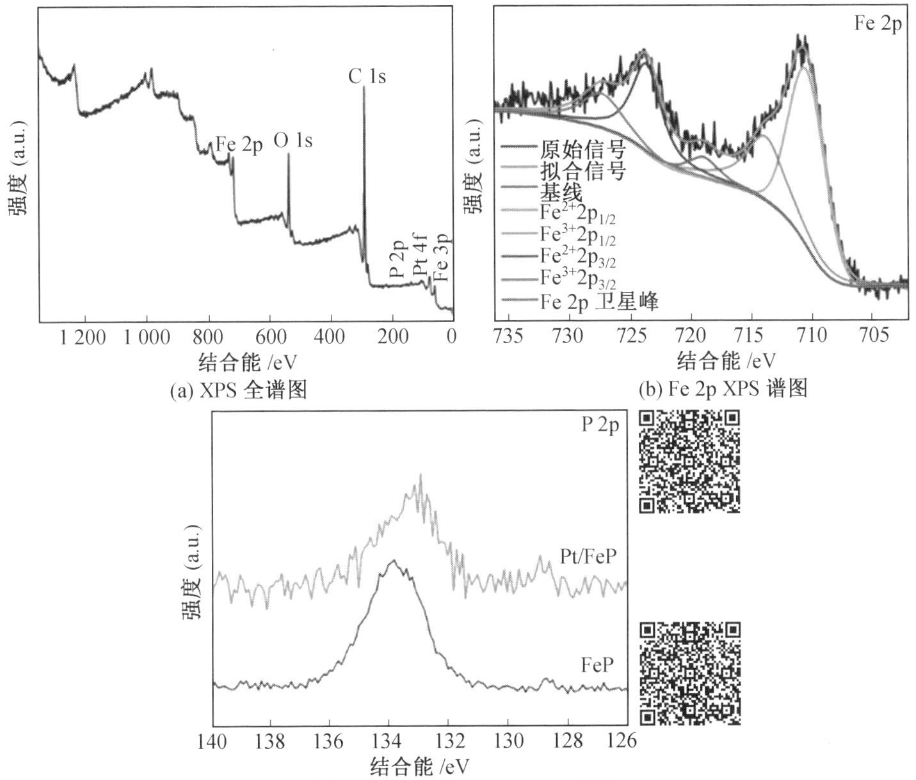

(a) XPS 全谱图

(b) Fe 2p XPS 谱图

(c) FeP 纳米片负载 Pt 前后 P 2p XPS 谱图

图 4.62 Pt/FeP 纳米片的电子结构

图 4.62(b)的 Fe 2p XPS 谱图经分峰拟合,可分为五个特征峰,其中 710.6 eV 和 723.7 eV 分别为 Fe^{2+} $2p_{3/2}$和 $2p_{1/2}$的结合能,而在 714.0 eV 和 727.4 eV 处特征峰为 Fe^{3+} $2p_{3/2}$和 $2p_{1/2}$的结合能;另外,719.0 eV 的弱峰为 Fe 2p 的卫星峰。图 4.62(b)表明 Fe^{2+}和 Fe^{3+}共存于 FeP 表面,FeP 的严重氧化导致 FeP 中 $Fe^{\delta+}$的 XPS 峰与 $Fe^{2+/3+}$ $2p_{3/2}$的峰重叠,未观察到 707 eV 附近 FeP 的特征峰。FeP 纳米片负载 Pt 前后 P 2p XPS 谱图如图 4.62(c)所示,通过该图可知负载 Pt 后 P 的 2p 特征峰向低结合能方向移动,说明 Pt 沉积于 FeP 纳米片表面后在 Pt 纳米颗粒与 FeP 纳米片之间产生了电子相互作用。

为进一步分析两者间的相互作用,对负载 Pt 前后 FeP 纳米片中 Fe 2p XPS 谱图进行比较发现(图 4.63(a)),负载 Pt 后 Pt/FeP 纳米片中 Fe $2p_{3/2}$特征峰同样向低结合能方向移动;与 Pt/C 中 Pt 的 4f 谱图相比,Pt/FeP 纳米片中 Pt 的 4f 特征峰向高结合能方向移动(图 4.63(c));因此,可进一步确认 Pt 与 FeP 纳米片

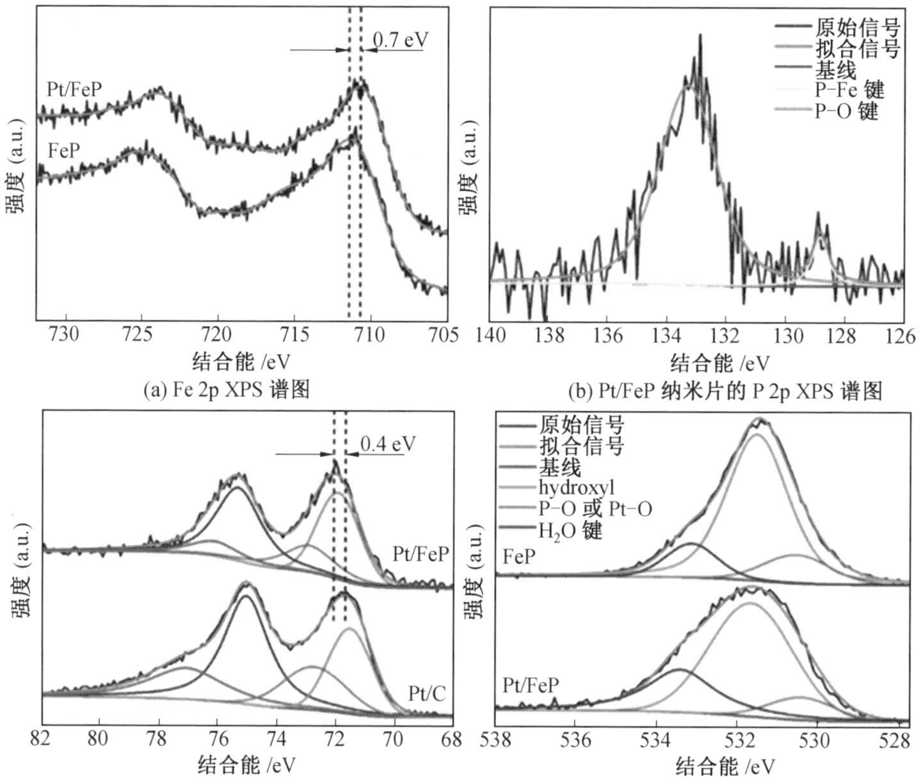

(a) Fe 2p XPS 谱图

(b) Pt/FeP 纳米片的 P 2p XPS 谱图

(c) Pt/FeP 纳米片和 Pt/C 的 Pt 4f XPS 谱图

(d) FeP 和 Pt/FeP 纳米片的 O 1s XPS 谱图

图 4.63　FeP 和 Pt/FeP 纳米片的电子结构

之间有电子相互作用并且 Pt 的电子云向 FeP 方向发生偏移。对 Pt/FeP 纳米复合材料中 P 的 2p XPS 谱图分峰拟合发现(图 4.63(b)),该 XPS 谱图存在两个明显的特征峰,分别位于 133.3 eV 和 128.8 eV,其中 128.8 eV 的小峰值对应于 FeP 中的 $P^{\delta-}$ 特征峰,而在 133.3 eV 处的强峰归因于表面氧化所产生的 P^{5+} 物种。在图 4.63(c)中对 Pt 的 4f XPS 谱图分峰后发现,Pt 存在两种不同的价态,对于 Pt/FeP 纳米片,在 71.9 eV 和 75.4 eV 处的特征峰归属于零价 Pt,而在 72.9 eV 和 76.2 eV 处的特征峰归属于由于 Pt 表面氧化产生的二价 Pt 物种(Pt^{2+})。与 Pt/C 相比,Pt/FeP 纳米片的 Pt $4f_{7/2}$ 峰向更高的结合能方向移动,这与 $PtNi_2P/C$ 和 Pt-CoP/C 不同。这种差异应归因于所制备的 FeP 纳米片的组成和结构。一方面,Fe 的电负性低于 Ni、Co,所以 Fe 比 Ni 和 Co 更易氧化。另一方面,所制备的 FeP 是纳米片的结构,其表面积相当大。因此,FeP 纳米片的氧化更严重,这已经由图 4.63 中的 XPS 证实,FeP 的氧化引起 Pt 4f 结合能的正移。这种变化导致

Pt 的 d 带中心降低，并因此削弱 CO—Pt 的化学键，进而增强甲醇氧化(MOR)催化活性。同时，FeP 的氧化导致 Fe—O 和 P—O 键的形成，通过所谓的双功能机理有利于提高 MOR 性能。此外，相比于 Pt/C，Pt/FeP 纳米片上的金属 Pt 含量从 57.0% 增加至 66.4%，为甲醇氧化提供了更多的 Pt 活性位点。图 4.63(d)为 FeP 和 Pt/FeP 纳米片的 O 1s XPS 谱图，通过该图可以观察到位于 530.4 eV、531.7 eV 和 533.4 eV 的三个特征峰，其中在 531.7 eV 处的最大峰归属于羟基氧，在 533.4 eV 处的峰是由样品表面的吸附 H_2O 引起的，而在 530.4 eV 处的小的特征峰归因于催化剂表面氧化产生的点阵氧，即 P—O、Fe—O 或 Pt—O 物质。值得注意的是，对于 FeP 和 Pt/FeP，O 1s XPS 谱图中对应于羟基的峰面积均最大，这表明丰富的羟基主要来自 FeP 表面，而催化剂表面羟基的存在可与甲醇氧化过程中产生的类 CO 毒化物种发生电氧化反应，进而提高其抗 CO 中毒能力。

在 N_2 饱和的 0.5 mol/L H_2SO_4 溶液中，以 50 mV/s 的扫描速率对 Pt/FeP 催化剂进行循环伏安测试直至得到稳定的曲线，所得结果如图 4.64 所示。

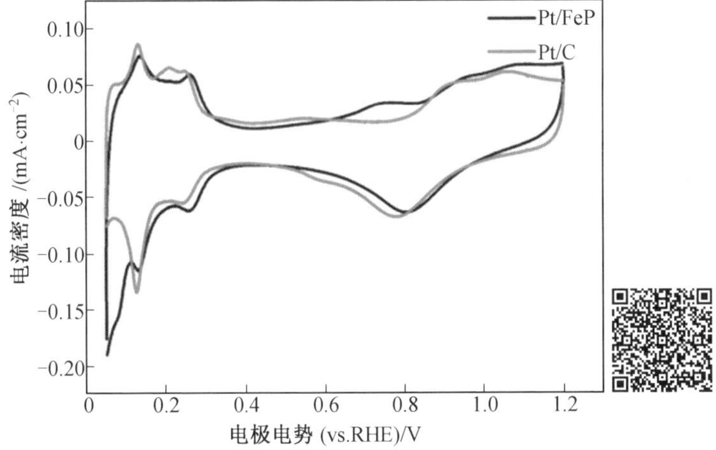

图 4.64 Pt/FeP 纳米片和 Pt/C 在 0.5 mol/L H_2SO_4 溶液中的循环伏安曲线(扫描速率为 50 mV/s)

基于 0.05 ~0.35 V 的电势范围内呈现的氢吸附/脱附区计算 Pt/FeP 纳米片以及商业 Pt/C 的电化学活性面积(ECSA)，结果显示 Pt/FeP 纳米片的 ECSA 为 30.0 m^2/g，是商业 Pt/C 催化剂的 50%(60.0 m^2/g)，这可能是 Pt/FeP 纳米片中 Pt 纳米颗粒的尺寸(3.68 nm)大于商业 Pt/C 的尺寸(将近 3 nm)，造成 Pt 表面的可接触活性位点相对较低导致的。然而，尽管 Pt/FeP 纳米片的 ECSA 较小，但其甲醇氧化的比活性及抗中毒能力均优于商业 Pt/C，如图 4.65 所示。

为表征催化剂的活性，对 Pt/FeP 纳米片和商业 Pt/C 催化剂在 0.5 mol/L

H_2SO_4+0.5 mol/L CH_3OH溶液中进行循环伏安、计时电流和阻抗测试,如图4.65所示。通过图4.65(a)可知,在正扫和负扫中均存在一个显著的氧化峰,其氧化过程位于0.5~1.1 V的电势范围内,分别为甲醇和中间产物的氧化,并且Pt/FeP纳米片的正向峰值电流密度(高电势峰下)为0.994 mA/cm^2,是商业Pt/C(0.363 mA/cm^2)的2.74倍,表明Pt/FeP纳米片的MOR催化活性高于商业Pt/C催化剂。

通过在0.5 mol/L H_2SO_4+0.5 mol/L CH_3OH溶液中于0.6 V下的CA测试评估所制备的Pt/FeP纳米片、商业Pt/C的甲醇氧化稳定性,如图4.65(b)所示。在初始阶段,Pt/FeP纳米片和商业Pt/C的电流密度都快速下降,之后下降缓慢,这是由于在甲醇氧化过程中产生的中间产物易于吸附在Pt表面的活性位点上,阻碍了其与甲醇的反应,导致活性下降。在运行2 h后,Pt/FeP纳米片和Pt/C的剩余电流密度分别为0.020 mA/cm^{2}和0.010 mA/cm^2,且前者是后者的两倍,表明Pt/FeP纳米片具有更好的甲醇氧化稳定性。

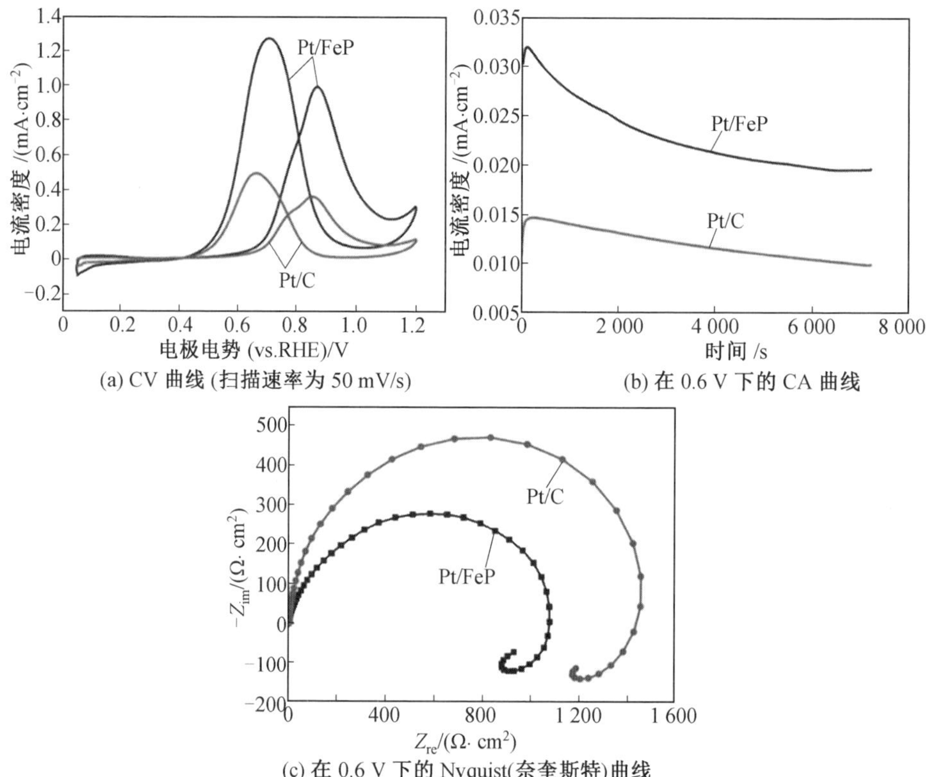

图4.65　Pt/FeP纳米片和Pt/C在0.5 mol/L H_2SO_4+0.5 mol/L CH_3OH溶液中的电化学行为

为表征其电荷转移动力学过程，对其进行电化学阻抗谱（EIS）测试，如图 4.65(c)所示。通过该图可以看出，Pt/FeP 纳米片的电荷转移电阻（高频区半圆直径）明显小于商业 Pt/C，这意味着 Pt/FeP 纳米片的甲醇氧化动力学反应速率快于商业 Pt/C，进而使得 Pt/FeP 纳米片具有优异的甲醇氧化性能。

为研究 Pt/FeP 纳米片、商业 Pt/C 的抗 CO 中毒能力，对其进行 CO 溶出伏安测试，如图 4.66 所示。

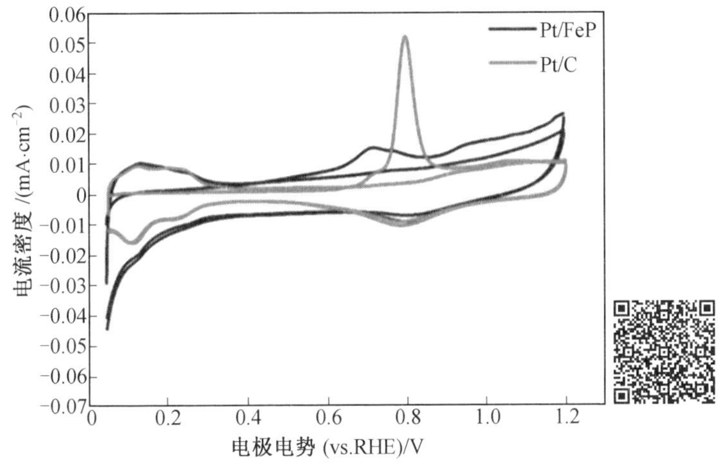

图 4.66　Pt/FeP 纳米片和 Pt/C 在 0.5 mol/L H_2SO_4溶液中的 CO 溶出伏安曲线

从图中可以看出，Pt/FeP 纳米片的 CO 氧化起始电势位于 0.600 V 附近并在 0.700 V 和 0.770 V 附近存在两个明显的氧化峰电势。而对于商业 Pt/C，起始电势正移至 0.680 V，并且两个氧化峰电势位于约 0.720 V 和约 0.800 V 处，与 Pt/FeP 纳米片相比，商业 Pt/C 的 CO 氧化起始电势和氧化峰电势均发生明显正移。因此，相比于商业 Pt/C，FeP 纳米片负载 Pt 纳米颗粒后可在较低电势下将 CO 有毒物种氧化去除，释放出 Pt 活性位点，使其参与甲醇氧化过程，从而表现出优异的抗 CO 中毒能力。

催化剂的长期稳定性是评价其性能的重要指标之一。因此，本节利用循环伏安曲线研究 Pt/FeP 纳米片在长期循环过程中的电化学活性面积变化情况，并与商业 Pt/C 进行对比，结果如图 4.67 所示。

经过 1 000 圈循环，Pt/FeP 纳米片、商业 Pt/C 的电化学活性面积分别是相应第 100 圈的 60.0%、54.3%，分别下降了 40.0%、45.7%，说明 Pt/FeP 纳米片比商业 Pt/C 具有更优异的稳定性，这可能是由于 FeP 纳米片比 C 材料表现出更高的耐腐蚀性。此外，Pt 纳米颗粒与 FeP 纳米片之间存在着较强的电子相互作用，

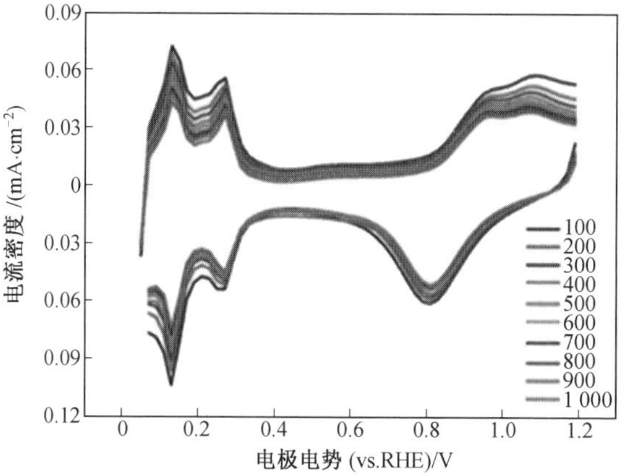

(a) Pt/FeP 纳米片

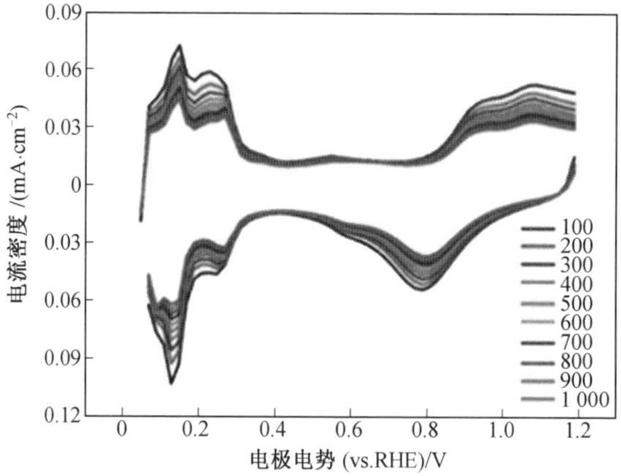

(b) Pt/C

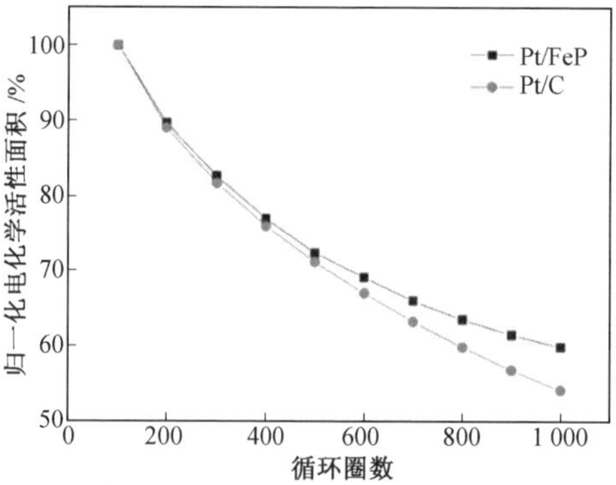

(c) 电化学活性面积相对相应的第 100 圈时的比例

图 4.67　Pt/FeP 纳米片、Pt/C 在 0.5 mol/L H_2SO_4溶液中扫描 1 000 圈的老化情况

会导致 FeP 纳米片表面的 Pt 纳米颗粒在循环过程中更难发生团聚和脱落。

通过上述分析，可知 Pt/FeP 纳米片催化剂在电氧化甲醇方面表现出优异的活性和稳定性归因于以下几个方面：①FeP 纳米片独特的二维结构有利于增强反应物传质，缩短离子及电子的扩散距离；②根据文献报道，FeP 作为优异的电催化产氢催化剂，其结构中 $P^{\delta-}$ 和 $Fe^{\delta+}$ 分别具有质子受体特性和氢化物受体特性，导致 $P^{\delta-}$ 活性位点有利于水分子中氢质子的吸附，而 $Fe^{\delta+}$ 活性位点可接受水分子中的羟基形成 Fe—OH 键，进而增强水活化分解。Fe—OH 结构类似于 W—OH，具有高的活性，可氧化附近 Pt 活性位点上吸附的类 CO 中间产物，进而增强甲醇氧化反应，提高催化剂的抗中毒能力；③XPS 分析结果表明 FeP 纳米片与 Pt 纳米颗粒间存在电子相互作用，会引起 Pt 的 d 带中心降低，进而弱化 CO 等中间产物在 Pt 表面的吸附强度，使反应物接触更多的 Pt 活性位点，从而改善甲醇氧化性能及稳定性，其机理示意图如图 4.68 所示。

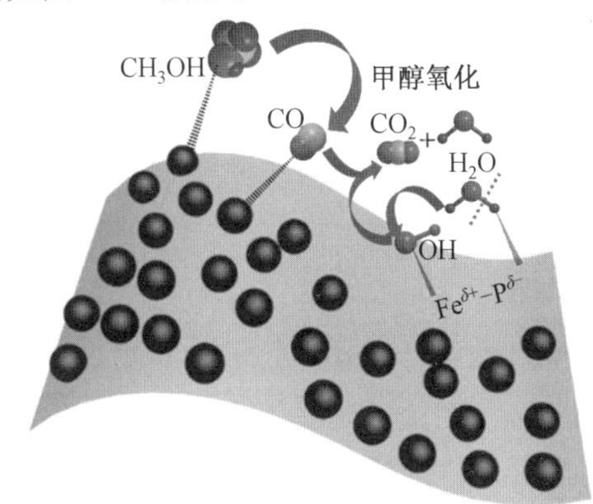

图 4.68　Pt/FeP 纳米片甲醇氧化机理示意图

还有一类具有独特的二维分层结构过渡金属碳化物 MXene，本书也对其作为 Pt 纳米颗粒载体的潜力进行了研究。

为表征所制备 Ti_3C_2 MXene 的形貌，对其进行 SEM、TEM 及 HRTEM 表征，结果如图 4.69 所示。由图 4.69(a)、图 4.69(b) 的 SEM 照片可见，Ti_3C_2 MXene 具有明显的层状结构，层与层之间相互分开，表明 Ti_3AlC_2 经过 HF 刻蚀后剥离完全。剥离后的纳米片结构可以为 Pt 纳米颗粒的固定提供更多的空间，并防止 Pt 粒子间的团聚，进而促进甲醇的氧化性能。由图 4.69(c) 的 TEM 照片可进一步观察到纳米片状结构，且横向尺寸可达上百纳米，而通过图 4.69(d) 的 HRTEM 照片可看到明显的层间条纹，层间距为 9.8 Å，对应于 Ti_3C_2 MXene 的(002)面，并且可以看出此纳米片有五层。

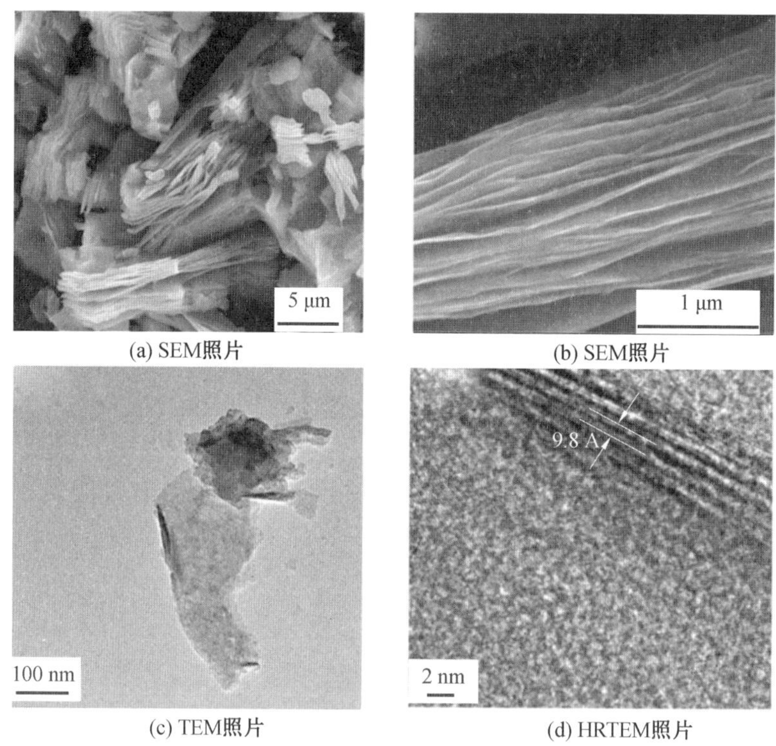

(a) SEM照片　(b) SEM照片　(c) TEM照片　(d) HRTEM照片

图 4.69　Ti_3C_2 MXene 的形貌

为表征 Pt/Ti_3C_2 MXene 的物相,对其进行 XRD 表征,如图 4.70 所示。

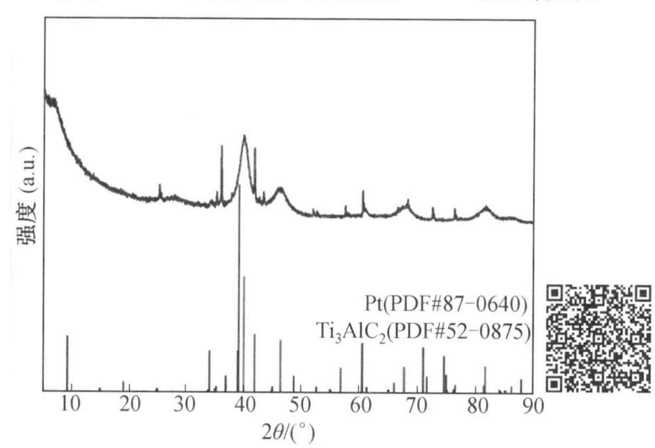

图 4.70　Pt/Ti_3C_2 MXene 的 XRD 谱图

可见,在 Ti_3C_2 MXene 表面沉积 Pt 后,Ti_3C_2 MXene 的大部分衍射峰消失,但

是位于 36.1°、41.8°、60.5°、72.6°和 76.4°的衍射峰仍然存在，表明 Ti_3C_2 MXene 物相未发生变化。在 39.9°、46.4°、67.7°、81.6°和 86.0°的衍射峰对应于 Pt (PDF#87-0640)的特征峰。因此所制备的物质由 Pt 和 Ti_3C_2 MXene 构成。

为表征 Pt/Ti_3C_2 MXene 的形貌，对其进行 TEM、HAADF-STEM 和 HRTEM 表征，如图 4.71 所示。

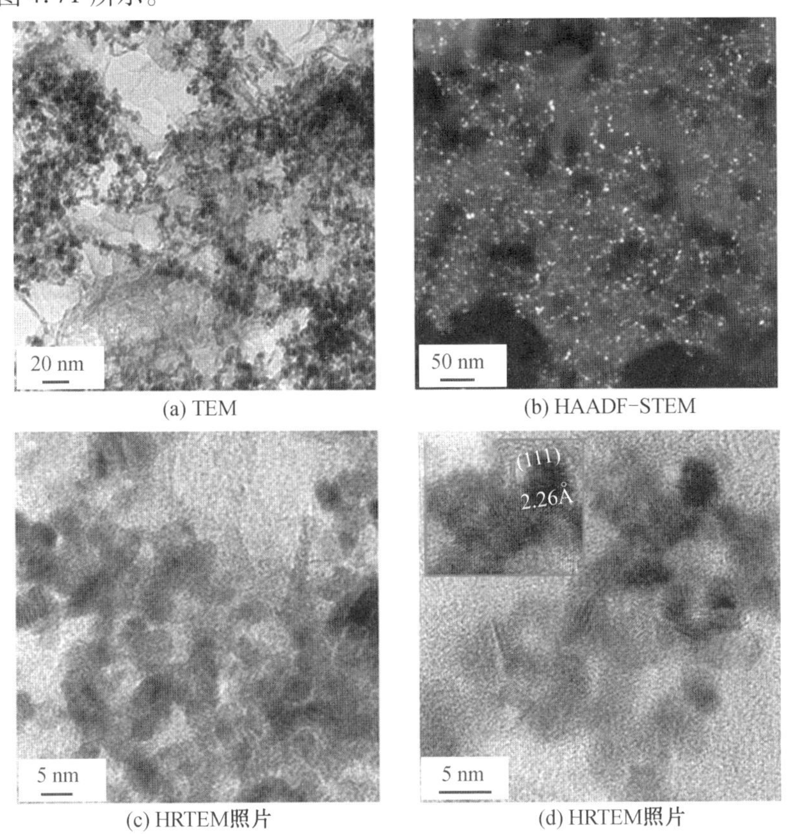

(a) TEM (b) HAADF-STEM

(c) HRTEM照片 (d) HRTEM照片

图 4.71 Pt/Ti_3C_2 MXene 的形貌

图 4.71(a)的 TEM 图表明 Ti_3C_2 纳米片表面存在很多纳米颗粒，由图 4.71(b)的 HAADF-STEM 照片中可见，白色亮斑为金属纳米颗粒。图 4.71(c)的 HRTEM 表明纳米颗粒尺寸在 4 ~5 nm 之间。在图 4.71(d)的 HRTEM 照片中可看到明显的晶格条纹，条纹间距为 2.26 Å，对应于 Pt 的(111)晶面。通过上述分析可知，粒径为 4 ~5 nm 的 Pt 纳米颗粒被均匀负载于 Ti_3C_2 MXene 表面。

此外，为分析所制备的 Pt/Ti_3C_2 MXene 中 Pt 的载量，对其进行 SEM-EDS 分析，结果如图 4.72 所示。

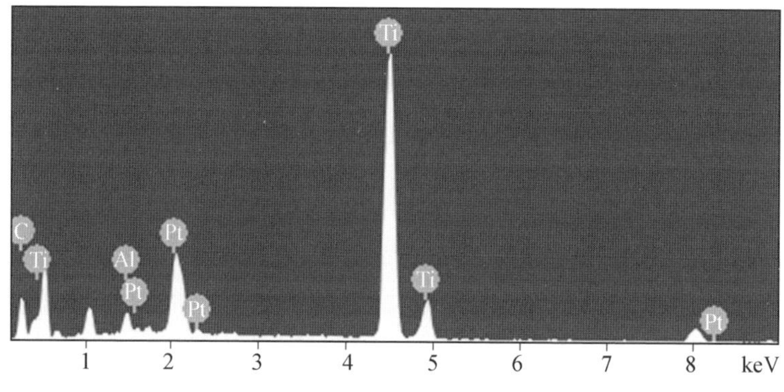

图 4.72 Pt/Ti_3C_2 MXene 的 SEM-EDS 谱图

可知 Pt 质量分数为 20.20%,与理论质量分数 20.00% 相吻合。对其进行 ICP 表征,发现 Pt 质量分数为 19.80%,也与理论质量分数 20.00% 相吻合。因而,Ti_3C_2 MXene 表面 Pt 纳米颗粒质量分数为 20.00%。

通过 XPS 光谱分析其表面化学环境和元素组成,结果如图 4.73 所示。由图 4.73(a)可见,存在 Pt、Ti、C 和 O 四种元素,其中 Pt、Ti 和 C 来自 Pt/Ti_3C_2 MXene 样品,而 O 是由 Ti_3C_2 MXene 表面存在的含氧化物质如羟基还有空气中的氧引起的,此外,样品表面并未检测到元素氟。Ti_3C_2 MXene 和 Pt/Ti_3C_2 MXene 的 Ti 2p XPS 谱图经解卷积后如图 4.73(b)所示,Ti 2p XPS 谱图在 455.1 eV 和 460.8 eV 处呈现两个峰,这是由自旋-轨道分裂引起的,两峰分别对应于 Ti $2p_{3/2}$ 和 $2p_{1/2}$。对于单独的 Ti_3C_2 MXene 样品,经分峰拟合后同样可观察到两对特征峰,其中 455.3 eV 和 460.9 eV 分别为 Ti—C 键的 $2p_{3/2}$ 和 $2p_{1/2}$,而在 457.0 eV 和 462.2 eV 处的 Ti $2p_{3/2}$ 和 $2p_{1/2}$ 峰可归因于 Ti—O 物质。然而,将 Pt 纳米颗粒固定在 Ti_3C_2 MXene 上后,Ti—O 键的特征峰消失,仅可观察到 455.0 eV 和 460.8 eV 的 Ti—C 峰。这可能是由于 $NaBH_4$ 将 H_2PtCl_6 还原成金属 Pt 的同时,$NaBH_4$ 的强还原能力也对 Ti_3C_2 MXene 产生了明显影响,导致 Ti—O 种类急剧减少,进而使得 Ti—O 峰消失。图 4.73(c)中 Ti_3C_2 MXene 的 C 1s XPS 谱图表明,该谱图可分出三个峰,位于 282.0 eV、284.8 eV 和 286.9 eV,分别对应于 Ti—C、C—C 和 C—O/C ═ O 键。图 4.73(d)中的 Pt 4f XPS 谱图经分峰拟合后显示,存在四个特征峰,其峰位于 70.2 eV、71.7 eV、73.5 eV、74.7 eV 结合能处,其中 Pt $4f_{7/2}$ 和 $4f_{5/2}$ 在 70.2 eV 和 73.5 eV 处的峰归因于 Pt(0)物质,而另外两个峰是由 PtO_x 物质产生的。与已报道的文献相比,该材料 Pt 的 $4f_{7/2}$ 与 $4f_{5/2}$ 峰均向低结合能方向移动,说明 Pt 与 Ti_3C_2 间存在强的电子相互作用,即电子从 Ti_3C_2 转移至 Pt,该结果与报道的 Pt/TiC 相吻合,对 Pt 表面的化学吸附性能有利,进而改善其甲醇氧化活性和抗

CO 中毒能力。

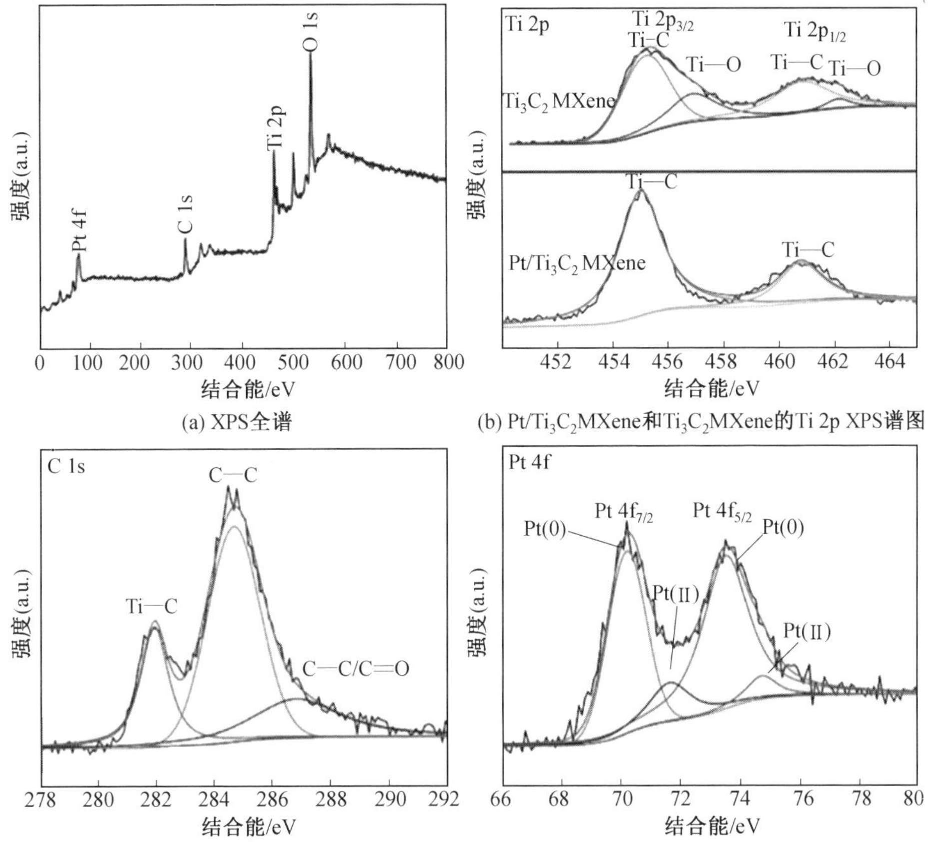

(a) XPS全谱

(b) Pt/Ti_3C_2MXene和Ti_3C_2MXene的Ti 2p XPS谱图

(c) Ti_3C_2 MXene的C 1s XPS谱图

(d) Pt/Ti_3C_2 MXene的Pt 4f XPS谱图

图 4.73　Pt/Ti_3C_2 MXene 的电子结构

在 N_2饱和的 0.5 mol/L H_2SO_4溶液中，以 50 mV/s 的扫描速率进行循环伏安测试直至得到稳定的曲线，结果如图 4.74 所示。

根据该图在 0.05 ~0.35 V 的电势范围内呈现的氢吸/脱附区计算 Pt/Ti_3C_2 MXene 及商业 Pt/C 的电化学活性面积（ECSA），并且由 ICP 中 Pt 质量分数为 19.80%，得到 Pt/Ti_3C_2 MXene 的 ECSA 为 30.2 m^2/g，是商业 Pt/C 催化剂的约 50%（60.1 m^2/g），这可能是由 Pt/Ti_3C_2 MXene 中 Pt 纳米颗粒的粒径（4 ~5 nm）大于商业 Pt/C 的粒径（将近 3 nm），造成 Pt 表面的可接触活性位点相对较低导致的。然而，尽管 Pt/Ti_3C_2 MXene 的 ECSA 较小，但其甲醇氧化的比活性及抗中毒能力均优于商业 Pt/C。

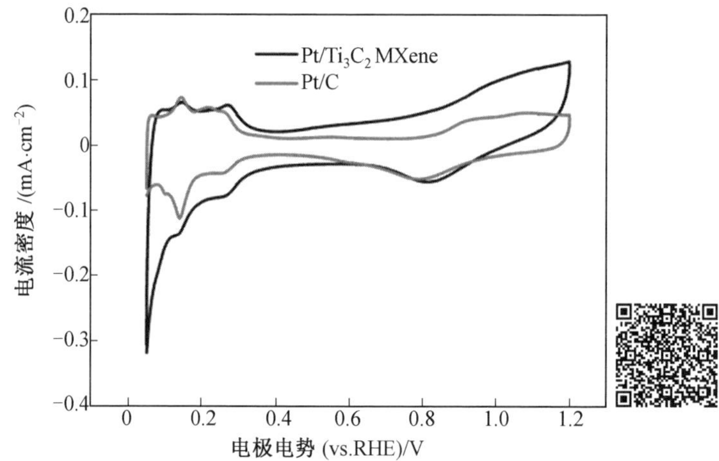

图 4.74　Pt/Ti$_3$C$_2$ MXene 和 Pt/C 在 0.5 mol/L H_2SO_4 溶液中的循环伏安曲线（扫描速率为 50 mV/s）

为表征催化剂的活性，对 Pt/Ti$_3$C$_2$ MXene 和商业 Pt/C 催化剂在 0.5 mol/L H_2SO_4+0.5 mol/L CH_3OH 溶液中进行循环伏安、计时电流和阻抗测试，结果如图 4.75 所示。通过图 4.75(a)可知，在正扫和负扫中均存在一个明显的氧化峰，其氧化过程位于 0.5～1.1 V 的电势范围内，分别为甲醇和中间产物的氧化，并且 Pt/Ti$_3$C$_2$ MXene 的正向峰值电流密度（高电势峰下）为 1.137 mA/cm^2，是商业 Pt/C(0.388 mA/cm^2)的 2.93 倍，表明 Pt/Ti$_3$C$_2$ MXene 的 MOR 催化活性高于商业 Pt/C 催化剂。通过在 0.5 mol/L H_2SO_4+0.5 mol/L CH_3OH 溶液中于 0.6 V 下的 CA 测试，评估所制备的 Pt/Ti$_3$C$_2$ MXene、商业 Pt/C 的甲醇氧化稳定性，如图 4.75(b)所示。在初始阶段，Pt/Ti$_3$C$_2$ MXene 和商业 Pt/C 电流密度均快速下降，之后下降缓慢，这是由于在甲醇氧化过程中产生的中间产物易于吸附在 Pt 表面活性位点上，阻碍了其与甲醇的反应，导致活性下降。在运行 2 h 后，Pt/Ti$_3$C$_2$ MXene 和 Pt/C 的剩余电流密度分别为 0.040 mA/cm^2 和 0.010 mA/cm^2，前者是后者的 4 倍，表明 Pt/Ti$_3$C$_2$ MXene 具有更好的甲醇氧化稳定性。

为表征电荷转移动力学过程，对其进行 EIS 测试，如图 4.75(c)所示。可以看出，Pt/Ti$_3$C$_2$ MXene 的电荷转移电阻（高频区半圆直径）明显小于商业 Pt/C，这意味着 Pt/Ti$_3$C$_2$ MXene 的甲醇氧化动力学反应速率快于商业 Pt/C，进而使得 Pt/Ti$_3$C$_2$ MXene 具有优异的甲醇氧化性能。

催化剂的稳定性也是衡量催化剂性能好坏的一个重要指标。对 Pt/Ti$_3$C$_2$ MXene、商业 Pt/C 在 0.5 mol/L H_2SO_4 溶液中进行 1 000 圈循环伏安测试，结果如

图 4.76 所示。

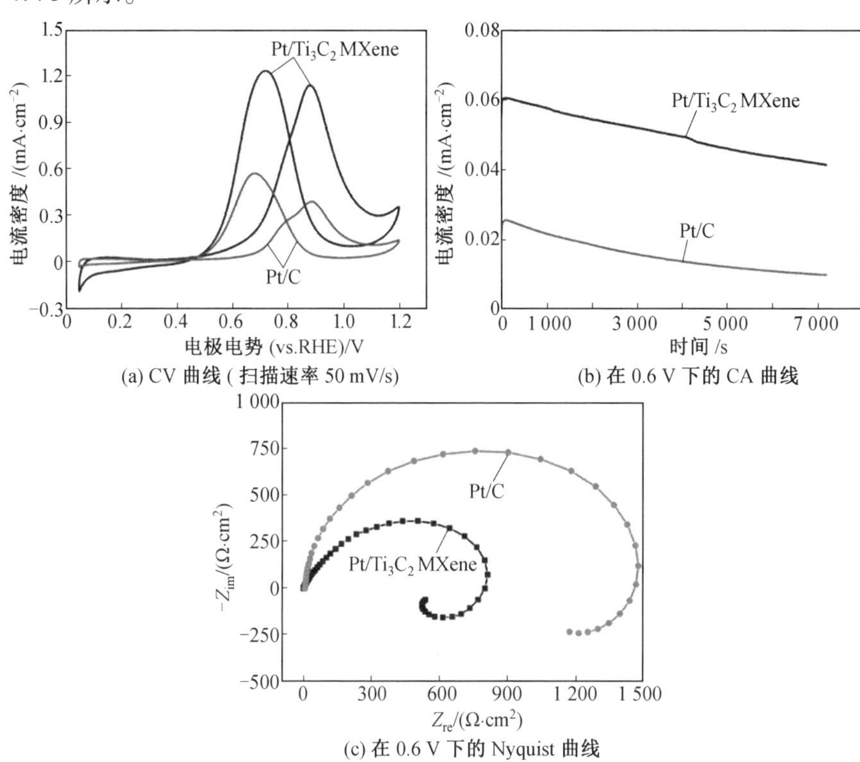

(a) CV 曲线 (扫描速率 50 mV/s)

(b) 在 0.6 V 下的 CA 曲线

(c) 在 0.6 V 下的 Nyquist 曲线

图 4.75　Pt/Ti_3C_2 MXene 和 Pt/C 在 0.5 mol/L H_2SO_4+0.5 mol/L CH_3OH 溶液中的电化学行为

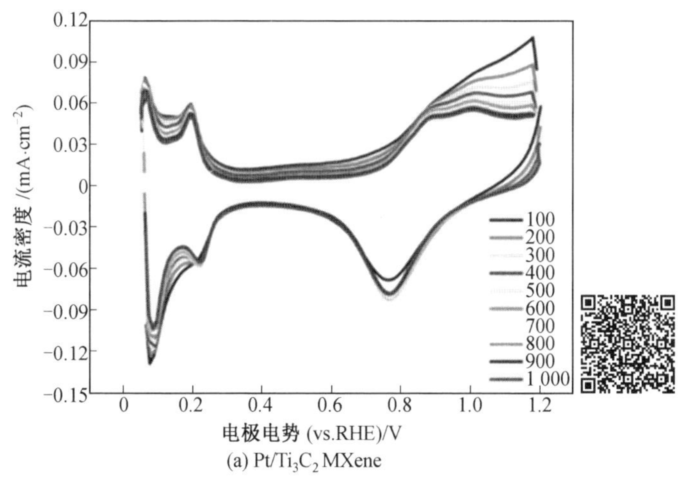

(a) Pt/Ti_3C_2 MXene

图 4.76　Pt/Ti_3C_2 MXene 和 Pt/C 在 0.5 mol/L H_2SO_4溶液中的老化情况

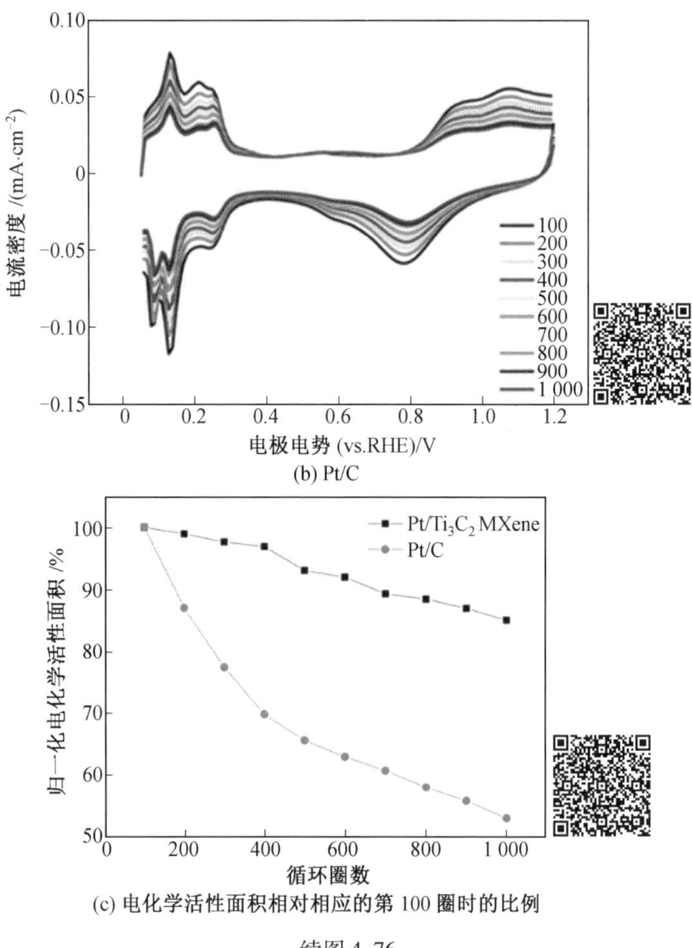

(b) Pt/C

(c) 电化学活性面积相对相应的第 100 圈时的比例

续图 4.76

由图 4.76(c)可以看出,经过 1 000 圈循环,Pt/Ti_3C_2 MXene、商业 Pt/C 的电化学活性面积分别是相应第 100 圈的 85.1% 和 53.2%,分别下降了 14.9% 和 46.8%。因而,Pt/Ti_3C_2 MXene 比商业 Pt/C 具有更优异的稳定性,这可能是由 Ti_3C_2 MXene 比炭黑表现出更高的耐腐蚀性以及 Pt 纳米颗粒与 Ti_3C_2 MXene 之间强的电子相互作用导致 Pt 分散性好,并且 Pt 更难在循环过程中发生团聚、脱落所引起的。Ti_3C_2 MXene 与 Pt 纳米颗粒之间的协同作用显著改善了其甲醇的氧化性能和稳定性。

Pt/Ti_3C_2 MXene 的 MOR 和析氢(HER)活性增强的原因有以下方面:①独特的 2D 纳米片结构赋予了其丰富的 Pt 锚定位点,同时,有利于传质及传荷;②在较高电势、强酸性等恶劣环境下,Ti_3C_2 MXene 的超稳定结构以及 Pt 与 Ti_3C_2

MXene之间高的结合强度，有利于防止催化剂在长期运行过程中Pt纳米颗粒的团聚及脱落，进而保证优良的MOR性能；③Ti_3C_2 MXene和Pt纳米颗粒复合后，提高了Pt的电化学面积，使得更多的Pt活性位点参与甲醇氧化；④Ti_3C_2 MXene与Pt间的强的电子相互作用导致Pt的电子结构发生变化，进而有利于甲醇氧化过程中CO有毒物种的脱附；⑤Ti_3C_2 MXene优异的金属电导特性有助于降低能量损耗，加快电荷转移速率，进而改善MOR性能。

4.2 碱性体系钯基催化剂

以Pd催化剂为例，在碱性介质中甲醇的氧化一般分为两个过程，分别是Pd表面的甲醇分解产物吸附和OH吸附。在甲醇的每一步反应过程中都有电子的释放，并伴随吸附产物的生产，最后甲醇被氧化成最终产物CO_2，整个反应过程如下列反应方程式所示：

$$Pd+OH^- \longrightarrow Pt—(OH)_{ad}+e^- \tag{4.15}$$

$$Pd+(CH_3OH)_{sol} \longrightarrow Pd—(CH_3OH)_{ad} \tag{4.16}$$

$$Pd—(CH_3OH)_{ad}+OH^- \longrightarrow Pd—(CH_3O)_{ad}+H_2O+e^- \tag{4.17}$$

$$Pd—(CH_2OH)_{ad}+OH^- \longrightarrow Pd—(CHO)_{ad}+H_2O+e^- \tag{4.18}$$

$$Pd—(CHO)_{ad}+OH^- \longrightarrow Pd—(CO)_{ad}+H_2O+e^- \tag{4.19}$$

$$Pd—(CHO)_{ad}+Pd—(OH)_{ad}+2OH^- \longrightarrow 2Pd+CO_2+2H_2O+2e^- \tag{4.20}$$

$$Pd—(CO)_{ad}+Pd—(OH)_{ad}+OH^- \longrightarrow 2Pd+CO_2+H_2O+e^- \tag{4.21}$$

由于电催化过程为表面过程，因此只有电极表面活性组分才能起到催化作用，而体相活性组分不会起到作用。所以，从降低贵金属用量角度来讲，采用其他金属为核，利用具有催化活性的贵金属在内核表面包覆薄壳是实现降低贵金属用量的最有效途径。另外，由于核壳结构纳米颗粒具有的独特结构特性和电子特性，核壳结构纳米颗粒还具有一些特殊的性质，例如改变内核和外壳金属的种类，可以调节催化剂表面电荷。通过控制内核可以调节外壳金属表面应力，进而改变催化剂的稳定性；通过控制外壳金属包覆厚度可以有效调节催化剂催化活性。因此，设计和制备具有外壳厚度包覆均匀且厚度可控的金属包覆金属纳米颗粒催化剂具有非常重要的意义。

对于制备纳米核壳结构催化剂，纳米核壳颗粒的粒径和厚度的调控是合成的关键。而传统方法难以实现对外壳还原速率和厚度进行精确调控，所以提出利用改进后的三相相转移法制备外壳厚度可控的Au@ Pd纳米颗粒（Au@ Pd

NPs)催化剂。

图4.77(a)、(b)所示分别为Au纳米颗粒核和Au@Pd NPs的TEM照片。在包覆前后,Au纳米颗粒和Au@Pd NPs均为均匀分散且粒径均一的纳米颗粒。从对应的粒径分布曲线(图4.77(a)、(b))可以看出,在包覆前Au纳米颗粒的平均粒径约为5.7 nm,经过Pd外壳包覆后,粒径增大到7.1 nm,说明包覆的平均厚度为0.7 nm。图4.77(c)、(d)所示分别为Au纳米颗粒和Au@Pd NPs的高分辨TEM照片。从图4.77(c)中可以看出,Au纳米颗粒晶格条纹明显,说明纳米金具有较好的结晶性,经测量发现,Au纳米颗粒的晶格条纹宽度为2.3 nm,对应Au[111]晶面。从图4.77(d)中可以看出,包覆后,纳米颗粒中间颜色较深的为Au核,外围颜色较浅的为Pd外壳。经过测试,其晶格条纹宽度对应Pd[200]晶面,进一步说明形成了Au@Pd NPs。

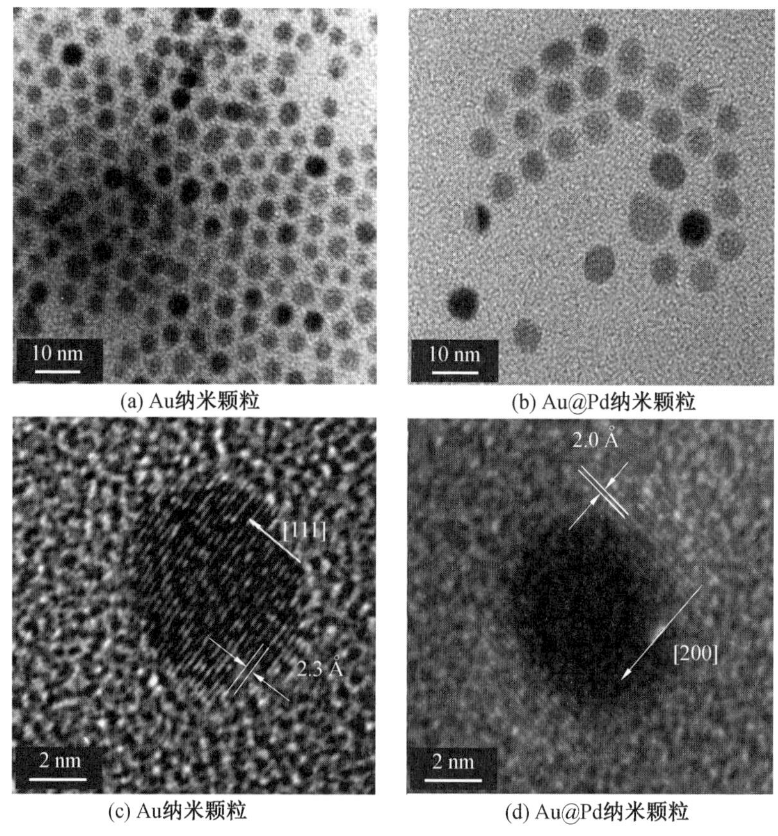

图4.77 Au纳米颗粒和Au@Pd NPs的形貌

图4.78(a)、(b)所示分别为Au纳米颗粒和Au@Pd NPs的粒径分布曲线,

其纳米颗粒的分布曲线均由随机选取的 200 个纳米颗粒直径统计而来。从两材料的分布曲线可以看出,包覆前的 Au 纳米颗粒和包覆后的 Au@ Pd NPs 的粒径分布都很窄,其中 Au 纳米颗粒的粒径范围绝大部分在 4 ~8 nm 之间,而包覆后的Au@ Pd NPs的粒径绝大部分分布在 5 ~9 nm。利用高斯曲线对其拟合,最终得到 Au 纳米颗粒的平均粒径为 5.7 nm,而包覆后的 Au@ Pd NPs 平均粒径为 7.1 nm,这说明包覆后粒径变大,包覆厚度不足 1 nm。

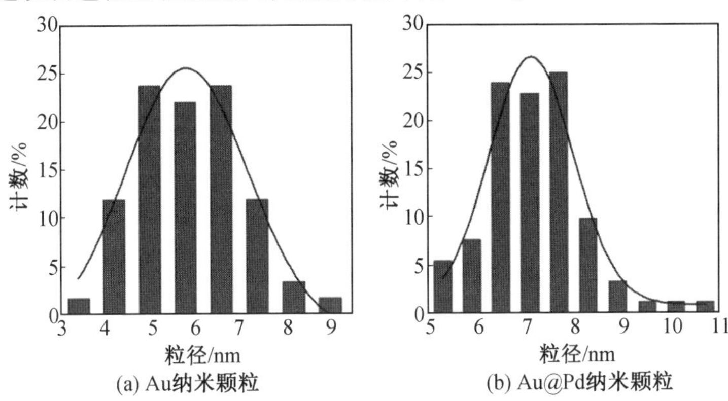

图 4.78　Au 纳米颗粒和 Au@ Pd NPs 的粒径分布曲线

为进一步对 Au@ Pd NPs 的形貌进行表征,分别利用元素面扫法和沿 Au@ Pd NPs 直径方向的元素线扫对其进行表征,验证 Au@ Pd NPs 是否具备纳米核壳结构。

图 4.79(a)所示为 Au@ Pd NPs 的 HADDF 图像和元素面扫图像。从图中可以看出,Au@ Pd NPs 中确实含有 Au 元素和 Pd 元素,其中 Au 元素的分布直径较小,而在同样的位置 Pd 元素分布直径要大于 Au 元素。从最终的重叠图像上可以看出,在纳米核壳中心,Au 元素含量较高,而在外围则 Pd 含量较高,这也为 Au 和 Pd 确实形成了核壳提供了一个证据。

图 4.79(b)所示为从纳米核壳直径方向进行元素线扫得到的曲线,从曲线中可以看出,此纳米颗粒的粒径在 8 nm 左右,在核中心位置 Au 元素含量较高,而在整个粒径范围,Pd 元素的含量分布较为均匀,说明 Pd 元素在 Au 表面包覆较为均匀,且从两元素分布宽度来看,包覆厚度为 0.5 ~1 nm。

为研究不同还原剂的还原速度对催化剂形貌和催化活性的影响,选用硼氢化钠($NaBH_4$)作为还原剂,利用同样的三相相转移法制备 Au@ Pd NPs,并分别利用 TEM 对其进行形貌表征,利用 CV 和 CA 对其进行电化学催化活性表征。

图 4.80(a) ~(c)所示分别为利用硼氢化钠还原的 Au@ Pd NPs 的 TEM 照

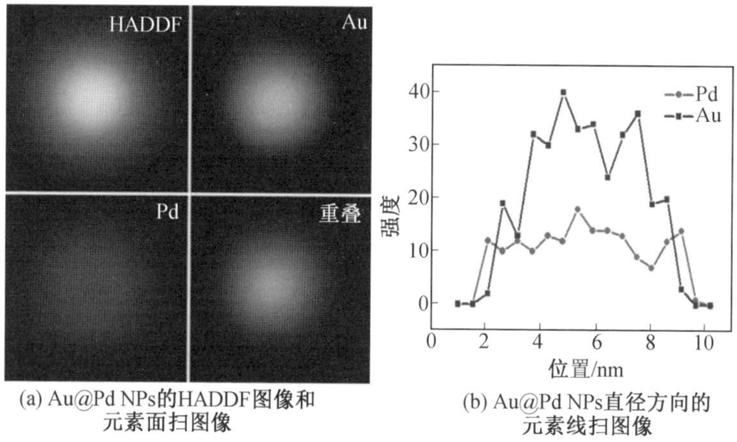

(a) Au@Pd NPs的HADDF图像和元素面扫图像
(b) Au@Pd NPs直径方向的元素线扫图像

图 4.79　Au@ Pd NPs 的元素分布情况

片。图中 Pd 与 Au 的物质的量比为 5 : 1，都是通过三相相转移法进行合成，只是最后还原步骤使用的还原剂由抗坏血酸溶液变为硼氢化钠溶液。

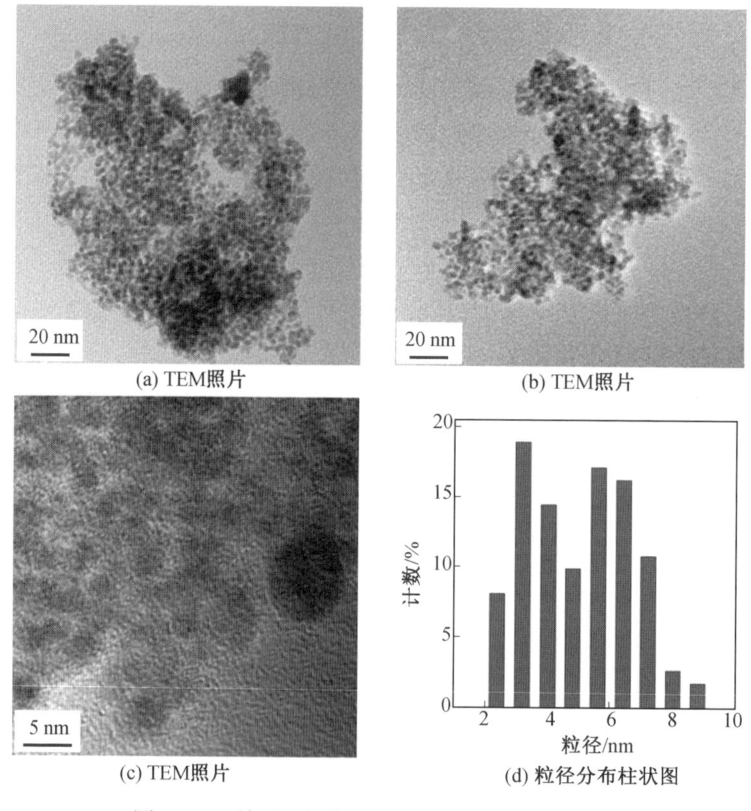

(a) TEM照片
(b) TEM照片
(c) TEM照片
(d) 粒径分布柱状图

图 4.80　利用硼氢化钠还原的 Au@ Pd NPs 形貌

由于Au纳米颗粒制备工艺与三相相转移中Au纳米颗粒完全相同，故Au纳米颗粒的粒径不变，仍为5.7 nm。从TEM照片中可以看出，利用硼氢化钠溶液还原的Au@Pd NPs分散不均匀且团聚较为严重，从图4.80(b)和图4.80(c)中可以看出，还原的纳米颗粒仍为球形，但是粒径分布变宽，颗粒中有较大颗粒产生。这是由于硼氢化钠还原性过强，还原速率难以控制，Pd前驱体在短时间内还原。图4.80(d)所示为硼氢化钠还原的Au@Pd NPs的粒径分布柱状图，从图中可以看出利用硼氢化钠作为还原剂制备得到的Au@Pd较抗坏血酸还原的颗粒粒径分布更宽，且有粒径超过10 nm的颗粒存在。

图4.81所示为利用三相相转移法采用不同还原剂(抗坏血酸和硼氢化钠)制备的Au@Pd核壳纳米颗粒催化剂的电化学催化性能测试曲线。

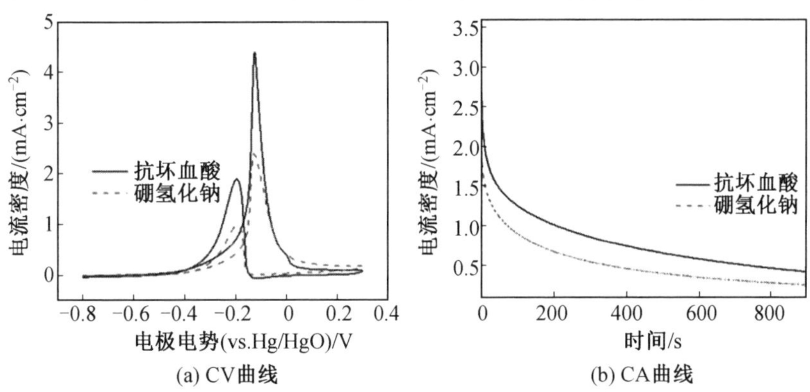

图4.81　利用抗坏血酸和硼氢化钠作为三相相转移法的Au@Pd核壳纳米颗粒催化剂在KOH+CH_3OH溶液中的电化学行为

图4.81(a)所示为抗坏血酸和硼氢化钠所还原制备的Au@Pd NPs在碱性甲醇溶液中的CV曲线，扫描速率为50 mV/s，扫描电势范围为-0.8～0.3 V；从图中可以看出，利用硼氢化钠和抗坏血酸还原得到的Au@Pd NPs在1 mol/L KOH+0.5 mol/L CH_3OH溶液中，正扫和负扫时均出现了氧化峰，并且两种还原剂所得到的Au@Pd核壳纳米颗粒催化剂在正扫峰和负扫峰出现时氧化峰位置基本相同，正扫峰出现在-0.13 V，负扫峰出现在-0.20 V。其中两催化剂正扫氧化峰的峰值电流密度均大于负扫氧化峰。目前对于催化剂对醇类进行CV扫描氧化时的正扫和负扫氧化峰有两种解释，一些学者认为：CV扫描曲线中的正扫氧化峰为醇类氧化的氧化峰，在正扫过程中醇类氧化后会分解产生中间产物，在负扫过程中，这些中间产物被氧化，进而产生了中间产物的氧化峰。而正扫氧化峰与负扫氧化峰的比值说明了醇类氧化过程中完全氧化与不完全氧化的比例。另一种

观点认为:CV 扫描曲线中的正扫和负扫氧化峰均为醇类氧化的氧化峰,在氧化反应过程中产生的中间产物也会伴随着醇类的氧化而同时氧化。利用正扫氧化峰的峰值电流密度进行对比,可反映醇类氧化过程中的反应活性。在图 4.81(a)中,利用硼氢化钠和抗坏血酸还原的 Au@ Pd NPs 甲醇氧化的正扫氧化峰值电流密度分别为 2.40 mA/cm^2 和 4.39 mA/cm^2,抗坏血酸还原所得的 Au@ Pd NPs 催化活性明显高于硼氢化钠所得的催化剂,前者是后者催化活性的 1.83 倍。

为进一步测试两催化剂的催化活性稳定性,利用计时电流法对两催化剂在恒定电势下的催化活性进行表征,在 1 mol/L KOH+ 0.5 mol/L CH_3OH 溶液中进行测试,恒定电势为-0.15 V,测试时间为 900 s。从图 4.81(b)中可以看出,在整个曲线测试时间范围内,两催化剂对甲醇均具有明显的氧化催化活性。经具体分析发现,在计时电流测试初期,两催化剂对甲醇的氧化电流密度均很高,但是电流密度下降较快。这是由于在反应初期,催化剂 Pd 活性位点表面是裸露在 CH_3OH中,活性位点充分与 CH_3OH 接触,所以在电势跃迁到恒定电势时,催化剂表面活性位点瞬间与 CH_3OH 发生反应,电流密度达到最大。然而,最初表面吸附氧化的 CH_3OH 氧化后,CH_3OH 会分解产生类 CO 中间产物,这类中间产物产生后迅速吸附于 Pd 表面活性位点,造成催化剂的毒化。随着毒化过程的进行,Pd 表面活性位点数量下降,所以催化氧化反应过程中的电流密度逐渐下降。从图 4.82(b)中可以看到,利用抗坏血酸和硼氢化钠还原的 Au@ Pd 在甲醇氧化过程中均出现了电流密度下降的情况,经过 900 s 的计时电流放电,最终两催化剂的电流密度逐渐稳定,最终由抗坏血酸还原得到的 Au@ Pd NPs 的甲醇氧化电流密度为0.42 mA/cm^2,而硼氢化钠还原所得到的 Au@ Pd NPs 催化剂电流密度为 0.26 mA/cm^2,前者是后者电流密度的 1.62 倍。这说明抗坏血酸为还原剂所得的 Au@ Pd NPs 具有更好的电氧化甲醇稳定性。这是因为相比于硼氢化钠还原剂,抗坏血酸还原剂的还原性能更温和,在三相相转移过程中,硼氢化钠还原过程过于激烈,Pd^{2+} 在还原过程中还原速率很难得到调控,迅速还原的 Pd 原子在短时间内富集,很难在 Au 纳米颗粒表面逐层沉积,所以得到的 Au@ Pd NPs 粒径不均一,且表面厚度也很难均一,这与 TEM 照片中所得到的表征结果也相统一。而利用抗坏血酸为还原剂所得到的 Au@ Pd NPs 粒径均一,表面厚度均一,Au 颗粒与表面 Pd 之间的电子相互作用也更强烈,因此以抗坏血酸为还原剂制备得到的 Au@ Pd 对 CH_3OH 氧化具有更好的催化活性和稳定性。

如前所述,本节介绍的三相相转移法与传统的相转移合成法最大的区别,在于前者在传统相转移法基础上加入了水相与油相之间的中间相。中间相的加入有助于控制金属离子的相转移速度和还原速率,进而有助于控制纳米颗粒的均

匀生长。

采用TEM对利用传统相转移法制备的Au@Pd NPs形貌进行表征，图4.82(a)～(c)所示为不同分辨率下传统相转移法制备的Au@Pd NPs的TEM照片。

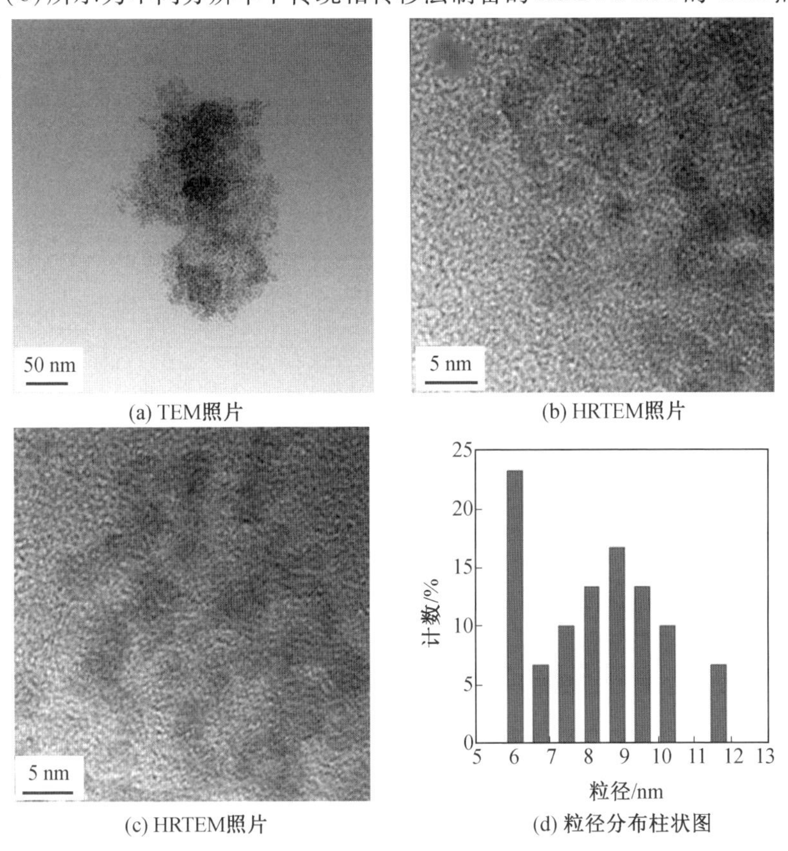

图4.82　利用传统相转移法制备的Au@Pd NPs的形貌及粒径分布柱状图

此方法中Pd与Au前驱体加入比仍为5∶1，与三相相转移法相比，此方法未计入中间相乙二醇，其他参数未做改变。此方法中所使用的Au纳米颗粒前驱体与三相相转移法中的Au纳米颗粒完全相同，平均粒径为5.7 nm。从TEM照片(图4.82(a)中可以看到，利用传统相转移法制备得到的Au@Pd NPs分散程度差，团聚较为严重。图4.82(b)、(c)所示为其HRTEM照片，从高分辨照片中可以看出，纳米颗粒形貌不规则，不是单纯的球形。这说明在还原过程中，表面还原过程控制较差，Pd前驱体不是逐层还原在Au纳米颗粒表面，因此表面不光滑且为不规则形状。图4.82(d)所示为其粒径分布统计，从柱状图中可以看出，利用传统相转移法制备的Au@Pd NPs粒径分布较宽(6～12 nm)且平均粒径增大，这说明外壳包覆厚度不均匀。

图4.83(a)所示为传统相转移法制备的Au@ Pd NPs与中间相为乙二醇的三相相转移法制备的Au@ Pd NPs在1 mol/L KOH+0.5 mol/L CH_3OH溶液中的循环伏安曲线,扫描速率为50 mV/s,扫描电势范围为-0.8 ~0.3 V。

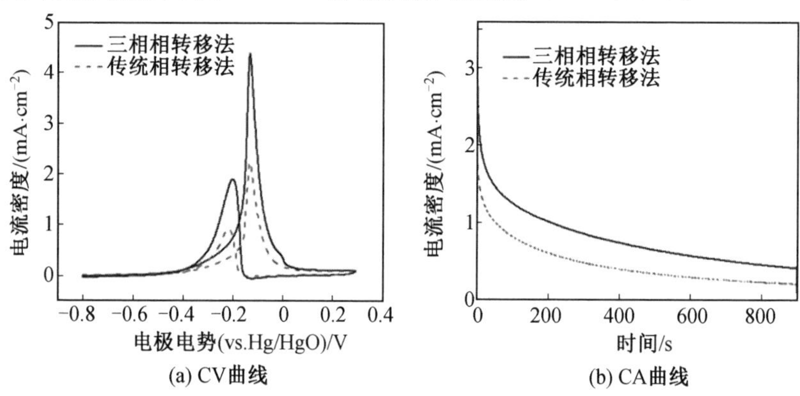

图4.83　三相相转移法和传统相转移法制备的Au@ Pd核壳纳米颗粒催化剂在KOH+CH_3OH混合溶液中的电化学行为

从循环伏安曲线中可以看出,两催化剂对甲醇都有明显的氧化峰,这是典型的Pd基催化剂对甲醇氧化的CV曲线。用CV曲线的正扫峰峰值电流密度对两催化剂催化活性进行对比,利用三相相转移法制备的Au@ Pd NPs的峰值电流密度为4.39 mA/cm^2,而未加入乙二醇的传统相转移法制备的Au@ Pd NPs的峰值电流密度为2.24 mA/cm^2,三相相转移法所制得的Au@ Pd活性为传统方法的1.96倍。

为进一步对催化剂的催化稳定性进行研究,本节利用计时电流法对比其在恒电势介质中的性能损失。在计时电流测试中,将测试电势恒定在-0.15 V下持续测试900 s,测试其900 s后电流密度的大小,进而比较两催化剂的催化稳定性,测试仍在1 mol/L KOH+0.5 mol/L CH_3OH溶液中进行。从图4.83(b)中可以看出,在甲醇氧化初期,两催化剂都对甲醇氧化表现出很高的催化活性,然而催化活性均在很短的时间内降低。这是由于甲醇氧化过程中生成中间产物CO,CO在Pd表面的吸附阻碍了Pd表面活性位点与甲醇的吸附,进而导致催化剂活性下降。通过两催化剂经900 s后的反应电流密度表征催化剂的活性大小,利用三相相转移法制备的Au@ Pd NPs的电流密度为0.42 mA/cm^2,而未加入乙二醇的传统相转移法制备的Au@ Pd NPs的电流密度仅剩0.22 mA/cm^2,前者是后者催化活性的1.91倍。

由 CV 和 CA 的数据可以看出，利用三相相转移法制备的 Au@ Pd NPs 比传统的 Au@ Pd NPs 具有更高的催化活性和催化活性稳定性。这是 Au@ Pd NPs 自身独特的结构所决定的，利用三相相转移法制备的 Au@ Pd NPs 具有更均匀的外壳，有利于 Au 核与 Pd 外壳直接的电子相互作用。另外，利用三相相转移法制备的 Au@ Pd NPs 具有更小的平均粒径和更好的分散性，这也有利于 Pd 活性与溶液中 CH_3OH 的接触，提高催化剂颗粒间的传质效率。所以综合以上两点，使得利用三相相转移法制备的 Au@ Pd NPs 比未加入乙二醇的传统相转移法制备的 Au@ Pd NPs 具有更高的催化活性和催化稳定性。

为对比 Au@ Pd NPs 与普通纯 Pd 纳米颗粒催化剂对甲醇的催化活性，对其在1 mol/L KOH和 0.5 mol/L CH_3OH 溶液中进行 CV 测试，电势扫描范围为 -0.8 ~0.3 V，扫描速率为 50 mV/s。

测试曲线如图 4.84(a)所示，两催化剂均对甲醇氧化表现出了明显的催化活性，然而两催化剂的催化活性存在较大的差距，通过对比 CV 曲线中正扫氧化峰峰值电流密度来比较两者的催化活性，Au@ Pd 核壳纳米颗粒催化剂的正扫氧化峰电流密度为 4.39 mA/cm^2，而单纯 Pd 纳米颗粒的正扫氧化峰峰值电流密度仅为 1.11 mA/cm^2，前者催化活性为后者的 3.95 倍。对两催化剂对甲醇氧化 CV 曲线的正扫氧化峰起始峰位置进行放大，如图 4.84(b)所示。两催化剂对甲醇氧化的 CV 的氧化峰起始峰位置差异较大，利用 0.1 mA/cm^2 电流位置的电势作为起始峰位置，Au@ Pd 核壳纳米颗粒催化剂对甲醇氧化的 CV 的氧化峰起始峰位置为-0.40 V，而 Pd 纳米颗粒催化剂为-0.27 V。这说明在相同氧化介质中，对甲醇具有更低的氧化电势，Au@ Pd 对甲醇氧化催化具有更好的催化活性。

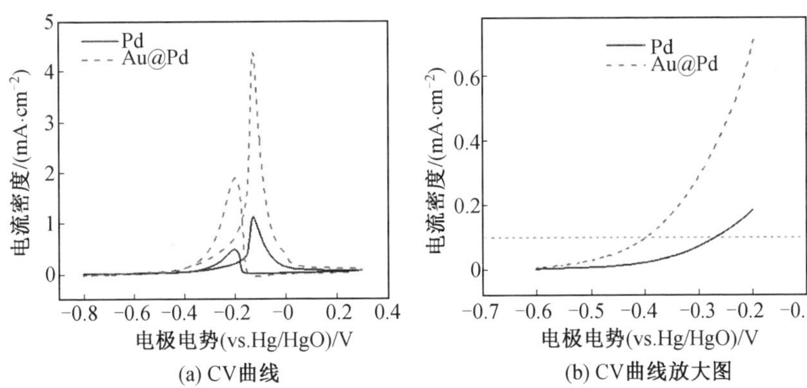

图 4.84 三相相转移法制备的 Au@ Pd 核壳纳米颗粒催化剂和 Pd 纳米颗粒催化剂在 $KOH+CH_3OH$ 溶液中的电化学行为

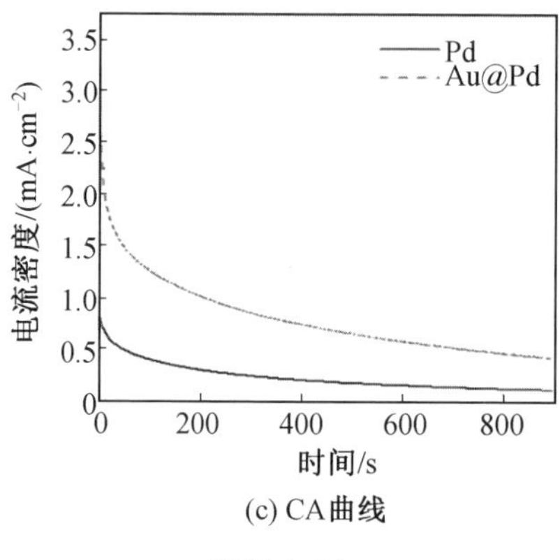

(c) CA曲线

续图4.84

为进一步研究Au@ Pd与纯Pd纳米颗粒催化剂的催化稳定性,在1 mol/L KOH+0.5 mol/L CH_3OH溶液中对两催化剂进行计时电流法测试,测试电势为-0.15 V,恒电势时间为900 s,测试曲线如图4.84(c)所示。从曲线中可以看出,在计时电流法测试初期,两条曲线都有较高的催化电流密度,但是随着反应的进行,电流密度持续下降。这是由于甲醇中间产物的产生吸附在Pd的表面催化活性位点上,阻碍了甲醇与活性位点的接触反应。利用900 s持续反应后的电流密度衡量两催化剂的催化稳定性,经900 s反应后,Au@ Pd核壳纳米颗粒催化剂的CA电流密度为0.42 mA/cm^2,而经过900 s持续氧化后的Pd纳米颗粒催化剂的催化电流密度仅剩0.11 mA/cm^2,前者的催化活性为后者的3.82倍。

研究发现,金属核壳纳米颗粒催化剂的催化活性不仅与其内核、外壳金属种类有关,还与具有催化活性的外壳金属比例有直接关系。为进一步研究Au@ Pd催化剂内核、外壳比例与催化剂催化活性的关系,利用三相相转移法合成了Au(内核)与Pd(外壳)物质的量的比分别为1∶5、1∶7和1∶9三种不同比例的Au@ Pd NPs(分别记为Au@ Pd 1∶5、Au@ Pd 1∶7和Au@ Pd 1∶9),并在碱性介质中研究了三种不同比例催化剂对甲醇的催化活性。

图4.85(a)所示为三种不同内核、外壳比例Au@ Pd核壳纳米颗粒催化剂1 mol/L KOH+0.5 mol/L CH_3OH溶液中的CV曲线,扫描速率为50 mV/s。

三条曲线形状类似,都具有正扫和负扫两个氧化峰。利用正扫氧化峰值电流密度对比三种催化剂的催化活性差异,其中Au@ Pd 1∶5样品CV正扫氧化峰峰值电流密度为4.39 mA/cm^2,而Au@ Pd 1∶7和Au@ Pd 1∶9样品CV正扫氧化峰峰值电流密度分别为2.71 mA/cm^2和2.86 mA/cm^2,前者催化性能明显高于后两者,分别为后两者的1.62倍和1.53倍。

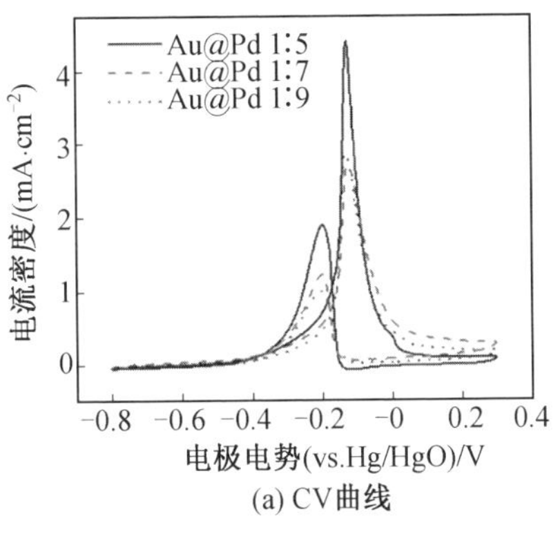

(a) CV曲线

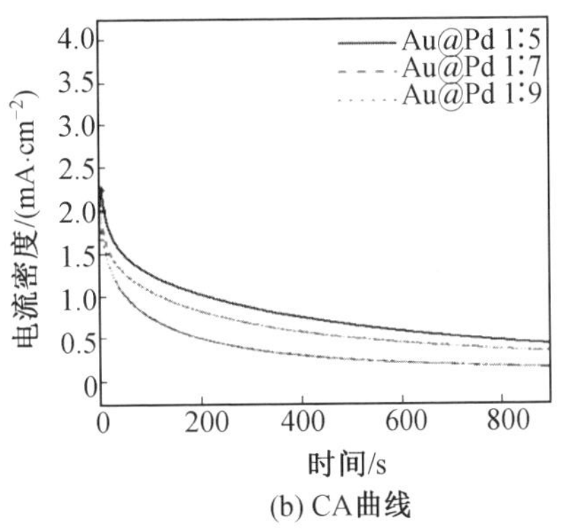

(b) CA曲线

图 4.85　不同内核、外壳比例的 Au@ Pd NPs 在 KOH+CH_3OH 溶液中的电化学行为

图 4.85(b)所示为三相相转移法制备的具有不同内核、外壳比例的 Au@ Pd 核壳纳米颗粒催化剂对甲醇氧化的计时电流曲线。从曲线中可以看出,三种催化剂都对甲醇氧化具有催化活性,尤其是在计时电流氧化初期,催化剂表面未被中间产物覆盖时,三种催化剂的计时电流曲线电流密度均较大。随着反应的进行,中间产物逐渐占据了一些 Pd 表面活性位点,电流密度逐渐下降,最终经过 900 s 的反应,三种催化剂的计时电流曲线电流密度分别为 0.42 mA/cm^2、0.33 mA/cm^{2}和 0.15 mA/cm^2,前者电流密度明显高于后两者,分别为后两者电流密度的 1.27 倍和 2.8 倍。

由 CV 和 CA 测试可以看出,具有不同内核、外壳比例的 Au@ Pd 核壳催化剂确实表现出了不同的催化活性,且外壳金属比例最小(Au 与 Pd 物质的量的比为 1∶5, 外壳厚度约 0.7 nm)的催化剂具有最高的催化活性。这是因为外壳越薄,外壳表面金属与内核金属的电子相互作用越强烈,外壳金属的催化活性越高。

如上所述,Au@ Pd 型纳米核壳催化剂在碱性介质中对甲醇表现出了优异的催化活性。而传统燃料电池电催化剂的稳定性问题是制约其商业化推广的另一个难题,为了对 Au@ Pd NPs 的稳定性进行研究,分别利用长时间循环伏安法对其进行加速测试,并分别利用电化学和 XPS 测试对其稳定性进行表征。

图 4.86(a)所示为 Au@ Pd 核壳纳米颗粒催化剂在 1 mol/L KOH 溶液中的 CV 测试曲线,图中红色曲线为 CV 扫描的第 100 圈,黑色曲线为扫描的第 1 000 圈。从图中可以看出,经过 1 000 圈的 CV 加速老化测试,曲线中的形状没有发生明显变化,仅 Pd 还原峰的面积略微减小(箭头方向代表减小)。经计算,Pd 还原峰面积下降了 5.9%,这说明在长期 CV 扫描过程中,Au@ Pd 表面形貌仅有微小变化,催化剂的活性面积变化不大。

图4.86(b)所示为Pd纳米颗粒催化剂在1 mol/L KOH溶液中的CV测试曲线，图中红色曲线为CV扫描的第100圈，黑色曲线为扫描的第1 000圈。从曲线中可以看出，经过了1 000圈的CV加速老化测试，扫描前后曲线形状变化明显，其中Pd的还原峰减小明显（箭头方向代表减小）。经计算，老化测试前后Pd催化剂的活性面积减小了70.8%。这说明Pd纳米颗粒形貌发生变化，纳米颗粒可能发生了明显的粒径变大和团聚情况。

图4.86(c)所示为Au@Pd核壳纳米颗粒和Pd纳米颗粒催化剂在1 mol/L KOH溶液中CV循环1 000圈加速老化测试过程中活性面积损失曲线。纵轴归一化电化学活性面积用来表示不同扫描圈数下催化剂活性面积的损失率。如图所示，Au@Pd在经1 000圈循环老化测试后活性面积变化并不明显，整个加速老化过程活性面积损失5.9%，而Pd纳米颗粒在经1 000圈循环加速老化测试后活性面积仅剩初期的29.2%，活性面积损失相当严重。

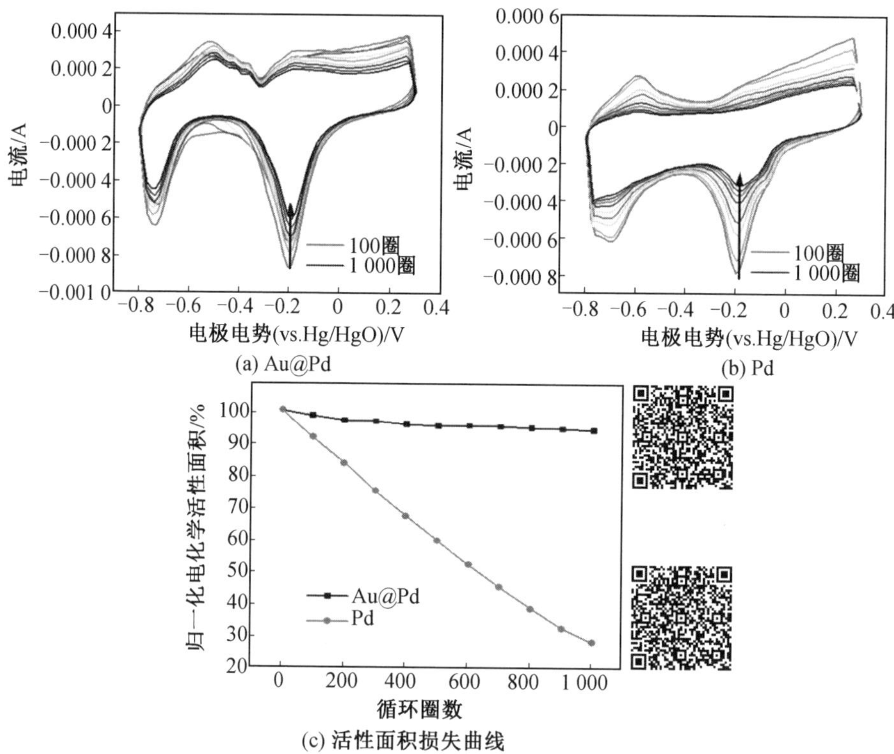

图4.86　Au@Pd核壳纳米颗粒催化剂和Pd纳米颗粒催化剂在1 mol/L KOH溶液中的CV加速老化情况

为进一步分析 Au@ Pd NPs 在对甲醇氧化反应前后的表面状况，采用 XPS 对 Au@ Pd 催化剂 CA 测试 900 s 前后的表面元素进行分析。

图 4.87 所示为 Au@ Pd 核壳纳米颗粒催化剂在 1 mol/L KOH+ 0.5 mol/L CH_3OH 溶液中进行计时电流测试 900 s 前后的 XPS 曲线对比图。图 4.87(a)、(b)所示分别为 Pd 3d 和 Au 4f 峰的 XPS 谱图，经计算，Au@ Pd 在计时电流测试前，Pd 与 Au 的质量分数分别为 91.33% 和 8.67%，而经过了 900 s 的计时电流测试，Pd 与 Au 的质量分数分别变为 90.04% 和 9.06%，经计时电流测试后 Pd 的质量分数仅减小了 1.29%。这说明 Au@ Pd 确实具有非常高的稳定性。核壳结构催化剂提升的机理与内核 Au 与外壳 Pd 之间的电子相互作用有关。

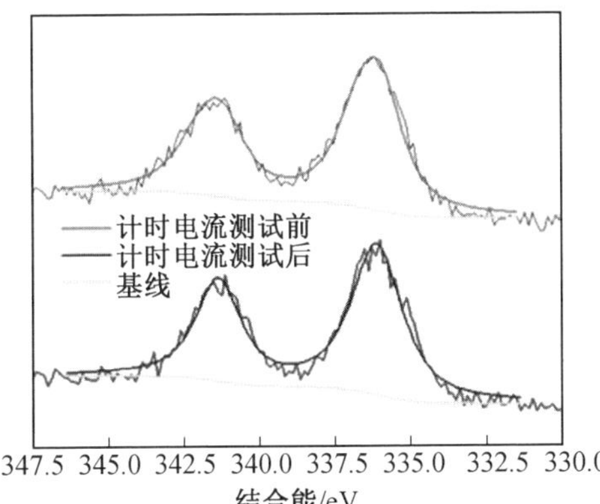

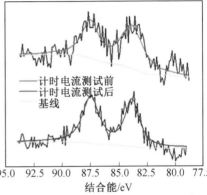

(a) Pd 3d在计时电流测试前后的XPS谱图

(b) Au 4f在计时电流测试前后的XPS谱图

图 4.87　Au@ Pd 核壳纳米颗粒催化剂的电子结构

为分析普通 Pd/C 材料与 Au@ Pd 在表面电子结构和元素价态上的差别，利用 XPS 分别对 Pd/C 和 Au@ Pd NPs 进行分析。图 4.88(a)所示为 Pd/C 和 Au@ Pd 的 XPS 全谱。从图中可以看出，在 80 eV 左右 Au@ Pd 有微弱的 Au 3d 电子峰，这说明在包覆后 Au 的信号已经非常微弱。图 4.88(b)中，位于图像上方的为 Pd/C 催化剂的 XPS 曲线，下方的为 Au@ Pd 的 XPS 曲线。经过对比，Au@ Pd 的 Pd 3d 轨道较普通 Pd/C 催化剂有 0.39 eV 的正移，这说明在 Au 核和 Pd 壳之间有着强烈的电子相互作用，类似的 Pd 与其他金属或金属氧化物之间相互作用也有过相关的报道。

本节利用计算化学方法进一步研究 Au@ Pd NPs 内核 Au 与外壳 Pd 之间电子的相互作用。利用 CASTEPD 软件建立 Au@ Pd 纳米核壳结构催化剂的理论模型，模型如图 4.89 所示。利用 Au[111]面作为基底，在 Au[111]表面覆盖 Pd[111]层，所有计算基于 2×2 的晶胞进行，最底层的原子被固定在原始的晶格参

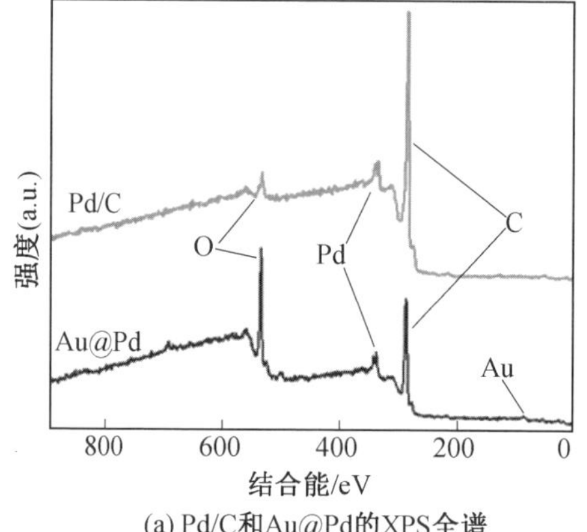

(a) Pd/C和Au@Pd的XPS全谱

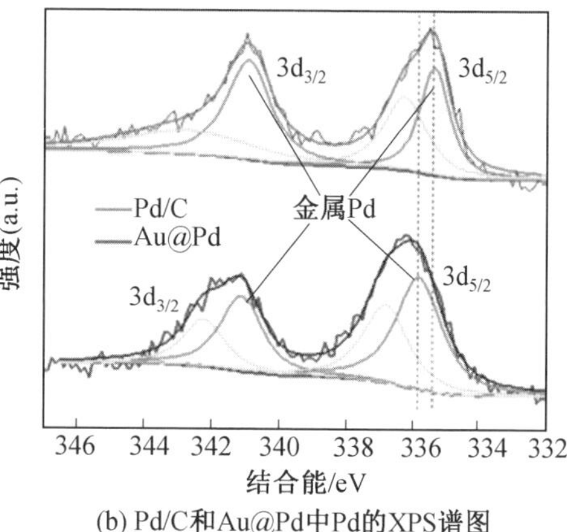

(b) Pd/C和Au@Pd中Pd的XPS谱图

图 4.88 Pd/C 和 Au@ Pd 材料的电子结构

数位置，利用密度泛函理论进行计算，在对上层原子进行拟合后计算 Au@ Pd 中 Pd 原子的 d 带中心，并与纯 Pd 的 d 带中心进行比较，d 带中心能量 ε_d 按下式进行计算：

$$\varepsilon_d = \frac{\int_{-\infty}^{E_f} E\rho_d(E)\,dE}{\int_{-\infty}^{E_f} \rho_d(E)\,dE} \tag{4.22}$$

式中，ρ_d 是 d 带范围内的能量概率；E_f 是费米能级能量（本计算中 E_f 为0）；E 为能量。

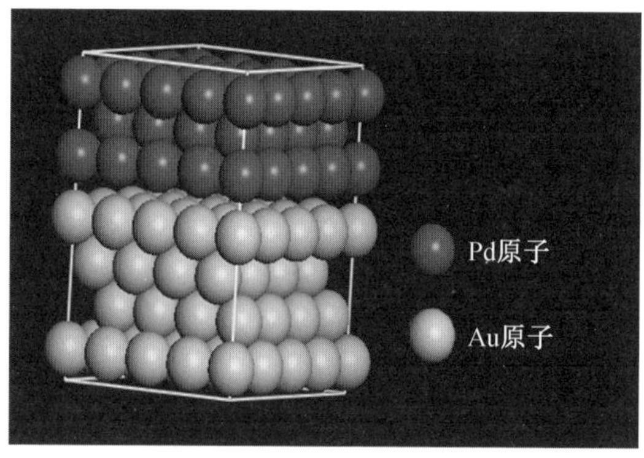

图 4.89 Au@ Pd 核壳结构理论计算模型

图 4.90 所示为利用密度泛函理论计算得到的纯 Pd 和 Au 纳米颗粒表面 Pd 层的投影态密度（PDOS）谱图，谱图中费米能级设定为 0 eV。从数据中可以看出，在 Au 纳米颗粒表面覆盖的 Pd 原子的 d 带中心（图中蓝色曲线）较纯 Pd 原子

的 d 带中心(图中红色曲线)发生了明显的正移(0.2 eV)。根据 Hammer 和 Nørskov 等的理论,贵金属催化剂中贵金属的 d 带中心位置决定其催化活性。贵金属催化剂中贵金属的 d 带中心如果发生正移,则金属表面有机分子的吸附则会变得更强烈。

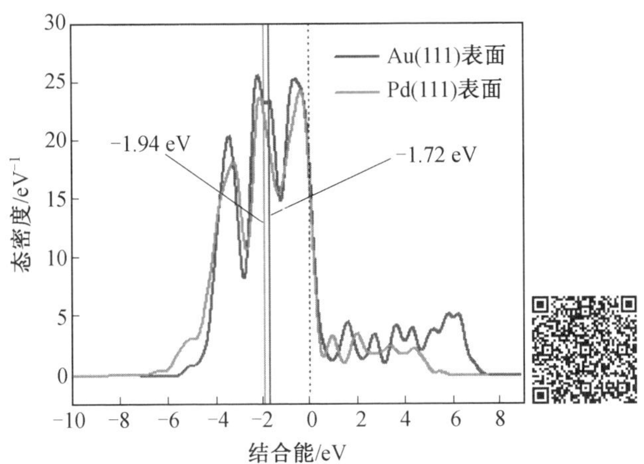

图 4.90　Au(111)和 Pd(111)表面 Pd 的态密度及 d 带中心曲线

对于甲醇电氧化反应,Pd 的 d 带中心正移,使得 Pd 表面有机分子如甲醇的吸附速率提高。尽管甲醇氧化过程中中间产物(如 CO 分子)的吸附速率会加快,但是与之发生反应的含氧基团(如 OH)的吸附速率也相应提高,从而加速了中间产物的氧化。另外,随着 d 带中心的正移,Pd 表面类 CO 中间产物的氧化能垒会逐渐减低,这种变化也促进了类 CO 中间产物的氧化。综合以上作用,Au@Pd 核壳纳米颗粒中 Pd 与 Au 紧密结合,使 Pd 与 Au 之间发生强烈的电子相互作用,这种相互作用导致了 Pd 金属 d 带中心的正移。Pd 金属 d 带中心的变化造成 Pd 金属表面的甲醇氧化反应加速和类 CO 中间毒化产物氧化的能垒下降,最终使得 Au@Pd 核壳纳米颗粒催化剂的催化性能较纯 Pd 纳米颗粒催化剂具有明显提升。

本章参考文献

[1] WASMUS S, KÜVER A. Methanol oxidation and direct methanol fuel cells: A selective review[J]. Journal of Electroanalytical Chemistry, 1999, 461(1/2): 14-31.

[2] HAMPSON N A, WILLARS M J, MCNICOL B D. The methanol-air fuel cell: A selective review of methanol oxidation mechanisms at platinum electrodes in acid electrolytes[J]. Journal of Power Sources, 1979, 4(3): 191-201.

[3] HAMNETT A. Mechanism and electrocatalysis in the direct methanol fuel cell [J]. Catalysis Today, 1997, 38(4): 445-457.

[4] PARSONS R, VANDERNOOT T. The oxidation of small organic molecules: A survey of recent fuel cell related research [J]. Journal of Electroanalytical Chemistry and Interfacial Electrochemistry, 1988, 257(1/2): 9-45.

[5] 蔡英. 直接甲醇燃料电池有序功能铂基合金阳极催化剂的研究[D]. 桂林: 广西师范大学, 2008.

[6] MANCHARAN R, GOODENOUGH J B. Methanol oxidation in acid on ordered NiTi[J]. Journal of Materials Chemistry, 1992, 2(8): 875-887.

[7] PRABHURAM J, MANOHARAN R. Investigation of methanol oxidation on unsupported platinum electrodes in strong alkali and strong acid[J]. Journal of Power Sources, 1998, 74(1): 54-61.

[8] ZHU C Z, DU D, EYCHMÜLLER A, et al. Engineering ordered and nonordered porous noble metal nanostructures: Synthesis, assembly, and their applications in electrochemistry[J]. Chemical Reviews, 2015, 115(16): 8896-8943.

[9] 石越, 毛庆, 肖成, 等. PtRu/C 表面甲醇电催化氧化动力学的非线性谱学分析[J]. 高等学校化学学报, 2018, 39(9): 2017-2024.

[10] EID K, WANG H J, HE P, et al. One-step synthesis of porous bimetallic PtCu nanocrystals with high electrocatalytic activity for methanol oxidation reaction [J]. Nanoscale, 2015, 7 (40):16860-16866.

[11] WEI Y C, LIU C W, WANG K W. Activity-structure correlation of Pt/Ru catalysts for the electrodecomposition of methanol: The importance of RuO_2 and PtRu alloying[J]. ChemPhysChem, 2009, 10(8): 1230-1237.

[12] LU Q Y, YANG B, ZHUANG L, et al. Anodic activation of PtRu/C catalysts for methanol oxidation[J]. The Journal of Physical Chemistry B, 2005, 109 (5): 1715-1722.

[13] PARK K W, CHOI J H, AHN K S, et al. PtRu alloy and PtRu-WO_3 nanocomposite electrodes for methanol electrooxidation fabricated by a sputtering deposition method[J]. The Journal of Physical Chemistry B, 2004, 108(19): 5989-5994.

[14] HSU N Y, CHIEN C C, JENG K T. Characterization and enhancement of carbon nanotube-supported PtRu electrocatalyst for direct methanol fuel cell applications[J]. Applied Catalysis B: Environmental, 2008, 84(1): 196-203.

[15] ROLISON D R, HAGANS P L, SWIDER K E, et al. Role of hydrous rutheniumoxide in Pt-Ru direct methanol fuel cell anode electrocatalysts: The importance of mixed electron/proton conductivity[J]. Langmuir, 1999, 15(3): 774-779.

[16] MA J H, FENG Y Y, YU J, et al. Promotion by hydrous ruthenium oxide of platinum for methanol electro-oxidation[J]. Journal of Catalysis, 2010, 275(1): 34-44.

[17] LI H Q, SUN G Q, GAO Y, et al. Effect of reaction atmosphere on the electrocatalytic activities of Pt/C and PtRu/C obtained in a polyol process[J]. The Journal of Physical Chemistry C, 2007, 111(42): 15192-15200.

[18] WU G, SWAIDAN R, LI D Y, et al. Enhanced methanol electro-oxidation activity of PtRu catalysts supported on heteroatom-doped carbon [J]. Electrochimica Acta, 2008, 53(26): 7622-7629.

[19] MAIYALAGAN T, VISWANATHAN B. Catalytic activity of platinum/tungsten oxide nanorod electrodes towards electro-oxidation of methanol[J]. Journal of Power Sources, 2008, 175(2): 789-793.

[20] LU Y Z, JIANG Y Y, CHEN W. Graphene nanosheet-tailored PtPd concave nanocubes with enhanced electrocatalytic activity and durability for methanol oxidation[J]. Nanoscale, 2014, 6(6): 3309-3315.

[21] XU J, GUO S, HOU F, et al. Methanol oxidation on the PtPd (111) alloy surface: A density functional theory study[J]. International Journal of Quantum Chemistry, 2018, 118(3): E25491.

[22] THANASILP S, HUNSOM M. Effect of Pt : Pd atomic ratio in Pt-Pd/C electrocatalyst-coated membrane on the electrocatalytic activity of ORR in PEM fuel cells[J]. Renewable Energy, 2011, 36(6): 1795-1801.

[23] HONMA I, TODA T. Temperature dependence of kinetics of methanol electrooxidation on PtSn alloys[J]. Journal of the Electrochemical Society, 2003, 150(12): A1689.

[24] FRELINK T, VISSCHER W, VAN VEEN J A R. The effect of Sn on Pt/C catalysts for the methanol electro-oxidation[J]. Electrochimica Acta, 1994, 39

(11/12): 1871-1875.

[25] ANTOLINI E, COLMATI F, GONZALEZ E R. Ethanol oxidation on carbon supported (PtSn) alloy/SnO_2 and (PtSnPd) alloy/SnO_2 catalysts with a fixed Pt/SnO_2 atomic ratio: Effect of the alloy phase characteristics[J]. Journal of Power Sources, 2009, 193(2): 555-561.

[26] YE F, LI J J, WANG T T, et al. Electrocatalytic properties of platinum catalysts prepared by pulse electrodeposition method using SnO_2 as an assisting reagent[J]. The Journal of Physical Chemistry C, 2008, 112(33): 12894-12898.

[27] SHUKLA A K, RAVIKUMAR M K, ARICÒ S, et al. Methanol electrooxidation on carbon-supported Pt-WO_{3-x} electrodes in sulphuric acid electrolyte[J]. Journal of Applied Electrochemistry, 1995, 25(6): 528-532.

[28] ANTOLINI E, SALGADO J R C, GONZALEZ E R. The methanol oxidationreaction on platinum alloys with the first row transition metals: The case of Pt-Co and-Ni alloy electrocatalysts for DMFCs: A short review[J]. Applied Catalysis B: Environmental, 2006, 63(1-2): 137-149.

[29] SHAO Y Y, YIN G P, GAO Y Z, et al. Durability study of Pt/C and Pt/CNTs catalysts under simulated PEM fuel cell conditions[J]. Journal of the Electrochemical Society, 2006, 153(6): A1093.

[30] BOCKRIS J O, COMWAY B E, WHITE R E. Modern aspects of electrochemistry[M]. New York: Plenum Press, 2001.

[31] ZENG J H, YANG J, LEE J Y, et al. Preparation of carbon-supported core-shell Au-Pt nanoparticles for methanol oxidation reaction: The promotional effect of the Au core[J]. The Journal of Physical Chemistry B, 2006, 110(48): 24606-24611.

第5章

新型有机小分子电氧化催化剂设计与研究

相比于甲醇燃料，甲酸、乙醇和二甲醚等有机小分子具有低毒、绿色等优点，是一种极具前景的液体燃料。研究上述有机小分子电氧化行为不仅有助于理解有机小分子的电氧化机理，还能够加速设计和构筑高性能的有机小分子电氧化催化剂，助力于新一代的直接液体燃料电池(DLFC)的快速发展。同时，甲酸、乙醇等是复杂有机分子电氧化的主要中间产物，明晰有机小分子机理还可以深化表面结构均一的催化剂和复杂有机分子作用机制，揭示新的电催化反应机制，为在分子/原子尺度上精确控制反应动力学方向以及合成特殊结构的功能型小分子奠定基础。

5.1　甲酸电氧化铂基催化剂的设计与研究

5.1.1　铂-金复合催化剂表面选择性修饰及甲酸氧化机理研究

Pt表面甲酸电化学氧化机理对理解有机小分子氧化和理论，从而设计电催化剂至关重要。Kunimastau首次利用电化学-原位红外技术研究Pt多晶电极表面的甲酸氧化行为，并首次观察到线式吸附CO(CO_L)和桥式吸附CO(CO_B)，说明在低电势区域，CO是甲酸氧化主要的中间产物之一。之后提出Pt表面甲酸氧化的两条路径，即直接路径和间接路径，但是直接路径的中间产物尚不确定。2002年，日本光谱化学家、北海道大学Osawa研究小组成功地在Pt纳米颗粒中观察到表面增强红外信号，并利用表面增强红外吸收光谱(SEIRAS)研究Pt表面甲酸氧化的电氧化机理，首次观察到具有对称结构的COO振动红外吸收峰，基于此提出表面吸附羧基($HCOO_{ad}$)是Pt表面甲酸氧化路径的主要中间产物。在此基础上，该小组制备具有时间分辨衰减全反射模式的表面增强红外吸收光谱(ATR-SEIRAS)，提出甲酸氧化生成CO_2主要通过$HCOO_{ad}$，同时$HCOO_{ad}$的分解是该直接路径的控制步骤。德国乌尔姆大学Behm采用ATR-SEIRAS探测Pt表面甲酸氧化机理，发现间接路径电流仅占总电流非常小的一部分，并且发现甲酸分子的氧化电流和$HCOO_{ad}$覆盖度不呈比例关系。同时，基于同位素标记技术，提出甲酸氧化的三路径机理，认为甲酸分子是甲酸氧化的主要粒子，即甲酸直接转变成CO_2，如图5.1所示。之后该研究小组利用同位素(H—COOH和D—COOH)标记技术研究甲酸氧化的动力学，指出C—H的断裂是甲酸氧化的控制步骤。

甲酸氧化的毒化路径产出电流非常微小，该结论已经受到普遍认可。但是在直接路径具体行为解析中，如何理解动力学氧化电流和$HCOO_{ad}$的覆盖度间的关系，对于中间态粒子的解析至关重要。Osawa等提出甲酸氧化电流和$HCOO_{ad}$

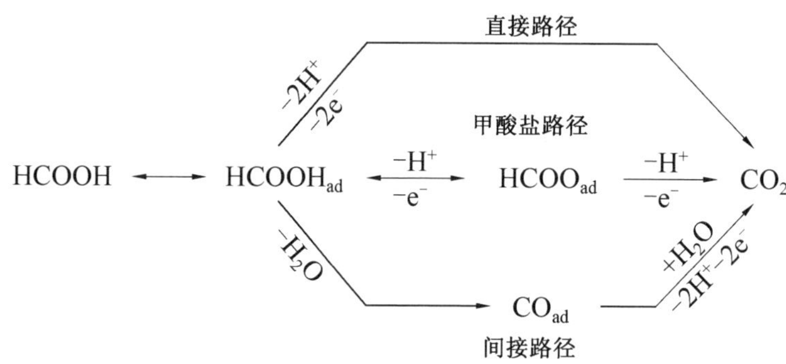

图 5.1　Pt 电极表面甲酸氧化机理

覆盖度与空位覆盖度间呈正相关关系。之后该小组研究了甲酸动力学氧化电流和溶液 pH 的关系,发现当 $pH = pK_a$ 时,具有最大的甲酸氧化电流,并以此提出 $HCOO^-$是甲酸氧化主要的中间产物。

Cuesta 利用 CN^-修饰 Pt(111)电极,发现连续 3 个 Pt 原子对于间接路径是必不可少的。基于此,通过引入第二金属 Au、Pb、Bi 等抑制连续 3 个 Pt 原子的生成,从而抑制反应的毒化路径,促进甲酸氧化反应的直接路径。Gojković制备 Au@Pt 和 Pt@Au 两种电极,并发现整体效应是高甲酸氧化活性的主要原因。之后该小组合成具有比例的 Pt-Au 催化剂,发现当 Pt 与 Au 原子比为 1∶4 时,具有最高的甲酸氧化活性。Sung 制备 PtAu/C 和 Pt 修饰的 Au/C(Pt-modified Au/C),通过低电势区的 Tafel 计算,指出整体效应和电子效应共同促进了甲酸氧化。Moffat 研究小组通过在 Au 基底沉积不同覆盖度的 Pt 原子,发现当覆盖度为 20% 时,展现了最高的甲酸氧化活性。Crooks 制备 Au_{147}@Pt 纳米颗粒,并发现其具有高的催化活性,通过理论计算发现 Au 可以改变 Pt 的电子结构,降低 Pt 和 CO 的结合能。为了消除整体效应,合成 Pt、Au 不在原子尺度相互接触的 Pt-Au 异质结构催化剂(记为 Pt_1-Au_1/C),同时合成具有合金结构的 PtAu 催化剂(Pt_1Au_1/C)。图 5.2(a)所示为 Pt_1Au_1/C 和 Pt_1-Au_1/C 催化剂的 XRD 花样,PtAu 合金的衍射花样峰处于 Pt 的标准峰和 Au 的标准峰之间,表明 Pt 和 Au 确实形成合金;而在 Pt_1-Au_1/C 的 XRD 花样中,其低角度的衍射峰和 Au 的标准峰几乎重合,这可能是由于 Au 纳米颗粒粒径大于 Pt 纳米颗粒粒径,同时,在低角度时,Pt 和 Au 的晶格参数差异仅小于 5%,导致在低角度时,Pt 的衍射峰被掩盖。图 5.2(b)所示为 Pt_1-Au_1/C 催化剂的 TEM 图,可以看到 Pt 和 Au 纳米颗粒均匀地分散到碳载体表面,无明显的团聚现象。图 5.2(c)和(d)中,Pt_1-Au_1/C 催化剂的 Pt 和 Au 的 XPS 峰位置均发生正向和负向的偏移,Pt_1Au_1/C 催化剂的 Pt 和 Au 的 XPS

峰位置也发生了类似的偏移，表明 Pt_1-Au_1/C 催化剂中 Pt 的电子结构受到相接触 Au 纳米颗粒的修饰。

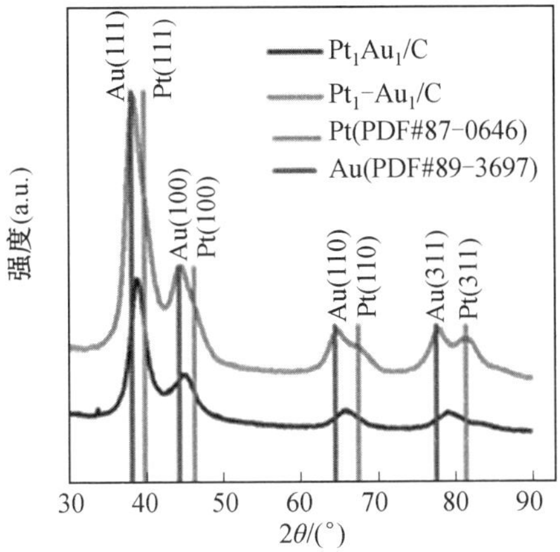

(a) Pt_1Au_1/C和Pt_1-Au_1/C催化剂的XRD花样

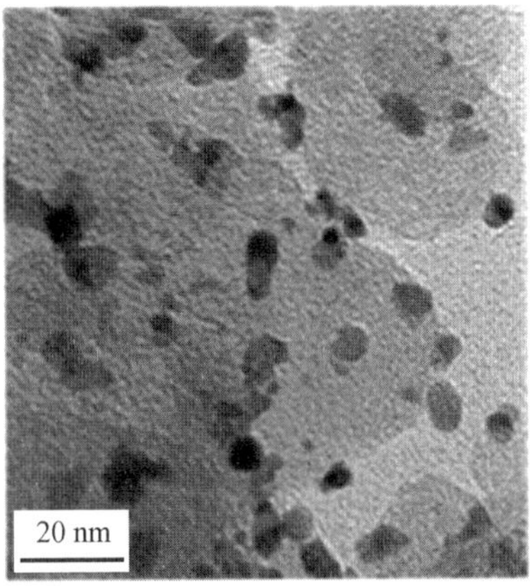

(b) Pt_1-Au_1/C催化剂的TEM图

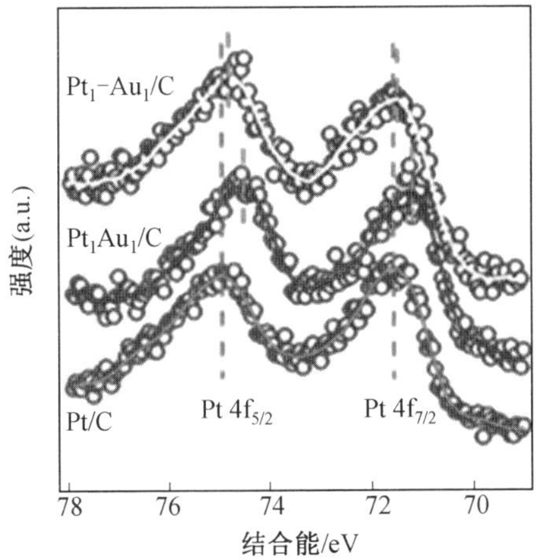

(c) Pt_1Au_1/C和Pt_1-Au_1/C催化剂的XPS谱图

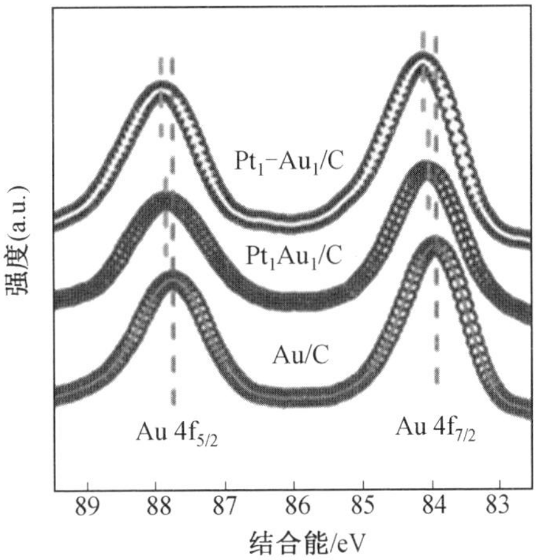

(d) Pt_1Au_1/C和Pt_1-Au_1/C催化剂的XPS谱图

图 5.2　Pt_1Au_1/C 和 Pt_1-Au_1/C 催化剂的物相和电子结构表征

图 5.3(a)和(b)所示为 Pt_1-Au_1/C 催化剂的 HAADF-STEM 图和面扫能谱图，可以看到 Pt 纳米颗粒和 Au 纳米颗粒均匀混合，并且 Au 纳米颗粒尺寸大于 Pt 纳米颗粒尺寸，与 XRD 结论相符。图 5.3(c)～(f)所示为 Pt_1-Au_1/C 催化剂的局部 HAADF-STEM 图，可以直观地看到，Pt 纳米颗粒和 Au 纳米颗粒相互接触，由于 Pt 元素和 Au 元素间电负性存在差异，Au 纳米颗粒将会调控 Pt 纳米颗粒的电子结构，该猜想已经被 XPS 谱证明。

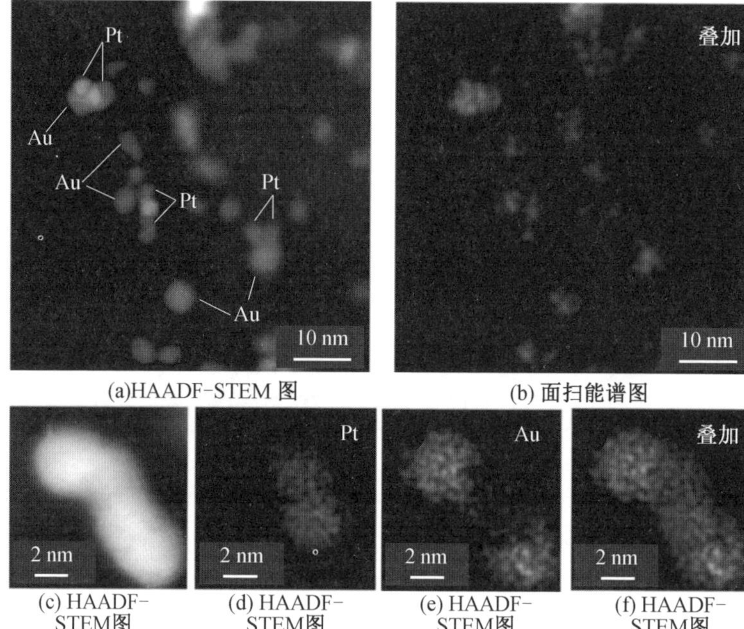

(a)HAADF-STEM 图 (b) 面扫能谱图

(c) HAADF-STEM图 (d) HAADF-STEM图 (e) HAADF-STEM图 (f) HAADF-STEM图

图 5.3 Pt_1-Au_1/C 催化剂的能谱照片

图 5.4 所示为 Pt/C、Pt_1Au_1/C 和 Pt_1-Au_1/C 催化剂的 CO 溶出曲线,相比于 Pt/C 的 CO 溶出曲线,Pt_1Au_1/C 和 Pt_1-Au_1/C 催化剂的起始电势和峰电势都发生负向偏移,说明 Pt 的电子结构确实受到了 Au 原子和 Au 纳米颗粒的调控。

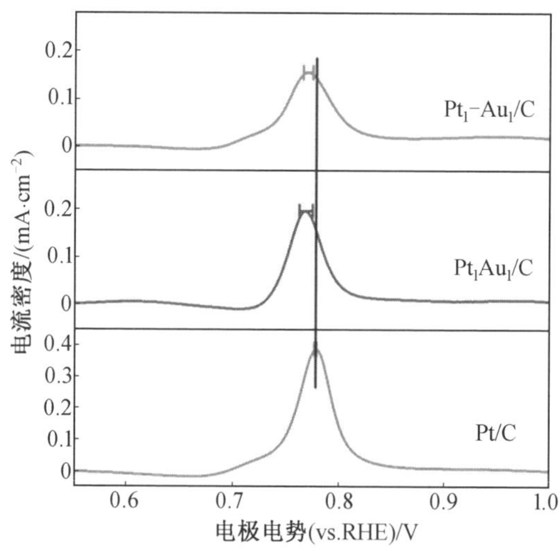

图 5.4 Pt/C、Pt_1Au_1/C 和 Pt_1-Au_1/C 催化剂的 CO 溶出曲线

本节对 Pt/C、Pt_1Au_1/C、Pt_1-Au_1/C 三种催化剂进行甲酸氧化的电化学活性评估。图 5.5(a)所示为在氩气饱和的 0.1 mol/L $HClO_4$ 溶液中的循环伏安曲线，三者均具有相似的电化学行为，0.4 V 以下是 H 的吸附和脱附，0.6 V 以上是 Pt 的氧化和还原。通过 H-UPD 可以获得不同催化剂中 Pt 的电化学活性面积，其中 Pt_1-Au_1/C 的电化学活性面积明显小于 Pt/C，主要就是部分 Pt 的活性面积被 Au 纳米颗粒遮盖。图 5.5(b)所示为三种催化剂的甲酸氧化极化曲线，图 5.5(c)和(d)显示 400 mV 时，Pt_1-Au_1/C 催化剂的质量比活性和面积比活性分别是 Pt/C 的 15 倍和 30 倍，同时也是 Pt_1Au_1/C 的 2.5 倍和 1.25 倍。Pt/C 甲酸氧化起始电势是 300 mV，Pt_1Au_1/C 甲酸氧化起始电势是 190 mV，而 Pt_1-Au_1/C 的甲酸氧化起始电势仅为 140 mV。起始电势、质量和面积比活性均表明 Pt_1-Au_1/C 具有高的甲酸氧化活性，Pt 和 Au 纳米颗粒的混合作用可以明显促进甲酸分子电氧化。

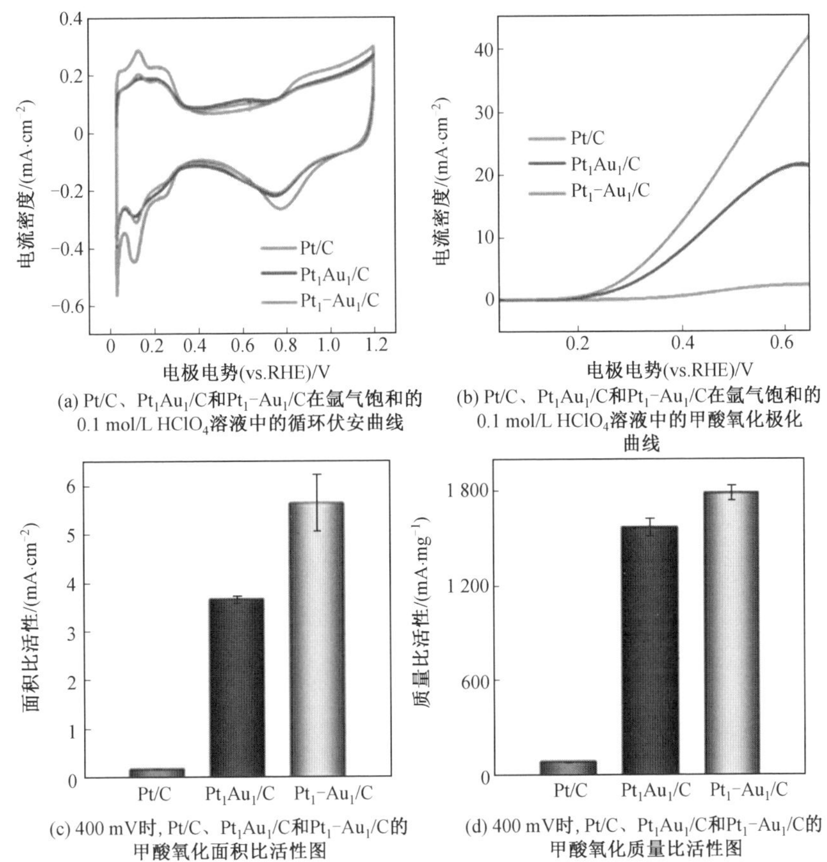

(a) Pt/C、Pt_1Au_1/C和Pt_1-Au_1/C在氩气饱和的0.1 mol/L $HClO_4$溶液中的循环伏安曲线

(b) Pt/C、Pt_1Au_1/C和Pt_1-Au_1/C在氩气饱和的0.1 mol/L $HClO_4$溶液中的甲酸氧化极化曲线

(c) 400 mV时，Pt/C、Pt_1Au_1/C和Pt_1-Au_1/C的甲酸氧化面积比活性图

(d) 400 mV时，Pt/C、Pt_1Au_1/C和Pt_1-Au_1/C的甲酸氧化质量比活性图

图 5.5　Pt/C、Pt_1Au_1/C 和 Pt_1-Au_1/C 的电化学行为

图 5.6 所示为 Pt/C、Pt_1Au_1/C、Pt_1-Au_1/C 三种催化剂在0.5 mol/L $HCOOH$+0.1 mol/L $HClO_4$溶液中的计时电流曲线,恒定电势为 0.4 V。可以看到,Pt_1-Au_1/C 催化剂的抗中毒能力明显强于 Pt/C 催化剂和 Pt_1Au_1/C 催化剂。

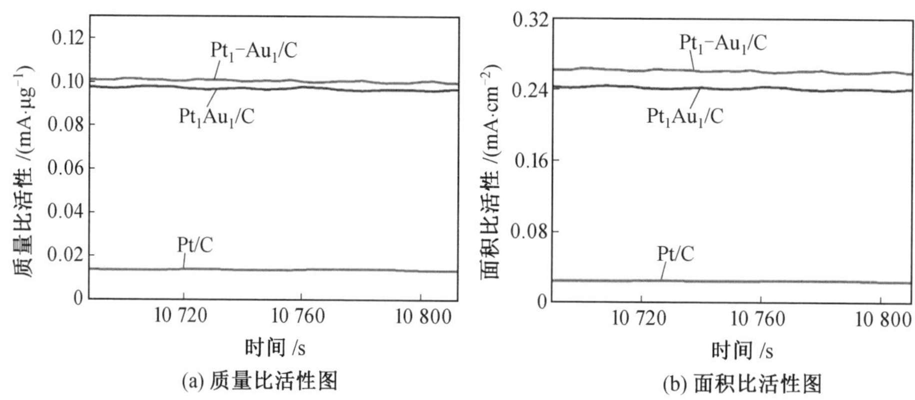

图 5.6　Pt/C、Pt_1Au_1/C、Pt_1-Au_1/C 三种催化剂在0.5 mol/L $HCOOH$+0.1 mol/L $HClO_4$溶液中的计时电流曲线

对 Pt_1-Au_1/C 进行 ORR 测试(图 5.7(a))和乙醇氧化反应(ethanol oxidation reaction,EOR)测试(图 5.7(b))。可以看到,Pt_1-Au_1/C 催化剂具有高的催化 ORR 能力和 EOR 能力。

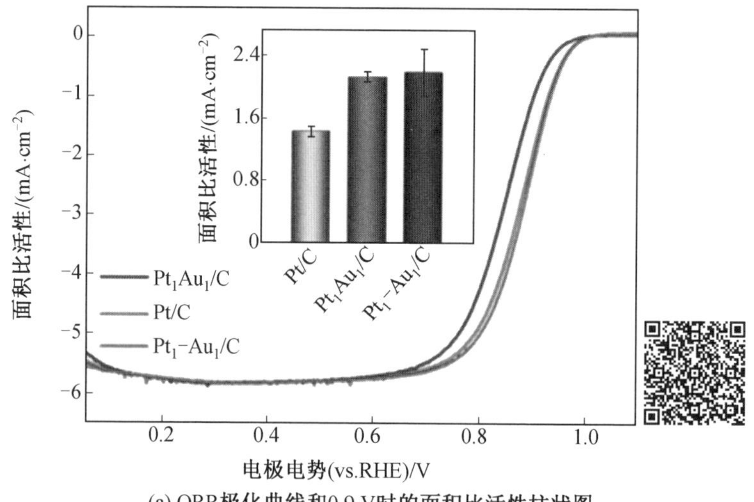

图 5.7　Pt/C、Pt_1Au_1/C 和 Pt_1-Au_1/C 催化剂的氧还原和乙醇氧化性能

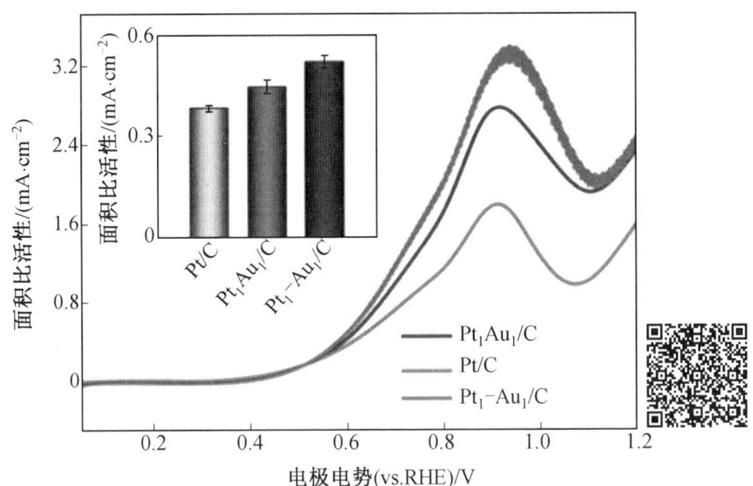

(b) 乙醇氧化极化曲线和峰电势的面积比活性柱状图

续图 5.7

为了探索异质结构 Pt_1-Au_1/C 催化剂具有高的 ORR、EOR 和超高的甲酸氧化(FOR)活性,需要原位探索 Pt 和 Au 各自的作用。下面分别原位包覆 Pt 和 Au 表面,探索另一组分的助催化作用。为了仅将 Pt 包覆,利用 CO 仅在 Pt 表面而不在 Au 表面吸附的原理,将催化剂放在 CO 饱和溶液中,使 Pt 表面完全被 CO 覆盖,将得到的催化剂记为(CO-Pt_1)-Au_1/C。之后对催化剂进行甲酸氧化测试,为防止 CO 被氧化,将电势上限设置为 0.6 V。如图 5.8 所示,相比于 Pt_1-Au_1/C 和 Pt/C 催化剂的甲酸氧化电流,(CO-Pt_1)-Au_1/C 几乎没有甲酸氧化活性,直接证明 Au 并不是催化体系的活性位点。

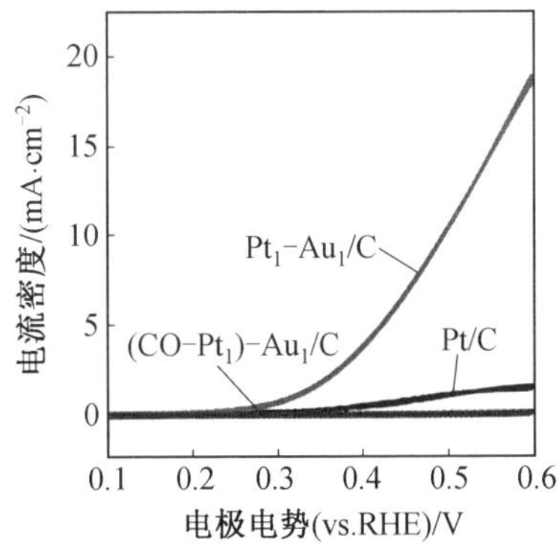

图 5.8　Pt/C、Pt_1-Au_1/C 和(CO-Pt_1)-Au_1/C 催化剂的甲酸氧化极化曲线

为了探索 Pt 的作用，需要仅将 Au 单独包覆。常规化学试剂难以实现只在 Au 表面吸附，而不在 Pt 表面发生化学吸附。为此，提出选择性沉积技术。图 5.9(a)所示为 Pt/C 分别在 Ar 和 CO 饱和的 50 mol/L $CuSO_4+H_2SO_4$溶液中的循环伏安曲线，相比于 Ar 下循环伏安，CO 存在的情况下，Cu 原子的沉积和溶出几乎消失，说明在 CO 存在前提下，Pt 纳米颗粒表面不能发生 Cu 原子欠电势沉积(Cu-UPD)。而在图 5.9(b)中，无论是 Ar 还是 CO，Au 表面均可以发生 Cu 原子沉积。这主要是由于 CO 和 Pt 结合能更大，使得 Pt 表面全部被 CO 覆盖，Cu 原子不能在其表面沉积；而 Au 不会吸附 CO，所以不会影响 Cu 原子的沉积。

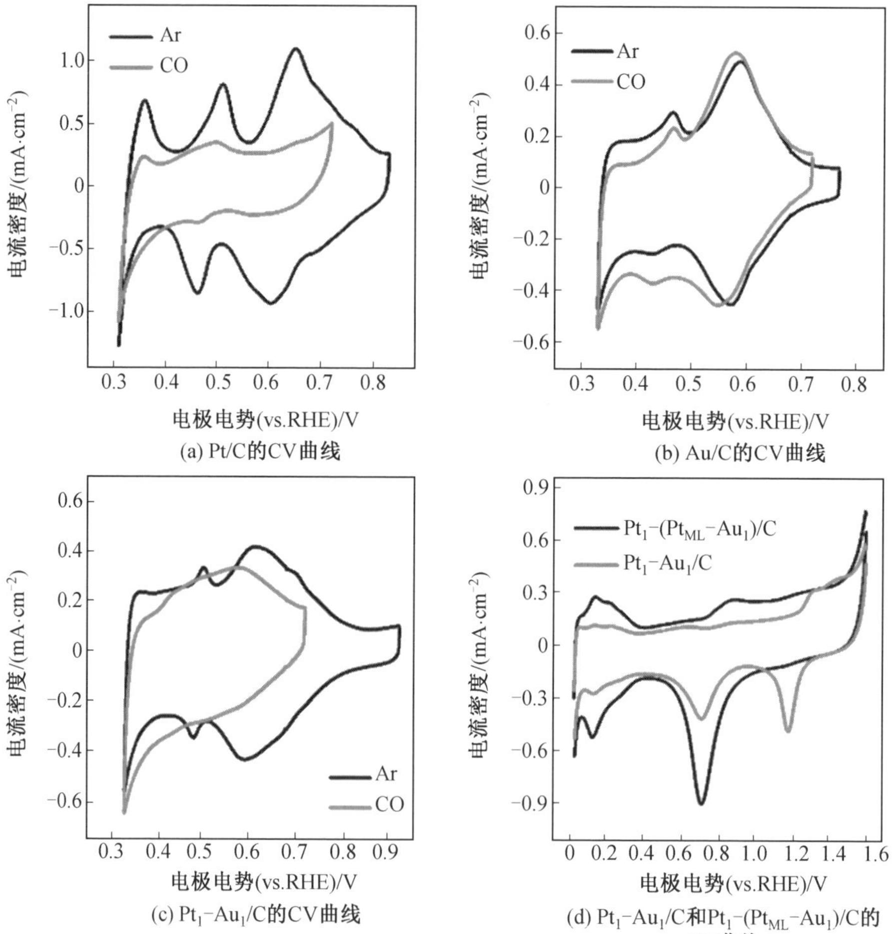

(a) Pt/C的CV曲线

(b) Au/C的CV曲线

(c) Pt_1-Au_1/C的CV曲线

(d) Pt_1-Au_1/C和Pt_1-(Pt_{ML}-Au_1)/C的CV曲线

图 5.9 Pt/C、Au/C 和 Pt_1-Au_1/C 的 Cu-UPD 行为

图5.9(c)所示为Pt_1-Au_1/C分别在Ar和CO饱和的50 mol/L $CuSO_4+H_2SO_4$溶液中的循环伏安曲线。可以看到在CO饱和条件下,Cu沉积峰和Au/C的完全相同,证明只有Au表面可以被Cu原子覆盖,而Pt表面被CO覆盖,将得到的催化剂记为$(CO-Pt_1)-Cu_{ML}Au/C$。将$(CO-Pt_1)-Cu_{ML}Au/C$浸入K_2PtCl_4溶液,发生置换反应,使得Au全部被Pt覆盖($Pt_1-(Pt_{ML}-Au_1)/C$)。图5.9(d)所示为Pt_1-Au_1/C和$Pt_1-(Pt_{ML}-Au_1)/C$催化剂的循环伏安曲线,Au的氧化还原峰几乎全部消失,证明Au纳米颗粒被全部覆盖。

为进一步证明选择性沉积的有效性,将Pt/C、Au/C和Pt_1-Au_1/C催化剂分别放在CO和Ar饱和的$CuSO_4+H_2SO_4$溶液中,进行线性扫描,使得Cu原子发生沉积,最后将电极转移到Ar饱和的$HClO_4$溶液中,进行线性扫描。如图5.10(a)所示,在Ar饱和溶液中,其溶出曲线展现的是Cu原子的沉积;而在CO饱和的溶液中,则是CO的溶出峰,Cu原子的溶出峰几乎消失,证明在CO存在下,Cu原子不能在Pt表面发生沉积。然而对于Au/C(图5.10(b)),其始终都是Cu原子的溶出峰,说明CO不会影响Cu原子沉积。图5.10(c)所示为Pt_1-Au_1/C极化曲线,其具有CO溶出峰和Cu原子的溶出峰,证明Pt表面确实被CO覆盖,而Au表面被Cu原子覆盖。

根据表5.1的条件,将Pt/C、Au/C催化剂在CO和Ar饱和的溶液中进行沉积后,对其进行ICP测试,发现在CO饱和的溶液中,Pt/C表面Cu原子的质量浓度仅为0.003 mg/L,远远低于在Ar下的沉积量。而且ICP的最低检出限仅为0.005 mg/L。表明在CO饱和情况下,Cu原子的确不能在Pt表面进行沉积。而对于Au/C,二者的Cu含量几乎相近,证实Cu原子可以在Au表面发生沉积。

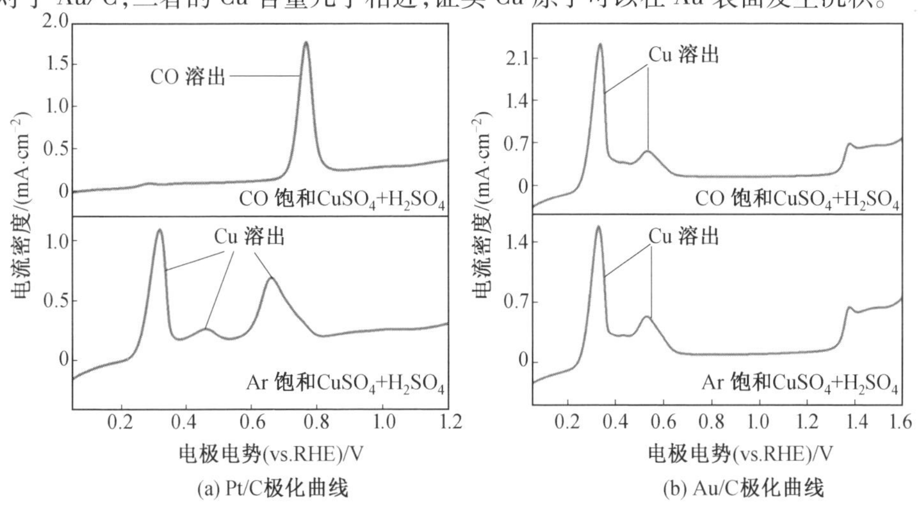

(a) Pt/C极化曲线　　(b) Au/C极化曲线

图5.10　Pt/C、Au/C和Pt_1-Au_1/C的CO溶出行为

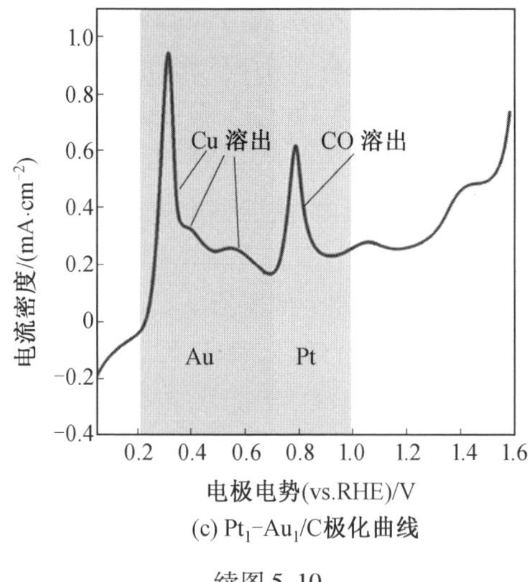

(c) Pt_1-Au_1/C极化曲线

续图 5.10

表 5.1　在 Ar 和 CO 饱和溶液沉积后,Pt/C 和 Au/C 表面的 Cu 原子质量浓度　mg/L

催化剂及沉积条件	Cu 原子质量浓度
Pt(Ar 饱和溶液中的 Cu 欠电势沉积)	0.027
Pt(CO 饱和溶液中的 Cu 欠电势沉积)	0.003
Au(Ar 饱和溶液中的 Cu 欠电势沉积)	0.021
Au(CO 饱和溶液中的 Cu 欠电势沉积)	0.028

最后,对沉积 Cu 后的 Pt_1-Au_1/C,即 $Pt_1-(Cu-Au_1)/C$ 进行面扫能谱测试,证实 Cu 原子的确在 Au 表面沉积(图 5.11)。其中位置 1 是 Pt 纳米颗粒,但是几乎没有 Cu 的信号。而位置 2 是 Au 纳米颗粒,并且观察到明显的 Cu 的信号,直接证明在 CO 存在的条件下,Cu 原子仅在 Au 表面发生沉积。

之后通过置换反应,使得 Au 表面完全被 Cu 覆盖(记为 $Pt_1-(Pt_{ML}-Au_1)/C$)。图 5.12 中,$Pt_1-(Pt_{ML}-Au_1)/C$ 的甲酸氧化活性明显低于 Pt_1-Au_1/C 的活性,说明当 Au 被覆盖后,仅有 Pt 暴露时,甲酸氧化活性仍然较低,只有 Pt 和 Au 共同存在,才可以具有高的甲酸氧化活性。同时,通过 XPS 可以证明,Pt_1-Au_1/C 体系中,Pt 的电子结构受到 Au 的修饰,说明电子结构的变化并不是甲酸氧化活性提升的主要原因。但是在图 5.7(a)和(b)中,Pt_1-Au_1/C 催化剂仍具有高的 ORR 活性和 EOR 催化活性,说明仅有 Pt 是 ORR 和 EOR 的活性中心,证明电子结构的调控可以改变 Pt 的催化氧气还原和乙醇氧化的能力,但是几乎不能改变

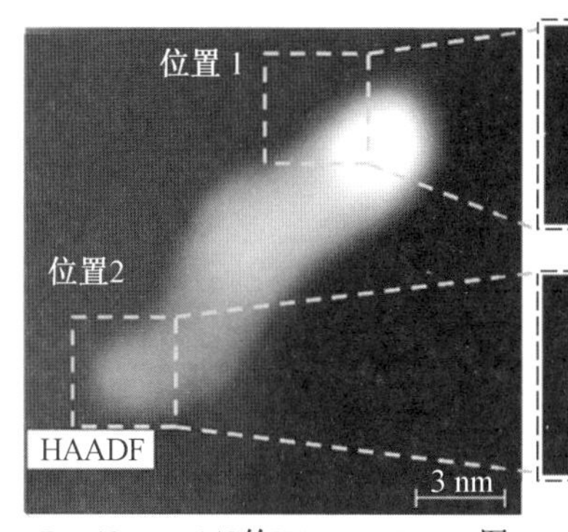

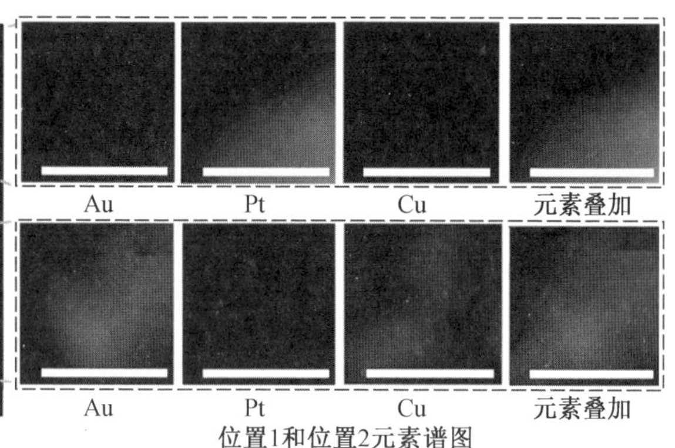

Pt_1-(Cu-Au_1)/C的HAADF-STEM图　　位置1和位置2元素谱图

图 5.11　Pt_1-(Cu-Au_1)/C 的能谱分析

催化甲酸氧化的能力。

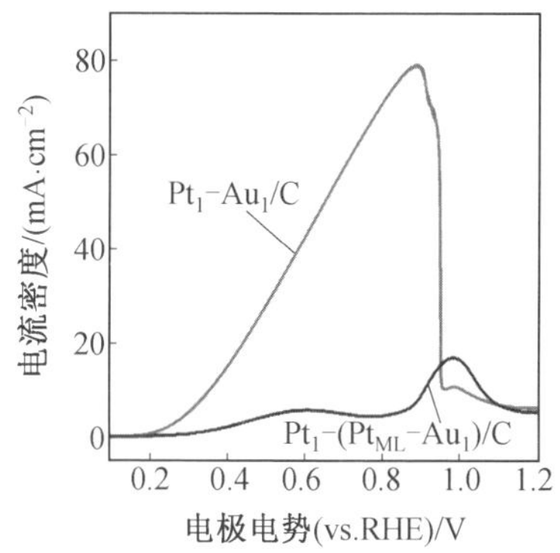

图 5.12　Pt_1-Au_1/C 和 Pt_1-(Pt_{ML}-Au_1)/C 在 Ar 饱和的 0.1 mol/L $HClO_4$+0.5 mol/L HCOOH 溶液中的极化曲线

为在分子水平获得 Pt_1-Au_1/C 具有高甲酸氧化活性的原因，对 Pt_1-Au_1/C 催化剂进行电化学原位红外测试。图 5.13(a)所示为在 250 mV 下，Pt/C、Au/C 和 Pt_1-Au_1/C 催化剂在 0.5 mol/L HCOOH+0.1 mol/L $HClO_4$溶液中的电化学原位红外谱图。其中 2 341 cm^{-1}是 CO_2的特征峰，可以看出 Pt_1-Au_1/C 的 CO_2峰强度明显强于 Pt/C 和 Au/C 表面的 CO_2峰强度，说明 Pt_1-Au_1/C 更易催化甲酸氧化。2 051 cm^{-1}是线性吸附 CO(CO_L) 峰，其中 Au/C 表面几乎没有 CO。值得注意的是，Pt_1-Au_1/C 表面的 CO 强度明显强于 Pt/C 表面的 CO 强度。CO 通常会吸附在 Pt 基催化剂表面，使得 Pt 被毒化而失活。因此，可以认为 Pt_1-Au_1/C 活性提升的原因并不是抑制 CO 生成，即抑制间接路径，而是促进直接路径。1 300 cm^{-1}峰是吸附甲酸盐($HCOO_{ad}$)，低电势下，Pt 几乎被 CO 覆盖，不会生成 $HCOO_{ad}$，Au

表面存在 $HCOO_{ad}$。对比发现,Pt_1-Au_1/C 体系中的 $HCOO_{ad}$强度强于 Au 表面的 $HCOO_{ad}$强度,说明 Pt 可以促进 Au 表面 $HCOO_{ad}$生成。由于 Pt 和 H 结合能大,推测是 Pt 促进了 HCOOH 分子中 O—H 断裂,进而加速 $HCOO_{ad}$生成(图 5.1 和图 5.13(c))。由于 $HCOO_{ad}$不是甲酸氧化过程主要的中间产物,考虑到—COOH 是中间产物,因此提出 Pt 促进 HCOOH 分子的 C—H 断裂,产生—COOH 并迅速转化为 CO_2和 H_2O,从而加速甲酸氧化动力学(图 5.13(b))。

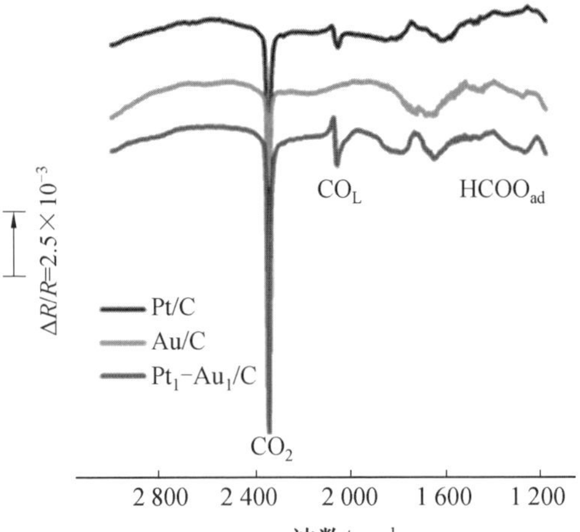

(a) 250 mV时,Pt/C、Au/C和Pt_1-Au_1/C催化剂在 0.1 mol/L $HClO_4$+0.5 mol/L HCOOH溶液中的电化学原位红外谱图

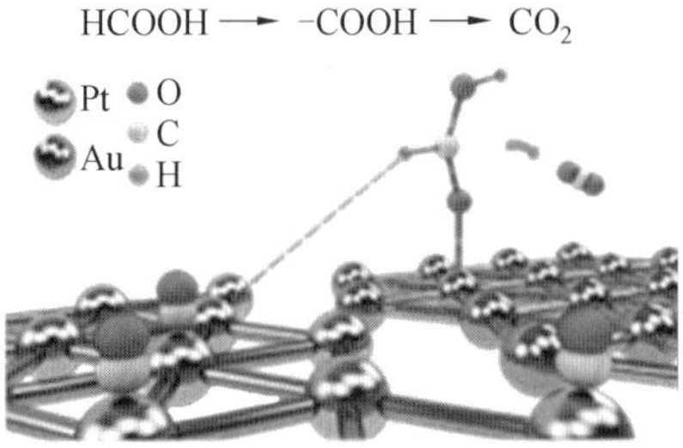

(b) 甲酸氧化活性增强示意图

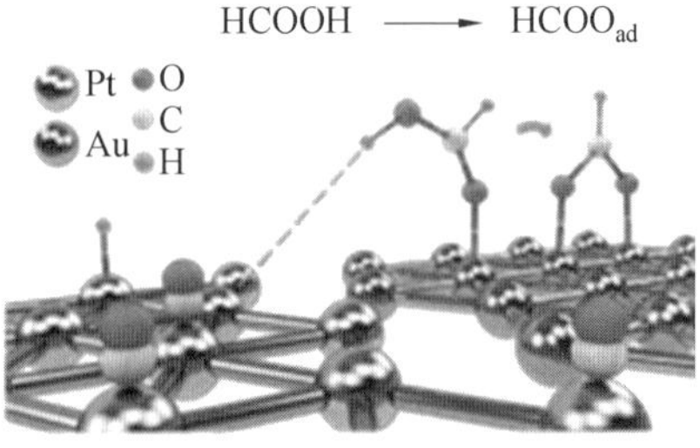

(c) $HCOO_{ad}$生成示意图

图 5.13 Pt/C、Au/C 和 Pt_1-Au_1/C 的甲酸氧化机制分析

为更清楚地理解 PtAu 催化剂表面甲酸氧化反应机制,设计并制备了一种新型的 PtAu 二元催化剂,即 PtAu 环绕(Pt-around-Au)结构催化剂。首先,用胶体法分别制备表面带正电荷的 Pt 胶体粒子和表面带负电荷的 Au 胶体粒子。具体来讲是用 PDDA 作稳定剂制备 Pt 胶体粒子(PDDA 吸附在 Pt 表面使其带正电荷),用柠檬酸钠作稳定剂制备 Au 胶体粒子(柠檬酸钠吸附在 Au 表面使其带负

电荷)。由于稳定剂的存在,这些 Pt 和 Au 纳米颗粒可在各自的溶液中稳定存在。然后,取一定量的上述 Pt 胶体粒子和 Au 胶体粒子混合,通过自发的静电自组装作用,即可得到新型的 PtAu 环绕结构催化剂。

为分析 Pt 和 Au 的粒径,分别将两种金属纳米颗粒分散到 XC-72 上进行 TEM 表征,并测量粒径分布。图 5.14(a)和(c)所示为 Pt/C 和 Au/C 的 TEM 照片。其中,Pt/C 中 Pt 的质量分数为 20%,而 Au/C 中 Au 的质量分数为 2%。由粒径分布计算得到 PDDA 作为稳定剂制备的 Pt 纳米颗粒的平均粒径为 2.6 nm,而柠檬酸钠作稳定剂制备的 Au 纳米颗粒的平均粒径为 5.5 nm。

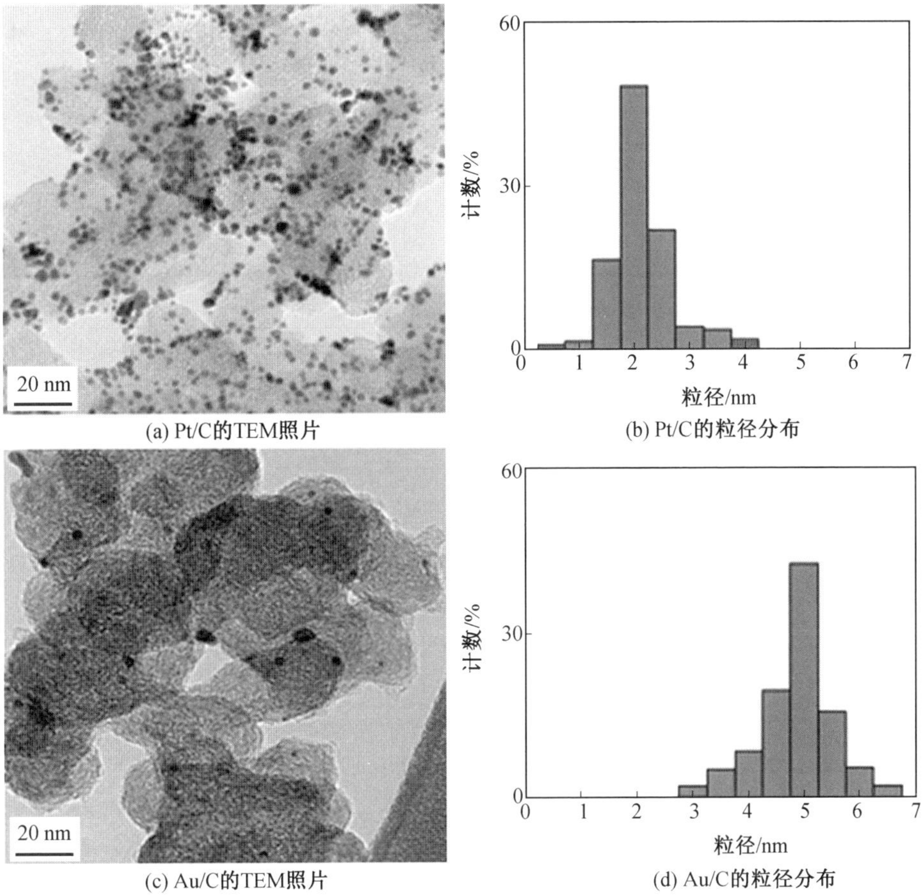

(a) Pt/C的TEM照片

(b) Pt/C的粒径分布

(c) Au/C的TEM照片

(d) Au/C的粒径分布

图 5.14　Pt/C 和 Au/C 的形貌分析

图 5.15(a)所示为静电自组装法制备的新型 Pt-around-Au/C 催化剂的 TEM 照片。根据图 5.15 所示 TEM 和金属纳米颗粒粒径分布的结果可以看出,

在 Pt-around-Au 催化剂中，Au 纳米颗粒（图中已标示出）被小的 Pt 纳米颗粒围绕。

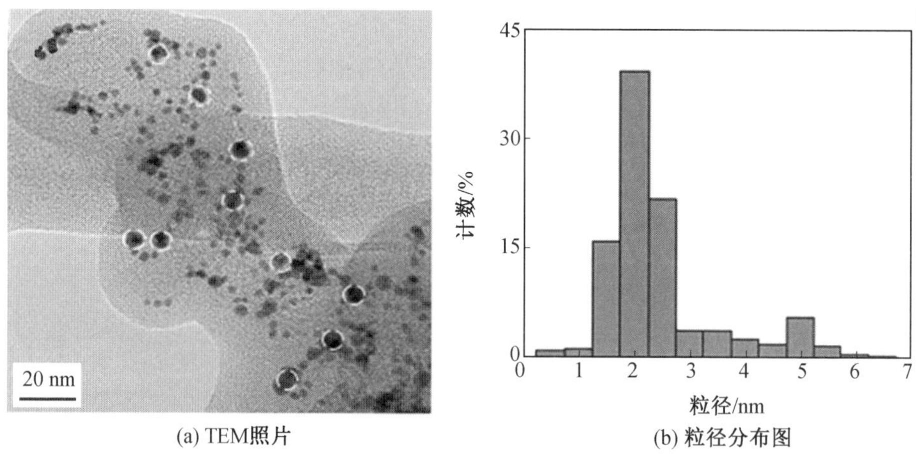

(a) TEM照片 (b) 粒径分布图

图 5.15 Pt-around-Au/C 的形貌分析

图 5.16 所示为 Pt/C、Au/C 和 Pt-around-Au/C 三种催化剂的 XRD 谱图。基于 68°左右金属(220)晶面的衍射峰，根据 Scherrer 公式计算得到：Pt 和 Au 纳米颗粒的平均粒径分别为 2.8 nm 和 6.1 nm，与 TEM 统计结果基本一致。

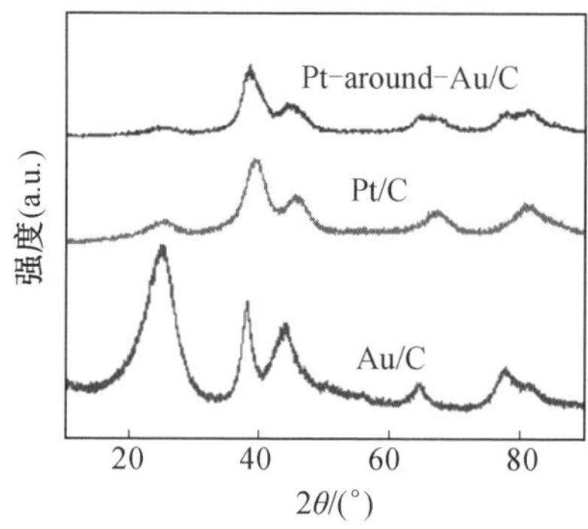

图 5.16 Pt/C、Au/C 和 Pt-around-Au/C 的 XRD 谱图

图 5.17 所示为 Pt-around-Au/C 催化剂的高分辨 TEM 照片和相应区域的 EDS 能谱。EDS 结果证实 TEM 图中较大的粒子是 Au 纳米颗粒，其周围较小的粒子是 Pt 纳米颗粒。这进一步证实 Pt-around-Au/C 催化剂中 Pt 纳米颗粒围绕在 Au 纳米颗粒的周围。

图 5.18 所示为 Pt-around-Au/C、Pt/C 和 Au/C 三种催化剂在 N_2 饱和的 0.5 mol/L H_2SO_4 溶液中的循环伏安曲线。Pt-around-Au/C 和 Pt/C 催化剂上展

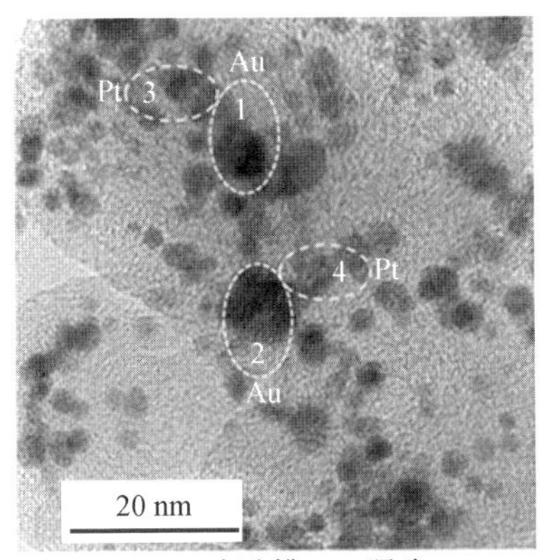

(a) 高分辨TEM照片

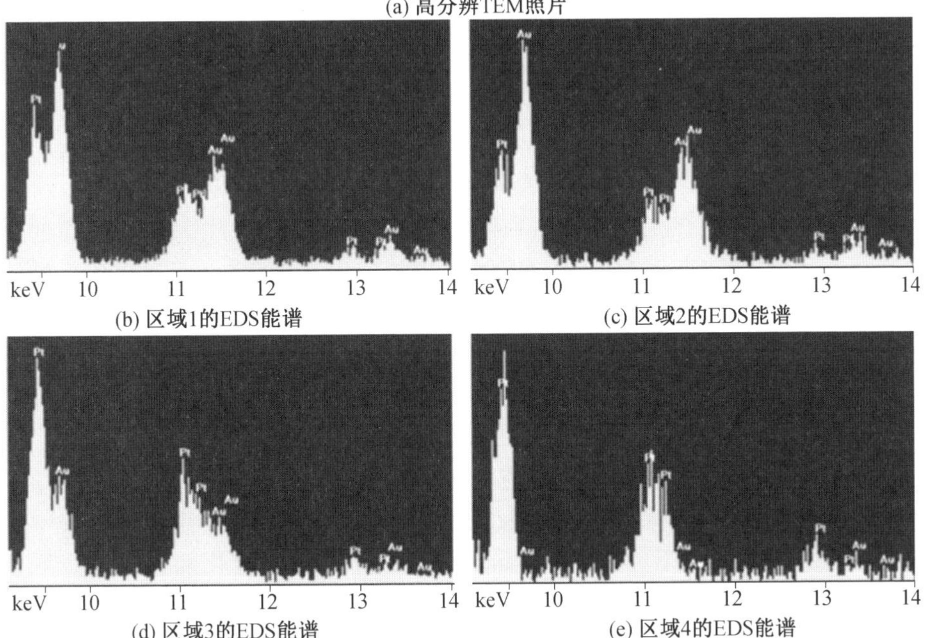

(b) 区域1的EDS能谱　(c) 区域2的EDS能谱

(d) 区域3的EDS能谱　(e) 区域4的EDS能谱

图 5.17　Pt-around-Au/C 催化剂形貌及元素分析

现了典型的氢/氧吸脱附行为。另外，与 Au/C 催化剂类似，Pt-around-Au/C 催化剂的循环伏安曲线在 1.2 V 出现了 Au 氧化物的还原峰，这证实了 Au 的存在。基于氢吸脱附峰的面积计算得到 Pt-around-Au/C 和 Pt/C 两催化剂的电化学活性面积分别为 74.8 m^2/g 和 85.5 m^2/g。而 Au/C 的循环伏安曲线并未出现氢的吸脱附峰，说明 Au 纳米颗粒表面不会发生氢吸脱附行为。因此 Pt-around-Au/C 和 Pt/C 两催化剂基于相同的 Pt 质量具有几乎相同的电化学活性面积，说明在 Pt-around-Au/C催化剂中 Au 纳米颗粒的存在没有掩盖 Pt 纳米颗粒的活性位点,也就是说 Au 纳米颗粒和 Pt 纳米颗粒之间并未直接接触。而常见的 PtAu 体系,如 PtAu 合金结构或核壳结构,其中 Au 的存在会掩盖部分 Pt 表面,因此导致 Pt 的电化学表面积降低。

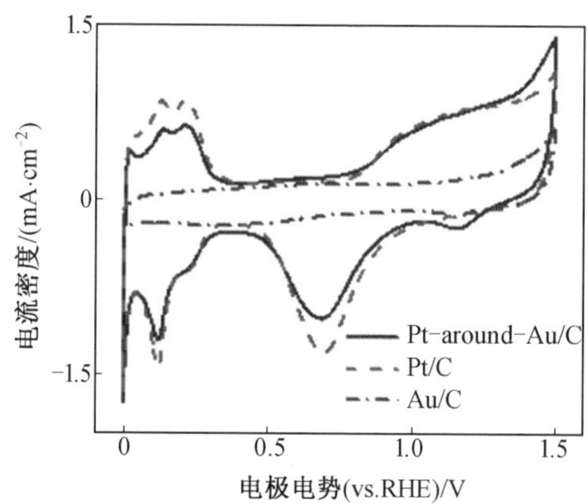

图 5.18　Pt/C、Au/C 和 Pt-around-Au/C 的循环伏安曲线

图 5.19 所示为 Pt/C、Au/C 和 Pt-around-Au/C 催化剂对甲酸氧化反应的催化活性测试,电解液是 0.5 mol/L HCOOH+0.5 mol/L H_2SO_4。甲酸氧化反应的极化曲线在 0.58 V 处的 $P_Ⅰ$ 氧化峰代表直接脱氢途径,即甲酸直接氧化成为二氧化碳的过程;在 0.95 V 处的 $P_Ⅱ$ 氧化峰代表生成的一氧化碳的氧化过程。因此,$P_Ⅰ$ 氧化峰的峰值电流密度 $j_{PⅠ}$ 代表了催化剂对甲酸氧化反应的催化活性。Pt-around-Au/C 和 Pt/C 两催化剂上 $j_{PⅠ}$ 分别为 1.38 A/mg 和 0.45 A/mg,这说明新型的 Pt-around-Au/C 催化剂对甲酸氧化反应的催化活性是 Pt/C 催化剂的三倍。$P_Ⅰ$ 和 $P_Ⅱ$ 两峰值电流密度的比值($j_{PⅠ}/j_{PⅡ}$)则可以反映在甲酸氧化过程中哪种途径起主导作用,计算得到 Pt-around-Au/C 和 Pt/C 两催化剂上 $j_{PⅠ}/j_{PⅡ}$ 值分别为 2.0 和 0.6。另外,Pt-around-Au/C 催化剂上甲酸氧化反应的起始电势为 0.15 V,远低于 Pt/C 催化剂上的起始电势 0.29 V。以上结果说明,新型 Pt-around-Au/C 催化剂上甲酸氧化反应主要通过直接脱氢进行,即甲酸直接氧化为二氧化碳途径。Pt-around-Au/C 催化剂的 CA 曲线在 3 600 s 时的质量比活性为 0.094 A/mg,是 Pt/C 催化剂的 5.7 倍。这表明 Pt-around-Au/C 催化剂对甲酸氧化反应具有更高的稳定性。

以前的研究发现,甲酸在 PtAu 合金表面催化活性提高是由于毒性中间产物 CO 的生成被抑制。如图 5.19(a)所示,Pt-around-Au/C 上 $P_Ⅱ$ 氧化峰的峰值电流密度 $j_{PⅡ}$ 与 Pt/C 催化剂接近,说明两催化剂在甲酸氧化过程中生成的 CO 的量接近。两催化剂中接近的 Pt 电化学活性面积(CO 不在 Au 的表面吸附),说明

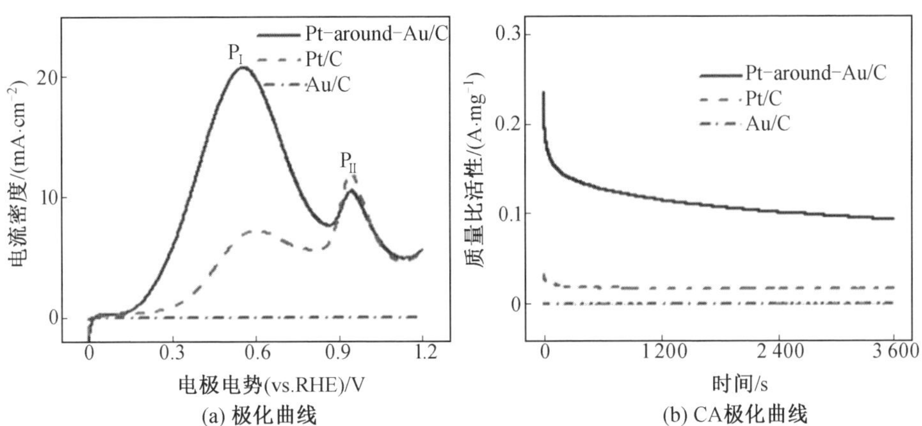

图 5.19　Pt/C、Au/C 和 Pt-around-Au/C 在 0.5 mol/L HCOOH+0.5 mol/L H_2SO_4 溶液中的甲酸氧化性能

Pt-around-Au/C催化剂中 Au 的存在并没有抑制甲酸氧化过程中 CO 的生成。那么另一种可能是生成的毒化产物 CO 在 Pt-around-Au/C 催化剂上更容易被氧化，为此又进行了 CO 脱附实验。图 5.20 所示循环伏安曲线中 0.8 V 左右出现的氧化峰代表 CO 的氧化。可以看出，Pt-around-Au/C 催化剂上 CO 的氧化电势稍高于 Pt/C 催化剂，也就是说 Pt-around-Au/C 催化剂中 Au 的存在并没有促进 CO 的氧化。以上的分析测试表明：Pt-around-Au/C 催化剂中 Au 的存在既没有抑制 CO 的生成，又没有促进 CO 的氧化，也就是说没有影响甲酸氧化反应过程中以 CO 作为毒性中间产物的路径。

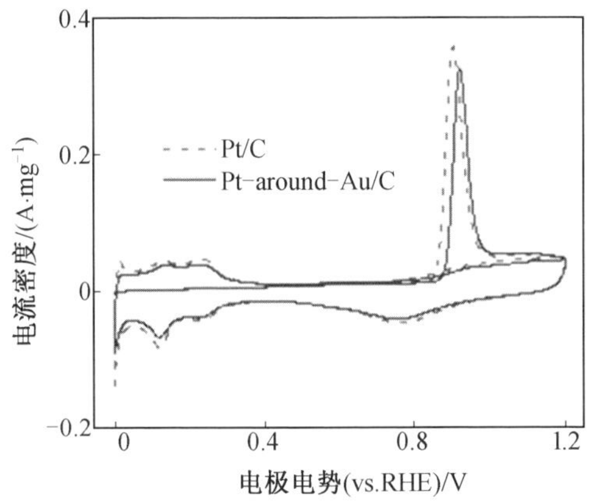

图 5.20　Pt/C 和 Pt-around-Au/C 两催化剂的 CO 循环伏安曲线

基于以上分析，提出第三种甲酸氧化反应机理——PtAu 协同效应(synergy

effect),如图 5.21 所示:Au 纳米颗粒的存在促进了甲酸直接氧化过程中第一个电子转移过程,即促进了 $HCOO_{ad}$的生成,然后 $HCOO_{ad}$扩散到周围的 Pt 纳米颗粒上进一步被氧化成为 CO_2。也就是说,Au 纳米颗粒的存在加速了甲酸在 Pt 表面上氧化反应过程的速率控制步骤,同时 PtAu 环绕结构提供了更多的 Pt 活性位点用于甲酸活性中间产物 $HCOO_{ad}$的进一步氧化,从而使整个反应被大大加速。

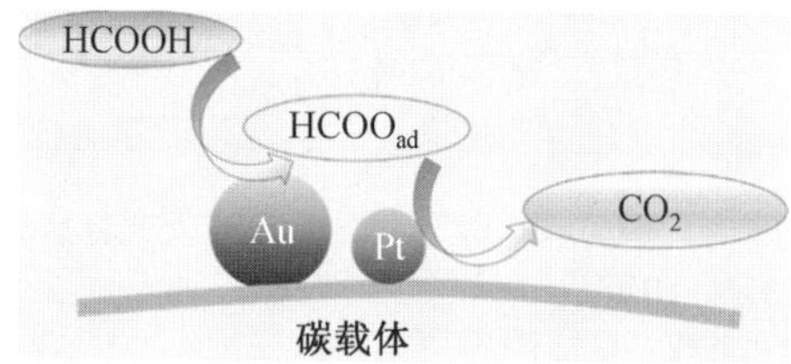

图 5.21 甲酸在 PtAu 二元催化剂表面的氧化反应机理:PtAu 协同效应

5.1.2 高合金化 PtAu 合金催化剂的构筑及甲酸氧化性能研究

由于在甲酸氧化反应中 Pt 和 Au 能起到明显的协同作用,那么将这两种元素制成合金将会极大地方便实际应用。然而宏观的 Pt 和 Au 之间是不共熔的,原理上并不能形成合金。纳米尺度的 Pt 和 Au 原则上可以形成合金,但在更多情况下由于金属的偏析作用,容易形成 PtAu 核壳结构。Zhao 等在有机体系 DMF 中合成了 PtAu 合金纳米材料,并将其用作甲酸氧化反应催化剂。但是 DMF 具有毒性,同时上述方法较复杂。而以聚电解质作为稳定剂,采用胶体法可以制备出 PtAu 合金催化剂(Pt 与 Au 原子比为 1 : 1)。将其负载于石墨烯载体(PtAu/graphene)和 XC-72 载体(PtAu/XC-72)后的 TEM 照片如图 5.22 所示。

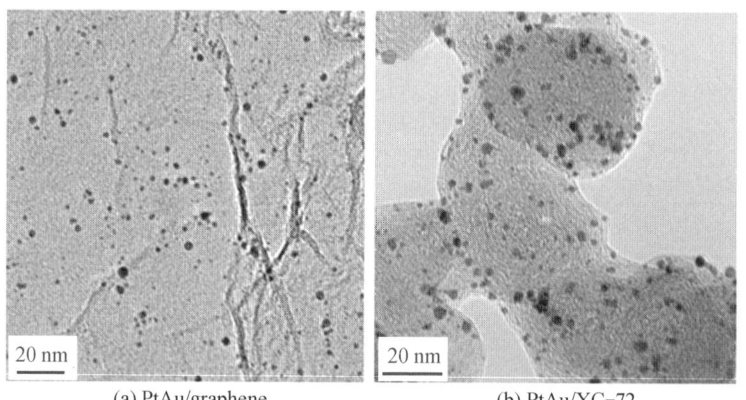

(a) PtAu/graphene　　(b) PtAu/XC-72

图 5.22 PtAu/graphene 和 PtAu/XC-72 的 TEM 照片

采用 X 射线衍射(XRD)研究 PtAu 纳米颗粒的合金化程度,如图 5.23 所示。在 38.86°、45.03°、65.95°和 79.14°出现的衍射峰对应 PtAu(111)、PtAu(200)、PtAu(220)和 PtAu(311)等晶面的衍射,证实 PtAu 纳米颗粒具有面心立方结构。同时与纯 Pt 相比,PtAu 纳米颗粒的(111)衍射峰负移约 0.90°,由布拉格方程计算得到 PtAu(111)晶面间距 d_{111} 为 2.321 Å,大于纯 Pt 的 d_{111} 值(2.267 Å)。进一步计算得到 PtAu 纳米颗粒的晶格常数 a 为 4.019 9 Å,大于纯 Pt(a = 3.923 1 Å),而小于纯 Au(a=4.078 6 Å)。以上结果证实了 PtAu 合金结构的形成。由 Scherrer 公式计算可知,PtAu/graphene 和 PtAu/XC-72 两催化剂中 PtAu 合金纳米颗粒的平均粒径分别为 3.1 nm 和 3.2 nm。

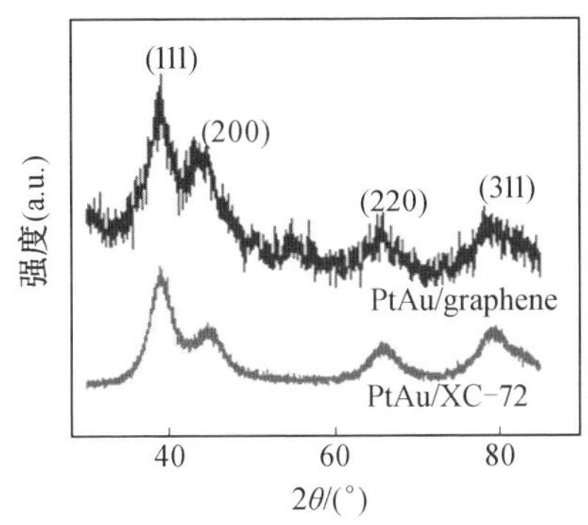

图 5.23　PtAu/graphene 和 PtAu/XC-72 的 XRD 图

图 5.24(a)给出了 PtAu/graphene 对甲酸氧化反应的极化曲线,并与 PtAu/XC-72 和商业化的 Pt/C 催化剂进行对比。PtAu/graphene 催化剂上 P_{I} 氧化峰的峰值电流密度是 PtAu/XC-72 催化剂的 1.37 倍,通常都以此峰的高低来判断催化剂对甲酸氧化反应催化活性的大小。考虑到上述两催化剂中,PtAu 合金纳米颗粒(采用相同的方法制备)具有相同的粒径和分散性,因此,PtAu/graphene 与 PtAu/XC-72 催化活性的不同主要来源于碳载体,也就是说石墨烯可促进 PtAu 合金对甲酸的氧化反应。

甲酸在 Pt 表面上的氧化反应是按"双路径"机理进行。图 5.24(a)中甲酸氧化反应的极化曲线在 0.58 V 处的 P_{I} 氧化峰代表甲酸直接氧化成为 CO_2 的过程;在 0.95 V 处的 P_{II} 氧化峰代表生成的毒性中间产物 CO 的氧化。可以看出,PtAu/graphene 催化剂上 P_{II} 氧化峰的峰值电流密度最小,说明在甲酸氧化过程中 PtAu/graphene 催化剂表面上形成的 CO 量最少。以前的研究表明,金属纳米颗粒与石墨烯之间存在的相互作用会改变金属原子的电子结构,降低毒性中间产物 CO 在金属纳米颗粒表面的吸附。因此,PtAu/graphene 催化剂上较高的甲酸氧化反应催化活性是由于 PtAu 合金纳米颗粒与载体石墨烯之间较强的相互作用,改变了 PtAu 合金的电子结构,抑制了甲酸氧化过程中毒性中间产物 CO 的形成。PtAu/graphene 和 PtAu/XC-72 两催化剂上甲酸氧化反应的起始电势均在 170 mV 左右,明显低于商业化 Pt/C 催化剂(300 mV)。另外,PtAu/graphene 和 PtAu/XC-72 催化剂上 P_I 氧化峰的峰值电流密度分别为 1.08 A/mg 和 0.78 A/mg,远高于商业化的 Pt/C(0.18 A/mg)。以上结果说明 PtAu/graphene 和 PtAu/XC-72 对甲酸氧化反应的催化活性远高于商业化的 Pt/C 催化剂。由于 Au 本身对甲酸氧化反应没有催化活性,因此 PtAu 和 Pt 表面上的甲酸氧化反应是通过不同路径进行的:在 Pt 表面,甲酸氧化反应主要以形成毒性中间产物 CO 为主;而在 PtAu 表面,甲酸氧化反应以甲酸的直接氧化过程为主。这是因为 CO 的吸附需要连续的 Pt 活性位点,而在 PtAu 合金催化剂中,由于 Au 的存在无法形成连续 Pt 活性位点,抑制了 CO 的吸附,从而促进了甲酸直接氧化过程的进行。由图 5.24(b)可以看出,PtAu/graphene 催化剂的 CA 曲线在 3 600 s 时的电流密度为 0.060 A/mg, PtAu/XC-72 催化剂为 0.045 A/mg,而商业化 Pt/C 催化剂为 0.004 A/mg。这表明上述三种催化剂中,PtAu/graphene 对甲酸氧化反应具有最高的稳定性。

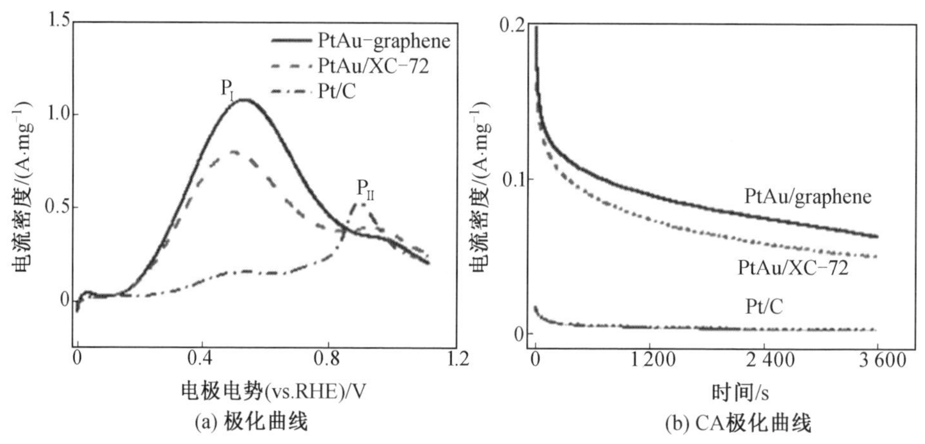

(a) 极化曲线　　(b) CA极化曲线

图 5.24　PtAu/graphene、PtAu/XC-72 和 Pt/C 的甲酸性能

5.1.3　亚纳米铂修饰金电催化剂构筑及甲酸氧化性能研究

直接甲酸燃料电池(DFAFC)是一种能量转化高效、结构轻便且性能稳定耐用的便携式电源装置,具备与当前已商业化量产的电池技术竞争的潜力。研究具有高效且稳定甲酸氧化反应(FAOR)活性的阳极电催化剂,对于甲酸燃料电池

大规模商业应用至关重要。迄今为止,以铂及铂基合金为主的纳米材料是对甲酸氧化反应最有效的催化剂,但是其应用也面临着无法回避的障碍:甲酸氧化反应的中间产物一氧化碳与铂表面具有很强的结合力,因此即使暴露在少量的一氧化碳中也会逐渐使铂基电催化剂中毒进而失去催化活性。近年来,提高甲酸氧化性能的普遍研究手段主要集中在将铂与其他元素的金属合金化以提升其电催化性能。这种对铂基电催化剂合金化的策略在解决催化剂一氧化碳中毒问题的同时,也有力地增强了甲酸氧化反应的活性。目前,已实现制备多种具有明确的二元合金结构的双金属纳米颗粒电催化剂,这些双金属纳米颗粒具备特殊的微观几何结构及电子效应的特点,纳米颗粒表面上不同金属原子之间存在的相互作用有利于其电催化性能显著增强。根据已有实验结果,这些起到催化活性的合金相互作用主要发生在两种金属之间的交界处。因此,合理的策略是通过最大化地增加两种金属原子间暴露的接触面积或混匀程度,来实现对甲酸氧化反应性能高效率的提升。

本部分利用紫外光激发出金表面的电子以还原吸附在其表层的铂离子,实现将亚纳米尺寸的铂修饰在 Au 电极及金纳米颗粒的表面(分别记为 Pt-SN/Au 与 Pt-SN/Au NPs),并将得到的 Pt-SN/Au NPs 电催化剂应用到甲酸氧化反应中(图5.25)。通过甲酸氧化反应的测试结果可知,亚纳米铂修饰的金纳米颗粒因其表面独特的铂金合金结构抑制了甲酸氧化反应以间接途径发生,使得甲酸只以直接途径进行电氧化反应进而实现高催化效率,其甲酸氧化反应正扫峰电流密度高达 19.83 A/mg,大幅高于商业 Pt/C 的 0.33 A/mg。

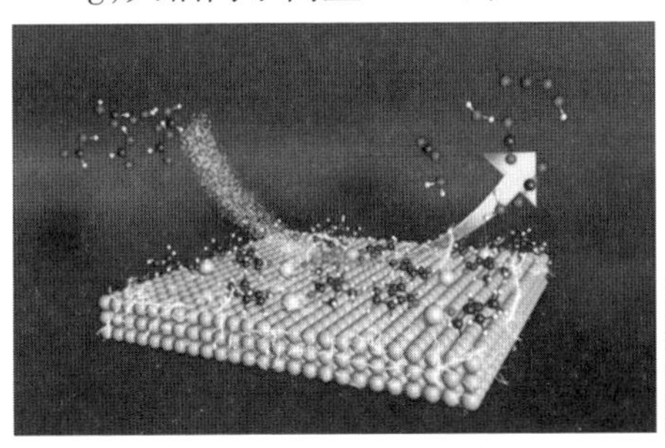

图 5.25　亚纳米铂修饰的金纳米颗粒催化甲酸氧化反应的示意图

下面详细介绍利用金属自身光电效应制备亚纳米尺寸铂修饰金的操作流程,并对其进行物理表征,包括透射电子显微镜(TEM)、扫描电子显微镜(SEM)、X 射线衍射(XRD)、X 射线光电子能谱(XPS)等。

图 5.26 所示为亚纳米尺寸 Pt 修饰 Au 电极表面的紫外光还原合成示意图。这里选取 Au 电极作为还原亚纳米尺寸 Pt 的载体进行一些探索性实验,在此基

础上，利用柠檬酸钠法合成金纳米颗粒（Au NPs），并以此为载体得到了亚纳米尺寸铂修饰的金纳米颗粒（Pt-SN/Au NPs）催化剂。

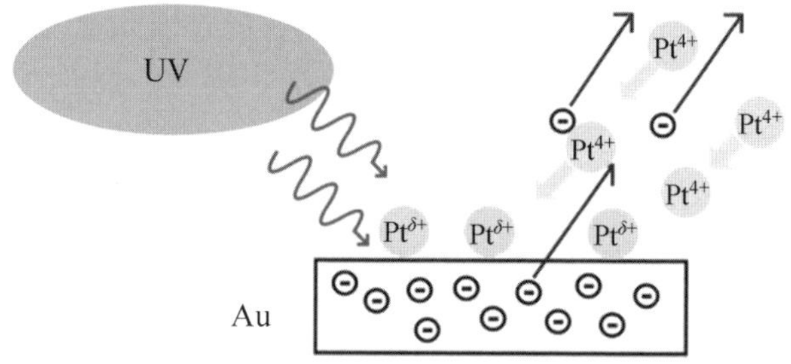

图 5.26　亚纳米尺寸 Pt 修饰 Au 电极表面的紫外光还原合成示意图

在含有载体的溶液中通过控制加入聚乙烯吡咯烷酮（PVP，K30）持续搅拌混合，使 PVP 分子充分吸附在 Au 电极或者金纳米颗粒的表面，随后加入适量的铂前驱体溶液在黑暗环境中持续搅拌 8 h。在此过程中，$PtCl_6^{2-}$ 阴离子与 PVP 的吡咯烷酮侧链酰胺基团相互作用，从而实现将吸附在金表面的铂离子限域分散。随后，利用波长为 364 nm 的紫外灯照射激发电子，将吸附在金表面并与 PVP 中酰胺基团配位的铂离子还原，得到亚纳米尺寸铂修饰的 Au 电极催化剂（Pt-SN/Au NPs）。

在用光化学合成的方法对 Au 电极表面修饰上亚纳米尺寸的铂后，首先用肉眼观察铂修饰前后电极表面的状态变化。图 5.27 所示为直径 5 mm 的金箔、铂箔及光化学合成得到的亚纳米尺寸铂修饰的金箔（Pt-SN/Au）电极的照片。可以看出，三个金属箔电极都呈现出光滑表面，并显示出该金属元素的光泽，其中亚纳米尺寸铂修饰的 Au 电极与原 Au 电极相比几乎没有变化，仍然呈现金黄色表面，电极表面平滑度也没有改变，没有肉眼可见铂的形态出现。因此，为进一步研究紫外光还原的亚纳米尺寸铂修饰对 Au 电极的影响，需要进行各项更微观、更精确的物理表征测试。

图 5.27　金箔、铂箔及亚纳米尺寸铂修饰的 Au 电极的照片

为研究催化剂晶形结构信息,通过 X 射线衍射相分析技术对制得的亚纳米尺寸铂修饰 Au 电极的结构进行表征,图 5.28 所示为金箔和亚纳米尺寸铂修饰 Au 电极的 XRD 图。从图中可以明显看出,两个样品均在 38.2°和 81.7°出现明显的衍射峰,对应 Au(111),不存在其他相的杂峰,此结果说明 Au 电极中的结晶较完全。从图中观察不到常见几种晶形的铂的特征峰,表明其中没有结晶成核的铂颗粒的存在,即还原出的 Pt 在 Au 电极表面是以亚纳米结构存在的。

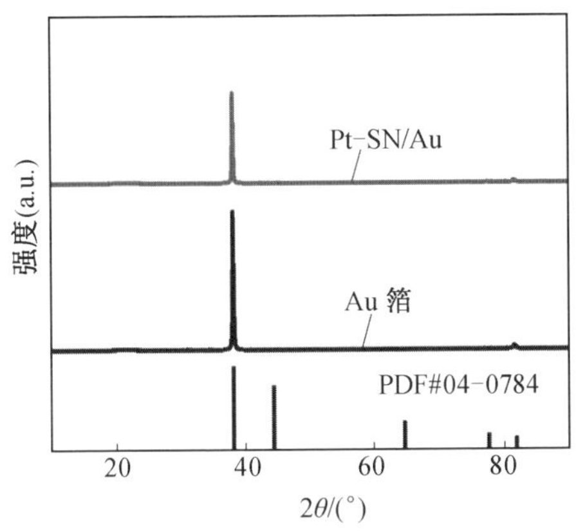

图 5.28　金箔和亚纳米尺寸铂修饰 Au 电极的 XRD 图

使用场发射扫描电子显微镜对制备的样品进行形貌表征,图 5.29 所示为亚纳米尺寸铂修饰的 Au 电极的 SEM 照片和 EDS 谱。从图中可以看出,抛光后的 Au 电极表面被修饰上亚纳米尺寸的 Pt 后依然很平整,只能看到呈现为多晶的 Au 的存在。Au 电极表面有一些白色颗粒状物,经 EDS 谱测试发现电极表面只有 Au、O、N、C 和 Al 元素,可知白色颗粒为抛光时嵌入的氧化铝粉末抛光剂成分。由于金和铂的元素原子序数接近,金箔表面修饰的 Pt 是以亚纳米尺寸存在,且 Pt 的含量较低,故在 SEM 测试中观测不到 Pt 的存在。

使用 X 射线光电子能谱表征亚纳米尺寸铂修饰的 Au 电极后的元素种类和价态,图 5.30 所示为铂箔和亚纳米尺寸铂修饰 Au 电极后的 Pt 4f XPS 谱图。从测试中可以得知亚纳米尺寸铂修饰后 Au 电极表面的 Pt 原子数分数约为 7%,同时,从谱图中可以观察到铂箔的 Pt $4f_{7/2}$ 和 Pt $4f_{5/2}$ 峰分别在 69.9 eV 和 73.2 eV 处,而在亚纳米尺寸铂修饰的金中位于更高能的位置(70.9 eV 和 74.3 eV)。Pt-SN/Au 中 Pt 4f 峰向更高能的方向偏移意味着其表面修饰的 Pt 的 4f 电子结构均受到 Au 的影响;同时表明其拥有更正的价态,这也与其亚纳米尺寸的形态结构有关。

对得到的亚纳米尺寸铂修饰的 Au 电极进行电化学性能测试,图 5.31 所示

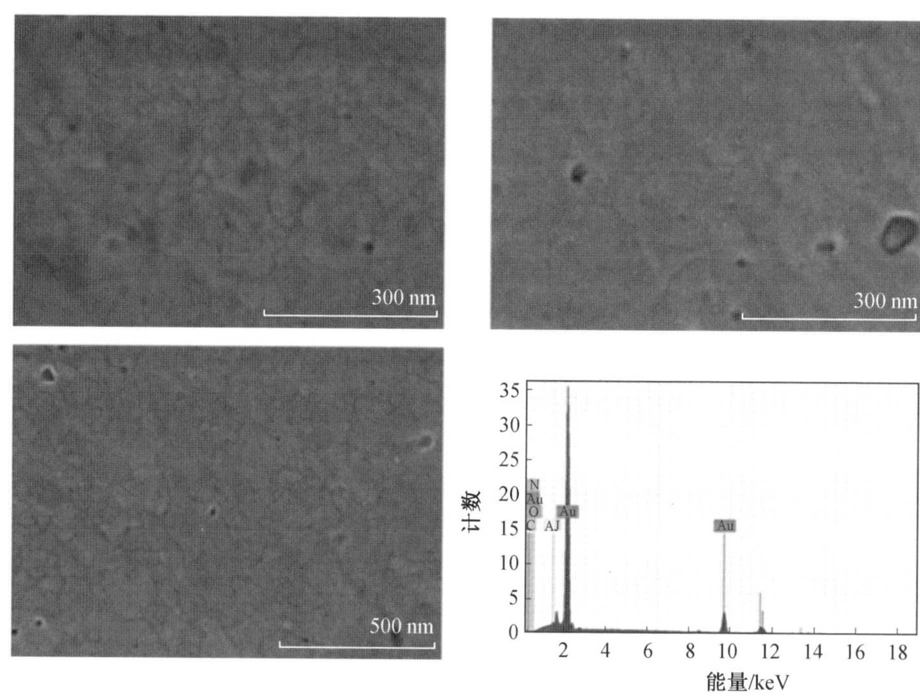

图 5.29 亚纳米尺寸铂修饰的 Au 电极的 SEM 照片和 EDS 谱

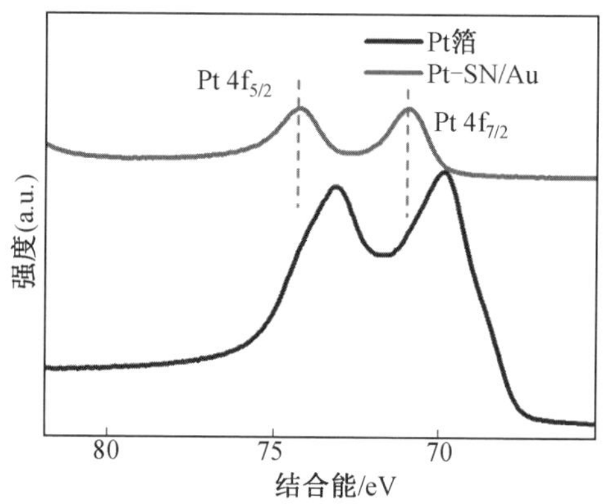

图 5.30 铂箔和亚纳米尺寸铂修饰 Au 电极后的 Pt 4f XPS 谱图

为直径 5 mm 的 Pt 箔、Au 箔和 Pt-SN/Au 电极在氩气饱和的 0.1 mol/L $HClO_4$ 溶液中经过 50 圈循环测试活化后的循环伏安曲线,电势(vs. RHE)区间为 0.05 ~ 1.5 V,扫描速率为 0.05 V/s,室温条件下进行。从图中可以看出,得到的循环伏安曲线大致由三个典型区域组成:①电势位于 0.05 ~ 0.4 V 之间为氢吸脱附区

(Pt-H),代表氢原子在铂表面发生吸附与脱附;②电势位于 0.4 ~ 0.6 V 之间的区域为双电层区,反映双电层的充电与放电能力;③电势位于 0.55 ~ 0.95 V 之间的区域为铂氧区(Pt-O),反映铂的氧化与还原能力;④电势位于 1.15 ~ 1.35 V 之间的区域为金氧区(Au-O),反映金的氧化与还原能力。与铂箔电极有着明显的 Pt-H 区不同,亚纳米尺寸铂修饰的 Au 电极与 Au 电极一样没有氢的吸脱附区,表明其表面的铂没有结晶成核的铂的团簇存在。但观察到相对铂箔电极中 Pt-O 区明显负移 0.03 V,意味着光化学还原得到的铂的电子结构被所修饰的金箔所调控。同时还注意到相比纯 Au 电极,其对应的 Au-O 区也明显正移约 0.02 V,即金与修饰铂之间不仅存在对铂价态电子结构的影响,更是由于两者存在电荷转移效应,也影响了表面金的电子状态。

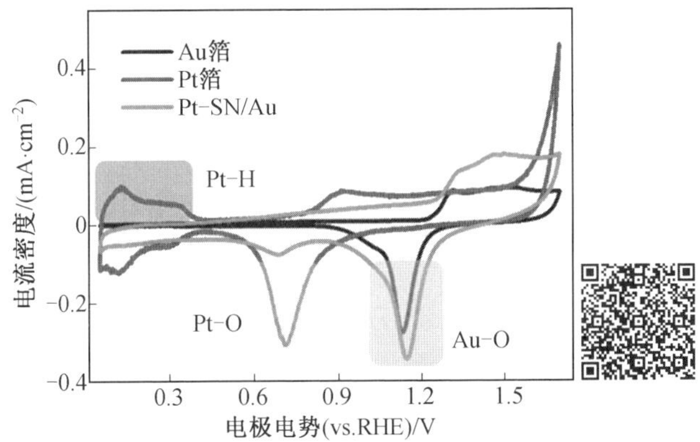

图 5.31　Pt 箔、Au 箔和 Pt-SN/Au 电极在氩气饱和的 0.1 mol/L $HClO_4$ 溶液中的循环伏安曲线

图 5.32 所示为 Pt-SN/Au 电极的甲酸氧化活性测试,测试在氩气饱和的 0.1 mol/L $HClO_4$ 与 0.1 mol/L HCOOH 溶液中进行,室温条件下扫描速率为 0.05 V/s,同时测试直径为 5 mm 的 Au 箔和 Pt 箔电极作为对比。已报道的研究甲酸氧化的工作普遍认为甲酸的氧化反应在铂表面上按照“双路径”反应机理进行:一种是直接途径,即直接脱氢反应生成二氧化碳;另一种是间接途径,甲酸分子吸附在铂表面先进行脱水反应生成一氧化碳(毒性中间产物),再氧化成二氧化碳。

图 5.32 中甲酸氧化反应曲线在 0.62 V 处的氧化峰代表直接途径,即甲酸直接氧化成为二氧化碳的过程;在 0.91 V 处的氧化峰代表第二类间接途径生成的一氧化碳的氧化峰。因此,直接途径的氧化峰的峰值电流密度代表了催化剂对甲酸氧化反应的催化能力的大小。Pt-SN/Au 电极上直接途径氧化峰的峰值电流密度为 4.09 mA/cm^2,是相同面积的 Pt 箔电极的 16 倍,说明其对甲酸氧化具

有更高的催化活性，而 Au 电极对甲酸氧化几乎没有活性。可以看出 Pt-SN/Au 电极上观测不到间接途径中一氧化碳的氧化峰，说明在甲酸氧化过程中 Pt-SN/Au 电极表面上没有甲酸氧化的中间产物一氧化碳生成，即只发生直接途径的甲酸氧化反应。

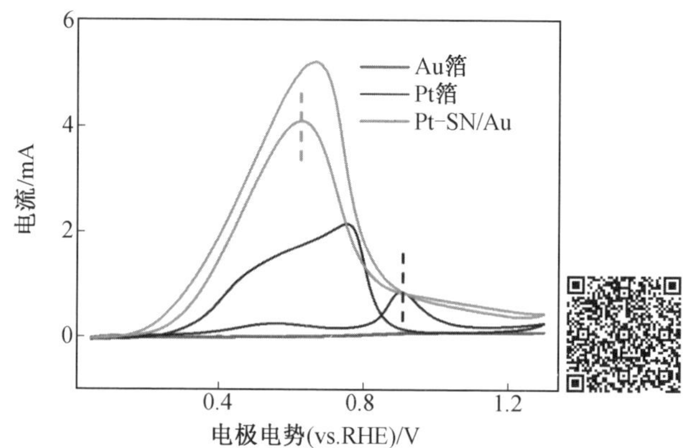

图 5.32　在氩气饱和的 0.1 mol/L $HClO_4$+0.1 mol/L HCOOH 溶液中 Pt 箔、Au 箔及亚纳米尺寸 Pt 修饰的 Au 电极所测得的循环伏安曲线

5.2　乙醇电氧化贵金属催化剂的设计与研究

5.2.1　乙醇电氧化催化剂概述

以乙醇作为燃料电池的直接液体燃料渐渐受到人们的普遍关注，主要有以下原因：①乙醇几乎是无毒的；②乙醇在自然界中容易获取；③乙醇是可再生资源，可从植物发酵中直接获得；④直接乙醇燃料电池具有相对于甲醇更高的能量密度(8 kW · h/kg)；⑤排放产物环境友好。

直接乙醇燃料电池的组成和工作原理如图 5.33 所示。所有的反应均发生在膜电极(MEA)中，膜电极与集流体相连，实现整个系统的电子导通。膜电极由阳极、阴极和质子交换膜组成，三者紧密连接，呈现出三明治状的结构。直接乙醇燃料电池中的电化学反应如下：

阳极反应：$$CH_3CH_2OH+3H_2O = 2CO_2+12H^++12e^- \tag{5.1}$$

阴极反应：$$3O_2+12H^++12e^- = 6H_2O \tag{5.2}$$

总反应：$$CH_3CH_2OH+3O_2 = 2CO_2+3H_2O \tag{5.3}$$

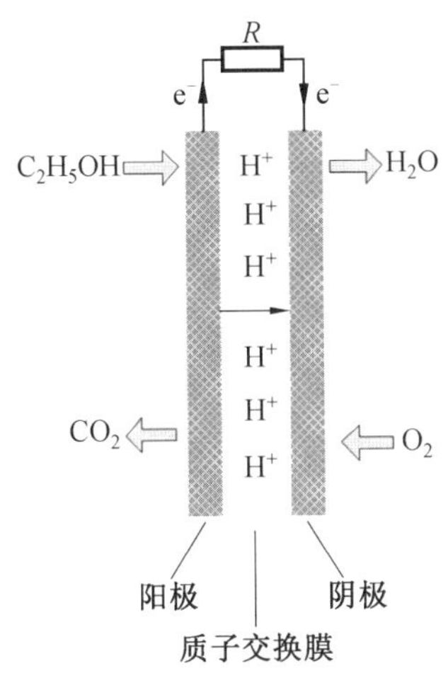

图 5.33　直接乙醇燃料电池的组成和工作原理

乙醇在直接乙醇燃料电池阳极发生电氧化反应生成二氧化碳的同时，还产生质子和电子：质子通过磺化聚合物电解质膜进入阴极反应区；电子通过外部电路到达阴极，与阴极的氧气发生电还原，结合阴极反应区的质子，最终反应生成水。

目前乙醇的电氧化催化剂主要是 Pt 基催化剂，纯的铂对乙醇的电氧化性能都较低，这主要是由于在乙醇电氧化过程中会产生与贵金属形成强化学吸附作用的 C_1 吸附物，如 CO 或 CH_x 等，这些毒化产物会牢牢吸附于贵金属原子表面，阻碍乙醇氧化的进一步发生。另外，纯的铂或钯都不具备很高的 C—C 键断裂能力，这使得乙醇的电氧化产物更多地停留在 C_2 产物的阶段，形成更多的乙醛或乙酸等，而不是二氧化碳，从而使乙醇的电氧化电流效率很低。因此，为了减少毒化产物的毒化作用，提高乙醇 C—C 键断裂的能力，引入其他组分形成二元甚至三元催化剂是一种行之有效的策略。

合金催化剂大部分是通过双功能机理提高乙醇的电氧化活性，虽然活性较高，但是第二组分的存在带来了稳定性差的问题；而且第二元素的掺杂会改变 Pt 原子的电子云结构，这对乙醇的脱氢反应有可能造成负面影响，反而对于提高乙醇电氧化活性不利。利用过渡金属氧化物和贵金属复合的方式提高乙醇电氧化活性成为另一个被广泛关注的方向。过渡金属氧化物大部分具有稳定性好、耐酸碱和高温的特性，而且在低电势区易与水反应形成表面吸附羟基（OH_{ad}），这对于去除乙醇电氧化过程中产生的中间毒化产物（CO_{ad}）十分有利，类似于 PtRu 合金的双功能机理。而且氧化物并不会掺入 Pt 纳米颗粒的晶格中，对在铂原子表面进行的乙醇脱氢反应不会带来负面影响。

目前，在乙醇电氧化研究方向常用的过渡金属氧化物有 SnO_2、TiO_2、CeO_2、MnO_2、SiO_2、ZrO_2等。Zhang 先将二氧化锡颗粒负载到碳纳米管上，然后再用载铂的方式合成了 Pt/SnO_2-CNT 复合催化剂，该催化剂表现出良好的乙醇电氧化活性和稳定性。Higuchi 对比了不同 Pt 与 SnO_2摩尔比的 Pt/SnO_2复合催化剂的活性，结果表明当 Pt 与 SnO_2摩尔比为 3∶1 时，催化剂对乙醇的电氧化活性最高。Teng 制备了 Pt 包覆 SnO_2纳米颗粒的核壳复合催化剂。实验进行了 Pt 与 SnO_2摩尔比为1∶1、7∶3 以及 Pt/C 催化剂对乙醇电氧化最终产物的分析，结果表明当 Pt 与 SnO_2摩尔比为 1∶1 时，乙醇电氧化产生的二氧化碳是 Pt/C 的 4.1 倍，证明这种核壳结构的 Pt(SnO_2)复合催化剂具有很强的 C—C 键断裂能力。Song 合成了碳纳米管载 Pt-TiO_2复合材料，铂纳米颗粒的平均粒径在 3.5 ~4 nm 之间。通过高倍透射电子显微镜测试发现，在碳纳米管上均匀分布着一层无定形的 TiO_2，此外还观察到粗糙的铂与二氧化钛的边界。电化学测试结果表明，Pt-TiO_2复合催化剂表现出更低的一氧化碳溶出起始电势和峰电势，当 Pt 与 TiO_2的摩尔比为 1∶1 时对乙醇的电氧化活性最高。这些结果都表明 Pt-TiO_2复合催化剂具有优良的抗中毒能力和更高的乙醇电氧化活性。Shen 采用微波固相法首先制备了 CeO_2/C，然后利用化学还原法合成了 Pt-CeO_2/C 催化剂，电化学测试表明当 Pt 与 CeO_2的摩尔比为 2∶1 时乙醇的电氧化活性最高。Shen 进一步研究了 CeO_2修饰的 Pt/C 催化剂对乙醇电氧化活性的影响，电化学测试表明，CeO_2的加入大大提高了乙醇的电氧化活性，当 Pt 与 CeO_2的摩尔比为 1.3∶1 时活性达到最大值，这说明 CeO_2不需要与 Pt 形成强烈的相互作用即可为乙醇电氧化提供吸附羟基，从而提高催化剂的乙醇电氧化活性。Rao 对比了不同形貌 MnO_2修饰的 Pt/C 复合催化剂 Pt-MnO_2/C 对乙醇电氧化活性和起始电势的影响，作者以 $KMnO_4$为前驱体合成了两种形貌(棒状和微六面体)的 MnO_2。结果表明，棒状二氧化锰修饰的 Pt/C 活性最高，其次是微六面体二氧化锰修饰的 Pt/C，Pt/C 活性最低。而且二氧化锰修饰的 Pt/C 表现出更低的乙醇电氧化起始电势和峰电势，说明二氧化锰的加入不仅提高了乙醇的电氧化活性，还改变了乙醇电氧化的反应机制。Rao 认为二氧化锰的加入增加了更多的吸附羟基与吸附一氧化碳的接触概率，为解除一氧化碳毒化作用提供了更多的相接触。而棒状二氧化锰之所以比微六面体二氧化锰的作用更明显，是因为棒状二氧化锰的比表面积更大，能够提供更多的这类相接触，所以活性最高。Chen 利用高氯酸制备了多孔二氧化硅载体，然后用硼氢化钠还原法将铂负载到多孔二氧化硅表面，该 Pt-SiO_2复合材料表现出优良的乙醇电氧化活性和抗一氧化碳中毒能力。Qiu 采用溶胶-凝胶法制备碳纳米管

载氧化锆（ZrO_2/CNT），使用多元醇方法将铂负载到上述复合材料上得到 Pt-ZrO_2/CNT。他对比了不同 Pt-ZrO_2摩尔比对于乙醇电氧化活性的影响，结果表明 Pt 与 ZrO_2摩尔比为 1∶3 时，对乙醇的电氧化活性最高。氧化锆的加入不仅大大提高了催化剂的乙醇电氧化活性，还提升了催化剂一氧化碳剥离的电化学反应动力学速度。

氧化物复合催化剂基本也是以双功能机理为指导思路，即铂提供乙醇的解离吸附活性位点，铂表面形成毒化中间产物 C_1吸附物（CO_{ad}或 CH_x），氧化物在低电势区形成吸附羟基（OH_{ad}），毒化产物与吸附羟基发生反应从而除去铂活性位点的毒化吸附物，最终提高乙醇的电氧化速率。虽然毒化吸附物对乙醇的电氧化反应速率有重要影响，然而控制乙醇电氧化速率的另一个重要因素是 C—C 键断裂的能力。氧化物复合催化剂对铂原子的电子结构影响有限，毕竟其无法进入铂晶体内部对铂元素的 d 带中心产生强烈影响，而且铂元素对 C—C 键的断裂能力也非常有限。因此，研究人员考虑在氧化复合催化剂基础上引入第三种组分，提升复合催化剂的 C—C 键断裂能力，形成 C_1 中间产物，而氧化物可以提供吸附羟基，有助于 C_1 中间产物的氧化去除，铂则负责乙醇的解离吸附和 C—H 键断裂。

5.2.2　Pd-around-CeO_2 纳米复合催化剂的制备与研究

研究人员构建了一种新的乙醇电氧化材料的设计思路，即 Pt-M-XO，其中 M=Rh，Ir、X=Sn，Ti，Ce，Mn，…，其中 Rh 和 Ir 具有很强的 C—C 键断裂能力。Adzic 利用连续两次欠电势沉积-置换方法和二氧化锡不同 pH 下带电性质将 Rh 和 Pt 依次负载到二氧化锡纳米颗粒周围，制得 Pt/Rh/SnO_2电催化剂。该材料具有相对于 Pt/C 两倍以上的乙醇电氧化活性，以及显著负移的起始电势和峰电势。原位电化学红外光谱测试表明，该材料具有强大的 C—C 键断裂能力，将乙醇更多地氧化生成 CO_2，而不是乙酸和乙醛。随后进一步研究了 Ir 对乙醇分子 C—C 键断裂的能力，采用乙二醇方法将 PtIr 合金负载到二氧化锡纳米颗粒上，然后共同担载到 XC-72 碳材料上，得到 PtIr/SnO_2电催化剂。该复合材料也表现出很高的乙醇电氧化活性，以及显著负移的起始电势和峰电势。原位电化学红外光谱测试表明，该材料也具有强大的 C—C 键断裂能力，将乙醇更多地氧化生成 CO_2。

二氧化铈是一种具有立方萤石结构的稀土材料，由于具有特殊的混合价态（+3 和+4），二氧化铈可以在不同的氧环境下进行氧储存、氧释放及氧输送，在直接醇类燃料电池阳极中可提高氧化贵金属催化剂的抗毒化性能。

图5.34所示为利用热分解法制备的CeO_2纳米颗粒的TEM照片和粒径分布图。三个样品的反应条件基本相同,均以硝酸铈胺为前驱体,油胺为表面活性剂,十八烯为溶剂,仅仅对油胺与硝酸铈铵的比例进行了调控,油胺与硝酸铈铵摩尔比分别为5∶1、15∶1和30∶1。

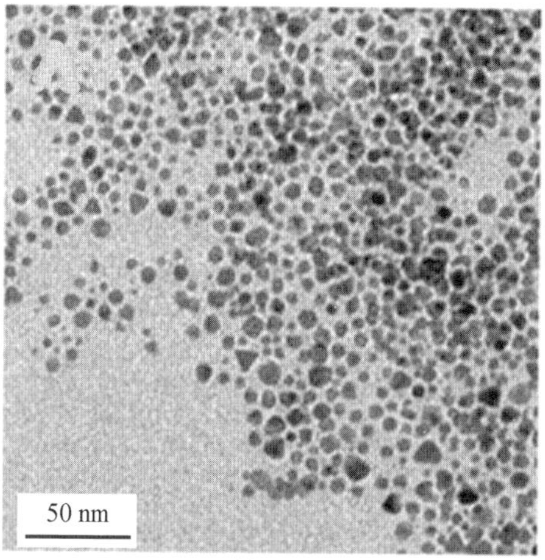

(a) 5∶1

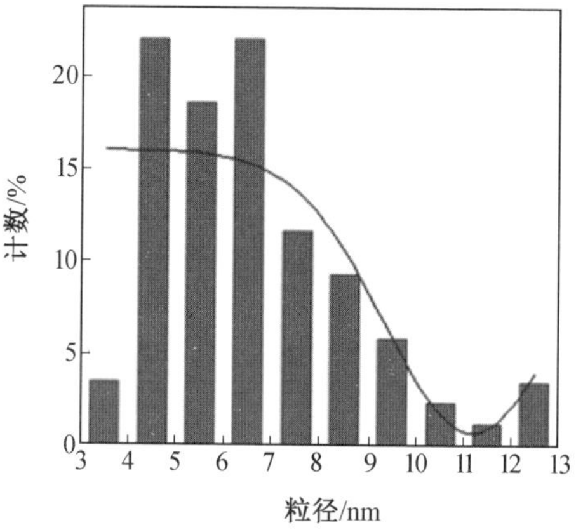

(b) 5∶1

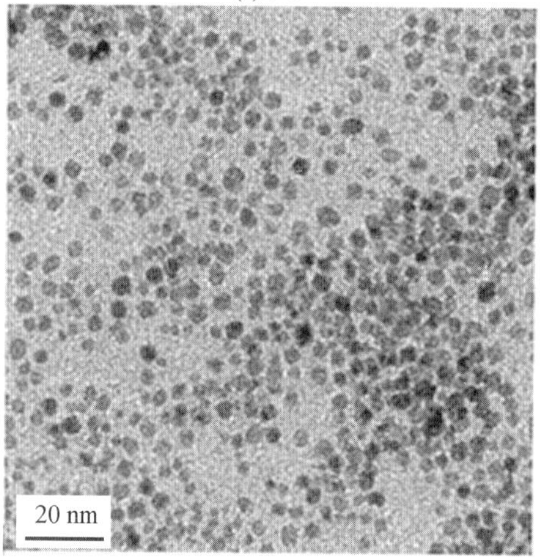

(c) 15∶1

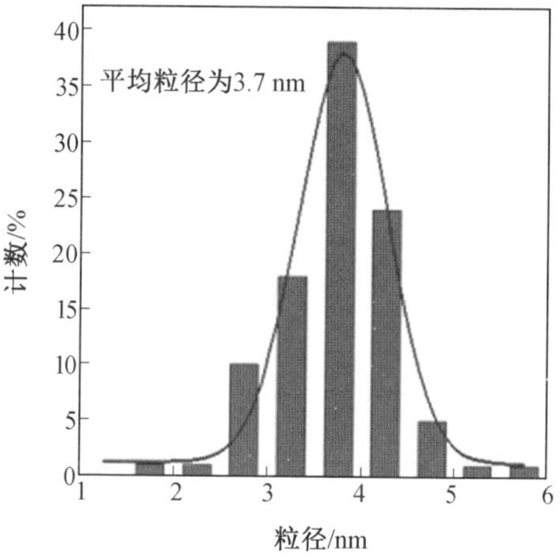

(d) 15∶1

图5.34 利用热分解法(不同油胺与硝酸铈胺摩尔比)制备的CeO_2纳米颗粒的TEM照片和粒径分布图

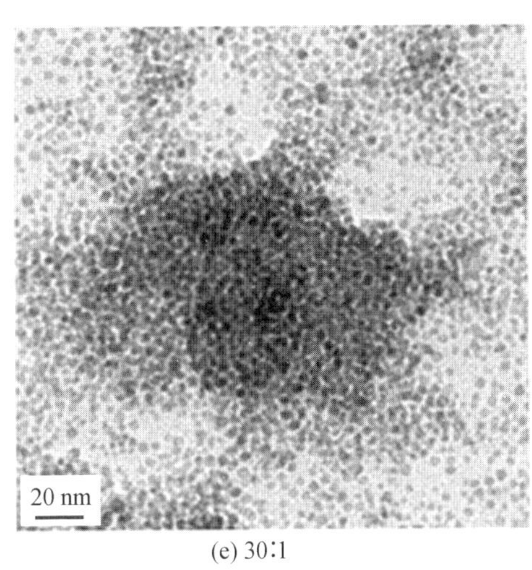

(e) 30∶1

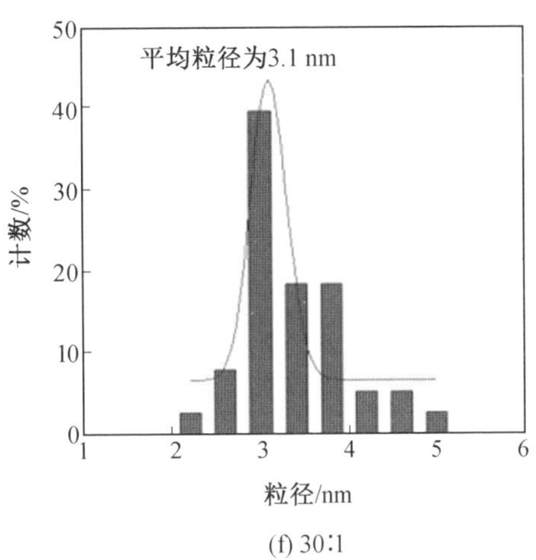

(f) 30∶1

续图 5.34

由 TEM 照片可以看出，不同油胺与硝酸铈胺摩尔比下所得到的 CeO_2 纳米颗粒的形貌有所差异，在油胺与硝酸铈胺摩尔比较小（5∶1）时，纳米颗粒的形貌不完全是球形，这是由于体系中油胺含量较少，不足以覆盖所有纳米颗粒的表面，无法起到限制表面生长的作用，所以颗粒形貌呈现不规则状态。另外，由于油胺含量不足，CeO_2 纳米颗粒表面吸附油胺的状态也不同，最终导致颗粒的最终粒径差异也较大，如图 5.34(b) 所示，颗粒粒径分布较宽。通过增加油胺含量，调整油胺与硝酸铈铵摩尔比，纳米颗粒的形貌得到有效的控制。图 5.34(c)、(e) 所示为增加油胺后所得到 CeO_2 的 TEM 照片，从照片中可以发现，纳米颗粒的形貌较为均一，均为球形，且纳米颗粒分散性良好，纳米颗粒的粒径分布也较窄。当油胺与硝酸铈胺摩尔比为 15∶1 和 30∶1 时，选取 200 个纳米颗粒进行粒径统计分析。如图 5.34(d)、(f) 所示，纳米颗粒粒径分布很窄，均在 3 ~ 4 nm 之间，经过高斯拟合所得纳米颗粒的平均粒径为 3.7 nm 和 3.1 nm。以上数据说明，通过调整油胺和硝酸铈铵之间的比例，使纳米颗粒的粒径和形貌得到了有效控制。

为进一步确定利用热分解法制备的纳米颗粒为 CeO_2，分别利用电子衍射谱（electron diffractometer）、X 射线衍射谱（XRD）和 X 射线光电子能谱（XPS）对其分子结构和电子结构进行研究。图 5.35 为利用热分解法制备的 CeO_2 纳米颗粒的选区电子衍射图，从衍射图中可以看出由内向外的几个同心圆，同心圆的亮度有一定差异，这是由于衍射强度不同。如图所示，由内向外的同心衍射环所对应的 CeO_2 衍射环依次为[111]、[200]、[220]、[311]、[400]和[331]。这与下文 XRD 测试中的衍射峰是一一对应的。

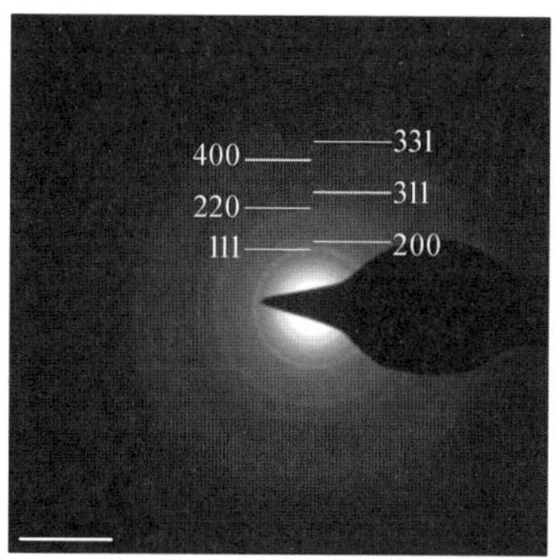

图 5.35　利用热分解法制备的 CeO_2 纳米颗粒的选区电子衍射图（平均粒径为 3.8 nm）

图 5.36 所示为利用热分解法制备的 CeO_2 纳米颗粒的 XRD 谱图，从谱图中可以看出利用热分解法制备的 CeO_2 纳米颗粒具有明显的 XRD 衍射峰，说明颗粒具有良好的结晶性。而且，纳米颗粒的峰宽度较大，这是由于颗粒粒径很小导致衍射峰变宽。在 XRD 谱图 28.5°、32.9°、47.2°及 56.4°位置的峰分别对应于 CeO_2 标准谱图中的[111]、[200]、[220]、[311]衍射峰。其中峰的相对强弱也与电子衍射图中的各晶面衍射环强度相对应。通过谢乐方程可以算出纳米颗粒的粒径约为 3.9 nm，这与 TEM 中所获得的平均粒径基本一致。

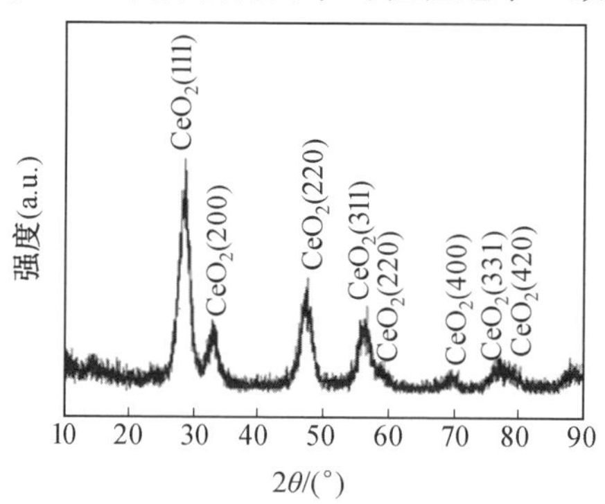

图 5.36　利用热分解法制备的 CeO_2 纳米颗粒的 XRD 谱图（平均粒径为 3.8 nm）

为进一步对 CeO_2 电子结构进行研究，采用 XPS 对制备的材料进行分析。图 5.37 所示为利用热分解法制备的 CeO_2 纳米颗粒的 XPS 测试曲线。Ce 的结合能主要位于 883.7 eV、890.2 eV、889.7 eV 和 901.8 eV，对应于 Ce^{4+}，其中位于 917.6 eV处的结合能对应于 Ce^{4+} 的指纹峰，是证明 Ce^{4+} 存在的有力证据。结合能位于 886.6 eV 和 904.5 eV 对应于 Ce^{3+}。经过计算可知，CeO_2 纳米颗粒总 Ce^{4+}

与 Ce^{3+} 含量分别为35.0%和65.0%，主要以 Ce^{4+} 形式存在。

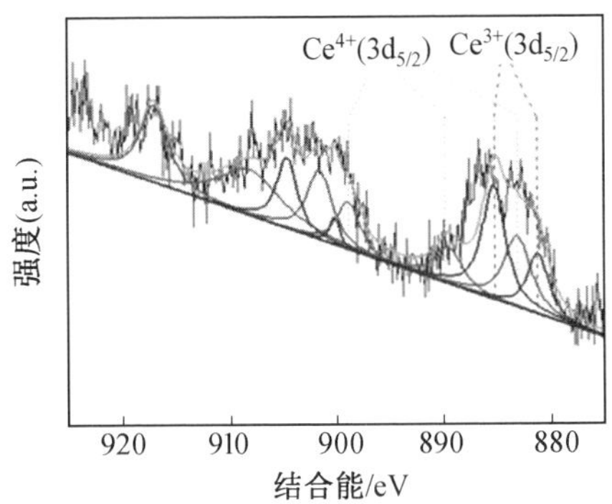

图5.37　利用热分解法制备的 CeO_2 纳米颗粒的XPS测试曲线(平均粒径为3.8 nm)

作者团队设计了一种内核为二氧化铈纳米颗粒、外壳修饰Pd纳米颗粒的三维结构纳米复合催化剂，并且利用三相相转移法成功制备了这种Pd-around-CeO_2 纳米复合催化剂。图5.38为利用三相相转移法制备Pd-around-CeO_2 纳米复合催化剂的制备工艺示意图。如图所示，制备过程分为两步：首先，利用热分解法制备具有纳米尺度的均匀分散的 CeO_2 纳米颗粒。其次，以 CeO_2 纳米颗粒为中心，油酸为有机相，乙二醇为中间相，外围以去离子水为水相形成三相体系，最终利用抗坏血酸为还原剂在三相体系中进行外围Pd纳米颗粒的还原和修饰。

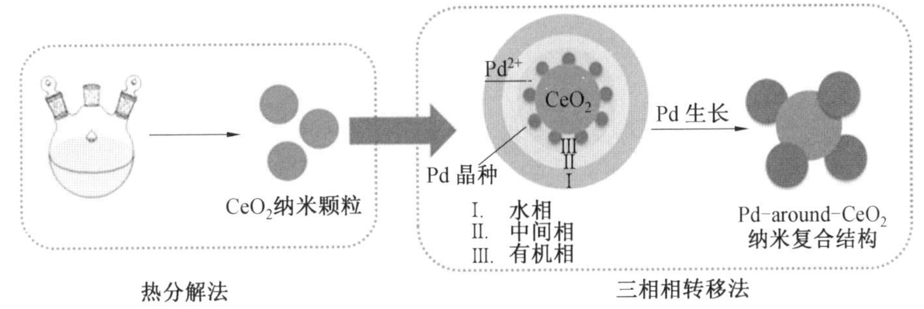

图5.38　利用三相相转移法制备Pd-around-CeO_2 纳米复合催化剂的制备工艺示意图

图5.39为Pd-around-CeO_2 的TEM照片和粒径分布图。如图5.39(a)所示，Pd-around-CeO_2 为不规则的形貌组成，且Pd-around-CeO_2 结构分散均一，没有明显的团聚现象产生。为对其结构进一步分析，对其进行了HRTEM表征，如图5.39(b)所示，从图中可以明显看到 CeO_2 纳米颗粒和在其周围环绕的Pd纳米颗粒，对其晶面间距进行测量，CeO_2 纳米颗粒和Pd纳米颗粒的晶格条纹均对应其[111]晶面。从其结构可以推测，Pd晶种在三相相转移过程中沉积在 CeO_2 纳米

颗粒表面,并在 Pd 离子还原过程中逐渐长大,由于 CeO_2 和 Pd 晶格间距有较大差异(晶格失谐 26.6%),所以 Pd 纳米颗粒的生长方式为 Volmer-Weber 生长,即 Pd 纳米颗粒在 CeO_2 表面发生岛式生长,进而最终形成了中心颗粒为 CeO_2 纳米颗粒,周围环绕 Pd 纳米颗粒的 Pd-around-CeO_2 纳米结构。随机选取 200 个 Pd-around-CeO_2 纳米结构单元进行粒径统计,统计结果如图 5.39(c)所示,平均粒径为 9.5 nm。

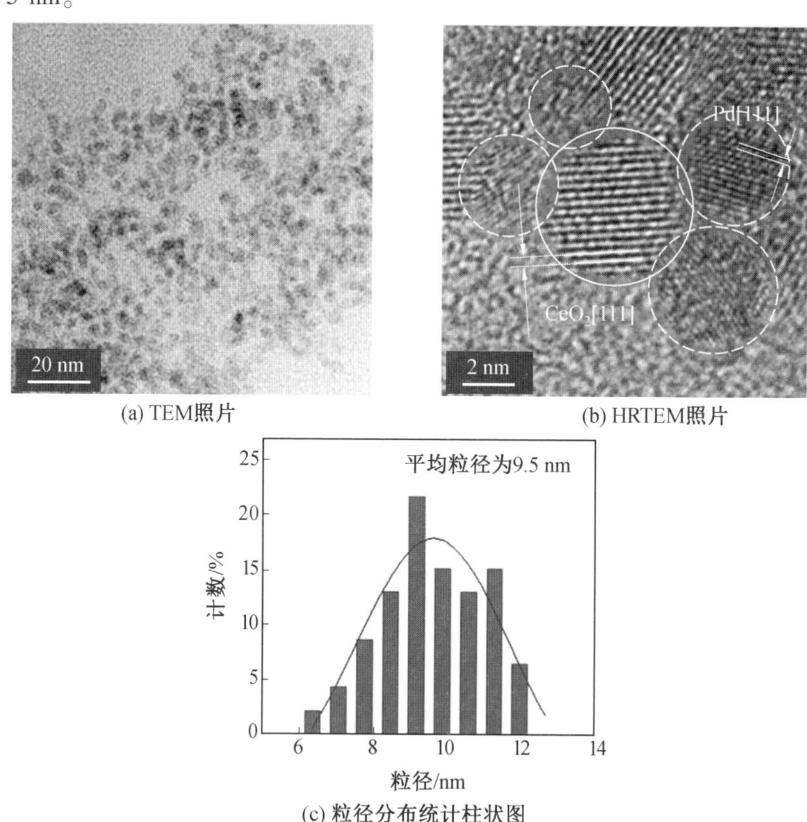

(a) TEM照片

(b) HRTEM照片

(c) 粒径分布统计柱状图

图 5.39　Pd-around-CeO_2 的 TEM 照片和粒径分布图

图 5.40(a)所示为 Pd/C、Pd-CeO_2/C 和 Pd-around-CeO_2 纳米结构催化剂在 1 mol/L KOH+0.5 mol/L C_2H_5OH 溶液中的 CV 曲线,扫描速率为 50 mV/s。从曲线中可以看出,在 CV 扫描的正扫方向和负扫方向均出现明显的氧化峰,说明三种催化剂在碱性介质中对乙醇氧化均具有明显的催化活性。

利用正扫氧化峰的峰值电流密度对其催化活性进行对比,三种催化剂中 Pd-around-CeO_2 具有最高的正扫氧化峰峰值电流,其正扫氧化峰的峰值电流密度为

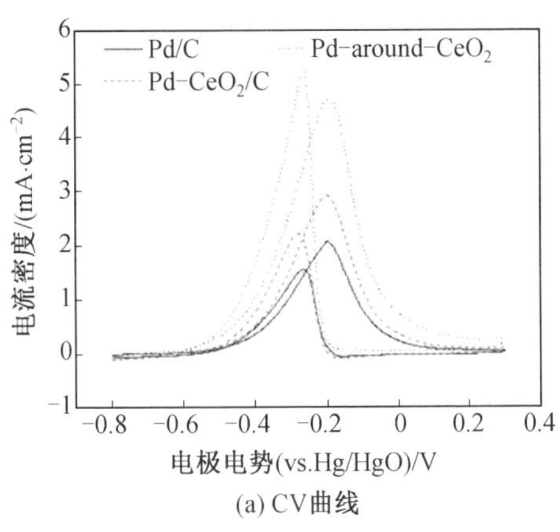

(a) CV曲线

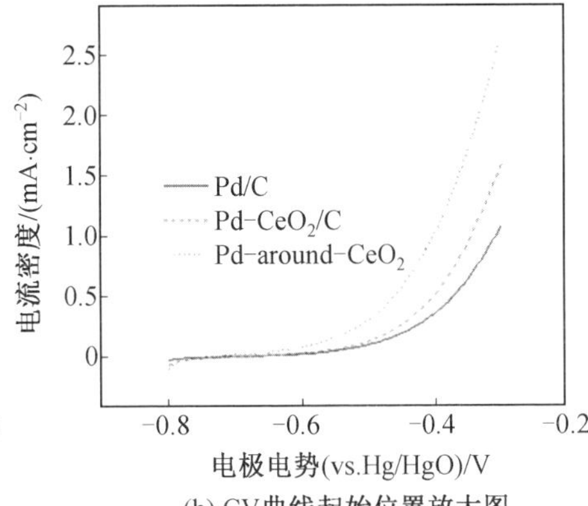

(b) CV曲线起始位置放大图

图5.40　Pd/C、Pd-CeO_2/C和Pd-around-CeO_2纳米结构催化剂在KOH+ C_2H_5OH溶液中的电化学行为

4.72 mA/cm^2,而Pd/C和Pd-CeO_2/C催化剂的峰值电流密度分别为2.93 mA/cm^2和2.08 mA/cm^2,前者的峰值电流密度分别为后两者的1.61倍和2.27倍。通过对比发现,Pd-around-CeO_2纳米复合催化剂具有更负的乙醇氧化起始电势,图5.40(b)是三种催化剂CV曲线的起始位置放大图,从图中可以明显看出,Pd-around-CeO_2纳米复合催化剂的CV正扫峰起始电势为-0.7 V,而Pd/C和Pd-CeO_2/C催化剂的CV正扫峰起始电势分别为-0.55 V和-0.6 V。从氧化起始峰位置也可以看出Pd-around-CeO_2纳米复合催化剂具有更好的催化活性。

为进一步研究三种不同催化剂在碱性介质中对乙醇氧化的催化活性,利用CA测试手段对其进行研究。图5.41所示为Pd/C、Pd-CeO_2/C和Pd-around-CeO_2纳米结构催化剂在1 mol/L KOH+ 0.5 mol/L C_2H_5OH溶液中的CA曲线,测试电势为-0.2 V。从图中可以看出,在CA测试初期三种催化剂对乙醇氧化都表现出很高的催化活性,而随着反应的持续进行,三条曲线的电流密度都逐渐下降。这是由于乙醇氧化过程中产生了中间产物,中间产物极易吸附于Pd表面的活性位点表面,中间产物在其表面的吸附阻碍了其与乙醇的反应从而导致活性下降。选取CA测试60 min后的电流密度进行对比。如图5.41所示,经过60 min测试后,Pd-around-CeO_2催化剂表现出最高的电流密度,其电流密度为0.23 mA/cm^2,而相同介质中Pd/C和Pd-CeO_2/C催化剂的电流密度分别仅剩0.04 mA/cm^2和0.13 mA/cm^2,前者的电流密度分别为后两者的5.8倍和1.8倍。

由于CH_3CHO是乙醇氧化过程中重要的中间产物,不同催化剂对其氧化的反应活性直接影响该催化剂对乙醇氧化的反应速率,故分别测试了Pd/C、Pd-

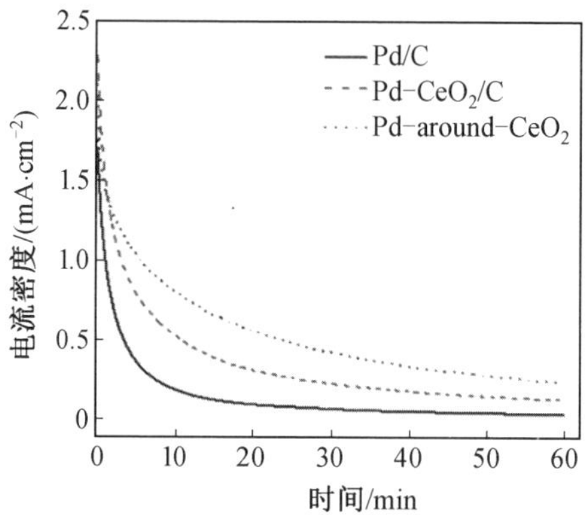

图 5.41　Pd/C、Pd-CeO_2/C 和 Pd-around-CeO_2 纳米结构催化剂在 KOH+C_2H_5OH 溶液中的 CA 曲线

CeO_2/C 和 Pd-around-CeO_2 三种催化剂在 1 mol/L KOH+0.5 mol/L CH_3CHO 溶液中的溶出曲线，以此模拟三种催化剂对乙醇氧化中间产物的催化活性。

图 5.42 所示为 Pd/C、Pd-CeO_2/C 和 Pd-around-CeO_2 纳米复合催化剂的 CH_3CHO 溶出曲线。在曲线-0.2～-0.1 V 电势范围内，三种催化剂都出现了明显的甲醛溶出峰，且三种催化剂的甲醛溶出峰具有不同的 CH_3CHO 溶出电势，Pd-around-CeO_2 纳米复合催化剂的溶出电势分别比 Pd/C 和 Pd-CeO_2/C 负移 50 mV 和 30 mV。这种电势的负移证明 CH_3CHO 可以在更负的电势下被氧化溶出，说明 Pd-around-CeO_2纳米复合结构催化剂具有更好的抗中毒能力。另外，在溶出曲线 0.2 V 位置，Pd/C 和 Pd-CeO_2/C 出现了氧化峰，这可能是由于在-0.2 V电势位置中间产物未能完全氧化。这说明 Pd/C、Pd-CeO_2/C 在乙醇氧化反应过程中，表面的中间产物很难被完全除去。

为进一步研究 Pd 与 CeO_2之间的电子相互作用，分别对纯 Pd 纳米颗粒、Pd-CeO_2/C 及 Pd-around-CeO_2纳米复合催化剂中 Pd 的 3d 轨道和纯 CeO_2纳米颗粒、Pd-CeO_2/C 和 Pd-around-CeO_2中 Ce 的 XPS 电子结合能进行表征，结果如图 5.43 所示。

从图 5.43(a)中可以看到，Pd 的 3d 轨道由 $3d_{5/2}$和 $3d_{3/2}$两个峰组成，将其分解为 Pd^0和 Pd^{2+}的峰，通过对比其峰位置发现，Pd-around-CeO_2纳米复合催化剂中 Pd 的 3d 轨道较纯 Pd 的 3d 轨道电子结合能有所负移，负移大约 0.61 eV，而由于 Pd-CeO_2/C 中 Pd 与 CeO_2之间没有紧密连接，所以电子相互作用偏弱，负向发生了 0.4 eV 的偏移。这种电子结合能的负移说明 Pd 与 CeO_2之间存在强烈的电子相互作用。这种电子的相互作用会影响 Pd 的 d 带中心能量，进而改变中间

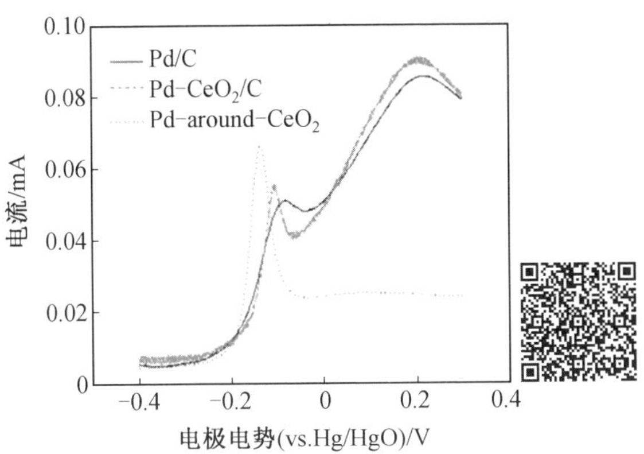

图 5.42　Pd/C、Pd-CeO_2/C 和 Pd-around-CeO_2 纳米复合催化剂的 CH_3CHO 溶出曲线

产物在 Pd 表面的吸附状态，由于过渡金属 d 带中心负移，有机分子在金属表面的吸附会减弱。这说明在乙醇氧化过程中，CeO_2 与 Pd 的相互作用使得 Pd 表面电子结构发生变化，导致 Pd 表面的乙醇氧化中间产物乙醛的吸附减弱。这意味着中间产物乙醛更容易在 Pd 表面脱去，提高了 Pd 催化剂的耐中间产物能力，有利于乙醇氧化反应活性的保持。

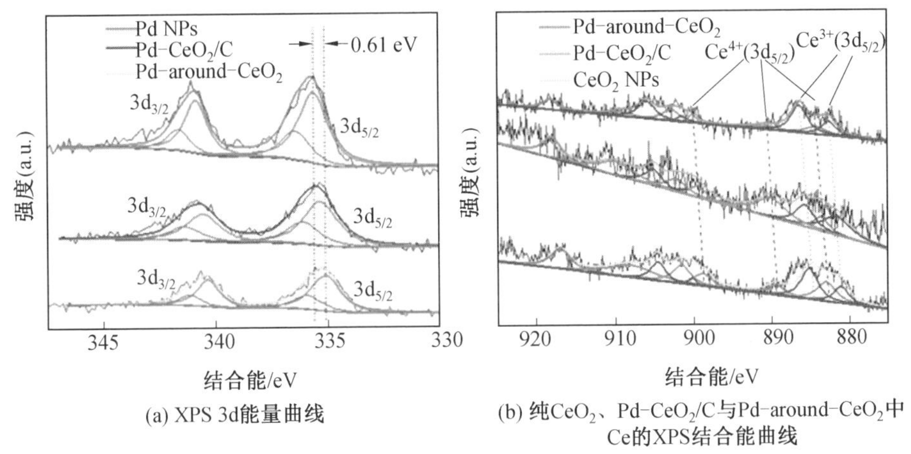

图 5.43　Pd 纳米颗粒、Pd-CeO_2/C 与 Pd-around CeO_2 中 Pd 的电子结构

图 5.43(b)所示为纯 CeO_2、Pd-CeO_2/C 和 Pd-around-CeO_2 纳米复合催化剂中 Ce 的 XPS 结合能曲线，从曲线中可以看出，与 Pd 的 XPS 移动相反，Pd-CeO_2/C 及 Pd-around-CeO_2 中 Ce 的能量曲线正移，移动大约 1.25 eV，这是由于电子由 Pd 向 CeO_2 进行了转移。仍按之前的研究结果对其进行分峰处理，经过计算可知，Pd-around-CeO_2 表面 CeO_2 中 Ce^{3+} 的含量为 55.9%，Pd-CeO_2/C 表面 CeO_2 中

Ce^{3+}的含量为41.7%，而纯CeO_2中Ce^{3+}的含量仅为35.0%。Pd-around-CeO_2复合催化剂中Ce^{3+}的含量远远高于纯CeO_2中的含量，是由于CeO_2与Pd紧密接触后，表面电子发生相互作用。Pd表面电子向CeO_2转移，导致CeO_2表面发生部分还原。而CeO_2中更高的Ce^{3+}含量说明与Pd紧密接触后，电子的相互作用使得CeO_2中部分Ce^{4+}变为Ce^{3+}，具备更多的氧空位，也意味着CeO_2可以释放出更多的含氧基团，这种含氧基团的增加更加有助于乙醇氧化过程中中间产物CH_3CHO的氧化，有利于催化剂的活性发挥。以上结果可以说明，在Pd-around-CeO_2纳米复合结构催化剂中，Pd与CeO_2的相互作用强烈，在颗粒相互接触的界面上，电子由Pd向CeO_2表面发生转移，这种转移使得Pd金属的d带中心位置发生偏移，从而改变了中间产物在Pd表面的吸附能，提高了Pd金属抗中间产物中毒的能力。

另外，电子由Pd向CeO_2表面转移，导致部分CeO_2中的Ce^{4+}转化为Ce^{3+}，而Ce^{3+}的增多说明CeO_2具有更多的氧空位，提高了CeO_2释放含氧基团的能力，也提高了催化剂表面中间产物的氧化能力。

5.2.3 Ni掺杂CeO_2纳米颗粒的制备及助催化性能研究

CeO_2在直接醇类燃料电池氧化催化剂中可以帮助阳极贵金属催化剂氧化表面中间产物，然而通过改性或修饰来进一步提高CeO_2这种助催化效应却少见报道。

图5.44所示为Ni掺杂CeO_2（记为Ni-CeO_2）纳米颗粒的TEM和HRTEM照片。从图5.44(a)~(c)中可以看出，利用热分解法制备的Ni-CeO_2纳米颗粒的分散性很好，纳米颗粒的粒径分布均匀且没有团聚现象。从图5.44(d)中可以看出，纳米颗粒的晶格条纹明显，晶格间距为0.317 nm对应CeO_2的[111]晶面，这说明利用热分解法制备的Ni-CeO_2纳米颗粒经过掺杂后仍为立方萤石结构。但是掺杂后晶格间距变宽，由标准的[111]晶面宽度0.312 nm(PDF#34-0394)变宽为0.317 nm，这是由于Ni的掺入扰乱了CeO_2内部的晶体结构，使其内部结构发生变化。

选取100个纳米颗粒进行粒径分布统计，结果如图5.45所示。从图中可以看出，纳米颗粒粒径分布很窄，所有颗粒粒径均在2.5~5.5 nm之间。经过高斯拟合，最终得到的平均粒径曲线的平均粒径为3.7 nm。这说明通过热分解法可以制备平均粒径小(<5 nm)、粒径分布符合正态分布，且粒径分布较窄、具有均匀分散状态的Ni-CeO_2纳米颗粒。

为进一步研究Ni-CeO_2纳米颗粒的结构，分别利用电子衍射谱和XRD谱图对其晶体结构进行表征。图5.46是利用热分解法制备的Ni-CeO_2纳米颗粒的

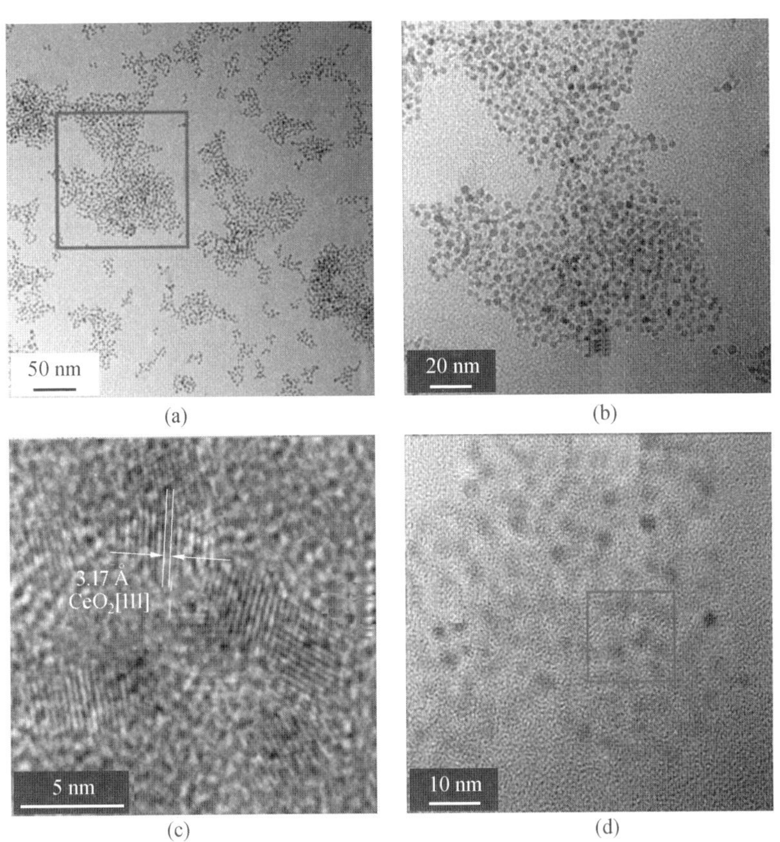

图5.44　Ni-CeO_2纳米颗粒的TEM和HRTEM照片

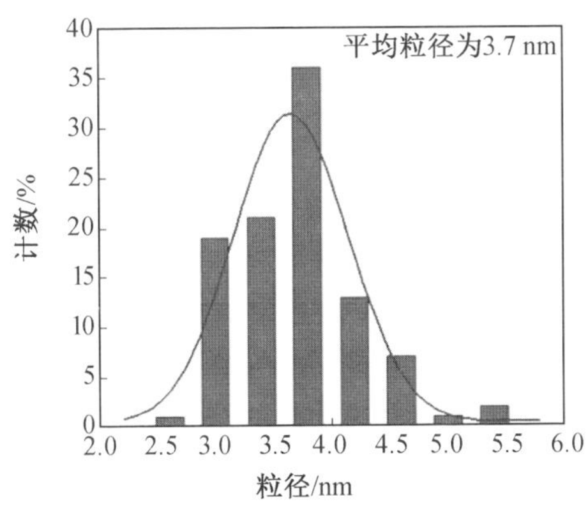

图5.45　Ni-CeO_2纳米颗粒的粒径分布柱状图

电子衍射谱图。从电子衍射谱中可以看出，Ni-CeO_2 纳米颗粒的电子衍射谱衍射图样呈环状。衍射环的形成是由于纳米颗粒小，衍射花样并非单晶的衍射花样，而是由很多纳米颗粒衍射花样共同组合形成的。衍射环的强弱与振幅因子有关，这与图 5.47 的 XRD 结果相对应。通过测量可知，衍射环中由内向外分别对应 Ni-CeO_2 的[111]、[200]、[220]及[311]晶面衍射。

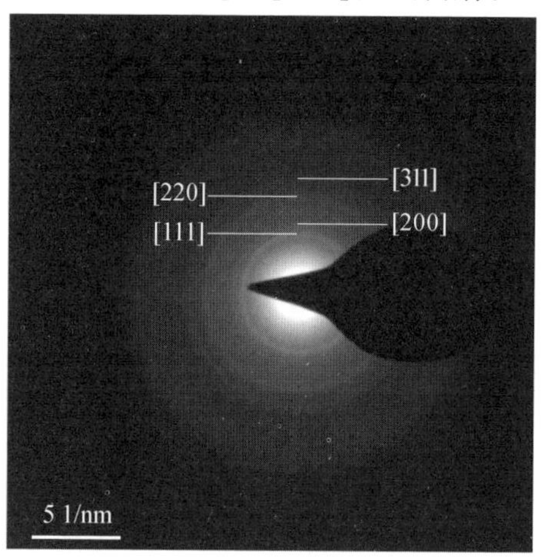

图 5.46　Ni-CeO_2 纳米颗粒的电子衍射谱图

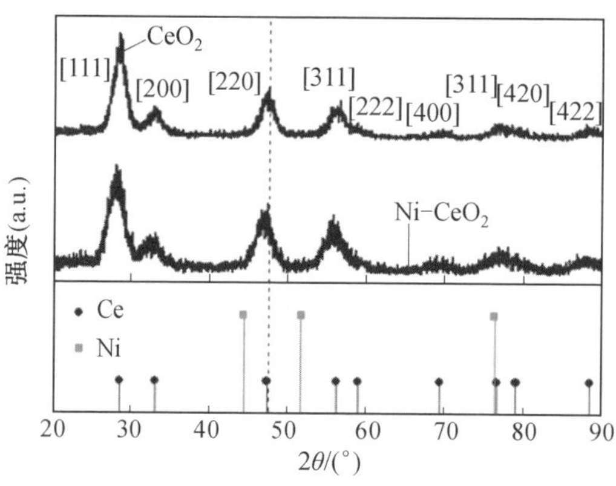

图 5.47　CeO_2 纳米颗粒和 Ni-CeO_2 纳米颗粒的 XRD 谱图

图 5.47 所示为利用热分解法制备的 CeO_2 纳米颗粒和 Ni-CeO_2 纳米颗粒的 XRD 谱图。如图所示，CeO_2 和 Ni-CeO_2 表现出了相似的 XRD 衍射谱图，其中在 28.6°、33.1°、47.5°、56.3°、59.1°、69.4°、76.7°、79.1°及 88.4°位置的衍射峰分别对应了 CeO_2 的[111]、[200]、[220]、[311]、[222]、[400]、[331]、[420]及[422]峰。谱图中峰型尖锐，峰位置明显，这说明利用热分解法制备的纳米颗粒

具有良好的结晶性。对比 CeO_2 和 Ni-CeO_2 的 XRD 谱，可以看出 Ni-CeO_2 纳米颗粒的峰位置较纯 CeO_2 纳米颗粒的 XRD 谱峰位置向小角度方向有一点偏移（图中虚线标注区域），这种偏移说明经过掺杂后纳米颗粒的内部晶格结构发生了一定的变化。

图 5.48 所示 Pd/Ni-CeO_2/C 催化剂的 TEM 照片和电子衍射谱图。从图 5.48(a) 可以看出 Pd 纳米颗粒和 Ni-CeO_2 纳米颗粒在碳载体表面均匀分散，没有出现明显的团聚情况。图 5.48(b)、(c) 是 Pd/Ni-CeO_2/C 催化剂的 HRTEM 照片，从照片中可以看到晶面间距宽度差异较大的两种纳米颗粒，分别为晶格间距较宽的 Ni-CeO_2 纳米颗粒（红色标记）和晶格间距较窄的 Pd 纳米颗粒（蓝色标记）。纳米颗粒的颗粒分布均匀，颗粒粒径分布均匀。图 5.48(d) 是 Pd/Ni-CeO_2/C 催化剂的电子衍射谱，从电子衍射谱中可以看到，Pd/Ni-CeO_2/C 催化剂的衍射谱为衍射环状，纳米环明显且清晰，没有出现明显的宽化，说明纳米颗粒具有良好的结晶性。经过对衍射环的测量，由内向外的衍射环依次对应于 Pd 晶的[111]、[200]、[220]、[311]和[331]晶面，衍射强度也与 Pd 的标准 PDF 卡片（PDF#46-1043）中衍射峰强度比例相近。这说明利用微波辅助乙二醇（EG）还原法成功地在 Ni-CeO_2/C 载体表面沉积上了具有纳米粒径的 Pd 纳米颗粒，且纳米颗粒的结晶性良好。

为进一步研究 Ni 掺杂的 CeO_2 纳米颗粒在碱性介质中对 Pd/C 催化剂的助催化作用，利用微波辅助乙二醇还原法分别制备了 Pd/C、Pd-CeO_2/C 及 Pd/Ni-CeO_2/C 三种催化剂。三种催化剂中贵金属 Pd 的质量分数为 20%，Pd-CeO_2/C 和 Pd/Ni-CeO_2/C 催化剂中 CeO_2 和 Ni-CeO_2 的质量分数为 20%，本测试中所用 Ni-CeO_2 纳米颗粒中 Ni 掺杂量为 5%。图 5.49(a) 所示为 Pd/C、Pd-CeO_2/C 和 Pd/Ni-CeO_2/C 三种催化剂在 1 mol/L KOH+0.5 mol/L C_2H_5OH 溶液中的 CV 曲线。如图所示，三种催化剂的 CV 曲线都有相似的形状，在扫描范围内都出现了明显的正扫氧化峰（峰值电势均在 -0.2 V 附近）和负扫氧化峰（峰值电势均在 -0.28 V附近）。这说明三种催化剂对乙醇氧化都有明显的催化活性。仍然利用 CV 正扫氧化峰的峰值电流对比三种催化剂的催化活性。结果表明，三种催化剂中 Pd/Ni-CeO_2/C 催化剂表现了最高的催化活性（4.53 mA/cm^2），其峰值电流密度分别是 Pd-CeO_2/C（2.93 mA/cm^2）和 Pd/C（2.08 mA/cm^2）的 1.55 倍和 2.18 倍。图 5.49(b) 所示为相同溶液中三种催化剂在 -0.2 V 电势下的 CA 曲线，CA 测试持续 900 s。如图所示，三种催化剂在 -0.2 V 电势下均对乙醇氧化反应具有催化活性。在催化反应初期，三种催化剂都具有较高的电流密度，电流密度均超过 1.5 mA/cm^2。然而随着测试的持续，乙醇不断在催化剂 Pd 表面氧化，乙醇氧

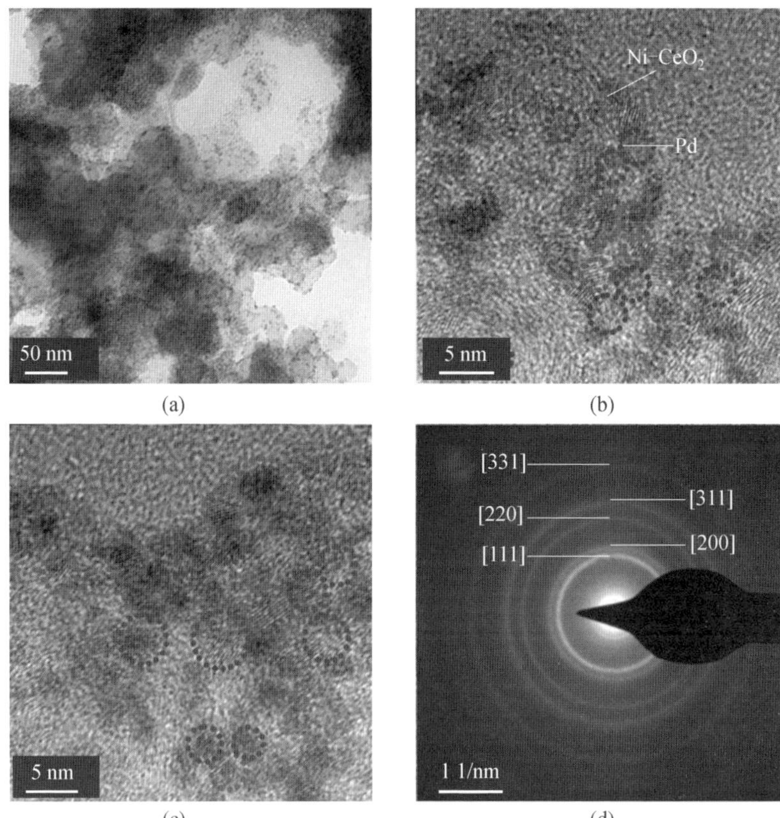

(a) (b) (c) (d)

图 5.48　$Pd/Ni-CeO_2/C$ 催化剂的 TEM 照片和电子衍射谱图

化产生的中间产物不断地在催化剂 Pd 活性位点表面富集，导致催化剂逐渐中毒且性能下降。经过 900 s 的持续测试，最终 Pd/C、$Pd-CeO_2/C$ 及 $Pd/Ni-CeO_2/C$ 催化剂的电流密度分别为 0.09 mA/cm^2、0.28 mA/cm^2 和 0.43 mA/cm^2，其中 $Pd/Ni-CeO_2/C$ 催化剂表现出了最高的催化活性，其催化活性分别为 Pd/C 和 $Pd-CeO_2/C$催化剂的 4.78 倍和 1.55 倍。

为研究不同 Ni 掺杂量对 $Ni-CeO_2$ 纳米颗粒助催化效应的影响，通过调整热分解法前驱体加量，分别制备了 Ni 掺杂量为 2%、5%、10% 和 15% 的 $Ni-CeO_2$ 纳米颗粒。利用微波辅助乙二醇还原法制备了 Pd 和 $Ni-CeO_2$ 质量分数均为 20% 的 $Pd/Ni-CeO_2/C$ 催化剂。分别利用循环伏安法和计时电流法研究了不同 Ni 掺杂量 $Ni-CeO_2$ 纳米颗粒在碱性溶液中对乙醇氧化的助催化效应差异。

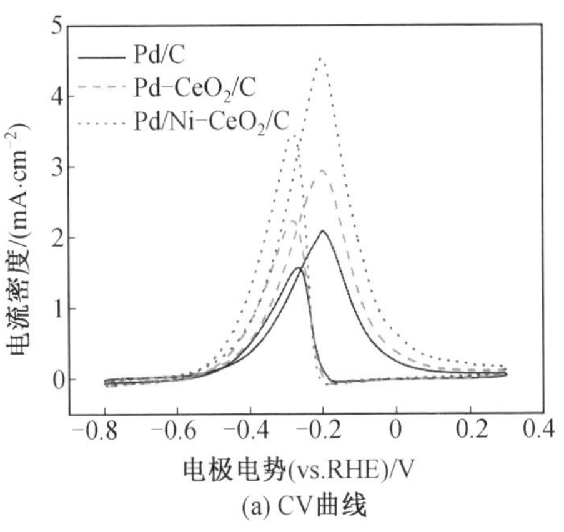

(a) CV曲线

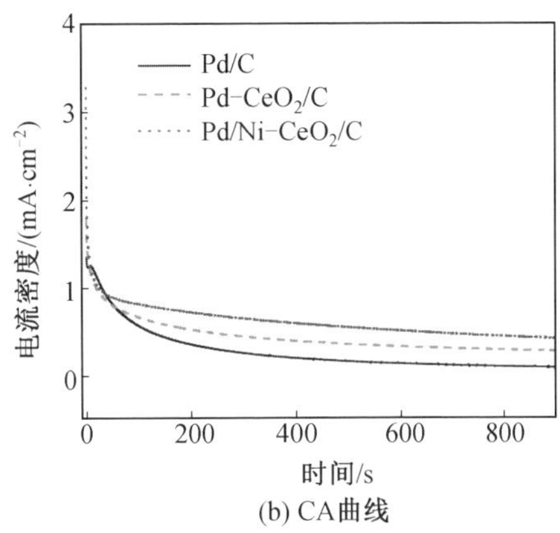

(b) CA曲线

图 5.49 Pd/C、$Pd-CeO_2/C$ 和 $Pd/Ni-CeO_2/C$ 催化剂在 $KOH+C_2H_5OH$ 溶液中的 CV 和 CA 测试曲线

图 5.50(a)所示为四种不同 Ni 掺杂量的 $Pd/Ni-CeO_2/C$ 催化剂在 1 mol/L KOH+0.5 mol/L C_2H_5OH 溶液中的 CV 曲线,Ni 掺杂量分别为 2%、5%、10% 和 15%。利用 CV 扫描正扫峰对比了不同掺杂量的 $Pd/Ni-CeO_2/C$ 催化剂在 KOH 溶液中对 C_2H_5OH 的氧化电流密度,通过对比正扫氧化峰的峰值电流密度确定催化活性高低。从图中可以看出,四种不同 Ni 掺杂量的催化剂均对乙醇氧化有明显的氧化催化活性。在 CV 扫描的正扫和负扫过程中均有明显的氧化峰出现,正扫峰的峰值电势均在-0.19 V 左右,而负扫氧化峰的峰值电势均在-0.26 V 左右。结果表明,Ni 掺杂量为 15% 的催化剂具有最高的催化活性(5.43 mA/cm^2),其峰值电流密度分别 2%(3.13 mA/cm^2)、5%(4.53 mA/cm^2)和 10%(5.27 mA/cm^2)样品的 1.73 倍、1.20 倍和 1.03 倍。图 5.50(b)所示为四种不同 Ni 掺杂量的 $Pd/Ni-CeO_2/C$ 催化剂在 1 mol/L KOH+0.5 mol/L C_2H_5OH 溶液中的 CA 曲线,CA 测试电势是-0.2 V,测试时间为 900 s。从图中可以看出,四种催化剂对于乙醇氧化的 CA 曲线具有典型的催化氧化计时电流特征,在测试初期四种催化剂都有很高的催化活性,随着测试时间的持续,催化剂表面发生毒化,性能逐渐下降。900 s 时,Ni 掺杂量分别为 2%、5%、10% 和 15% 的 $Pd/Ni-CeO_2/C$ 催化剂的电流密度分别为 0.31 mA/cm^2、0.43 mA/cm^2、0.58 mA/cm^2 和 0.55 mA/cm^2。10% Ni 掺杂量的催化剂具有最高的催化活性,分别是 2%、5% 及 15% 的 1.87 倍、1.35 倍和 1.05 倍。

由结果可知,不同 Ni 掺杂量的 CeO_2 对于 Pd 催化剂的助催化能力有一定影响。当掺杂量小于 10% 时,掺杂量越大的催化剂的催化活性越高。这是因为金属阳离子的掺杂可以扰乱 CeO_2 的分子结构,降低 CeO_2 中氧空位的生成能,有利

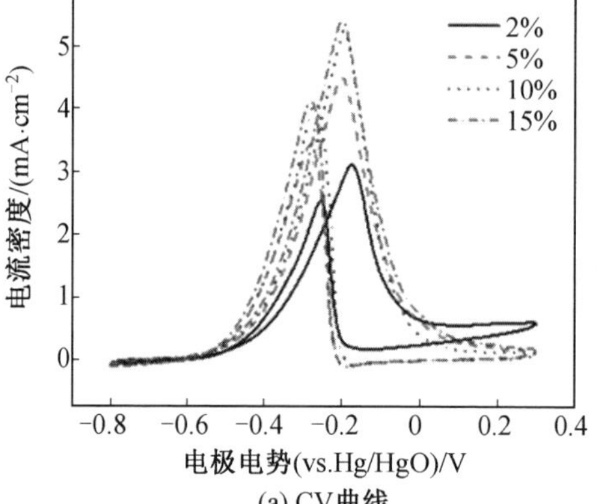

(a) CV曲线

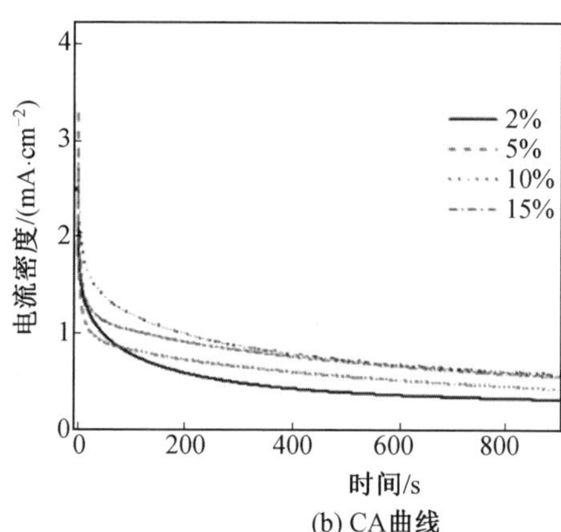

(b) CA曲线

图 5.50　不同 Ni 掺杂量的 Pd/Ni-CeO_2/C 催化剂在 KOH+C_2H_5OH 溶液中的电化学行为

于 CeO_2晶体储存/释放氧能力的提高。对比 10% 和 5% 掺杂量的 Pd/Ni-CeO_2/C 催化剂,Ni 掺杂量虽由 5% 增加到 10%(增加了一倍),但是性能仅仅提高了 17%。这说明 CeO_2的掺杂存在极值,超过极值后,前驱体的加量与掺杂量之间不存在线性关系。而掺杂量大于 10% 时,继续掺杂对催化剂性能影响不大。

图 5.51(a)所示为不同合金 PdM/Ni-CeO_2/C(PdNi/Ni-CeO_2/C、PdCo/Ni-CeO_2/C 和 PdCu/Ni-CeO_2/C)催化剂在 1 mol/L KOH+0.5 mol/L C_2H_5OH 溶液中的循环伏安曲线。从图中可以看出,三种催化剂在碱性介质中都表现出了明显的乙醇氧化催化活性,图中曲线是典型的乙醇氧化 CV 曲线,通过正扫氧化峰的峰值电流密度对三种催化剂的活性进行了比较。PdNi/Ni-CeO_2/C、PdCo/Ni-CeO_2/C 和 PdCu/Ni-CeO_2/C 三种催化剂正扫氧化峰峰值电流密度分别为 3.02 mA/cm^2、4.45 mA/cm^2 和 5.58 mA/cm^2。其中 PdCu/Ni-CeO_2/C 具有最高的催化活性,其催化活性分别为前两者的 1.85 倍和 1.25 倍。图 5.51(b)所示为三种催化剂在相同溶液中的计时电流曲线。与其他催化剂相同,三种催化剂的三条 CA 曲线在测试初期都具有较高的催化活性,电流密度在测试初期都超过 3 mA/cm^2。而随着反应的持续,催化剂表面受到毒化,经过 900 s 催化剂的催化活性基本稳定。此时比较三种催化剂表面的电流密度,PdCo/Ni-CeO_2/C、PdNi/Ni-CeO_2/C 和 PdCu/Ni-CeO_2/C 三种催化剂的电流密度分别为 0.27 mA/cm^2、0.41 mA/cm^2 和 0.60 mA/cm^2。三种催化剂中 PdCu/Ni-CeO_2/C 具有最高的电流密度,与 CV 测试的结果一致,其催化活性分别是前两者的 2.22 倍和 1.46 倍。

图 5.52 所示为 Pd/Ni-CeO_2/C 催化剂毒化产物氧化过程示意图,图中黑色、棕色及灰色颗粒分别为 C 载体、Ni 掺杂 CeO_2 纳米颗粒和 Pd 纳米颗粒。在乙醇

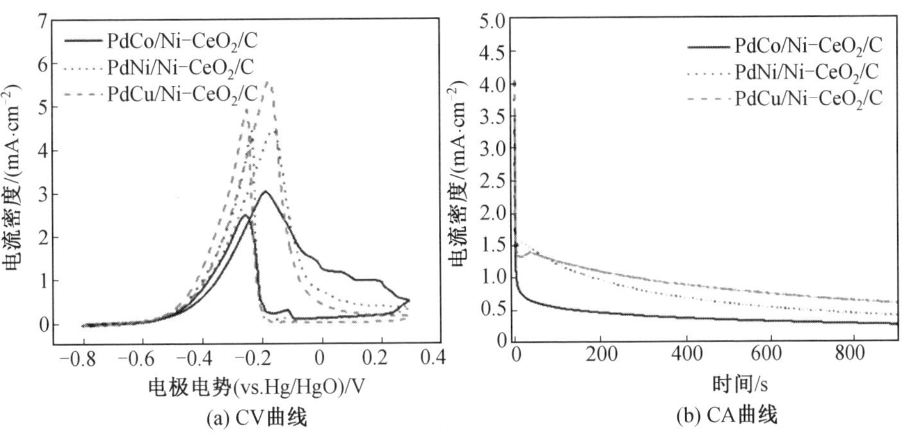

图 5.51　不同合金 $PdM/Ni-CeO_2/C$ 催化剂在 $KOH+C_2H_5OH$ 溶液中的电化学行为

氧化过程中,乙醇不完全氧化会分解产生 CH_3CHO、CO 等中间产物(红点)。部分在 Pd 表面吸附不强烈的中间产物会在 Pd 表面继续氧化而最终脱去。另一部分吸附强烈的中间产物对 Pd 催化剂产生毒化效果,占据 Pd 表面的反应活性位点,导致其实际反应的活性面积下降。部分金属氧化物如 RuO_2、CeO_2 等,由于其自身具有氧储存/释放能力(oxygen-buff),在金属表面遭到毒化时,会自动释放其内部的活性氧(黄点),这些活性氧对金属表面的毒化物起辅助氧化的作用,中间产物会被进一步氧化为 CO_2、CH_3COOH 和 H_2O 等最终产物。Pd 表面吸附的中间毒化产物会被去除,催化剂表面活性位点会重新释放。对于 $Ni-CeO_2$ 纳米颗粒,由于 Ni 的掺杂,CeO_2 分子结构发生变形,晶格间距增大,这种变化导致 $Ni-CeO_2$ 纳米颗粒与传统 CeO_2 纳米颗粒的氧储存/释放能力得到提高,$Ni-CeO_2$ 纳米颗粒与 Pd 纳米颗粒之间的电子相互作用得到增强。最终导致 $Ni-CeO_2$ 纳米颗粒具有比传统 CeO_2 纳米颗粒更高的助催化能力。

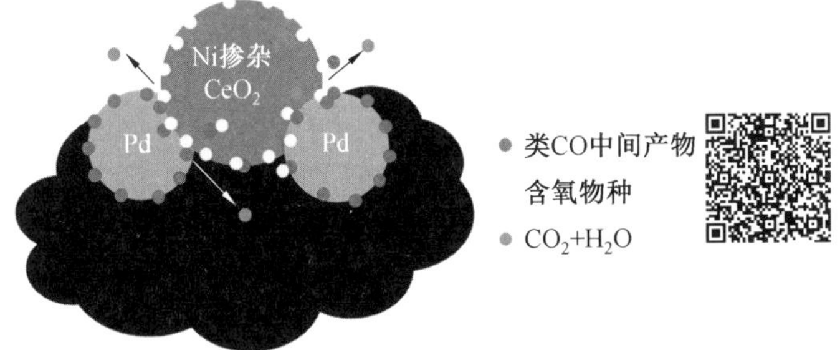

图 5.52　$Pd/Ni-CeO_2/C$ 催化剂毒化产物氧化过程示意图

为进一步研究 Pd/Ni-CeO_2/C 催化剂的电子结构，分别对 Pd/Ni-CeO_2/C 催化剂中 Ce 原子的电子结构进行研究。

图 5.53 所示为 Pd-CeO_2/C 和 Pd/Ni-CeO_2/C 催化剂中 Ce 原子的 3d XPS 谱图，对其进行分峰处理，并对其 Ce 离子存在形式进行含量计算。结果表明，在 Pd-CeO_2/C 和 Pd/Ni-CeO_2/C 催化剂中 Ce^{3+} 含量分别为 37.30% 和 45.54%。这说明 Ni 离子的掺杂有效降低了 CeO_2 中氧空位的生成能。这可能是由于 Ni 的掺杂改变了 CeO_2 的分子结构和电子结构，最终使得 Ni 掺杂后的 CeO_2 具有更高的活性氧释放能力，进而提高了 Pd/Ni-CeO_2/C 催化剂 Pd 表面中间产物氧化去除能力，使得其具有更高的乙醇氧化催化能力。

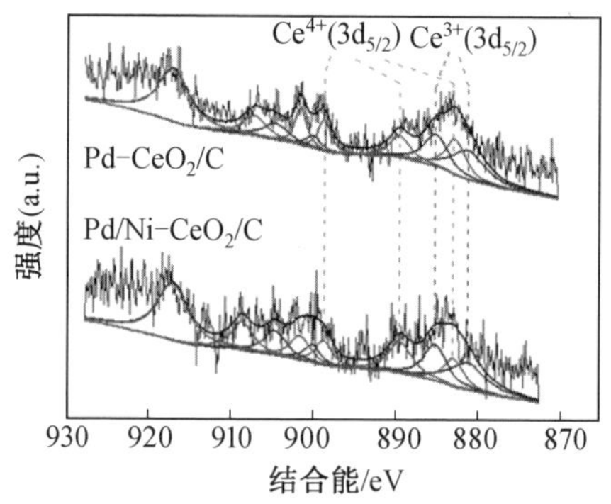

图 5.53　Pd-CeO_2/C 和 Pd/Ni-CeO_2/C 催化剂中 Ce 的 3d XPS 谱图

5.2.4　Pd 掺杂 CeO_2 纳米线的制备及助催化性能研究

将过渡金属氧化物通过工艺的调控制备成为具有一维结构的纳米线，可以使其具有独特的物理化学性质。使用溶剂热法制备了一种 Pd 掺杂的 CeO_2 树枝状纳米线。Pd 掺杂量是影响溶剂热法制备 Pd 掺杂 CeO_2 树枝状纳米线的重要影响因素之一，选择合适的 Pd 前驱体加量可以帮助控制 Pd 掺杂 CeO_2 的树枝状纳米线形貌和分散特性，有利于催化剂催化活性的提高。本节在控制其他反应条件不变的情况下，改变了 Pd 前驱体硝酸钯溶液的加量，分别制备了不同 Pd 掺杂量的 CeO_2 树枝状纳米线，考察了不同 Pd 掺杂量对 CeO_2 树枝状纳米线的形貌及分散程度的影响。

图 5.54 所示为相同反应介质中，Pd 掺杂量分别为 10%、5% 和 0.5% 时利用溶解热法制备的 Pd 掺杂 CeO_2 树枝状纳米线的 TEM 照片。从图 5.54(a) 中可以看出，在 Pd 掺杂量为 10% 时，没有明显的树枝状纳米线，照片中呈现出明显的黑灰相间的固体块状颗粒，通过测量发现，黑色块状颗粒直径超过 200 nm。经过能

谱测试发现，黑色固体颗粒为 Pd，灰色块状固体为 CeO_2 颗粒。这说明在 170 ℃反应温度下，10% Pd 掺杂量的介质中，CeO_2 不能形成树枝状纳米线。体系中 Pd 和 CeO_2 分别形成了各自的相。图 5.54(b) 所示为 Pd 掺杂量为 5% 时利用溶解热法制备的 CeO_2 树枝状纳米线的 TEM 照片。从照片中可以看出，5% 掺杂量的 CeO_2 与 10% 掺杂量的 CeO_2 已经有了明显的形貌差异，照片中灰色的 CeO_2 逐渐由固体块状颗粒变为絮状的 CeO_2，而图中黑色 Pd 颗粒的尺寸也逐渐变小（直径在 100～200 nm 之间）。虽然 Pd 颗粒变小，但仍说明了 Pd 在样品中的存在形式不是掺杂，Pd 与 CeO_2 分别处于不同的固体相中。图 5.54(c) 所示为进一步减小 Pd 掺杂量（0.5%）介质中制备的 Pd 掺杂 CeO_2 树枝状纳米线的 TEM 照片。从照片中可以看出，制备的材料中已经没有了明显的块状固体和絮状物质，取而代之的是曲折的树枝状纳米线状结构，而且分散均匀，没有发现明显的团聚现象。这说明在掺杂量为 0.5% 时，在不用表面活性剂和模板剂的前提下，利用溶剂热法可以制备具有纳米尺度的 CeO_2 树枝状纳米线。

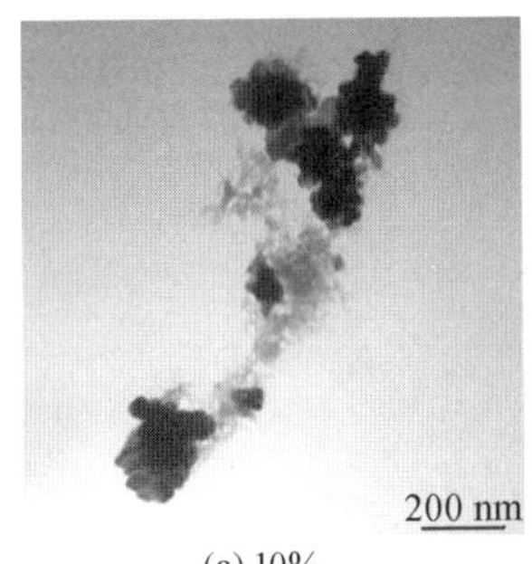

(a) 10%

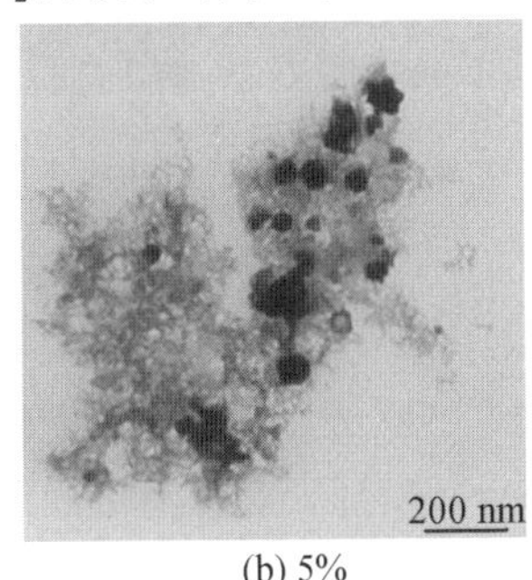

(b) 5%

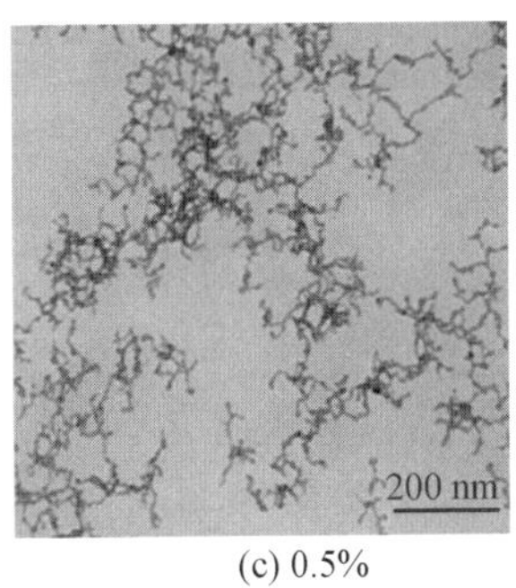

(c) 0.5%

图 5.54　不同 Pd 掺杂量所获得的 Pd 掺杂 CeO_2 树枝状纳米线的 TEM 照片

图 5.55 所示为利用溶解热法在不同反应时间下制备的 0.5% Pd 掺杂 CeO_2 树枝状纳米线的 TEM 照片。从图中可以看出，在 170 ℃下，不同反应时间后所得到的树枝状纳米线形貌有很大差别。如图 5.55(a)、(b) 所示，相同反应介质中，经过 1 h 的反应，树枝状纳米线形貌未能生长完全，呈现连续的纳米颗粒状固体，而且纳米颗粒团聚比较明显，在纳米颗粒周围有絮状物质的产生，即 CeO_2 树枝状纳米线的雏形，这是由于纳米颗粒相互吸附形成的。随着反应时间的延长，絮状物质逐渐增多，进一步形成树枝状纳米线。如图 5.55(c)、(d) 所示，当水热反应进行 2 h 时，纳米絮状物质已经完全形成树枝状纳米线。树枝状纳米线的长度为 400～500 nm，直径小于 15 nm，长径比约为 40 : 1，且形貌为扭曲状，表面不光滑。为进一步研究制备树枝状纳米线的最佳合成工艺，继续延长反应时间，观察更长反应时间下溶剂热法制备 Pd 掺杂 CeO_2 树枝状纳米线的形貌变化。图 5.55(e)、 (f)所示为相同反应介质中反应持续进行 3 h 后 Pd 掺杂 CeO_2 树枝状纳米线的 TEM 照片。经过延长反应时间,树枝状纳米线变得更长,但直径没有发生明显变化,形貌仍为扭曲状,表面依然不光滑。同时,随着树枝状纳米线的长度增加,树枝状纳米线发生了明显的团聚和缠绕现象。对于催化剂载体来讲,更高的长径比意味着单位质量下更高的表面积,这有利于催化剂的负载,然而树枝状纳米线团聚和缠绕后,表面积会急剧下降,这不利于催化剂的分散。所以在此反应中,2 h的反应时间被认为是最佳反应时间。

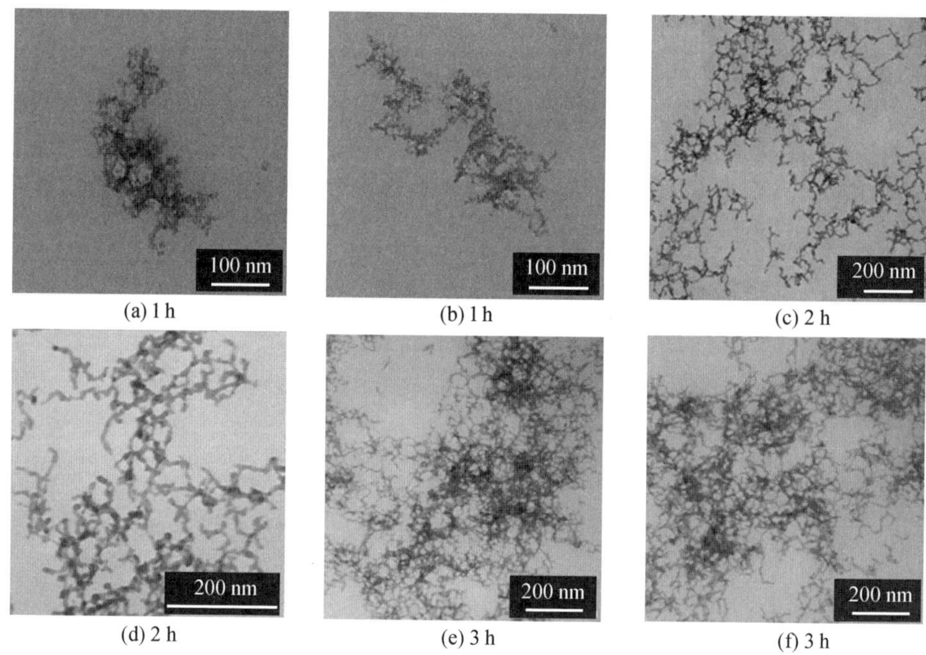

图 5.55　在不同反应时间下制备的 0.5% Pd 掺杂 CeO_2 树枝状纳米线的 TEM 照片

为进一步研究溶剂热法制备的 Pd 掺杂 CeO_2 树枝状纳米线的表面状态、结晶程度及组成结构,本节采用 HRTEM 技术对其进行形貌表征。

图 5.56 所示为利用溶剂热法在 170 ℃介质中反应 2 h 后所制备的 Pd 掺杂 CeO_2 树枝状纳米线的 TEM 和 HRTEM 照片。图 5.56(a)所示为 Pd 掺杂 CeO_2 树枝状纳米线的 TEM 照片,从照片中可以看出,有大量树枝状纳米线分散于整个视野中,纳米线呈扭曲树枝状,树枝状纳米线之间有交点,表面不光滑,树枝状纳米线的直径为 8 ~ 10 nm,长度为 400 ~ 500 nm。图 5.56(b)所示为 Pd 掺杂 CeO_2 树枝状纳米线的放大 TEM 照片,从放大后的照片中可以清晰地看到,树枝状纳米线相互交联,表面粗糙。图 5.56(c)、(d)所示为树枝状纳米线的 HRTEM 照

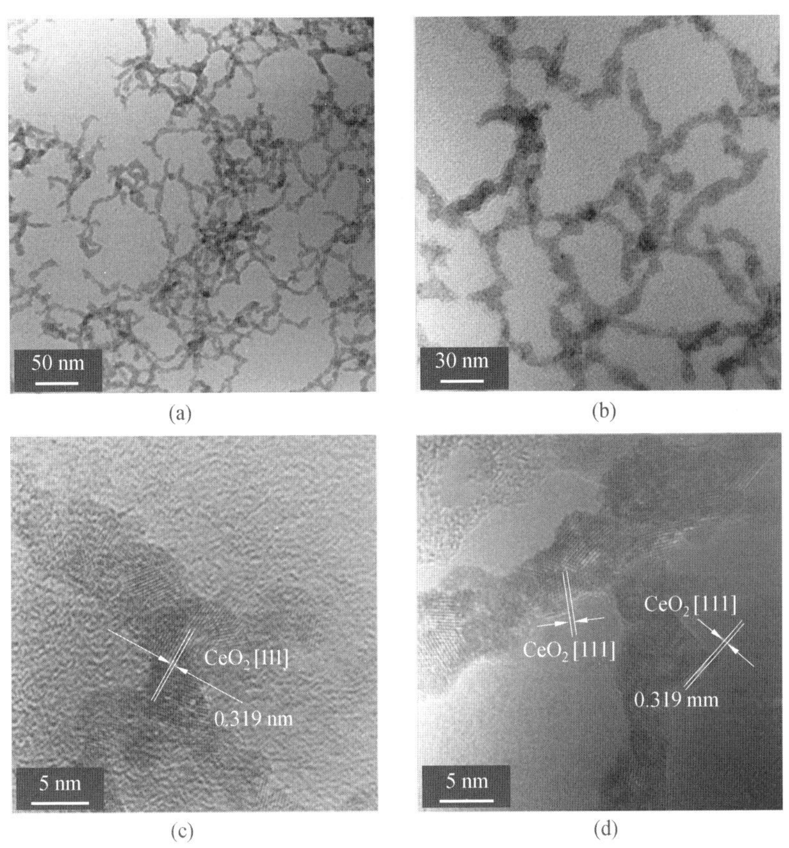

图5.56 Pd掺杂CeO_2树枝状纳米线的TEM和HRTEM照片

片，从照片中可以明显看到清晰的晶格条纹，这说明树枝状纳米线的结晶性很好，经过对其晶格条纹进行测量发现，晶面间距为0.319 nm。对比XRD标准PDF卡片(PDF#34-0394)可知，图中Pd掺杂的CeO_2晶面间距近似对应标准的CeO_2[111]晶面(0.312 nm)。相比标准的CeO_2[111]晶面，图中晶格间距略微变宽，这与Pd的掺入扰乱了CeO_2的内部分子结构有关。另外，从图5.56(c)、(d)中明显可以看出树枝状纳米线是由纳米颗粒组合并生长而成。

为进一步研究Pd掺杂CeO_2树枝状纳米线的内部晶体结构，本节采用XRD对其进行测试，测试角度为10°~90°。

图5.57所示为利用溶剂热法在170 ℃介质中反应2 h后所制备的Pd掺杂CeO_2树枝状纳米线(记为Pd-CeO_2 NWs)和热分解法制备的CeO_2纳米颗粒(CeO_2NPs)的XRD衍射谱。从谱图中可以看出，两CeO_2衍射谱图中在29°、33°、

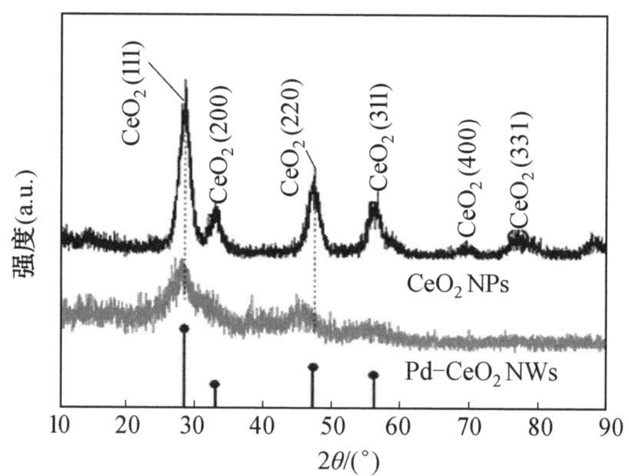

图 5.57　Pd-CeO_2 NWs 和 CeO_2 NPs 的 XRD 衍射谱

47°、56°附近出现了明显的 XRD 衍射峰,这与 CeO_2 标准 PDF 卡片(PDF#34-0394)中所示的(111)、(200)、(220)和(311)峰一一对应。这说明,在 170 ℃介质中反应 2 h 成功制备了 CeO_2 晶体。另外,与热分解法制备的 CeO_2 纳米颗粒以及标准 PDF 卡片相比,Pd 掺杂 CeO_2 树枝状纳米线 29°附近的 CeO_2(111)峰和 47°附近的 CeO_2(220)峰都出现了一定程度的偏移,谱图中[111]衍射角较标准 PDF 卡片衍射角有 0.48°的减小。这可能是由 CeO_2(111)面的晶格间距变大所致,这与 HRTEM 中所得到的结果互相印证。说明由于 Pd 的掺入,CeO_2 树枝状纳米线中的晶格参数发生了一定变化,这有可能使得 Pd 掺杂 CeO_2 树枝状纳米线表现出与普通 CeO_2 晶体不同的助催化效应。

图 5.58 所示为乙二醇溶剂热法制备 Pd 掺杂 CeO_2 树枝状纳米线的机理图。CeO_2 树枝状纳米线在乙二醇中的形成机理可以分为两步:第一步,反应初始阶

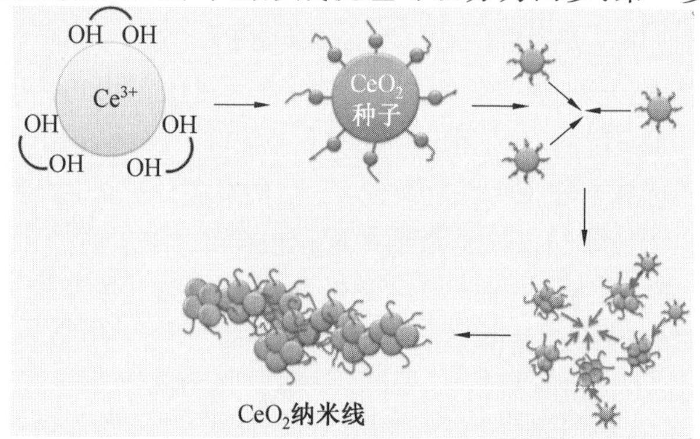

图 5.58　乙二醇溶剂热法制备 Pd 掺杂 CeO_2 树枝状纳米线的机理图

段，Ce^{3+}发生水解并被 NO_3^-氧化。另外，乙二醇是一种高黏性，并且具有抑制成核作用的溶剂。在 170 ℃的酸性介质中，乙二醇分子会直接发生缩合反应并形成长链结构，这种长链结构会通过 O 原子吸附于纳米颗粒表面。这种分子链的作用类似表面活性剂吸附于纳米晶的表面控制其进一步生长。由于这种控制作用，最终形成的纳米晶粒径在 3 nm 左右。第二步，纳米晶的组装阶段，这个阶段持续反应 2 h。在此阶段，长时间低水解速率的反应使得纳米晶在乙二醇分子链的作用下互相链接并形成更大的团聚体。另外，在整个反应过程中硝酸对于形成 CeO_2链状结构起到至关重要的作用。HRTEM 结果表明，经过初期反应，纳米晶的直径已经达到了 10 nm 左右，纳米颗粒表面粗糙并且整个体系呈松散状态。纳米颗粒相互之间存在脆弱的链接，但是仍未形成链状结构，这种松散的结构很容易被分散甚至很可能被酸再次溶解。在硝酸的作用下，纳米颗粒表面吸附的乙二醇可以被去除，这些表面干净的纳米颗粒具有较高的表面活性能，会自发地相互吸附并形成新的活性表面以降低自身的表面能，这就是剥离-再吸附机制。

以 Pd 掺杂 CeO_2树枝状纳米线作为载体基础，在其表面进行碳层包覆修饰，并利用微波辅助乙二醇还原法在其表面进行贵金属 Pd 纳米颗粒的负载，得到 Pd/C@ Pd-CeO_2 NWs 催化剂。

图 5.59(a)～(c)所示分别为 Pd/C@ Pd-CeO_2 NWs 催化剂的 TEM 和 HRTEM 照片。从图 5.59(a)中可以看出，被碳膜包覆的 Pd 掺杂 CeO_2树枝状纳米线表面沉积了大量的 Pd 纳米颗粒，颗粒的平均粒径约为 5 nm。图 5.59(b)是进一步放大后的 HRTEM 照片，从图中可以看出颗粒在表面分散得很好，没有发生黏结团聚，而且所有颗粒都在载体表面。从图 5.59(c)中可以清楚地看到 Pd 纳米颗粒的晶格条纹，经过测量，Pd 纳米颗粒的晶格间距是 0.230 nm，对应 Pd 面心立方结构的[111]晶面。图 5.59(d)是 Pd/C@ Pd-CeO_2 NWs 催化剂的电子衍射谱图，谱图中由内向外有明暗不同的衍射环，经过测量，这些衍射环分别是 Pd 的[111]、[200]、[222]和[311]晶面对应的衍射环。通过 HRTEM 和电子衍射谱图可以说明，利用微波辅助乙二醇还原法所得的 Pd/C@ Pd-CeO_2 NWs 催化剂中 Pd 纳米颗粒具有较好的分散性且纳米颗粒的结晶程度较高。

为进一步验证 TEM 的表征结果并对 Pd/C@ Pd-CeO_2 NWs 催化剂的晶体结构进行研究，对 Pd/C@ Pd-CeO_2 NWs 催化剂进行 XRD 表征。

图 5.60 所示为 Pd/C@ Pd-CeO_2 NWs 催化剂的 XRD 谱图。从图中可以看出，催化剂在 40°、47°、68°和 82°左右有 4 个明显的衍射峰，分别对应 Pd 标准 PDF 卡片的 Pd[111]、[200]、[220]和[311]峰。这与电子衍射谱图中的衍射图样结果相对应。谱图中未发现明显的 CeO_2衍射峰，可能是由于 Pd 纳米颗粒的衍

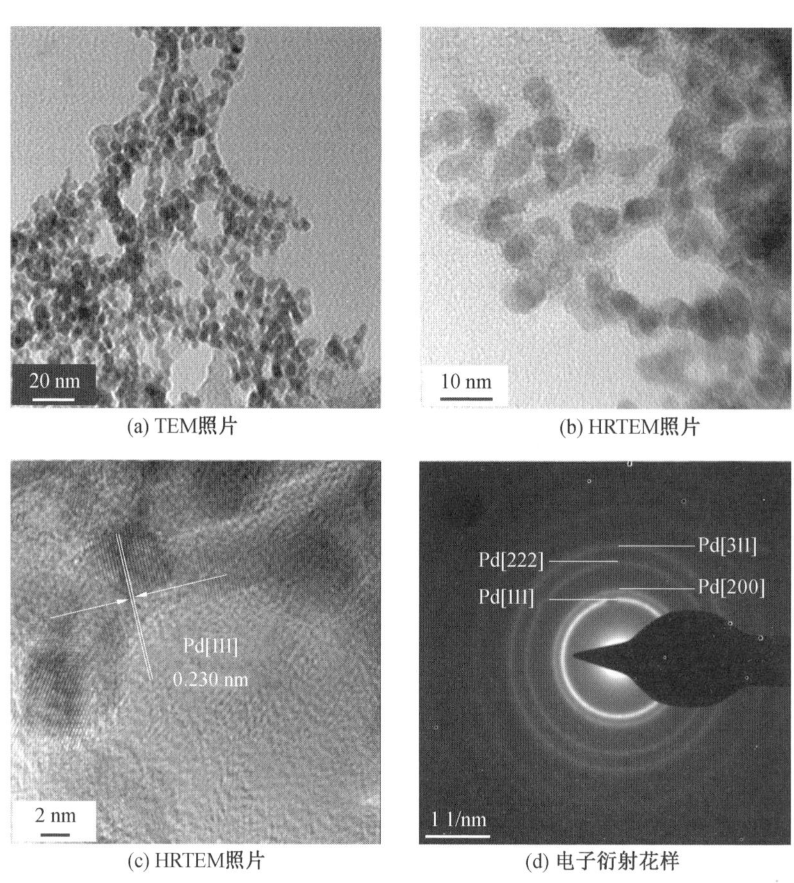

图 5.59　Pd/C@ Pd-CeO_2 NWs 催化剂的形貌和晶相分析

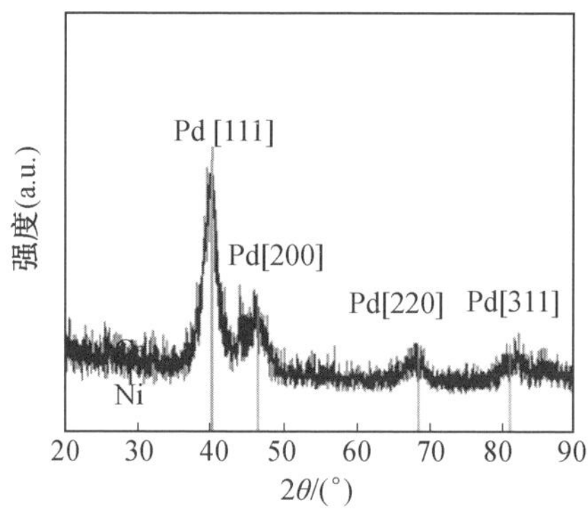

图 5.60　Pd/C@ Pd-CeO_2 NWs 催化剂的 XRD 谱图

射峰太强，掩盖了 CeO_2 的衍射峰。测试表明，利用微波辅助乙二醇还原法已经成功将 Pd 纳米颗粒负载于碳包覆的 Pd-CeO_2 NWs 表面。

图 5.61(a)所示为 Pd/C、Pd-CeO_2/C、Pd/Pd-CeO_2 NWs 和 Pd/C@ Pd-CeO_2 NWs 催化剂在 1 mol/L KOH+0.5 mol/L C_2H_5OH 溶液中的 CV 曲线。其中 Pd/Pd-CeO_2 NWs 和 Pd/C@ Pd-CeO_2 NWs 两种催化剂的区别在于前者直接利用微波辅助乙二醇还原法将 Pd 纳米颗粒沉积于 Pd-CeO_2 NWs 表面，而后者是在树枝状纳米线表面包覆碳后沉积 Pd 纳米颗粒。通过 CV 正扫峰的电流密度对其活性进行对比可以发现，相比 Pd/C、Pd-CeO_2/C 和 Pd/Pd-CeO_2 NWs 催化剂，Pd/C@ Pd-CeO_2 NWs 催化剂具有最高的正扫氧化峰电流密度(6.25 mA/cm^2)，分别是 Pd/C(2.08 mA/cm^2)、Pd-CeO_2/C(2.93 mA/cm^2)和 Pd/Pd-CeO_2 NWs (4.15 mA/cm^2)催化剂的 3.02 倍、2.13 倍和 1.51 倍。

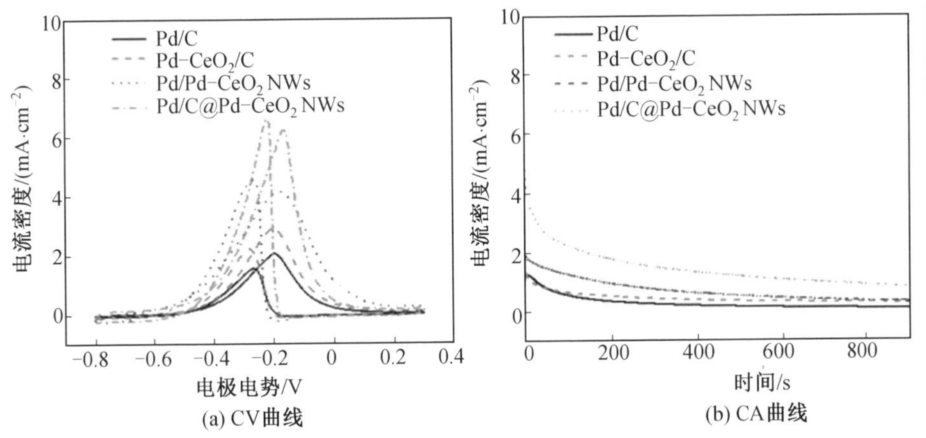

图 5.61 Pd/C、Pd-CeO_2/C、Pd/Pd-CeO_2 NWs 和 Pd/C@ Pd-CeO_2 NWs 催化剂在 KOH+C_2H_5OH 溶液中的电化学行为

图 5.61(b)所示为 Pd/C、Pd-CeO_2/C、Pd/Pd-CeO_2 NWs 和 Pd/C@ Pd-CeO_2 NWs 催化剂在 1 mol/L KOH+0.5 mol/L C_2H_5OH 溶液中的 CA 曲线。从图中可以看出，在 CA 曲线测试初期，四种催化剂均在碱性介质中对乙醇表现出较高的催化活性。然而，随着反应的进行，四种催化剂的催化活性都出现了明显的下降，这是由于持续的乙醇氧化不断产生 CO、CH_3CHO 等中间产物，这些中间产物吸附在贵金属 Pd 的表面活性位点阻碍了乙醇与 Pd 的吸附，导致实际参与催化的 Pd 活性位点数量减小，所以电流密度呈现随时间逐渐下降的趋势。经过 900 s 的 CA 测试，四种催化剂的电流密度逐渐趋于稳定，此时对四种催化剂的电流密度进行了对比，在四种 Pd 基催化剂中，Pd/C@ Pd-CeO_2 NWs 催化剂表现出最高

的催化活性(0.82 mA/cm^2),其最终电流密度分别是 Pd/C (0.09 mA/cm^2)、Pd-CeO_2/C(0.28 mA/cm^2)、Pd/Pd-CeO_2 NWs (0.32 mA/cm^2)催化剂的 9.1 倍、2.92倍、2.56 倍,与 CV 测试结果相吻合。

通过 CV 和 CA 测试结果可以看出,在碱性溶液中,Pd 基催化剂均对乙醇表现出了明显的催化活性。然而,四种催化剂载体、形貌和组成上的差异导致了四种催化剂对乙醇氧化催化性能的巨大差异。最终结果表明,无论是在 CV 还是 CA 测试结果中,Pd/C@ Pd-CeO_2 NWs 催化剂均表现出优异的乙醇氧化催化活性。与 Pd/C 和 Pd-CeO_2/C 催化剂相比,Pd/Pd-CeO_2 NWs 和 Pd/C@ Pd-CeO_2 NWs 的载体是 Pd-CeO_2 NWs,CeO_2本身具有氧储存/释放能力,经过掺杂,其氧空位的生成能降低,其氧储存/释放能力被显著提高,助催化能力也明显提高,这是具有 Pd-CeO_2 NWs 载体催化剂对乙醇氧化催化活性提高的主要原因。而 Pd/C@ Pd-CeO_2 NWs 较 Pd/Pd-CeO_2 NWs 催化剂表现出更高的催化活性,主要原因是前者经过了碳层修饰,表面导电性更好,促进了 Pd 与 CeO_2之间的电子传输;另外,由于碳层的修饰,纳米 Pd 颗粒更容易沉积在其表面,在催化剂使用过程中不易从树枝状纳米线表面脱落,进一步提高了催化剂的电化学稳定性。

图 5.62(a)和(b)所示分别为 Pd/C 和 Pd/C@ Pd-CeO_2 NWs 催化剂在 1 mol/L KOH溶液中的 1 000 圈 CV 加速老化测试曲线。其中活性面积损失及活性变化情况如图 5.62(e)、(f)所示。从图 5.62(a)中可以看出,Pd/C 催化剂在 1 000圈 CV 扫描过程中 Pd 还原峰面积不断减小,由测试初期的 0.19 cm^{2}减小到最终的 0.12 cm^2。而在相同测试介质中,Pd/C@ Pd-CeO_2 NWs 催化剂经过 1 000 圈 CV 扫描,Pd 还原峰面积不但没有变小而且有缓慢变大的趋势,活性面积从 0.22 cm^{2}变为最终的 0.28 cm^2。这说明在碱性溶液中,Pd/C 的活性较差,而利用相同的微波辅助乙二醇还原法将 Pd 颗粒负载于碳包覆的 Pd-CeO_2 NWs 表面后催化剂的稳定性得到改善。图 5.62(c)和(d)所示分别为 Pd/C 和 Pd/C@ Pd-CeO_2 NWs 催化剂在 1 mol/L KOH+0.5 mol/L C_2H_5OH 溶液中的 1 000 圈 CV 加速老化测试曲线。从图 5.62(c)中可以发现,在 CV 扫描过程中 Pd/C 的乙醇氧化电流密度不断下降,从最初的 2.31 mA/cm^{2}降到最终的0.86 mA/cm^2。相比 Pd/C 催化剂,Pd/C@ Pd-CeO_2 NWs 催化剂的催化活性几乎没有变化,经过 1 000 圈的循环,催化剂 CV 曲线正扫电流密度仅由6.52 mA/cm^{2}减小到 6.05 mA/cm^2。

图 5.63 所示为 Pd-CeO_2树枝状纳米线和 CeO_2纳米颗粒的 XPS 谱图。由于 CeO_2中存在 Ce^{3+}和 Ce^{4+},所以其谱图中存在很多主峰和卫星峰。Ce^{3+}一般存在两个结合能,其 $Ce^{3+}(3d_{5/2})$的 XPS 卫星峰一般出现在 880 eV 和 885 eV 位置。这也验证了 CeO_2中 Ce 离子不是纯粹的 Ce^{4+},而存在着 Ce^{3+}和 Ce^{4+}价态的转换。对于 Ce^{4+}

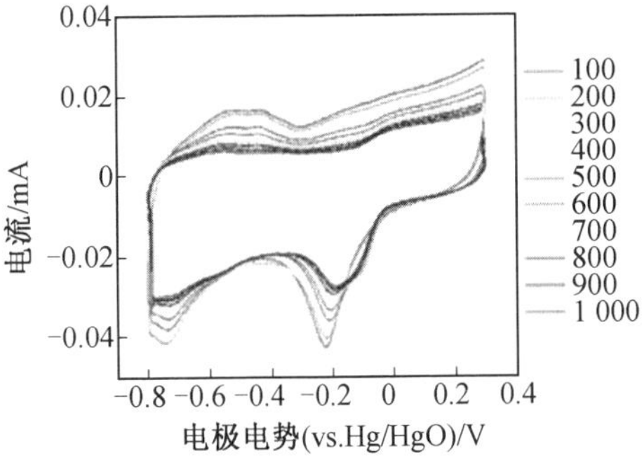

(a) Pd/C催化剂在1 mol/L KOH溶液中的1 000圈CV加速老化测试曲线

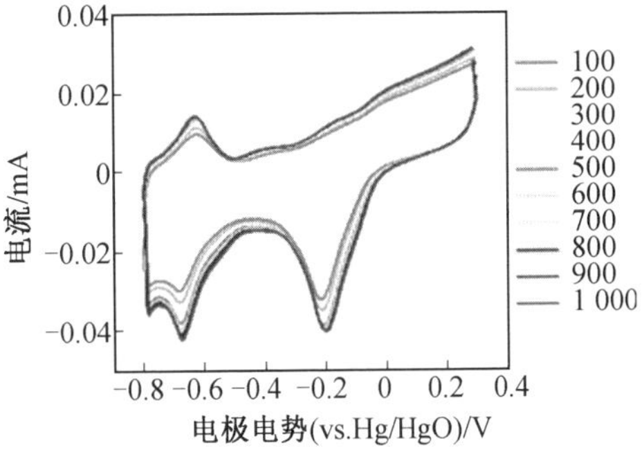

(b) Pd/C@Pd-CeO_2 NWs催化剂在1 mol/L KOH溶液中的1 000圈CV加速老化测试曲线

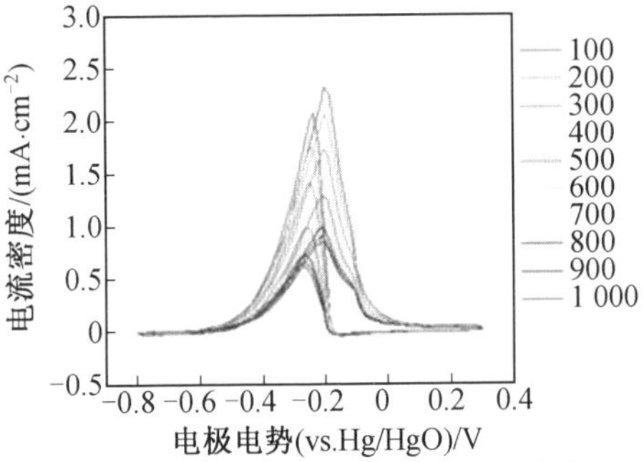

(c) Pd/C催化剂在KOH+C_2H_5OH溶液中的1 000圈CV加速老化测试曲线

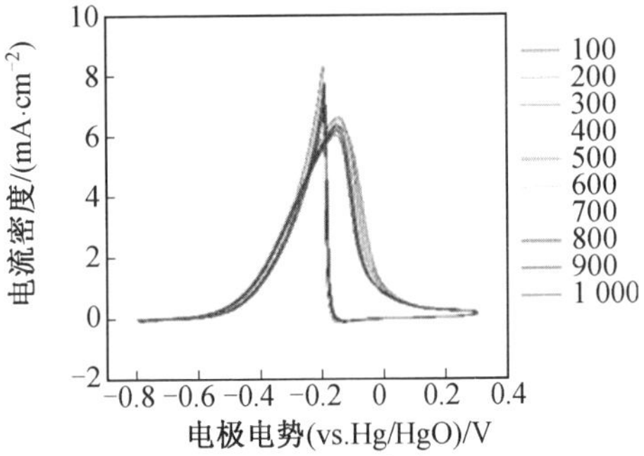

(d) Pd/C@Pd-CeO_2 NWs催化剂在KOH+C_2H_5OH溶液中的1 000圈CV加速老化测试曲线

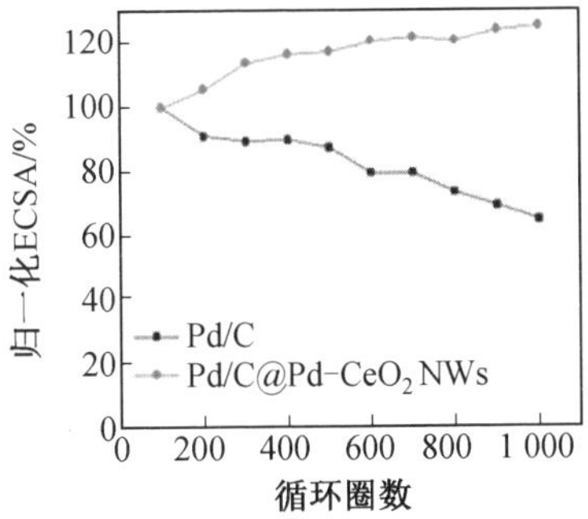

(e) Pd/C和Pd/C@Pd-CeO_2 NWs催化剂的活性面积损失曲线

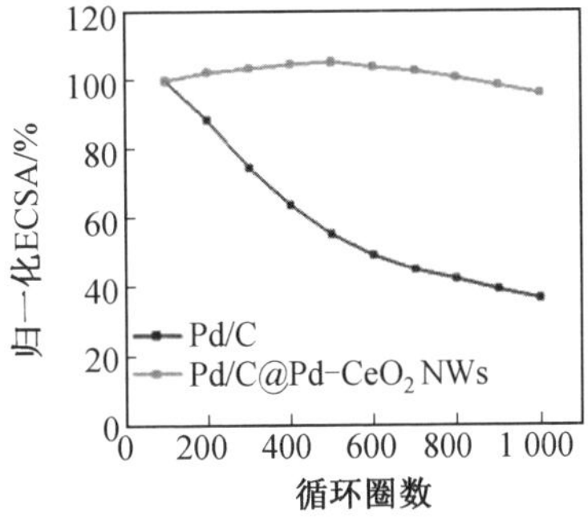

(f) Pd/C和Pd/C@Pd-CeO_2 NWs催化剂的催化活性变化曲线

图5.62　Pd/C 和 Pd/C@ Pd-CeO_2 NWs 催化剂的老化情况

来说，存在三种结合能对应的卫星峰，分别位于882.6 eV、888.4 eV和898.2 eV。其他位于高结合能位置的5个峰，对应 Ce^{3+} 和 Ce^{4+} 的 $3d_{5/2}$ 能级，它们的强度是 $3d_{5/2}$ 峰强度的2/3。对其分峰的目的是为了对 Pd-CeO_2 树枝状纳米线和 CeO_2 纳米颗粒的组成进一步分析。对分峰后的面积进行积分计算，最终结果表明，经过 Pd 掺杂后

的 CeO_2 中 Ce^{3+} 的含量大大高于普通 CeO_2 纳米颗粒,Pd-CeO_2 树枝状纳米线中 Ce^{3+} 含量为 64.2%,是普通 CeO_2 纳米颗粒中 Ce^{3+} 含量的 2.07 倍。

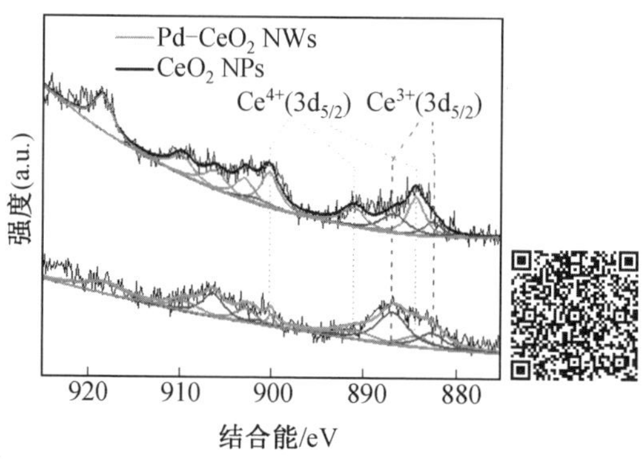

图 5.63　Pd-CeO_2 树枝状纳米线和 CeO_2 纳米颗粒的 XPS 谱图

图 5.64 所示为 Pd/C@ Pd-CeO_2 NWs 和 Pd/C@ Pd-CeO_2 NPs 催化剂在 1 mol/L KOH+0.5 mol/L C_2H_5OH 溶液中的 CV 曲线和 CA 曲线。从图5.64(a)中可以看出,Pd/C@ Pd-CeO_2 NWs 和 Pd/C@ Pd-CeO_2 NPs 催化剂在碱性介质中对乙醇氧化均表现出明显的催化活性,通过 CV 扫描正扫峰电流密度对比其催化活性,Pd/C@ Pd-CeO_2 NWs 催化剂催化活性(6.25 mA/cm^2)是 Pd/C@ Pd-CeO_2 NPs 催化剂的 1.30 倍(4.79 mA/cm^2)。图5.64(b)所示为两种催化剂在碱性介质中的计时电流曲线,计时电流电势为-0.2 V。从图中可以看出与其他计时电流曲线形状类似,在测试初期,两曲线都有很高的电流密度,随着反应持续进行,由于中间产物的毒化,催化剂活性逐渐下降。到 900 s 时,Pd/C@ Pd-CeO_2 NWs 催化剂的电流密度为 0.82 mA/cm^2,而 Pd/C@ Pd-CeO_2 NPs 催化剂的电流密度为 0.49 mA/cm^2,前者是后者的 1.67 倍。从测试结果来看,两种催化剂性能差异不是很明显,CV 测试中活性仅相差 30%。这说明 Pd/C@ Pd-CeO_2 NWs 催化剂性能提高的原因是来自 Pd 掺杂 CeO_2 释放的大量活性氧,Pd/C@ Pd-CeO_2 NWs 催化剂的线状 CeO_2 载体形貌不是催化活性提高的主要原因。

为进一步研究 Pd/C@ Pd-CeO_2 NWs 催化剂稳定性原因,同样测试了 Pd/C@ Pd-CeO_2 NPs 催化剂在 1 mol/L KOH 溶液中的电化学稳定性。

图 5.65(a)所示为 Pd/C@ Pd-CeO_2 NPs 催化剂在 1 mol/L KOH 溶液中的老化测试曲线。通过 Pd/C@ Pd-CeO_2 NWs 和 Pd/C@ Pd-CeO_2 NPs 两种催化剂的性能对比可以发现,两种催化剂均以 Pd 掺杂的 CeO_2 为助催化剂,然而性能依然有明显差异。这说明 Pd 掺杂的树枝状纳米线和纳米颗粒的助催化效应有一定差

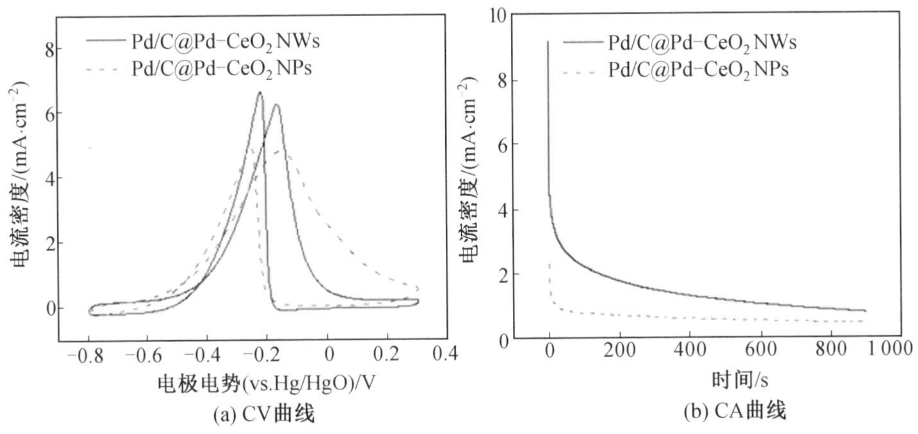

(a) CV曲线　　(b) CA曲线

图5.64　Pd/C@ Pd-CeO_2 NWs 和 Pd/C@ Pd-CeO_2 NPs 催化剂在 KOH+C_2H_5OH溶液中的电化学行为

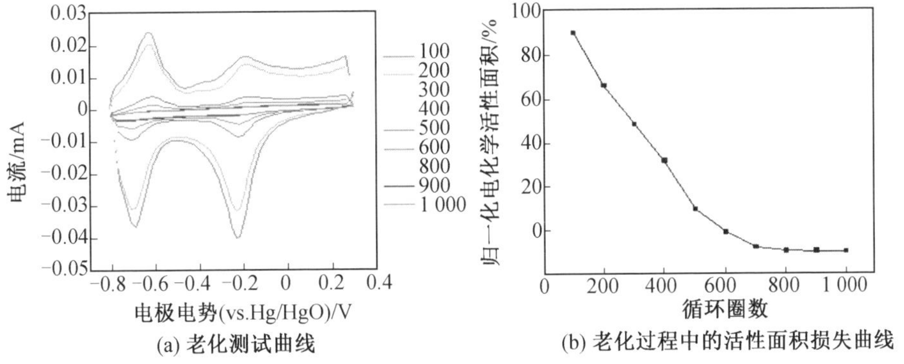

(a) 老化测试曲线　　(b) 老化过程中的活性面积损失曲线

图5.65　Pd/C@ Pd-CeO_2 NPs 催化剂在 1 mol/L KOH 溶液中的加速老化情况

异。这是由其不同的氧储存/释放能力所决定的。CeO_2的氧储存能力(oxygen storage capacity,OSC)是与 Ce^{4+}/Ce^{3+}的相互转换相关的,而 Ce^{4+}/Ce^{3+}的转换能力受到很多因素的影响,如晶体结构、表面粗糙程度、晶体中氧空位的密度和分散程度以及 CeO_2颗粒的粒径。Pd-CeO_2 树枝状纳米线特殊的纳米构型导致其具备了超高的氧储存/释放能力。首先,其具备树枝状纳米线结构,树枝状纳米线的直径不足 10 nm,所以树枝状纳米线表面活性很高,有利于活性氧释放。其次,通过 XRD 和电子衍射谱可知,其具有良好的结晶性,而且经过 Pd 离子的掺杂,进一步增加了其氧空位密度。第三,利用溶解热法制备的 Pd-CeO_2 树枝状纳米线有别于其他树枝状纳米线,本节所制备树枝状纳米线是由纳米晶团聚生长而成,该树枝状纳米线表面粗糙,从而使得其表面拥有更多的活性位点,具有更高的氧

储存/释放能力。以上几点综合起来使得本节利用溶剂热法制备的Pd-CeO_2 NWs具备了超高的氧释放能力,而且这种释放能力有力地增强了Pt、Pd贵金属催化剂表面中间毒化产物的氧化能力,有效提高了催化剂的催化活性和耐中毒能力。

5.3 二甲醚电氧化铂基催化剂的设计与研究

5.3.1 铂单晶电极表面结构对二甲醚电化学行为的影响机理

目前,关于二甲醚(DME)在铂电极上的电氧化机理已经有一些初步的研究成果,但各研究机构之间的结果还存在较大差异,也阻碍了DME阳极催化剂的研究进展。文献中报道的DME电氧化所用的电极均是多晶态的铂电极,由于电极制备方法不同,表面结构也可能不同。研究发现,电极表面结构对有机小分子如甲醇、甲酸、乙醇等的电氧化活性有很大影响,因此有必要采用表面结构确定的单晶电极来研究DME的电氧化机理。

本节首先采用传统电化学方法和电化学现场红外光谱测试手段,对铂单晶的三个基础晶面上的DME电氧化行为进行初步研究。在此基础上采用高指数晶面考察了DME电氧化活性随着(100)平台宽度减小发生的变化,重点讨论铂单晶晶面结构对DME电氧化活性的影响,并确定DME在铂电极上解离吸附的中间物种。

金属单晶电极具有明确的表面原子排列结构,提供了一种理想的表面模型,对于深入认识表面吸脱附过程及分子水平上的表面过程动力学及其机理等理论研究具有重要意义。自从20世纪80年代初Clavilier发明火焰处理法以来,金属单晶电极的清洁、恢复有序结构以及无污染转移的问题得以解决,使其逐渐在离子吸附、电沉积、分子吸附及电催化等研究领域得到广泛应用。

本节主要采用电化学方法,包括循环伏安法和计时电流法,研究二甲醚电氧化行为与电极表面结构的关系。铂单晶的各个基础晶面在不含DME的空白硫酸溶液中都有其特定的循环伏安曲线(用BCV表示),可以用这些曲线的特征来检测单晶的质量和电化学体系的清洁度。

图5.66所示为Pt(111)电极在0.5 mol/L H_2SO_4溶液中的循环伏安曲线。低于0.3 V的平台为氢的吸脱附,在0.3~0.5 V之间的“蝴蝶峰”代表硫酸根的吸脱附,而0.45 V的尖峰则对应硫酸根从无序到有序的转变。另外,在0.65 V有一对氧化还原峰,对应没有硫酸根覆盖的表面活性位点置上的羟基的吸脱附。0.14 V和0.26 V附近的小尖峰几乎观测不到,说明制备的单晶表面上(110)和

(100)缺陷很少。图 5.67 中的 Pt(110)电极的 CV 不如 Pt(111)电极特征明显，仅在 0.14 V 有一对对称的氢吸脱附峰。图 5.68 中 Pt(100)电极的 CV 则比较复杂，位于 0.3 V 和 0.38 V 的两对峰被归属为氢的脱附(正电流)和硫酸根的吸附(正电流)的混合过程，单晶前处理的条件不同，这两组峰的比例差别会很大。

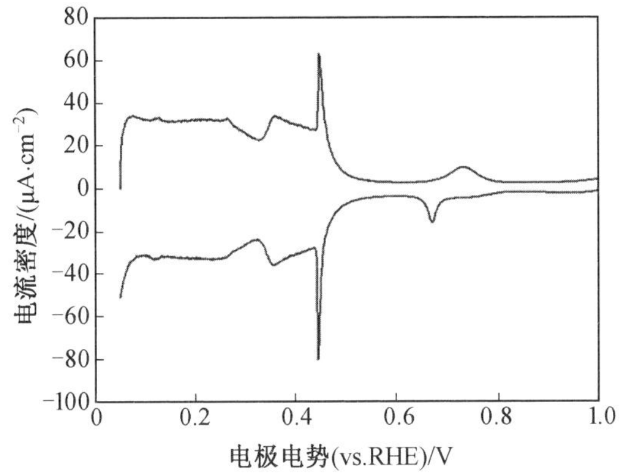

图 5.66　Pt(111)电极在 0.5 mol/L H_2SO_4溶液中的 CV 曲线

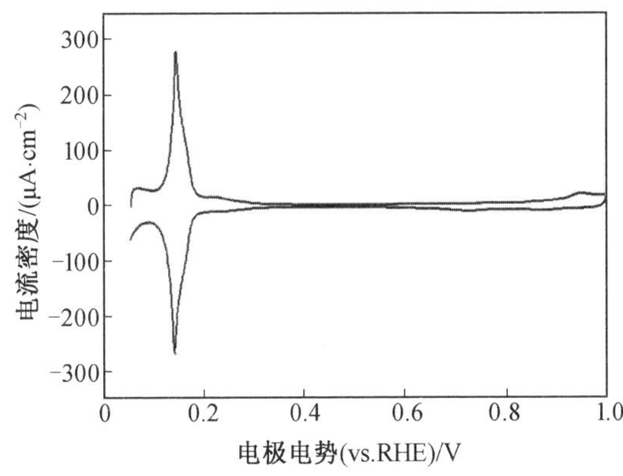

图 5.67　Pt(110)电极在 0.5 mol/L H_2SO_4溶液中的 CV 曲线

以上 CV 曲线在实验所需时间范围内稳定，说明制备的铂单晶电极表面结构有序，且电化学体系清洁度足够。检测合格后向体系中通入二甲醚至饱和(1.65 mol/L)。图 5.69 所示为 Pt(111)电极在二甲醚饱和的 0.5 mol/L H_2SO_4 溶液中第 1 圈和第 2 圈的循环伏安曲线，同时与 BCV 进行对比。虚线和实线分别代表将电极在 0.05 V 放入 DME 饱和的硫酸溶液后的第 1 圈和第 2 圈的扫描结果。从图中可以看出，第 1 圈和第 2 圈的正扫曲线明显不同，但负扫完全相同。在第 1 圈正扫过程中，位于 0.45 V 的尖锋被抑制，在 0.25 V 和 0.5 V 间的

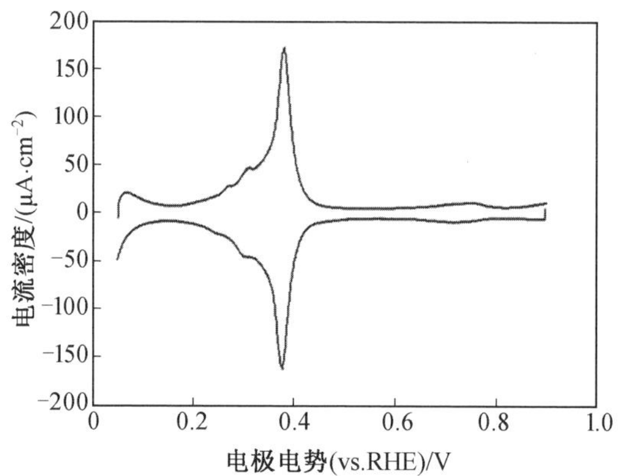

图 5.68　Pt(100)电极在 0.5 mol/L H_2SO_4溶液中的 CV 曲线

"蝴蝶峰"区域有阳极电流流过，应该与 DME 的分解氧化过程有关。另外，在 0.8 V出现一个氧化峰，扣除双层后积分电量仅为 65.9 C/cm^2。负扫过程中，在尖峰(0.45 V)之前曲线与空白曲线完全一致，在电势继续向低扫描的过程中，在原来的负电流的基础上叠加了新的正电流，主要是在"蝴蝶峰"区域。注意到第 2 圈正扫时，低电势区间的阳极电流比第 1 圈稍小，而 0.8 V 的氧化峰稍有所增大(83.5 C/cm^2)。随后的扫描结果与第 2 圈完全相同，所以第 2 圈可以被认为是稳定的曲线。该图中一个特别的现象是负扫过程中在高电势区间没有任何氧化峰，这与其他有机小分子不同。低电势区间附加的阳极电流应该与 DME 的氧化分解有关，而且该过程在负扫过程中也同样发生，从而引起负扫过程中在空白曲线上叠加的正电流。但铂电极表面仍有很多空位，从剩余的氢波不难发现，

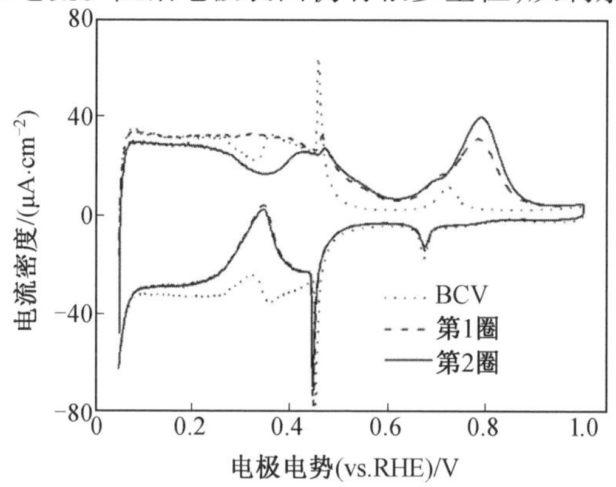

图 5.69　Pt(111)电极在二甲醚饱和的 0.5 mol/L H_2SO_4溶液中第 1 圈、第 2 圈和空白的 CV 曲线

这些空位仍可以提供 DME、硫酸根和氢竞争吸附的场所,进而使得第 2 圈的氧化峰比第 1 圈大。也就是说,氧化峰是 DME 在低电势生成的中间产物的进一步氧化。另外,DME 在 Pt(111) 电极上的分解是一个缓慢的过程,以 50 mV/s 的扫描速率生成的产物并不能占据所有的铂表面活性位点,详细分析将在下文给出。

图 5.70 所示为 Pt(110) 电极在二甲醚饱和的 0.5 mol/L H_2SO_4 溶液中第 1 圈和第 2 圈的循环伏安曲线,同时与 BCV 进行对比。氢区在一定程度上被抑制,在第 1 圈扫描过程中,0.22 V 出现一个小的阳极峰,在 0.72 V 出现另一个阳极峰。同样,回扫过程中在 0.5 V 以上的高电势区间没有出现任何氧化电流,曲线与空白曲线重合,这点与 Pt(111) 电极相似。

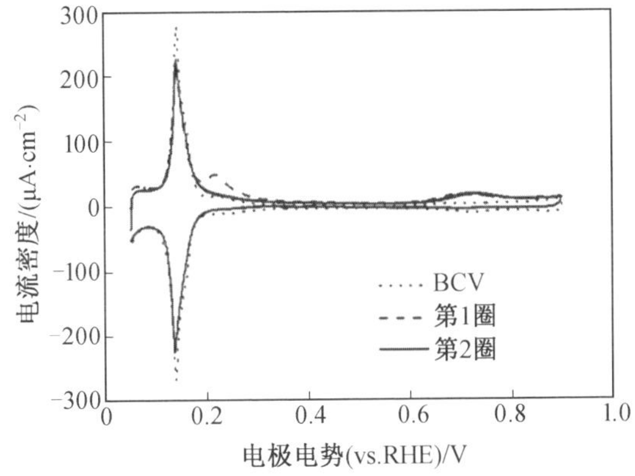

图 5.70 Pt(110) 电极在二甲醚饱和的 0.5 mol/L H_2SO_4 溶液中第 1 圈、第 2 圈和空白的 CV 曲线

Pt(100) 电极则表现出完全不同于以上两者的行为,如图 5.71 所示。第 1 圈扫描过程中,在 0.33 V 出现一个氧化峰($P_{Ⅰ}$),随后的氢波受到抑制。这说明前面的氧化峰对应 DME 的解离吸附,产物占据了铂表面活性位点。同时,在 0.6 V 附近出现一个宽峰($P_{Ⅱ}$),该峰与 0.33 V 的氧化峰同时出现和消失。另外,在 0.8 V($P_{Ⅲ}$) 出现一个很高的尖锐的氧化峰,应该对应中间产物的氧化过程。但氧化电流衰减很快,可能是由电极表面含氧物种吸附所导致。在随后的负扫过程中,另一较高的氧化峰($P_{Ⅳ}$) 出现在 0.7 V 附近,在该电势下,电极表面的含氧物种已经脱附,有空余的铂活性位点置,而且电极表面尚未被毒化,DME 可以发生直接氧化。电势再向负扫,氧化电流开始下降,DME 反应生成毒性中间体,覆盖在电极表面,抑制了氧化的继续进行。继续向负扫,因为电极表面一直被比较稳定的毒性中间体覆盖,所以电流接近于零,仅在 0.05 ~ 0.3 V 之间有微小电流流过,且表现为可逆过程。这可能是毒性中间体并不能达到饱和覆盖度,仍有部

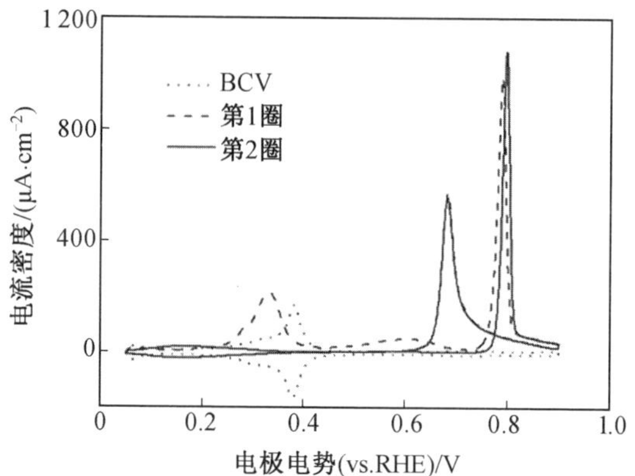

图 5.71　Pt(100)电极在二甲醚饱和的 0.5 mol/L H_2SO_4 溶液中第 1 圈、第 2 圈和空白的 CV 曲线

分表面活性位点可以发生氢的吸脱附,但是由于 DME 分子较大,不能在这部分活性位点发生吸附。在第 2 圈正扫过程中,位于 0.33 V 和 0.6 V 的氧化峰消失。0.8 V 的氧化峰电流稍有增大,且峰电势稍向正移,原因应该是正负扫过程中形成的毒性中间体的覆盖度或吸附状态不同。负扫过程与第 1 圈完全一致,因为从0.9 V向负扫时,电极表面没有任何中间产物覆盖,可以认为是干净的表面。

从以上结果可以发现,仅 Pt(100)晶面对 DME 具有较高的电氧化活性。因此尝试在(100)面上引入(110)的台阶,减小(100)平台的宽度,考察 DME 的电氧化活性随平台宽度的变化。分别制备 Pt(910)和 Pt(310)两个晶面,其表面原子排列结构模型可以用图 5.72 的硬球模型来模拟,各自的平台-台阶表示法为

$$Pt(910)=Pt(S)-[9(100)\times(110)] \tag{5.4}$$

$$Pt(310)=Pt(S)-[3(100)\times(110)] \tag{5.5}$$

即表面分别由 9 个或 3 个原子宽度的(100)平台和一个原子高度的(110)台阶组成。首先用循环伏安法考察两者在不含 DME 的 0.5 mol/L H_2SO_4溶液中的晶面结构特征。图 5.73 所示为 Pt(910)和 Pt(310)在 0.5 mol/L H_2SO_4中的 CV 曲线,同时与 Pt(100)的 CV 曲线进行对比。从图中可以看出,随着平台宽度的减小,0.3 V 附近的峰增大而 0.38 V 附近的峰减小,同时两组峰均向低电势方向移动。这说明表面结构引起了氢的吸脱附的变化。另外,高电势区间氧的吸脱附也有所变化。这与文献中报道的曲线一致。

图 5.74 所示为 Pt(100)、Pt(910)和 Pt(310)在二甲醚饱和的 0.5 mol/L H_2SO_4溶液中的第 1 圈 CV 曲线,电极转移至溶液内的电势控制在 0.05 V。Pt(910)和 Pt(310)表现出与 Pt(100)相似的特征,即都在第 1 圈正扫过程中的

0.3 V 和 0.8 V、负扫中的 0.7 V 附近出现氧化峰，氢波受到抑制。但是各峰均随着(100)平台宽度的减小而下降。也就是说，增加(110)台阶的密度、降低(100)平台的密度，使二甲醚的氧化活性降低，说明一般被认为催化活性较高的台阶对二甲醚催化能力较弱，仅(100)平台具有较高的催化能力。另外，0.2 ~ 0.4 V 间的氧化峰向左移动，该峰应该是二甲醚的解离吸附与氢的脱附的混合过程，说明该电势区间发生的二甲醚的分解反应受到台阶原子的影响。对比图 5.68 的空白曲线可以发现，氢的吸脱附电势已经发生移动，且与 DME 溶液中的位置相当。推测有可能是随着平台宽度的减小，二甲醚解离吸附减弱，那么该峰主要是氢脱附电流的贡献，因此该电势负移不是二甲醚反应活性提高导致的。

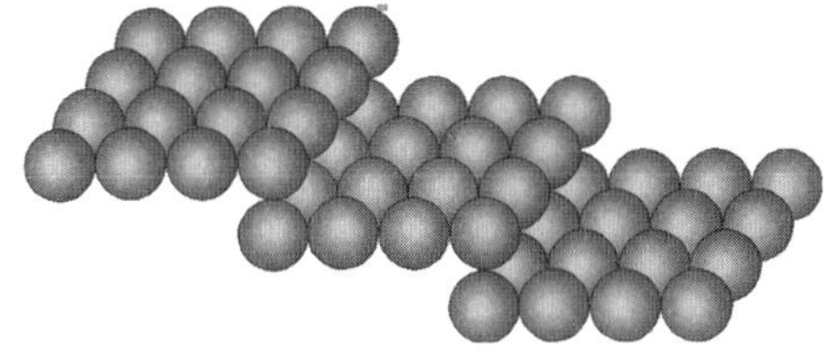

图 5.72　Pt(910)和 Pt(310)电极表面结构的硬球模型示意图

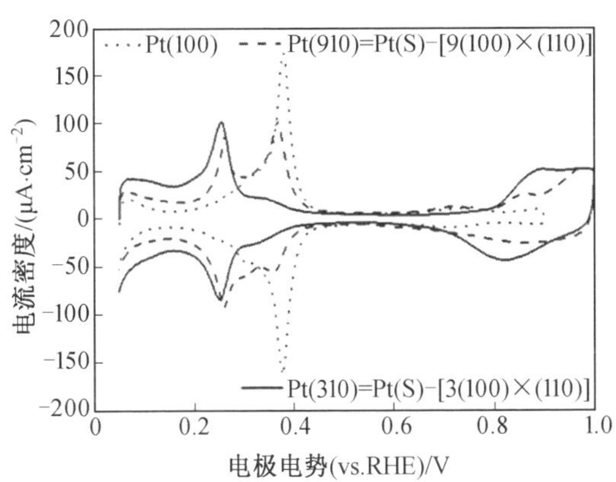

图 5.73　Pt(100)、Pt(910)和 Pt(310)在 0.5 mol/L H_2SO_4溶液中的 CV 曲线

已知，在电极表面发生的反应如果是解离吸附的单层反应，那么反应会在较短时间内完成并毒化电极表面；而如果有直接氧化反应发生，那么可以有持续的氧化电流流过。因此测试了各个晶面的电势恒定在 0.8 V 时的 CA 曲线，将电势从 1.0 V 阶跃到 0.8 V 后记录电流随时间的变化，结果如图 5.75 所示。Pt(111)和 Pt(110)电极上的电流很快下降到零，而 Pt(100)上的电流能够在 600 s 内持续较高。Pt(910)上的电流相对 Pt(100)有所下降，而 Pt(310)则又比 Pt(910)下降一些。这些结果与循环伏安的结果一致，证实了随着(100)平台宽度的减小，

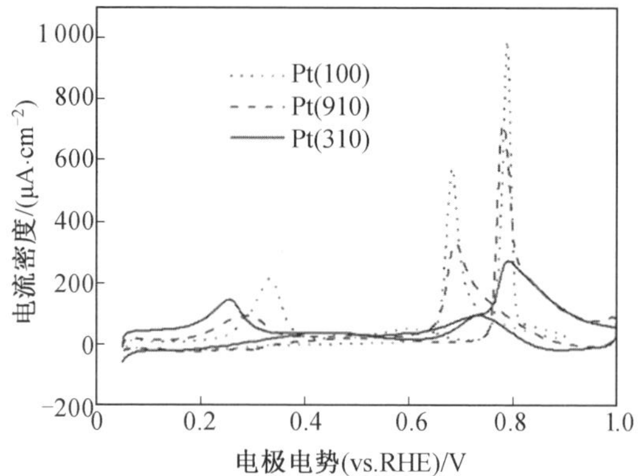

图 5.74 Pt(100)、Pt(910)和 Pt(310)在二甲醚饱和的 0.5 mol/L H_2SO_4溶液中的 CV 曲线

铂单晶电极对二甲醚的催化活性降低。

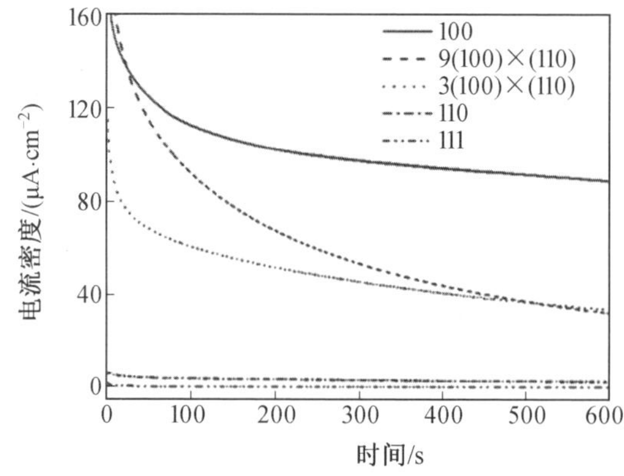

图 5.75 Pt(hkl)晶面在二甲醚饱和的 0.5 mol/L H_2SO_4溶液中 0.8 V 的 CA 曲线

为了解析 DME 电氧化行为与铂单晶表面结构的关系，需要对 DME 电氧化反应的中间产物进行检测，进而推测 DME 的反应机理。目前利用电化学现场红外光谱方法对电化学催化过程进行研究已得到广泛的应用，通过电化学现场红外光谱方法的检测，可以在电化学反应过程中与电化学方法同步、准确地鉴别吸附在电极表面或其附近的各种有机基团和无机离子，以及它们在电催化剂表面的吸附、成键情况，可以为解析电化学反应机理提供很大的帮助。为提高红外检测的灵敏度，需要制备具有较大体积的单晶电极，而用激光光束定向得到的 Pt(110)大单晶误差较大，因此电化学现场红外光谱实验中只采用 Pt(111)和 Pt(100)电极，另外，DME 在 Pt(110)与 Pt(111)电极上行为相似，因此不影响对

DME 电氧化机理的分析。

图5.76所示为DME在Pt(111)和Pt(100)晶面上不同电势下吸附120 s后的红外吸收谱图。在Pt(111)电极上,位于1 660 cm^{-1}的负峰对应铂电极界面附近H_2O的HOH弯曲振动模式。位于2 040 cm^{-1}的峰在有机小分子如甲醇、甲酸在铂电极上的红外光谱研究中普遍存在,对应线性吸附的CO(CO_L)。CO_L在前人研究DME在铂电极上的电氧化行为时也被检测到。

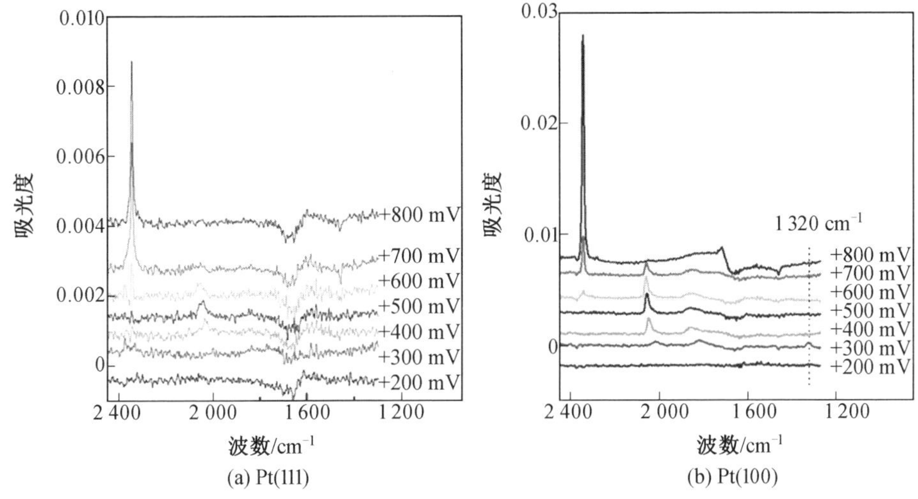

(a) Pt(111)　(b) Pt(100)

图5.76　DME在Pt(111)和Pt(100)晶面上不同电势下吸附120 s后的红外吸收谱图

该峰在0.4 V开始出现,说明在更负的电势区间内DME基本不发生解离吸附。当电势升高至0.6 V时,2 370 cm^{-1}出现一个吸收峰,对应电极表面附近CO_2的生成,且随着电势继续升高,CO_L的吸收峰消失,CO_2的峰强度逐渐增强,说明表面吸附的CO_L最终被氧化为CO_2。但是Pt(111)电极上的谱图信噪比较差,这一方面是由于单晶电极测试必须采用薄层结构,液层会吸收红外光,使得信号变弱,另外薄层内消耗的反应物补充较慢也使得反应受到扩散的影响;另一方面,从电化学的结果可知,DME在Pt(111)电极上解离吸附活性较差,且没有直接氧化发生,这是导致吸收峰强度低的直接原因。

Pt(100)电极上DME氧化活性较高,信噪比明显优于Pt(111)电极。电势为0.3 V时,除了线性吸附的CO外,还出现两个较弱的吸收峰。位于1 840 cm^{-1}处的正向峰为桥式吸附的CO(CO_B),1 320 cm^{-1}处也能观测到微弱的吸收峰,且随着电势升高,CO的吸收峰逐渐增强,而1 320 cm^{-1}处的吸收峰消失,说明1 320 cm^{-1}对应的物种可能是CO的前驱体。采用表面增强红外光谱研究DME在多晶铂电极上的电化学行为时也检测到了类似的峰,低电势区间可以检测到三个较弱的吸收峰,分别位于 1 480 cm^{-1}、1 445 cm^{-1}和 1 322 cm^{-1},且电势比 CO 出现的电势低。另外,三者随电势变化规律一致,对应二甲醚在低电势解离吸附的一种新的中间产物。通过与前人结果的对比,推测该物种为二甲醚脱氢得到的—CH_2OCH_3。其中 1 445 cm^{-1}和 1 480 cm^{-1}分别对应 CH_3的对称和反对称弯曲振动,而 1 322 cm^{-1}则为 OCH_2的摇摆运动模式。证实了二甲醚在低电势区间通过脱氢发生解离吸附,随后逐渐转化为更稳定的 CO。另外,CO_2在 Pt(100)电极上出现较晚,大约 700 mV 时才可以检测到,这是 Pt(100)电极上 CO 吸附量较大造成的,到 800 mV 时 CO_2大量生成。

对两个电极上 CO_L和 CO_2的吸收峰进行积分,并将其与电势的关系表示在图 5.77 中。可以明显看出,CO_L在 0.3 ~ 0.8 V 之间存在,且随着电势升高,吸收强度增大。电势继续升高,CO_L消失,CO_2逐渐生成。另外,尽管两电极面积相同,但 Pt(100)电极上 CO_L和 CO_2的吸收强度大约是 Pt(111)电极上的 2 倍,说明 Pt(100)电极对 DME 的催化活性明显高于 Pt(111)。

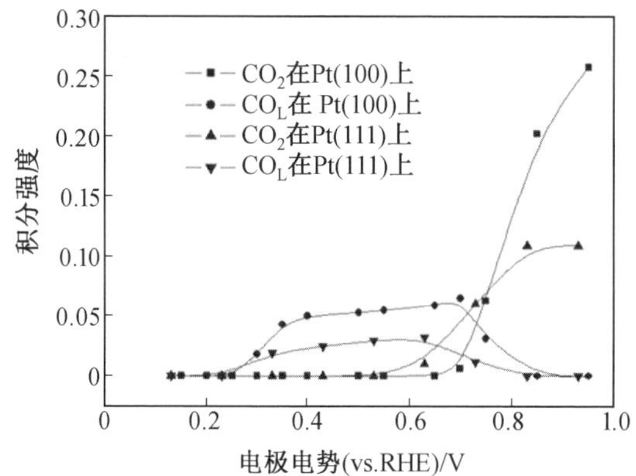

图 5.77　不同晶面上 CO_2和 CO_L的吸收峰积分强度随电势的变化关系

本节主要通过电化学方法和电化学现场红外光谱研究了 DME 电氧化行为与晶面结构的关系,具体结论如下。

(1) DME 在铂单晶电极上的电化学氧化过程对电极表面结构非常敏感,在 Pt(111)和 Pt(110)晶面上活性很低,而在 Pt(100)晶面上活性非常高。低电势区间,DME 发生解离吸附反应,抑制氢的吸脱附,随后在高电势被氧化,释放出活性位点。

(2)采用含有不同台阶宽度的高指数晶面作为研究电极发现,随着(100)平台宽度的减小,DME 的电氧化活性逐渐降低,说明 DME 对具有高能量的台阶位不敏感,而是在长程有序的(100)平台上更容易氧化。

(3)采用薄层结构测试了 DME 在自制的 Pt(111)和 Pt(100)电极上的红外吸收光谱。发现 DME 在低电势通过脱氢发生解离吸附,随后逐步转化为更稳定的 CO_L和 CO_B,进一步在高电势被氧化为 CO_2,Pt(100)电极上 CO_L和 CO_2的吸收强度大约是 Pt(111)电极上的 2 倍。

5.3.2　二甲醚电氧化反应动力学及机理

有机小分子在铂单晶上的电化学行为受到阴离子吸附的影响,如硫酸根在 Pt(111)上吸附很强,形成的致密有序的吸附层会抑制有机小分子的吸附,而高氯酸根则吸附较弱,因此高氯酸中甲醇在 Pt(111)电极上的电氧化活性比在硫酸中高很多。目前文献中还没有关于阴离子吸附对 DME 氧化行为影响的报道,为了更全面地理解 DME 的电氧化机理,有必要利用单晶表面结构的差异性,结合不同的电极电势控制方式,考察阴离子吸附对 DME 活性的影响,研究 DME 的解离吸附和直接氧化的动力学过程。由于 Pt(111)和 Pt(110)的行为相似,因此本节选择 Pt(111)和 Pt(100)电极进行对比研究。

本节主要研究 DME 在 Pt(111)和 Pt(100)电极上的电化学行为与阴离子吸附、电势控制方式、DME 本体浓度的关系,并结合与甲醇电氧化的对比,探讨 DME 的电氧化机理,为直接二甲醚燃料电池(DDFC)阳极催化剂的设计提供理论指导。

硫酸根在铂电极上的吸附较强,尤其在 Pt(111)电极上,可以形成一层致密稳定的吸附层。在甲醇、甲酸等有机小分子电氧化的研究文献中,硫酸中 Pt(111)上的活性远远低于高氯酸中的活性已经成为公认的事实,这是因为高氯酸在电极表面上吸附较弱。因此本节采用高氯酸体系来研究阴离子吸附对 DME 电化学行为的影响。

图 5.78 给出了 0.1 mol/L $HClO_4$溶液中 Pt(111)的 CV 曲线。图中的实线和虚线分别代表不同的上限电势,即扫描范围分别为:实线,0.05 ~ 1.2 V;虚线,0.05 ~ 1.0 V。与硫酸中 Pt(111)的 CV 曲线不同,除了 0.4 V 以下的氢的吸脱附,高氯酸中的“蝴蝶峰”和尖峰区域向正移到了 0.6 ~ 0.8 V,一般认为是 OH 的吸脱附。如果电势正扫到 1.2 V,则还会在 1.1 V 出现一个较高的氧化峰,对应电极表面的氧化过程。

通入 DME 至饱和以后的 CV 曲线如图 5.79 所示。在 Pt(111)电极的第 1 圈正扫过程中,阳极电流出现在氢脱附后,即双层区,位于 0.8 V 的氢氧根的吸脱附峰向负移动 0.06 V,DME 的氧化峰出现在 0.97 V。在负扫中,曲线同样在高电势区与空白溶液中相同,直到双层区出现阳极电流的叠加。同样,之后氢的吸附受到抑制。

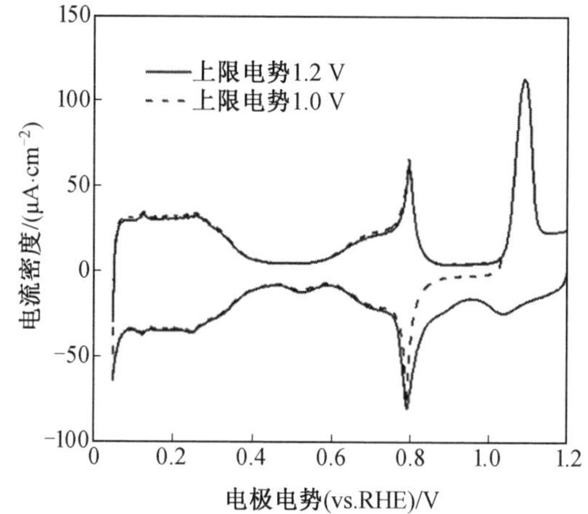

图 5.78 0.1 mol/L $HClO_4$溶液中 Pt(111)的 CV 曲线

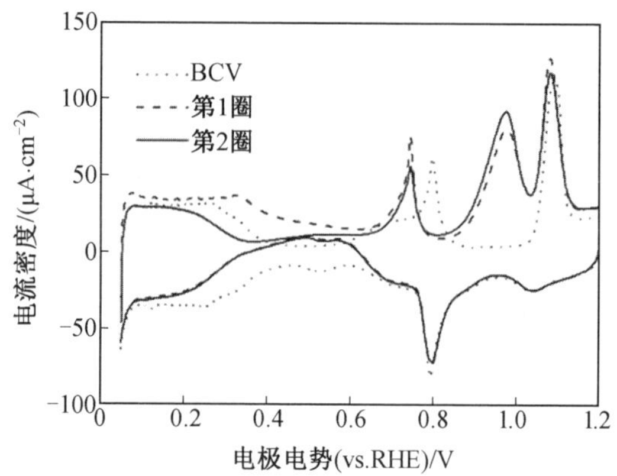

图 5.79 Pt(111)电极在二甲醚饱和的 0.1 mol/L $HClO_4$溶液中的 CV 曲线

图 5.80 是将两种电解质中的第 1 圈曲线进行对比,以便更清楚地了解阴离子对 DME 电氧化的影响。与硫酸中的 CV 曲线相比,高氯酸中 Pt(111)电极的 CV 曲线的氧化峰电势向右移动,可能与阴离子吸附向右移动有关,但是峰电流比硫酸中大。

硫酸根在Pt(111)上的强吸附作用不仅对峰电流和峰电势有影响,也影响到DME解离吸附的电势区间。图5.81给出的是Pt(111)电极在DME饱和的0.5 mol/L H_2SO_4溶液和0.1 mol/L $HClO_4$溶液中不同电势下限的CV曲线。在

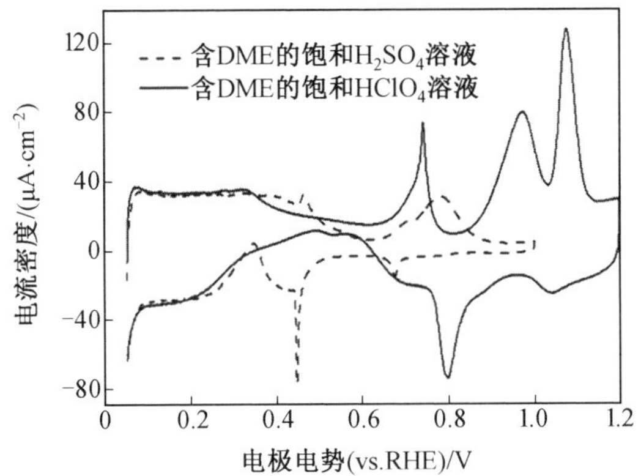

图 5.80　Pt(111)电极在二甲醚饱和的 0.5 mol/L H_2SO_4溶液和 0.1 mol/L $HClO_4$溶液中的第 1 圈 CV 曲线的对比

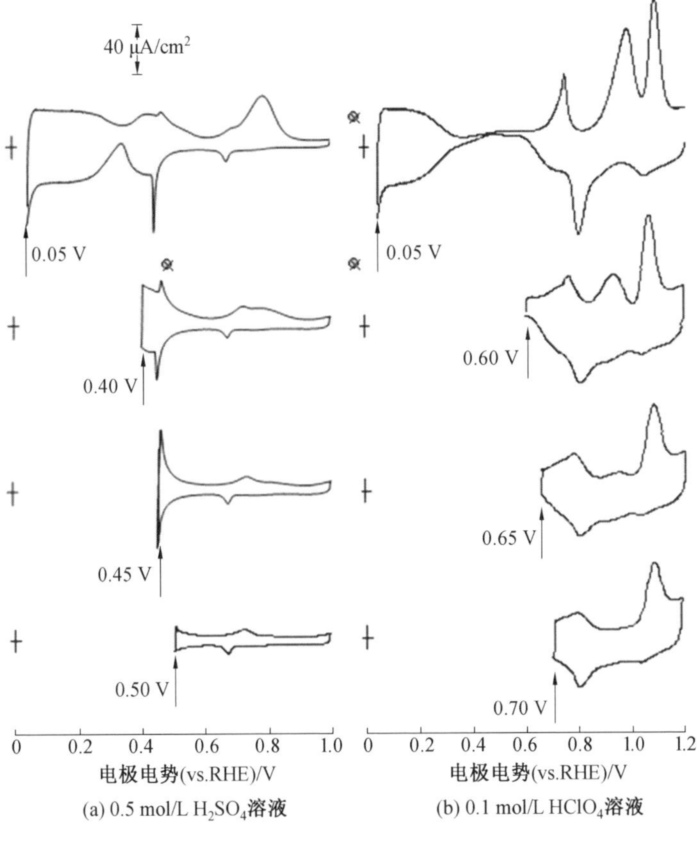

(a) 0.5 mol/L H_2SO_4溶液　(b) 0.1 mol/L $HClO_4$溶液

图 5.81　Pt(111)电极在 DME 饱和的不同溶液中不同电势下限的 CV 曲线

0.5 mol/L H_2SO_4溶液中，随着电势下限的增大，0.8 V 的氧化峰逐渐减小。当下限电势大于 0.45 V，即到达尖峰的位置时，氧化峰完全消失。然而，在 0.1 mol/L $HClO_4$溶液中，二甲醚的分解区间要比 H_2SO_4 溶液中宽。如图 5.81 所示，位于 0.97 V的氧化峰随着电势下限的升高而减少，当电势超过 0.7 V 时，氧化峰完全消失。这些结果说明 DME 的分解反应的电势区间受阴离子吸附影响很大，但即使在阴离子吸附较弱的 $HClO_4$溶液中，Pt(111) 电极上也没有 DME 的直接氧化反应发生。

以上是循环伏安扫描过程中的结果，为考察 DME 的稳态吸附与电势的关系，设计如下电势程序：首先将清洁的电极在 0.05 V 放入电解液中，然后阶跃到某一设定的电势 E_{ad}下保持 120 s，使电极能够吸附一定的 DME 中间产物，最后从 E_{ad}开始向负扫，记录循环伏安曲线。图 5.82 所示是第一次正扫的 CV 曲线。只给出第一次正扫的结果是因为负扫基本相同，由此足以比较所有的变化过程。在 DME 饱和的硫酸溶液中，E_{ad}为 0.05 V 时曲线与空白溶液中接近，随着 E_{ad}增大，氢区逐渐下降，氧化峰逐渐增大，到 0.4 V 时增至最大，随后开始下降，氢区开始增加。在高氯酸溶液中，E_{ad}为 0.05 V 时氧化峰电量已经比较大，随后同样

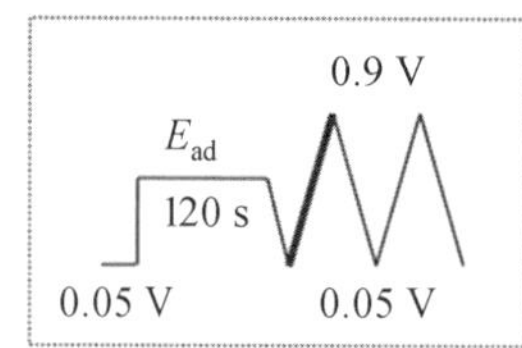

(a) 电势阶跃程序示意图

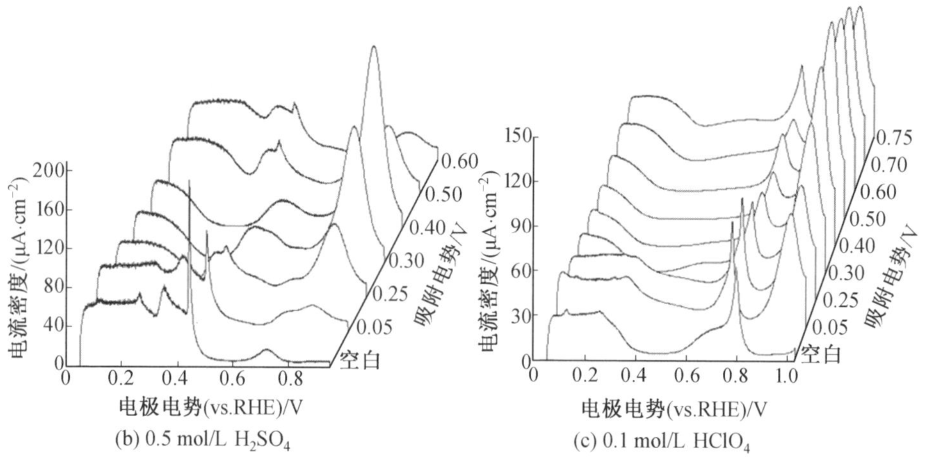

(b) 0.5 mol/L H_2SO_4 (c) 0.1 mol/L $HClO_4$

图 5.82 Pt(111) 电极在不同溶液、不同电势吸附后的第一次正扫 CV 曲线

表现出先增大后减小的变化趋势，但电势区间与硫酸溶液中有所不同。定量的比较如图 5.83 所示。将积分所得的剩余氢的脱附电量与氧化峰电量对吸附电势作图可以发现，不仅高氯酸溶液中最高的氧化峰的位置比硫酸中正移 0.10 V，高氯酸中 DME 的反应活性区间也比硫酸溶液中宽。这是因为硫酸根吸附较强且在较低电势下进行，而高氯酸溶液中的双层区则比较宽，允许二甲醚在电极表面发生分解反应。

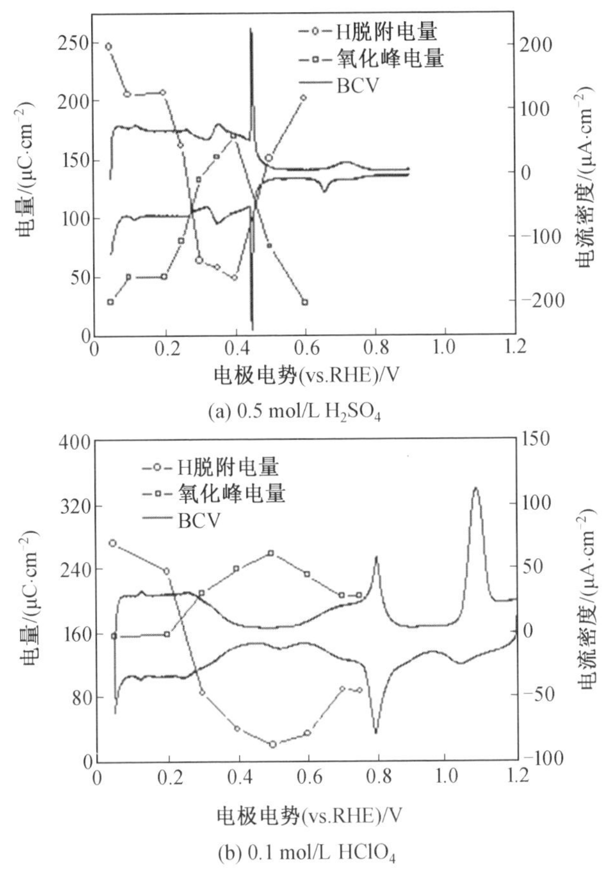

图 5.83　Pt(111) 在不同电势吸附后剩余氢的脱附电量和氧化峰电量与电势的对应关系

从以上结果可以看出，二甲醚解离吸附的中间产物比阴离子吸附弱。致密有序的硫酸根或氢氧根吸附层的形成可以很大程度上影响二甲醚的解离吸附过程。另外，以上各图的数据更有力地说明了 0.8 ~0.9 V 的氧化峰是分解产物的进一步氧化，而不是 DME 在 Pt(111) 上的直接氧化。

图 5.84 所示为 Pt(111) 电极在 DME 饱和的 H_2SO_4 溶液中不同扫描速率下

的第1圈和第2圈CV曲线。图中各CV曲线均被相应的扫描速率相除,因此CV曲线中氧化峰下的面积可以代表反应的电量。在图5.84中,当扫描速率为5 mV/s时,扫描过程中出现三个明显的阳极峰,分别在正扫的0.30 V、0.68 V和负扫的0.40 V。随着扫描速率增加,三个峰的电流密度均有所下降,同时峰位置向扫描方向移动。当扫描速率高于100 mV/s时,低电势的阳极峰几乎消失,氢波与空白曲线接近,说明在这样的扫描速率下DME在Pt(111)电极上的分解反应进展缓慢。当扫描速率为500 mV/s时,没有检测到任何氧化峰,CV曲线与空白溶液中几乎一致。注意到即使当扫描速率低到5 mV/s时,负扫过程中除了在经过尖峰之后出现的阳极电流外没有其他氧化峰。这些结果证实DME在Pt(111)电极上的电氧化是电化学步骤控制的反应,而且在当前的实验条件下没有直接氧化发生。

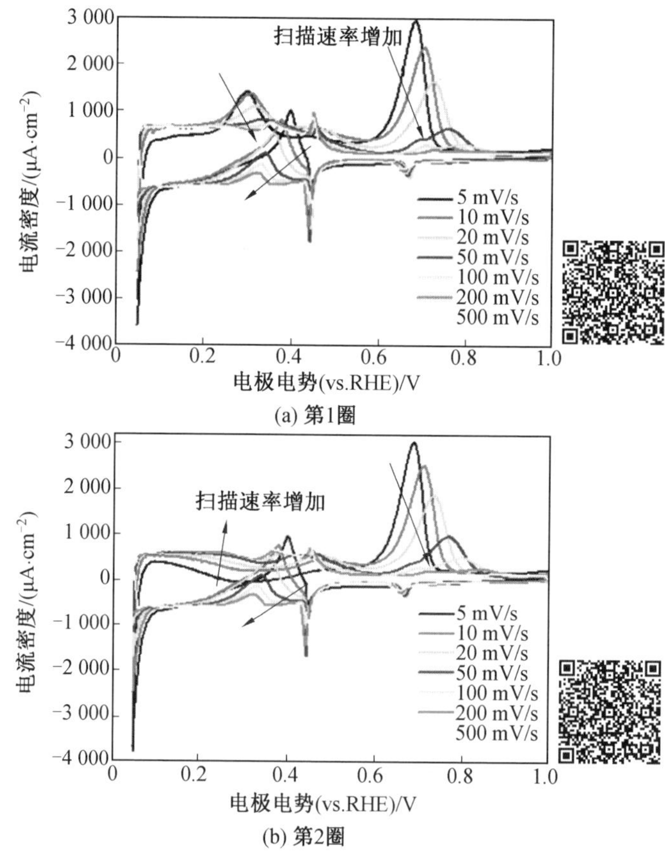

图5.84 Pt(111)电极在DME饱和的H_2SO_4溶液中不同扫描速率下的第1圈和第2圈CV曲线

为了更加定量地理解 DME 分解过程的电势依存性，设计如下电势程序研究二甲醚的解离吸附动力学：首先将电势设置在 0.9 V，将表面上可能存在的吸附物氧化掉，得到清洁的表面，然后控制电势阶跃到一个给定的电势 E_{ad}，保持一段时间 t_{ad}，然后从该电势向负扫记录 CV 曲线。扫描速率采用 0.5 V/s，用来消除扫描过程中 DME 吸附的影响。

图 5.85 所示为 DME 饱和的 0.5 mol/L H_2SO_4溶液中 Pt(111)电极在 0.40 V 吸附 120 s 后的第 1 圈和第 2 圈 CV 曲线与空白曲线的对比，以此为代表来说明吸附后曲线的变化。第 1 圈负扫可以得到被抑制的氢的吸附波，表明部分表面活性位点已经被二甲醚的分解产物占据。接下来的第 1 圈正扫得到与负扫对称的氢脱附波和位于 0.4 ~0.7 V 间的一个宽峰。这个宽峰曾被 Feliu 及其合作者报道过，在含 CO 的 0.5 mol/L H_2SO_4溶液中，当 CO 的覆盖度小于 0.5 时出现同样的宽峰。他们发现这是一个可逆的过程，并将该峰归属为硫酸根的吸附。也就是说，硫酸根的吸附也同样被抑制，并且峰向右移动，与 CO 覆盖度低的结论一致。在 0.9 V 出现一个明显的氧化峰，但在第 2 圈扫描时完全消失。第 2 圈 CV 曲线与空白 CV 曲线几乎完全重合。说明扫描过程中发生的解离吸附和氧化可以被忽略，即第 1 圈出现的氧化峰的积分电量代表在 E_{ad}下保持 t_{ad}时的吸附物的量。

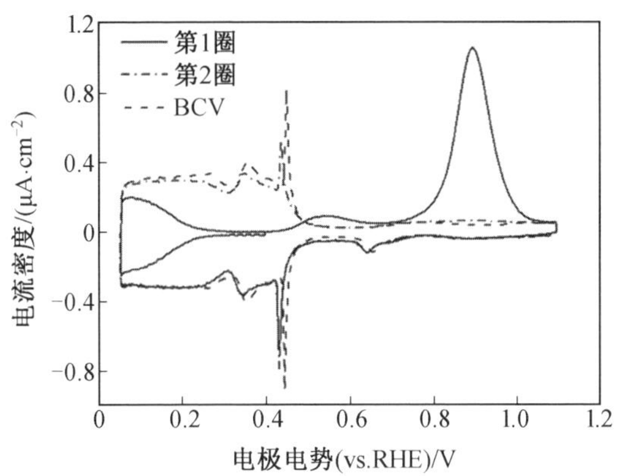

图 5.85　DME 饱和的 0.5 mol/L H_2SO_4溶液中 Pt(111)电极在 0.40 V 吸附 120 s 后的第 1 圈和第 2 圈 CV 曲线与空白曲线的对比

图 5.86 给出了 DME 饱和的溶液中控制 Pt(111)电极电势在 0.30 V 保持不同时间后的 CV 曲线。因为负扫及随后的扫描几乎完全相同，图中仅给出了第 1 圈正扫的结果。随着 t_{ad}增大，氢的脱附和阴离子的吸附量逐渐下降，阴离子的吸附向正电势缓慢移动。同时，0.9 V 的氧化峰逐渐增大至最大值。

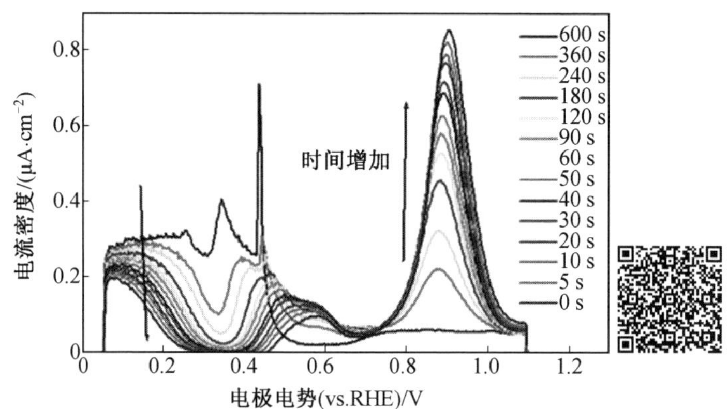

图 5.86　DME 饱和的溶液中控制 Pt(111) 电极电势在 0.30 V 保持不同时间后的 CV 曲线

上文中现场红外光谱结果表明 CO_{ad}是 DME 在 Pt(111) 电极上的一个吸附物种，且当电势升高至 0.7 V 时，CO_{ad}是唯一存在的稳定物种。也就是说，氧化峰实际上对应 CO_{ad}的氧化。因此，在一定吸附电势 E_{ad}下吸附 t_{ad}后形成的 CO_{ad}的量可以通过对氧化峰积分电量 Q_{ad}获得。

图 5.87 所示为在不同电势下 Q_{ad}随吸附时间 t_{ad}的变化曲线。当 E_{ad}低于 0.10 V或高于 0.55 V(包括这两个电势)时，Q_{ad}不随 t_{ad}改变，保持在最小值。当 E_{ad} = 0.20 V 时，Q_{ad}随 t_{ad}线性缓慢增加。即使当 t_{ad}增加到 600 s 时，Q_{ad}仍未达到稳态值。当 E_{ad}增加到更高的但低于 0.50 V 的电势时，Q_{ad}在前 100 s 内增加迅速，之后逐渐慢下来，最终 Q_{ad}达到一个近似稳态的饱和吸附电量 Q_{ad}^{S}。显然，$Q_{ad}-t_{ad}$曲线初始直线部分的斜率(S_i)与 DME 在清洁 Pt(111) 表面的初始解离吸附速率成正比。上文中已经提到，DME 在 Pt(111) 电极上解离的稳定吸附物种为 CO_{ad}。采用上文提到的电势程序，图 5.87 中给出的一系列 Q_{ad}应对应 CO_{ad}的氧化电量。因此，初始速率 v_i即每秒钟每平方厘米电极面积上 DME 分子解离为 CO_{ad}的量，可以由下式得到(考虑到每分子 CO_{ad}氧化包括两电子转移而且一个 DME 分子可以解离为两个 CO_{ad})：

$$v_i = \frac{S_i \times 10^{-6}}{4F} \tag{5.6}$$

式中，S_i是 $Q_{ad}-t_{ad}$曲线的初始线性部分的斜率；F 是法拉第常数(96 485 C/mol)。

图 5.88 所示为 v_i随 E_{ad}的变化曲线。从图中可知，v_i随 E_{ad}的变化在 0.20 ~ 0.90 V间表现为抛物线分布的曲线，其最大值出现在 E_{ad} = 0.35 V，当 E_{ad}偏离 0.35 V时 v_i开始下降。当 E_{ad}低于 0.20 V 或者高于 0.50 V 时，v_i几乎为 0。图 5.88显示 DME 电氧化仅在一个相对较窄的电势区间表现出活性。当电势低于

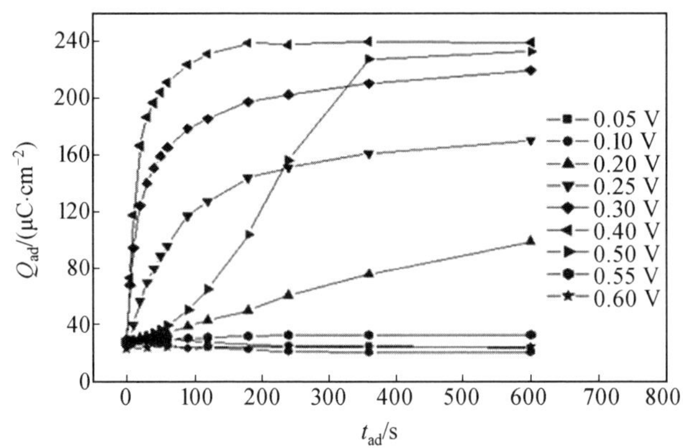

图 5.87　在不同电势下 Q_{ad} 随吸附时间 t_{ad} 的变化曲线

0.20 V 时,电极表面被氢覆盖,DME 的吸附弱于氢,因此很难在覆盖有氢的表面上进行解离吸附反应,甲醇也是类似的情况。另外,当电势高于 0.50 V 时,有序的硫酸根的吸附层可以在很大程度上占据 DME 需要的“整体位点(ensemble site)”,即 DME 解离吸附需要的多个紧密相连的表面活性位点置。

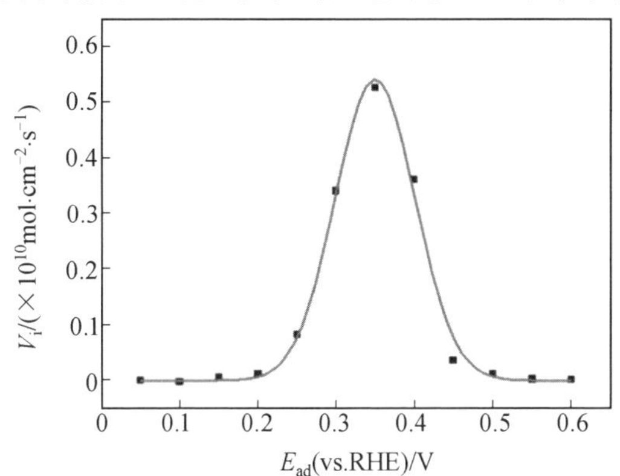

图 5.88　v_i 随 E_{ad} 的变化曲线

从图 5.87 中可以看出,饱和吸附电量 Q_{ad}^S 随 E_{ad} 发生变化,说明在 t_{ad} = 600 s 时形成的吸附物的饱和覆盖度(θ_{ad}^S)是 E_{ad} 的函数。饱和覆盖度 θ_{ad}^S 可以由下式计算:

$$\theta_{ad}^S(E_{ad}) = \frac{Q_{ad}^S(E_{ad})}{Q_{CO}^S} \times \theta_{CO}^S \tag{5.7}$$

式中,Q_{ad}^S 是图 5.87 中 t_{ad} = 600 s 时的 Q_{ad} 值,可以近似认为是在不同 E_{ad} 时的稳态值;Q_{CO}^S 是 Pt(111)电极在 0.5 mol/L H_2SO_4 溶液中对应 CO 分子达到饱和吸附时

的氧化电量;θ_{CO}^{S}是 CO 分子在 Pt(111)电极上吸附的饱和覆盖度;从文献中可以得到 Q_{CO}^{S}为 400 mC/cm^2,θ_{CO}^{S}为 0.64。图 5.89 所示为根据式(5.7)计算的 θ_{ad}^{S}随 E_{ad}的变化曲线。最大的 θ_{ad}^{S}是 0.38,出现在 0.40 V;在电势区间 0.30 ~ 0.50 V 中,θ_{ad}^{S}稍微有所下降;但当 E_{ad}低于 0.30 V 或高于 0.50 V,θ_{ad}^{S}迅速下降到接近 0。

以上这些结果表明,DME 在 Pt(111)电极上仅在很窄的电势区间比较容易发生分解,低电势区间氢的吸附可以抑制 DME 的解离吸附。阴离子的吸附也与 DME 竞争,当有序的硫酸根的吸附层形成后,DME 电氧化需要的表面活性位点就会被占据。

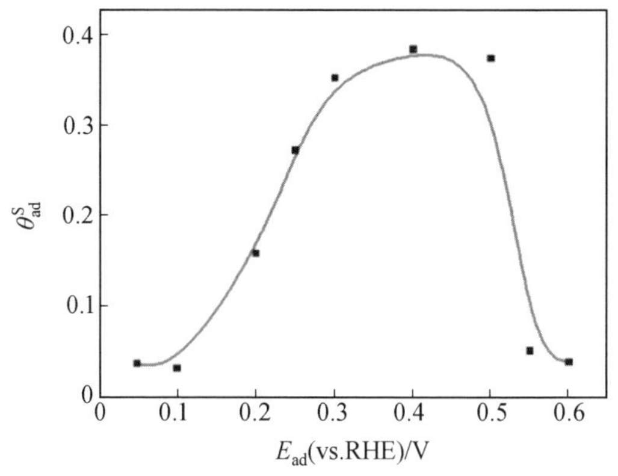

图 5.89 θ_{ad}^{S}随 E_{ad}的变化曲线

图 5.90 所示为 Pt(111)电极在不同二甲醚浓度的 0.5 mol/L H_2SO_4溶液中的 CV 曲线。当 DME 浓度低于 1.0 mol/L 时,CV 曲线几乎与空白曲线重合,低电势检测不到 DME 的解离吸附电流,而且高电势区间的氧化峰也不明显。这一方面说明高电势的氧化峰主要来源于低电势解离吸附的中间产物的氧化,另一方面说明 DME 的解离吸附过程受到物质扩散的控制。

图 5.91 所示为 0.1 mol/L $HClO_4$ 溶液中 Pt(100)电极上的 CV 曲线。Pt(100)电极在 $HClO_4$溶液中的 CV 曲线不如在 H_2SO_4溶液中特征明显,仅在 0.2 ~ 0.7 V 之间出现一对较宽的氢的吸脱附峰。通入 DME 饱和的 0.1 mol/L $HClO_4$ 溶液中 Pt(100)电极的第 1 圈、第 2 圈和空白的 CV 曲线如图 5.92 所示。基本特征与在 H_2SO_4 溶液中接近,同样是在第 1 圈正扫过程中出现一个 DME 的解离吸附峰和一个较弱的宽峰,主要的氧化峰位于 0.75 V,负扫过程中 DME 氧化峰的形状与硫酸中略有不同,由 0.66 V 的主峰和 0.69 V 的肩峰组成。由于随着电势向负扫描,电极表面逐渐由 OH^-过渡到酸根离子,高氯酸根比 OH^-的吸附还要弱,因此随着电势负扫,DME 氧化电流增加,而较低的电势使得 DME 解离吸附的

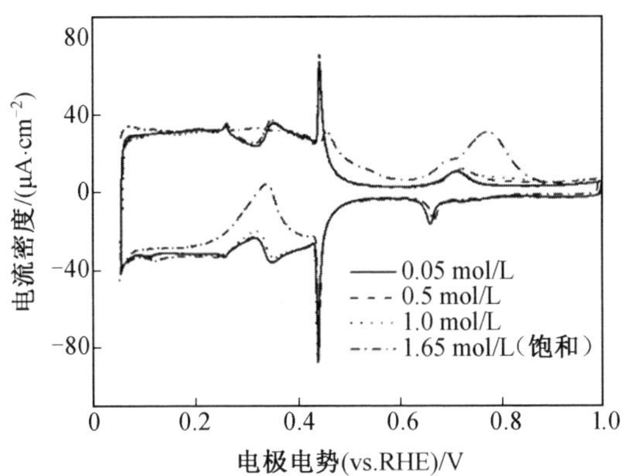

图 5.90　Pt(111)电极在不同二甲醚浓度的 0.5 mol/L H_2SO_4溶液中的 CV 曲线

毒性中间体不能及时氧化,覆盖了电极表面,使电流迅速下降,因此出现双氧化峰。第 2 圈扫描时 DME 的解离吸附峰消失,这是因为在第 1 圈负扫过程中 DME 的解离吸附产物已经覆盖了电极表面,氧化峰正移到 0.77 V,说明第 2 圈中毒性中间体的覆盖度较高。

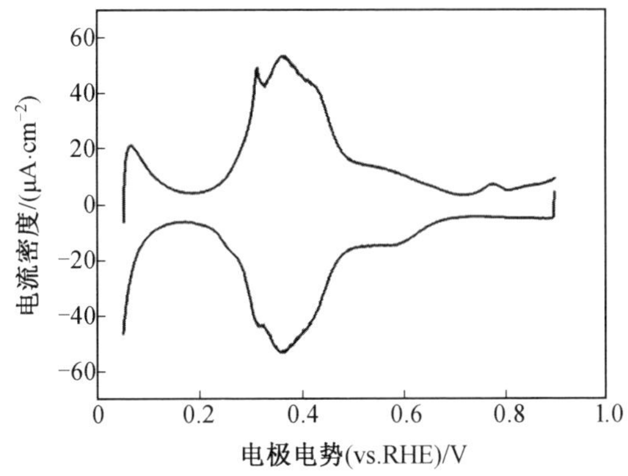

图 5.91　0.1 mol/L $HClO_4$溶液中 Pt(100)电极上的 CV 曲线

将高氯酸溶液和硫酸溶液中 Pt(100)电极上的第 1 圈 CV 曲线进行对比(图 5.93)。高氯酸溶液中 0.3 V 和 0.6 V 的峰有所下降,0.8 V 的尖锐氧化峰负移到 0.75 V,且峰电流密度增大。负扫过程中的氧化峰起始电势也有所下降,电流密度达到最高值后迅速降落至零附近,说明毒性中间体的形成很快覆盖了电极表面,这些都可以归因为高氯酸根离子的吸附比硫酸根弱。从另一个角度来考虑,尽管高氯酸根吸附较弱,但 DME 在 Pt(111)电极上仍没有直接氧化过程,而在 Pt(100)电极上仍遵循双途径机理。也就是说,阴离子尽管对 DME 的电氧化造成一定影响,但并不是造成 DME 电氧化的晶面结构差异性的主要原因。

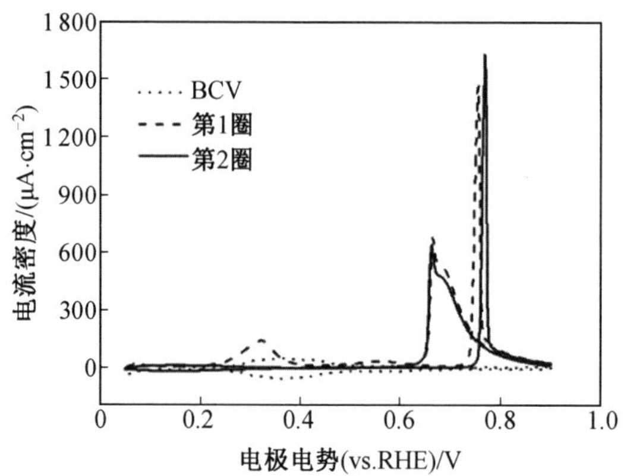

图 5.92 二甲醚饱和的 0.1 mol/L $HClO_4$ 溶液中 Pt(100) 电极的第 1 圈、第 2 圈和空白的 CV 曲线

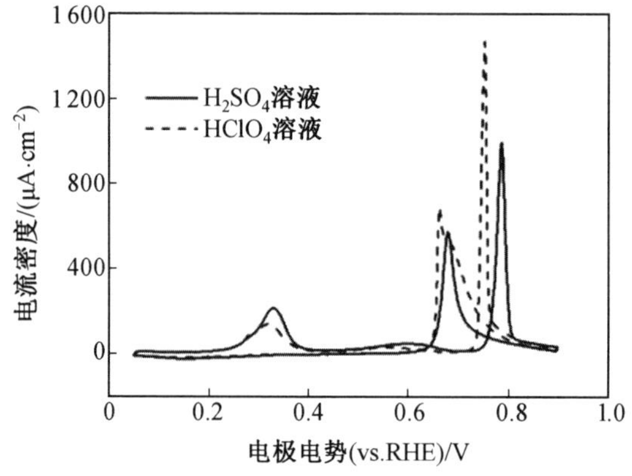

图 5.93 Pt(100) 电极在二甲醚饱和的 0.5 mol/L H_2SO_4 溶液和 0.1 mol/L $HClO_4$ 溶液中的第 1 圈 CV 曲线的对比

图 5.94 所示为 Pt(100) 电极在二甲醚饱和的 0.5 mol/L H_2SO_4 溶液中不同扫描速率下的第 1 圈 CV 曲线,内部插图是放大的低电势区间的正扫曲线,各曲线均被相应的扫描速率相除,因此 CV 曲线下的面积可以代表反应的电量。在较低扫描速率区间(图 5.94(a):5 ~ 200 mV/s),随着扫描速率增加,各峰均向扫描方向移动,因为这些过程都是不可逆反应,但是移动的幅度并不相同。另外,随着扫描速率的增加,$P_Ⅰ$、$P_Ⅲ$ 和 $P_Ⅳ$ 的峰值均逐渐下降,但是 $P_Ⅱ$ 的峰电流密度变化不明显,而且峰位置随着扫描速率的移动幅度较大,该峰对应的电极过程仍不清楚,但是因为与 $P_Ⅰ$ 同时出现和消失,所以应该与 $P_Ⅰ$ 过程中形成的中间体有关。

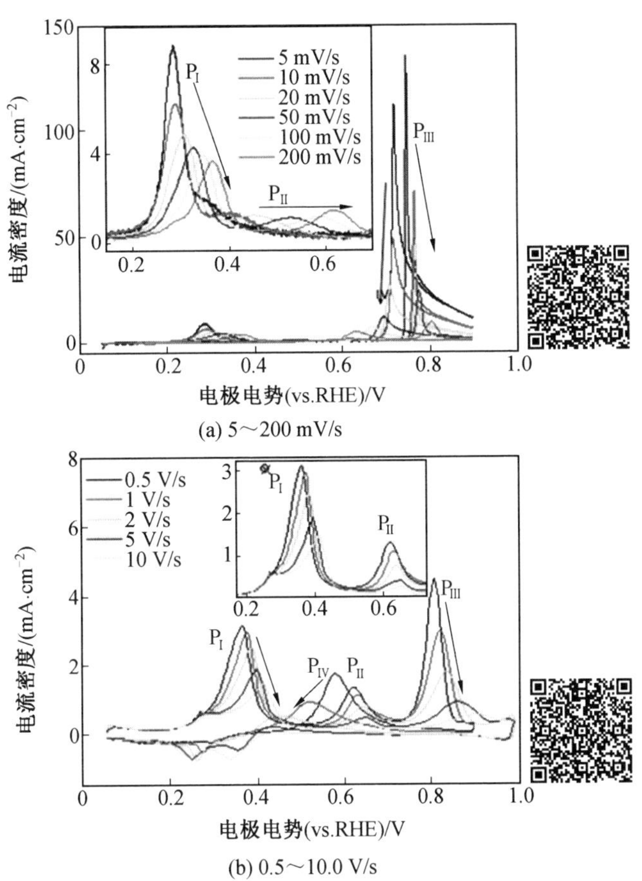

图 5.94　Pt(100)电极在二甲醚饱和的 0.5 mol/L H_2SO_4 溶液中不同扫描速率下的第 1 圈 CV 曲线

当扫描速率增至更高(图 5.94(b):0.5 ~10 V/s)时,曲线的变化规律有所不同, P_I 和 P_{III} 与低扫描速率时的变化规律相似,但是 P_{II} 随扫描速率增加峰电流密度下降较明显,峰位置移动幅度减小。相反,负扫过程中 P_{IV} 的位置变化很大,且当扫描速率增大到 10 V/s 时几乎完全消失。另外值得注意的一点是,随着扫描速率的增加,剩余氢区的电量有所增大,这是因为扫描速率太快,DME 的解离吸附中间产物尚未达到饱和覆盖度。

实验发现,当扫描速率低于 200 mV/s 时, P_{II} 仅在第 1 圈扫描时出现,而当扫描速率升高至 500 mV/s 以上时, P_{II} 在随后的扫描中也可以检测到,随着扫描速率升高, P_{II} 增大,当扫描速率升至 1.0 V/s 时,第 2 圈中 P_{II} 的电流密度几乎与第 1 圈中等高(图 5.95)。当扫描速率低于 200 mV/s 时, P_{II} 的电量基本相同,前面

已经分析 P_{II} 可能是 P_{I} 的后续反应,但是 P_{II} 电量不随 P_{I} 的变化而变化,因此推测,作为 P_{II} 反应的前驱体,即 P_{I} 中所生成的中间产物,应该已经在电极表面达到饱和覆盖度。当扫描速率升高后,P_{II} 的电流密度随着 P_{I} 电流密度的降低而逐渐降低,是由于扫描时间不足以让中间产物达到一个稳态值,正因为如此,随着扫描速率升高,第 1 圈负扫不足以完全毒化表面,第 2 圈扫描中 P_{II} 才会继续出现。

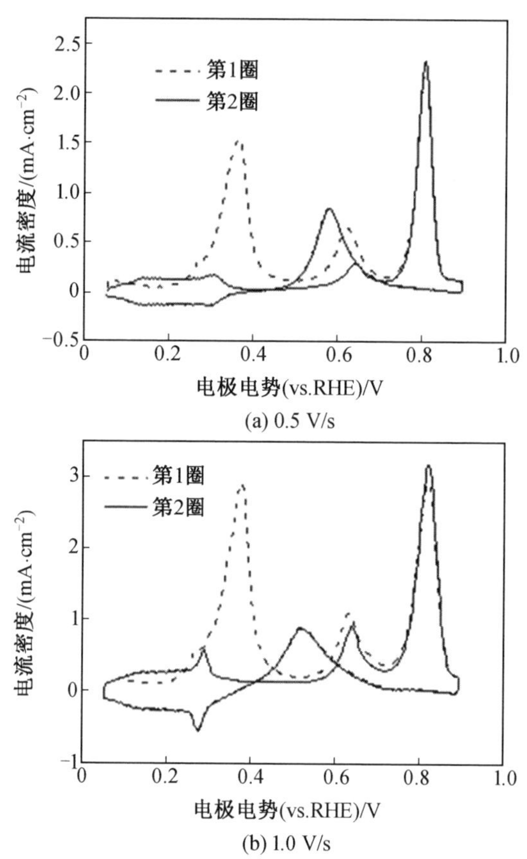

(a) 0.5 V/s

(b) 1.0 V/s

图 5.95 Pt(100)电极在较高扫描速率下第 1 圈和第 2 圈 CV 曲线的对比

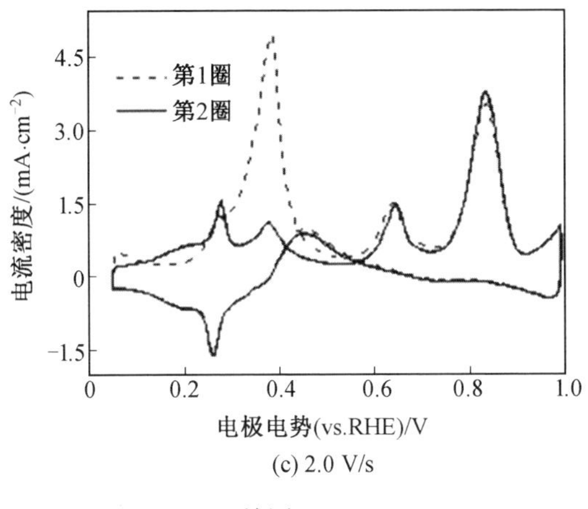

(c) 2.0 V/s

续图 5.95

在实验中还发现，随着扫描速率升高，$P_{Ⅳ}$的变化比 $P_{Ⅲ}$迅速，表 5.2 中总结了二者的峰电流密度及其比值随扫描速率的变化。当扫描速率为 5 mV/s 时，$P_{Ⅲ}$的峰电流密度仅为 $P_{Ⅳ}$的1.2倍，说明这时反应可以达到准稳态。当扫描速率低于 200 mV/s 时，$P_{Ⅲ}$和 $P_{Ⅳ}$的比例基本不变，这种情况下，扩散不是主要的控制步骤。当扫描速率高于 500 mV/s 时，峰电流密度的比值迅速增加。由于高扫描速率情况下，传质过程受到的影响比电化学步骤大，因此可以推测，相比 $P_{Ⅲ}$而言，$P_{Ⅳ}$受到物质扩散的影响更大，也就是说 $P_{Ⅳ}$主要是溶液中 DME 的直接氧化，而 $P_{Ⅲ}$则是吸附物种氧化和直接氧化的共同结果。

表 5.2　$P_{Ⅲ}$和 $P_{Ⅳ}$的峰电流密度及其比值随扫描速率的变化

扫描速率/(mV·s^{-1})	$j_{P_Ⅲ}$/(mA·cm^{-2})	$j_{P_Ⅳ}$/(mA·cm^{-2})	$j_{P_Ⅲ}/j_{P_Ⅳ}$
5	0.677	0.56	1.2
10	0.712	0.487	1.5
20	0.964	0.542	1.8
50	1.21	0.6	2.0
100	1.37	0.68	2.0
200	1.86	0.9	2.1
500	2.2	0.85	2.6
1 000	3	0.9	3.3
2 000	3.6	1	3.6
5 000	4.5	1	4.5
10 000	5	0.2	25

为了研究 DME 解离吸附的电势依存性,设计如图 5.96(a)中所示的电势阶跃程序,从 0.05 V 阶跃到 E_{ad}吸附 120 s 后向负方向扫描至 0.05 V,再在 0.05 ~ 0.9 V之间作循环伏安扫描,以记录氢区的变化。图 5.96(b)、(c)所示为几个电势下吸附后的第 1 圈 CV 曲线,将其归为以下两类。

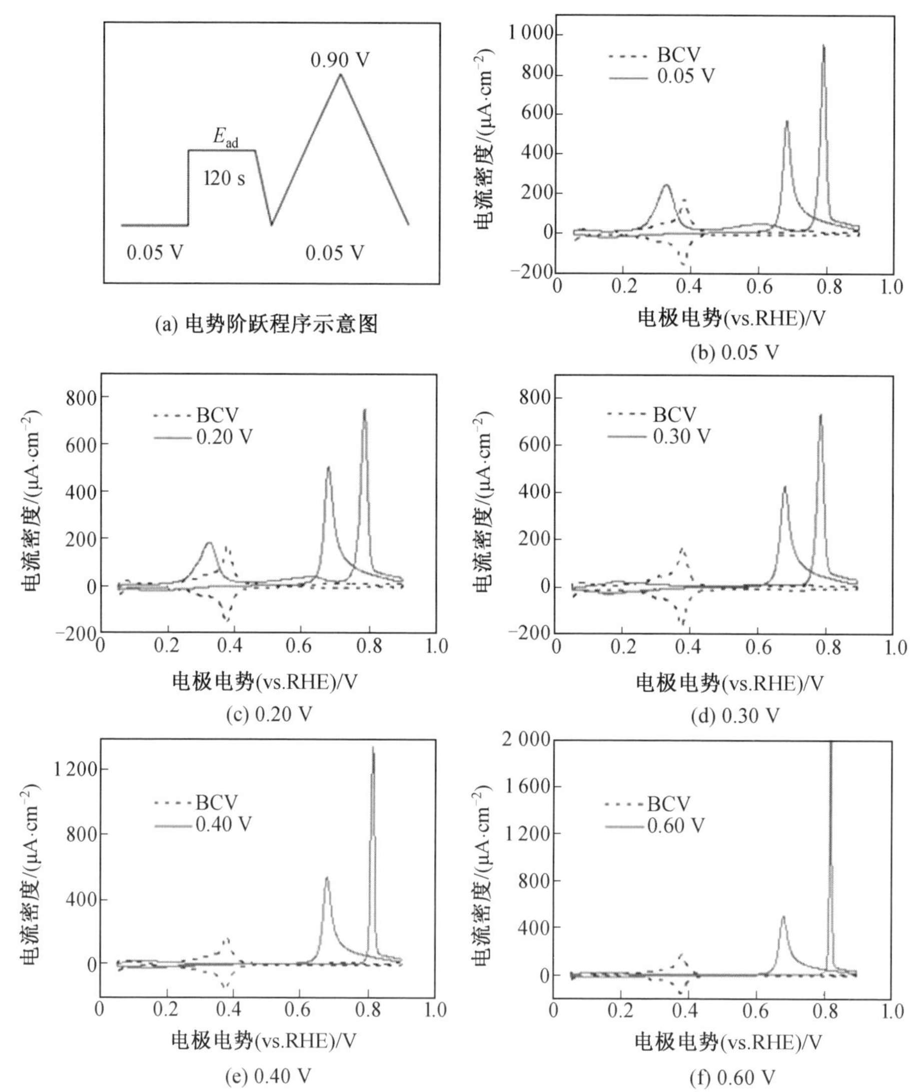

图 5.96 Pt(100)电极在不同电势吸附 120 s 后向负扫的第 1 圈 CV 曲线

(1)E_{ad}<0.30 V(表面被吸附氢(H_{ad})覆盖的电势区间)。当 E_{ad} = 0.05 V 时

(图 5.96(b)),CV 中出现几个明显的氧化峰:位于 0.33 V 的 $P_{Ⅰ}$(积分电量 $Q_{Ⅰ}$ = 337 mC/cm^2)、位于 0.61 V 比较弱的宽峰 $P_{Ⅱ}$($Q_{Ⅱ}$ = 122 mC/cm^2)、位于 0.79 V 的一个非常尖锐的氧化峰 $P_{Ⅲ}$($Q_{Ⅲ}$ = 455 mC/cm^2)和负扫过程中位于 0.68 V 的氧化峰 $P_{Ⅳ}$($Q_{Ⅳ}$ = 464 mC/cm^2)。将不同吸附电势下 $P_{Ⅰ}$、$P_{Ⅱ}$ 和 $P_{Ⅲ}$ 的电量进行对比,如图 5.97 所示。负扫中的 $P_{Ⅳ}$ 基本重合,其电量基本不随吸附电势的改变而变化,因此不对其电量进行讨论。当 E_{ad} = 0.20 V 时,$Q_{Ⅰ}$ 和 $Q_{Ⅱ}$ 稍微有所下降。$P_{Ⅲ}$ 的峰位置和电量与 0.05 V 相差不大。

(2)$E_{ad} \geqslant$ 0.30 V(H_{ad} 部分或全部脱附)。当 E_{ad} = 0.30 V(图 5.96(d),$P_{Ⅰ}$ 和 $P_{Ⅱ}$ 完全消失,仅在电势低于 0.30 V 的区域有一点电流,且正负对称,应该对应剩余铂位上氢的吸脱附。$Q_{Ⅲ}$ 与 0.20 V 相当。随着 E_{ad} 继续增大,$P_{Ⅲ}$ 峰电流更高且峰形更尖锐,峰电势继续向正电势移动,但是峰电量下降至 380 mC/cm^2。

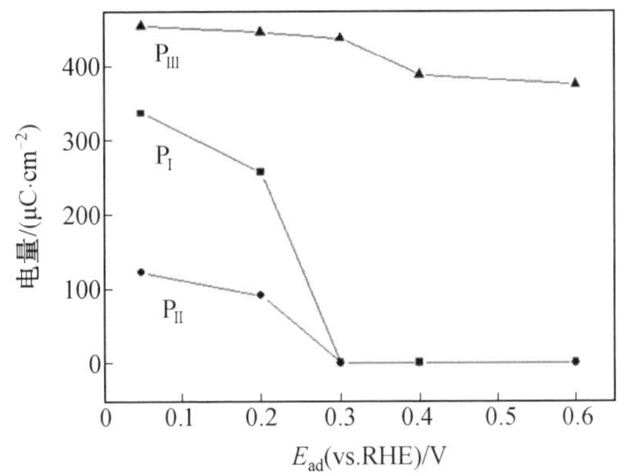

图 5.97　$Q_{Ⅰ}$、$Q_{Ⅱ}$、$Q_{Ⅲ}$ 随 E_{ad} 的变化关系

根据各峰电量随吸附电势的变化曲线(图 5.97)可以很清楚地看到,在同一扫描速率下,$Q_{Ⅱ}$ 随着 $Q_{Ⅰ}$ 的降低而降低,从另一角度证实了 $P_{Ⅱ}$ 是 $P_{Ⅰ}$ 的后续反应的推测。另外发现,将 E_{ad} 控制在 0.05 V,保持不同时间后再作 CV 扫描,仍然可以得到相同的 $P_{Ⅰ}$ 和 $P_{Ⅱ}$,也就是说 0.05 V DME 不发生反应,因为该电势下电极表面被致密的氢所覆盖。随着 E_{ad} 增大,氢开始脱附,DME 开始发生解离吸附反应,$P_{Ⅰ}$ 和 $P_{Ⅱ}$ 随着电势变正而下降,说明 DME 解离吸附反应的速率逐渐增大,毒性中间体 CO 的覆盖度也增高。文献中已经报道了 CO 的氧化峰随着其覆盖度增高而向正移,因此氧化峰位置随着 E_{ad} 增大而正移可以解释为由毒性中间体的覆盖度增加而导致,电势正移又使得电极表面更容易吸附氧化物种,DME 的直接氧化量也减少,导致氧化峰电量下降。

在电势吸附实验过程中还发现,控制 DME 在某些电势下吸附一定时间后,

氧化峰 P_{III} 会分裂为双峰,将其命名为 $P_{\mathrm{III}-1}$ 和 $P_{\mathrm{III}-2}$。接下来对双峰的出现机制进行仔细探讨。首先将 Pt(100)电极控制在指定电势 E_{ad} 下保持一段时间,随后立即向正向作循环伏安扫描,改变吸附的时间 t_{ad},可以得到一系列的 CV 曲线,结果如图5.98 所示,由于吸附的结果主要影响第1 圈正扫曲线,所以略去负扫的结果。研究发现,当电势 E_{ad} 在 0.05 ~0.70 V 之间时,双峰均可以出现,在不同的电势下,出现双峰需要的时间不同,而且随着吸附时间 t_{ad} 的延长,$P_{\mathrm{III}-1}$ 和 $P_{\mathrm{III}-2}$ 的峰位置很有规律地移动,峰电流也发生变化,出现 $P_{\mathrm{III}-1}$ 逐渐过渡到 $P_{\mathrm{III}-2}$ 的现象。

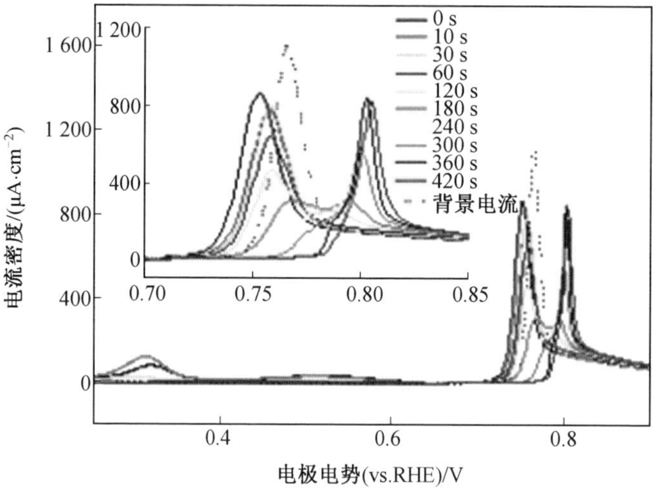

(a) 0.25 V

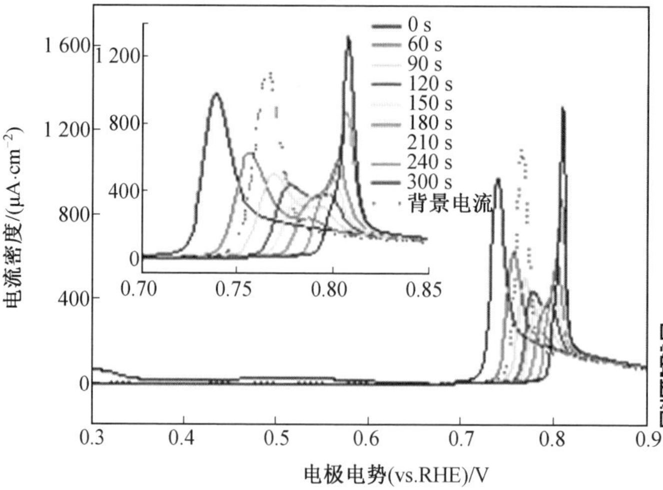

(b) 0.30 V

图 5.98　Pt(100)电极在 DME 溶液中指定电势吸附不同时间后的 CV 曲线变化

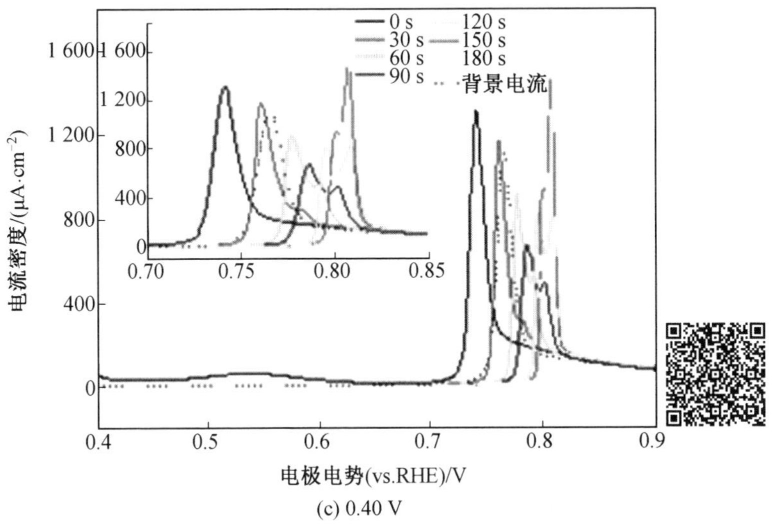

(c) 0.40 V

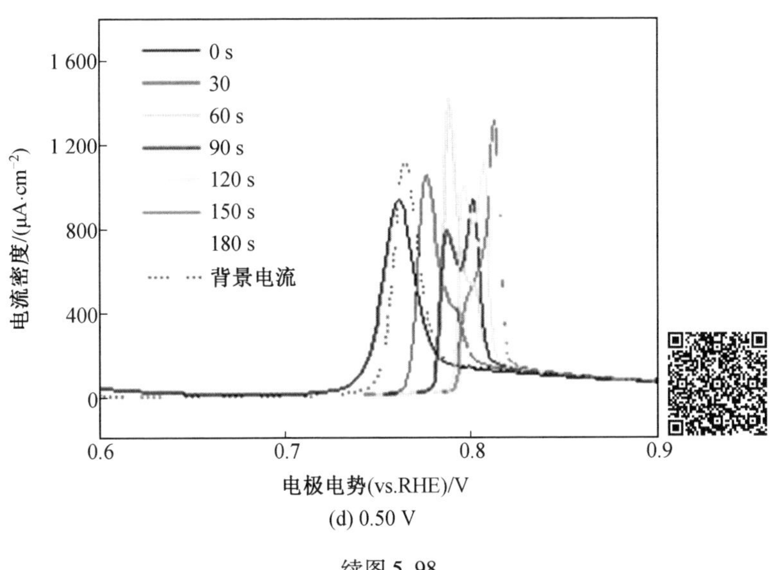

(d) 0.50 V

续图 5.98

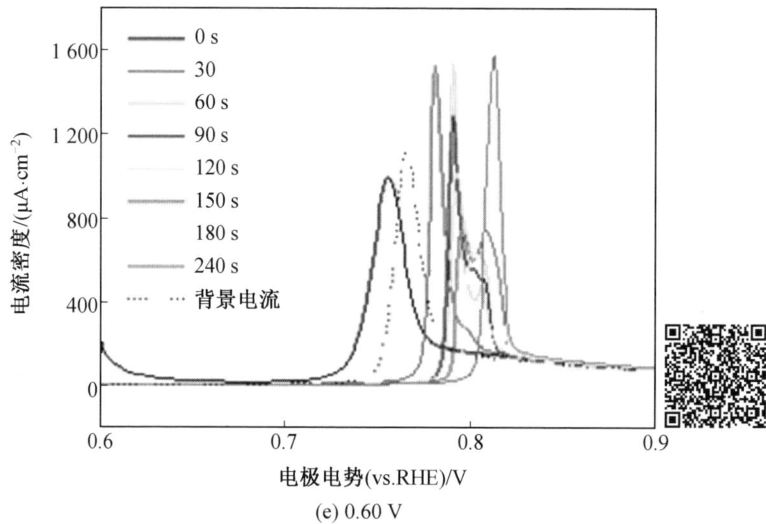

(e) 0.60 V

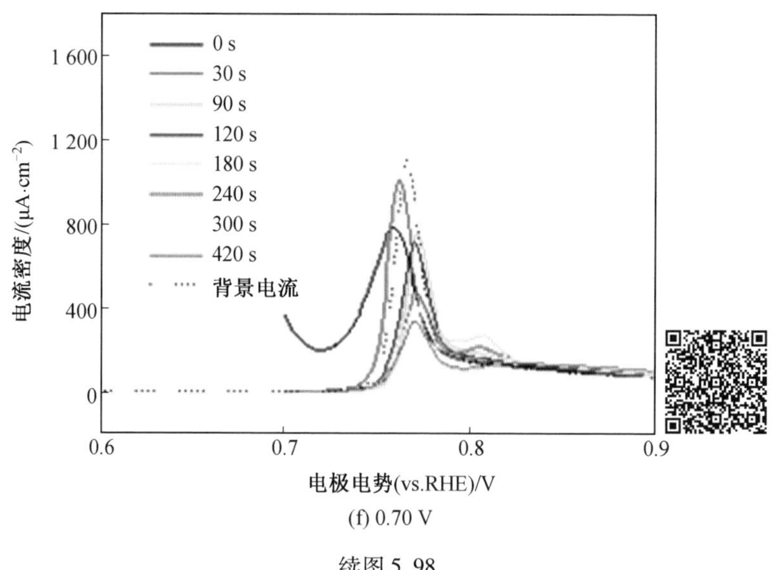

(f) 0.70 V

续图 5.98

图5.98(a)中是在E_{ad}为0.25 V时吸附不同时间的结果。当$t_{ad}<60$ s时，氧化峰为单峰($P_{Ⅲ-1}$)，且随着t_{ad}延长，峰电流下降，峰电势正移；当t_{ad}增加到120 s时，在0.79 V出现一个较弱的峰，即$P_{Ⅲ-2}$；当t_{ad}增加到180 s时，$P_{Ⅲ-1}$和$P_{Ⅲ-2}$几乎等高；随着时间继续延长，$P_{Ⅲ-1}$逐渐消失，而$P_{Ⅲ-2}$逐渐升高至与初始的$P_{Ⅲ-1}$等高。当E_{ad}升高至0.30 V(图5.98(b))，吸附150 s后$P_{Ⅲ-2}$的高度已经超过$P_{Ⅲ-1}$，并且长时间吸附稳定后$P_{Ⅲ-2}$的峰电流可以达到1 300 mA/cm^2。E_{ad}继续升高至0.40 V(图5.98(c))，$P_{Ⅲ-2}$电流超过1 600 mA/cm^2。但是当E_{ad}超过0.50 V时(图5.98(d)、(e))，随着吸附时间延长，$P_{Ⅲ-1}$反而升高，随后迅速下降，转化为$P_{Ⅲ-2}$。当E_{ad}升高至0.70 V后(图5.98(f))，$P_{Ⅲ-2}$在吸附180 s后作为$P_{Ⅲ-1}$的肩峰出现，随后两峰均下降。

氧化峰分裂为双峰有如下两种可能原因：一是两峰都是表面吸附的中间体的氧化，没有直接氧化，因为直接氧化受到扩散影响，随扫描速率变化与吸附单层的氧化不同，而现在两峰随扫描速率变化相似(图5.99)，两个峰随时间电势的渐变过程代表两种中间体的量的变化，二者的稳定性不同，导致其存在时间和氧化电势的差异。但是在实验中发现，吸附0 s时，即从0.90 V阶跃到一个电势后直接开始扫描，各电势下的扫描曲线都出现明显的氧化峰。所以又假设另一种可能：左侧峰$P_{Ⅲ-1}$为电极附近的DME通过活性中间体直接氧化，因为离电极较近，所以受扩散影响不大，而右侧峰$P_{Ⅲ-2}$为毒性中间体CO的氧化。当$P_{Ⅲ-2}$较高时，代表毒化较严重，活性位点较少，所以$P_{Ⅲ-1}$较小。0.70 V两个峰都小，变化规律与其他不一样，可能是因为随着时间延长，毒性中间体逐渐被氧化，而电极

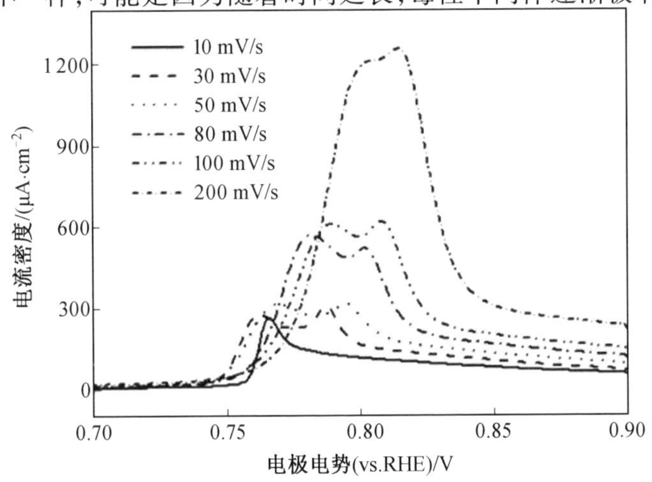

图5.99　Pt(100)电极在DME溶液中250 mV吸附180 s后不同扫描速率下的CV曲线

附近的 DME 也在吸附过程中消耗,所以两峰都随时间延长而下降。更进一步的确认需要一些现场表征手段的辅助来完成。

下面讨论不同 DME 浓度时,Pt(100)电极上的 CV 特征。图 5.100 所示为 Pt(100)电极在含不同浓度二甲醚的 0.5 mol/L H_2SO_4溶液中的第 1 圈循环伏安曲线,虚线为空白硫酸中 Pt(100)的 CV 曲线。

从图 5.100(a)中可以看出,含 0.05 mol/L DME 溶液中的 CV 氢区形状与空白中差别比较小,通过积分得到电量增加大约 90 mC/cm^2,氧化峰位于 0.73 V,其电量仅为 140 mC/cm^2。另外,负扫过程中没有出现氧化峰,并且仍有很大比例的氢吸附发生,但是氢吸附峰的形状发生变化,这是因为长程有序的表面结构被少量的吸附物种所打乱。随着 DME 浓度增大至 0.50 mol/L(图 5.100(b)),氢区开始变宽,电量也增加到 392 mC/cm^2,比 Pt(100)电极上理论氢吸附电量(208 mC/cm^2)高大约 88%,这些电量应该全部由 DME 解离吸附所贡献,此时位于 0.55 V 的 $P_{Ⅱ}$峰也开始出现,氧化峰位于大约 0.76 V,电量(354 mC/cm^2)也比 0.05 mol/L DME 溶液中高很多。负扫过程中氧化峰出现在 0.53 V,氢区受到明显抑制。当 DME 浓度增加至饱和(1.65 mol/L),$P_{Ⅰ}$负移至 0.33 V,这是因为 DME 本体浓度足够大,物质扩散不再是主要的控制步骤,只要有部分氢脱附释放出铂的活性位点,DME 就可以发生反应。$P_{Ⅱ}$和 $P_{Ⅲ}$分别正移到 0.60 V 和 0.79 V,因为这两个峰都是来自表面物种的反应,当表面吸附物的覆盖度较高时,反应需要的过电势也较高,$P_{Ⅲ}$和 $P_{Ⅳ}$的峰电流均比低浓度时明显增大。另外,$P_{Ⅳ}$的峰电势比 0.5 mol/L DME 溶液中正移了约 0.15 V 且峰宽变窄。从以上结果可以看出,$P_{Ⅳ}$受 DME 浓度影响最大,也证实了该峰主要来自 DME 的直接氧化,因而受物质扩散的影响也最大。

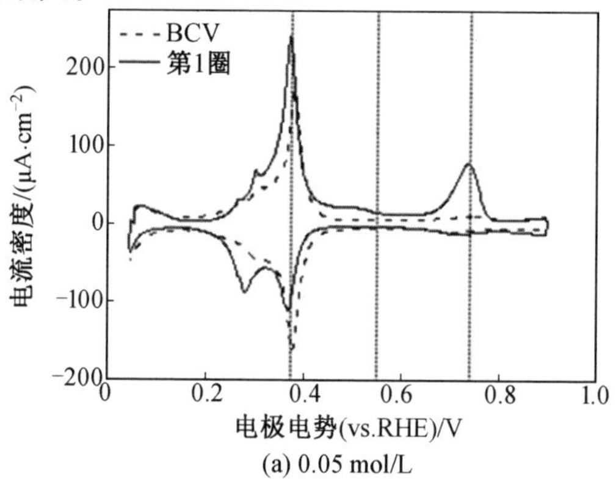

(a) 0.05 mol/L

图 5.100 Pt(100)电极在含不同浓度二甲醚的 0.5 mol/L H_2SO_4 溶液中的第 1 圈和空白的 CV 曲线

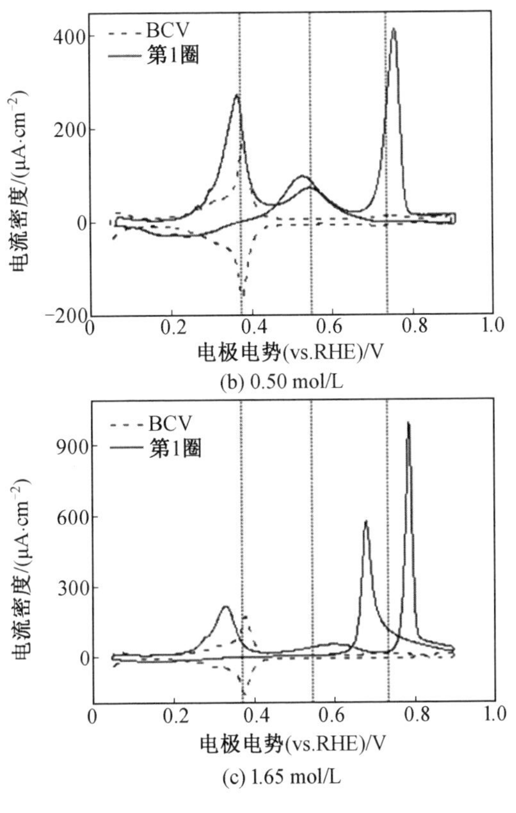

(b) 0.50 mol/L

(c) 1.65 mol/L

续图 5.100

二甲醚与甲醇在分子结构上有很大的相似之处，而且文献中已经报道了很多关于甲醇电氧化的结果，因此与甲醇做对比研究会对理解 DME 的电氧化机理有很大帮助。

图 5.101 是 Pt(111) 电极在含 1.0 mol/L 甲醇和饱和 DME 的 0.5 mol/L H_2SO_4 溶液中的第 1 圈 CV 曲线。二者在低电势的氢区基本与空白曲线重合，从“蝴蝶峰”区域开始两者均叠加阳极电流。但是高电势区间截然不同：一方面表现在甲醇的氧化峰电流密度比 DME 高很多，另一方面在负扫过程中甲醇仍有很大的氧化峰，而 DME 则完全没有氧化峰。这是因为 DME 在 Pt(111) 电极上没有直接氧化。

图 5.102 是 Pt(100) 电极在含 1.0 mol/L 甲醇和饱和 DME 的 0.5 mol/L H_2SO_4 溶液中的第 1 圈 CV 曲线。甲醇的氧化峰电流密度大约比 DME 高 1 倍左右，而且反应活性电势区间比较宽。这一方面可能是 DME 较甲醇更易生成毒性中间体，另一方面可能是电势扫描到超过 0.8 V，电极的氧化对 DME 直接氧化的

影响比甲醇更严重。

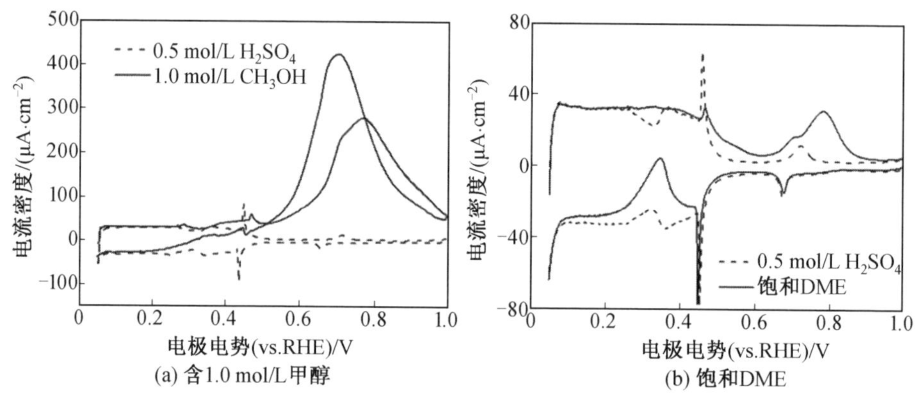

图 5.101　Pt(111)电极在含不同有机物的 0.5 mol/L H_2SO_4 溶液中的第 1 圈 CV 曲线

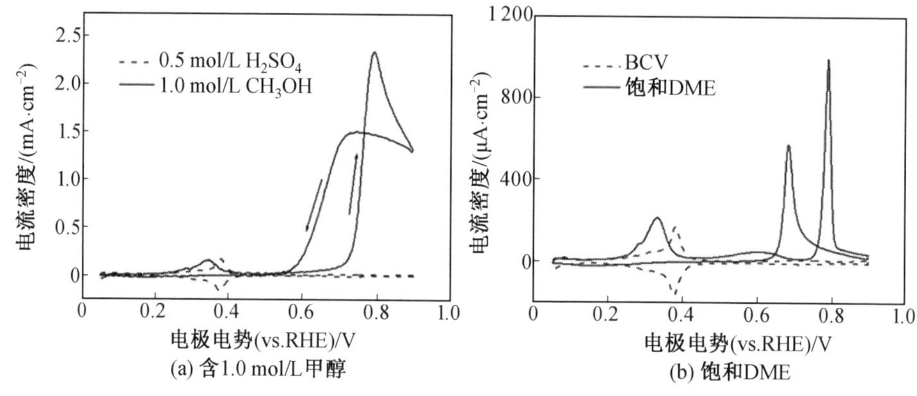

图 5.102　Pt(100)电极在含不同有机物的 0.5 mol/L H_2SO_4 溶液中的第 1 圈 CV 曲线

为排除直接氧化途径的影响,比较 DME 和甲醇在低电势区间的解离吸附反应过程,对两者在铂单晶电极上 0.05 ~ 0.50 V 之间连续扫描的 CV 曲线做对比研究。在该电势区间连续扫描,通过比较对氢区的抑制情况,可以得到吸附物种的生成速率和累积的情况。

图 5.103 给出的是 Pt(111)和 Pt(100)电极在 DME 饱和的和含 1.0 mol/L CH_3OH 的 0.5 mol/L H_2SO_4 溶液中 0.05 ~ 0.5 V 之间连续扫描的 CV 曲线。首先将电势从 1.0 V 阶跃到 0.05 V,然后再作连续扫描,这样得到的第 1 圈曲线可以代表 DME 和甲醇在清洁电极表面上的行为。在含 DME 的溶液中,Pt(111)电极的第 1 圈扫描的氢区几乎与空白曲线一致,仅在"蝴蝶峰"区域叠加了阳极电流,尖峰受到抑制。在第 1 圈负扫中,同样的区域出现阳极电流。随后的扫描中氢区的抑制逐圈增大。但在几十圈后,仍然有很大部分的表面活性位点剩余。Pt

(111)在含甲醇的溶液中得到很相似的 CV 曲线,如图 5.103(c)所示。

另外,DME 和甲醇在 Pt(100)上的低电势区间也十分相似,都是在第 1 圈出现一个氧化峰,与氢的脱附峰相向交叉。第 2 圈时大部分表面活性位点已经被占据,仅在 0.05 ~0.3 V 之间仍有少量氢的吸脱附,且第 2 圈与后面的扫描基本重合,说明 DME 和甲醇在 Pt(100)上的解离吸附速度都比 Pt(111)上快。

以上结果说明在这段电势区间内,DME 可能与甲醇存在相似的反应机理。

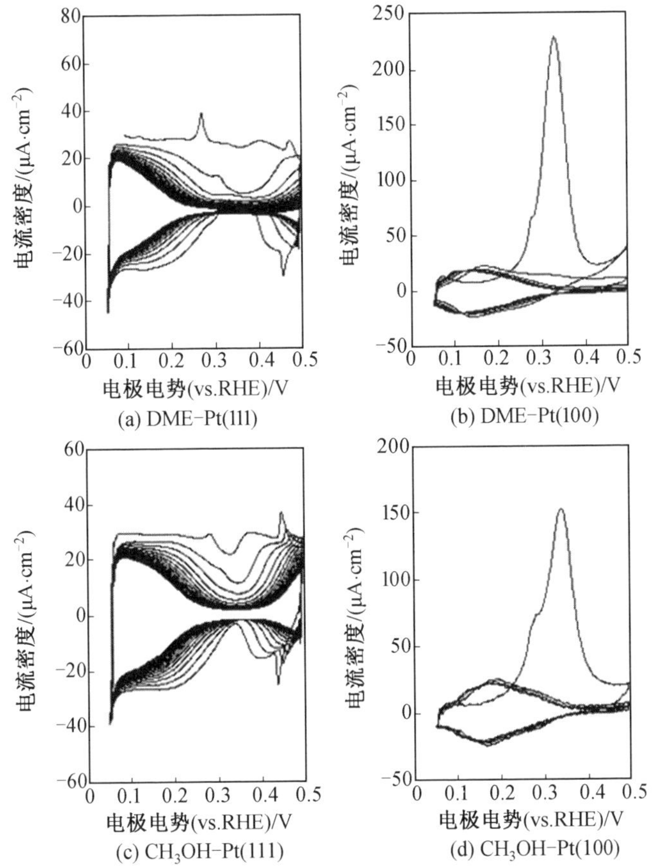

图 5.103 Pt(111) 和 Pt(100)电极在含不同有机物的 0.5 mol/L H_2SO_4 溶液中连续扫描的 CV 曲线

Cuesta 研究发现,氰根官能团(CN)在 Pt(111)上的吸附可以阻止甲醇通过间接途径氧化成 CO 等毒性中间体,指出甲醇的间接氧化通过碳原子脱氢生成 CO,而且该反应需要至少三个紧密相邻的 Pt 原子。为验证 DME 在低电势区间的反应机理,本节中以氰根修饰的 Pt(111)晶面作为研究电极,考察 DME 的电化学行为与修饰前的差异。

图5.104给出了氰根修饰前和修饰后Pt(111)电极在0.5 mol/L H_2SO_4溶液中和含饱和DME的0.5 mol/L H_2SO_4溶液中的CV曲线。空白溶液中CN修饰后Pt(111)的CV曲线与文献中报道的一致，氢区和阴离子吸附区的电流受到抑制，电量大约减少50%，在0.9 V附近出现一对可逆峰，为共吸附的OH^-。在含DME的溶液中，CN修饰后的Pt(111)电极对DME不敏感，低电势区间的阳极电流和0.8 V的氧化峰完全消失，即DME在CN修饰后的Pt(111)电极表面没有任何反应发生。在DME饱和的硫酸溶液中对氰根修饰的Pt(111)电极进行现场红外测试，也未能检测到CO或CO_2的生成。

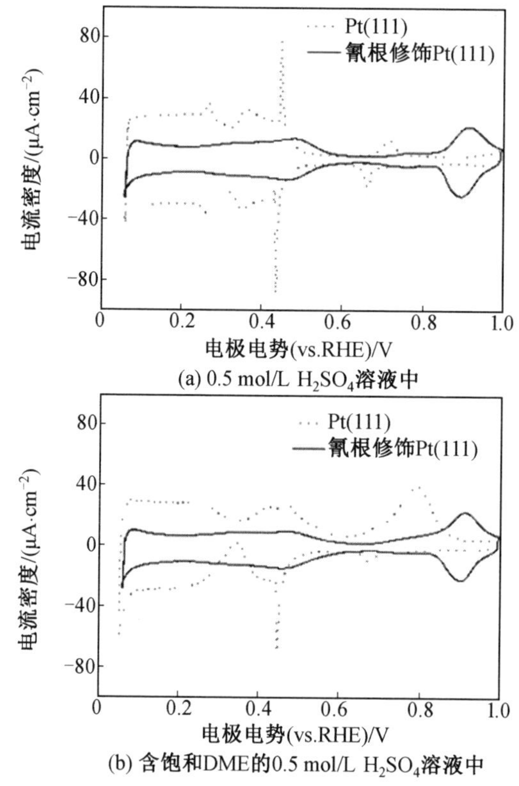

图5.104　氰根修饰前后Pt(111)电极在不同溶液中的CV曲线

氰根在Pt(111)电极上的修饰形成$(2\sqrt{3}\times2\sqrt{3})R30°$的稳定结构。其原子间距、空间构型等信息可以通过扫描隧道显微镜（STM）进行表征。Stuhlmann和Kim先后对此做了研究。CN在Pt(111)上形成致密的六方形阵列，在每个空白Pt原子的周围6个CN顶位吸附形成正六边形，如图5.105所示。在CN修饰的

Pt(111)电极表面有四种可能的活性位点置:①单个 Pt 原子;②两个相邻的 Pt 原子;③三个线性排列的 Pt 原子;④三个 V 字形排列的 Pt 原子。从上面的结果可以看出,以上这几种位置都不能催化氧化 DME。也就是说,DME 在 Pt(111)电极上的分解反应与甲醇有相似的机理,需要至少三个紧密相连的 Pt 原子,通过 C—H 键的断裂逐步形成 CO_{ad}。

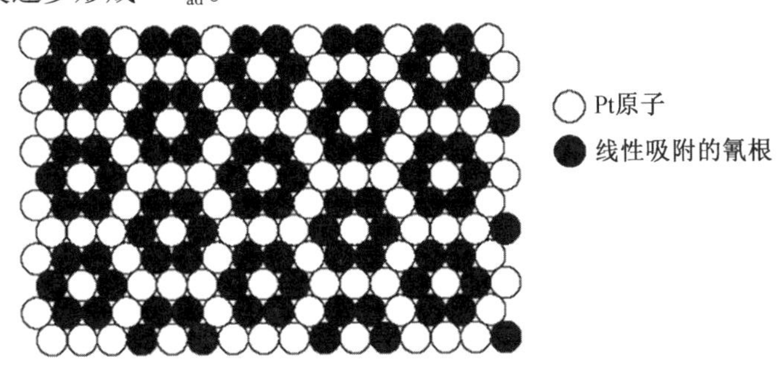

图 5.105　氰根在 Pt(111)电极上形成的$(2\sqrt{3}\times2\sqrt{3})R30°$结构的球形示意图

需要提到的是,通过现场红外光谱在多晶铂电极上可以检测到初步的脱氢产物为$(CH_3OCH_2—)_{ad}$,并且确认该物种为 CO_{ad}的前驱体。尽管由于单晶红外的薄层结构的灵敏度限制,目前仍不能在 Pt(111)单晶电极上检测到$(CH_3OCH_2—)_{ad}$的存在,但多晶上的结果可以在一定程度上辅助确认脱氢步骤的假设。

另外,在高电势区间甲醇在氰根修饰的 Pt(111)电极上仍可以不通过形成 CO_{ad}的途径而直接氧化,二甲醚却没有任何反应。通过形成 CO_{ad}的途径一般被认为是间接氧化途径,而通过可溶中间体的途径一般被认为是直接氧化途径。甲醇在几个相连的 Pt 原子上倾向于 C—H 键的断裂形成 CO_{ad},即间接氧化途径。但是如果没有相连的电极表面活性位点,则倾向于通过 O—H 的断裂形成可溶中间产物,即所谓的直接氧化途径。但是 DME 没有 O—H 键,所以高电势有可能发生的直接氧化反应应该是 C—O 键的断裂。前面的实验结果证实,DME 在 Pt(111)电极上没有直接氧化途径,说明 DME 的 C—O 键不容易在 Pt(111)上发生断裂。CO_{ad}的形成主要通过低电势的脱氢反应,当 DME 分子脱氢吸附在电极表面后,电极表面的电场作用使得吸附物容易断开 C—O 键形成 CO_{ad},进一步氧化成 CO_2。

下面将结合上述 DME 在铂电极上电氧化反应的晶面依存性、现场红外的检测结果以及本章中对 DME 电化学行为的影响因素的考察,讨论二甲醚在铂电极上的电氧化反应机理。

根据前面红外光谱的结果，二甲醚在铂电极上循环伏安扫描的低电势区间会发生的初始分解反应为 C—H 键断裂的解离吸附反应（式(5.8)），这一步骤与 Shao 的推理相吻合。另外还证实，二甲醚的解离吸附反应需要三个紧密相连的铂的活性位点，因此可以推测 DME 分子一个 C 上的三个 H 会优先断裂（式(5.9)），通过一个 C 与 Pt 键合。随着扫描电势的升高，解离吸附的中间产物会转化为更加稳定的 CO_{ad}（式(5.10)），而吸附的 CO_{ad} 最终在更高电势被氧化为 CO_2（式(5.11)），这一点也从红外光谱得到了验证。

$$CH_3OCH_3 \longrightarrow (CH_3OCH_2)_{ad} + H^+ + e^- \tag{5.8}$$

$$(CH_3OCH_2)_{ad} \longrightarrow (CH_3OC)_{ad} + 2H^+ + 2e^- \tag{5.9}$$

$$(CH_3OC)_{ad} + H_2O \longrightarrow CO_{ad} + CH_3OH + H^+ + e^- \tag{5.10}$$

$$CO_{ad} + OH_{ad} \longrightarrow CO_2 + H^+ + e^- \tag{5.11}$$

在式(5.10)中，甲醇作为 $(CH_3OC)_{ad}$ 脱去一个电子的副产物，Ota 用气相色谱研究 DDFC 副产物时也检测到了少量甲醇的存在，但他们推测甲醇来自 DME 的水解过程。本节中的结果均在循环伏安扫描条件下得到，实验条件的不同可能是导致推测的机理不同的主要原因，但也不排除两种反应共同存在的可能。

在扫描的高电势区间，DME 仅可以在 Pt(100) 晶面上发生直接氧化反应。根据与甲醇的对比，推测 DME 分子在 Pt(100) 电极表面通过 C—O 键断裂发生直接氧化：

$$CH_3OCH_3 + OH^- \longrightarrow (CH_3O)_{ad} + CH_3OH + e^- \tag{5.12}$$

事实上已经有一些研究中用红外光谱确认 DME 分子在 Al_2O_3 作载体的贵金属表面可以通过 C—O 键的断裂生成 $(CH_3O)_{ad}$。

由于 $(CH_3O)_{ad}$ 也是甲醇直接氧化的中间产物，而且目前对甲醇的电氧化机理已经研究得比较深入，接下来的反应步骤参照甲醇的电氧化机理（式(5.13)～(5.20)）。$(CH_3O)_{ad}$ 可以进一步解离为 $(CH_2O)_{ad}$（式(5.13)），吸附态的 $(CH_2O)_{ad}$ 可以发生解吸附作用，脱离电极表面成为溶解的甲醛（式(5.14)）：

$$(CH_3O)_{ad} \longrightarrow (CH_2O)_{ad} + H^+ + e^- \tag{5.13}$$

$$(CH_2O)_{ad} \longrightarrow HCHO \tag{5.14}$$

邵玉艳等在用气相色谱对循环伏安测量后的溶液进行分析时，检测到了少量甲醛，一定程度上验证了式(5.13)和式(5.14)的推测。甲醛形成后，会很快发生水合反应得到甲基乙二醇：

$$HCHO + H_2O \longrightarrow H_2C(OH)_2 \tag{5.15}$$

随后

$$H_2C(OH)_2 \longrightarrow (HCOO)_{ad} + 3H^+ + 3e^- \tag{5.16}$$

或

$$H_2C(OH)_2 \longrightarrow (HCOOH)_{ad} + 2H^+ + 2e^- \tag{5.17}$$

紧接着

$$(HCOOH)_{ad} + CH_3OH \longrightarrow HCOOCH_3 + H_2O \tag{5.18}$$

或

$$(HCOOH)_{ad} \longrightarrow (HCOO)_{ad} + H^+ + e^- \tag{5.19}$$

最后

$$(HCOO)_{ad} + OH^- \longrightarrow CO_2 + H_2O + e^- \tag{5.20}$$

式(5.8)～(5.11)所指出的反应途径代表二甲醚分子的间接氧化过程，而式(5.12)～(5.20)代表直接氧化过程的步骤。Mizutani 等研究发现在 DDFC 工作环境下检测到甲酸甲酯的生成，而且与电流密度呈线性关系，推测其是电化学反应的副产物，但甲酸甲酯的量与 CO_2相比几乎可以忽略。

5.3.3　二甲醚电氧化铂基二元催化剂的设计与研究

采用铂单晶电极研究了 DME 电氧化与电极结构、电极电势、阴离子吸附等因素的关系，并对 DME 的电氧化机理进行了分析。DME 电氧化活性差的主要原因：一方面在于该反应对表面结构非常敏感，只在 Pt(100)上活性较高；另一方面，DME 在电极表面解离吸附形成的 CO 等中间体使表面被毒化。因此，为提高 DDFC 的性能，有必要研究耐 CO 毒化的阳极催化剂。

PtRu 合金一直以来被认为是提高耐 CO 或有机小分子中毒能力的优良催化剂，其促进机理也已经被广泛研究。目前，有两种被公认的机理，一种是“双功能机理”，即 Ru 可以在更低电势分解水，提供表面氧化物种，从而促进 CO 氧化为 CO_2，改善 Pt 基催化剂的耐中毒能力；另一种是配位效应或称为电子效应，该机理认为 Ru 的添加可以改变 Pt 表面的电子结构，降低 Pt—CO 之间的成键强度，从而促进 CO 的氧化。

文献中已经有采用 PtRu 合金作为 DDFC 阳极催化剂的研究，但是关于 Ru 的促进作用与催化剂表面结构关系的研究却未见报道。Wieckowski 及其合作者曾报道了 Ru 可以通过自发沉积不可逆地吸附在铂表面，而且其覆盖度可以通过反复沉积来改变，他们利用扫描隧道显微镜和 X 射线光电子能谱研究了 Ru 覆盖层的形貌和化学状态。研究发现 Ru 在铂单晶上修饰后对甲醇的催化活性有很大提高。尽管铂单晶电极上自发沉积 Ru 覆盖层形成的模型催化剂与实用催化剂不完全相同，却可以从本质上帮助理解有机小分子在 PtRu 催化剂表面电氧化的机理，对基础研究和实际应用都有很重要的意义。

本节首先采用自发沉积的方法研究 Ru 的修饰对铂单晶上 DME 催化活性的影响,重点考察 Ru 修饰作用的晶面结构依存性。在此基础上,采用浸渍还原法合成几种二元合金催化剂,并考察这些催化剂对 DME 的催化活性。

Ru 的修饰通过自发沉积来实现。修饰后的单晶电极首先在不含 DME 的空白硫酸溶液中通过循环伏安曲线来表征其修饰结果,然后再转移到 DME 饱和的硫酸溶液中进行循环伏安和计时电流测试,考察其对 DME 的催化活性。

同单晶电极一样,在空白溶液中记录 Ru 修饰后的 CV 曲线可以用来表征沉积的结果。图 5.106 ~5.108 给出了 Ru 沉积一次、两次和三次后的铂单晶的三个基础晶面在 0.5 mol/L H_2SO_4溶液中的 CV 曲线以及作为对比的未修饰 Ru 的清洁单晶上的 CV 曲线。为防止 Ru 被氧化,CV 的扫描上限设为 0.88 V。采用铂单晶三个基础晶面的几何面积计算电流密度。从图中可以发现,每个晶面经 Ru 修饰后,氢的吸脱附电流都受到一定程度的抑制。在 Pt(100) 晶面上(图 5.106),0.6 V 时出现一对新的氧化/还原峰,对应 Ru 的氧化/还原过程。根据前人的研究结果,铂上修饰的 Ru 为氧化态,而且可以被还原为金属 Ru。这也解释了为什么新沉积的 Ru 覆盖层需要先在低电势还原之后才能稳定下来。对于 Pt(110)表面(图 5.107),也观察到对氢区电流的显著抑制作用,同时双层区的电流有所增加。对于 Pt(111) 电极(图 5.108),一次沉积后,作为其特征的"蝴蝶峰"区的尖峰完全消失,说明长程有序的(111)结构已经被扰乱。多次沉积后,氢区继续下降,双层稍有增加。以上图中这些变化说明 Ru 已经通过自发沉积吸附到铂单晶表面,在 Pt(100)、Pt(110) 和 Pt(111) 表面一次沉积后,Ru 的覆盖度分别为 20%、11% 和 20%。Wieckowski 等采用扫描隧道显微镜(STM)对 Ru 修饰后的铂单晶进行表征,发现 Ru 沉积一次后,形成均匀的单原子高度的纳米岛状结构,其尺寸为 1 ~3 nm。随着沉积次数增加,Ru 纳米岛的宽度和高度均增大,Pt(100)、Pt(110) 和 Pt(111) 电极上 Ru 的覆盖度分别可以达到 35% ~40%、22% 和 30% ~35%。

图 5.109 是 Ru 修饰前后的 Pt(100) 电极在 DME 饱和的 H_2SO_4 溶液中的循环伏安曲线,将正负扫描的结果分别表示在图 5.109(a)和(b)中。Ru 修饰后的 CV 与清洁的 Pt(100) 表面有明显不同,一次沉积后,位于 0.30 V 附近的峰明显下降,该峰对应 DME 脱氢的解离吸附反应。前面已经证实 DME 的解离吸附反应需要至少三个紧邻的铂活性位点,Ru 修饰后占据了部分铂原子位置,使得三个紧邻的铂原子的比例减少,因此 DME 的解离吸附反应变得困难,峰电量减小。另外,DME 氧化的起始电势从 0.72 V 负移到 0.60 V,峰电势也负移了大约 0.04 V,氧化峰起始电势越负,电池的性能也越高,从这个角度来说,Ru 的修饰

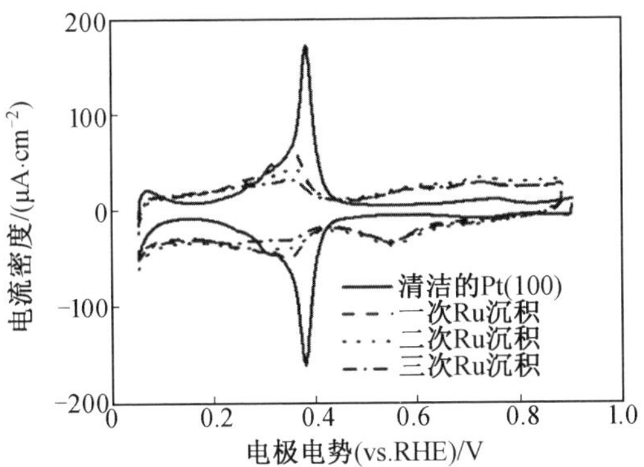

图5.106　Ru自发沉积前后的Pt(100)的CV曲线

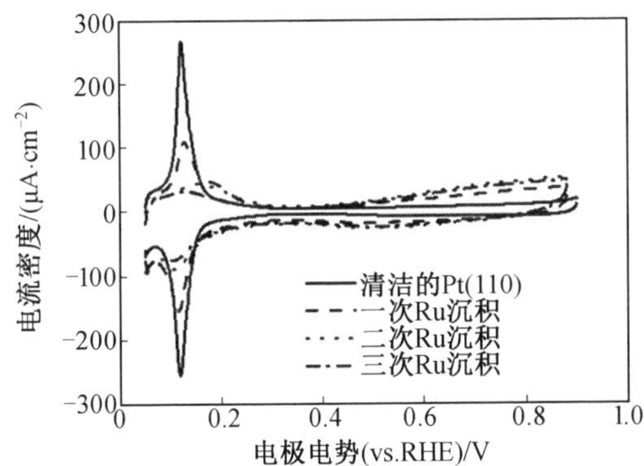

图5.107　Ru自发沉积前后的Pt(110)的CV曲线

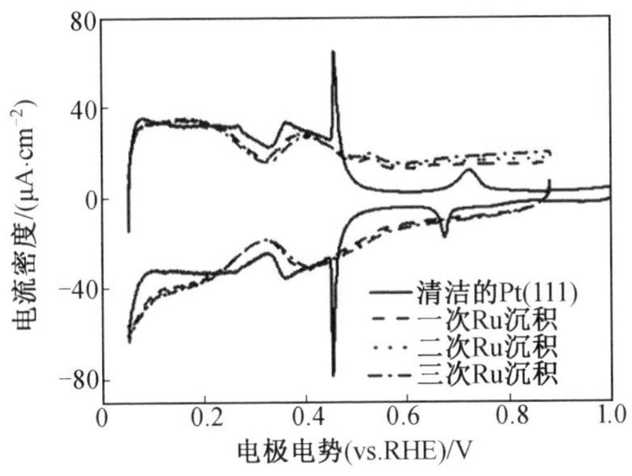

图5.108　Ru自发沉积前后的Pt(111)的CV曲线

大大提高了Pt(100)的耐中毒能力，这对于提高DDFC的性能是有利的。但是Ru修饰后的峰电流密度比修饰前下降，一方面是由于Ru占据了部分铂原子位置，另一方面高电势区间 Ru 的氧化也会使得活性降低。在第二次和第三次沉积后，DME 的解离吸附峰继续下降，氧化峰的起始电势仍位于 0.60 V，但是氧化电流却比一次沉积时降低。在负扫过程中（图 5.109（b）），Ru 一次沉积后的电极仍在较宽的电势区间对 DME 具有电氧化活性，但随着 Ru 沉积次数增加，氧化峰电流下降，且未修饰的 Pt(100)表面上的电流高于 Ru 修饰后的表面。通过5.3.2节的分析可知，负扫过程中电流主要来源于 DME 的直接氧化，毒化较小，因此 Ru 的抗毒化作用不再起主要作用，相反，Ru 对铂原子的覆盖占据了主导地位，电流随着 Ru 沉积次数增加明显下降。以上这些结果说明，Ru 在 Pt(100)上覆盖度为20% 时，对 DME 具有较好的催化活性。

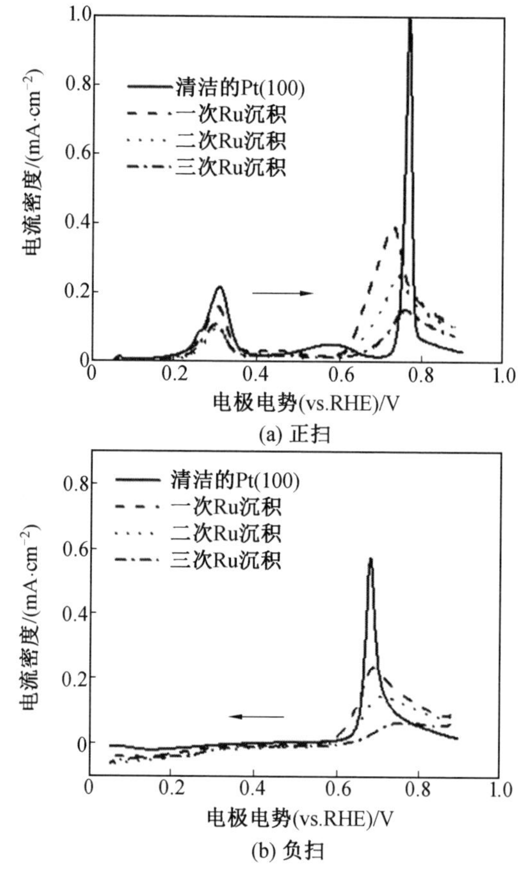

图 5.109　Ru 修饰前后的 Pt(100)电极在 DME 饱和的 H_2SO_4 溶液中的 CV 曲线

图 5.110 为 Ru 修饰前后 Pt(110) 电极在 DME 饱和的 H_2SO_4 溶液中的 CV 曲线。与 Pt(100)不同，Ru 在 Pt(110)电极上沉积后，对 DME 的活性变得更低，

氧化峰几乎消失。与之类似，Pt(111)电极在 Ru 修饰后(图 5.111)，尽管起始电势稍有负移，但峰电流密度也明显下降。多次沉积后的活性更低，图中没有给出。5.3.1 节已经介绍，Pt(110)和 Pt(111)电极对 DME 的催化活性比 Pt(100)弱很多，在这两个晶面没有 DME 的直接氧化，一个很直接的证据就是负扫过程中没有氧化电流。在图 5.110 和图 5.111 中，可以很明显地看到，Ru 修饰后负扫过程中仍然没有检测到氧化电流，因此可以推断，Ru 在 Pt(110)和 Pt(111)晶面上的修饰对 DME 的电氧化具有抑制作用。

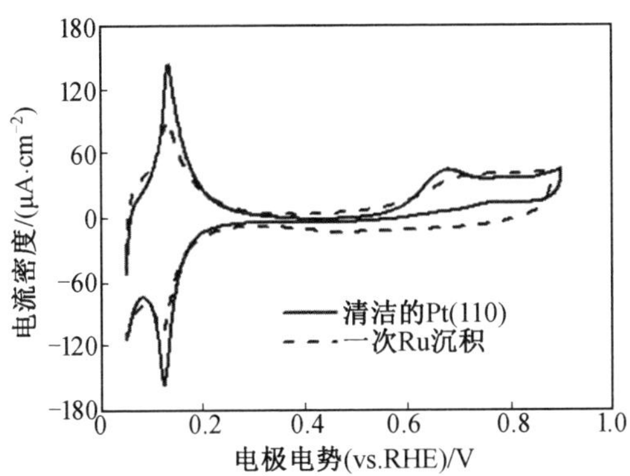

图 5.110　Ru 修饰前后 Pt(110) 电极在 DME 饱和的 H_2SO_4 溶液中的 CV 曲线

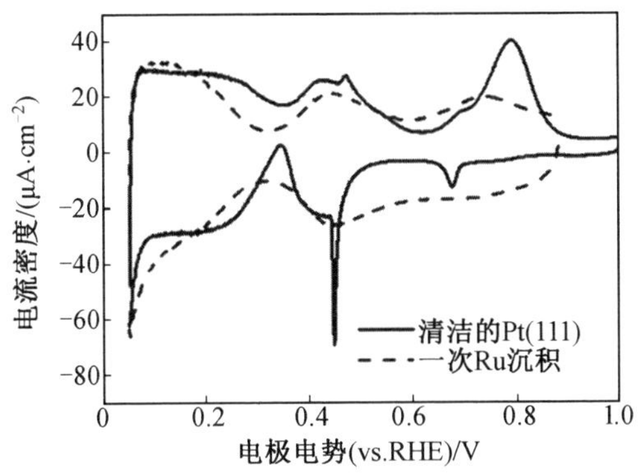

图 5.111　Ru 修饰前后 Pt(111) 电极在 DME 饱和的 H_2SO_4 溶液中的 CV 曲线

采用计时电流法记录了清洁的 Pt(100)电极和一次沉积 Ru 后的电极在 0.70 V的 CA 曲线(图 5.112)。在清洁的 Pt(100)表面，由于 CO 的毒化作用，电流在前 20 s 内很快降为零，而 Ru 修饰后，电流可以在很长一段时间内保持较高的水平。也就是说，Ru 的添加提高了 Pt(100)对 DME 的耐中毒能力。

浸渍还原法是制备燃料电池纳米级 Pt/C 催化剂最常见的方法，其优点是操

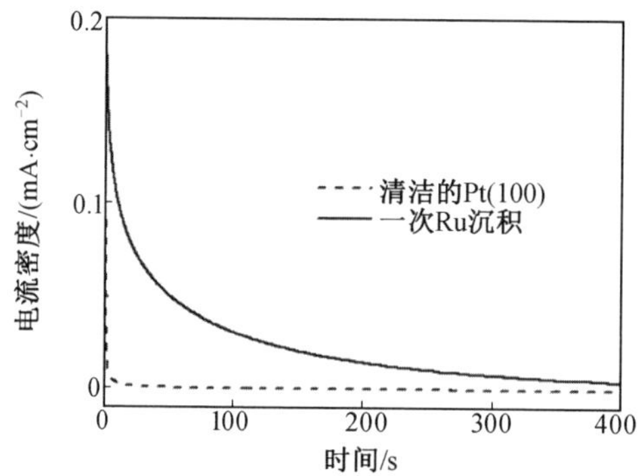

图 5.112 Ru 修饰前后 Pt(100)电极在 DME 饱和的 H_2SO_4 溶液中 0.70 V 下的 CA 曲线

作简单、成本低廉、在水相环境中操作,可用于制备从一元到多元的负载型催化剂,适合规模生产。根据文献中的报道以及作者所在实验室的一些初步研究,Ru 和 Ir 的添加对于提高 DDFC 性能有所帮助,因此,本节采用浸渍还原法制备了不同金属配比的 PtRu/C 和 PtIr/C 催化剂,并采用循环伏安法来研究它们对 DME 的催化活性。

为与二元合金催化剂对比,首先制备单金属的 Pt/C 催化剂,并考察其对 DME 的催化性能。图 5.113 是 Pt/C 催化剂的 EDS 谱图,第一最强峰为碳载体,第二个峰为 Pt,经分析 Pt 在 Pt/C 催化剂上的载量大约为 27.7%。图 5.114 是 Pt/C 催化剂在 0.5 mol/L H_2SO_4 溶液和 DME 饱和的 0.5 mol/L H_2SO_4 溶液中的 CV 曲线。BCV 具有多晶铂的氢吸脱附特征,正扫中 0.12 V 和 0.25 V 附近的峰分别对应氢在 Pt(110)和 Pt(100)台阶位上的氢脱附过程。通入 DME 后,氢区受到一定程度的抑制,说明 DME 解离吸附产物覆盖了催化剂表面;DME 的氧化峰位于 0.8 V,负扫过程中,双层区出现阳极电流,这是因为 DME 在该电势区间发生了分解反应。

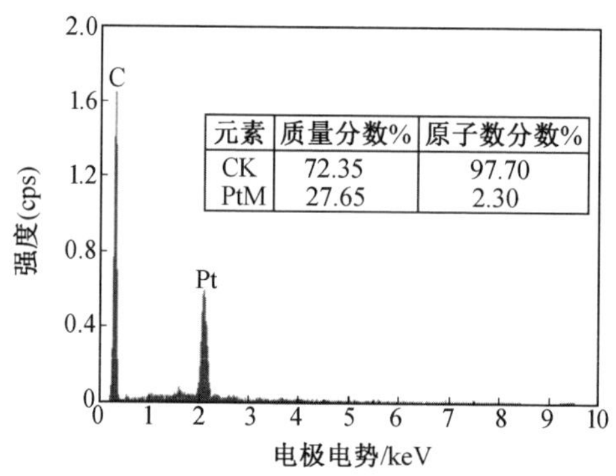

图 5.113 Pt/C 催化剂的 EDS 谱图

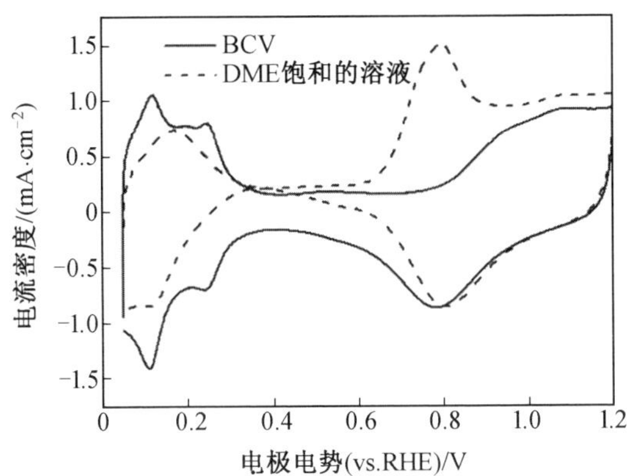

图 5.114 Pt/C 催化剂在 0.5 mol/L H_2SO_4溶液和 DME 饱和的 0.5 mol/L H_2SO_4 溶液中的循环伏安曲线

图 5.115 是采用浸渍还原法制备的 Pt_9Ru_1/C、Pt_7Ru_3/C 和 Pt_5Ru_5/C 催化剂的 EDS 谱图。从图中可以看出，除了大量碳载体和少量氧外，只检测到金属 Pt 和 Ru，金属的总载量分别为 30.61%、29.9% 和 26.36%；另外，随着 Ru 理论含量的增加，Ru 的衍射峰变强，经过分析后得到三种催化剂的 PtRu 金属的原子配比依次为 2.51∶0.25、2.09∶0.89 和 1.47∶1.30，与理论值基本相吻合。

图 5.116 是 Pt/C 和不同配比的 PtRu/C 催化剂在 DME 饱和的 H_2SO_4 溶液中的循环伏安曲线。从图中可以看出，Pt_9Ru_1/C 和 Pt_7Ru_3/C 催化剂与 Pt/C 相比，对 DME 的催化活性逐渐下降，Pt_5Ru_5/C 催化剂的起始电势负移，电流比 Pt_7Ru_3/C有所增大，但是这部分电流不能完全归结为 DME 的氧化反应。据文献中报道，PtRu/C 催化剂比 Pt/C 催化剂对 DME 催化活性高，但是文献中一般没有给出 DME 氧化的 CV 曲线与空白溶液中 CV 曲线的对比。从图 5.117 中可以看出，在空白溶液中，PtRu/C 催化剂在 0.8 V 附近也有一对氧化还原峰，对应 Ru 的氧化还原过程。与 DME 中的曲线对比可以明显发现，尽管起始电势负移，但很大一部分电流来自于 PtRu/C 较宽的双层电流或 Ru 的氧化，净的 DME 氧化反应的电量并不大。也就是说，PtRu/C 催化剂对 DME 的催化活性弱于 Pt/C 催化剂。根据对 DME 电氧化机理的分析，DME 的解离吸附反应需要至少三个紧密相连的铂原子位，而 Ru 的添加势必会减少三个以上铂原子紧密相连的机会，从而抑制 DME 的解离吸附反应。尽管 Ru 可以更好地催化毒性中间体，但对于 DME 分子来说，产生毒性中间体的概率首先被降低，故总的活性降低。

采用浸渍还原法制备 Pt_9Ir_1/C、Pt_7Ir_3/C 和 Pt_5Ir_5/C 催化剂，图 5.118 是以 Pt_5Ir_5/C 催化剂为代表的 EDS 谱图。通过 EDS 分析可知，金属的总载量分别为

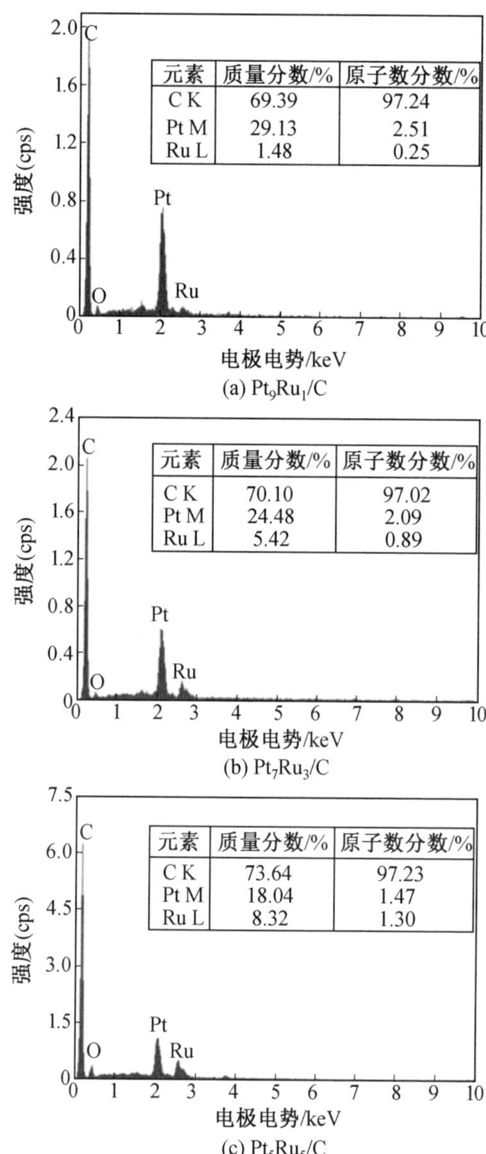

图 5.115　Pt_9Ru_1/C、Pt_7Ru_3/C 和 Pt_5Ru_5/C 催化剂的 EDS 谱图

26.32%、26.47%和27.99%，三种催化剂的 Pt 和 Ir 金属的实际原子配比依次为1.85∶0.30、1.50∶0.68 和 1.28∶1.07。由于 Ir 的特征峰与 Pt 交叠，因此在计算原子配比时比 PtRu 误差稍大。

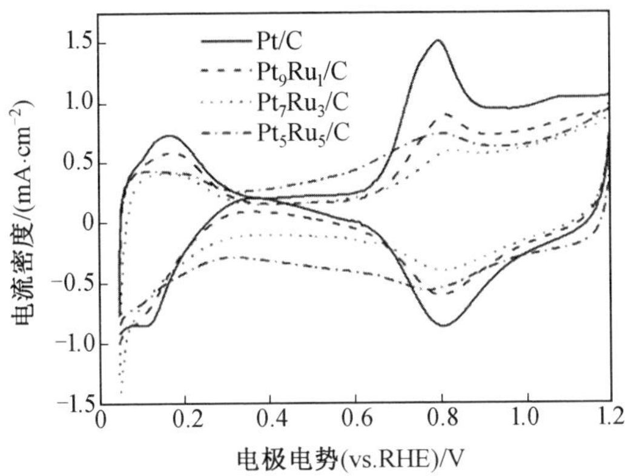

图 5.116 Pt/C、Pt_9Ru_1/C、Pt_7Ru_3/C 和 Pt_5Ru_5/C 催化剂在 DME 饱和的 H_2SO_4 溶液中的 CV 曲线

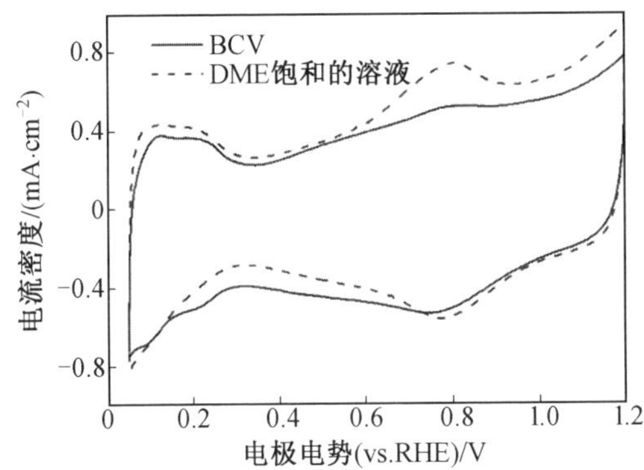

图 5.117 Pt_5Ru_5/C 催化剂在 0.5 mol/L H_2SO_4溶液和饱和 DME 的 H_2SO_4 溶液中的 CV 曲线

图 5.119 是 Pt/C 和不同配比的 PtIr/C 催化剂在 DME 饱和的 H_2SO_4 溶液中的循环伏安曲线。从图中可以看出,Pt_9Ir_1/C 和 Pt_7Ir_3/C 活性相差不大,Pt_7Ir_3/C 活性稍高于 Pt_9Ir_1/C,Pt_5Ir_5/C 则活性很低。与 PtRu/C 催化剂类似,Ir 的添加也会减少三个以上铂原子紧密相连的比例,从而抑制 DME 的解离吸附反应,总的催化活性降低。

本章主要研究了耐 CO 中毒能力较强的 Ru 的添加对 DME 电氧化活性的影响机制,并采用浸渍还原法合成几种铂基二元合金催化剂。主要结论如下。

(1)通过自发沉积的方法在铂单晶电极上沉积金属 Ru,研究了不同覆盖度的 Ru 修饰的铂单晶电极对 DME 的催化活性,阐述了 Ru 的添加对 DME 在铂催化剂上活性的影响与电极表面结构的关系。通过循环伏安测试发现,Ru 的修饰提高了 Pt(100)上的催化活性而抑制了 Pt(111)和 Pt(110)的催化活性。Pt

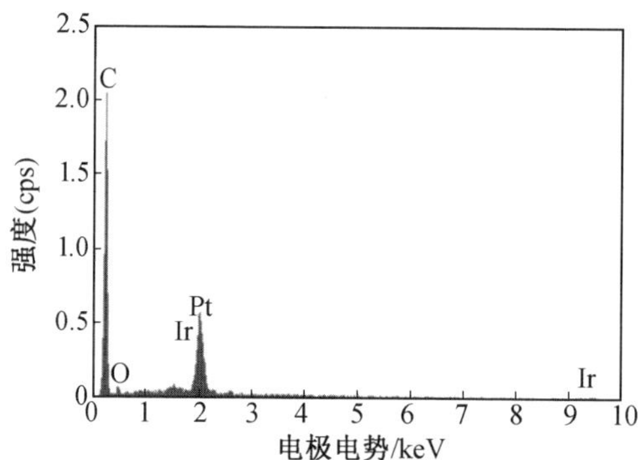

图 5.118　Pt_5Ir_5/C 催化剂的 EDS 谱图

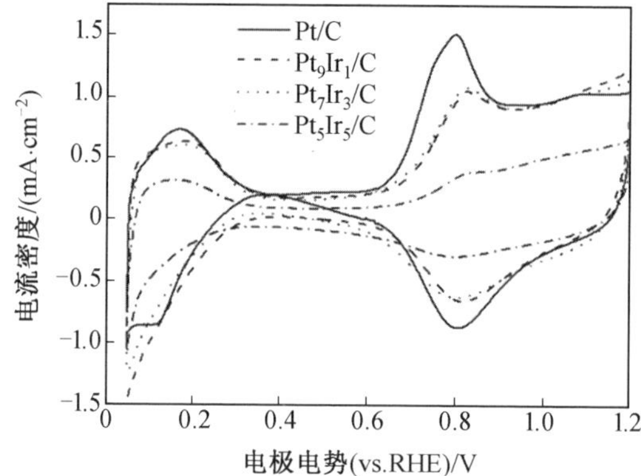

图 5.119　Pt/C、Pt_9Ir_1/C、Pt_7Ir_3/C 和 Pt_5Ir_5/C 催化剂在 DME 饱和的 H_2SO_4 溶液中的 CV 曲线

(100)/Ru 电极在 0.60 ~0.72 V 的电势区间内活性提高,特别是在一次沉积后,这对于提高 DDFC 的性能是有利的。Pt(110)/Ru 和 Pt(111)/Ru 对 DME 电氧化几乎没有催化活性。

(2)采用浸渍还原法制备了不同金属配比的 PtRu/C 催化剂,并采用循环伏安法研究它们对 DME 的催化活性。研究发现,随着 Ru 含量的增加,DME 活性下降,这是由于 Ru 的添加减少了三个以上铂原子紧密相连的比例,从而抑制 DME 的解离吸附反应。尽管 Ru 的添加可以使起始电势负移,但由于双层充电电流较高,且 Ru 容易被氧化,抑制了 DME 的直接氧化,因此净的 DME 氧化反应的电量并不大。

(3)研究了浸渍还原法制备的不同金属配比的 PtIr/C 催化剂对 DME 的催化性能,Pt_9Ir_1/C 和 Pt_7Ir_3/C 活性相差不大,Pt_5Ir_5/C 则活性很低。总体来说,采用

浸渍还原法得到的 PtRu/C 和 PtIr/C 合金催化剂对 DME 的电催化活性比 Pt/C 性能低,因此有必要设计新型的 DDFC 阳极催化剂。

本章参考文献

[1] SAMJESKÉ G, MIKI A, YE S, et al. Mechanistic study of electrocatalytic oxidation of formic acid at platinum in acidic solution by time-resolved surface-enhanced infrared absorption spectroscopy[J]. The Journal of Physical Chemistry B, 2006, 110(33): 16559-16566.

[2] MIYAKE H, OKADA T, SAMJESKÉ G, et al. Formic acid electrooxidation on Pd in acidic solutions studied by surface-enhanced infrared absorption spectroscopy[J]. Physical Chemistry Chemical Physics, 2008, 10(25): 3662-3669.

[3] CHEN Y X, YE S, HEINEN M, et al. Application of in situ attenuated total reflection-Fourier transform infrared spectroscopy for the understanding of complex reaction mechanism and kinetics: Formic acid oxidation on a Pt film electrode at elevated temperatures[J]. The Journal of Physical Chemistry B, 2006, 110(19): 9534-9544.

[4] CHEN Y X, HEINEN M, JUSYS Z, et al. Bridge-bonded formate: Active intermediate or spectator species in formic acid oxidation on a Pt film electrode? [J]. Langmuir, 2006, 22(25): 10399-10408.

[5] CHEN Y X, HEINEN M, JUSYS Z, et al. Kinetic isotope effects in complex reaction networks: Formic acid electro-oxidation[J]. Chemphyschem, 2007, 8(3): 380-385.

[6] OSAWA M, KOMATSU K, SAMJESKÉ G, et al. The role of bridge-bonded adsorbed formate in the electrocatalytic oxidation of formic acid on platinum[J]. Angewandte Chemie International Edition, 2011, 50(5): 1159-1163.

[7] CUESTA A, ESCUDERO M, LANOVA B, et al. Cyclic voltammetry, FTIRS, and DEMS study of the electrooxidation of carbon monoxide, formic acid, and methanol on cyanide-modified Pt(111) electrodes[J]. Langmuir, 2009, 25(11): 6500-6507.

[8] OBRADOVIĆ M D, TRIPKOVIĆ A V, GOJKOVIĆ S L. The origin of high activity of Pt-Au surfaces in the formic acid oxidation[J]. Electrochimica Acta, 2009, 55(1): 204-209.

[9] OBRADOVIĆ M D, ROGAN J R, BABIĆ B M, et al. Formic acid oxidation on Pt-Au nanoparticles: Relation between the catalyst activity and the poisoning rate [J]. Journal of Power Sources, 2012, 197: 72-79.

[10] PARK I S, LEE K S, CHOI J H, et al. Surface structure of Pt-modified Au nanoparticles and electrocatalytic activity in formic acid electro-oxidation[J]. The Journal of Physical Chemistry C, 2007, 111(51): 19126-19133.

[11] AHN S H, LIU Y H, MOFFAT T P. Ultrathin platinum films for methanol and formic acid oxidation: Activity as a function of film thickness and coverage[J]. ACS Catalysis, 2015, 5(4): 2124-2136.

[12] IYYAMPERUMAL R, ZHANG L, HENKELMAN G, et al. Efficient electrocatalytic oxidation of formic acid using Au@ Pt dendrimer-encapsulated-nanoparticles[J]. Journal of the American Chemical Society, 2013, 135(15): 5521-5524.

[13] ZHANG X W, ZHU H, GUO Z J, et al. Sulfated SnO_2 modified multi-walled carbon nanotubes-a mixed proton-electron conducting support for Pt catalysts in direct ethanol fuel cells [J]. Journal of Power Sources, 2011, 196 (6): 3048-3053.

[14] HIGUCHI E, MIYATA K, TAKASE T, et al. Ethanol oxidation reaction activity of highly dispersed Pt/SnO_2 double nanoparticles on carbon black[J]. Journal of Power Sources, 2010, 196(4): 1730-1737.

[15] YANG G X, FRENKEL A I, SU D, et al. Enhanced electrokinetics of C—C bond splitting during ethanol oxidation by using a Pt/Rh/Sn catalyst with a partially oxidized Pt and Rh core and a SnO_2 shell[J]. ChemCatChem, 2016, 8(18): 2876-2880.

[16] SONG H Q, QIU X P, LI F S, et al. Ethanol electro-oxidation on catalysts with TiO_2 coated carbon nanotubes as support [J]. Electrochemistry Communications, 2007, 9(6): 1416-1421.

[17] XU C W, SHEN P K. Electrochamical oxidation of ethanol on Pt-CeO_2/C catalysts[J]. Journal of Power Sources, 2005, 142(1-2): 27-29.

[18] MEHER S K, RAO G R. Morphology-controlled promoting activity of nanostructured MnO_2 for methanol and ethanol electrooxidation on Pt/C[J]. The Journal of Physical Chemistry C, 2013, 117(10): 4888-4900.

[19] BAI Y X, WU J J, XI J Y, et al. Electrochemical oxidation of ethanol on Pt-ZrO_2/C catalyst [J]. Electrochemistry Communications, 2005, 7(11): 1087-1090.

[20] KOWAL A, LI M, SHAO M, et al. Ternary Pt/Rh/SnO_2 electrocatalysts for oxidizing ethanol to CO_2[J]. Nature Materials, 2009, 8(4): 325-330.

[21] LI M, CULLEN D A, SASAKI K, et al. Ternary electrocatalysts for oxidizing ethanol to carbon dioxide: Making Ir capable of splitting C—C bond[J]. Journal of the American Chemical Society, 2013, 135(1): 132-141.

[22] ZHANG Y, ZHAO S N, FENG J, et al. Unraveling the physical chemistry and materials science of CeO_2-based nanostructures[J]. Chem, 2021, 7(8): 2022-2059.

[23] CLAVILIER J, EL ACTII K, PETIT M, et al. Electrochemical monitoring of the thermal reordering of platinum single-crystal surfaces after metallographic polishing from the early stage to the equilibrium surfaces[J]. Journal of Electroanalytical Chemistry and Interfacial Electrochemistry, 1990, 295(1/2): 333-356.

[24] CHRZANOWSKI W, WIECKOWSKI A. Ultrathin films of ruthenium on low index platinum single crystal surfaces: An electrochemical study[J]. Langmuir, 1997, 13(22): 5974-5978.

[25] SHAO M H, WARREN J, MARINKOVIC N S, et al. In situ ATR-SEIRAS study of electrooxidation of dimethyl ether on a Pt electrode in acid solutions [J]. Electrochemistry Communications, 2005, 7(5): 459-465.

[26] LIU Y, MITSUSHIMA S, OTA K I, et al. Electro-oxidation of dimethyl ether on Pt/C and PtMe/C catalysts in sulfuric acid[J]. Electrochimica Acta, 2006, 51(28): 6503-6509.

[27] MIZUTANI I, LIU Y, MITSUSHIMA S, et al. Anode reaction mechanism and crossover in direct dimethyl ether fuel cell[J]. Journal of Power Sources, 2006, 156(2): 183-189.

[28] COLMATI F, ANTOLINI E, GONZALEZ E R. Effect of temperature on the

mechanism of ethanol oxidation on carbon supported Pt, PtRu and Pt_3Sn electrocatalysts[J]. Journal of Power Sources, 2006, 157(1): 98-103.

[29] GOJKOVIĆ S L, VIDAKOVIĆ T R, UROVIĆ D R. Kinetic study of methanol oxidation on carbon-supported PtRu electrocatalyst[J]. Electrochimica Acta, 2003, 48(24): 3607-3614.

第6章

铂基电催化剂的稳定性研究

PEMFC阴极,特别是阴极Pt基催化剂的稳定性是决定高性能PEMFC寿命的关键因素。PEMFC的阴极运行环境具有强氧化、高温(80~100 ℃)、高电势(约1.2 V)等特点,特别是PEMFC启动和关停时,局部电极电压可以达到1.5 V。同时,各个运行参数(如反应气流速、湿度、电压)的波动会引发Pt金属颗粒自身溶解-沉积、迁移团聚,并导致电化学活性面积下降以及碳载体腐蚀,最终导致的贵金属纳米颗粒迁移会使催化剂发生严重降解,在很大程度上阻碍了燃料电池大规模的商业化应用。因此,开发在恶劣环境下(如高温、氧化气氛和蒸汽环境)具有高稳定性的Pt基催化剂并探究其稳定机制是燃料电池研究的重点。

6.1　电催化剂衰减机理概述

膜电极（MEA）是质子交换膜燃料电池（PEMFC）最核心的部件，是能量转换的多相物质传输和电化学反应场所，直接决定 PEMFC 的性能、寿命和成本。其运行寿命低的表现主要有以下两方面。

（1）电解质膜（目前常用的是 Dupont Nafion 商品化膜）的电导率下降、膜穿孔导致反应气体（H_2/O_2）透过电解质膜。

这样会使电池的内阻升高，燃料效率降低，电池的性能下降，并且会加速电池的寿命终结。在电池的运行过程中，阴极 O_2 还原过程中有 H_2O_2 产生，H_2O_2 具有很强的氧化性，会使 Nafion 膜老化穿孔。另外，催化剂或双极板也会发生溶解，产生的金属离子将污染 Nafion 膜。

（2）电极的电化学活性表面积降低，进而降低电池性能。

造成电化学活性表面积降低的原因较多，如 Pt 颗粒长大、Pt 颗粒脱落及 Pt 的溶解等。进一步研究发现，催化剂的稳定性是决定 PEMFC 寿命的关键因素。因此催化剂的稳定性是筛选催化剂的另一关键指标。

对于 Pt/C 催化剂而言，主要有以下三种衰减-失活机制。

1. Pt 纳米颗粒的氧化

Pt 是一种化学性质非常稳定的贵金属，一般情况下与普通的酸、碱和氧气等都不发生反应，但是根据电势-pH 图，在 PEMFC 的工作环境下，特别是在阴极的高电势条件下，Pt 并不非常稳定，表面会生成氧化物。研究发现，在低电势时，铂催化剂表面存在一些化学吸附的 OH^-，并且主要是吸附在一些能量较高的位置；随着电势的升高，OH^- 在 Pt 表面的吸附逐渐增多并开始出现氧原子的吸附，随后吸附的氧原子会与表面的铂原子发生交换，生成 PtO。在 0.85 ~ 1.15 V（vs. RHE）电势范围内，Pt 表面会形成一层氧原子的吸附单层，电势进一步升高，化学吸附的氧原子会进入铂的晶格形成氧化物 PtO，而且 PtO 会被进一

步氧化成 PtO_2,电势越高 PtO_2 含量越高。此外,当 Pt 电极的电势高于 1.3 V 时,电极表面会形成双层氧化物结构,其中内层是 PtO,外层是氧化态更高的 PtO_2。影响 Pt 氧化过程的因素主要是电势和氧化时间。研究表明,惰性气氛下 0.5 V 以上 Pt 就会出现明显的氧化,而且负扫时在 0.6 ~ 0.9 V 电势范围内出现多个铂氧化物的还原峰,说明铂催化剂颗粒表面的氧化物很可能是由多种氧化态组成。在惰性气氛下将 PEMFC 阴极电势维持在 0.8 V 时,利用不同时间后的第 1 圈和第 2 圈负向扫描曲线之间的面积可以衡量表面生成的铂氧化物的多少。在高电势维持的时间越长,铂催化剂表面的氧化物含量越高。铂表面氧吸附物种或氧化物的存在会破坏铂的活性位点,阻碍燃料电池电极反应的发生,造成铂催化剂活性下降。

2. 催化剂载体的氧化腐蚀

为保证催化剂在燃料电池中高效工作,催化剂的载体应具有高的比表面积、高导电性、高化学/电化学稳定性等特点。目前常用的载体是 XC-72 炭黑,比表面积为 220 ~ 250 m^2/g,是由无定型活性炭经石墨化处理得到的炭黑材料。尽管 XC-72 具有较高的电化学稳定性,但是其在 PEMFC 工作环境也会发生氧化腐蚀。发生的反应有

$$C+2H_2O \longrightarrow CO_2+4H^++4e^- \tag{6.1}$$

$$C+H_2O \longrightarrow CO+H_2 \tag{6.2}$$

一般认为碳被氧化的反应过程为

$$C_S \longrightarrow C_S^++e^- \tag{6.3}$$

$$C_S^++\frac{1}{2}H_2O \longrightarrow C_SO+H^+ \tag{6.4}$$

$$2C_SO+H_2O \longrightarrow C_SO+CO_2(g)+2H^++2e^- \tag{6.5}$$

$$R—C_S—H \longrightarrow R—C_S—OH \longrightarrow R—C_S=O \longrightarrow R—C_SOOH \longrightarrow R—H+CO_2(g) \tag{6.6}$$

式(6.6)为总反应式,其中氧的来源是水,C_S 表示表面碳原子。

通过热力学计算可知,式(6.1)的反应电势为 E_0(vs. RHE,后续若无特殊说明,电势均为相对可逆氢电势)= 0.207 V,所以在 PEMFC 的工作条件下(电势范围 0 ~ 1.2 V),碳被氧化是极有可能的。同时由于 Pt 的催化作用,上述反应还会被加速。利用电化学质谱研究 NORIT BRX 炭和 XC-72 炭黑在 0.5 mol/L H_2SO_4 溶液中的电化学氧化行为,发现 CO 在 0.3 V 左右就可以形成;而在 0.8 V 下观察到了 CO_2 的信号,且其生成速率与 Pt 的电化学表面积成正比;随着电极电势升高,CO_2 的产量增多。在 PEMFC 单体电池中,没有 Pt 的情况下,炭黑要在 1.1 V

以上才能被氧化成 CO_2，而当存在 Pt 的情况下，0.55～0.6 V 即有 CO_2 产生，研究证实这部分 CO_2 是 Pt 表面吸附的 CO 被氧化所致。同时在 PEMFC 工作环境下，许多工况条件均会引起碳的腐蚀，比如反向电流：如果燃料电池的阳极局部存在氧，则会使电池的局部电压增大，从而使阴极的电势升高(可达 1.4～1.5 V)，在这样高的电势下，碳极易被腐蚀，催化层的碳在几个小时内即可完全被腐蚀。这种现象不仅发生在电池启动时，而且在电池正常工作时，阴极 O_2 也会透过电解质膜到达阳极，造成这种腐蚀。在 PEMFC 阳极，当 H_2 供应不足或局部缺 H_2 时，也会发生碳的腐蚀。研究表明，当 H_2 缺乏时，电池的电压会反转，达-2 V 以上，碳也非常容易发生腐蚀。另外，在燃料电池启动/关停时，其阴极电势可以达到 1.5 V，局部 H_2 缺失或不足，也会对阴极造成损害。碳载体材料存在严重的腐蚀行为，会导致 Pt/C 催化剂的稳定性明显降低，最终导致电池性能的衰减。具体来说，碳载体的腐蚀对催化剂稳定性的影响主要表现在以下几个方面。

(1)碳载体的腐蚀造成铂颗粒与载体间的剥离。

如图 6.1 所示，碳材料被氧化腐蚀后形成 CO 或 CO_2，碳载体表面会形成许多空穴及缺陷，使得此位置沉积的铂颗粒与碳载体脱离，这部分脱落的铂颗粒由于无法获得电子而失去其本身的活性，造成催化剂活性的降低。

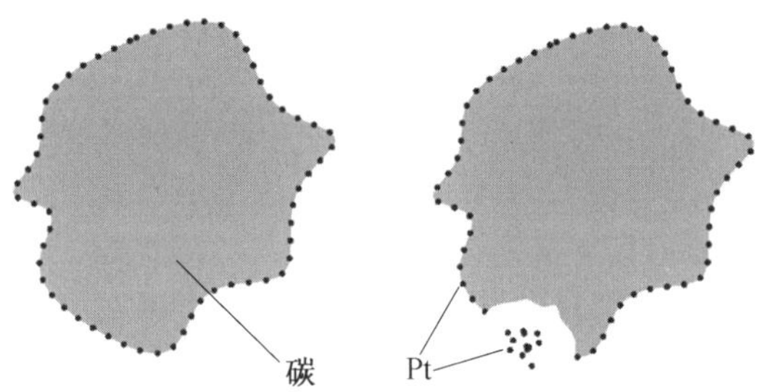

图 6.1　Pt 颗粒从碳载体表面脱离示意图

(2)碳的氧化产物 CO 造成铂催化剂的中毒。

如图 6.2 所示，碳在腐蚀过程中可能会形成 CO，CO 会强烈吸附在 Pt 颗粒表面，形成强的 σ—π 键，占据大量的铂活性位点，使得阳极反应物(CH_3OH 或 H_2)以及阴极区的 O_2 在 Pt 上的吸附大大降低，这也势必导致电池性能的降低。

(3)碳表面形成的含氧官能团降低 Pt—C 之间的结合力，导致铂容易发生迁移团聚。

一些研究者认为，碳表面在氧化过程中会形成一些含氧官能团，如—OH、C═O、COOH 等，如图 6.3 所示。这些官能团会降低 Pt—C 之间的结合力，使得 Pt 颗粒更容易在碳表面发生迁移团聚现象，从而导致铂颗粒的增大，使得催化剂

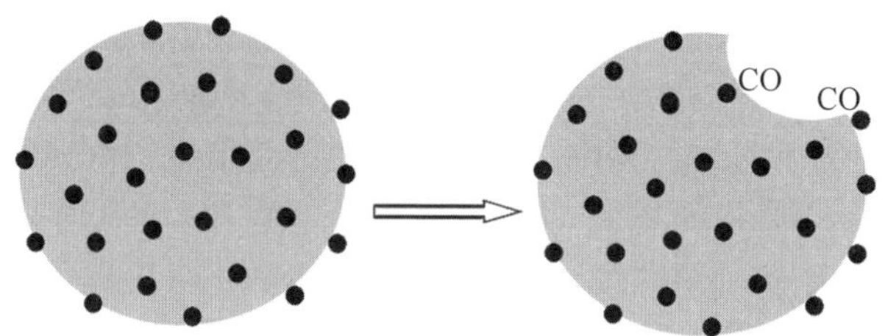

图 6.2　碳氧化形成 CO 毒化 Pt 颗粒示意图

的活性面积降低。此外,也有研究者认为,这些官能团会改变铂的状态,使得铂的氧化程度增加,降低催化剂活性。

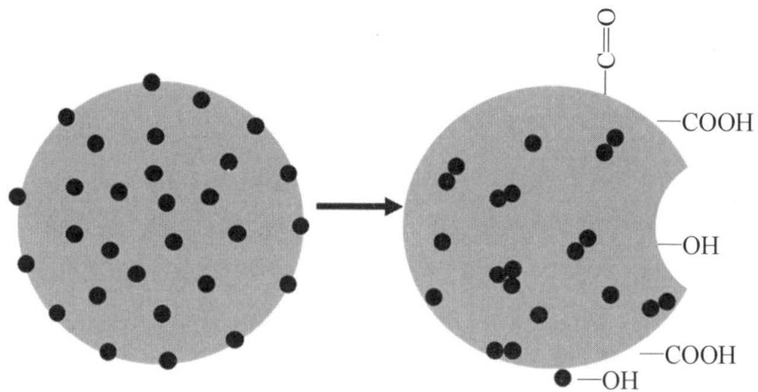

图 6.3　碳表面官能团形成加快铂颗粒团聚示意图

针对以上碳载体的腐蚀问题,研究人员提出了各种改进方法:①针对反向电流的问题,在燃料电池启动之前将阳极充满 H_2,或降低启动/关停时的电池工作电压,或引入惰性气体保护;②改善阳极结构及亲水性设计,以水的氧化来缓解碳的腐蚀;③研究高稳定性的催化剂,或采用石墨化程度高的碳载体。研究表明,碳载体的石墨化程度越高,其抗电化学氧化性越强。但是,高温石墨化会大大降低多孔碳的比表面积,并且石墨化程度越高,碳的亲水性越差,这对于降低 Pt 粒径、提高催化剂的分散性是非常不利的。催化层的亲水性差还会影响电极反应的有效比表面积。所以,寻找一种高稳定性的载体材料,对于发展燃料电池电催化剂是非常重要的。

3. Pt 颗粒长大

Pt 颗粒越小,其比表面积越大,越有利于提高电化学活性表面积。目前普遍认为 Pt 颗粒在 3 nm 左右的催化剂质量比活性最高。在燃料电池的运行过程中,Pt 颗粒处于热力学不稳定状态,易发生团聚,造成电极电化学表面积降低。少部分学者认为电化学表面积降低对电极性能的影响不大,主要原因是随着 Pt 颗粒

增大,相应的表面积比活性也得到了提升;但大多数学者认为电化学表面积降低是电极性能衰减的主要原因。另外,Pt 颗粒的长大机制也尚无定论。一般认为存在两种机制:第一种机制为 Pt 原子迁移机制,类似于奥斯特瓦尔德熟化,Pt 原子可以在载体表面直接从小颗粒移动到大颗粒表面;同时 Pt 原子可以溶解到电解质中,再被还原沉积到大颗粒表面,即溶解-沉积过程。第二种机制为 Pt 颗粒或微晶迁移机制,较小的 Pt 颗粒迁移到较大的 Pt 颗粒。实际电池在经过 500 圈电势循环后,阴极催化剂层中出现了明显的铂颗粒长大现象。同时,在阴极催化层/膜界面附近的电解质膜中出现了大量的金属铂颗粒,这主要是溶解在电解质膜中的 Pt^{2+} 被 H_2 还原所引起的。这些实验证据充分证实了 Pt 溶解的严重性。

影响 Pt 颗粒长大的因素有很多,Pt 颗粒的聚集速率与温度、湿度密切相关,一般认为,水的存在降低了 Pt 的迁移所需的活化能。在气相条件下,高温时 Pt 催化剂颗粒会发生显著的聚集,但是低温时这种聚集并不明显。例如在 125 ~ 195 ℃范围内,即使将 Pt 催化剂暴露于干燥空气下 3 000 h 也不会观察到明显的铂颗粒聚集。同时发现 PEMFC 电池阴极的 Pt 颗粒的熟化比阳极更严重,这可能是受电势的影响,也可能是受湿度的影响。研究 Pt 颗粒的熟化机制,解析粒径增大的内在原因,并给出相应的抑制原理和方法,是燃料电池基础研究的重要内容之一。

6.2　电催化剂稳定性评价方法

PEMFC 中材料耐久性评价是一项耗时且复杂的工作。在一个真实的正常工作的质子交换膜燃料电池中测试催化剂的耐久性是效率很低的,甚至是不可能的。因此,发展加速降解试验(accelerated degradation test,ADT)是非常必要的。这些 ADT 方法包括:①在热空气条件下的热降解;②在热酸性水溶液中老化;③在模拟电池条件下电化学强制老化。Pt 合金的酸处理方法表明酸处理可以模拟 PEMFC 在典型工作环境中发生的腐蚀。

在模拟电池条件下的电化学强制老化通常是在三电极电解池系统中进行的。如图 6.4 所示,在该系统中酸性水溶液被用来提供质子。通常情况下,在工作的 PEMFC 阴极电势范围内施加一个恒电势或在 Pt 氧化-还原的电势区域内施加一个电势循环。在寿命测试试验中,采用循环伏安(CV)法测试电化学表面积;监测溶解金属(Pt 和非贵金属)在酸性水溶液中的浓度;有时还测量对 ORR 的催化活性。通常使用 XRD 和 TEM 对降解试验前后的催化剂粒径进行表征。

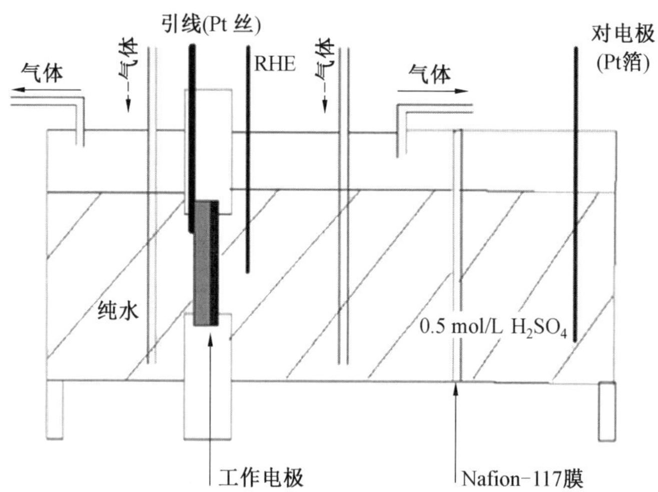

图 6.4　三电极电解池系统示意图

基于上述方法,有两种可以作为燃料电池电催化剂开发的可靠而高效的筛选方法:第一种是催化剂电势循环测试;第二种是在 1.2 V 恒电势下的载体毒化测试。燃料电池电催化剂的电化学表面积在电势循环测试中下降得更快,这也与汽车上的 PEMFC 的驱动循环操作密切相关。在大多数 ADT 方法中,酸性水溶液被用来模拟 PEMFC 条件下的 Nafion 电解质。$HClO_4$溶液被认为是模拟 Nafion 的首选电解质。大多数 ADT 方法都是非原位方法,因此,该方法如何以及在多大程度上能够模拟 PEMFC 的实际情况仍是一个问题。对材料耐久性进行时效性和可靠性的研究是必不可少的。

解决催化剂耐久性问题的途径包括两个方面:一是如何提高催化剂的耐久性;二是如何测试催化剂的耐久性,筛选出具有理想耐久性和催化活性的催化剂。催化剂的耐久性本质上是由催化金属和载体材料的性质以及它们之间的特定相互作用决定的。可以合理地预期,催化金属和支撑材料的耐久性越高,它们之间的特定相互作用越强,合成的催化剂的耐久性越高。因此,提高催化剂耐久性需要在载体材料和催化金属以及二者之间的相互作用上均给予关注。目前在大多数 PEMFC 中使用的催化剂载体材料是多孔碳。改进的碳载体有几个基本要求:高比表面积,有利于小粒径 Pt 颗粒的沉积(对应较大的催化表面积);在干燥和潮湿的空气条件下具有低燃烧反应性;在燃料电池工作条件下具备高的电化学稳定性;高电导率。XC-72 是目前主流的碳载体,但其在化学和电化学氧化条件下的耐久性有待进一步提高。

6.3　碳载体的稳定性研究及改性方法

催化剂载体的腐蚀是制约 Pt 基催化剂催化活性和耐久性的关键因素。Pt 基催化剂常用的载体主要有陶瓷载体和碳载体，虽然陶瓷载体在稳定性方面具有很大的优势，但其电导率低和与离聚物之间的界面不相容性，常会导致在半电池测试结果和真实燃料电池器件性能之间的一致性较差，严重制约了其实际应用。相比于陶瓷载体，碳载体的电催化剂在燃料电池实际装置中实用性更强，所以目前 PEMFC 大多数采用碳载体型催化剂。

目前使用或研究最为广泛的催化剂碳载体主要包含 XC-72、碳纳米笼、石墨烯和碳纳米管。碳载体在燃料电池实际工况下易被氧化及进一步腐蚀，可导致 Pt 纳米颗粒的团聚或与载体分离，显著减少表面活性位点，使得催化剂的活性持续降低，严重影响燃料电池的输出性能。碳具有多种微观结构，其中基于 sp^2 杂化的碳材料具有高的稳定性，如石墨化碳纳米管可以看成是卷曲的同轴石墨烯构成的碳的同素异形体，因此，碳纳米管应具有较高的电化学稳定性。到目前为止，主要有三种策略修饰 sp^2 杂化的碳材料：①化学掺杂，即将非金属异质元素掺杂到基于 sp^2 杂化形成的碳材料中；②物理分子间电荷转移，如聚电解质对未掺杂纳米碳进行非共价功能化处理；③引入结构缺陷。在众多的碳载体中，碳纳米管具有较高的稳定性，且对燃料电池的电极反应具有一定的催化作用，是一种比较理想的电池电极材料。研究表明，碳纳米管作为载体的 Pt 及其合金催化剂对甲醇氧化和氧还原等燃料电池相关的电化学反应的催化活性远高于 XC-72 作为载体的同类金属催化剂，并且具有较高的电化学稳定性。本节将主要以碳纳米管和 XC-72 为例，介绍碳载 Pt 基催化剂的碳载体稳定性研究方法及其改性策略。

6.3.1　碳载体电化学稳定性的研究方法

1. 恒电势阳极氧化法

恒电势阳极氧化法是评估催化剂电化学稳定性的常用方法。将不同直径的碳纳米管制成气体扩散电极（碳纳米管的长度基本一致），在 0.5 mol/L 的 H_2SO_4 溶液（(20±1) ℃）中对该电极施加 1.2 V 恒定电势。选择 1.2 V 的原因如下：较高的电极电势会加速材料的腐蚀，提高材料稳定性研究的效率，同时 1.2 V 比较接近 PEMFC 的开路电压，此时碳被严重腐蚀；当然在非常情况下，比如燃料缺失、不规范启动/关停等，PEMFC 电极也可能经历超过 1.2 V 的电极电势，但 1.2 V是比较合适的研究条件，即既能加速研究进程，又能近似地模拟 PEMFC 环境。图 6.5 所示为不同直径 MCNT 的恒电势阳极氧化 CA 曲线，其中 *Dmn* 代表该样品是由直径在 *m* ~ *n* nm 之间的 CNT 制备的电极的阳极氧化 CA 曲线，如 D10 和 D1020 分别指直径小于 10 nm 和直径在 10 ~ 20 nm 之间 MCNT 的电极。可以看出，随着电化学阳极氧化的进行，阳极电流密度逐渐减小，在大约 15 h 后趋于稳定。在 1.2 V 电势下，不会有 O_2析出反应，所以主要的阳极过程是 MCNT 的电化学氧化。

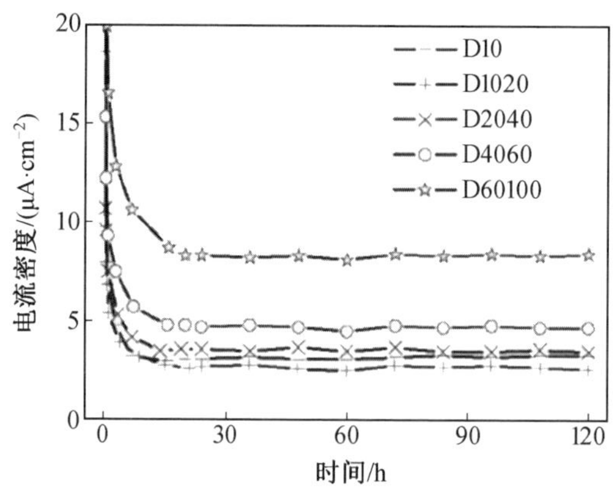

图 6.5　不同直径 MCNT 的恒电势阳极氧化 CA 曲线

2. 循环伏安法

循环伏安法(CV)是另一种研究稳定性的技术手段。该方法测试简单、响应迅速，得到的循环伏安曲线信息丰富。图 6.6(a) 所示为 CNT 和 XC-72 在 0.5 mol/L H_2SO_4溶液中测得的循环伏安曲线。可知，CNT 的起始氧化电势(约 1.2 V)比 XC-72 的起始氧化电势(约 0.9 V)高约 0.3 V，CNT 的阳极氧化电流密度则低于 XC-72(0.9 ~ 1.5 V)；在电势负扫过程中，在 0.5 ~ 0 V 范围内出现一个还原电流峰，该电流峰归因于表面氧化物种的还原。为了说明这一点，采用不同扫描速率的循环伏安测试，峰值电流与扫描速率呈线性关系(图 6.6(b))，表明这是一个表面过程，是表面含氧物种的还原，而不是溶解氧的还原(当电势高于 1.5 V 时氧析出)。电势扫描至 2.0 V 后，用 Ar 气排出溶液中的氧，得到的回扫曲线与未排氧的相似，该电流峰归因于碳在高电势下被氧化生成的含氧物种在此还原。还原电流越大，说明碳表面含氧物种的量越多，碳被氧化的程度越高。通过比较碳纳米管在相同体积的各酸性溶液中的循环伏安曲线(图 6.7)，可知碳纳米管在几种酸中的氧化活性顺序为 1.0 mol/L HNO_3 >0.5 mol/L H_2SO_4 >

1.0 mol/L HCl,原因是 NO_3^- 可能会促进碳纳米管的电化学氧化。

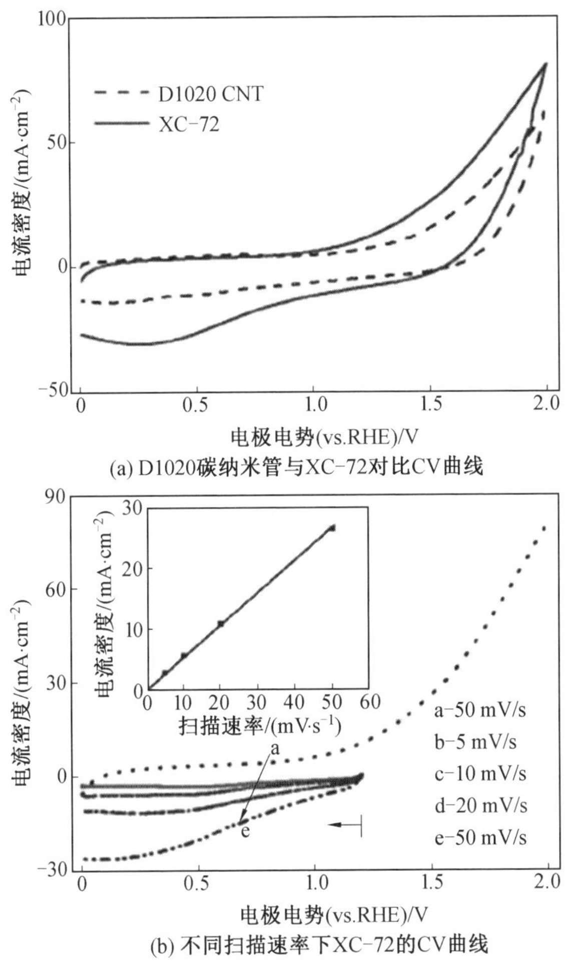

(a) D1020碳纳米管与XC-72对比CV曲线

(b) 不同扫描速率下XC-72的CV曲线

图 6.6　两种碳的循环伏安曲线

循环伏安法还可以用来研究催化剂的抗氧化能力。抗电化学氧化性是影响载体电化学稳定性的主要因素。通常采用循环伏安测试评价催化剂的抗电化学氧化能力。在 CV 曲线中,固定扫描速率的情况下,可以用双电层电流密度(i_{dl})表示电极的电化学真实表面积的相对大小。因此,图 6.8 给出了不同氧化时间后 D1020 碳纳米管电极的循环伏安曲线。实验条件:电势扫描速率为 5 mV/s,电解质溶液为 0.05 mol/L H_2SO_4,温度为(20±10) ℃。各样品在 120 h 的氧化电流密度(稳态值)和从 CV 曲线得到的各样品在 0.9 ~1.0 V 的双电层电流密度见表 6.1。可以看出,无论是从几何面积计算的氧化电流密度(i_{ox})还是相对真实电流密度(i_{ox}/i_{dl}),D1020 的值均最小。这说明 D1020 的氧化速率最低,因此可以初步认为在几个对比样品中 D1020 的抗电化学氧化性最强。

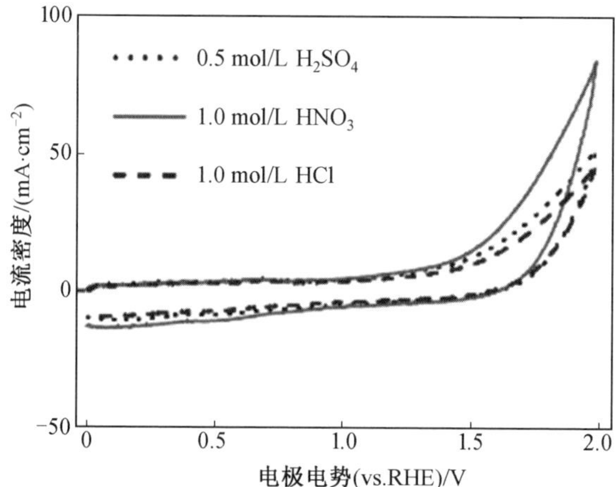

图 6.7　D1020 在不同电解质溶液中的循环伏安曲线

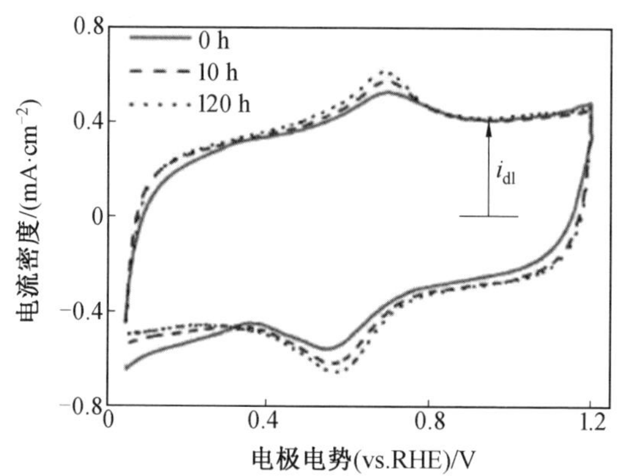

图 6.8　不同氧化时间后 D1020 碳纳米管电极的循环伏安曲线

表 6.1　不同直径碳纳米管电极的氧化电流密度、双电层电流密度

样品	i_{dl}/(mA·cm^{-2})	i_{ox}/(μA·cm^{-2})	$\frac{i_{ox}}{i_{dl}}$/×10^{-3}
D10	0.46	3.3	7.2
D1020	0.41	2.7	6.6
D2040	0.25	3.5	14.0
D4060	0.21	4.7	22.4
D60100	0.19	8.3	43.9

3. X 射线光电子能谱法

材料在本体的结构变化是影响其稳定性的根本因素，因此对于电化学测试后的载体结构及组分的分析也是评价催化剂活性和稳定性的重要方法。对于载体自身结构的变化，如物相的转变、组成元素的化学环境的改变、杂质元素的引入、结构的坍塌等都会影响载体的活性和稳定性。X 射线光电子能谱法（XPS）是一种非常有效的表面分析技术，它可以给出材料表面的化学组成、元素的化学状态等方面的丰富信息。通过对碳材料的 XPS 分析，可以得知碳材料表面元素（主要是 C、O）的化学状态和相对含量。氧化前后 CNT 表面含氧量的变化是最重要的信息之一，因为表面含氧量的多少是碳材料被氧化程度的标志：表面含氧量越多，碳材料被氧化的程度越高，该碳材料抗氧化性能越低。图 6.9 所示为 1.2 V 氧化 120 h 前后 D1020 的 XPS 全谱图。图中出现了 F 1s 峰，这是由于在电极制备过程中使用了 PTFE。可以看出，氧化后，O 1s 峰的信号明显增强，这说明表面氧的量增多。氧化后的 D1020 没有出现 S 元素的信号峰，说明在电化学氧化的过程中 H_2SO_4、HSO_4^- 及 SO_4^{2-} 几乎没有嵌入碳纳米管的碳层，表明 D1020 结构稳定。

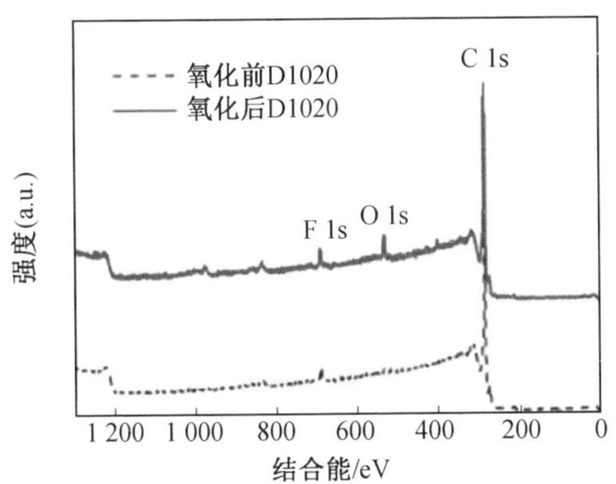

图 6.9　电化学氧化前后 D1020 的 XPS 全谱图

6.3.2　碳载体的表面改性及其对稳定性的影响机制

金属催化剂应沉积在多孔纳米结构的载体材料上以增加特定表面积，这是获得可接受的催化性能的先决条件（以每克金属的活性测量）。载体材料的表面结构可以极大地影响所得催化剂的活性。这是因为支撑物与金属催化剂之间的相互作用可以改变催化金属的电子结构，从而改变催化活性；同时催化剂的耐久性取决于金属与载体的相互作用和载体材料的耐久性。在探究载体的改性方式

之前,应先确定金属纳米材料的制备方法。

乙二醇(EG)还原法是一种典型的金属纳米材料制备方法,具有操作简单、重现性高、制备的金属纳米颗粒均匀等优点,因此该方法也经常被用来制备燃料电池的碳载铂催化剂。在利用 EG 还原法制备催化剂时,乙二醇被用作还原剂,可以很好地控制 Pt 纳米颗粒的粒径大小与分布。为了提高 Pt 的利用率,还需要将这些 Pt 纳米颗粒充分地分散在碳载体上。当采用 CNT 作为载体时,为了使 Pt 纳米颗粒顺利地在碳纳米管的表面上沉积,需先用强酸处理 CNT 使其表面生成大量的羧基,这些羧基可作为 Pt 纳米颗粒沉积的活性位点。但是这种强酸处理的方法会破坏 CNT 的结构,从而降低其电子导电性,进而在一定程度上降低 Pt/CNT 催化剂的催化活性和电化学稳定性。图 6.10 所示为利用 EG 还原法制备的 Pt/C 催化剂的循环伏安曲线,包括溶液中加入和未加入 HNO_3(5 mol/L)两种情况。加入 HNO_3调节溶液 pH 至 2.0 以下,由氢区面积可以看出得到的 Pt/C 催化剂的活性面积远大于未加入 HNO_3时得到的 Pt/C 催化剂的电化学表面积。

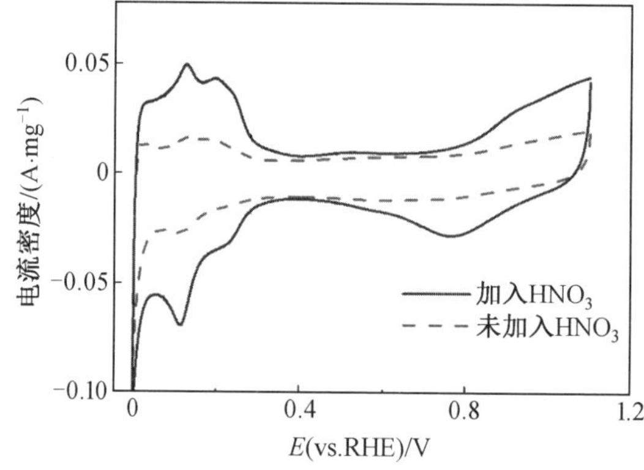

图 6.10　利用 EG 还原法制备的 Pt/C 催化剂的循环伏安曲线

利用 EG 还原法制备的 Pt/C 和 Pt/CNT 催化剂的 TEM 照片如图 6.11 所示,两种催化剂中的 Pt 载量均为 20%。其中,CNT 在经过酸化处理后可以使 Pt 纳米颗粒顺利沉积。由催化剂的 TEM 照片可以看出,EG 还原法制备的 Pt 颗粒粒径很小,并且在 XC-72 和 CNT 两种碳载体表面上都可均匀分散。图 6.12 所示为 Pt/C 和 Pt/CNT 两催化剂中 Pt 纳米颗粒的粒径分布,计算得到两催化剂中 Pt 颗粒的平均粒径相同,均为(2.8±0.2) nm。因此,可以说明 EG 还原法制备的碳载铂催化剂在金属颗粒的大小及分散程度上并不受所选用的载体的限制。

利用 EG 还原法合成催化剂的工艺,结合聚电解质非共价功能化处理 CNT 的方法,不仅可以很好地分散 Pt 纳米颗粒,还可以稳定 Pt 纳米颗粒,并改善其催

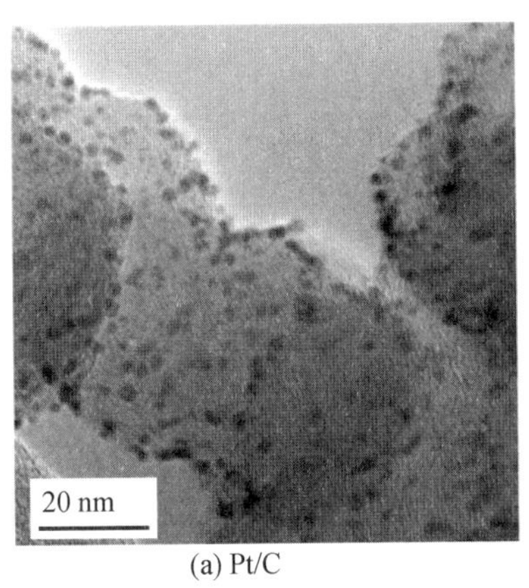

(a) Pt/C

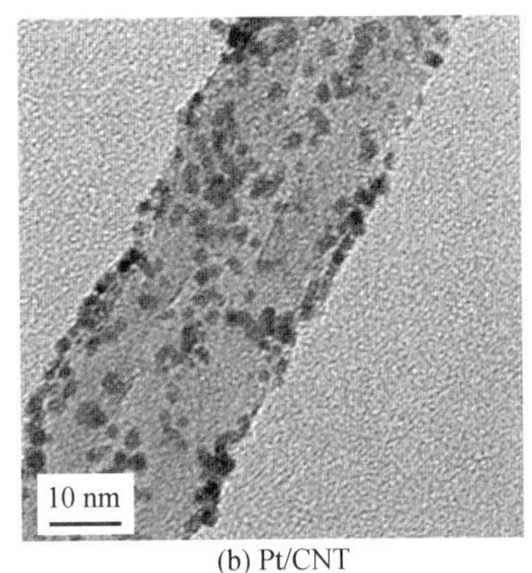

(b) Pt/CNT

图 6.11　利用 EG 还原法制备的 Pt/C 和 Pt/CNT 催化剂的 TEM 照片

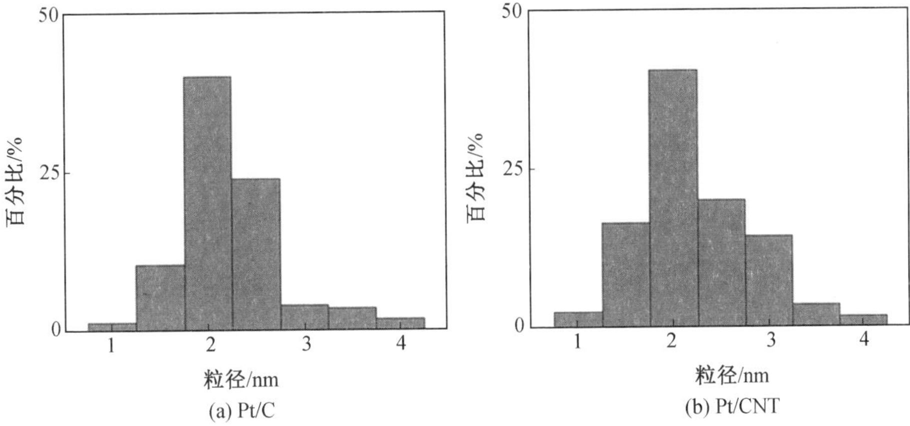

(a) Pt/C　　(b) Pt/CNT

图 6.12　利用 EG 还原法制备的两种催化剂中 Pt 纳米颗粒的粒径分布

化性能。用于石墨碳非共价功能化的聚电解质可以为 PDDA 或 PAH(聚(烯丙基胺盐酸盐))。这样既保持了碳纳米管的结构不被破坏,又促进了 Pt 纳米颗粒在碳纳米管表面的均匀分散,同时聚电解质还可促进 Pt 涂层的无损功能化,多种作用协同提高了 Pt/CNT 催化剂的氧还原催化活性和稳定性。为提高 CNT 在溶剂中的分散性,对其进行功能化处理的方法有两种:共价功能化和非共价功能化。共价功能化是指通过处理改变 CNT 的表面基团,如上述的 EG 还原法制备金属纳米颗粒催化剂时采用的酸化处理 CNT,使其表面生成羧基官能团;非共价功能化是指直接在 CNT 表面进行基团键接改性,如 CNT 的氟化和溴化。但共价功能化处理方法都会不同程度地破坏 CNT 的结构,影响其性能,在被用作催化剂载体时,降低催化剂的催化活性和稳定性。非共价功能化主要依靠分子之间的范德瓦耳斯力、氢键、疏水力和静电吸引等弱相互作用对 CNT 表面进行物理处理,而 CNT 的 sp^2 杂化状态几乎不发生变化,即不破坏 CNT 的电子结构,保持了其结构完整性。

PAH 是一种阳离子型聚电解质,它与 CNT 之间存在较强的电子作用(供体-受体作用),可以用来进行非共价功能化处理 CNT。聚电解质 PAH 不仅提高了 CNT 在乙二醇溶剂中的分散性,同时因其带有大量的正电荷官能团,可以通过静电作用吸附 Pt 盐前驱体中的 $PtCl_6^{2-}$,促进 Pt 纳米颗粒在 CNT 表面顺利沉积。这样既保持了 CNT 的结构完整性,又将 Pt 纳米颗粒顺利地沉积到 CNT 表面。

聚电解质非共价功能化处理 CNT 的过程如下:首先将 300 mg CNT 加入 500 mL质量分数为 0.5% 的 PAH 水溶液中,超声处理 0.5 h 后持续搅拌 24 h,目的是使 CNT 充分分散。然后,向上述溶液中加入 2.5 g KNO_3,以增加溶液离子强度,促使聚电解质 PAH 更充分地吸附在 CNT 表面。图 6.13(a)所示为 Pt/PAH-CNT 催化剂的合成示意图。第一步,PAH 非共价功能化处理 CNT;第二步,CNT 表面的 PAH 作为阳离子聚电解质吸附 $PtCl_6^{2-}$(通过正负电荷之间的静电作用);第三步,采用 EG 还原法将 Pt 盐前驱体原位沉积到 CNT 表面,过滤、干燥后得到 Pt/PAH-CNT 催化剂。采用紫外-可见(UV-vis)光谱测试来证实 PAH 与 Pt 之间的相互作用。如图 6.13(b)所示,PAH 本身在紫外-可见波长区间内几乎没有任何吸收。H_2PtCl_6 在 260 nm 处出现的吸收峰是 $PtCl_6^{2-}$ 中配体与金属之间电荷转移造成的。将 PAH 加入 H_2PtCl_6 后,260 nm 处的吸收峰移动到 268 nm,证实了 H_2PtCl_6 与 PAH 之间存在静电相互作用。

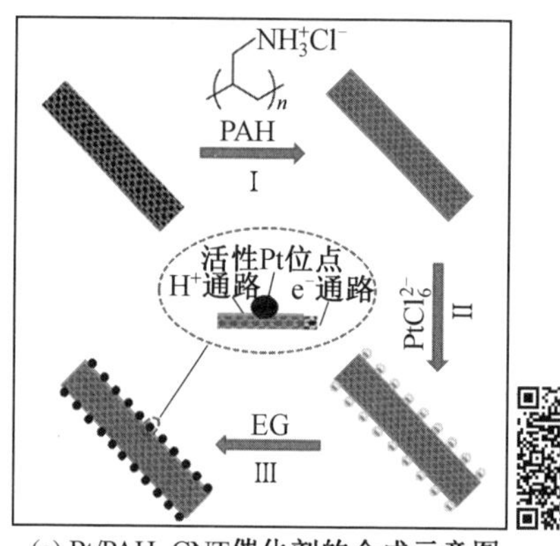

(a) Pt/PAH-CNT催化剂的合成示意图

图 6.13　Pt/PAH-CNT 和合成与前驱体表征

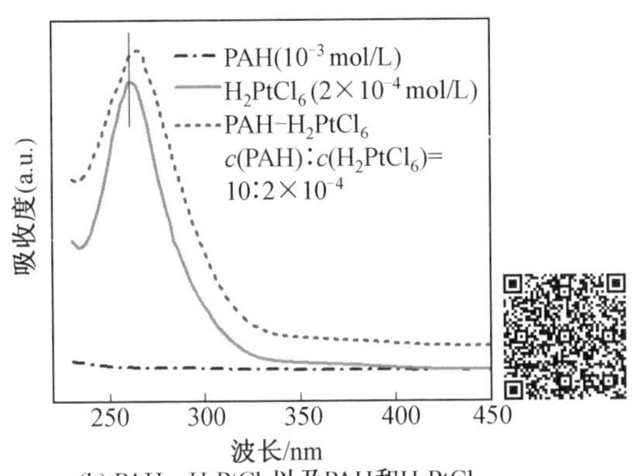

(b) PAH、H_2PtCl_6以及PAH和H_2PtCl_6混合物(PAH-H_2PtCl_6)的紫外-可见光谱

续图 6.13

图 6.14(a)、(b)所示分别为 Pt/COOH-CNT 和 Pt/PAH-CNT 两催化剂的 TEM 照片。两种催化剂中 Pt 的载量均为20%，均是通过 EG 还原法制备，只是载体不同。Pt/COOH-CNT 中的 CNT 是经过酸处理的，表面含有大量的羧基；Pt/PAH-CNT 中的 CNT 是用 PAH 非共价功能化处理的。通过 TEM 照片可以看出，两催化剂中 Pt 颗粒在载体上有很好的分散性。从图 6.14(c)、(d)中可以看出，Pt/PAH-CNT 催化剂中 Pt 颗粒的粒径更小((2.6±0.2)nm)，而 Pt/COOH-CNT 中 Pt 颗粒的粒径稍大((3.0±0.2)nm)。

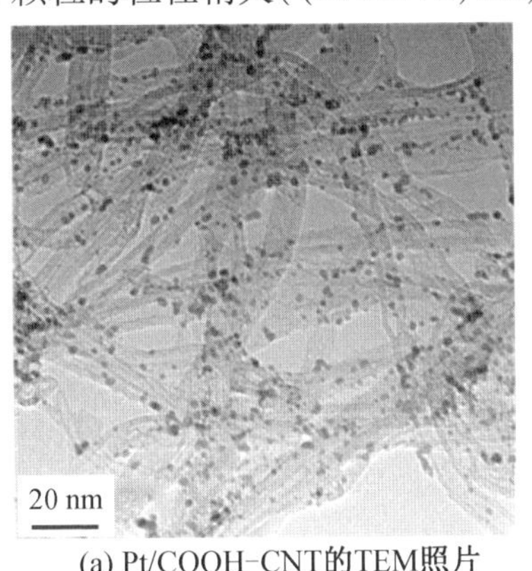

(a) Pt/COOH-CNT的TEM照片

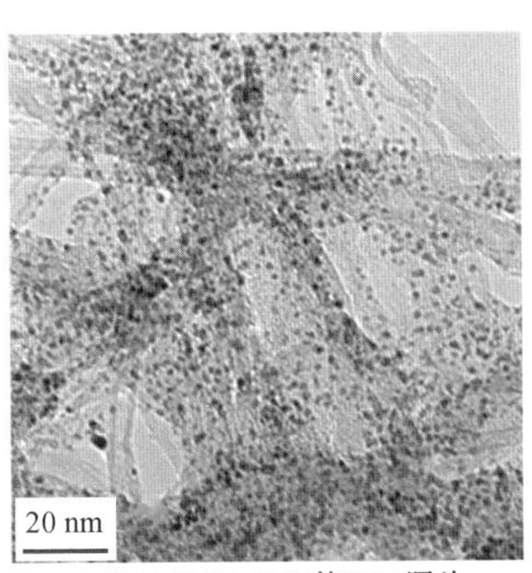

(b) Pt/PAH-CNT的TEM照片

图 6.14　催化剂形貌与粒径分布

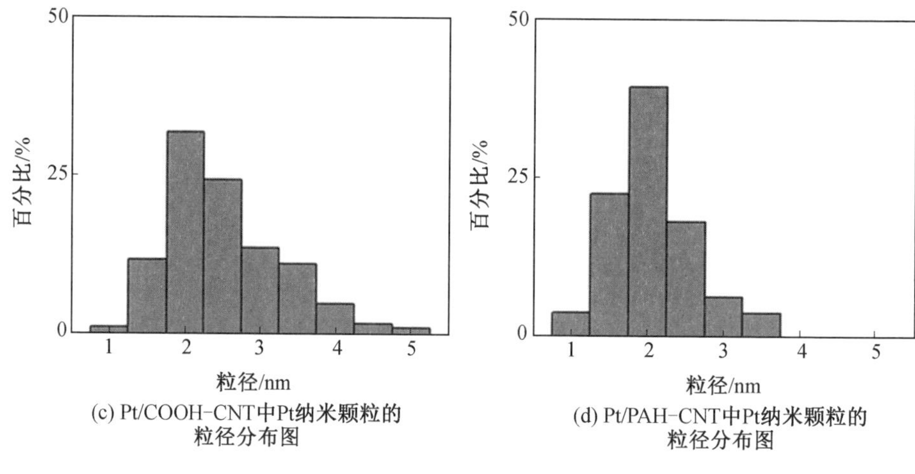

(c) Pt/COOH-CNT中Pt纳米颗粒的粒径分布图

(d) Pt/PAH-CNT中Pt纳米颗粒的粒径分布图

续图 6.14

图6.15 所示为 Pt/COOH-CNT 和 Pt/PAH-CNT 催化剂的 XRD 和 XPS 表征。由图6.15(a)可见,在衍射角 39°、46°、67°和 81°处出现的衍射峰分别对应于 Pt(111)、Pt(200)、Pt(220)和 Pt(311)晶面,说明两催化剂中 Pt 颗粒均是面心立方(FCC)晶体结构。在 Pt/PAH-CNT 催化剂合成过程中,PAH 作为“桥梁”将 $PtCl_6^{2-}$ 吸附在 CNT 表面,然后被原位还原成 Pt 纳米颗粒。与酸化处理 CNT 的方法相比,聚电解质非共价功能化方法保持了 CNT 的结构完整性和高的电子导电性。同时聚电解质 PAH 的存在有效地分散了 $PtCl_6^{2-}$,从而降低了 Pt 颗粒的粒径,又使 Pt 在 CNT 表面的沉积变得易于进行,因此 Pt/PAH-CNT 催化剂会展现出高的电化学活性和稳定性。通过 XPS 分析,图6.15(b)、(c)中 N 1s 峰来自 PAH 中的氨基,说明 PAH 成功地吸附到 CNT 表面,即实现了 CNT 的非共价功能化。Pt 盐前驱体通过与 PAH 之间的静电作用吸附在 CNT 表面,进而在乙二醇体系中还原沉积到 CNT 上。在 H_2PtCl_6 还原时,EG 被氧化成乙二酸(高 pH 条件下),它作为稳定剂来稳定生成 Pt 纳米颗粒。图 6.15(d)中 Pt 4f 高分辨 XPS 谱上在 71.7 eV和 74.8 eV 处出现双峰,分别对应 $Pt^0 4f_{7/2}$ 和 $Pt^0 4f_{5/2}$,说明 Pt/PAH-CNT 催化剂中的 Pt 呈原子态。

为评价两催化剂电化学活性表面积,在 N_2 饱和的 0.5 mol/L H_2SO_4 溶液中测试其循环伏安曲线。两催化剂均展示了氢的吸脱附行为(图 6.16(a)),而 Pt/PAH-CNT催化剂上氢区表面积较大,意味着其 Pt 的电化学活性面积较大。通过计算氢区面积得到 Pt/COOH-CNT 和 Pt/PAH-CNT 催化剂中 Pt 的电化学活性面积分别为 55.9 m^2/g 和 71.0 m^2/g。Pt/PAH-CNT 催化剂中较高的 Pt 电化学表面积得益于该催化剂中 Pt 颗粒的粒径较小,这也说明 Pt 颗粒与 PAH 功能

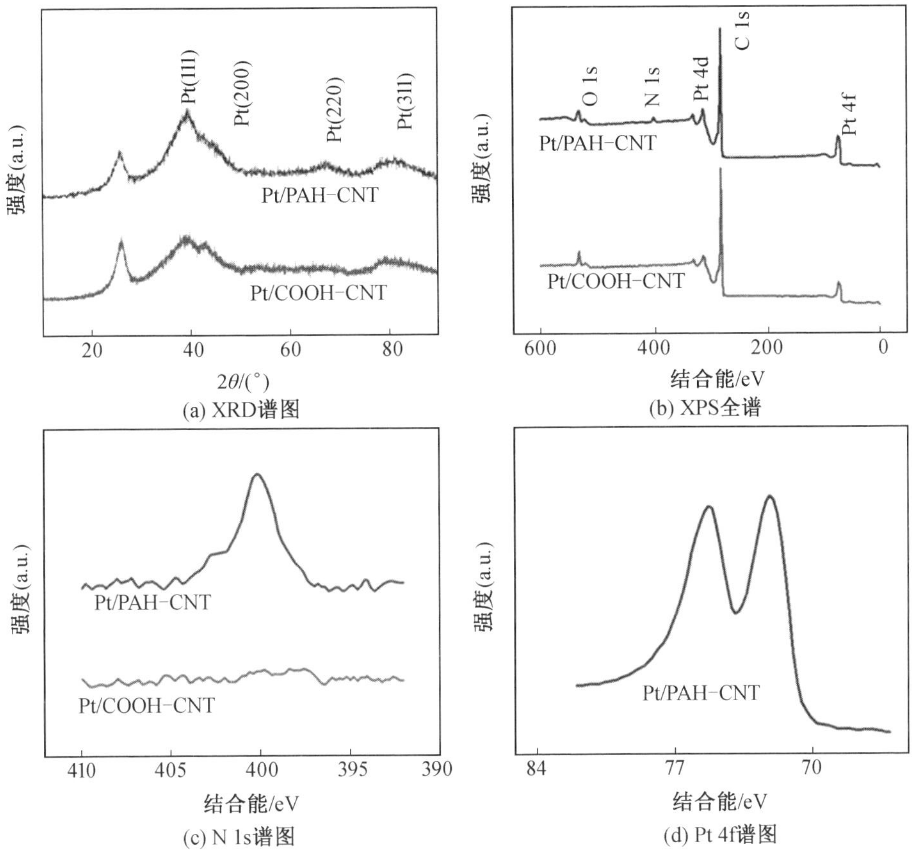

(a) XRD谱图

(b) XPS全谱

(c) N 1s谱图

(d) Pt 4f谱图

图6.15 Pt/PAH-CNT和Pt/COOH-CNT催化剂的XRD和XPS表征

化的CNT具有较大的电接触面积以及更加牢固的接触。在制备Pt/PAH-CNT催化剂时,PAH作为"桥梁"将Pt盐前驱体吸附在CNT表面。在Pt纳米颗粒形成的过程中,稳定剂是乙二醇的氧化产物乙二酸,并且在Pt颗粒表面吸附的乙二酸很容易通过水洗除去,所以循环伏安测试表明即使PAH在CNT表面存在,也没有影响Pt颗粒与CNT之间的接触。图6.16(b)所示为Pt/COOH-CNT和Pt/PAH-CNT催化剂氧还原反应的极化曲线。可以明显看出,Pt/PAH-CNT催化剂的极化曲线上氧还原反应的起始电势更正,半波电势也更正,这表明其对氧还原反应的催化活性更高。通过计算氧还原动力学电流密度得到,在0.9 V时Pt/COOH-CNT催化剂的氧还原活性为17.5 A/g,而Pt/PAH-CNT则为32.4 A/g。Pt/PAH-CNT显著提高的氧还原反应催化活性是由于其具有更大的电化学活性面积,另外与酸化处理的CNT相比,PAH非共价功能化的CNT具有更高的电子导电性。

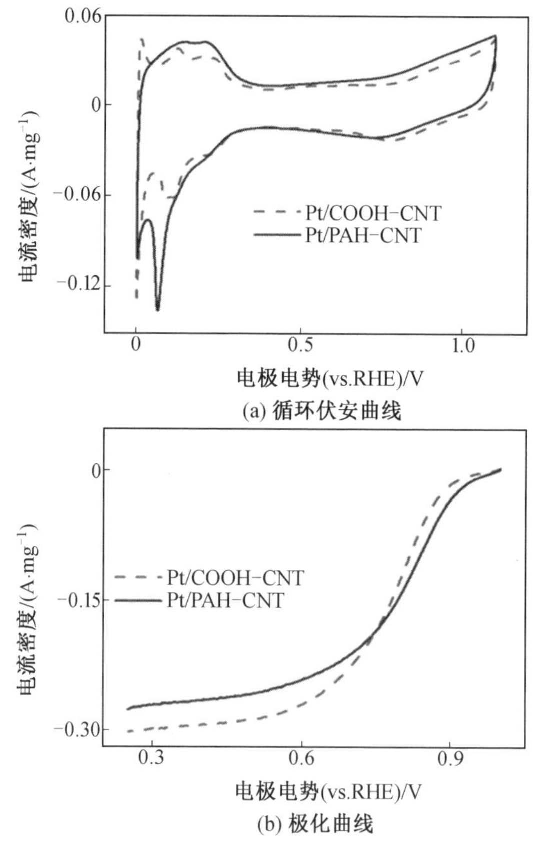

(a) 循环伏安曲线

(b) 极化曲线

图 6.16　Pt/COOH-CNT 和 Pt/PAH-CNT 催化剂的循环伏安曲线和极化曲线

用电势阶跃(1.4 ~0.85 V)的方法评价 Pt/COOH-CNT 和 Pt/PAH-CNT 催化剂的稳定性(表 6.2)。通过表 6.2 可以看出,经过 44 h 的电化学稳定性测试,以电化学活性面积和氧还原活性变化为依据,Pt/COOH-CNT 的性能衰减为 70%,而 Pt/PAH-CNT 的性能衰减只有 55%。前面已经介绍过电势阶跃法主要用来评价燃料电池电催化剂载体的稳定性,也就是说二者电化学稳定性的差异是由于催化剂载体的不同,与酸化处理的 COOH-CNT 载体相比,聚电解质 PAH 非共价功能化处理的 CNT 有利于 Pt 纳米颗粒在 CNT 表面的顺利沉积与均匀分散,同时保证了 CNT 载体结构的完整性,提高了抗电化学氧化电阻,因此具有较高的电化学稳定性。另外,同 Nafion 一样,聚电解质 PAH 是一种质子导电材料,因此在 PAH、Pt 纳米颗粒和 CNT 之间易形成三相界面(triple-phase boundaries)

结构,有利于气体分子在电极表面的反应,对提高燃料电池的性能十分有利。

表6.2 Pt/COOH-CNT 和 Pt/PAH-CNT 催化剂测试前($ECSA_1$、$I_{k(ORR1)}$)和测试后($ECSA_2$、$I_{k(ORR2)}$)的电化学活性面积与氧还原活性

样品	$ECSA_1$ /($m^2 \cdot g^{-1}$)	$ECSA_2$ /($m^2 \cdot g^{-1}$)	$I_{k(ORR1)}$ /($A \cdot g^{-1}$)	$I_{k(ORR2)}$ /($A \cdot g^{-1}$)
Pt/COOH-CNT	55.9	17.0	63.4	19.1
Pt/PAH-CNT	71.0	32.1	116.3	48.6

CNT 的电化学稳定性与其石墨化程度有关,提高 CNT 的石墨化程度是提高 Pt/CNT 催化剂稳定性的方法之一。石墨化碳纳米管(GCNT)通常是由碳纳米管经过高温热处理得到,其结构更为完整,具有较高的电化学稳定性。但是由于 GCNT 表面缺陷很少,因此在其表面沉积 Pt 颗粒变得更加困难。为了顺利沉积 Pt 颗粒,若用强酸处理也会使 GCNT 表面生成羧基官能团,这样会破坏 GCNT 的完整结构,降低其电化学稳定性。因此,将 PDDA 非共价功能化处理碳载体的方法推广到 GCNT 上,制备得到的 Pt/PDDA-GCNT 催化剂具有较高的电催化活性和电化学稳定性。

首先用聚电解质 PDDA 对 GCNT 进行非共价功能化处理,其过程与聚电解质 PAH 非共价功能化处理 CNT 相同,然后用 EG 还原法制备 Pt/PDDA-GCNT 催化剂。过程如下:首先,用 PDDA 非共价功能化处理 GCNT;然后,利用 PDDA 中存在的大量带正电荷的氨基官能团,通过静电作用将带负电荷的 Pt 盐前驱体($PtCl_6^{2-}$)吸附到 GCNT 表面上;最后,在乙二醇体系中,将 Pt 盐前驱体还原成 Pt 纳米颗粒,同时原位沉积到 GCNT 表面得到 Pt/PDDA-GCNT 催化剂。图 6.17(a)所示为 Pt/PDDA-GCNT 和 Pt/PDDA-CNT 催化剂的 XRD 谱图。Pt 的衍射峰出现在 39.6°和 46.3°位置,分别对应 Pt(111)和 Pt(200)晶面。根据 XRD 谱图,通过 Scherrer 公式可以计算得到两催化剂中 Pt 的平均粒径均为 2.8 nm,这与前面的 TEM 结果是一致的。Pt 颗粒均匀地分散在 GCNT 的表面,是由于 GCNT 表面的 PDDA 提供了大量的 Pt 颗粒沉积的活性位点。因此,在 Pt/PDDA-GCNT 催化剂的制备过程中,PDDA 可以通过静电作用吸附 Pt 盐前驱体,然后再利用乙二醇将其原位还原到 GCNT 表面。图 6.17(b)所示为 Pt/PDDA-GCNT 催化剂的 XPS 全谱,从中可见 Pt、C 和 N 元素对应的特征峰。对两种催化剂进行 TEM 表征,结果如图 6.17(c)、(d)所示。从图中可见 Pt/PDDA-GCNT 和 Pt/PDDA-CNT 两种催化剂中 Pt 颗粒分散均匀(图 6.17(c)),平均粒径均为 2.8 nm。从图 6.17(d)中则可明显看出,GCNT 载体中具有高度有序的石墨结构(图中箭头所指

处)。

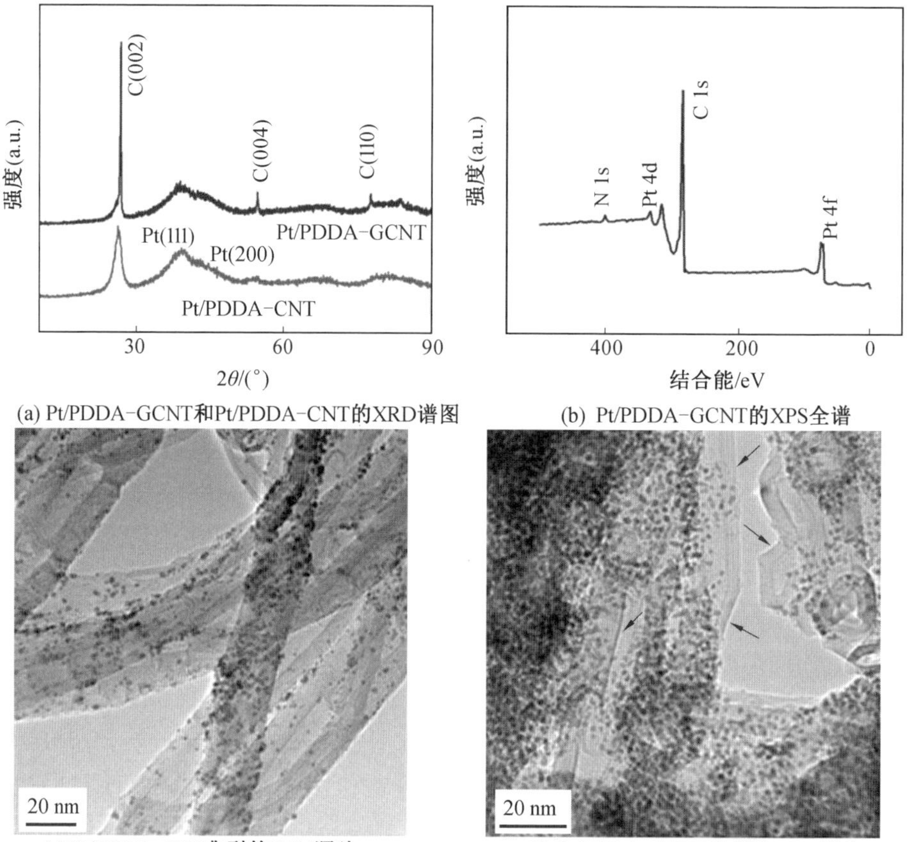

(a) Pt/PDDA-GCNT和Pt/PDDA-CNT的XRD谱图

(b) Pt/PDDA-GCNT的XPS全谱

(c) Pt/PDDA-CNT典型的TEM照片

(d) Pt/PDDA-GCNT典型的TEM照片

图 6.17 Pt/PDDA-GCNT 和 Pt/PDDA-CNT 的成分和形貌分析

另外,Pt/PDDA-GCNT 催化剂的 C(002)衍射峰(衍射角为 $2\theta=26.5°$)比 CNT 的衍射峰(衍射角为 $2\theta=26.1°$)更尖锐,说明这两种 CNT 具有不同的石墨化程度。通过布拉格方程(式(6.7))可以计算 C(002)的晶面间距 d_{002}:

$$d_{002}=\frac{\lambda}{2\sin\theta} \tag{6.7}$$

式中,λ 为 X 射线波长值($\lambda=1.5418$ Å);θ 为 C(002)晶面对应的衍射角。计算得到 GCNT 和 CNT 两种载体 C(002)的晶面间距 d_{002}分别为3.363 Å 和3.408 Å。根据碳载体 C(002)的晶面间距 d_{002},可以进一步计算碳材料的石墨化指数 g_p,计算方法如下:

$$g_p = \frac{3.440 - d_{002}}{3.440 - 3.354} \tag{6.8}$$

计算得到GCNT和CNT的石墨化指数g_p分别为0.895和0.372，说明GCNT具有很高的石墨化程度。另外，Pt/PDDA-GCNT的XRD谱图在衍射角2θ为54.3°和77.5°位置出现的衍射峰分别对应C(004)和(110)晶面，这说明GCNT具有高的石墨化程度。一般情况下，高的石墨化程度会导致高的电子导电性。

图6.18(a)所示为Pt/PDDA-GCNT和Pt/PDDA-CNT催化剂在N_2饱和的0.5 mol/L H_2SO_4溶液中的循环伏安曲线，扫描速率为50 mV/s。由图中可见两催化剂均存在典型氢吸脱附行为。通过计算氢吸脱附面积可以得到Pt/PDDA-GCNT催化剂中Pt电化学活性面积(ECSA)为70.0 m^2/g，与Pt/PDDA-CNT(ECSA为67.6 m^2/g)比较，前者的Pt纳米颗粒与GCNT具有更大的电化学活性面积和更好的电接触。

由两种催化剂的氧还原反应(ORR)极化曲线计算得到：在0.9 V的极化电势下，Pt/PDDA-GCNT催化剂上ORR动力学电流密度为36.7 A/g，高于Pt/PDDA-CNT催化剂的30.2 A/g(与Pt/PAH-CNT催化剂对氧还原反应的催化活性相似)。这是由于Pt/PDDA-GCNT催化剂载体GCNT拥有高的石墨化程度，导致高的电子导电性，有利于氧还原反应催化活性的提高。采用电势阶跃法研究Pt/PDDA-GCNT和Pt/PDDA-CNT催化剂的稳定性。电势阶跃测试44 h前后两催化剂的电化学活性面积和氧还原反应活性如图6.18(b)、(c)所示。稳定性测试后Pt/PDDA-GCNT催化剂的Pt电化学活性面积(ECSA)为35.6 m^2/g(初始ECSA的50%)，而Pt/CNT催化剂的ECSA仅为27.1 m^2/g(初始ECSA的40%)。相应地，稳定性测试后，Pt/PDDA-GCNT催化剂在0.9 V电势下的ORR动力学电流密度为16.9 A/g(初始值的55%)，而Pt/PDDA-CNT催化剂仅为12.7 A/g(初始值的42%)。以上稳定性测试前后催化剂ECSA和ORR的变化说明Pt/PDDA-GCNT的电化学稳定性高于Pt/PDDA-CNT催化剂。由于这里采用的电势阶跃条件加速老化催化剂过程中只会造成载体的腐蚀，因此Pt/PDDA-GCNT和Pt/PDDA-CNT稳定性不同显然是由于碳载体不同，具体说，是由两种碳载体不同的石墨化程度造成的(TEM和XRD测试已证明)。GCNT较高的石墨化程度导致了GCNT较高的电化学稳定性，同时也增强了Pt颗粒与碳载体之间的作用，阻止了Pt颗粒在碳载体上的团聚。

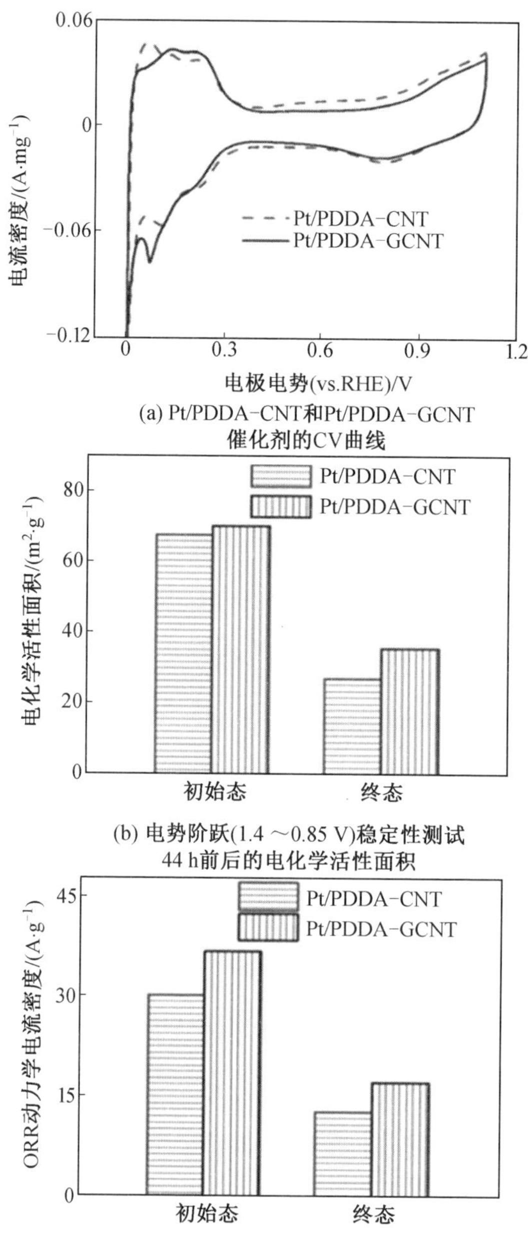

(a) Pt/PDDA-CNT和Pt/PDDA-GCNT催化剂的CV曲线

(b) 电势阶跃(1.4 ～0.85 V)稳定性测试44 h前后的电化学活性面积

(c) 稳定性测试44 h前后的氧还原反应活性

图 6.18 Pt/PDDA-GCNT 和 Pt/PDDA-CNT 电化学活性分析

6.4　活性组分的稳定性研究及改性方法

Pt 基合金、核壳等结构的纳米颗粒，具有较强的氧气还原催化效率，是公认的降低燃料电池对 Pt 依赖的有效途径。如何提高 Pt 基氧还原催化剂的稳定性已成为目前亟待解决的关键问题。对于标准 Pt/C 催化剂，在催化氧还原过程中，Pt 会持续不断地发生溶解-再沉积，即电化学奥斯特瓦尔德熟化，使 Pt 纳米颗粒长大；同时，溶解下来的 Pt^{2+} 还会迁移到电解质膜中被阳极渗透过来的 H_2 还原。因此，在燃料电池运行过程中，Pt 的电化学表面积不断降低，ORR 活性逐渐衰减。研究表明，Pt 的溶解主要发生在汽车行驶过程中制动、加速等速度变化引起的燃料电池电压波动的情况下。对于 Pt 基双/多金属催化剂，其电化学衰减机理更为复杂。除了提高催化活性，Pt 与 Fe、Co、Ni、Cu 等非贵金属的合金化通常还旨在阻止 Pt 的电化学溶解。然而，合金化会加速非贵金属的溶出，改变合金的组成，在催化剂表面形成缺陷，使其最初较高的 ORR 活性很难保持。对于 Pt 基核壳结构纳米颗粒，由于 Pt 壳对内部 Fe、Co、Ni、Cu 等非贵金属核具有保护作用，理应避免其溶出。但在 ORR 过程中，表面吸附的含氧物种（OH_{ad}/O_{ad}）会与 Pt 原子发生位置交换，从而破坏 Pt 壳层，将内部的 Fe、Co、Ni、Cu 等非贵金属"拉"出来，最终 M@ Pt 核壳结构的纳米颗粒转变为仅含有少量非贵金属的多孔性 Pt 纳米颗粒，导致催化剂失活。

利用欠电势沉积-置换技术制备的 Pt 单层（Pt_{ML}）催化剂，已展现出非常优异的 ORR 活性及稳定性，很有希望被应用到实际燃料电池中。对于以碳载 Pd 纳米颗粒（Pd/C）为基底的 Pd 核/Pt_{ML}壳结构催化剂（Pt_{ML}/Pd/C），在 MEA 中进行稳定性测试发现大量的 Pd 从催化剂中溶出。尽管 DFT 计算以及随后的现场 XAS 和 XRD 等同步辐射表征证明 Pd 核的氧化与溶出可以提高 Pt 单层的稳定性，但是 Pd 的溶出不仅会造成贵金属的浪费，而且与 Pt^{2+} 一样，溶解的 Pd^{2+} 也会沉积到电解质膜中，势必会对电解质膜及整个燃料电池的性能造成影响。

在实际应用 Pt 单层催化剂之前，核金属的溶出问题需要得到解决。因此，有必要对 Pt 单层催化剂的电化学衰减机制进行深入研究，全面地了解这种核壳结构催化剂在 ORR 过程中组成与成分变化的内在"驱动力"，从而寻求相应的解决方案。然而，先前的 MEA 测试仅限于研究催化剂的初始和最终状态，对于 ORR 过程中催化剂结构的动态演变以及核金属溶解的原因并不明确。更关键的是，在稳定性测试过程中，整个燃料电池单体性能的变化由于受电解质膜的退化和污染、阳极催化剂失活以及不确定的传质条件等其他因素的影响,并不能准确地反映阴极催化剂 ORR 的活性变化。利用可获知燃料电池中催化剂真实电化学反应速率的强有力方法 TF-RDE,并结合先进的物理表征及纳米颗粒模型分析,系统研究 Pt_{ML}/Pd/C 催化剂在稳定性测试过程中电化学表面积、ORR 活性的变化以及相应 Pd 核-Pt_{ML}壳组成与结构的演变,揭示其催化氧还原反应的长效机制,可为 Pt 单层催化剂的实际应用奠定基础。

本节利用欠电势沉积-置换技术在质量分数为 20% 的商业化 E-TEK Pd/C 表面构建 Pt_{ML},RDE 电极表面的 Pd 载量为 15.3 μg/cm^2。图 6.19 所示为 E-TEK Pd/C 在氩气饱和的 50 mmol/L $CuSO_4$+50 mmol/L H_2SO_4溶液中的 Cu 欠电势沉积与溶出曲线,与文献报道的伏安响应一致。图 6.19 阴影部分的面积对应单层 Cu 欠电势沉积的电量,利用法拉第定律可以计算出 Pt_{ML}在电极上的 Pt 载量为4.4 μg/cm^2,即 Pt_{ML}/Pd/C 催化剂在 RDE 电极表面 Pt 和 Pd 的载量为19.7 μg/cm^2。

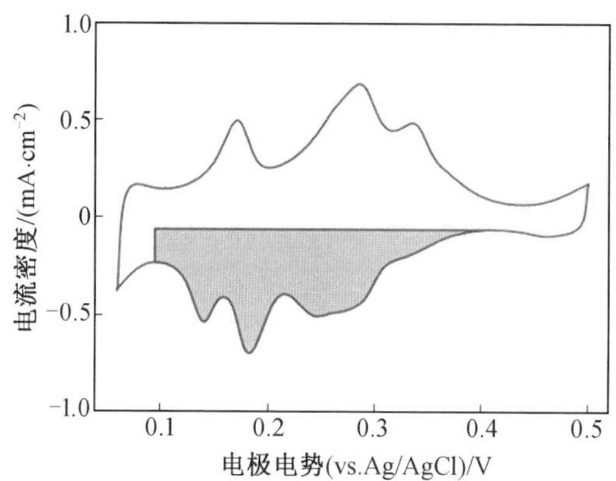

图 6.19　Cu 在 E-TEK Pd/C 表面的欠电势沉积与溶出曲线

利用循环伏安法对 Pt_{ML}/Pd/C 催化剂表面电化学特性进行考察。图 6.20(a)所示为在氩气饱和的 0.1 mol/L $HClO_4$溶液中,以 50 mV/s 扫描速率测得的 Pt_{ML}/Pd/C 催化剂的 CV 曲线;作为比较,也给出了相同条件下测得的构建 Pt_{ML}之前的 E-TEK Pd/C(以下简称 Pd/C)以及商业化 Pt/C(以下简称 Pt/C)催化剂的 CV 曲线。在 0.05 ~0.40 V 电势区间内,Pt/C 和 Pd/C 都展现出两个较为明显的对应各自特征晶面的氢吸脱附峰。相比而言,Pt_{ML}/Pd/C 催化剂表面的氢吸脱附峰则并不对应任何特征晶面,有可能所有的 Pt 原子都较为无序地排列在 Pd/C 纳米颗粒表面。进一步比较可知,Pt_{ML}/Pd/C 催化剂表面的氢吸脱附峰介于 Pd/C 和 Pt/C 之间,这与 Pd 核与 Pt_{ML}壳之间的相互作用改变了表层 Pt 的电化学特

性有关。另外,这种核-壳相互作用也可以通过比较这三种催化剂在 0.6~1.0 V 电势区间内的表面氧化与还原来证实。从图 6.20(a)可以看出,Pt_{ML}/Pd/C 催化剂表面的起始氧化电势相对于 Pd/C 有一定正移,但其仍明显较 Pt/C 表面的起始氧化电势低。然而,负扫的伏安响应表明,Pt_{ML}/Pd/C 催化剂表面含氧物种(正扫时吸附)的脱附则是这三种催化剂中最快的,其还原峰最正,相应的积分电量也最大,这充分证明 Pd 核与 Pt_{ML}壳之间存在相互作用。

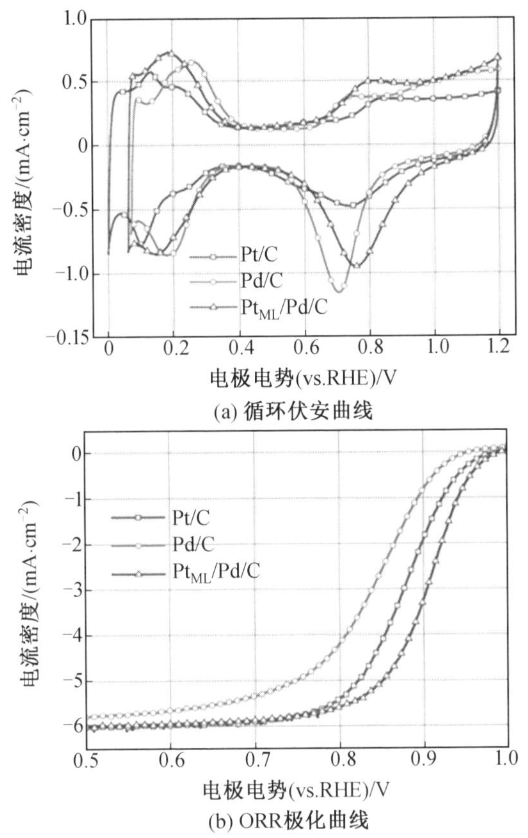

(a) 循环伏安曲线

(b) ORR极化曲线

图 6.20　Pt/C、Pd/C 和 Pt_{ML}/Pd/C 三种催化剂的循环伏安曲线和 ORR 极化曲线

对于不同金属催化剂的循环伏安曲线,在保证电势上限相同的情况下,通常表面氧化电势与还原电势的正负是一致的,其反映的是催化剂表面氧结合能的大小,即亲氧性的强弱。催化剂表面的亲氧性越弱,相应的氧化电势和还原电势越正。例如,Pt 的亲氧性较 Pd 的亲氧性弱,然而,对于 Pt_{ML}/Pd/C 催化剂,其表面的氧化电势和还原电势并不符合这一规律(Pt_{ML}/Pd/C 氧化电势比 Pt/C 负,还

原电势却比 Pt/C 正）。这种反常可能与 Pt 单层并不能完全将 Pd 核包覆住以至于暴露出来的 Pd 优先氧化有关。但是，其还原峰最正充分说明 Pd 核与 Pt_{ML} 壳之间的相互作用弱化了 Pt_{ML} 表面的氧结合能。氧结合能变弱将加速表面活性位点的更新，从而促进氧还原动力学。

利用 RDE 技术以及循环伏安法考察 Pt/C、Pd/C 以及 Pt_{ML}/Pd/C 催化剂的 ORR 动力学。图 6.20(b) 是这三种催化剂在氧气饱和的 0.1 mol/L $HClO_4$ 溶液中，电极转速恒定在 1 600 r/min，扫描速率为 10 mV/s 条件下测得的欧姆内阻校正的 ORR 极化曲线。从图中可知，Pt_{ML}/Pd/C 催化剂的半波电势 $E_{1/2}$ 比 Pd/C 高出 65 mV，而且明显高于 Pt/C 的 $E_{1/2}$，表明 Pd 核与 Pt_{ML} 壳之间的相互作用使表面 Pt 单层的表观 ORR 动力学得到明显提升。进一步，利用 Koutecky-Levich 方程计算出这三种催化剂在 0.9 V 时的 ORR 动力学电流密度，并转换成铂族金属(PGM)质量比活性和电化学表面积比活性，分别如图 6.21(a)、(b)所示。结果表明，Pt_{ML}/Pd/C 催化剂具有最高的铂族金属质量比活性(0.35 A/mg)和电化学表面比活性(0.69 mA/cm^2)，分别是标准 Pt/C 催化剂的 1.3 倍和 1.9 倍。

提高催化剂的 ORR 活性，降低贵金属(主要是铂族金属)的用量，最终的目的是减少催化剂的成本，进而降低燃料电池的造价。对于不同的贵金属，其价格往往差别很大(如 Pt、Ru 的价格相差十倍以上)，因此单纯计算含有多种贵金属组分复合催化剂的总贵金属质量比活性并不完全科学。考虑到这一点，单位成本活性(dollar activity)的概念被提出，即将铂基复合催化剂中贵金属的用量按照各自的价格折算成相应的成本，并将其 ORR 的动力学电流密度对贵金属总成本归一化，进而得到单位成本(A/美元)的 ORR 活性。按照此方法，计算出 Pt/C、Pd/C 和 Pt_{ML}/Pd/C 催化剂各自的单位成本活性，如图 6.21(c)所示。其中，Pt 与 Pd 的价格分别为 42.21 美元/g 和 22.39 美元/g。Pt_{ML}/Pd/C 催化剂的单位成本活性为 13.10 A/美元，是标准 Pt/C 的 2.0 倍，并且高于 US DOE 的 2020 指标。针对商业化应用的燃料电池，衡量催化剂的性价比则更为重要。选择 Pd 代替内部的 Pt 不仅是基于 Pd 与 Pt 核壳间有利的相互作用，而且 Pd 的价格也相对较为便宜，储量也更丰富(是 Pt 的 200 倍)。

图 6.21(d)所示为 Pt/C 和 Pt_{ML}/Pd/C 催化剂经历不同扫描次数后的单位成本活性。可以看出，随着扫描次数的增加，Pt/C 催化剂的单位成本活性逐渐降低，30 000 圈循环后损失 28%。这主要是由于在电势扫描过程中，发生奥斯特瓦尔德熟化导致 Pt 纳米颗粒的粒径增大，从而降低了 Pt 的利用率。然而与 Pt/C 不同，Pt_{ML}/Pd/C 催化剂的单位成本活性在稳定性测试过程中却呈现“火山型”走势，即在经历起初的 20 000 圈循环后单位成本活性增加 10%，随后开始逐渐降

低,100 000 圈循环后降至初始值的 83%。此外,在整个稳定性测试过程中,Pt_{ML}/Pd/C 催化剂的单位成本活性始终高于 US DOE 指标,表明其具有优异的 ORR 稳定性。

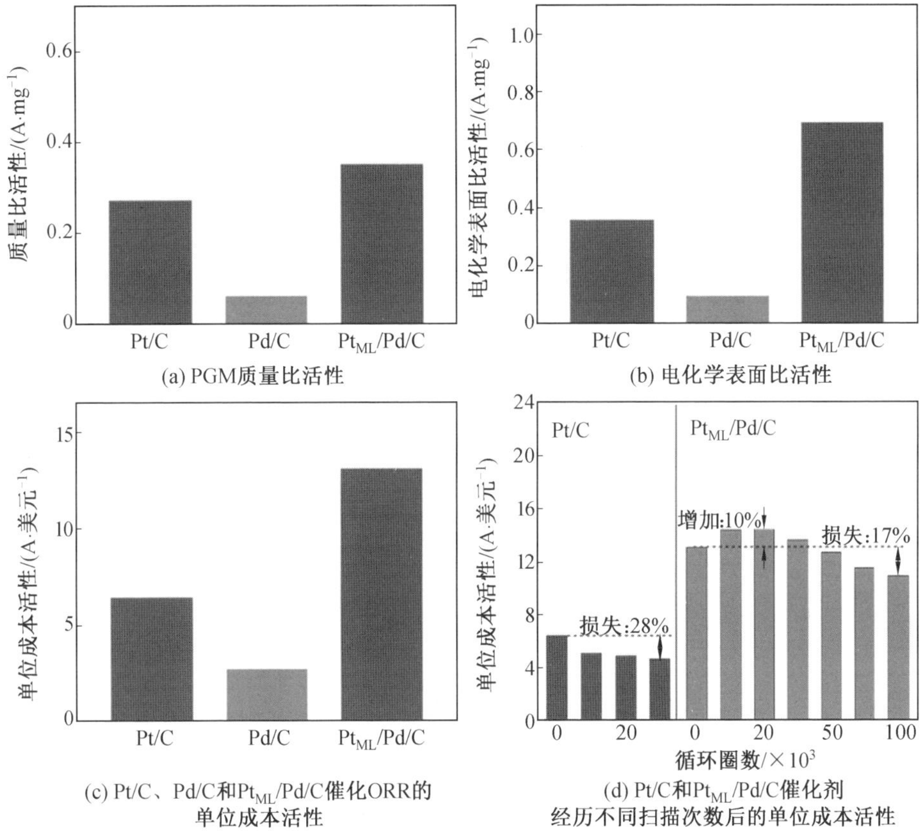

(a) PGM质量比活性

(b) 电化学表面比活性

(c) Pt/C、Pd/C和Pt_{ML}/Pd/C催化ORR的单位成本活性

(d) Pt/C和Pt_{ML}/Pd/C催化剂经历不同扫描次数后的单位成本活性

图 6.21 Pt/C、Pd/C 和 Pt_{ML}-Pd/C 催化剂的比活性

对于 Pt_{ML}/Pd/C 催化剂的 PGM 质量比活性,由于 PGM 在电极上的载量与其成本一一对应,因此可以预料,其在 100 000 圈循环稳定性测试过程中同样也呈现出与单位成本活性相同的“火山型”走势。同理,其 Pt 质量比活性也是如此。如图 6.22(a)、(b)所示,20 000 圈循环后,Pt_{ML}/Pd/C 催化剂的 PGM 质量比活性和 Pt 质量比活性分别从初始的 0.35 A/mg 和 1.57 A/mg 提高到 0.39 A/mg 和 1.72 A/mg。这种反常的实验现象是合理的,因为相对于 Pt 单层,内部的 Pd 核并不稳定,以至于其透过表面 Pt_{ML} 的缺陷位被优先氧化、溶出,进而稳定表面的 Pt;同时,Pd 核的溶出会诱导表面 Pt 原子重排形成具有更高配位的稳定结构。Pt

原子的配位程度越高,其 ORR 活性也越高。

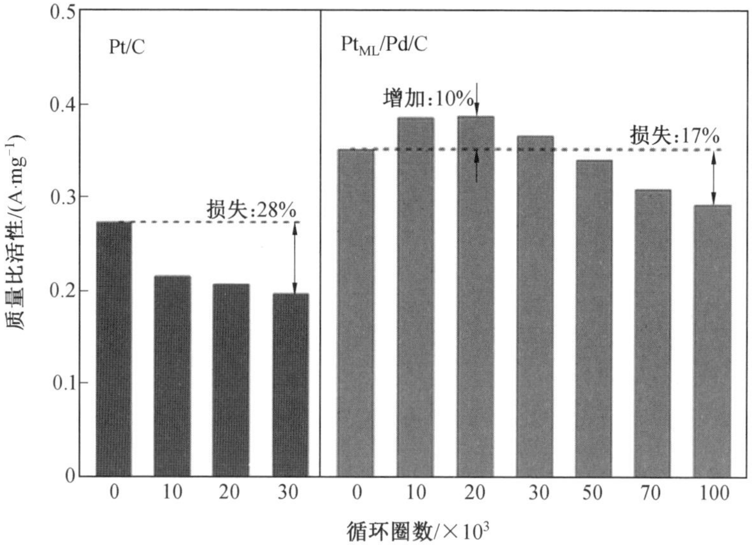

(a) PGM质量比活性(0.9 V)

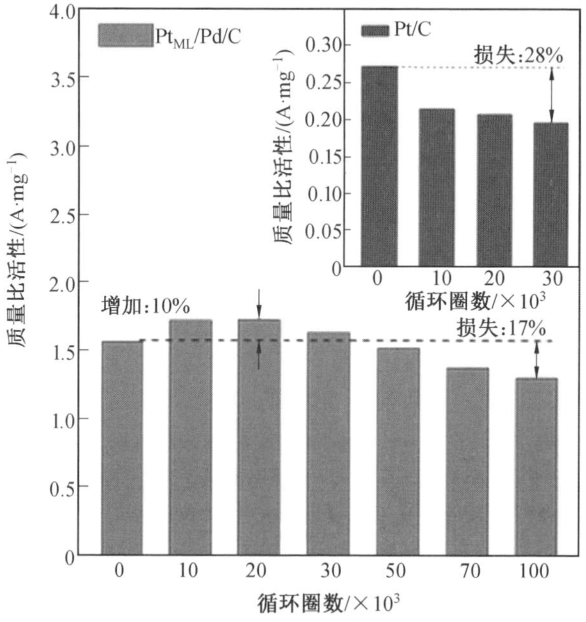

(b) Pt质量比活性(0.9 V)

图 6.22　Pt/C 和 Pt_{ML}/Pd/C 催化剂在稳定性测试不同阶段的质量比活性的变化

图 6.23 反映了 Pt/C 和 Pt_{ML}/Pd/C 催化剂在稳定性测试过程中电化学表面比活性的变化。尽管这两种催化剂在整个加速老化测试后其电化学表面比活性都有所增加，但值得注意的是，初始的 20 000 圈的循环扫描引起 Pt_{ML}/Pd/C 催化剂的电化学表面比活性增加 85%，比 Pt/C 催化剂(6%)高出一个数量级。

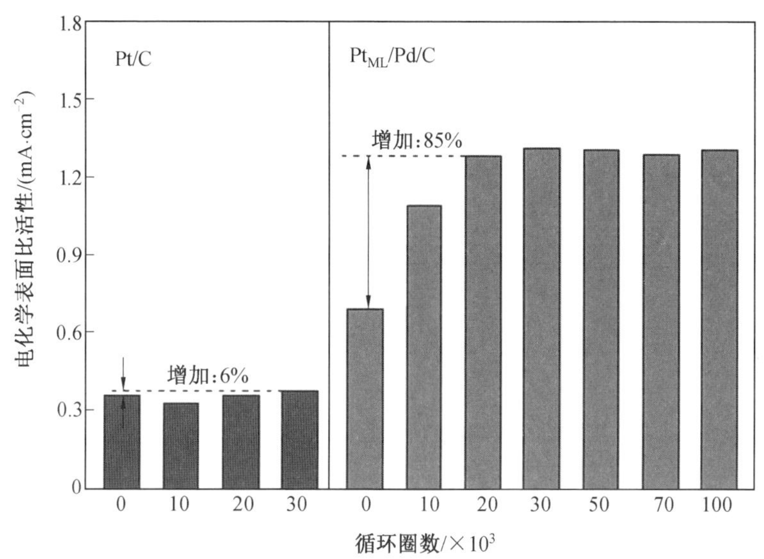

图 6.23　Pt/C 和 Pt_{ML}/Pd/C 催化剂在 ORR 稳定性测试不同阶段的电化学表面积比活性

对于标准 Pt/C 催化剂，如前文所述，在稳定性测试过程中 Pt 纳米颗粒会长大，因此可降低催化剂中处于边和顶点等低配位的 Pt 原子的比例，进而提高其电化学表面比活性。然而，对于 Pt_{ML}/Pd/C 催化剂，由于 Pd 的耐蚀性(抗电化学腐蚀的能力)相对较差，在初始的 20 000 圈电势循环扫描过程中，暴露在 Pt_{ML} 缺陷或空缺位的 Pd 原子会溶出，导致整个 Pt_{ML}/Pd 纳米颗粒的粒径变小，以至于 Pt 原子依然保持在表面并且收缩成一个连续的、高度配位的原子层。在随后的稳定性测试中(20 000 ~ 100 000 圈循环)，Pt_{ML}/Pd/C 催化剂的电化学表面比活性缓慢增加与 Pt/C 类似，这同样可归因于电化学奥斯特瓦尔德熟化引起的 Pt_{ML}Pd 纳米颗粒粒径变大。如图 6.24(a)、(b)所示，20 000 ~ 100 000 圈循环 Pt_{ML}/Pd/C 催化剂伏安响应的变化与初始的 30 000 圈循环 Pt/C 催化剂伏安响应的变化非常相似，表明在 20 000 ~ 100 000 圈的循环扫描过程中，Pt_{ML}/Pd/C 催化剂发生奥斯特瓦尔德熟化。

通过选择一条具有代表性的 CV 曲线(20 000 圈扫描后)与 Pt/C 催化剂的 CV 曲线进行比较,可以深入了解稳定性测试过程中电化学诱导 Pt_{ML}/Pd/C 催化剂表面状态的变化。从图 6.24(c)中可以看出,经历 20 000 圈扫描的 Pt_{ML}/Pd/C 催化剂与 Pt/C 具有相近的伏安响应,特别是氢区(0.05 ~0.04 V),与 Pt 特征晶面的氢吸脱附(图中虚线所标出的 Pt(110) 晶面氢吸附峰)对应, 表明单层的 Pt 原子紧密且相对有序地堆叠在Pd纳米颗粒表面。此外,在0.78V附近的还原

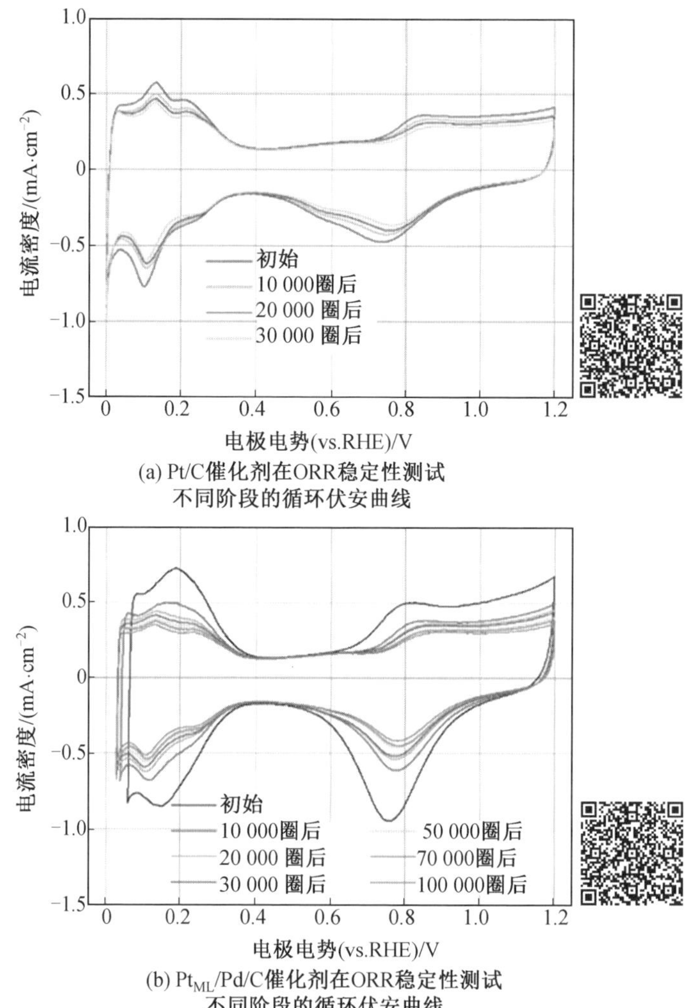

(a) Pt/C催化剂在ORR稳定性测试不同阶段的循环伏安曲线

(b) Pt_{ML}/Pd/C催化剂在ORR稳定性测试不同阶段的循环伏安曲线

图 6.24　催化剂的循环伏安曲线

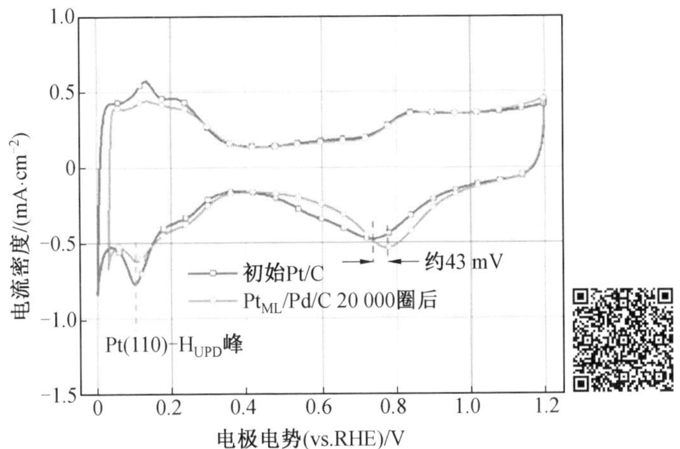

(c) 初始Pt/C和20 000圈循环扫描后的Pt$_{ML}$/Pd/C催化剂在Ar饱和的0.1 mol/L $HClO_4$溶液中的循环伏安曲线(扫描速率:50 mV/s)

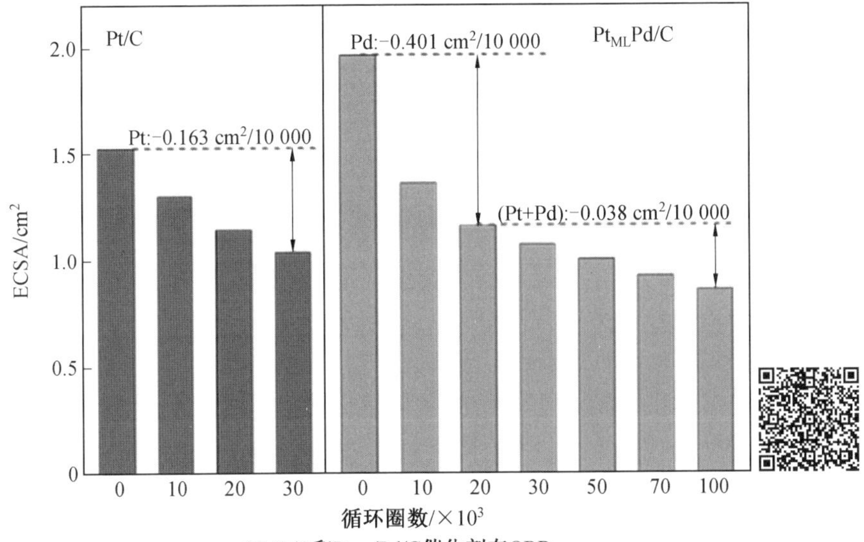

(d) Pt/C和Pt$_{ML}$/Pd/C催化剂在ORR稳定性测试不同阶段的电化学表面积

续图 6.24

峰电势比 Pt/C 的还原峰电势高约 43 mV，表明此时的 Pt$_{ML}$/Pd/C 催化剂可以相对快速地解离 O_2。这些电化学结果证明，Pt$_{ML}$/Pd/C 催化剂经过 20 000 圈的循环伏安扫描演变成一个接近理想的 Pt 单层，通过与 Pd 核相互作用，其电子及电化学特性得到修饰。也就是说，利用欠电势沉积-置换技术制备的初始的 Pt 单层,Pt 原子也许是堆叠松散的并且与支撑的 Pd 原子配位较低。因此,在初始的 0~20 000圈稳定性测试过程中 Pd 原子溶解,诱导表面 Pt 原子重排,进而形成一个高度配位的、连续的 Pt 单层。同时,内部的 Pd 核逐渐变小,直至被所形成的致密的 Pt 单层完全包覆。

这种结构上的自修复与随后的奥斯特瓦尔德熟化具有本质的不同,这一点可以通过比较 20 000 圈循环前后的 ECSA 变化得到印证。图 6.24(d)给出了 Pt_{ML}/Pd/C 催化剂在 20 000 圈循环之前(0~20 000)和之后(20 000~100 000)的 ECSA 损失速率(以 10 000 圈循环为单位)。在初始的 20 000 圈循环扫描过程中,Pt_{ML}/Pd/C 催化剂的 ECSA 损失速率为 0.401 cm^2/10 000,然而在随后的 80 000圈循环过程中其 ECSA 损失速率仅为 0.038 cm^2/10 000,远小于 0~20 000 圈循环过程中 ECSA 损失速率。进一步比较可知,20 000~100 000 次循环稳定性测试 Pt_{ML}/Pd/C 催化剂的 ECSA 损失速率也明显低于标准 Pt/C 的 ECSA 损失速率(0.163 cm^2/10 000),尽管 20 000~100 000 圈循环稳定性测试过程中 Pt_{ML}/Pd/C 催化剂同样发生的是奥斯特瓦尔德熟化,这表明 Pt_{ML}/Pd/C 催化剂具有更高的电化学稳定性。

通过以上分析可知,在 0~20 000 圈循环过程中 Pt_{ML}/Pd/C 催化剂的 ECSA 损失主要是由 Pd 核溶出引起的,由于 Pd 的耐蚀性比 Pt 差,因此在此过程中,Pt_{ML}/Pd/C 催化剂的 ECSA 损失速率比 Pt/C 催化剂的 ECSA 损失速率大;随着致密 Pt_{ML}的形成,Pd 核溶出得到抑制,在 20 000~100 000 圈循环过程中,更低的 ECSA 损失速率则归因于核壳间有利的相互作用(主要是 Pd 核诱导 Pt_{ML}晶格收缩,使 Pt_{ML}的 d 带中心负移)提高了 Pt_{ML}的氧化还原电势,从而使 Pt_{ML}/Pd 纳米颗粒的奥斯特瓦尔德熟化得以减缓,对应其优异的 ORR 稳定性。

利用 X 射线光电子能谱(XPS)和 EDS 对初始以及经历 20 000、30 000、70 000和 100 000 圈循环伏安扫描后的 Pt_{ML}/Pd/C 催化剂进行对比分析,从而获知稳定性测试过程中 Pt_{ML}/Pd 纳米颗粒的表面组成、化学状态以及整个催化剂中 Pt、Pd 相对含量变化等动态信息。

图 6.25(a)所示为 Pd/C 和稳定性测试不同阶段 Pt_{ML}/Pd/C 催化剂的 Pd 3d 电子 XPS 谱峰以及相应的拟合曲线,可以看出:Pd/C 和初始的 Pt_{ML}/Pd/C 催化剂具有一对明显的对应氧化态 Pd 的特征峰,表明此时 Pt_{ML}没有将 Pd 核完全覆盖;然而对于经过 20 000~100 000 圈循环扫描后的 Pt_{ML}/Pd/C 催化剂则仅有金属态 Pd 的特征峰,表明起初的 20 000 圈循环扫描暴露的 Pd 原子被完全溶出,随后的 20 000~100 000 圈扫描过程中剩余的 Pd 原子被 Pt 有效保护。图 6.25(b)所示为 Pt/C 和稳定性测试不同阶段 Pt_{ML}/Pd/C 催化剂的 Pt 4f 电子 XPS 谱峰以

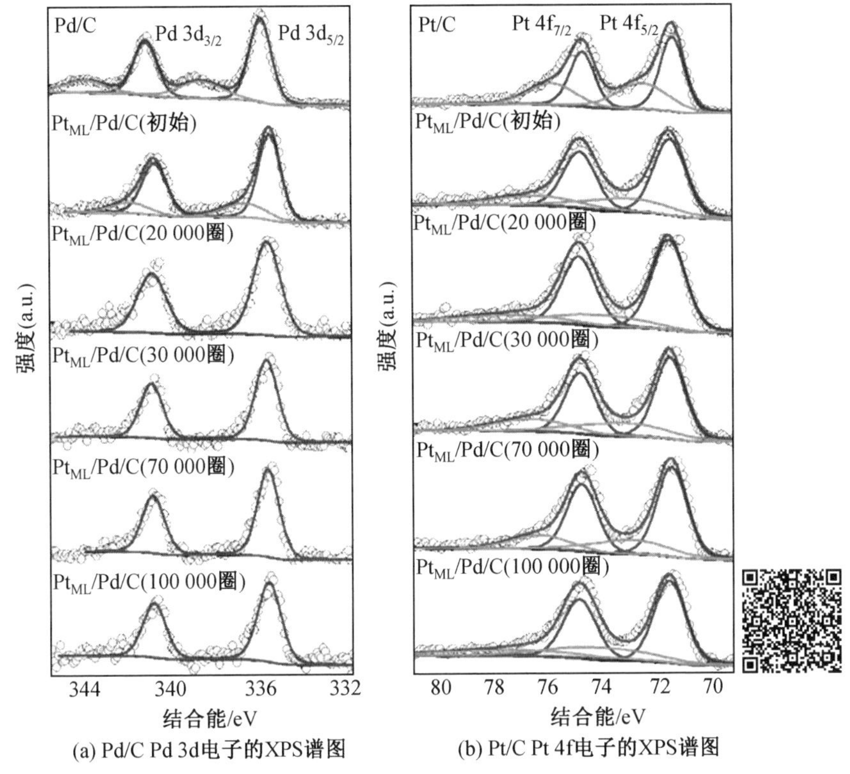

(a) Pd/C Pd 3d电子的XPS谱图　(b) Pt/C Pt 4f电子的XPS谱图

图 6.25　催化剂不同催化阶段的 XPS 谱图(蓝色谱线和绿色谱线分别代表金属态和氧化态的 XPS)

及相应的拟合曲线。金属态 Pt 与氧化态 Pt 对应的特征峰面积比值(S_{Pt-M}/S_{Pt-O})见表 6.3。可以看出,Pt_{ML}/Pd/C 催化剂的 S_{Pt-M}/S_{Pt-O} 始终高于 Pt/C 催化剂。S_{Pt-M}/S_{Pt-O}的大小反映的是 Pt 被氧化的程度,Pt_{ML}/Pd/C 催化剂具有更高的 S_{Pt-M}/S_{Pt-O}表明 Pt_{ML}表面对含氧物种的键合被弱化。进一步,根据 Pd 3d 电子和 Pt 4f 电子的 XPS 谱峰面积可以计算出不同阶段 Pt_{ML}/Pd/C 催化剂中 Pd 的相对原子数分数(N_{Pd}/N_{Pd+Pt})。

表 6.3　XPS 表征获得的 Pt/C 和稳定性测试不同循环圈数的 Pt_{ML}/Pd/C 催化剂金属态 Pt 与氧化态 Pt 的特征峰面积比值以及 Pd 的相对原子数分数

样品	S_{Pt-M}/S_{Pt-O}	$\frac{N_{Pd}}{N_{Pd+Pt}}$/%
Pt/C	1.33	—
初始 Pt_{ML}/Pd/C	2.13	56.8
经历 20 000 圈循环后的 Pt_{ML}/Pd/C	2.86	39.1
经历 30 000 圈循环后的 Pt_{ML}/Pd/C	1.97	33.9
经历 70 000 圈循环后的 Pt_{ML}/Pd/C	2.42	31.7
经历 100 000 圈循环后的 Pt_{ML}/Pd/C	1.96	25.8

担载在 RDE 电极表面的 Pt_{ML}/Pd/C 催化剂在初始和经历 20 000、30 000、70 000、100 000 圈循环伏安扫描后的低倍 SEM 照片及相应选定区域内的 EDS 谱图如图6.26所示。EDS 测试结果显示初始的 Pt_{ML}/Pd/C 催化剂中 Pd 的相对原子数分数为 84.46%，与理论值（Pd 在 RDE 电极表面的载量为 15.3 μg/cm^2，通过 Cu-UPD 单层的电量以及法拉第定律计算得到的 Pt 载量为 4.4 μg/cm^2，则 N_{Pd}/N_{Pd+Pt}为 86.4%）基本吻合。进一步，EDS 测试结果显示在整个稳定性测试过程中 Pd 的损失并不是特别巨大（例如，100 000 圈扫描后 N_{Pd}/N_{Pd+Pt}仍高于 57%），这归因于 Pt 单层的保护作用。更重要的是，与 ECSA 的变化一致，20 000 圈循环之前和之后 Pd 原子数分数的损失速率也同样具有明显差别。XPS 结果显示从初始到 20 000 圈循环，每 10 000 圈循环损失 8.9%，远高于随后的稳定性测试（每 10 000 圈循环损失 1.7%）。因此可以证明，经过初始的 20 000 圈循环稳定性测试所形成的接近理想的 Pt 单层能够有效抑制 Pd 核溶出。值得注意的是，从 20 000 圈到 100 000 圈的循环伏安扫描，Pt_{ML}/Pd/C 催化剂的奥斯特瓦尔德熟化与 Pt/C 有些不同。在此过程中，尽管 Pt_{ML}/Pd/C 催化剂始终保持 Pd 核-全覆盖的 Pt 壳的结构，但实际上 Pt 和 Pd 原子都缓慢溶解。

利用高角环形暗场扫描透射电子显微镜（HAADF-STEM）对稳定性测试不同阶段的 Pt_{ML}/Pd/C 催化剂进行观察。图 6.27 所示为 Pt_{ML}/Pd/C 催化剂在初始时和经历 20 000 圈和 100 000 圈循环扫描后的高分辨 HAADF-STEM 图像（原子序数衬度成像）以及通过 EELS 获得的 Pt 元素在单个 Pt_{ML}/Pd 纳米颗粒中的分布图（二维投影，分辨率为 0.13 nm）。根据元素分布图中 EELS 信号明暗度的差异可以估测 Pt 壳的厚度。初始阶段以及 20 000 圈和 100 000 圈扫描后，Pt 壳厚度

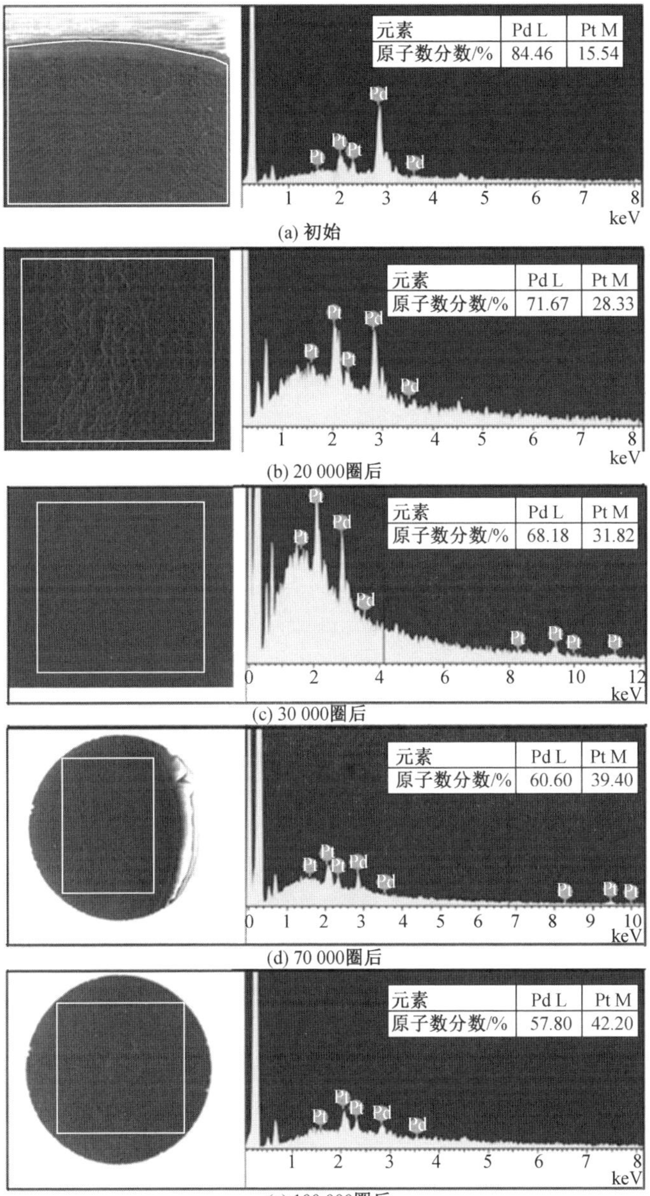

元素	Pd L	Pt M
原子数分数/%	84.46	15.54

(a) 初始

元素	Pd L	Pt M
原子数分数/%	71.67	28.33

(b) 20 000圈后

元素	Pd L	Pt M
原子数分数/%	68.18	31.82

(c) 30 000圈后

元素	Pd L	Pt M
原子数分数/%	60.60	39.40

(d) 70 000圈后

元素	Pd L	Pt M
原子数分数/%	57.80	42.20

(e) 100 000圈后

图6.26　担载在RDE电极表面的Pt_{ML}/Pd/C催化剂在初始和经历20 000、30 000、70 000、100 000圈循环伏安扫描后的低倍SEM照片及相应选定区域内的EDS谱图

分别为0.42 nm、0.48 nm 和0.70 nm。尽管通过 STEM-EELS 数据很难确定准确的厚度,但仍然可以看出,Pt 壳的厚度随电势循环圈数的增加而增大,特别是经历 100 000 圈循环扫描后其厚度增大尤为明显。

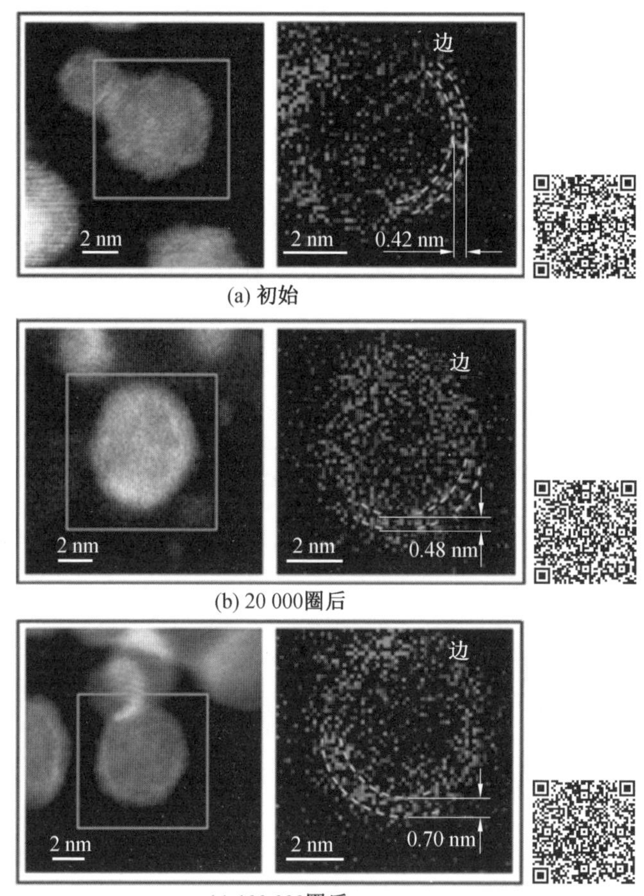

图 6.27 Pt_{ML}/Pd/C 催化剂在初始时和经历 20 000 圈和 100 000 圈循环扫描后的高分辨 HAADF-STEM 图像(原子序数衬度成像)以及通过 EELS 获得的 Pt 元素在单个 Pt_{ML}/Pd 纳米颗粒中的分布图(二维投影,分辨率为 0.13 nm)

图 6.28 所示为初始时以及经历 20 000 圈和 100 000 圈循环伏安扫描后 Pt_{ML}/Pd/C 催化剂中 Pt_{ML}/Pd 的粒径分布情况。统计计算其平均粒径分别为 6.4 nm、5.3 nm 和 6.7 nm。可以看出,在 20 000 圈循环扫描后 Pt_{ML}/Pd 颗粒的粒径明显减小,100 000 圈循环扫描后其粒径又增大。正如前面所讨论的,在起初 20 000 圈循环稳定性测试过程中,暴露出来的 Pd 原子会溶出,因此引起 Pt_{ML}/Pd

纳米颗粒缩小以及 Pt_{ML}壳重构。100 000 圈循环扫描后 Pt_{ML}/Pd 颗粒的长大则是由电化学奥斯特瓦尔德熟化所导致。

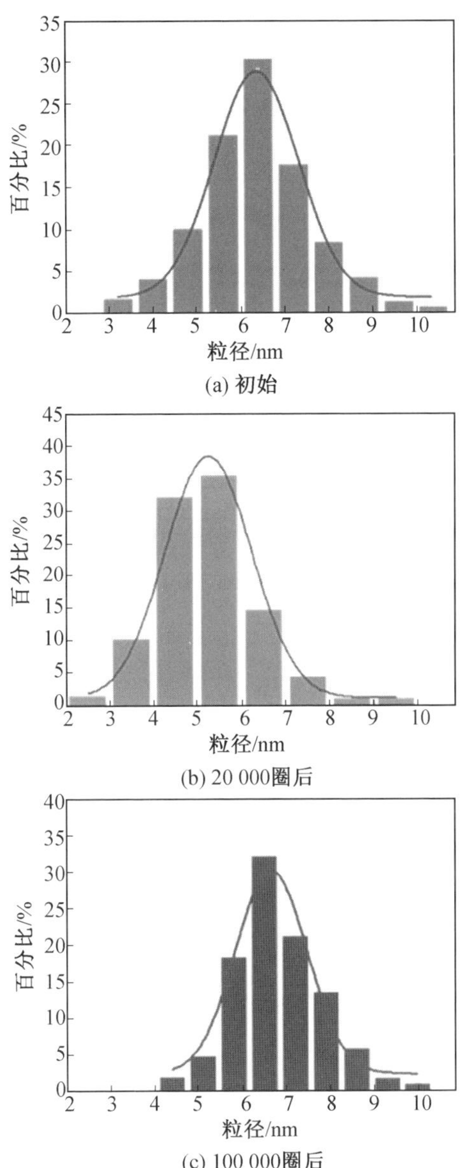

图 6.28　初始时以及经历 20 000 圈和 100 000 圈循环伏安扫描后 Pt_{ML}/Pd/C 催化剂中 Pt_{ML}/Pd 的粒径分布情况

从图6.29中可以看出,初始的Pt_{ML}/Pd纳米颗粒形状不太规则而且尺寸差别较大,然而100 000圈扫描后Pt_{ML}/Pd纳米颗粒则更圆而且大小更均一,因为催化剂中最初较小的纳米颗粒在循环扫描过程中已经被溶掉并且再沉积到较大颗粒表面。这与100 000圈扫描后粒径分布的标准偏差(0.8 nm)比初始时和20 000圈扫描后粒径分布的标准偏差(1.0 nm)降低是一致的。在循环往复的电势扫描过程中,Pt_{ML}/Pd颗粒的长大是Pt_{ML}/Pd/C催化剂ORR活性衰减的主要原因。

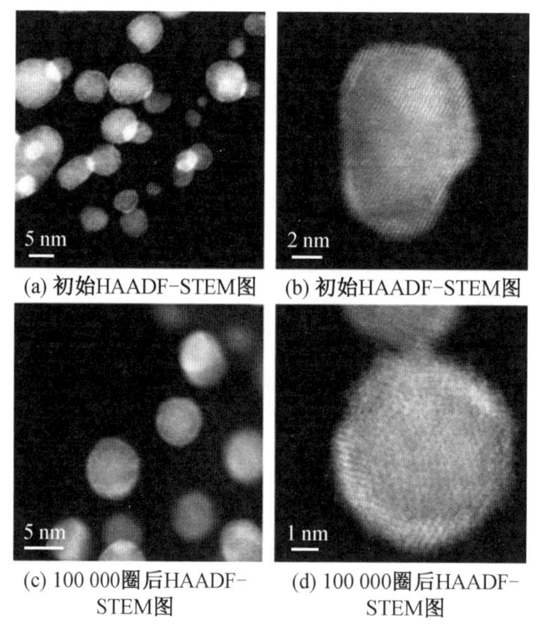

(a) 初始HAADF-STEM图　(b) 初始HAADF-STEM图
(c) 100 000圈后HAADF-STEM图　(d) 100 000圈后HAADF-STEM图

图6.29　催化剂在初始和循环后的HAADF-STEM图像

前面的结果充分表明:欠电势沉积-置换技术制备的Pt单层是由结构不连续且电化学性质相对不稳定的Pt单原子层碎片组成。为了更深入地理解新鲜制备Pt_{ML}/Pd/C催化剂的组成与形貌以及在稳定性测试过程中的结构演变,选择原子按面心立方(FCC)晶格点阵堆积的正多面体模型作为初始的Pd纳米颗粒,以分析Pt单层的表面构型以及整个Pt_{ML}/Pd纳米结构的演变。Cu在Pd表面的欠电势沉积是Pt单层形成的基础。对于最简单的情况——理想的Pd单晶表面Pd(100)和Pd(111),现场扫描隧道显微分析证实Cu原子分别欠电势沉积到表面的四重空位(four-fold hollow site,标记为F位)和三重空位(three-fold hollow site,标记为T位),如图6.30所示。由于表面的空位数与组成单晶表面的Pd原子数相同,因此欠电势沉积的Cu单层中Cu原子的个数与单晶表面的Pd原子数

也相同，Pd（100）和 Pd（111）对应的欠电势沉积电量分别为 421 μC/cm^2 和 486 μC/cm^2，即通常认为的一个 Pd 原子欠电势沉积一个 Cu 原子。

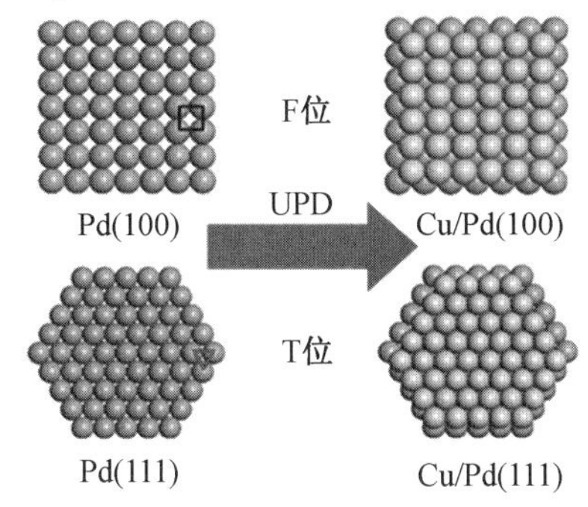

(a) Pd(100)和Pd(111)单晶表面及其表面欠电势沉积Cu原子的模型示意图

F位
T位
E位
V位
Pd(100)/(111)原子
边/顶点原子
六-八正多面体Pd

(b) Pd的六-八正多面体模型示意图

图 6.30　合成示意图

实际的 Pd 纳米颗粒，其表面则比理想的单晶表面更为复杂。表面除了具有 Pd(111)和 Pd(100)晶面及相应的 T 位和 F 位外，还存在一些缺陷，包括晶面间所夹的边(edge)及顶点(vertex)，相应的位点分别用 E 和 V 表示。对于这种具有"洋葱"状同心原子层构型的六-八正多面体 Pd，总的 Pd 原子数($N_{\text{Total Pd}}$)、表面 Pd 原子数($N_{\text{Surface Pd}}$)以及表面 F 位、T 位、E 位和 V 位的数目(分别用 N_F、N_T、N_E 和 N_V 表示)与原子层数(ν)的关系可以通过式(6.9)～(6.14)表达：

$$N_{\text{Total Pd}}(\nu) = 10\frac{\nu^3}{3} + 5\nu^2 + 11\frac{\nu}{3} + 1 \tag{6.9}$$

$$N_{\text{Surface Pd}}(\nu) = 10\nu^2 + 2 \tag{6.10}$$

$$N_F(\nu) = 6(\nu - 1)^2 \tag{6.11}$$

$$N_T(\nu) = 4(\nu - 1)(\nu - 2) \tag{6.12}$$

$$N_E(\nu) = 24(\nu - 1) \tag{6.13}$$

$$N_V(\nu) = 12 \tag{6.14}$$

可以注意到：①$N_{\text{Surface Pd}}(\nu)$等于 $N_{\text{Total Pd}}(\nu)$ 与 $N_{\text{Total Pd}}(\nu-1)$ 的差值；②表面所有位点数之和，也就是 $N_F(\nu)+N_T(\nu)+N_E(\nu)+N_V(\nu)$，等于 $N_{\text{Surface Pd}}(\nu)$。

此外，Pd 的粒径(D, nm)与原子层数(ν)的关系可表示为

$$D(\nu) = \frac{d_i(\nu) + d_o(\nu)}{2} \tag{6.15}$$

式中，$d_o(\nu)$为包住原子层数为 ν 的六-八正多面体 Pd 的外切球的直径；$d_i(\nu)$为被原子层数为 ν 的六-八多面体 Pd 包住的内切球的直径。$d_i(\nu)$和 $d_o(\nu)$的表达

式分别为

$$d_i(\nu)=2\cdot\left(V(\nu)\cdot\frac{3}{5}\cdot 2^{-1/2}\right)^{1/3} \tag{6.16}$$

$$d_o=2^{1/2}\cdot\left(V(\nu)\cdot\frac{3}{5}\cdot 2^{-1/2}\right)^{1/3} \tag{6.17}$$

式中，$V(\nu)=N_{\text{Total Pd}}(\nu)\dfrac{V_{\text{unit cell}}}{4}$，$V_{\text{Unit cell}}$是面心立方 Pd 单胞(unit cell)的体积。Pd 原子的半径为 0.137 nm，相应的单胞体积为 0.058 183 nm^3(每个单胞包含 4 个 Pd 原子)。

基于式(6.9)～(6.17)，计算出原子层数(ν)从 0(只有一个 Pd 原子的情况)到 21 所对应的 $N_{\text{Total Pd}}$和 D 值，依次列于表 6.4 中。

表 6.4　原子层数(ν)从 0 到 21 所对应的 $N_{\text{Total Pd}}$和 D 值

ν	$N_{\text{Total Pd}}$	D/nm	ν	$N_{\text{Total Pd}}$	D/nm
0	1	0.274	11	5 083	5.384
1	13	0.736	12	6 525	5.851
2	55	1.191	13	8 217	6.319
3	147	1.653	14	10 179	6.787
4	309	2.117	15	12 431	7.254
5	561	2.582	16	14 993	7.721
6	923	3.049	17	17 885	8.189
7	1 415	3.515	18	21 127	8.656
8	2 057	3.982	19	24 739	9.124
9	2 869	4.449	20	28 741	9.591
10	3 871	4.917	21	33 153	10.059

图 6.31(a)所示为不同粒径(粒径从 0.274 nm(ν=0)变化到 10.059 nm(ν=21))的六-八正多面体 Pd 纳米颗粒中表面 Pd 原子所占的比值($N_{\text{Surface Pd}}/N_{\text{Total Pd}}$)以及表面活性位点中 F 位和 T 位所占的比值($N_{\text{F+T sites}}/N_{\text{All sites}}$，$N_{\text{F+T sites}}=N_F+N_T$；$N_{\text{All sites}}=N_F+N_T+N_E+N_V$)。可以看出，随着粒径增大，表面原子与总原子的比值不断下降，然而表面 F 位和 T 位与总表面活性位点的比值则不断升高。对于直径为6 nm的 Pd 纳米颗粒，表面 Pd 原子占 21.6%，其中组成 F 位和 T 位的原子占 81.3%。

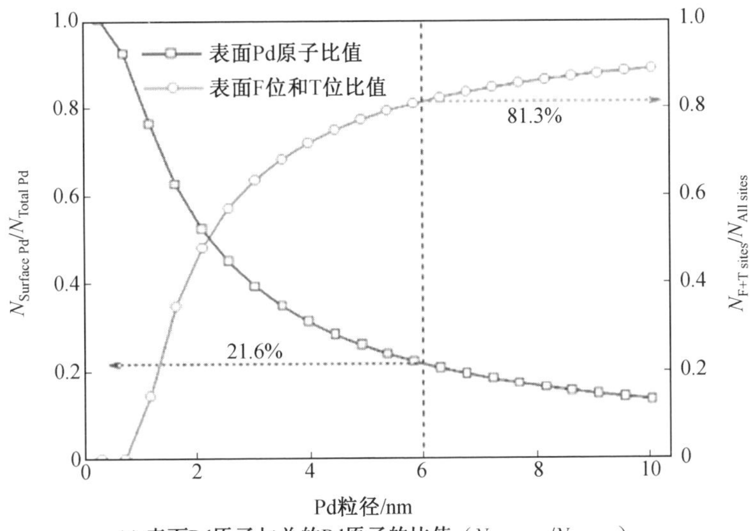

(a) 表面Pd原子与总的Pd原子的比值（$N_{Surface\ Pd}/N_{Total\ Pd}$）以及表面F位和T位数目与总的表面位数目的比值（$N_{F+T\ sites}/N_{All\ sites}$）随Pd粒径的变化

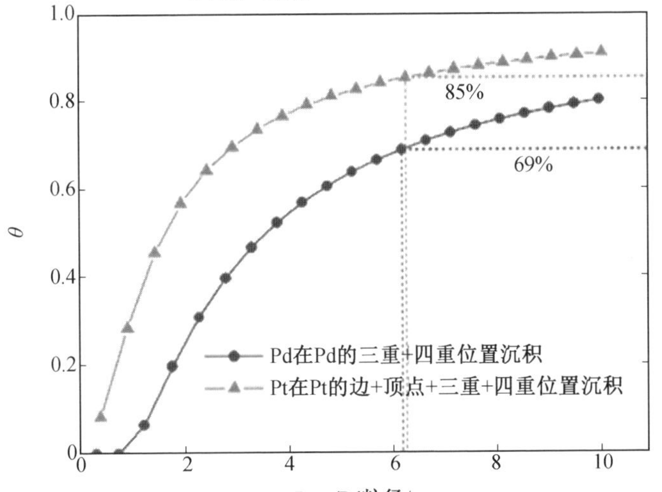

(b) Cu欠电势沉积在所有F、T、E、V位点和Cu仅电势沉积在F位和T位这两种情况下Pt覆盖度随Pt_{ML}/Pd粒径的变化

图6.31 不同粒径催化剂中Pd的比例

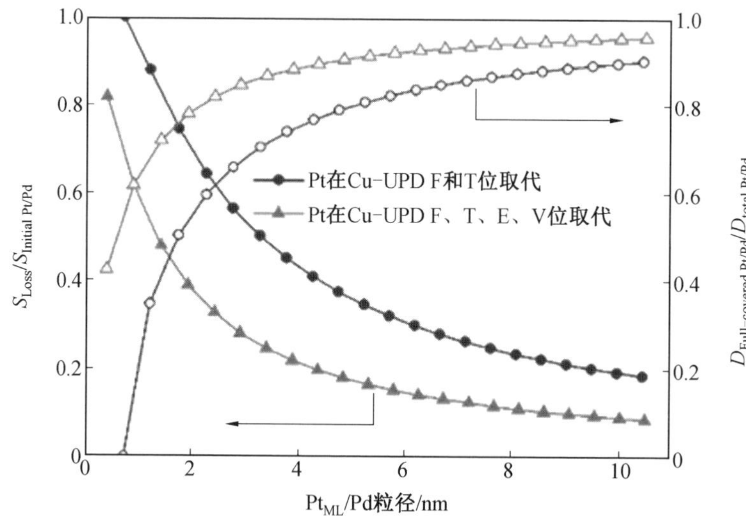

(c) 两种Cu欠电势沉积情况对应的不同粒径的Pt_{ML}/Pd纳米颗粒在完成自修复前后表面积损失（$S_{Loss}/S_{Initial\ Pt/Pd}$）和粒径变化（$D_{Full-covered\ Pt/Pd}/D_{Initial\ Pt/Pd}$）

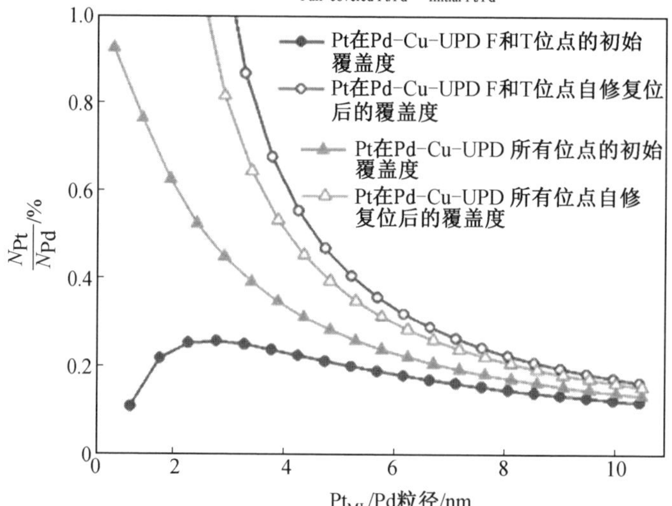

(d) 两种Cu欠电势沉积情况对应的不同粒径Pt_{ML}/Pd纳米颗粒在完成自修复前后$\frac{N_{Pt}}{N_{Pd}}$的变化

续图 6.31

对于利用欠电势沉积-置换技术在这个纳米尺度的六-八正多面体 Pd 模型表面构建的 Pt_{ML}，分两种情况进行分析：①Pd 表面所有 F、T、E、V 位点都可以欠电势沉积 Cu，此时表面的 Pd 原子数与 Cu 原子数相同，相当于一个 Pd 原子欠电势沉积一个 Cu 原子；②Pd 表面只有 F 位和 T 位可以欠电势沉积 Cu。同时，假设在这两种情况中 Pt 原子和 Cu 原子都是 1∶1 原位（in situ）置换。根据模型计算可以得到这两种情况下 Pt 在不同粒径的六-八正多面体 Pd 表面的覆盖度（θ），以及不同粒径的 Pt_{ML}/Pd 纳米颗粒的表面积（S）和 Pt 与 Pd 的原子比。

Pt 覆盖度随 Pt_{ML}/Pd 粒径的变化如图 6.31（b）所示。可以看出，这两种情况下 Pt 覆盖度都随粒径增大而增大，但对于所有的纳米颗粒，Pt 覆盖度都小于 100%。也就是说，欠电势沉积-置换技术制备的 Pt_{ML}/Pd 纳米颗粒中始终有 Pd 原子暴露出来。这较容易理解，因为欠电势沉积的 Cu 原子数最多只能与表面的 Pd 原子数相等，但将 Pd 纳米颗粒完全包覆住所需要的 Pt 原子数要比表面的 Pd 原子数多。举例说明，层数为 12 的六-八正多面体 Pd（直径约为5.9 nm），其表面的 Pd 原子数为 1 442 个，也就是层数为 11 和 12 的两个六-八正多面体 Pd 所对应的总的 Pd 原子数的差值。采用同样的方法可以计算出完全覆盖这个具有 12 原子层的 Pd 纳米颗粒所需要的 Pt 原子数为 1 692 个。由于受表面 Pd 原子个数/位点数的限制，利用 Cu 欠电势沉积-置换技术在层数为 12 的六-八正多面体 Pd 表面制备的 Pt 单层最多含有 1 442 个 Pt 原子，其对应的 Pt 覆盖度为 85%（即 1 442/1 692）。如果 Pd 表面只有 F 位和 T 位可以欠电势沉积 Cu，则 Pt 覆盖度更低，仅为 69%。

前面的结果表明，Pt_{ML}/Pd/C 催化剂中暴露的 Pd 原子在稳定性测试初始阶段受电化学腐蚀，Pd 核逐渐缩小，20 000 圈循环扫描后表面的 Pt_{ML} 刚好完全将剩余的 Pd 原子包住，即最初不完美的 Pt_{ML} 可以自我修复，最终在 Pd 纳米颗粒表面形成完全覆盖的 Pt 层。在此过程中由于 Pd 对 Pt 的阴极保护作用，可以认为 Pt 原子并不溶解。通过模型分析可以进一步考察上述两种 Cu 欠电势沉积情况对应的 Pt_{ML}/Pd 纳米颗粒在完成自修复前后粒径、表面积以及 Pt 与 Pd 原子比的变化，并与实验结果（对应于 Pt_{ML}/Pd/C 催化剂初始和 20 000 圈循环扫描后的情况）相互论证。

对于原子层数为 ν 的六-八正多面体 Pd，欠电势沉积-置换的 Pt 原子数与表面的 Pd 原子数相等（Cu 在表面所有位点都欠电势沉积的情况），其值为 $10\nu^2+2$。由模型计算可知，只有当六-八正多面体 Pd 缩减到具有 ν'（此时 $\nu'=\nu-1$）个原子层时，表面的 $10\nu^2+2$ 个 Pt 原子才能将其完全包覆。对于 Cu 只在表面的 F 位和 T 位欠电势沉积的情况，同样也可以计算出六-八正多面体 Pd 被 Pt 原子完全包覆时其所具有的原子层数 ν'(此时,ν'可以不是整数)。根据已知的原子层数,可以进一步计算出 Pt_{ML}完全将剩余的 Pd 原子包覆住时 Pt_{ML}/Pd 纳米颗粒的粒径、表面积以及 Pt 与 Pd 的原子比。

图 6.31(c)给出了两种 Cu 欠电势沉积情况对应的不同粒径的 Pt_{ML}/Pd 纳米颗粒在完成自修复前后的表面积损失(损失的表面积与初始表面积的比值,$S_{Loss}/S_{Initial\ Pt/Pd}$)和粒径变化(Pt 完全覆盖的 Pt_{ML}/Pd 与初始的 Pt_{ML}/Pd 的粒径比值,$D_{Full-covered\ Pt/Pd}/D_{Initial\ Pt/Pd}$)。从图 6.31(d)中可以明显看出,对于 Cu-UPD 只在表面的 F 位和 T 位的情况,表面积损失相对更高,并且对于所有粒径的 Pt_{ML}/Pd,表面损失的差别都很明显(高于 0.1)。显然,位点有选择的 Cu-UPD 也导致了更明显的粒径收缩,但随着 Pt_{ML}/Pd 粒径增大,两者之间的差别会逐渐变小。这是因为 Pt_{ML}/Pd 的粒径由初始 Pd 纳米颗粒的大小决定,同时 Pd 纳米颗粒的大小也决定其表面 E 位和 V 位所占的比例,初始 Pd 纳米颗粒的粒径越大,其表面 E 位和 V 位所占的比例越小,所以两种 Cu-UPD 情况所对应的 Pt_{ML}/Pd 纳米颗粒在完成自修复前后的表面积损失和粒径变化也就越接近。

可以看出,Pt_{ML}/Pd 的粒径越小,其 Pt 与 Pd 原子比的变化越明显,而且 Cu-UPD 位点有选择时原子数分数的变化(两条红线间的差值)较无位点选择时的变化更大。由于形成完全覆盖 Pt 层的过程中 Pt 原子数保持不变(Pd 对 Pt 的阴极保护),因此 Pt 与 Pd 原子比的改变是由 Pd 的溶解导致的。这些计算结果表明,增大 Pt_{ML}/Pd 的粒径,也就是增大 Pd 纳米颗粒的粒径,可以降低完全覆盖的 Pt 单层形成过程中 Pd 的损失。

表 6.5 给出了 Cu 在粒径为 6 nm 的六-八正多面体 Pd 表面所有 F、T、E、V 位点欠电势沉积和仅在 F、T 位欠电势沉积两种情况所对应的上述模型计算的具体结果,同时相应的实验结果也列于其中。

表 6.5　模型分析结果与实验结果对比

参数	模型分析结果		实验结果
	$Pt_{(F+T+E+V)}$/Pd	$Pt_{(F+T)}$/Pd	Pt_{ML}/Pd/C
初始粒径/nm	6.41	6.33	6.4
$\frac{S_{Loss}}{S_{Initial}}$/%	13.9	29.5	40.7
$\frac{D_{Full-covered\ Pt/Pd}}{D_{Initial\ Pt/Pd}}$/%	92.8	84.0	82.8
初始 Pt 与 Pd 原子比/%	21.6	17.6	18.4
自修复后 Pt 与 Pd 原子比/%	27.5	31.1	39.5

通过对比可知，只在F位和T位欠电势沉积Cu而获得的Pt_{ML}/Pd纳米颗粒的模型计算结果与实验结果吻合得更好，表明位点有选择性的Cu-UPD更可能是实际所发生的情况。模型计算结果与实验结果之间存有一定差别，意味着导致Pd损失的实际情况更为复杂，其中就包括Pt非原位(none-in situ)置换Cu-UPD从而引起Pt原子聚集形成Pt双层或Pt簇(Pt cluster)。比如，在表面只有F位和T位进行Cu-UPD的情况下，Pt在粒径6 nm Pd表面的理论覆盖度为69%；然而，在完全覆盖的Pt单层形成过程中(0～20 000圈循环扫描)ECSA从1.97 cm^2降低到1.17 cm^2，表明Pt的实际覆盖度为59.4%(1.17/1.97)。两者之间10%的差异很有可能是形成Pt双层或Pt簇所致。

实验与模型分析结果证明Cu-UPD最有可能发生在原子规则排布的Pd(111)和Pd(100)晶面，而不是Pd纳米颗粒的边位和顶点位。用Pt置换Pd纳米颗粒表面欠电势沉积的Cu单层所形成的Pt单层实际上是不连续、相互分离的Pt亚单层(submonolayer, sML)，具有相对较低的理论覆盖度(例如Pt在6 nm Pd表面的理论覆盖度为69%)。此外，如上文提到的Pt与Cu-UPD之间的非原位置换，其除了会降低Pt覆盖度，还会导致在每一个分离的Pt层中形成针孔状的缺陷位，从而暴露出Pd(111)和Pd(100)晶面原子。这些暴露的Pd原子在稳定性测试的初始阶段不断溶解引起表面Pt原子收缩和重排，从而形成理想的Pd/Pt_{ML}核壳结构。此后的稳定性测试(20 000～100 000圈循环)中，Pt_{ML}/Pd纳米颗粒作为一个整体以相对缓慢的速率发生奥斯特瓦尔德熟化，然而在整个过程中核-壳结构始终得以保持。$Pt_{ML}/Pd/C$催化剂的这种性质可称为结构自保持(self-retaining)特性。

图6.32所示为$Pt_{ML}/Pd/C$催化剂在稳定性测试过程中结构的动态演变，从Cu欠电势沉积-Pt置换所形成Pt亚单层初始结构，经由自修复得到的一个接近理想的Pd/Pt_{ML}核壳结构到一个粒径更大的、具有2～3个Pt原子层的纳米颗粒，核壳结构得以自保持。与Pt/C一样，100 000圈循环后$Pt_{ML}/Pd/C$催化剂的粒径增大，也是由于电化学奥斯特瓦尔德熟化的结果，但是两者的奥斯特瓦尔德熟化过程并不完全相同。对于已经完成自修复的$Pt_{ML}/Pd/C$催化剂，在随后的稳定性测试过程中较小颗粒表面的Pt原子优先溶解，随后再沉积到较大颗粒的Pt_{ML}/Pd表面；同时，较小Pt_{ML}/Pd颗粒中因为表面Pt原子溶解而被暴露的Pd原子也将发生溶解；然而，由于其还原电势相对较低，溶解的Pd再沉积将非常困难。20 000～100 000圈循环稳定性测试过程中所记录的CV曲线没有Pd信号可以证明这一点。先前的MEA测试结果表明，溶解的Pd已迁移至Nafion膜中。这种特殊的奥斯特瓦尔德熟化最终导致100 000圈稳定性测试后Pt_{ML}/Pd纳米颗粒

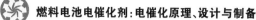

Pt 壳厚度的增加。

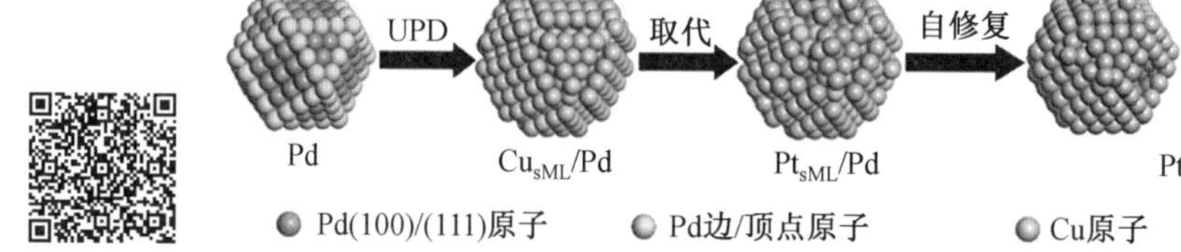

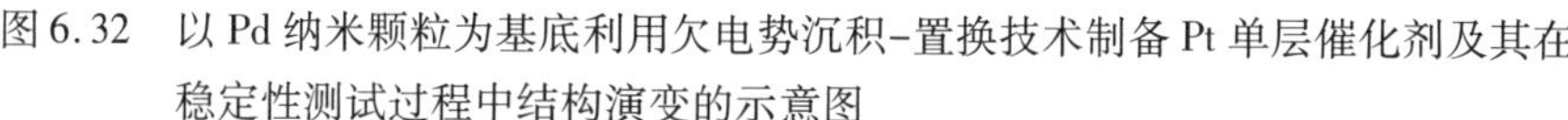

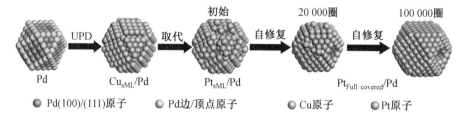

图 6.32　以 Pd 纳米颗粒为基底利用欠电势沉积-置换技术制备 Pt 单层催化剂及其在稳定性测试过程中结构演变的示意图

结果充分证明 Pt 单层催化剂的这种特性确实存在，Pd 自身相对较慢的电化学腐蚀速率是实现 Pt 单层自修复（即从 Pt_{sML} 到 Pt_{ML}）的关键。由于 Pd 的腐蚀速率较小，因此可以保证表面的 Pt 原子具有充足的时间进行重排，从而将剩余的 Pd 核完全包覆。对于这些双金属催化剂，合金结构和核壳结构（包括合金核的情况）本身都是热力学稳定的。然而在 ORR 条件下，无论是合金还是核壳，结构并不能长期保持，这是由于催化剂表面吸附的含氧物种（OH_{ad}/O_{ad}）会持续诱导 3d-过渡金属从双金属纳米颗粒内部偏析至表面。这种现象可以通过以下事实进行解释：3d-过渡金属的亲氧性与 Pt 相差非常大（由 DFT 计算得到的 Fe、Co、Ni、Cu 和 Pt 金属表面氧结合能（ΔE_o）分别为 -0.90 eV、-0.22 eV、0.34 eV、1.20 eV和 1.57 eV）；当催化剂表面存在含氧物种时，Pt 与 3d-过渡金属间如此大的亲氧性差别可以提供强有力的驱动力促使 3d-过渡金属发生表面偏析，因为这些含氧物种更容易与 3d-过渡金属结合。一旦原子偏析至表面，它将被迅速溶解，从而使催化剂中 3d-过渡金属的含量不断降低，最终改变其合金和核壳结构。催化剂结构的改变会严重削弱 Pt 与非贵金属间的电子和晶格应变效应，使其最初较高的 ORR 活性很难维持，这种由吸附含氧物种诱导表面偏析所驱动的催化剂结构改变是稳定性测试过程中 ORR 活性衰减的最主要原因。

相比之下，以 $Pt_{ML}/Pd/C$ 为代表的 Pt 单层催化剂，其核壳结构在 ORR 条件下长期稳定是因为 Pd 与 Pt 亲氧性的差别非常小（Pd 的 ΔE_o 为 1.53 eV，与 Pt 相差 0.04 eV），而且都相对较弱，以至于没有足够的驱动力促使 Pd 从内部偏析至表面，即使催化剂表面具有吸附含氧物种。此外，Pd、Pt 间非常小的晶格失配可能也对 $Pt_{ML}/Pd/C$ 催化剂的核壳结构自保持起到一定作用。由于 Pd 与 Pt 晶格非常匹配（周期表中，Pd 是与 Pt 晶格最匹配的金属，晶格失配度仅为 0.77%），以至于 Pd 核与 Pt_{ML} 壳界面间的应力非常小，这样可以避免在界面处形成空位、位错等晶格缺陷，从而使 Pt 壳层能够一直沿着 Pd 核的晶格点阵均匀铺展，对 Pd

核起到更好的保护作用。

结合电化学实验、物理表征与模型分析，可以系统揭示基于欠电势沉积-置换技术制备的 Pt_{ML}/Pd/C 催化剂催化氧还原反应的长效机制。具体结论如下。

(1) ORR 过程中，Pt_{ML}/Pd/C 核壳催化剂的结构演变决定其活性变化。在高达 100 000 圈循环的稳定性测试过程中，Pt_{ML}/Pd/C 催化剂的 ORR 活性呈现“火山型”走势，最终只衰减 17%；起初的 20 000 圈循环单位成本活性增大是因为初始的 Pt_{ML} 并不能将 Pd 核完全包覆，在电势循环扫描过程中暴露 Pd 原子的溶解，使 Pt 原子重排形成一个具有更高配位的全覆盖的 Pt_{ML}，从而促进氧气的解离吸附；随后的活性以一个比标准 Pt/C 明显更低的速率逐渐减小，是由于核壳间有利的相互作用以及核壳结构的自保持特性使整个纳米颗粒的电化学奥斯特瓦尔德熟化得以减缓。

(2) Pt 单层催化剂具有自修复特性，Pd 的电化学腐蚀速率相对较慢使表面 Pt 原子具有充足时间重排成致密单层；由于 Pt 和 Pd 的亲氧性都较弱且差别很小，从而避免了 Pd 原子的表面偏析和溶解，使自修复完成后的 Pd/Pt 核壳结构始终得以保持。

(3) Cu 在 Pd 纳米颗粒表面选择性地欠电势沉积以及部分 Pt 原子与 Cu-UPD 原子之间的非原位置换，是导致 Pt_{ML} 壳不能将 Pd 纳米颗粒完全覆盖的根本原因。结构的自修复和自保持是 Pt 单层催化剂稳定高效的基础和保证，这种结构依赖的稳定性对于有效设计 ORR 催化剂具有一定的指导作用。

本章参考文献

[1] ZHOU X W, GAN Y L, DU J J, et al. A review of hollow Pt-based nanocatalysts applied in proton exchange membrane fuel cells[J]. J Power Sources, 2013, 232: 310-322.

[2] YU C L, GE Q J, XU H Y, et al. Influence of oxygen addition on the reaction of propane catalytic dehydrogenation to propylene over modified Pt-based catalysts[J]. Industrial & Engineering Chemistry Research, 2007, 46 (25): 8722-8728.

[3] AZZAM K, BABICH I, SESHAN K, et al. A bifunctional catalyst for the single-stage water-gas shift reaction in fuel cell applications. Part 2. Roles of the support and promoter on catalyst activity and stability[J]. J Catal, 2007, 251

(1): 163-171.

[4] LUO Y, ALONSO-VANTE N. The effect of support on advanced Pt-based cathodes towards the oxygen reduction reaction. state of the art [J]. Electrochim Acta, 2015, 179: 108-118.

[5] ANTOLINI E, PEREZ J. The renaissance of unsupported nanostructured catalysts for low-temperature fuel cells: From the size to the shape of metal nanostructures[J]. J Mater Sci, 2011, 46(13): 4435-4457.

[6] WANG Y J, FANG B Z, LI H, et al. Progress in modified carbon support materials for Pt and Pt-alloy cathode catalysts in polymer electrolyte membrane fuel cells[J]. Prog Mater Sci, 2016, 82: 445-498.

[7] HOLBY E F. First-principles molecular dynamics study of carbon corrosion in PEFC catalyst materials[J]. Fuel Cells, 2016, 16(6): 669-674.

[8] SONG P, BARKHOLTZ H M, WANG Y, et al. High-performance oxygen reduction catalysts in both alkaline and acidic fuel cells based on pre-treating carbon material and iron precursor[J]. Sci Bull, 2017, 62(23): 1602-1608.

[9] XU Y, ZHANG B. Recent advances in porous Pt-based nanostructures: Synthesis and electrochemical applications [J]. Chem Soc Rev, 2014, 43 (8): 2439-2450.

[10] LU B A, TIAN N, SUN S G. Surface structure effects of platinum-based catalysts for oxygen reduction reaction[J]. Curr Opin Electroche, 2017, 4 (1): 76-82.

[11] WANG S, JIANG S P, WANG X. Polyelectrolyte functionalized carbon nanotubes as a support for noble metal electrocatalysts and their activity for methanol oxidation[J]. Nanotechnology, 2008, 19(26): 265601.

[12] SHAO Y Y, KOU R, WANG J, et al. The influence of the electrochemical stressing (potential step and potential-static holding) on the degradation of polymer electrolyte membrane fuel cell electrocatalysts[J]. J Power Sources, 2008, 185(1): 280-286.

[13] BEZERRA C W B, ZHANG L, LIU H S, et al. A review of heat-treatment effects on activity and stability of PEM fuel cell catalysts for oxygen reduction reaction[J]. J Power Sources, 2007, 173(2): 891-908.

[14] SHAO Y Y, YIN G P, GAO Y Z, et al. Durability study of Pt/C and Pt/CNTs catalysts under simulated PEM fuel cell conditions[J]. J Electrochem Soc,

2006, 153: A1093-A1097.

[15] LIANG C, DAI S, GUIOCHON G. A graphitized-carbon monolithic column [J]. Anal Chem, 2003, 75(18): 4904-4912.

[16] KIM T W, PARK I S, RYOO R. A synthetic route to ordered mesoporous carbon materials with graphitic pore walls[J]. Angew Chem Int Ed Engl, 2003, 42(36): 4375-4379.

[17] SHANAHAN P V, XU L B, LIANG C D, et al. Graphitic mesoporous carbon as a durable fuel cell catalyst support[J]. J Power Sources, 2008, 185(1): 423-427.

[18] LONG N V, YANG Y, THI C M, et al. The development of mixture, alloy, and core-shell nanocatalysts with nanomaterial supports for energy conversion in low-temperature fuel cells[J]. Nano Energy, 2013, 2(5): 636-676.

[19] ANTOLINI E. Iron-containing platinum-based catalysts as cathode and anode materials for low-temperature acidic fuel cells: A review[J]. RSC Adv, 2016, 6(4): 3307-3325.

[20] CAI Y Z, GAO P, WANG F H, et al. Carbon supported chemically ordered nanoparicles with stable Pt shell and their superior catalysis toward the oxygen reduction reaction[J]. Electrochim Acta, 2017, 245: 924-933.

第7章

非贵金属催化剂的设计与制备

燃料电池，尤其是ORR阴极，需要大量的Pt及Pt族金属，这是造成燃料电池成本居高不下的主要原因。因此，除了前面章节提到的Pt基催化剂理性设计制备，人们还将大量的精力投入如何采用廉价催化剂材料替代Pt基催化剂的研究工作。非贵金属催化剂的研究由来已久，早在20世纪六七十年代，人们已经发现金属大环化合物及其热解产物具有一定的ORR活性。随后，大量研究得以开展，逐步将非贵金属催化剂研究推向高潮。21世纪初，过渡金属-氮-碳基催化剂的氧还原活性不断取得突破，已经展现了非常好的应用潜力。在负载型金属颗粒催化剂中，金属颗粒是催化活性中心，但由于催化过程是表面现象，只有颗粒表面的原子可以接触到反应物，因此颗粒内部的原子对催化反应本身并不起作用。将金属颗粒的尺寸减小，可以显著增加表面原子所占比例，提升金属位点的利用率。传统的非贵金属元素如Fe、Co、Ni和Cu的单质，它们在氧还原的“火山型”曲线中位于吸附过强的一侧，说明其上吸附含氧物种能力过强，限制了反应产物的及时脱除，造成了位点的毒化，因此性能较差。通过将这些金属单质分散为单原子负载到碳骨架中，利用金属原子和周围原子，通常是氮原子的配位作用，可以明显调控金属原子的d轨道结构，从而调控中间物种的吸附行为，因此氧还原活性得到提升。由于单原子催化剂和周围物种的电子作用强烈，因此容易受到周围局部化学环境的调控。

7.1　铁基催化剂的设计与制备

7.1.1　铁基催化剂概述

目前,研究最广泛的非贵金属材料是单原子 Fe 嵌入氮掺杂碳材料催化剂(Fe-N-C),它是最有可能取代 Pt 基催化剂的材料之一,其中通过单原子 Fe 与嵌入碳基质中的氮配位而形成的 FeN_x 基团被认为是催化剂的活性位点。然而,由于金属单原子具有热力学不稳定性,单原子 Fe 在热解过程中易于迁移并聚集成纳米颗粒,导致金属物种利用率降低,FeN_x 活性位点减少,从而导致催化剂 ORR 性能降低;此外,已经形成的 FeN_x 也极易发生金属溶出,从而降低催化剂活性,造成燃料电池寿命的下降。因此,Fe-N-C 催化剂的研究重点是如何形成高密度 FeN_x 活性中心,同时增强其稳定性。

7.1.2　铁前驱体对催化性能的影响

沸石咪唑骨架(ZIF)是一类由金属离子和二甲基咪唑(MeIm)连接体组成的材料,并且鉴于其特殊的三维网络结构和灵活的可调性,已经广泛应用于许多领域,包括气体储存/分离、药物释放、电极材料制备和催化剂制备等。最近,锌基 ZIF-8作为碳材料的前驱体在制备 Fe-N-C 催化剂中被广泛研究,因为 Zn 在 900 ℃以上会从 ZIF-8 体相中蒸发出来,留下具有均匀孔隙的 N 掺杂的碳骨架,这些孔隙有利于催化剂在催化过程中反应物的扩散。尽管在之前的报道中,许多研究人员研究了以 ZIF 为前驱体制备含有 Fe 元素的催化剂,但是通常在前驱体热解后观察到 Fe/Fe_3C 团聚颗粒的存在,金属元素团聚问题依然没有解决。

基于上述研究,作者团队利用孔径为 3.4 Å、孔腔直径为 11 Å 的特殊结构的 ZIF-8 和分子尺寸为 6.4 Å 的二茂铁(Fc),成功将单个 Fc 分子限制在 ZIF-8 孔腔内部,从而制备出 Fc@ ZIF-8 催化剂前驱体。在前驱体 Fc@ ZIF-8 中封装的 Fc 的量可以通过改变合成过程中 Fc 的量来简易地调节,并且随着 Fc 掺入量(物质的量)的增多,封装 Fc 的量达到饱和状态,其中 Fc 在前驱体中的质量分数约为 1% 。进一步通过 Fc@ ZIF-8 的热解制备具有单原子 Fe 均匀分散的 Fe-N-C 催化剂。Fc@ ZIF-8 的特殊结构不仅可以防止 Fc 分子被洗出,而且可以保护单原子 Fe 在热解过程中迁移和团聚,从而产生丰富且高度分散的 FeN_x 的活性位点,因此 Fe-N-C 催化剂显示出较高活性的 ORR 性能,在 0.1 mol/L KOH 溶液中具有 0.904 V 的半波电势。

采用简单液相混合方法,将 2-甲基咪唑六水合硝酸锌和 Fc 溶解于甲醇中并在室温条件下搅拌 10 h 后,进行离心洗涤和烘干,即获得 Fc@ ZIF-8 前驱体。将前驱体 Fc@ ZIF-8 盛装在瓷舟中放入管式炉,在氢氩气氛(10% H_2/90% Ar)中以 5 ℃/min 的升温速度,于 900 ℃ 高温煅烧 2 h,最后自然冷却到室温。接下来将首次煅烧后的 Fe-N-C 催化剂溶于一定量的 0.5 mol/L 硫酸溶液中,水浴加热至 80 ℃ 搅拌 10 h,反应结束后抽滤,冷冻干燥过夜。将干燥后的材料盛装在瓷舟中放入管式炉,在氢氩气氛(10% H_2/90% Ar)中以5 ℃/min的升温速度,900 ℃ 高温煅烧 2 h,最后自然冷却到室温,收集煅烧后粉末样品密封保存备用。

为分析催化剂前驱体及催化剂的微观形貌,使用美国 FEI 公司 Helios Nanolab 600i 双离子束扫描电子显微镜进行扫描电子显微镜表征。

图 7.1(a) ~ (d)分别为 ZIF-8、Fc@ ZIF-8 催化剂前驱体及 N-C、Fe-N-C 催化剂的 SEM 图。从图中可以观察到 ZIF-8、Fc@ ZIF-8 催化剂前驱体和 N-C、Fe-N-C 催化剂均呈规则的菱形十二面体结构且粒径分布均匀,在 ZIF-8 中掺入二茂铁并不改变其原有的菱形十二面体结构。ZIF-8 和 Fc@ ZIF-8 前驱体在高温煅烧下可以保持原有框架结构和形貌,说明 ZIF-8 在高温下具有较好的结构稳定性,是一种良好的碳材料载体。

为探究催化剂尺寸分布,对 N-C 和 Fe-N-C 催化剂进行计算拟合,如图 7.2 所示。得到 N-C 催化剂的平均粒径约为192 nm,Fe-N-C 催化剂的平均粒径约为 389 nm。

为研究催化剂形貌及元素分布情况,对 N-C 和 Fe-N-C 催化剂进行 TEM 表征,透射电子显微镜实验在 JEOL TEM-2010 和 Hitachi H-7650 透射电子显微镜上进行,如图 7.3 所示。

通过对比催化剂的 TEM 测试图可以发现 N-C 和 Fe-N-C 催化剂具有相同

图 7.1　催化剂前驱体及催化剂的 SEM 图

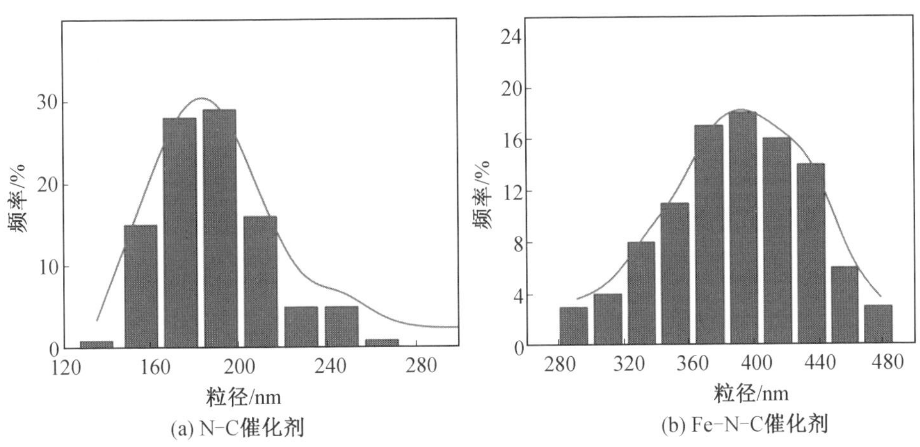

图 7.2　催化剂粒径分布图

的菱形十二面体结构，没有观察到大的颗粒状物质在表面存在。为研究催化剂材料的晶体结构，对催化剂进行选区电子衍射测试，如图 7.3(a)、(b) 中插图所示。在选区电子衍射图中发现两个衍射晕环，对应石墨碳的(101)和(002)晶面(PDF#41-1487)，说明催化剂均属于非晶态碳材料。通过对 Fe-N-C 催化剂的

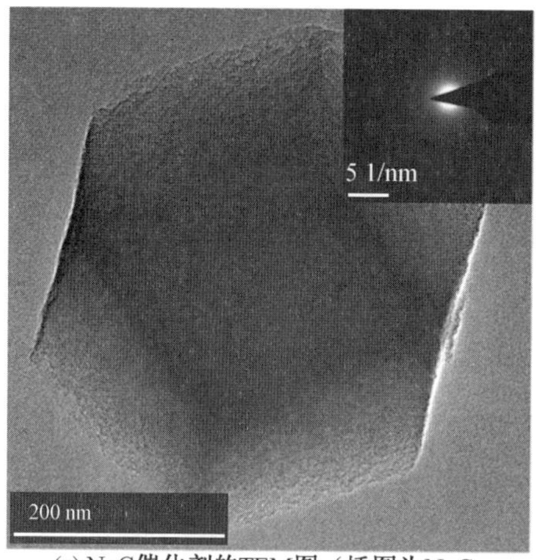

(a) N-C催化剂的TEM图（插图为N-C催化剂的电子衍射图）

(b) Fe-N-C催化剂的TEM图（插图为Fe-N-C催化剂的电子衍射图）

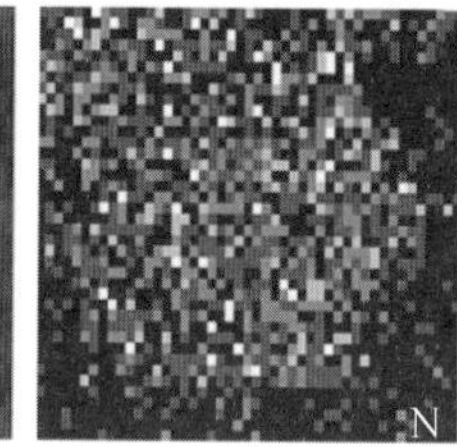

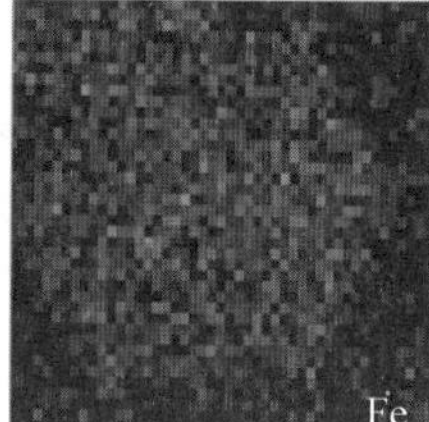

(c) Fe-N-C催化剂的HAADF图及C、N、Fe的EDS谱图）

图 7.3　N-C 和 Fe-N-C 催化剂的 TEM 表征结果

元素能谱分析,由暗场下 EDS 谱图可以看出催化剂中 C、N、Fe 三种元素均匀分散在催化剂表面,也可以得出 Fe 不是以晶态大颗粒的氧化态形式存在的结论。

为研究催化剂前驱体的结构和组成,对催化剂前驱体进行 XRD 和 FTIR 测试,如图 7.4 所示。图 7.4(a)为 ZIF-8 和 Fc@ ZIF-8 的 XRD 图。从图中可以观察到二者具有相同的峰位置,说明二茂铁的掺入并没有改变 ZIF-8 的晶体结构。图 7.4(b)为 ZIF-8、Fc@ ZIF-8 和 Fc 的 FTIR 图。从图中测试结果可以看出 ZIF-8和 Fc@ ZIF-8 具有相同的峰位置,Fc@ ZIF-8 中并没有出现 Fc 的峰,即在 Fc@ ZIF-8 的表面检测不到 Fc,证明了 Fc 可能被封装在 ZIF-8 的孔腔中。

为进一步研究催化剂前驱体中铁的存在形式及含量,进行 UV-vis 和 ICP-OES 测试。图 7.5(a)为 Fc@ ZIF-8 离心洗涤上清液的 UV-vis 谱图。从图中可以观察到,随着洗涤次数增加,在 450 nm 波长处的吸光度逐渐减小,当洗涤次数大于 3 次时吸光度为零,说明洗涤上清液中已经不存在未参与反应的二茂铁及

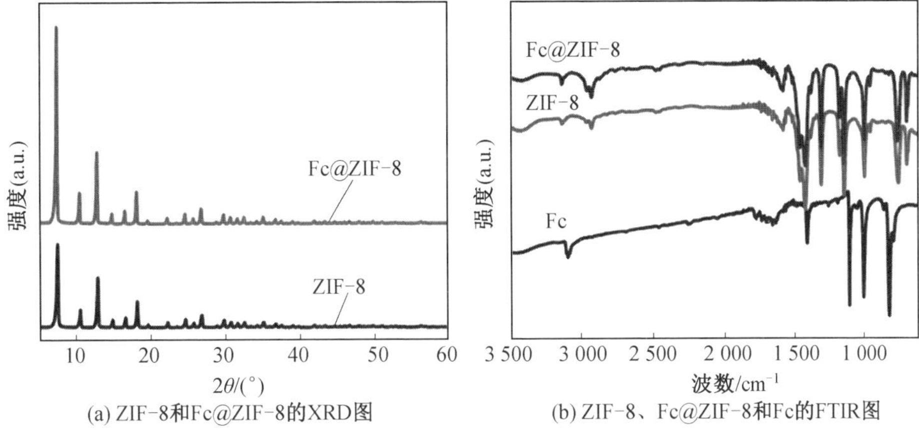

图 7.4 催化剂前驱体的 XRD 和 FTIR 表征

其他有机物,也证明 Fc@ ZIF-8 表面没有游离的二茂铁分子,这个结果也和前驱体的 XRD 和 FTIR 测试结果相呼应。图 7.5(b)为不同二茂铁掺入量 Fc@ ZIF-8 的 ICP-OES 折线图。从图中可以观察到,随着二茂铁的掺入量增加,Fc@ ZIF-8 中 Fe 的质量分数增加,当二茂铁掺入量为 2.5 mmol 时,Fc@ ZIF-8 中 Fe 的质量分数达到最高,为 0.98%,并且随着二茂铁掺入量继续增加,Fc@ ZIF-8 中 Fe 的质量分数保持不变,说明二茂铁封装在 ZIF-8 的孔腔中达到饱和,最高的二茂铁掺入量为 2.5 mmol,Fe 的质量分数为 0.98%。

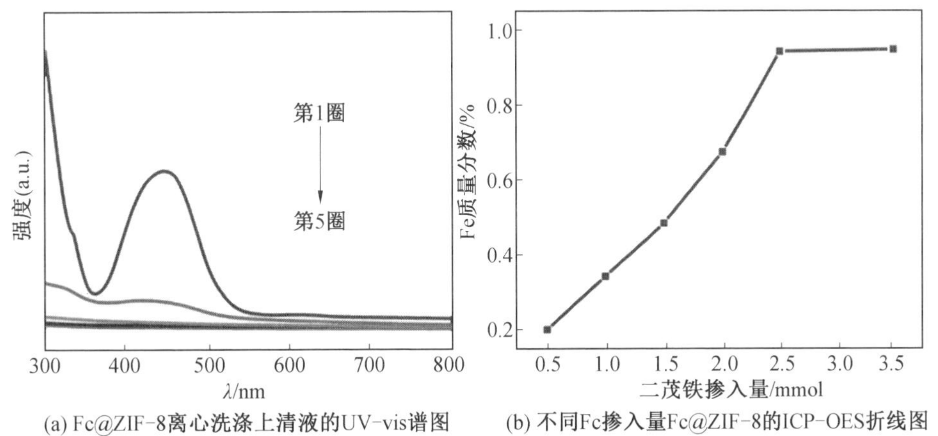

图 7.5 催化剂的 UV-vis 和 ICP-OES 表征结果

为探究催化剂发生氧还原反应的活性位点和催化剂的结构组成,采用 XRD

和 XPS 测试对 N-C 和 Fe-N-C 催化剂的结构进行表征。N-C 和 Fe-N-C 催化剂的 XRD 谱图如图 7.6(a)所示,可以观察到两种催化剂都属于非晶态的碳材料,在 20°~30°和 40°~50°处存在两个馒头峰,对应的晶面是石墨碳的(002)和(101)晶面(PDF#41-1487)。N-C 和 Fe-N-C 催化剂的 XRD 结果也与催化剂的电子衍射图相匹配,进一步证明了催化剂的石墨碳结构。对 N-C 和 Fe-N-C 催化剂进行高分辨 XPS 表征。图 7.6(b)所示为 Fe-N-C 催化剂的 XPS 全谱图,从图中可以观察到催化剂存在 C 1s(286.8 eV)、N 1s(400.4 eV)、O 1s(533.2 eV)和 Fe 2p(724.4 eV)峰,据此可以证明 Fe-N-C 催化剂的成功制备,此结果也与上文 Fe-N-C 催化剂的元素 EDS 谱图相对应。对 N 1s 元素进行高分辨 XPS 测试分析,如图 7.6(c)所示,通过定量分析可知 N 的原子数分数为 4.71%。通过分峰处理,Fe-N-C 催化剂中的氮元素可以分为四种类型的氮,分别是 402.9 eV 的氧化氮、401.2 eV 的石墨氮、400.0 eV 的吡咯氮和 398.3 eV 的吡啶氮。在制备单原子金属掺杂的碳基材料时,有大量的报道证实,吡啶氮中 sp^2 轨道上的孤对电子可以通过配位键的形式与金属原子结合,从而使得金属能以单原子形式稳定存在。通过计算得出吡啶氮原子数分数为 44.8%,所占比例最高,有利于催化剂的金属 Fe 与其配位形成氧还原反应活性位点 FeN_x 结构。Fe 2p 的高分辨 XPS 谱图如图 7.6(d)所示。从图中可以看出没有明显的 Fe 的信号,可能是因为 Fe 的含量比较少(原子数分数为 0.43%),很难检测出来,所以下一步对 Fe-N-C 催化剂的精细结构进行测试表征,确定 Fe 的存在形式。

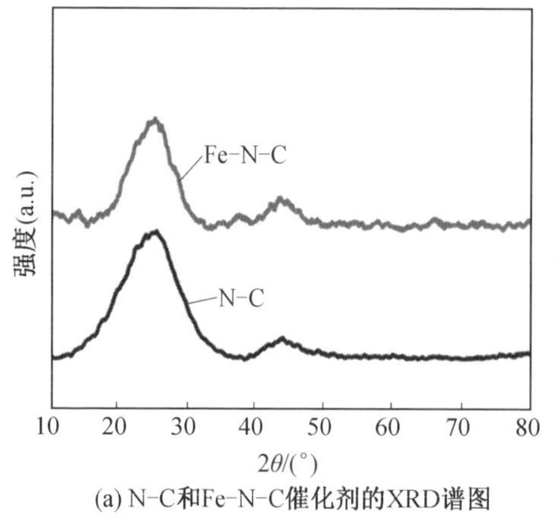

(a) N-C和Fe-N-C催化剂的XRD谱图

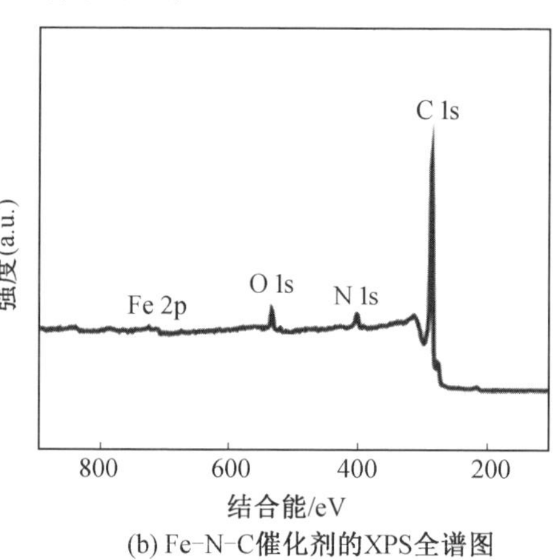

(b) Fe-N-C催化剂的XPS全谱图

图 7.6　催化剂的 XPS 表征结果

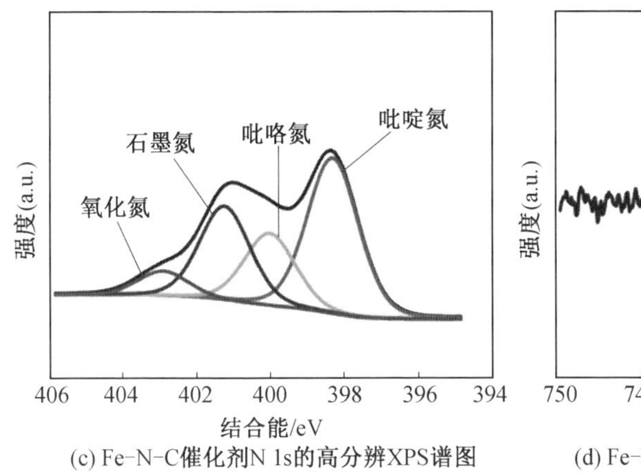

(c) Fe-N-C催化剂N 1s的高分辨XPS谱图

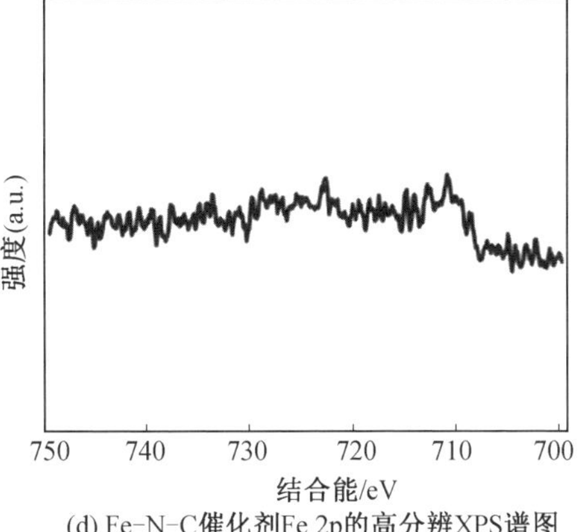

(d) Fe-N-C催化剂Fe 2p的高分辨XPS谱图

续图 7.6

为对 Fe-N-C 催化剂的结构进一步分析，证明其是在原子水平的结构，进行同步辐射 X 射线吸收光谱测试，如图 7.7 所示。图 7.7(a)为 Fe-N-C 催化剂和 Fe 箔 Fe 的 K 边 X 射线近边吸收光谱(XANES)。通过对比发现 Fe-N-C 催化剂的 XANES 谱图的信号与 Fe 箔不同，这是由于 Fe 原子与 N 原子之间的配位作用，即 N 原子具有较高的电负性，导致催化剂中 Fe 向周围的 N 转移了部分电子，使 Fe 具有高的氧化态。

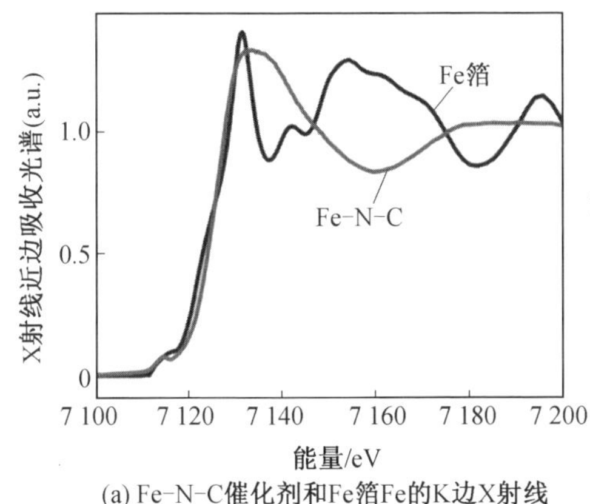

(a) Fe-N-C催化剂和Fe箔Fe的K边X射线近边吸收光谱

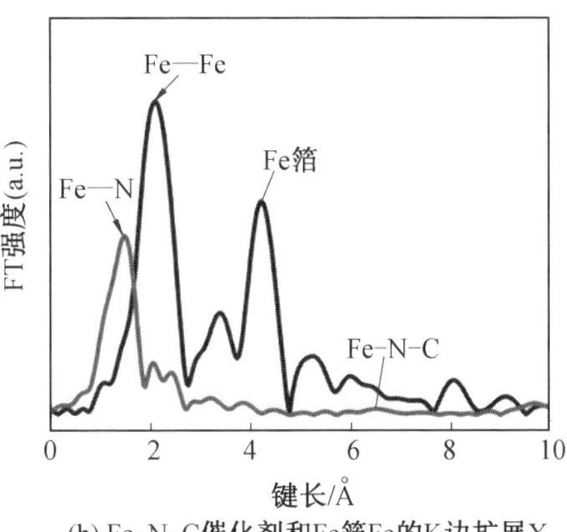

(b) Fe-N-C催化剂和Fe箔Fe的K边扩展X射线吸收精细结构谱

图 7.7　催化剂的同步辐射 X 射线吸收光谱表征结果

图 7.7(b)为 Fe-N-C 催化剂和 Fe 箔 Fe 的 K 边扩展 X 射线吸收精细结构(FT-EXAFS)谱，Fe-N-C 催化剂与标准样 Fe 箔的信号完全不同，Fe 箔在 2.1 Å 处存在较强的 Fe—Fe 键峰信号，而 Fe-N-C 催化剂仅在 1.5 Å 处存在较强的

Fe—N 键峰信号，没有 Fe—Fe 键峰信号，说明催化剂中 Fe 是以 FeN_x 配位形式存在。这些结果进一步证明 Fe-N-C 催化剂中在碳骨架引入的 Fe 是以孤立的单原子 Fe 的形式存在，也证实催化剂中氧还原活性位点为 FeN_x 配位，与上文实验结果均对应。

N-C 和 Fe-N-C 催化剂的拉曼测试结果如图 7.8 所示。从图中可以观察到催化剂在波数为 1 328 cm^{-1} 处的 D 带峰和波数为 1 580 cm^{-1} 处的 G 带峰分别对应于无序碳和 sp^2 键合的石墨碳原子，可以证明两种催化剂均具有碳材料的性质。通过对比发现两种催化剂 D 带和 G 带峰值比（I_D/I_G）接近，Fe-N-C 催化剂的 I_D/I_G 相对小一些，说明碳材料在高温碳热解时受到 Fe 影响，相对碳材料转化为石墨型碳原子更多一些。

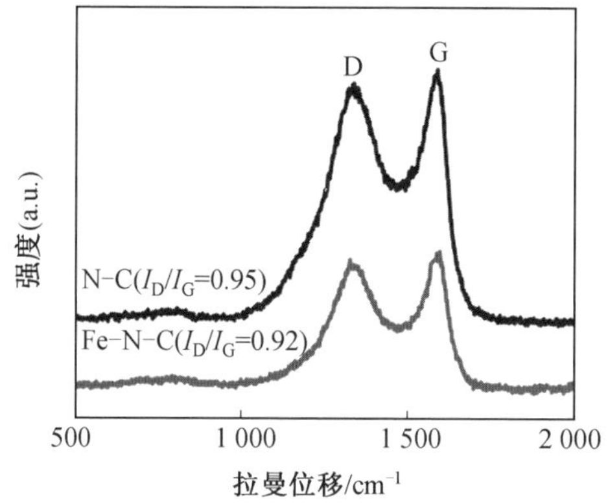

图 7.8　N-C 和 Fe-N-C 催化剂的拉曼测试结果

根据在三电极体系、1 600 r/min 转速下的旋转圆盘电极测试测得的 ORR 极化曲线，可以对比出催化剂电化学活性的高低。通过掺入不同量的二茂铁，可以制备出活性中心数量不同的 Fe-N-C 催化剂，当 Fc 掺入量分别为 0.5 mmol、1.5 mmol、2.5 mmol 和 3.5 mmol，编号相应催化剂为 Fe-N-C-1、Fe-N-C-2、Fe-N-C-3 和 Fe-N-C-4，上文中所有物理表征中的 Fe-N-C 催化剂对应的是 Fe-N-C-3催化剂。不同 Fc 掺入量 Fe-N-C 催化剂的 ORR 极化曲线如图 7.9（a）所示。

从图 7.9（a）可见，当掺入少量的二茂铁时，ORR 性能就有很大幅度的提高，随着二茂铁的掺入量增加，ORR 极化曲线逐渐正移，当二茂铁的掺入量为 2.5 mmol时，ORR 极化曲线达到最正，半波电势为 0.904 V，性能达到最优。而继续将二茂铁的掺入量增加为 3.5 mmol 时，ORR 极化曲线没有进一步正移，和掺入量为2.5 mmol时的半波电势基本相近，也证明了二茂铁分子在 ZIF-8 孔腔结

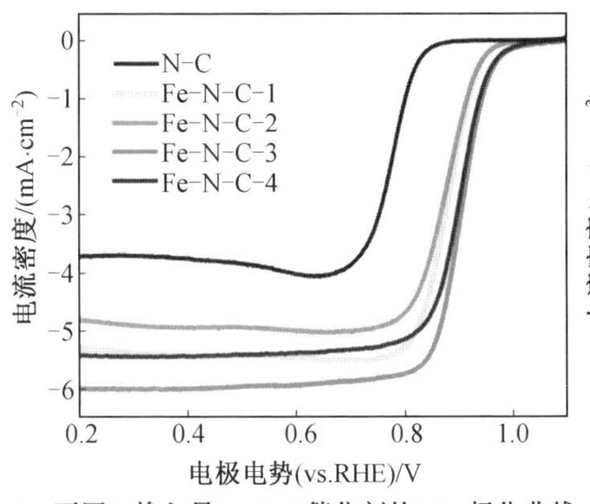

(a) 不同Fc掺入量Fe-N-C催化剂的ORR极化曲线

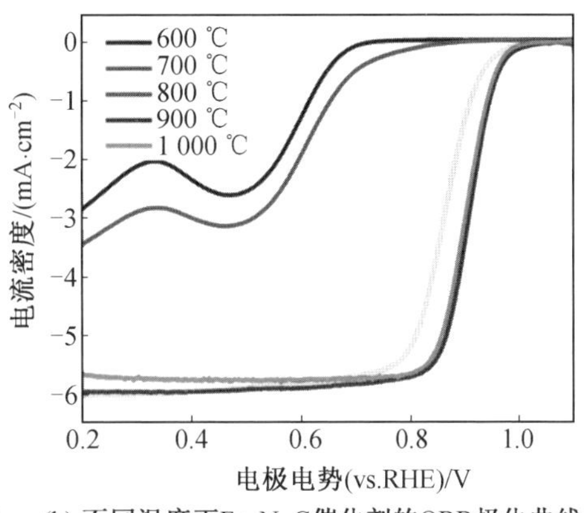

(b) 不同温度下Fe-N-C催化剂的ORR极化曲线

图7.9　催化剂的电化学性能图

构中达到饱和状态时，活性位点 FeN_x 最多，实现 ORR 性能最优。图7.9(b)所示为对催化剂烧结温度的研究，通过对比不同温度下的煅烧发现，当煅烧温度为900 ℃时，ORR 性能最好，由此确定了 Fe-N-C 催化剂的制备工艺。

为对比 N-C 催化剂、Fe-N-C 催化剂和商业 Pt/C 催化剂的 ORR 性能，对三种催化剂进行了旋转圆盘电极测试。

图7.10(a)为三种催化剂的 ORR 极化曲线。从图中可以看出 Fe-N-C 催化剂的 ORR 极化曲线明显正于 Pt/C 催化剂，更正于 N-C 催化剂；也可以看出 Fe-N-C 催化剂起始电势和 ORR 极限扩散电流平台均大于其他催化剂。三种催化剂的半波电势 $E_{1/2}$ 和动力学电流密度 i_k 的统计柱状图如图7.10(b)所示。从图中可以看出，Fe-N-C 催化剂的起始电势为 1.06 V，高于商业 Pt/C 催化剂

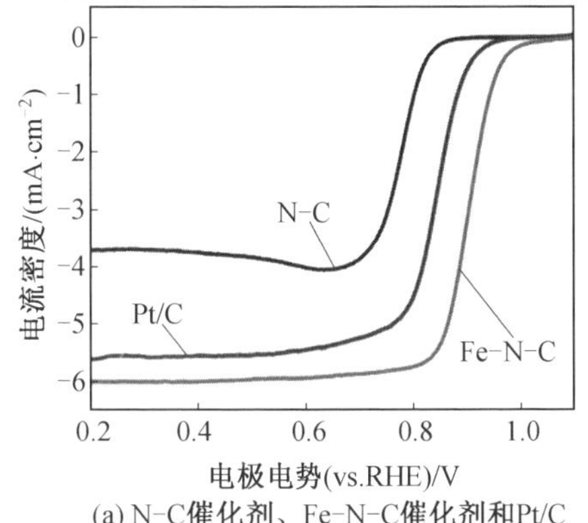

(a) N-C催化剂、Fe-N-C催化剂和Pt/C催化剂的ORR极化曲线图

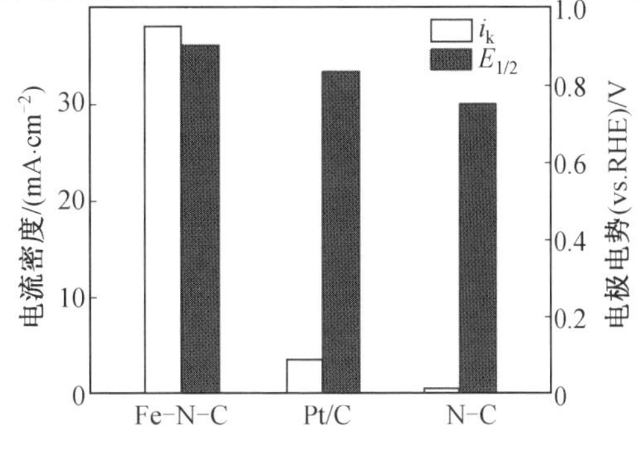

(b) 三种催化剂的半波电势 $E_{1/2}$ 和动力学电流密度 i_k 的统计柱状图

图7.10　催化剂的电化学性能图

(0.97 V);Fe-N-C 催化剂的半波电势为 0.904 V,高于商业 Pt/C 催化剂($E_{1/2}$ = 0.837 V)67 mV。Fe-N-C 是目前报道的 Fe 单原子催化剂高 ORR 性能的催化剂之一,这种优异的 ORR 性能归因于其丰富的单分散的 FeN_x活性位点。通过对比动力学电流密度发现,Fe-N-C 催化剂的动力学电流密度最高,0.85 V 时可达 38.15 mA/cm^2,大约是商业 Pt/C 催化剂的动力学电流密度(i_k = 3.65 mA/cm^2)的 10 倍。而 N-C 催化剂的 ORR 性能较差,在半波电势和动力学电流密度方面都不及 Fe-N-C 催化剂和商业 Pt/C 催化剂,所以含 Fe 元素的多孔碳材料可以有效地提高 ORR 性能。

在三电极体系中评估 N-C 和 Fe-N-C 催化剂对 ORR 的催化活性。首先在 N_2和 O_2饱和的 0.1 mol/L KOH 溶液中记录循环伏安(CV)曲线,如图 7.11(a)所示。Fe-N-C 催化剂在 N_2饱和溶液中显示出的 CV 曲线没有氧化还原峰,而当 0.1 mol/L KOH 溶液用 O_2饱和时,可以观察到在 0.893 V 处存在显著的还原峰。N-C 催化剂在用 O_2 饱和的 0.1 mol/L KOH 溶液中,可以观察到在 0.771 V 处有显著的还原峰。

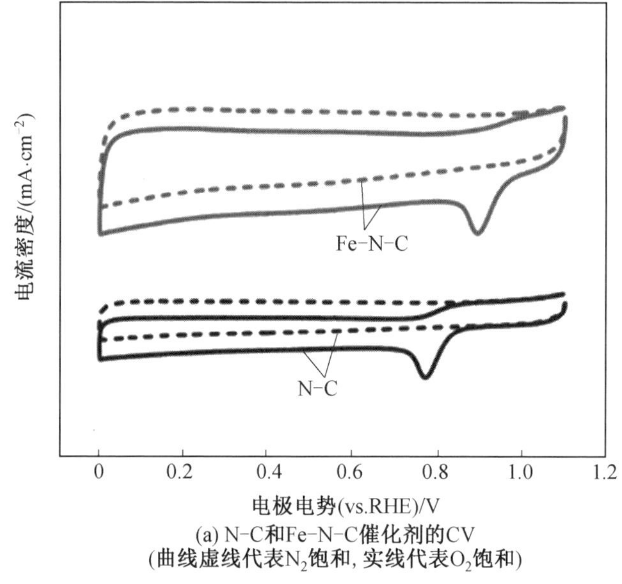

(a) N-C和Fe-N-C催化剂的CV
(曲线虚线代表N_2饱和, 实线代表O_2饱和)

图 7.11 催化剂的电化学性能图

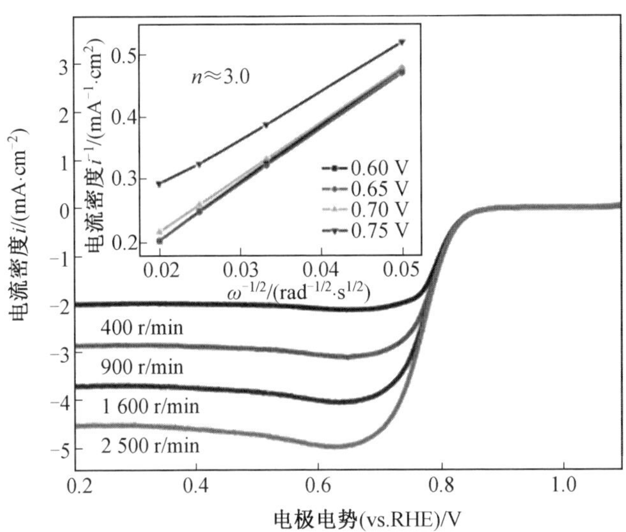

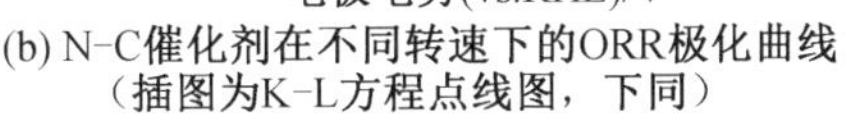
(b) N-C催化剂在不同转速下的ORR极化曲线
（插图为K-L方程点线图，下同）

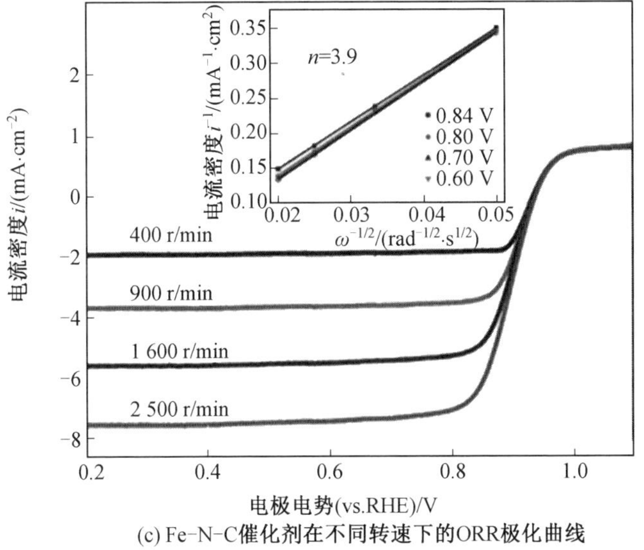

(c) Fe-N-C催化剂在不同转速下的ORR极化曲线

续图 7.11

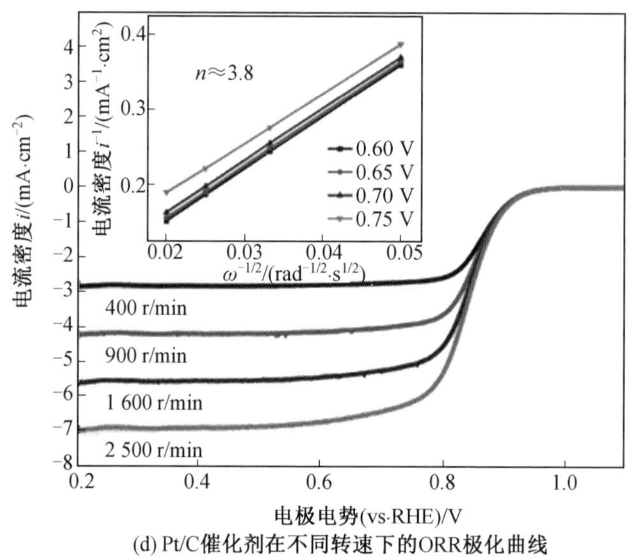

(d) Pt/C催化剂在不同转速下的ORR极化曲线

续图 7.11

与 N–C 催化剂相比，Fe–N–C 催化剂具有更高的氧还原峰电势，说明 Fe–N–C 催化剂在碱性介质中具有更优的氧还原电催化性能。将滴有催化剂的旋转圆盘电极在 O_2 饱和的 0.1 mol/L KOH 电解质中进行 ORR 极化曲线测试，其转速分别为400 r/min、900 r/min、1 600 r/min 和 2 500 r/min，最后通过 K–L 方程可以获得转移电子数 n。计算得到，N–C、Fe–N–C 和 Pt/C 催化剂的转移电子数 n 分别为 3、3.9 和 3.8（图 7.11（b）～（d））。通过转移电子数 n 值可以看出 Fe–N–C 催化剂和 Pt/C 催化剂具有接近 4 电子反应历程的 ORR，所以其 ORR 性能比较优越，其中 Fe–N–C 催化剂展现了更高的转移电子数，因而其 ORR 性能也优于 Pt/C 催化剂。

为评估催化剂的 H_2O_2 产率和催化剂的稳定性，进行旋转环盘电极（RRDE）测试、加速老化测试和计时电流测试表征，如图 7.12 所示。

RRDE 测试可以检测 ORR 反应过程中的 H_2O_2 产率和转移电子数，图 7.12（a）所示为 Fe–N–C 和 Pt/C 催化剂的 RRDE 曲线。从图中可以看出，两种催化剂的转移电子数都接近于 4，其中 Fe–N–C 催化剂在整个 ORR 过程中转移电子数几乎不变；Fe–N–C 催化剂在整个 ORR 过程中产率低于 5%，而 Pt/C 催化剂的 H_2O_2 产率低于 10%，证明 Fe–N–C 催化剂 ORR 性能好于 Pt/C 催化剂。图 7.12（b）所示为 Fe–N–C 催化剂的初始和循环 10 000 圈的 ORR 极化曲线。催化剂在 N_2 饱和的 0.1 mol/L KOH 溶液中，在 0.6～1.0 V 电势范围内进行 10 000 圈

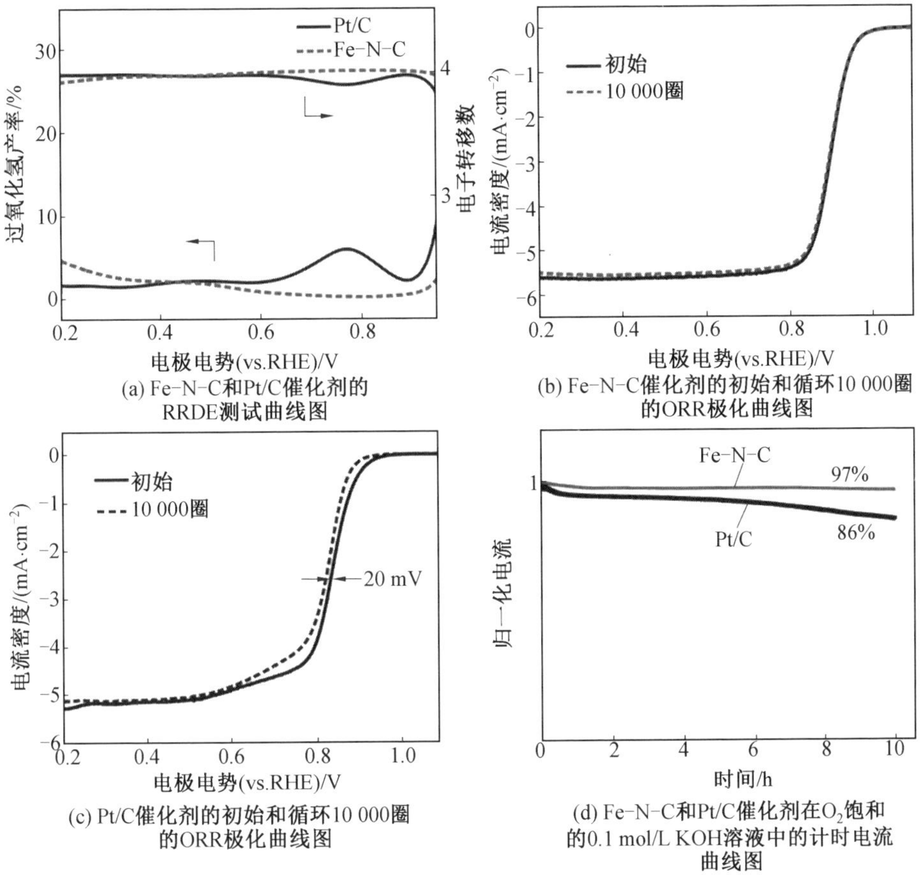

(a) Fe-N-C和Pt/C催化剂的RRDE测试曲线图

(b) Fe-N-C催化剂的初始和循环10 000圈的ORR极化曲线图

(c) Pt/C催化剂的初始和循环10 000圈的ORR极化曲线图

(d) Fe-N-C和Pt/C催化剂在O_2饱和的0.1 mol/L KOH溶液中的计时电流曲线图

图7.12　催化剂的电化学性能图

循环伏安CV测试。将10 000圈循环后的ORR极化曲线与循环前进行对比，发现Fe-N-C催化剂的两次ORR极化曲线基本完全重合，半波电势没有明显的偏移。图7.12(c)所示为Pt/C催化剂的初始和循环10 000圈的ORR极化曲线。通过对比发现，经过10 000圈循环后商业Pt/C催化剂的ORR极化曲线相较于循环前的ORR极化曲线有一定程度的负移，半波电势负移20 mV左右，根据加速老化结果可以得出的结论是Fe-N-C催化剂具有很好的稳定性，比商业Pt/C催化剂稳定性好。之后采用计时电流法评估催化剂稳定性。具体是在O_2饱和的0.1 mol/L KOH溶液中，将转速设置为1 600 r/min，将电极电位恒定于0.65 V进行测试，如图7.12 (d)所示。从图中可以看出，经过10 h的测试，Fe-N-C催化剂的电流仅衰减了3%，商业Pt/C催化剂衰减了14%。这个结果又进一步证明了 Fe-N-C 催化剂的稳定性好于商业 Pt/C 催化剂,也证明 FeN_x 配位的活性位点在 ORR 过程中十分稳定,所以 Fe-N-C 催化剂是一种具有高活性和高稳定性的催化剂。

为评估催化剂的抗甲醇中毒能力,进行甲醇毒化测试,在 O_2 饱和的 0.1 mol/L KOH 溶液中,在 1 600 r/min 转速、0.65 V 电势下进行计时电流测试,在 300 s 时加入一定量的甲醇,如图 7.13 所示。

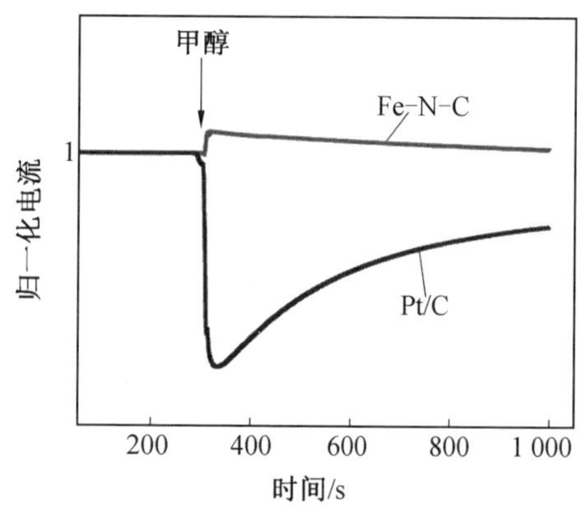

图 7.13　Fe-N-C 和 Pt/C 催化剂的抗甲醇毒化测试图

当在 300 s 加入一定量的甲醇时,商业 Pt/C 催化剂归一化电流大幅度降低,发生剧烈变化,而 Fe-N-C 催化剂电流变化幅度很小,并且随时间慢慢恢复至初始状态,所以 Fe-N-C 催化剂具有比商业 Pt/C 催化剂更强的抗甲醇中毒能力。

7.1.3　氮源对催化性能的影响

将氮原子和铁原子同时掺入碳基体是促进非贵金属 ORR 催化剂性能的巨大进步,这是由于形成了高分散的 FeN_x,有效地优化了含氧物质在活性中心的吸附能。尽管 Fe-N-C 催化剂表现出了替代商业 Pt/C 催化剂的潜力,但是 Fe-N-C 催化剂在 ORR 过程中会经历碳基体腐蚀和非贵金属浸出,从而导致活性显著下降。Fe-N-C 催化剂的降解机理尚不明确,目前主流的衰减机制包括 Fe 的去金属化、微孔水淹、碳腐蚀和 N 的质子化。分步热解已被证明可以增加碳基体的石墨化程度,从而提高稳定性。活性位点的氢钝化也有利于提高 Fe-N-C 催化剂的稳定性。然而,目前其稳定性远远落后于实际需求。氮的含量及其类型可以调节活性位点 Fe 的电子结构进而影响 Fe-N-C 的活性,而其对稳定性的影响尚无定论。基于此,本节探究了 Fe 与吡啶氮和吡咯氮成键生成的 FeN_x 位点在 ORR 过程中的稳定性。

通过 DFT 计算结合实验分析了吡啶氮和吡咯氮对 Fe-N-C 催化剂稳定性的影响机理。在 DFT 计算结果中发现，与吡咯型 FeN_4 相比，吡啶型 FeN_4 部分的抗浸出能力更高。由于单原子 Fe 和吡啶氮的协同作用，催化剂在酸性环境中具有优异的 ORR 活性和显著的稳定性。该催化剂在酸性介质中的极化曲线的半波电势可达 0.825 V，当电极电势控制在 0.7 V，保持 10 h 后，其电流保持率为 83.4%，该性能超过了大多数的非贵金属催化剂。该研究有助于设计高活性和高稳定性的非贵金属催化剂。

分别通过透射电子显微镜（TEM）和扫描电子显微镜（SEM）研究样品的形态。图7.14显示了具有菱形十二面体形态的 Fe-吡啶氮-C（记为 Fe-pyridinic N-C）催化剂的典型 TEM 图像。高倍率 TEM 图像进一步证实了没有 Fe 或 Fe_3C 纳米颗粒的存在，催化剂表面看起来很粗糙，这很可能是热解过程中锌和有机氮源的挥发造成的。球差校正的 HADDF-STEM 图像清楚地显示了高密度 Fe 单原子的存在而没有形成纳米颗粒，这已被证明是 ORR 最有效的活性位点。元素面扫图表明元素 N 和 Fe 均匀分布在菱形十二面体纳米颗粒上。

对于 Fe-pyridinic N-C，Fe 含量（质量分数为 0.67%）与 Fe-N-C 含量（质量分数为 0.76%）的结果相差无几，表明不同气氛的热解对催化剂的收率影响不大。催化剂的 N 1s 的解卷积 XPS 光谱表现出四种主要成分，包括吡啶氮（398.4 eV）、吡咯氮（400.3 eV）、石墨化氮（401.2 eV）和氧化氮（403.6 eV）。

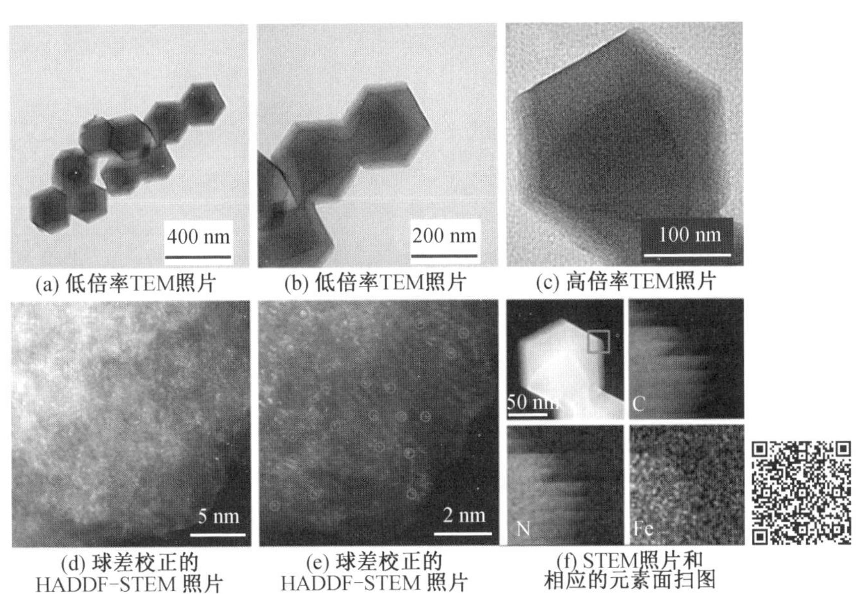

图7.14　Fe-pyridinic N-C 催化剂的 TEM 表征结果

在酸性条件下，吡啶氮和石墨化氮是非贵金属催化剂（NPMC）中活性位点的主要构成单元。由于石墨烯骨架边缘存在孤对电子，吡啶氮倾向于形成对 ORR 活性更强的路易斯酸位点。值得注意的是，在 Fe-pyridinic N-C 中观察到吡啶氮位于约 398.4 eV，是 Fe-N-C 的 2 倍多，表明 Fe-pyridinic N-C 中单个 Fe 原子倾向于与吡啶氮结合，如图 7.15 所示。

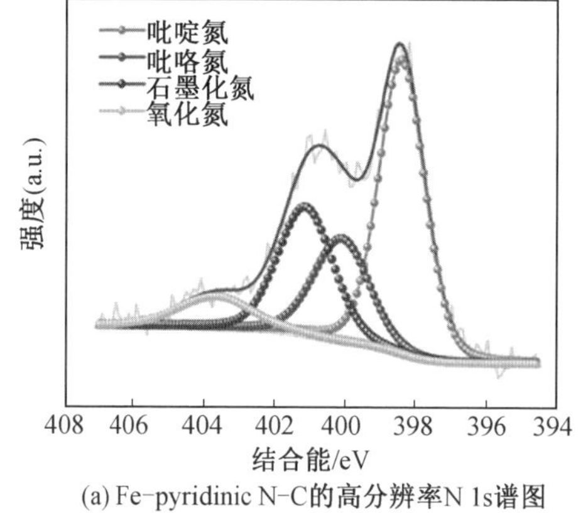

(a) Fe-pyridinic N-C的高分辨率N 1s谱图

(b) Fe-N-C的高分辨率N 1s谱图

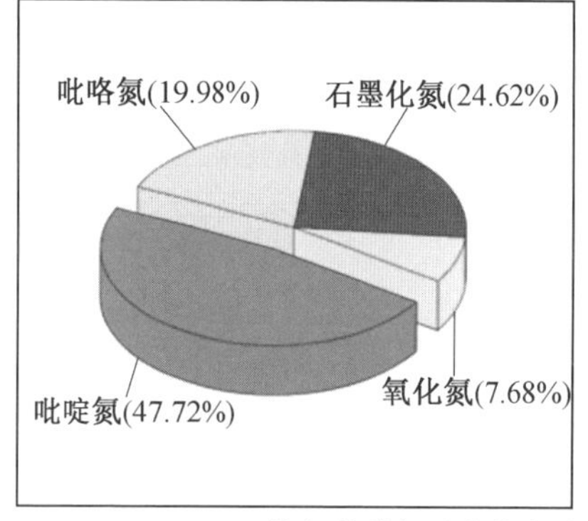

(c) Fe-pyridinic N-C不同N物种相对应的含量

(d) Fe-N-C不同N物种相对应的含量

图 7.15　催化剂的 XPS 表征结果

在 O_2 饱和的 0.1 mol/L $HClO_4$ 溶液中评估了 Fe-pyridinic N-C 的 ORR 性能。图 7.16 中的线性扫描伏安（LSV）曲线和读取的性能指标表明，与 Fe-N-C 相比，Fe-pyridinic N-C 的半波电势（0.825 V）和起始电势（0.944 V）更正，与商业 Pt/C 仅有 40 mV 的差距。同时，超高的动力学电流密度（0.80 V 下为 9.70 mA/cm^2）表明 Fe-pyridinic N-C 具有高 ORR 活性。值得注意的是，交换电流密度（11.38 $\mu A/cm^2$）与商业 Pt/C（13.49 $\mu A/cm^2$）相当，也证明了 Fe-pyridinic N-C 在酸性介质中的良好动力学。Fe-pyridinic N-C 的 Tafel 斜率为

63.8 mV/dec，与商业 Pt/C (61.9 mV/dec)相似，而 Fe-N-C 的斜率为 72.7 mV/dec，表明 Fe-pyridinic N-C 的速率确定步骤是纯化学反应，在速率确定步骤之前只有一个电子传输（中间体的迁移很可能是速率确定步骤）。

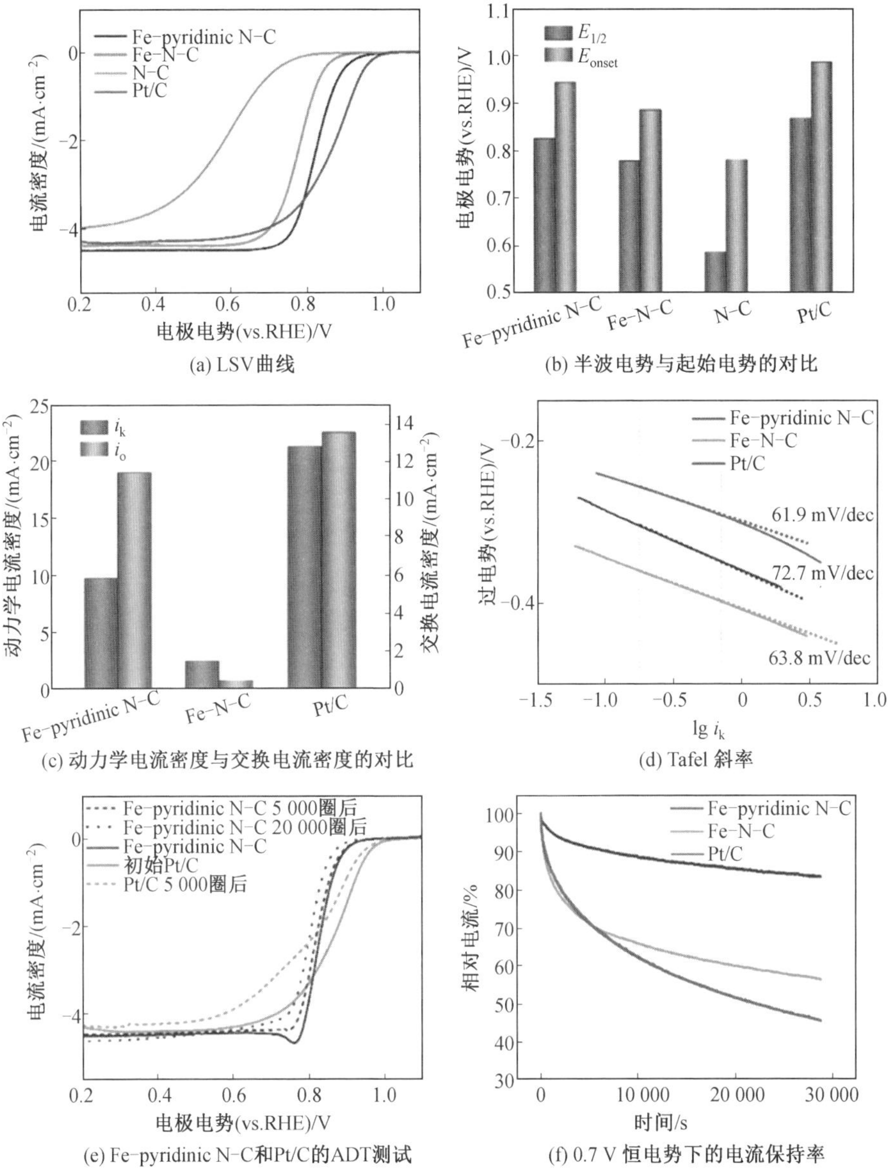

(a) LSV曲线

(b) 半波电势与起始电势的对比

(c) 动力学电流密度与交换电流密度的对比

(d) Tafel 斜率

(e) Fe-pyridinic N-C和Pt/C的ADT测试

(f) 0.7 V 恒电势下的电流保持率

图 7.16　不同催化剂的 ORR 性能

加速耐久性测试(ADT)和计时电流法用于评估 Fe-pyridinic N-C 的长期稳定性。经过 20 000 圈 CV 循环后,Fe-pyridinic N-C 的半波电势仅下降21 mV(ADT 后为 0.804 V),与 Pt/C 在 5 000 圈 ADT 循环后基本相当(半波电势为 0.805 V)。在 0.7 V 测试了 8 h 下的稳定性,Fe-pyridinic N-C 保留了 83.4% 的初始电流,优于 Fe-N-C(56.4%)和商业 Pt/C(45.5%)。

对催化剂的金属浸出过程进行建模,通过 DFT 计算更好地了解了 Fe-pyridinic N-C 催化剂的优异稳定性。为此,选择两种极限情况:所有 Fe 原子都与吡啶氮或吡咯氮配位,对应于吡啶型 FeN_4 和吡咯型 FeN_4 位点,如图 7.17(a)、(b)所示。考虑到工况下存在的 O_2,构建了具有代表性的 Fe-pyridinic N-C 和 Fe-N-C 的 O_2 吸附吡啶型 FeN_4 和吡咯型 FeN_4 位点。计算位点破坏的自由能变化,它可以反映当两个质子连接 Fe 原子而失去四个 N 配位时 Fe 从 FeN_4 中浸出的趋势。

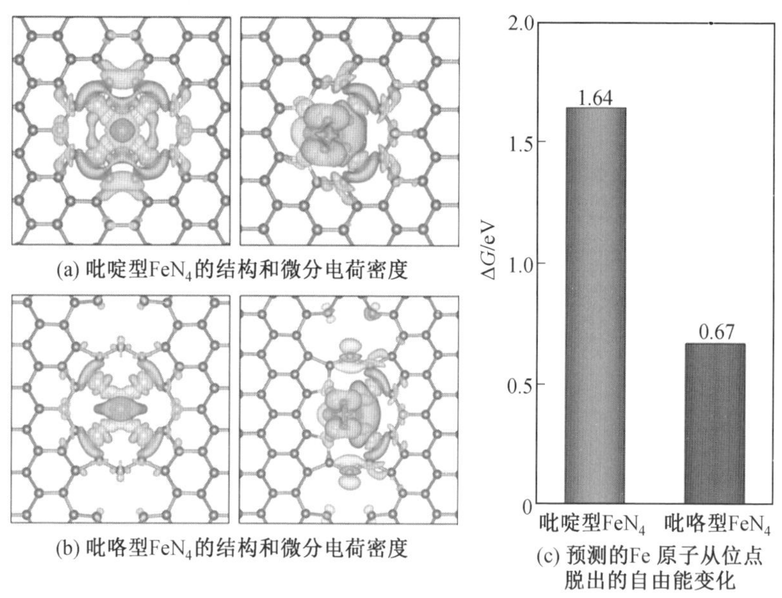

图 7.17　吡啶型 FeN_4、吡咯型 FeN_4 的结构和微分电荷密度以及预测的 Fe 原子从位点脱出的自由能变化

需要指出的是,自由能变化为正值表示位点更稳定,而负值表示金属浸出过程中自发进行反应。O_2 吸附的吡啶型 FeN_4 和吡咯型 FeN_4 位点的自由能变化分别为 1.64 eV 和 0.67 eV,如图 7.17(c)所示,表明这两个位点在该条件下是热力学稳定的。鉴于吡啶型 FeN_4 的自由能变化比吡咯型 FeN_4 的自由能变化高

0.97 eV，预测较高的吡啶氮含量有助于提高 Fe-N-C 催化剂在工作条件下的稳定性，与电化学测试结果相符。Fe 和吡啶氮与吡咯氮的键长分别为 0.188 nm 和 0.208 nm，进一步说明了与吡咯氮相比，吡啶氮的稳定性增强。

通过热解 Fc@ZIF-8，获得了 Fe-pyridinic N-C 催化剂。由于原子分散的 Fe 和高含量吡啶氮存在协同作用，所得的 Fe-pyridinic N-C 在酸性介质中表现出显著的活性和良好的稳定性，此外，吡啶氮主导的 Fe-N-C 催化剂在酸性介质中具有 9.70 mA/cm^2 的超高动力学电流密度，超过了大多数已报道的 NPMC。这项研究可能证明了可以采用一种新的策略来提高用于 ORR 的 Fe-N-C 催化剂的稳定性和活性。

7.2　钴基催化剂的设计与制备

7.2.1　钴基催化剂概述

尽管 Fe-N-C 催化剂具有优异的活性，但其稳定性较差，一方面由于 FeN_x 活性中心中 Fe 容易析出，另一方面 Fe 与 ORR 中间产物过氧化氢极易形成强氧化性自由基，造成碳基底腐蚀等问题。从这一点来看，Co 基催化剂不仅能接近 Pt 基及 Fe 基催化剂的催化活性，而且在碱性环境中几乎不参与芬顿反应，很好地解决了价格及副反应的问题。目前，Co 纳米颗粒、N 掺杂碳材料包覆 Co 颗粒或 Co 纳米簇都有研究报道。但是这些催化剂中存在的 Co 颗粒，会使得活性位点暴露不够，导致活性相对较低，并且金属颗粒容易在高电位下被氧化或溶解，造成稳定性不足等，这些都是钴基催化剂目前所面临的问题。因此，目前都在寻找单原子 Co/N/C 催化剂来解决这一问题，因为单原子催化剂具有均匀分散活性位点、较高的活性密度和明确的活性中心（CoN_x），能满足活性和稳定性的需求。然而，由于缺乏单原子的合成工艺，在原子或分子水平上设计单原子催化剂仍然具有挑战性。目前，常用的制备 Co 基催化剂的方法是将金属源和碳源以及氮源混合后热解制得，研究得比较热门的是金属有机骨架（MOF）化合物，此类化合物的特点是将金属、碳源、氮源融为一体，并且具有规则的周期排列，有利于合成单原子催化剂。最近一项研究发现，低 Co 含量有利于避免 ZIF-67 热解得到的最终催化剂中 Co 颗粒的存在或出现较大颗粒的 Co 颗粒。还应注意，前驱体中的元素配比、Co 源、反应时间、热解温度等都会对催化剂的组成及性能产生影响。对于 MOF 前驱体来说，与有机物相连的金属离子在衍生催化剂中均匀分散，在制备过程中可以避免金属的团聚,并且已经有人通过此方法制备出了 Fe、Co、Cu 单原子催化剂。为此,作者团队选择了具有周期性排列的金属有机骨架材料 ZIF-67 作为模型前驱体,来合成单原子 M/N/C 催化剂。

7.2.2 ZIF-67 组成对催化性能的影响

通过热解 ZIF-67 前驱体得到 Co/N/C 非贵金属催化剂,具体步骤如下:将钴金属盐和 $Zn(NO_3)_2 \cdot 6H_2O$ 溶于 15 mL 甲醇溶液中,记为溶液 A。将 2-甲基咪唑溶于 15 mL 甲醇溶液中,记为溶液 B。迅速将 B 溶液倒入 A 溶液中,并快速搅拌,于室温下反应 8 h,用甲醇离心洗涤数次,将沉淀置于 60 ℃真空干燥箱中干燥备用。将干燥好的样品放入带盖的石英舟中,置于管式炉内,通入 Ar 气保护,在 900 ~1 100 ℃下热解,得到 Co/N/C 催化剂。本节所用到的钴盐有硝酸钴、乙酸钴、乙酰丙酮钴、氯化钴。同时控制钴盐/硝酸锌/2-甲基咪唑的比例分别为 1∶0.5∶4、1∶2∶4、1∶1∶2、1∶1∶4、1∶1∶6、1∶1∶10。其中乙酸钴和氯化钴作为钴源时与 2-甲基咪唑在常温下不反应,需要在溶液 A 和溶液 B 混合之后,转移至 50 mL 反应釜中,120 ℃水热反应 4 h。

对于制得的 ZIF-67 前驱体,需要在 Ar 保护下,经过 3 h 的高温热解来制备其衍生催化剂,所以先对 ZIF-67 进行热重(TG)分析测试,来确定热解温度。从图 7.18 的 TG 曲线可以看出,接近 600 ℃时,材料开始失重,说明此时材料开始分解,到 900 ~1 000 ℃时失重可达 55%,之后失重相对减慢,趋于稳定。所以为保证热解充分,选取 900 ℃作为热解温度。

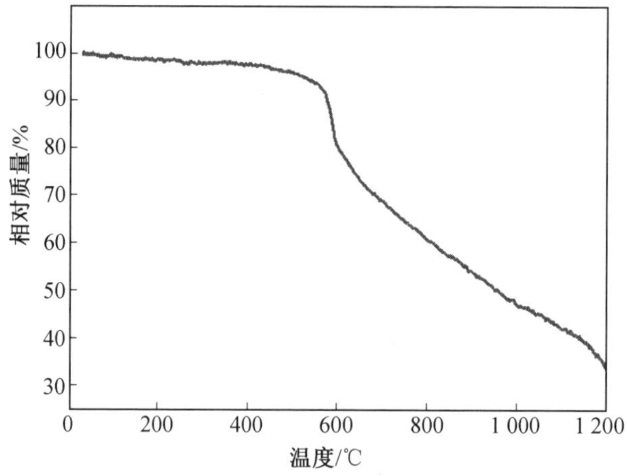

图 7.18 ZIF-67 的热重曲线(5 ℃/min,Ar 保护)

在固定 MeIm 的用量下，通过制备不同 Co/Zn 比例的 ZIF-67 前驱体来观察 Zn 对形貌的影响。分别选取 1：0.5：4、1：1：4、1：2：4(原子比，下同)三个不同的 Co/Zn/MeIm 比例进行合成，得到的 ZIF-67 前驱体及衍生催化剂的 TEM 照片如图 7.19 所示。从图 7.19(a)～(c)来看，不同金属比例下得到的前驱体形貌基本都能保持规则的菱形十二面体结构，但同时也会发现，不同 Zn 含量对 ZIF-67 前驱体颗粒的大小有一定的影响：当 Zn 的含量相对 Co 来说较少时，得到的颗粒尺寸明显较小，只有 50 nm 左右；当 Zn 和 Co 的含量一致时，生成的颗粒可达 500 nm 左右；当 Zn 的含量继续升高到 Co 的 2 倍时，颗粒尺寸又进一步减小到 100 nm 左右。这说明随着 Zn 含量的变化，前驱体尺寸出现"火山型"曲线。与前驱体相比，Co/Zn 比值为 1：0.5 时，热解后得到的衍生催化剂形貌发生了很大的变化，同时出现了大量的小颗粒。由图 7.20 可知，在 2θ 角为 44.2°和51.53°时都出现了明显的衍射峰，与 Co 单质的 PDF 校准卡片(PDF#01-1278)相对应，说明这些颗粒为钴金属颗粒，而其他两个比例的样品却没有出现 Co 的衍射峰，只有碳的衍射峰，同时在 Co/Zn 比值为 1：0.5 的样品中还能观察到由 Co 颗粒催化生成的碳纳米管。Co/Zn 比值为 1：1 和 1：2 时，热解后的衍生催化剂还能保持原有的菱形十二面体形貌，并没有看到明显的金属颗粒生成。这说明，只有 Co/Zn 比值大于等于 1 时，Zn 才能起到有效占位，保护 Co 原子在热解过程中不会随意移动，从而保持原有前驱体的形貌；当 Co/Zn 比值小于 1 时，Zn 的含量较少，不能很好地发挥其物理阻隔作用，使得在热解过程中，Co 原子相互靠近，生成

图 7.19　不同 Co/Zn/MeIm 比例合成的 ZIF-67 前驱体及衍生催化剂的 TEM 照片

Co 颗粒。所以,Zn 在催化剂的形成过程中不仅起到配位的作用,还对 Co 起到物理阻隔作用。

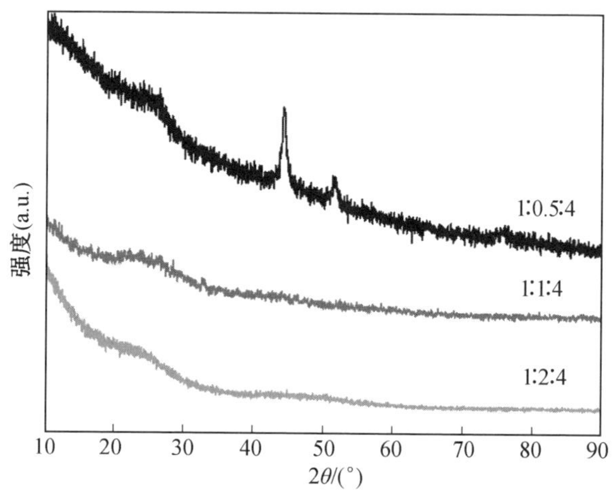

图 7.20　不同 Co/Zn/MeIm 比例合成的衍生催化剂的 XRD 图

除了 Zn 的含量会引起 ZIF-67 前驱体及衍生前驱体形貌的变化,MeIm 的含量同样会引起形貌的变化,但目前很少被提及。选取 1:1:2、1:1:4、1:1:6 及 1:1:10 四个 Co/Zn/MeIm 比例进行研究,得到的前驱体形貌如图 7.21(a)~(c)所示。由图可知,当 Co/Zn/MeIm 比值为 1:1:2 和 1:1:4 时,得到的 ZIF-67 前驱体及衍生催化剂都能保持完整的十二面体结构。当 Co/Zn/MeIm 比值为 1:1:6 和 1:1:10 时,前驱体的十二面体骨架有一些变形。这是因为 MeIm 作为有机配体与金属原子之间发生配位反应,过量后会引起配位变形,并且热解后都出现了大量纳米颗粒,对比图 7.22 可知是钴颗粒,当 MeIm 与金属的比值达到 10:1 时,生成的钴金属颗粒还催生出一定量的碳纳米管。通过本组实验可以总结出相应规律,当金属盐与 MeIm 比值小于等于 1:1:4 时,可以保证材料的相对稳定,没有钴颗粒的生成;当这个比值大于 1:1:4 时,则会引起骨架变形产生金属颗粒。

由以上两组实验可知,Zn 和 MeIm 的含量对催化剂的结构和形貌有非常大的影响,当 Co/Zn 比值大于等于 1,并且(Co/Zn)/MeIm 比值小于等于 4 时,可以保证热解后得到的催化剂保持原有的十二面体形貌,没有钴颗粒的生成,有利于 Co 单原子的形成。在不同比例的样品中,Co/Zn/MeIm 比值为 1:1:4 时,其前驱体及衍生催化剂都呈现菱形十二面体结构,并且没有钴金属颗粒生成。进一步对材料进行高倍透射及元素分布测试,如图 7.23 所示。Co、N、C 元素均匀地

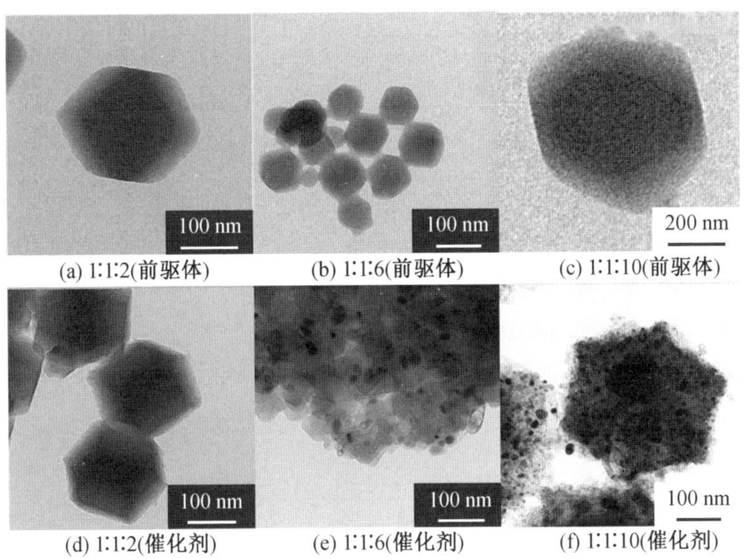

图7.21　不同Co/Zn/MeIm比例合成的ZIF-67前驱体及其衍生催化剂的TEM图片

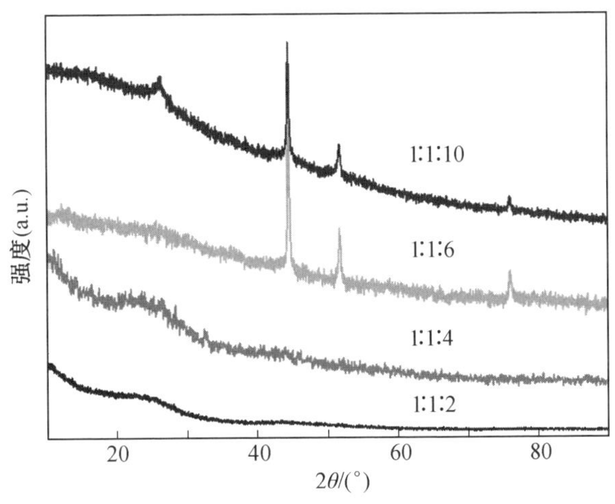

图7.22　不同Co/Zn/MeIm比例合成的衍生催化剂的XRD图

分布在整个材料上,没有看到Co元素堆积的状态,说明没有Co颗粒生成,与XRD的结果一致。接下来的实验,将选择1∶1∶4的Co/Zn/MeIm比值,来研究不同钴源和不同反应时间对催化剂形貌及性能的影响。

通过上述实验结果可知,不同的Co/Zn/MeIm比例对ZIF-67前驱体及其衍生催化剂的形貌都有一定的影响。同时,对不同比例前驱体热解得到的催化剂在0.1 mol/L KOH溶液中进行电化学测试,研究形貌对ORR活性是否有影响。

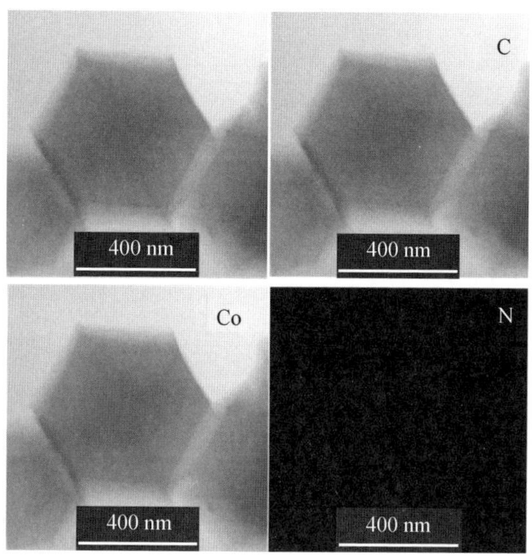

图 7.23　Co/N/C-1：1：4 样品的高倍 TEM 图及元素分布图

从 CV 曲线的形状来看（图 7.24），基本都呈现碳材料的矩形形状，其中 Co/Zn/MeIm 比值为 1：0.5：4 和 1：1：10 时得到的衍生催化剂在 1.05 V 左右出现明显的 Co 氧化峰，并且发现有金属颗粒生成的催化剂，其 CV 曲线的面积都相对较小，也反映出其电化学活性面积较小。

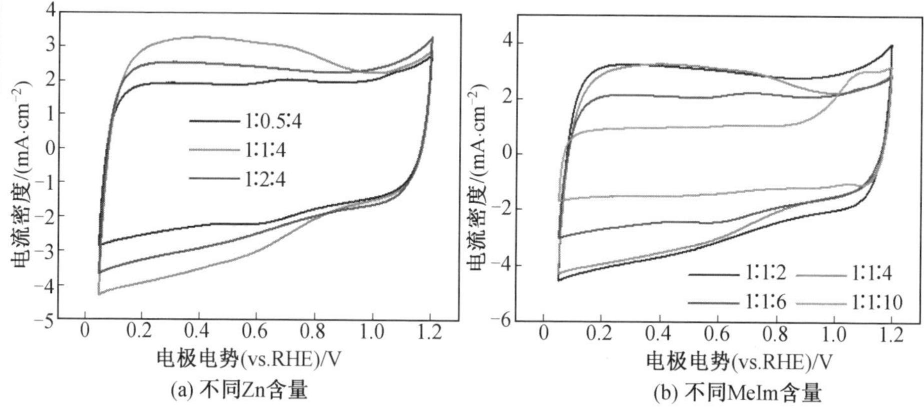

图 7.24　不同 Co/Zn/MeIm 比例合成的衍生催化剂在 0.1 mol/L KOH 溶液中的 CV 曲线

图 7.25 所示为不同 Co/Zn/MeIm 比例合成的 Co/N/C 催化剂在 0.1 mol/L KOH 溶液中的 LSV 曲线（扫描速率为 10 mV/s）。读取每个样品的半波电势，同时计算 0.9 V 下的动力学电流密度，比较不同催化剂的活性。从图中看出，

1 : 1 : 4样品的半波电势最大，为 0.843 V，i_k值也居于前列，说明此催化剂 ORR 活性较高。结合 TEM 图(图 7.21)来看，生成 Co 颗粒的样品，其催化活性普遍都要低于没有 Co 颗粒生成的样品。说明生成 Co 颗粒不利于 ORR 反应，会降低其反应速率；也说明 Zn 和 MeIm 的含量不但会影响催化剂的形貌，也会影响催化剂的活性。

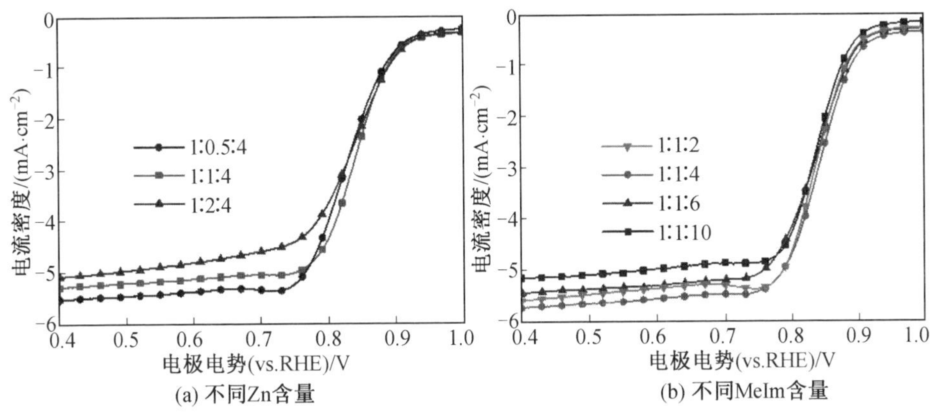

图 7.25　不同 Co/Zn/MeIm 比例合成的 Co/N/C 催化剂在 0.1 mol/L KOH 溶液中的 LSV 曲线(扫描速率为 10 mV/s)

7.2.3　钴源对催化性能的影响

图 7.26 为不同钴盐作为钴源制备的前驱体及其衍生催化剂的 TEM 图。以 $Co(Ac)_2$作为钴源合成的前驱体，还能保持基本的十二面体结构，但热解后得到的催化剂出现了大量的金属颗粒(图 7.26(a))。由图 7.26(b)可以看出，以 $CoCl_2$作为钴源制备的前驱体，其形貌不再是十二面体结构，而是较大的无序片层结构，热解后又全部包覆到一起，相互堆叠，不再能分辨出片层结构，并且出现一些不规则的颗粒物，结合 XRD 图可知以这两种钴盐作为钴源得到的催化剂都出现了单质钴。在相同比例、相同条件下制备出形貌各异的 ZIF 前驱体，分析可能与离子强度有关。

从图 7.27 来看，以 $Co(NO_3)_2$和 $Co(Ac)_2$作为钴源制备的前驱体衍射峰与 ZIF-67 的衍射峰相一致，而以 $Co(Ac)_2$作为钴源制备的前驱体衍射峰与之前明显不同，已经不能配位生成 ZIF-67，趋向于无定型状态，这也是从 TEM 图上看到其形貌与其他样品大不相同的原因。但是对比热解后的 XRD 图，可以确定 $Co(Ac)_2$和 $CoCl_2$作为钴源制备的催化剂都生成了 Co 颗粒，而在 $Co(NO_3)_2$作为钴源制备的催化剂中没有看到 Co 的特征峰，只有碳的特征峰，说明硝酸钴与咪

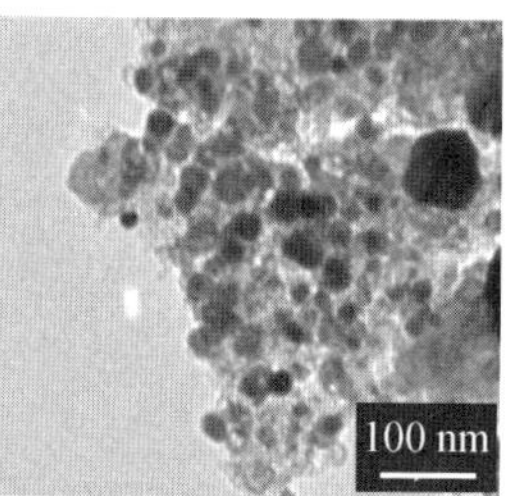

(a) 以$Co(Ac)_2$作为钴源制备的前驱体及其衍生催化剂的TEM图

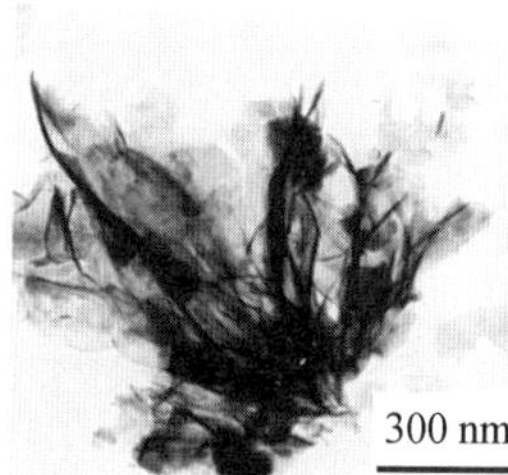

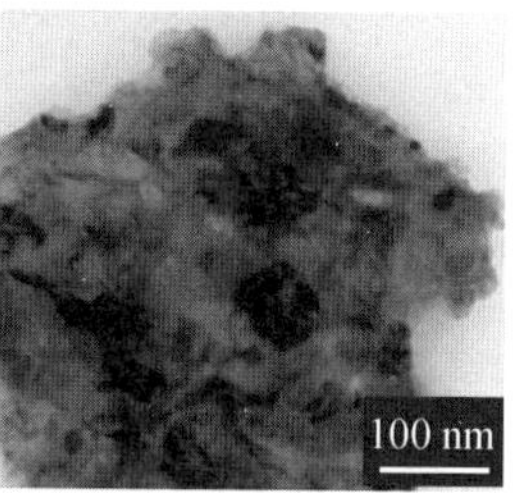

(b) 以$Co(Cl)_2$作为钴源制备的前驱体及其衍生催化剂的TEM图

图 7.26　不同钴源对 ZIF-67 前驱体(Co/Zn/MeIm 比值为 1∶1∶4)及其衍生催化剂形貌的影响

唑和锌的配位更有利于 ZIF-67 结构的稳定。

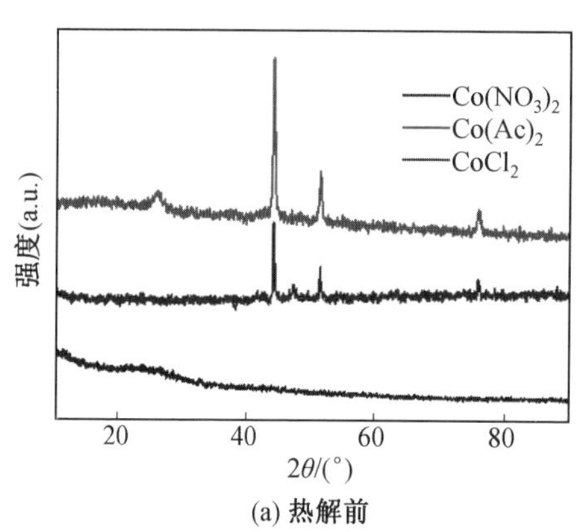

(a) 热解前

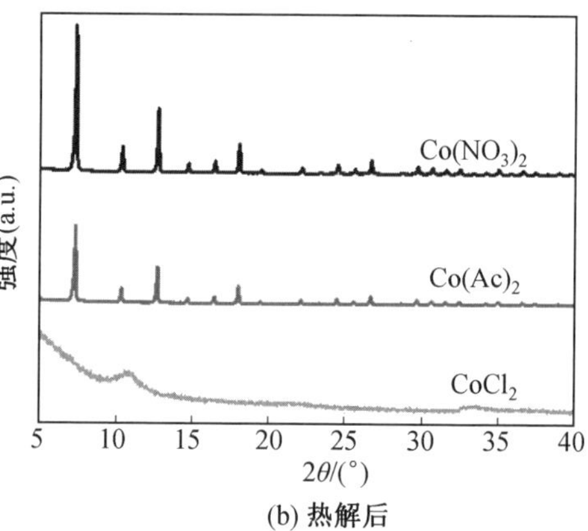

(b) 热解后

图 7.27　用不同钴源制备 ZIF 前驱体(Co/Zn/MeIm 比值为 1∶1∶4)的 XRD 图

在 0.1 mol/L KOH 碱性条件下,对不同钴源得到的催化剂进行电化学测试,其 CV 曲线对比图如图 7.28(a)所示。可以看到以 $Co(NO_3)_2$作为钴源得到的催化剂,其电化学活性面积最大,并且能保持良好的矩形,但以 $CoCl_2$为钴源制备的催化剂,电化学活性面积最小,CV 曲线也不再是碳材料的矩形,以 $Co(Ac)_2$为钴源制备的催化剂能看到明显的 Co 氧化峰,活性面积也相对较小。催化剂的 LSV

曲线如图 7.28(b)所示，三种催化剂的活性趋势与 CV 曲线的活性面积大小相一致。以 $Co(NO_3)_2$ 作为钴源得到的催化剂活性明显高于其他两种材料，无论是半波电势还是极限电流密度都有绝对的优势。以上几组实验得到的催化剂性能显示，只有保持原前驱体形貌不变，并且不生成钴颗粒的催化剂才拥有较高的催化活性，这也是制备非贵金属 ORR 催化剂需要研究的一个方向。

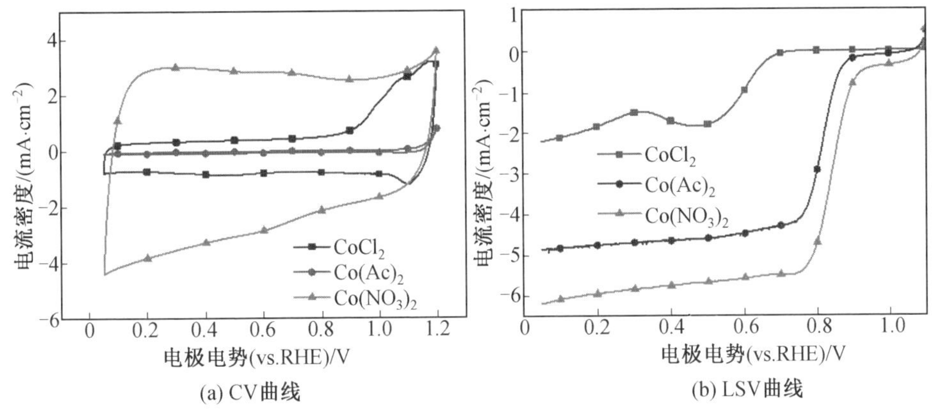

图 7.28　用不同钴源所制得的催化剂的 CV 曲线和 LSV 曲线

7.2.4　合成 ZIF-67 的反应时间对催化性能的影响

以 $Co(NO_3)_2$作为钴源，Co/Zn/MeIm 比值为 1∶1∶4，考察 ZIF-67 的生长过程，让反应分别进行 5 min、1 h、4 h、8 h、10 h、26 h，然后观察其形貌随反应时间的变化。从图 7.29 中可以发现，当反应进行 5 min 时，即形成 300 nm 左右的球体结构；反应 1 h 以后已经初步形成菱形十二面体结构；当反应进行 4 h 和 8 h 时，十二面体结构相对完整，也更加规则；当反应继续进行到 10 h 和 26 h 时，会发现晶体出现过度生长，破坏了原有的十二面体结构，棱角也变得模糊。

同样，对不同反应时间下制备的衍生催化剂进行电化学测试，如图 7.30 所示。在菱形十二面体结构生长完整后，随着反应时间的延长，可以看到半波电势由 0.843 V 降低到 0.82 V，说明其 ORR 催化性能逐渐下降。选取 4 h、8 h、26 h 的样品做 ICP 测试，检测其中钴原子的含量。可以看到，反应 8 h 得到的 ZIF-67 前驱体，经过 900 ℃的热解得到的催化剂，其 Co 原子含量最高，可达 2%；继续反应到 26 h 时得到的催化剂，其 Co 原子含量明显下降，只有 1.05%。这说明催化活性与 Co 原子的含量有一定的关系。从元素分布图及 XRD 图可知，热解后材料中只有 Co、N、C 三种元素，这是因为 Zn 的熔点比较低，在 900 ℃下即挥发完全，而 MeIm 热解后，有机骨架中的 N、C 元素被保存下来，这里也和不加钴源的

图 7.29　ZIF-67 在不同反应时长下的 SEM 图片(Co/Zn/MeIm 比值为 1∶1∶4)

ZIF-8 得到的衍生催化剂(C/N)进行了对比,其活性仍明显好于单纯的 C/N 材料,说明 Co/N/C 材料本身具有更高的 ORR 活性。

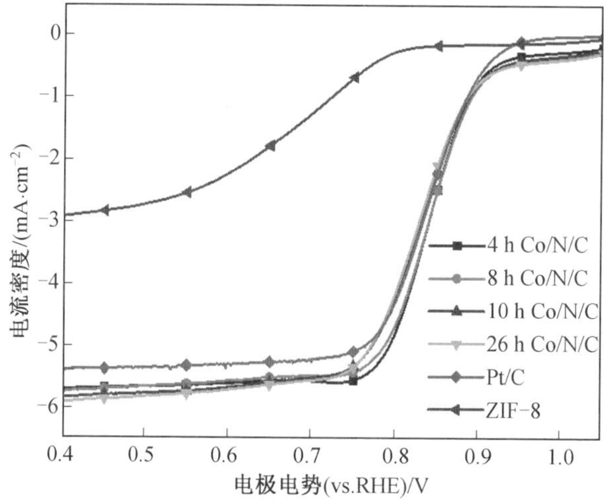

图 7.30　不同反应时间下制备的衍生催化剂的 LSV 曲线

7.2.5　ZIF-67 热解温度对催化性能的影响

下面考察不同热解温度对催化剂形貌及 ORR 活性的影响。本组实验选取了三个热解温度，分别为 900 ℃、1 000 ℃、1 100 ℃，得到的催化剂分别记为 Co/N/C-900、Co/N/C-1000、Co/N/C-1100。为观察温度对催化剂表观结构的影响，对三种材料进行 TEM 测试，如图 7.31(a)～(c)所示。随着热解温度的升高，其菱形十二面体结构仍然能够保持完好，没有发生较大的变化，但 Co/N/C-1100 样品边缘的轮廓会有一些模糊，出现碳层石墨化状态。从 XPS 全谱图可以看出，热解后主要含有的元素为 C、N、O、Co、Zn，并且随着热解温度的升高，Zn 和 N 的含量逐渐降低，当达到 1 100 ℃时，Zn 的特征峰完全消失，说明 Zn 被完全蒸发。而 O 和 Co 的特征峰有变强的趋势。同时，对催化剂的 N 1s 峰进行分峰处理，分峰后三种材料都显示出了三种类型的氮，分别为吡啶氮(398.7 eV)、吡咯氮(400.2 eV)、石墨化氮(401.2 eV)，而 Co/N/C-1100 样品还出现了氧化氮(403.2 eV)，与 XPS 全谱中 O 峰增强趋势一致。从各种类型氮的所占比例可知，Co/N/C-900 和 Co/N/C-1000 都以吡啶氮为主，这也是目前大家认可的 ORR 活性中心，而 Co/N/C-1100 以石墨化氮为主，主要是由于在高温过程中，更利于形成石墨化碳。从 Raman 图还可以看出，随着热解温度的提升，I_D/I_G 由 0.98 下降到 0.92，说明石墨化程度越来越高，而缺陷越来越少。

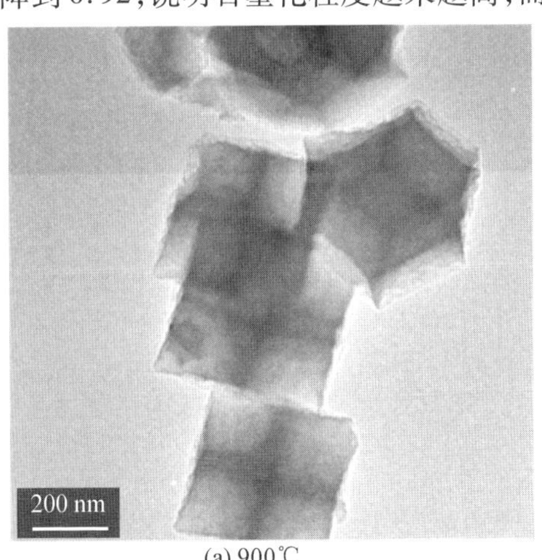

(a) 900℃

(b) 1 000℃

图 7.31　不同热解温度下得到的催化剂的 TEM 图片和光谱表征

(c) 1 100℃

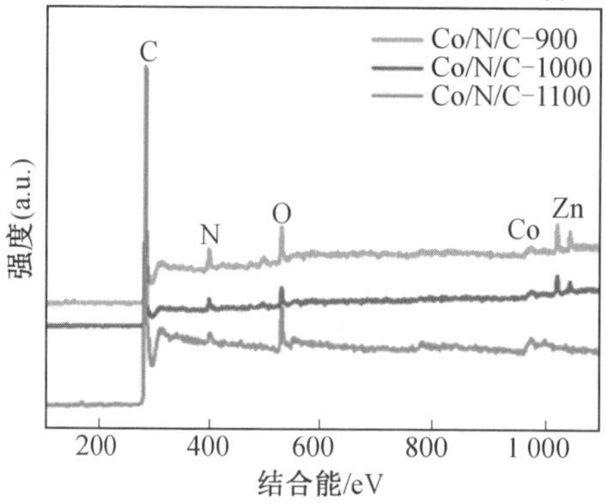

(d) XPS全谱图

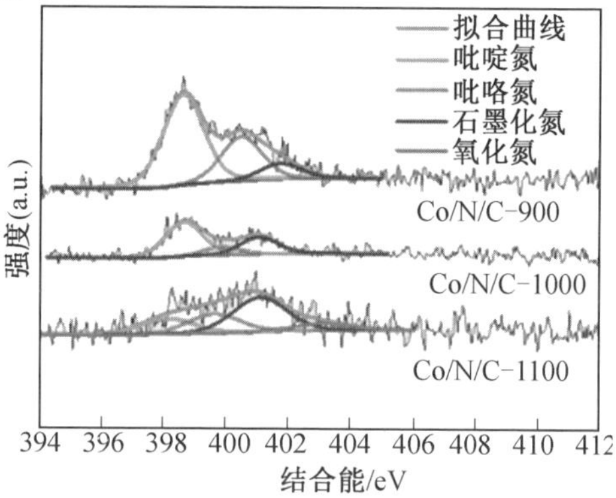

(e) N 1s分峰图

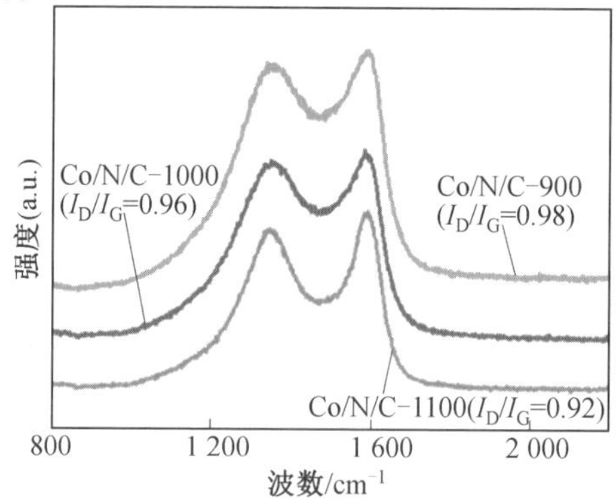

(f) Raman光谱图

续图 7.31

通过高倍透射电子显微镜进一步观察 Co/N/C-1100 催化剂(图 7.32),可以更清楚地观察到表面碳层的石墨化状态,而且发现了少量的钴金属颗粒。这是因为过高的温度引起 Co—N 键断裂,游离的 Co 原子相互靠近形成 Co—Co 键,从而形成钴颗粒,所以热解温度要控制在 1 100 ℃以下。结合 XRD 图(图 7.33),可以看到当热解温度达到 1 100 ℃时,出现了明显的 Co 特征峰,这一结果也证实了上述论证。通过对不同温度下热解得到的催化剂的 XPS 测试,还检测了 Co、Zn、N 的含量。

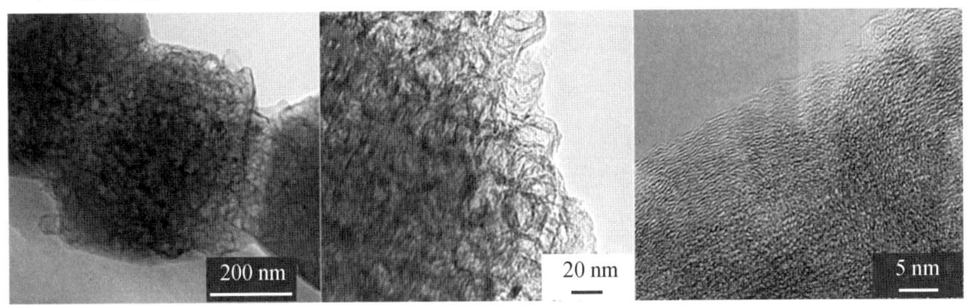

图 7.32　Co/N/C-1100 催化剂的放大 TEM 图及高倍 TEM 图

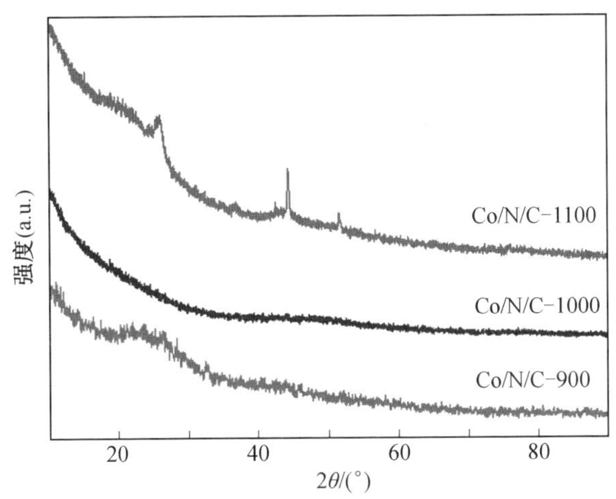

图 7.33　不同热解温度下得到的催化剂的 XRD 图

图 7.34 为不同热解温度下得到的催化剂的 N_2 吸脱附等温线和孔径分布曲线。可以看出,不同的热解温度不仅会引起催化剂元素及组成的改变,还会引起内部结构的变化,随着热解温度的升高,三种催化剂的比表面积分别为 1 225 m^2/g、841 m^2/g、1 374 m^2/g,出现了先降低后升高的趋势。这是因为随着温度的升高,碳材料整体会有一些坍塌或收缩,导致催化剂的比表面积变小。随

着温度进一步上升到 1 100 ℃,从孔径分布曲线中可以看到材料出现了一定量的介孔分布,这可能是高温使得 Zn 全部挥发掉,以及碳层的石墨化引起的,这也是 Co/N/C-1100 催化剂的比表面积得到显著提升的原因。

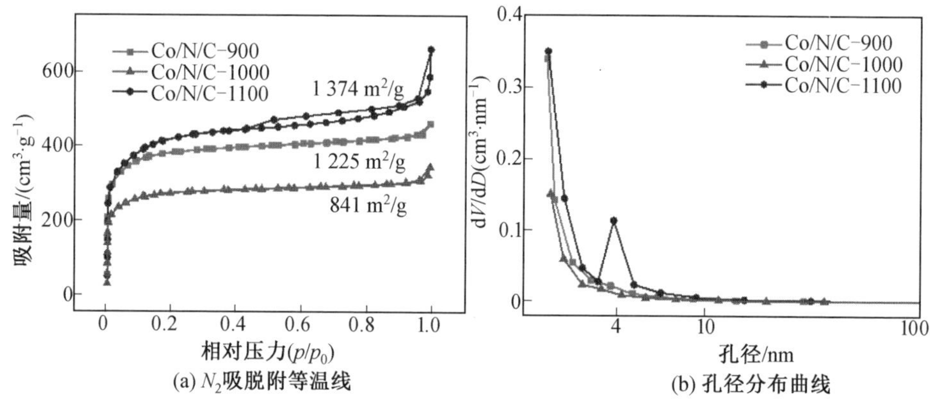

图 7.34　不同热解温度下得到的催化剂的 N_2 吸脱附等温线和孔径分布曲线

为了更清楚地研究热解温度对催化剂活性的影响,分别在氧气饱和的 0.1 mol/L KOH和 0.1 mol/L $HClO_4$溶液中进行电化学测试,如图 7.35 所示。从数据上看,不论在酸性还是碱性环境中,Co/N/C-1000 的半波电势和 0.9 V 下的动力学电流密度都是三种催化剂中最突出的,并且在碱性环境中,其半波电势可达 0.856 V,高于 Pt/C(0.84 V),而在 0.9 V 下的 i_k值是 Pt/C 的 2.13 倍,此催化剂在碱性环境中显示出绝对的优势,可以成为贵金属的替代材料。同时注意到,Co/N/C-1000 在酸性环境中也表现出了不错的 ORR 活性,半波电势为0.75 V,虽与 Pt/C 有 75 mV 的差距,但是其在 0.9 V 下的 i_k 值为0.511 mA/cm^2,与 Pt/C 的接近(0.619 9 mA/cm^2),也有望在酸性环境中替代贵金属。在碱性环境中催化剂的催化活性明显高于酸性环境中,这是因为非贵金属催化剂在酸性体系的高电势环境中,Co/N/C 活性位点相对碱性体系容易被破坏,这也是后续工作将要研究的方向之一。

为研究催化剂的本征活性,在 0.1 mol/L KOH 溶液中,用 RRDE 测试催化剂的 LSV 曲线,通过计算得到过氧化氢产率及转移电子数,如图 7.36 所示。不同热解温度下得到的催化剂,其转移电子数都接近 4,说明反应是 4 电子反应,并且其过氧化氢产率都在 25% 以下,其中 Co/N/C-1000 催化剂的过氧化氢产率在 0.8 ~0.9 V时,只有不到 5% 。

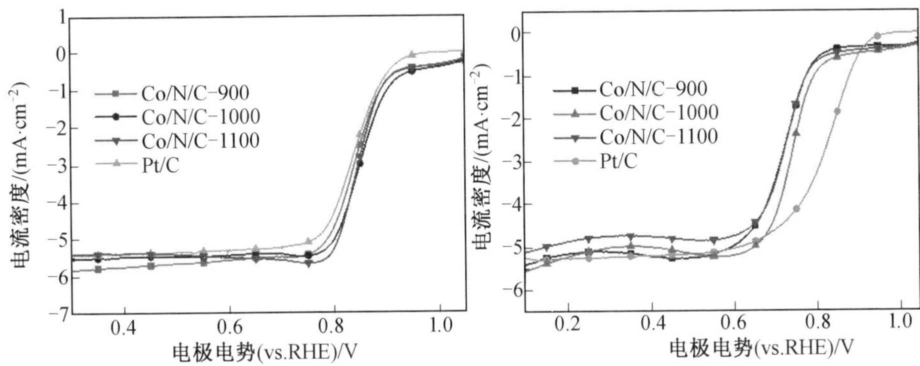

图 7.35 不同热解温度下得到的催化剂及商业 Pt/C 催化剂的 LSV 曲线（扫描速率为 10 mV/s）

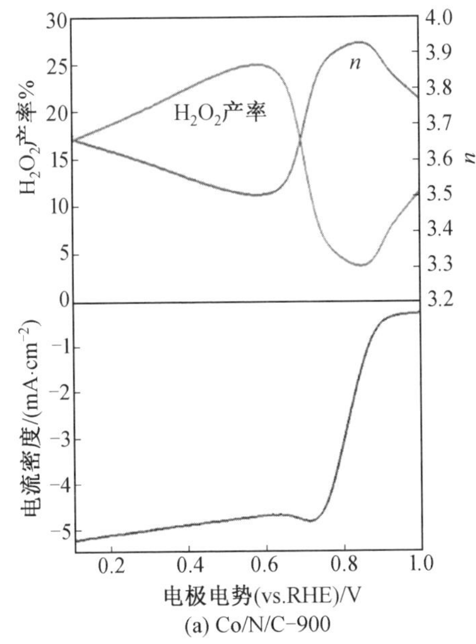

(a) Co/N/C-900

图 7.36 不同热解温度下得到的催化剂在 0.1 mol/L KOH 溶液中的过氧化氢产率及转移电子数

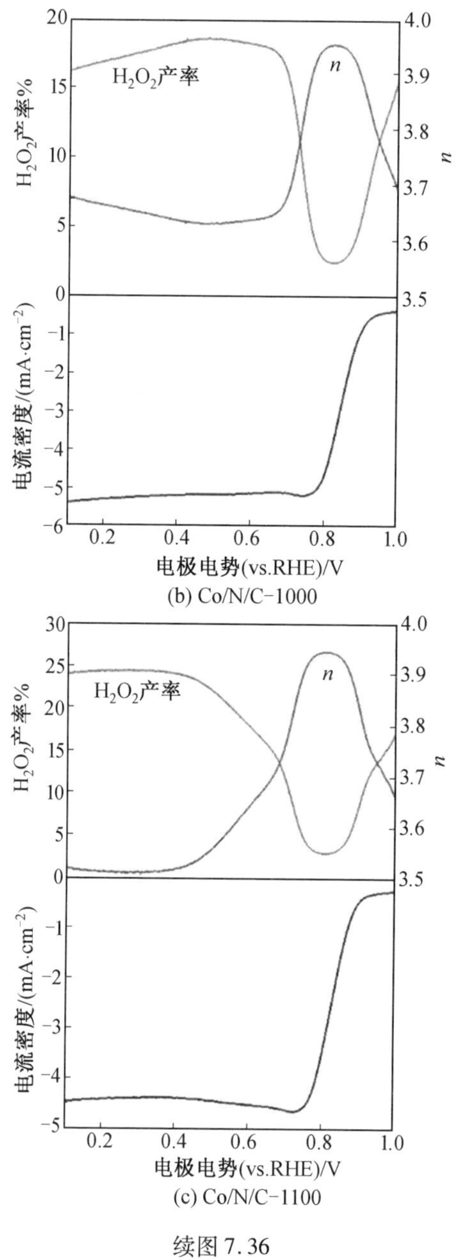

(b) Co/N/C-1000

(c) Co/N/C-1100

续图 7.36

7.2.6　活性位点对催化性能的影响

为研究催化剂的 ORR 活性位点，对催化材料进行更深层次的测试分析，利用同步辐射光源测试得到不同热解温度下得到的催化剂的 Co K 边 X 射线吸收近边结构（XANES）谱图和延伸 X 射线吸收精细结构（EXAFS）谱图，来研究热解温度对催化剂内部原子结构所造成的影响，揭示结构-活性构效关系，如图 7.37（a）、（b）所示。三种 Co/N/C 催化剂的近边吸收曲线与标准 Co 箔曲线相似但边缘位置更高（7 730 eV），表明这些样品中有与 N 配位的 Co 元素（N 的电负性比 Co 高）。值得注意的是，Co/N/C-1100 催化剂在约 7 710 eV 处肩峰相对增强，可能意味着在此样品中金属特征增强，对比 XRD 图也可以看出，确实出现了 Co 单质峰，说明高温生成了 Co 颗粒。另外，从精细结构光谱可以看到 Co/N/C-900 和 Co/N/C-1000 样品的峰位置主要突出在约 1.41 Å 处，此处对应的是 Co—N 键，来自于 Co—N_x 基团。Co/N/C-1100 样品在约 2.17 Å 处出现了明显的特征峰，此处对应的是 Co—Co 键，说明有 Co 单质生成，与之前的测试结果一致。从图 7.37（c）可直观地看到 Co/N/C-1000 样品中 Co 单原子的存在，而没有看到 Co 颗粒，而且从元素分布图 7.37（d）也可以看出 Co、N、C 元素都均一地分布在整个材料中。以上结果表明，热解温度保持在 1 000 ℃有利于形成 Co—N_x 活性位点，温度低于 900 ℃，不能生成大量的 Co—N_x 活性位点，并且不利于 Zn 的挥发，会有更多残留，影响 ORR 活性，而当温度高于 1 100 ℃时，又会引起 Co—N_x 键的断裂，促进 Co—Co 键的生成，从而出现金属的聚集现象。

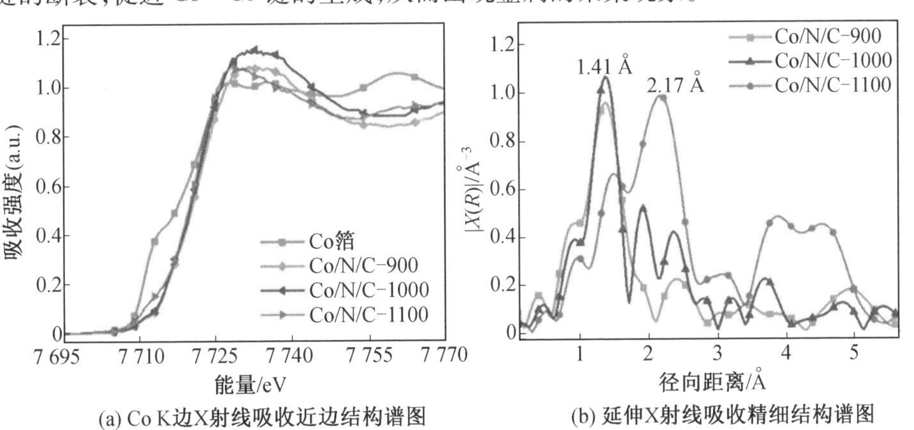

(a) Co K边X射线吸收近边结构谱图　　(b) 延伸X射线吸收精细结构谱图

图 7.37　不同热解温度下得到的催化剂的 Co K 边 X 射线吸收近边结构和延伸 X 射线吸收精细结构谱图

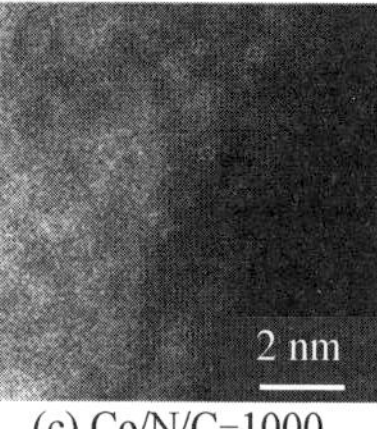

(c) Co/N/C-1000催化剂的HADDF-STEM照片

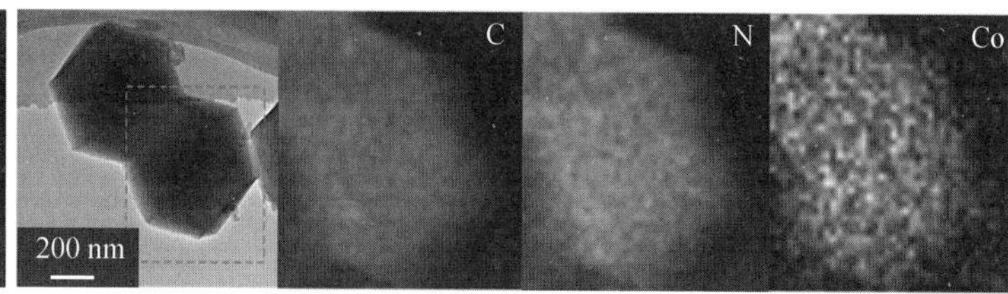

(d) 元素分布图

续图 7.37

7.3 铜基催化剂的设计与制备

7.3.1 铜基催化剂概述

金属 Cu 具有丰富的 d 电子和可变的氧化态,容易在催化反应过程中形成多种活性中间体,是化学催化领域常见的一种活性金属元素,而在电催化中,常将 Cu 基催化剂应用于 CO_2还原反应。开发用于 ORR 的 Cu 单原子催化剂是受到生物化学体系的启发。在节肢动物和软体动物中存在的血蓝蛋白,是一类以亚铜离子作为辅基的蛋白质,可以与氧气结合并参与其在血淋巴中的运输;而在线粒体中普遍存在的细胞色素 c 氧化酶中,Cu 的位点能直接参与 O_2的高效生物化学还原。在对传统负载型催化剂的研究中,Cu 单质由于对含氧物种的吸附过于强烈,因此 ORR 活性不佳。这表明,将 Cu 单原子化并使其处于合适的配位环境中可以明显改善 ORR 活性。在研究 Cu 基 ORR 催化剂时,发现吸附于碳骨架中吡啶氮上的 Cu(Ⅱ)位点对于 ORR 活性较差,而当受到附近 Cu 颗粒的供电子作用后,增强了对 O 的吸附,活性也有一定提升。这种提升的原因可能在于 Cu 单质的供电子作用使得 Cu(Ⅱ)原本不满的 3d 轨道电子被填充提升,与目前多数文献认为 Cu(Ⅰ)是 ORR 的活性中心相吻合。

以上对 Cu 单原子 ORR 催化剂的研究思路与常见的 Fe、Co 基催化剂相似,均是通过尝试对 Cu 活性中心进行设计以优化含氧物种的吸附和后续还原,涉及对 Cu 元素氧化态以及对配位非金属原子种类、数量、结构等的设计调控。但由于目前对于单原子催化的研究不够广泛深入,不能对活性中心的最佳组成下定论,也不能确定配套活性中心的最优催化剂结构,因此还需要持续进行大量探索性试验。此外更重要的是,需要通过对大量实验现象进行总结与归纳,提出催化

剂活性位点结构与氧还原性能的构效关系，用于指导后续催化剂的合理设计。

7.3.2　自引发方法实现单原子 Cu 可控分散

将 20 mg 氧化石墨烯分散于 20 mL 水中，加入一定质量的双氰胺，室温下磁力搅拌 10 h 后，使用液氮将溶液迅速冷冻并干燥，即得到前驱体。取一定质量干燥后的前驱体于加盖石英舟中，使用清洁的 Cu 箔将瓷舟紧密包裹，在 Ar 气氛下，以 2 ℃/min 的升温速率升温至 600 ℃并保温 2 h，再以 5 ℃/min 的升温速率升至所需温度并保温 1 h，随后自然降温。将得到的材料在 80 ℃ O_2 饱和的 0.5 mol/L H_2SO_4 溶液中搅拌 6 h，抽滤水洗后 70 ℃真空干燥 6 h，再次于 Ar 气氛下 300 ℃热处理，即制得单原子 Cu 负载石墨烯（Cu-N/G）催化剂。

使用 TEM 观察所制备催化剂的形貌。图 7.38 为制备的催化剂的 TEM 照片和选区电子衍射花样。通过观察可知，无论是图 7.38(a)所示的石墨烯（p-G）、图7.38(c)所示的 N 掺杂石墨烯（N-G）还是图 7.38(e)所示的单原子 Cu 负载石墨烯（Cu-N/G），都展现出典型石墨烯的形貌，呈微米级的透明片状且表面有很多褶皱，此外观察不到有明显的其他晶态颗粒的存在。对三种材料进行选区电子衍射测试，其衍射花样均为多晶环，符合典型石墨烯的特征，并未出现其他晶体的衍射斑点，说明所制得催化剂物相组成纯净，尤其是 Cu-N/G 材料中不存在 Cu 的单质或其他晶态化合物。通过对内侧两个衍射环的测量和计算，发现其应该分别对应石墨的(002)和(101)晶面，结合 TEM 照片对形貌的观察，证实了三种催化剂中的碳材料成分均为石墨烯。可以观察到 p-G 和 N-G 材料的衍射环更为明亮，说明这两种材料中石墨烯的结晶性好于 Cu-N/G，即自引发分散反应可能对石墨烯的结构造成一定程度的破坏。

对 Cu-N/G 催化剂进行更精细的 TEM 观察。首先进行 EDS 元素面扫，结果如图 7.39(a)所示。可以看出，在所选区域中 C、N 和 Cu 元素是均匀分布的，并未在特定的地方出现富集，也说明所选区域中不存在含 Cu 元素的较大颗粒。又对 Cu-N/G 催化剂进行了高分辨球差校正 HAADF-STEM 表征，其照片如图7.39(b)所示。在 HAADF 模式下，元素的衬度和其原子序数成正比，即原子序数大的元素在照片中亮度更高。借助高分辨球差校正 HAADF-STEM 的原子级别分辨率，该模式下可以观察到很多亮点分布在催化剂上。由于 Cu 元素的原子序数(64)远大于其他可能存在的轻元素（C,12;N,14;O,16），因此这些亮点为单分散的 Cu 原子，这也与 EDS 面扫的观察相符。

为进一步说明所制备催化剂的相组成，对 p-G、N-G 和 Cu-N/G 催化剂进行了 XRD 测试，其衍射花样如图 7.40 所示。对 Cu-N/G 催化剂而言，除了在 p-G

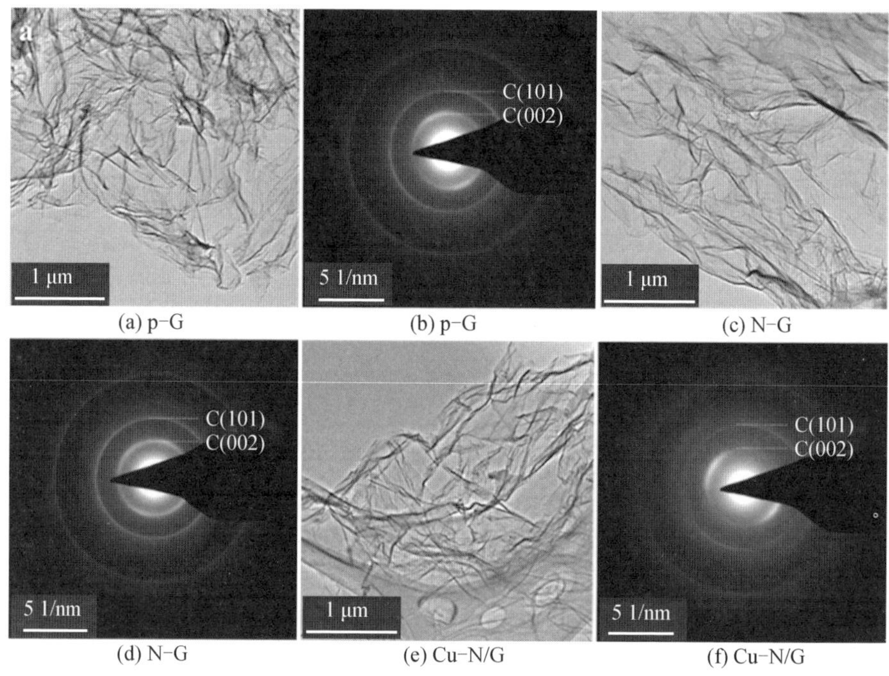

(a) p-G (b) p-G (c) N-G
(d) N-G (e) Cu-N/G (f) Cu-N/G

图 7.38 催化剂的 TEM 照片和 SAED 花样

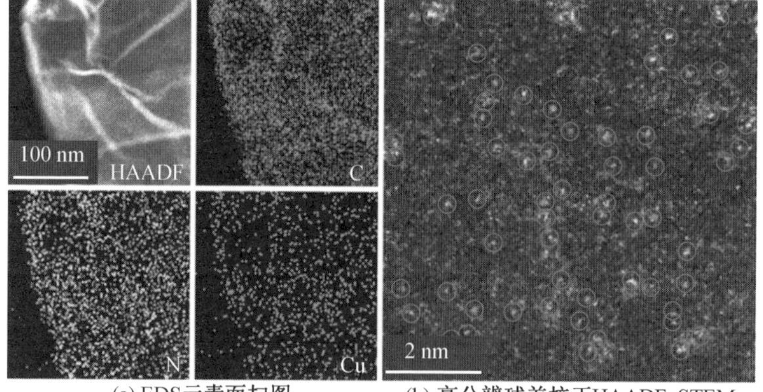

(a) EDS元素面扫图 (b) 高分辨球差校正HAADF-STEM

图 7.39 Cu-N/G 催化剂的 TEM 表征

和 N-G 催化剂中也出现了碳材料特征的(002)和(101)晶面对应的衍射峰之外,未观察到其他含 Cu 晶体的衍射峰,和前文叙述的 Cu 以单原子分散的结论相一致。可以观察到 p-G 和 N-G 材料的(002)晶面衍射峰明显更为尖锐,对碳材料而言,其 sp^2 杂化的六元环骨架堆叠构成(002)晶面,体现在 XRD 花样中为 26°

左右的衍射峰,该衍射峰的半峰宽能体现碳材料的结晶性。由于经历了自引发分散反应后,Cu-N/G 催化剂的(002)晶面衍射峰出现宽化,说明其结晶性变差,也与选区电子衍射观测相吻合。

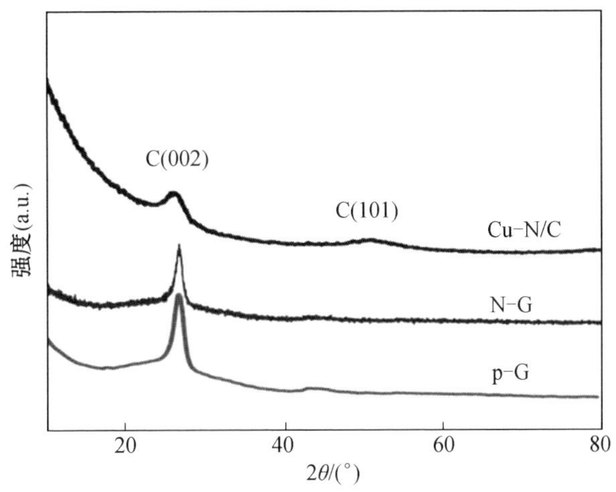

图 7.40　p-G、N-G 和 Cu-N/G 催化剂的 XRD 花样

Raman 光谱是一种可以有效分析碳材料结构的表征手段,图 7.41 为所制备 p-G、N-G 和 Cu-N/G 催化剂的 Raman 谱图。对于碳材料,其 Raman 信号主要有两处:在 1 580 cm^{-1}左右出现的 G 带和 1 350 cm^{-1}左右出现的 D 带。G 带信号来源于 sp^2杂化的碳原子面内振动,因此对应石墨化的正常碳原子,而 D 带信号来源于需要缺陷位置才能激活的 sp^2杂化碳原子的环呼吸振动,因此通常用两者的强度比 I_D/I_G来表征碳材料的缺陷程度。可以看出,p-G 具有三种催化剂中最低的 I_D/I_G值,说明其缺陷程度最低,石墨化程度最高。对双氰胺进行氮掺杂后,N-G 催化剂的缺陷程度有所提高,而经历自引发分散反应后的 Cu-N/G 催化剂缺陷程度最高,说明反应对石墨烯的原本结构造成一定的影响,引入了大量缺陷。Raman 观察的结论和上述 SAED 及 XRD 均可以相互印证。

图 7.42 为所制备 p-G、N-G 和 Cu-N/G 催化剂的 N_2吸脱附等温线和孔径分布图。从图 7.42(a)可以看出,N-G 催化剂具有三种催化剂中最高的比表面积(663.05 m^2/g),高于 p-G 的 575.36 m^2/g,可能是由于 N 掺杂的过程中同步引入了更多的孔结构。但自引发分散反应后的 Cu-N/G 催化剂比表面积大幅下降到 192.45 m^2/g,可能由于单原子 Cu 在碳表面稳定需要和周围的 N 进行配位,将原有的孔结构进行修复,使得比表面积下降。从图 7.42(b)的孔结构分布可以看出,与 p-G 催化剂相比,N-G 在保持原有孔结构的同时,新增了 3 nm 以下的介

孔，而 Cu-N/G 中石墨烯原有孔结构得到了修复。

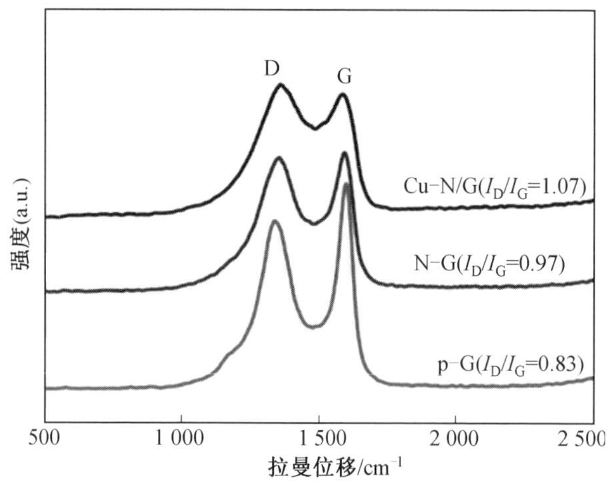

图 7.41　p-G、N-G 和 Cu-N/G 催化剂的 Raman 谱图

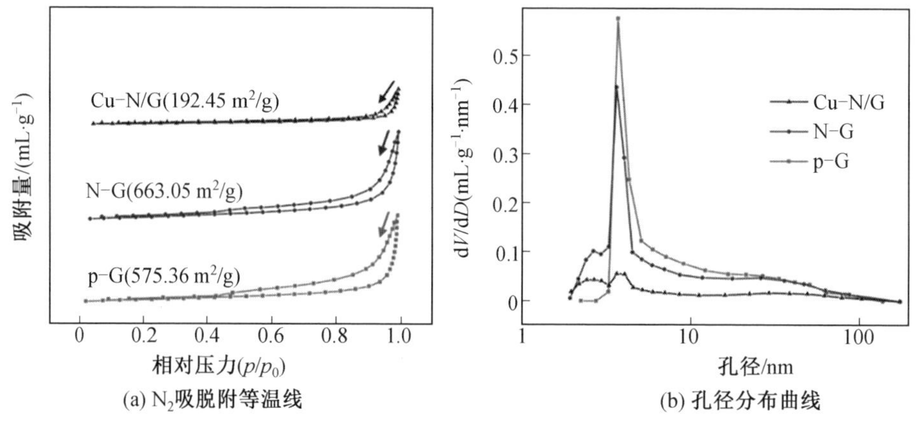

图 7.42　p-G、N-G 和 Cu-N/G 催化剂的 N_2 吸脱附等温线和孔径分布曲线

图 7.43 为 N-G 和 Cu-N/G 催化剂的 XPS 全谱图。可以看出，除 C、N、O 等轻元素以外，Cu-N/G 催化剂出现了明显的 Cu 2p 和 LMM 俄歇信号，说明其中含有 Cu。可以看出，N-G 催化剂中含有 C、N 和 O 元素，说明 N 元素被成功掺杂入石墨烯中，而 Cu-N/G 催化剂中还多了 Cu 元素的信号，证实了自引发分散法可以将 Cu 引入石墨烯中。

为分析 Cu-N/G 催化剂中元素的精确价态和成键情况，采集了 C 1s、N 1s、Cu 2p 和 Cu LMM 俄歇的高分辨 XPS 信号，如图 7.44 所示。在图 7.44(a) 显示的 C 1s 分峰结果中，可以看出 Cu-N/G 催化剂中的 C 元素主要以 sp^2 杂化方式存

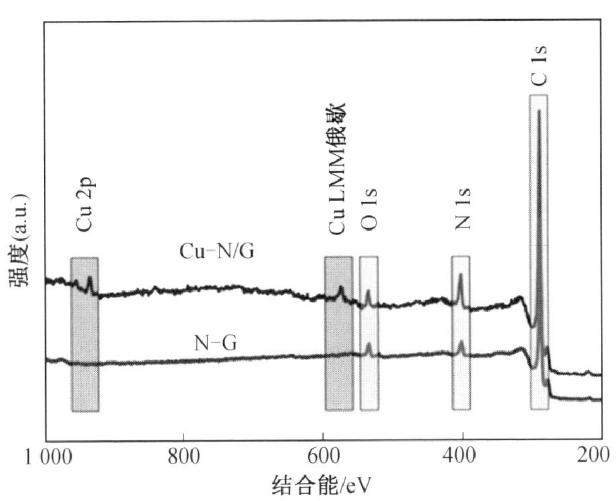

图 7.43　N-G 和 Cu-N/G 催化剂的 XPS 全谱图

在，还有少量的 sp^3 杂化碳，在高结合能位置为 C 与电负性更大的 N/O 元素成键的信号。从图 7.44(b) 中 N 1s 分峰结果可以看出，N 元素的主要存在形式为吡啶氮。在石墨烯骨架中 N 和 C 元素一样采用 sp^2 杂化，N 元素的价电子结构为 $2s^22p^3$，因此杂化后 sp^2 轨道和剩余的 p_z 轨道上共排布有 5 个电子。位于石墨烯边缘位置的吡啶氮以两个 sp^2 轨道的单电子和 C 形成两个 σ 键之后，按照能量最低原理在剩余的 sp^2 轨道上排列有一对孤对电子，p_z 轨道单电子参与大 π 键共轭。在碳骨架中间位置的石墨化氮，3 个 sp^2 轨道的单电子和 C 形成 3 个 σ 键后，在 p_z 轨道上有一对电子参与大 π 键共轭。因此，吡啶氮的 sp^2 轨道上的孤对电子使得其具有和金属元素进行配位的能力。Cu-N/G 催化剂中吡啶氮的含量也支持 Cu 原子单独分散这一结论。

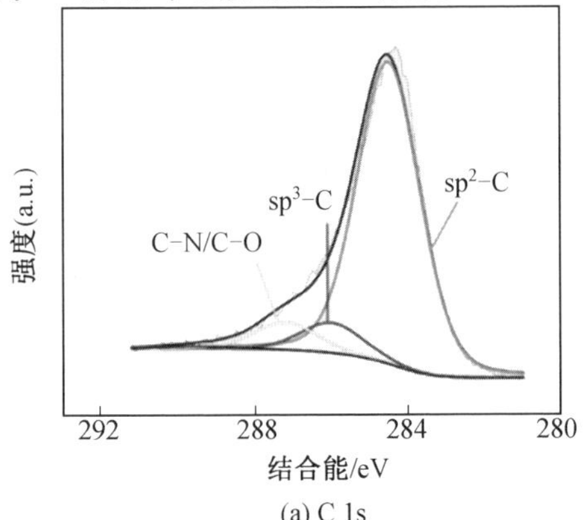

(a) C 1s

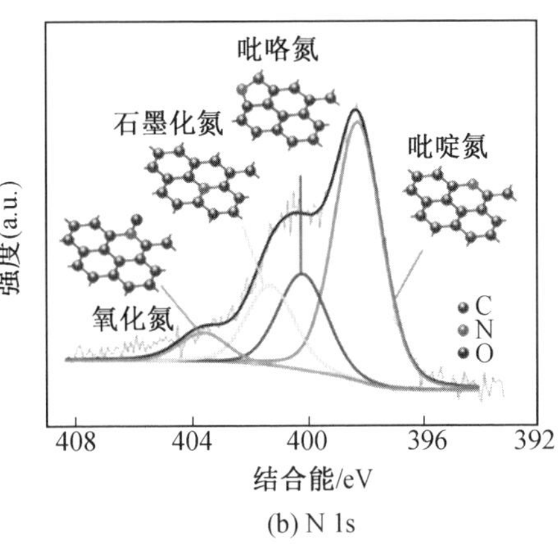

(b) N 1s

图 7.44　Cu-N/G 催化剂的 C 1s、N 1s、Cu 2p 和 Cu LMM 俄歇 XPS 谱图

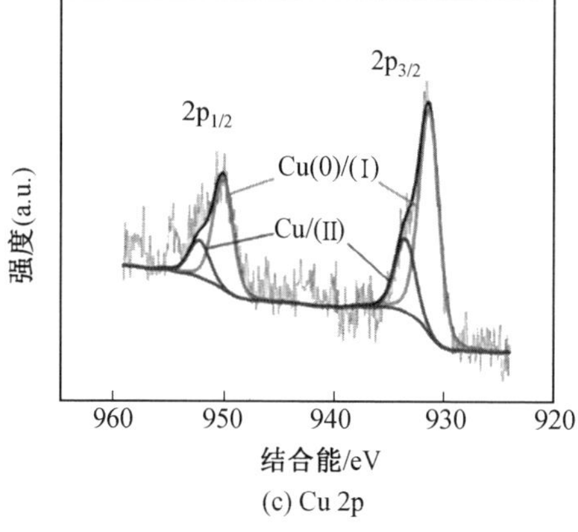

(c) Cu 2p

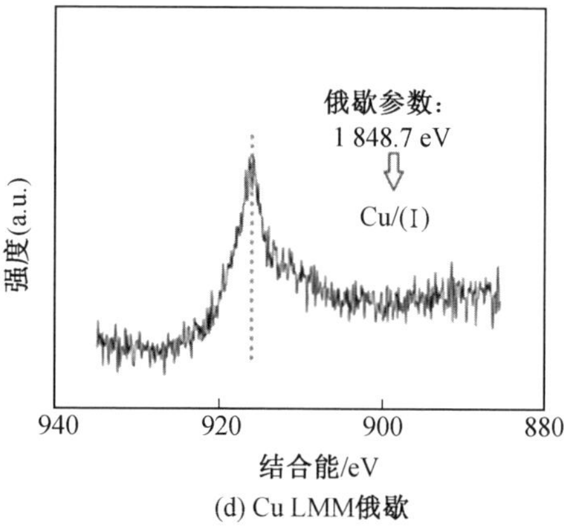

(d) Cu LMM俄歇

续图 7.44

图 7.44(c)为 Cu-N/G 催化剂中 Cu 2p 的高分辨信号,按照价态将其分为两对峰,在较低结合能位置 932.2 eV/952.2 eV 的一对峰代表 Cu(Ⅰ)或 Cu(0),而高结合能的 934.4 eV/954.4 eV 代表 Cu(Ⅱ)。由于 Cu 2p 信号对 Cu(Ⅰ)和 Cu(0)的区分不明显,因此又测试了 Cu LMM 俄歇信号,如图 7.44(d)所示。可以看出,以动能为横轴的俄歇峰位置在 916.5 eV,符合 Cu(Ⅰ)的特征,将金属元素 XPS 谱中最强的俄歇峰动能和最强的 2p 峰结合能相加可以获得俄歇参数,由该数值可以获得金属元素的价态信息,而不受测试过程中荷电状态和材料内部各成分电子效应的影响,分析更为准确。计算得到 Cu-N/G 催化剂中 Cu 的俄歇参数为 1 848.7 eV,和 Cu(Ⅰ)相符。经过 ICP-OES 测试获得了 Cu-N/G 催化剂中 Cu 元素的质量分数为 5.4%,高于文献报道的负载于石墨烯上的金属单原子,说明自引发分散法可以制备高载量的金属单原子催化剂。

为获得 Cu-N/G 催化剂中 Cu 元素存在的精细结构,进行同步辐射的 XAFS 测试,结果如图 7.45 所示。图 7.45(a)所示为 Cu-N/G 催化剂和 Cu、Cu_2O 及 CuO 标准样品的 Cu K 边 XANES 谱图。可以看出 Cu-N/G 的白线位置介于Cu_2O 和 CuO 之间,更接近 Cu_2O,说明催化剂中的 Cu 元素价态更接近 Cu(Ⅰ)。从图 7.45(b)显示的 XANES 谱图的一阶微分中也能看出,峰位置和 Cu(Ⅰ)接近,与前文 XPS 的表征一致。对 EXAFS 进行傅立叶变换,得到 R 空间的 EXAFS 谱图,如图 7.45(c)所示。可以看出 Cu-N/G 的主要配位的距离在 1.5 Å,与 Cu_2O 中的 Cu—O 键和 Cu 单质中的 Cu—Cu 键有明显区别,经过拟合得到的最优配位结构为图 7.45(d)所示的 CuN_2配位结构,可以看出与测试结果拟合较好。

在0.1 mol/L 的 KOH 溶液中测试了所制备催化剂的氧还原性能。图 7.46(a)为四种催化剂在 RDE 转速为 1 600 r/min 下的 ORR 极化曲线。可以看

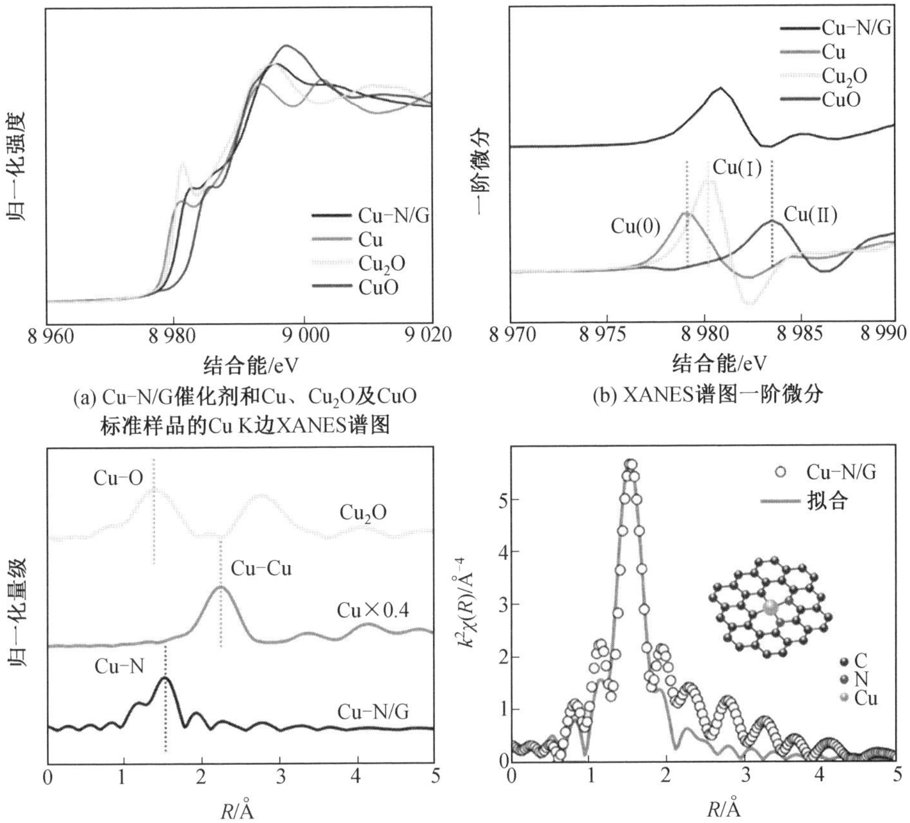

(a) Cu-N/G催化剂和Cu、Cu_2O及CuO标准样品的Cu K边XANES谱图

(b) XANES谱图一阶微分

(c) Cu-N/G催化剂和Cu及Cu_2O标准样品的EXAFS谱图

(d) Cu-N/G催化剂EXAFS谱图的拟合

图 7.45　Cu-N/G 催化剂的 XAFS 谱图

出，Cu-N/G 催化剂的半波电势以及极限电流均与作为对比的商业 Pt/C 催化剂相似，说明其优异的性能。另外两种催化剂，p-G 和 N-G 的极化曲线均位于更负电势处，说明其性能远差于 Cu-N/G。为了更直观地说明几种催化剂的性能区别，统计了它们的半波电势和 0.85 V 处的动力学电流密度，如图 7.46(b)所示。可以看出，Cu-N/G 在 0.85 V 处具有略高于商业 Pt/C 的动力学电流密度，且远高于其他两种催化剂，也说明 Cu-N/G 的性能提升是由于 Cu 单原子的引入。

使用图 7.47(a)所示不同转速的 ORR 极化曲线，选取混合控制区到扩散控制区 4 个电势下 i^{-1} 对 $\omega^{-1/2}$ 作图即得到图 7.47(b)所示 K-L 曲线，通过拟合直线的截距即可计算得到动力学电流密度 J_k。

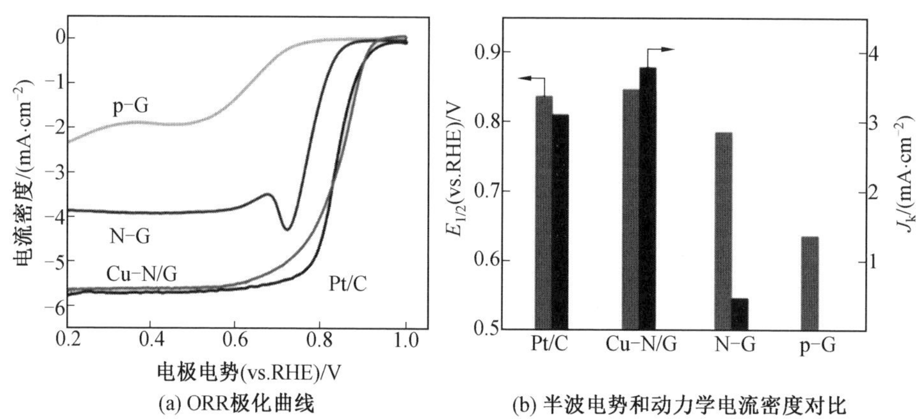

(a) ORR极化曲线

(b) 半波电势和动力学电流密度对比

图 7.46 p-G、N-G、Cu-N/G 和商业 Pt/C 催化剂在 0.1 mol/L KOH 溶液中的性能

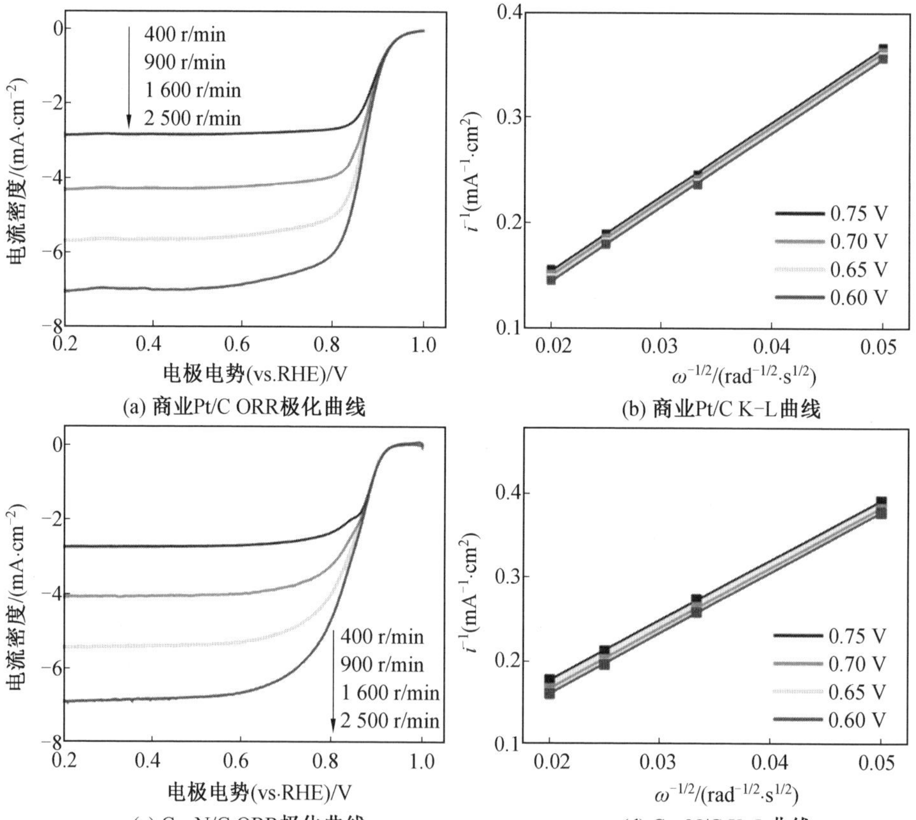

(a) 商业Pt/C ORR极化曲线

(b) 商业Pt/C K-L曲线

(c) Cu-N/G ORR极化曲线

(d) Cu-N/G K-L曲线

图 7.47 催化剂在不同电极转速下的 ORR 极化曲线和 K-L 曲线

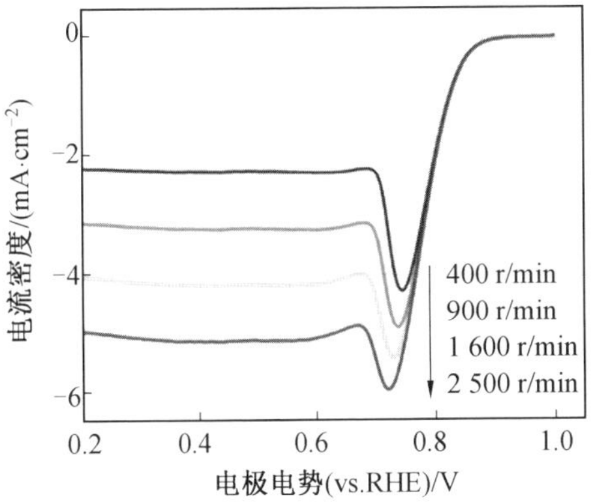

(e) N-G ORR极化曲线

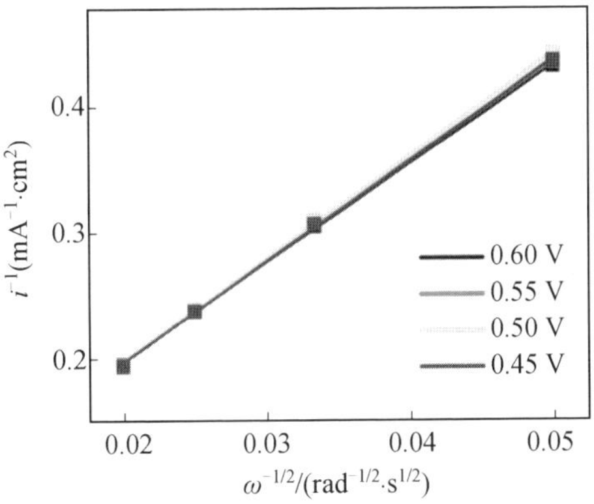

(f) N-G K-L曲线

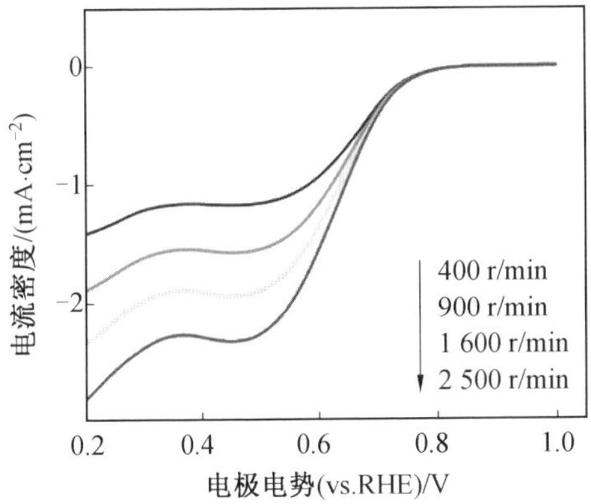

(g) p-G ORR极化曲线

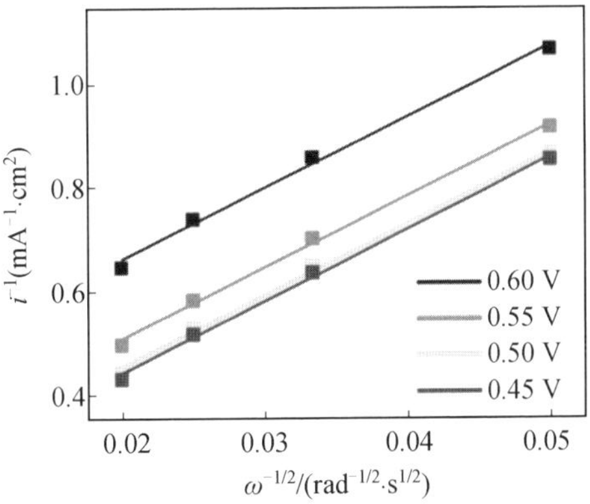

(h) p-G K-L曲线

续图 7.47

对氧还原催化剂而言,稳定性也是衡量催化剂性能的关键因素之一。对Cu-N/G催化剂和商业 Pt/C 催化剂进行稳定性测试和抗中毒能力测试,结果如图 7.48 所示。首先进行的是加速降解试验(ADT),如图7.48(a)、(b)所示。在测得催化剂初始 ORR 极化曲线后,在 Ar 饱和的0.1 mol/L KOH溶液中在 0.6 ~ 1.0 V 的高电势曲线下进行连续的 CV 扫描,10 000圈后再次记录 ORR 极化曲线,通过对比前后曲线的差异评估催化剂的稳定性。可以看出,ADT 后 Cu-N/G 催化剂的半波电势略有下降,大约下降 7 mV,低于商业 Pt/C 催化剂的 10 mV,说明在长时间电势循环过程中 Cu-N/G 具有更好的稳定性。其次进行了长时间恒电流的 CA 测试,如图 7.48(c)所示。在持续 1 600 r/min 旋转的状态下将电极电势固定在 0.65 V,在 O_2饱和的 0.1 mol/L KOH 溶液中进行 CA 测试。经历 10 h 的测试后,Cu-N/G 催化剂的电流保持了 93%,远高于商业 Pt/C 的 75%,说明长时间持续 ORR 过程中 Cu-N/G 的稳定性也高于商业 Pt/C 催化剂。由于本节所研究的氧还原催化剂在燃料电池中可以与各种阳极反应进行匹配,而使用甲醇作为燃料时由于阳极侧甲醇会渗透通过交换膜到达阴极侧,因此需要评估催化剂的抗甲醇中毒能力,以衡量其在直接甲醇燃料电池中的应用前景。如图 7.48(d)所示,在 1 600 r/min、0.65 V 恒电势的情况下,在 O_2 饱和的 0.1 mol/L KOH 溶液中测试进行到 200 s 时,加入甲醇使得电解液中甲醇浓度达到 3 mol/L。由于商业 Pt/C 也具有催化甲醇氧化的能力,因此氧还原电流迅速下降,出现毒化效应,而 Cu-N/G 经历一段时间的波动后很快达到稳定,不被甲醇毒化。

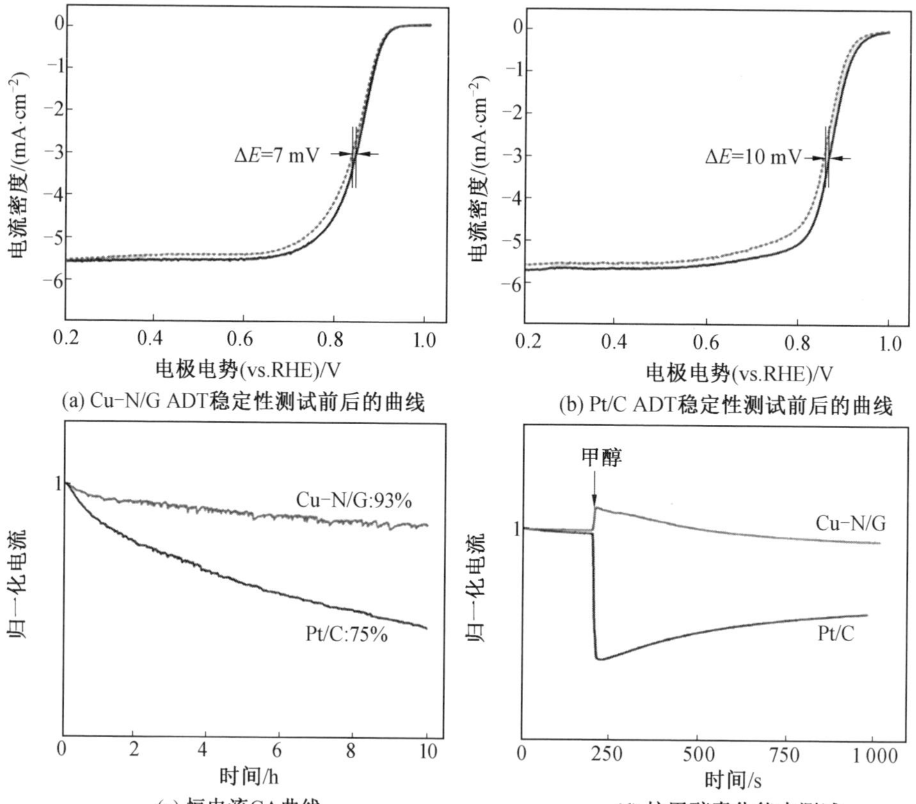

(a) Cu-N/G ADT稳定性测试前后的曲线

(b) Pt/C ADT稳定性测试前后的曲线

(c) 恒电流CA曲线

(d) 抗甲醇毒化能力测试

图 7.48 Cu-N/G 和商业 Pt/C 催化剂曲线在 ADT 稳定性测试前后的曲线、恒电流 CA 曲线和抗甲醇中毒能力测试

使用 RRDE 评价了 Cu-N/G 催化剂的氧还原反应历程。氧还原反应可以分为过氧化物中间产物脱附的 2 电子过程和无中间物种脱附的 4 电子过程。在 RRDE 测试中对位于盘电极外侧的 Pt 环电极施加 1.2 V 的高电势,将负载于盘

电极上催化剂催化氧还原过程中可能脱附的过氧化物进行氧化，通过计算获得反应的历程信息。图 7.49(a)为 Cu-N/G 催化剂负载于盘电极上的 ORR 极化曲线和外侧 Pt 环电极上的过氧化物氧化极化曲线。

可以看出 Cu-N/G 催化剂在氧还原进行的整个区间过氧化物产率小于 15%，转移电子数大于 3.7，说明氧还原反应主要以 4 电子途径进行。

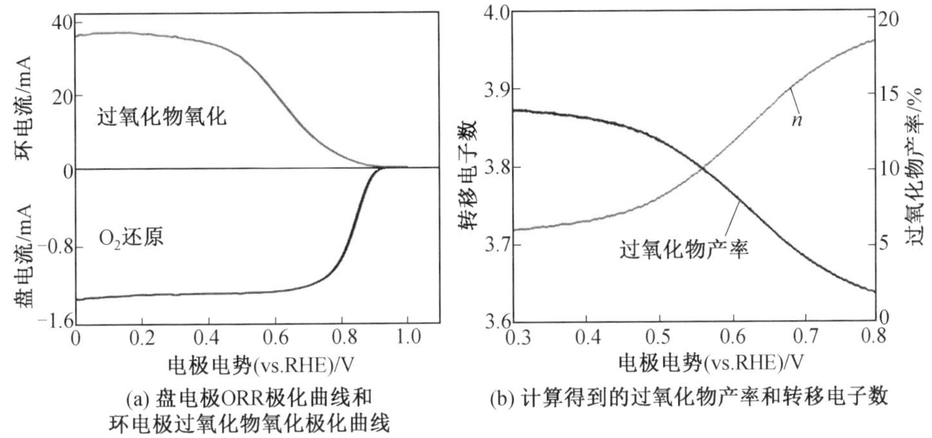

图 7.49　Cu-N/G 催化剂 RRDE 测试中盘电极 ORR 极化曲线和环电极过氧化物氧化极化曲线以及计算得到的过氧化物产率和转移电子数

7.3.3　三维分级结构 Cu-NHC 的制备研究

7.3.2 节研究了在石墨烯基底上生长 Cu 单原子位点的机制及 ORR 电催化性能。虽然石墨烯基材料在用作电催化剂时具有诸多优势，但其二维层状结构也带来了明显劣势，最重要的一点便是片层易团聚。有文献报道在制备燃料电池膜电极(MEA)时，热压过程会使得催化层中的石墨烯发生显著堆叠，使得分布于其表面的活性位点失去传质通道而造成失活，以至于 MEA 测试中体现不出 RDE 测试中应有的活性。因此，如何保证充足且稳定的传质通道是设计石墨烯基催化剂需考虑的重要因素之一。

制备石墨烯的方法分为自上而下(top-down)和自下而上(bottom-up)。①自上而下。自上而下是指对石墨进行氧化、插层和剥离得到氧化石墨烯，再经过热还原或化学还原得到石墨烯，是第 3 章制备用于生长单原子 Cu 的石墨烯载体时采用的方法。若要防止片层堆叠，利用氧化石墨烯片层之间的相互作用力进行自组装得到三维石墨烯气凝胶是一种有效方法，目前已有较多报道，并可以应用于能量转化、可穿戴器械、污水处理等领域。但为了维持这种由独特化学组成产生的片层间作用力,对石墨烯的掺杂、修饰和复合便受到很大的局限,难以完全发挥石墨烯组成易调控的特性与优点。②自下而上。自下而上是指利用化学气相沉积(chemical vapor deposition, CVD)的原理,在合适的基底上直接生长石墨烯。由于自下而上方法生长石墨烯的过程是催化反应,因此制备的石墨烯的结构与形貌很大程度上取决于选用基底。在不同结构的基底上使用 CVD 法生长出的石墨烯具有十分明显的形貌差异,使用平整光滑的基底可以得到宏观完整的石墨烯片,在泡沫镍等具有空间排列结构的基底上进行 CVD 可以得到三维石墨烯骨架。但 CVD 需要复杂的实验设备,且反应过程受条件影响大、可控性差。

CVD 法生长石墨烯常见的基底为某些过渡金属(Fe、Co、Ni 等)和硅基无机物(Si、SiO_2、SiC 等),选用的原料是简单小分子有机物,如甲烷、苯、乙醇等,反应时需要通过载气将其蒸气带入高温环境中,在高温非氧化气氛下,有机物发生热分解,产生活性碳原子,在基底表面重新排列成为规整的六元环结构,得到石墨烯。根据这一过程,也可以使用固态聚合物或简单有机物作为原料,如聚苯胺、尿素、柠檬酸等,将金属催化剂以纳米颗粒的形式负载于有机物上,利用这些物质热分解释放出的合适碳源气体,以邻近的金属颗粒为催化剂原位生长石墨烯,从而排列为三维结构,使石墨烯在具有优异导电性和独特电子结构的基础上,兼具三维结构的空间稳定性,为制备三维分级结构类石墨烯材料提供了思路。

碳载体在制备金属单原子催化剂时不仅起到了锚定作用,还会很大程度上影响金属单原子的催化稳定性和利用率。单原子的稳定性与碳载体的抗电化学腐蚀能力密切相关,普遍认为碳材料中石墨化程度更高的位置具有更高的耐腐蚀能力。而就利用率而言,由于传统上使用聚合物热解得到的碳材料往往具有丰富的微孔结构,在液相催化体系中缺乏流畅的颗粒内传质通道,因此大多数位于颗粒内部的潜在活性位点不能被利用。有研究表明,目前热处理得到的 Fe-N-C催化剂中 Fe 单原子利用率仅为 4.5%。从综合利用率和稳定性两方面考虑,作为金属单原子载体的碳材料需要在提升碳材料表面/体相占比的同时提升石墨化程度。7.3.2 节研究的气相自引发分散反应经由气相进行,只能使 Cu 生长到气相反应物分子可以扩散进入的孔道内,可以确保生长的 Cu 单原子位点具有和外界畅通的传质通道。因此本章设计构建具有三维结构的 N 掺杂石墨烯(N-doped hierarchical carbon,NHC)的复杂 Cu 原子,将该催化剂记为 Cu-NHC。

为获得具有更高表面/体相原子比的碳材料,需尽可能减少碳材料的体相占比,而构筑中空结构可以很方便地实现这一点。本节实验的中空结构模板使用聚苯乙烯(PS)微球,其制备过程简单,且常温下即可在有机溶剂中被溶解除去,

不会破坏外部其他结构。首先对制备的聚苯乙烯微球进行形貌分析,其 TEM 照片和粒径分布如图 7.50 所示。

可以看出制备的 PS 微球形貌规整,粒径较为均一且表面光滑,与文献报道的形貌相同。对图 7.50(a)中的颗粒进行粒径分析,统计得到的粒径分析如图 7.50(b)所示。可以看出粒径分布较窄,平均粒径在 571.3 nm 左右。

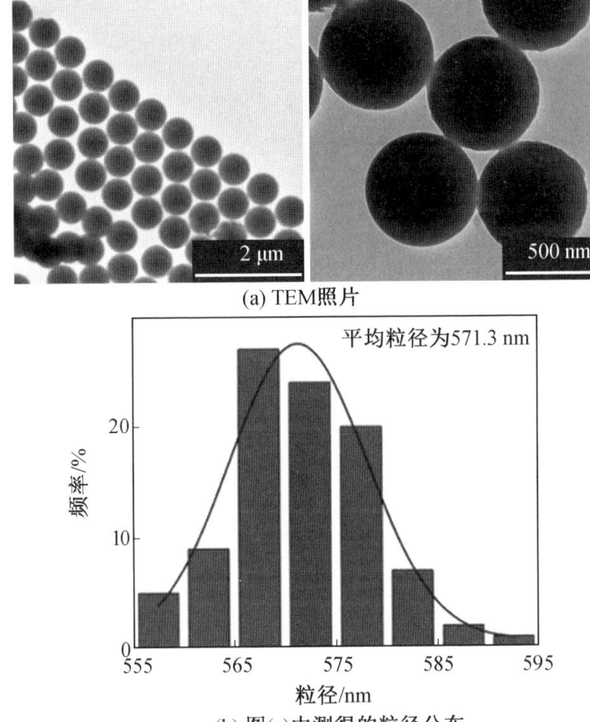

图 7.50　PS 微球的 TEM 照片和粒径分布

在实验设计阶段,为了使制备所得的碳材料具有高表面/体相占比,除了制备数百纳米级的中空结构外,还应当在其上进一步构筑更小尺寸的中空结构,因此选择了聚苯胺/金属氧化物这一对碳源/模板。主要原因有以下三点:①聚苯胺(PANI)与 PS 具有很好的界面兼容性,很容易实现在 PS 外部生长 PANI 的同时,保留 PS 的球形形貌和由其造成的数百纳米级的中空结构。②PANI 分子骨架中含有大量氨基氮,与金属离子有较强的化学作用,可以作为生长金属氧化物的位点,有助于其均匀分布。③PANI 在热处理过程中碳化产率适宜,是广泛使用的碳源,且在很宽的范围内逐渐分解,可以实现分解产物对氧化物的高温还原,进而利用金属氧化物对石墨烯的催化生长构筑数十纳米级的中空结构。

本节实验使用溶胀-氧化法在 PS 表面进行 PANI 生长。对得到的 PS@ PANI 复合材料以及使用甲苯溶去 PS 内核的 PANI 空壳(h-PANI)进行形貌观察,如图 7.51 所示。

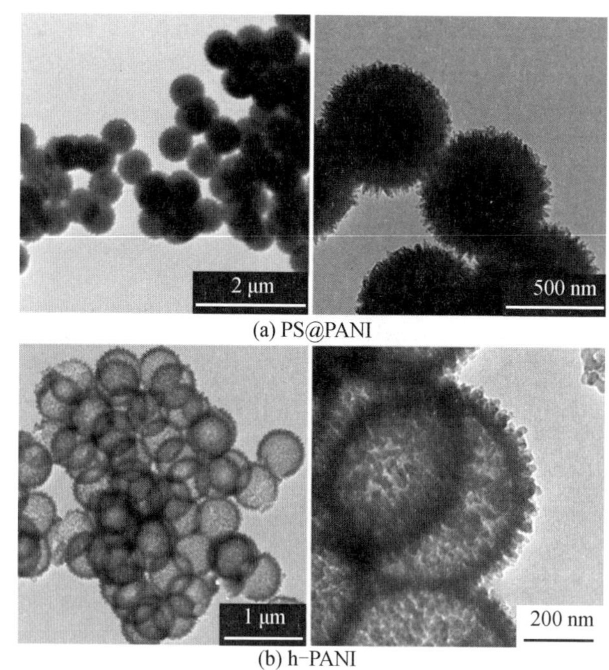

(a) PS@PANI

(b) h-PANI

图 7.51 PS@ PANI 和溶去 PS 内核后得到的 h-PANI 的 TEM 照片

由图 7.51(a)可以看出,生长 PANI 之后的 PS@ PANI 保留了球形的形貌,但表面不再光滑,产生了许多凸起,这种结构在溶去 PS 之后的 h-PANI 形貌中也得以体现。图 7.51(b)中 h-PANI 具有完整的空心结构,进一步放大观察发现表面不光滑的部分为放射状排列的纳米棒,形成类似于“海胆状”的结构,共同组成了 h-PANI,估算的 PANI 厚度约为 100 nm,而空心部分直径约为 500 nm。这种放射状的形貌来源于制备 PANI 时使用的氧化剂 $FeCl_3$,因其氧化性较弱,溶解在 PS 中的苯胺单体在被氧化发生聚合前扩散路径较长,使得 PANI 逐渐生长为放射状,而这种形貌也有利于下一步金属氧化物的均匀分布。使用红外光谱表征了 h-PANI构筑过程中各阶段的组成,如图 7.52 所示。可以看出,溶解掉 PS 内核后的 h-PANI 的吸收信号与聚苯胺结构相符,包括 800 ~ 880 cm^{-1} 范围内对位取代苯环上的 C—H,1 140 cm^{-1} 处芳香环上的 C—H,以及 1 297 cm^{-1} 处芳香亚胺中的 C—N 和 1 390 cm^{-1} 处醌环附近的 C—N。相较于 PS 原有的红外吸收信号,PS@

PANI 中聚苯胺的信号也得以出现，说明 PANI 对 PS 的包覆并不致密，这与图 7.51(b)中的形貌也相符。

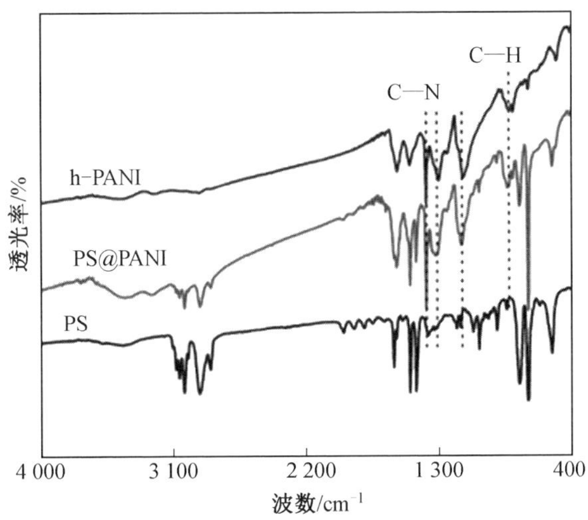

图 7.52 PS、PS@ PANI 和 h-PANI 的红外光谱谱图

将 h-PANI 作为载体，溶剂热生长铁氧化物，制备出 Fe_2O_3/h-PANI。图 7.53 比较了 Fe_2O_3/h-PANI 及其热处理后得到的酸洗前的 NHC(NHC-before acid treatment，记为 NHC-ba)的 XRD 花样。

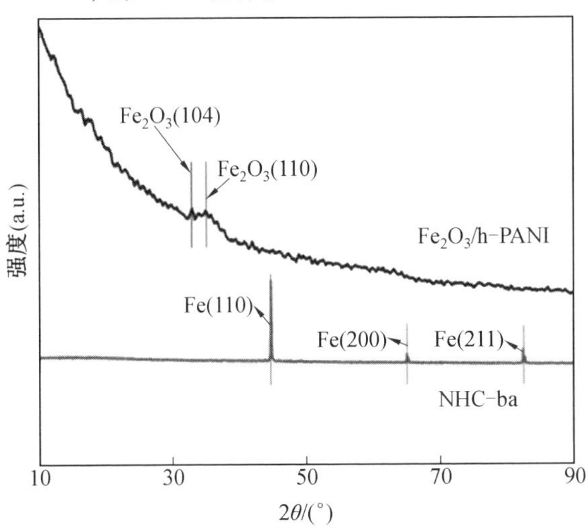

图 7.53 Fe_2O_3/h-PANI 及其热处理后 NHC-ba 的 XRD 花样

可以清晰地看出，生长在 h-PANI 上的是 Fe_2O_3(PDF#33-0664)，衍射峰较弱

且明显宽化，说明生长的 Fe_2O_3 颗粒较小。热处理后，NHC-ba 的衍射峰对应 Fe 单质（PDF#52-0513），相比于热处理前的 Fe_2O_3，NHC-ba 中的 Fe 单质衍射峰强度增大，半峰宽收窄，说明热处理使得金属物种结晶性明显提高。对热处理后的 NHC-ba 进行酸洗，得到 NHC。由于金属 Fe 具有磁性，因此利用磁铁吸引验证酸洗对 NHC-ba 中 Fe 的去除效果，照片如图 7.54 所示。可以看出左侧酸洗前的 NHC-ba 具有强磁性，与 XRD 中的观察结果相吻合，而右侧的 NHC 不被吸引，证实 NHC-ba 中的 Fe 被洗去。

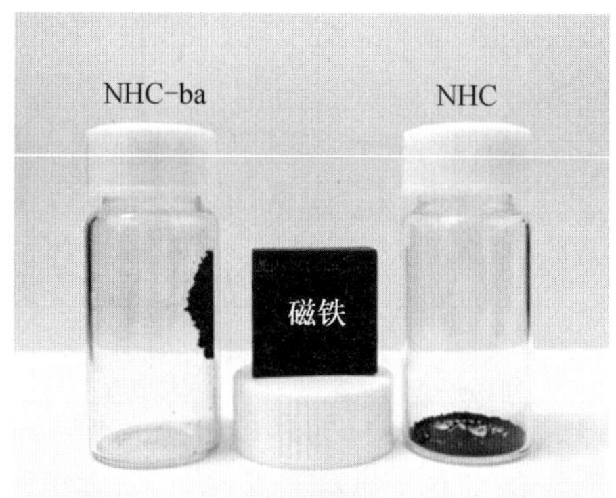

图 7.54　证明 NHC-ba 和 NHC 磁性差异的照片

利用 XRD 分析酸洗后 NHC 的组成，其 XRD 花样如图 7.55 所示，作为对比的是 h-PANI 在相同条件热处理得到的 NC。

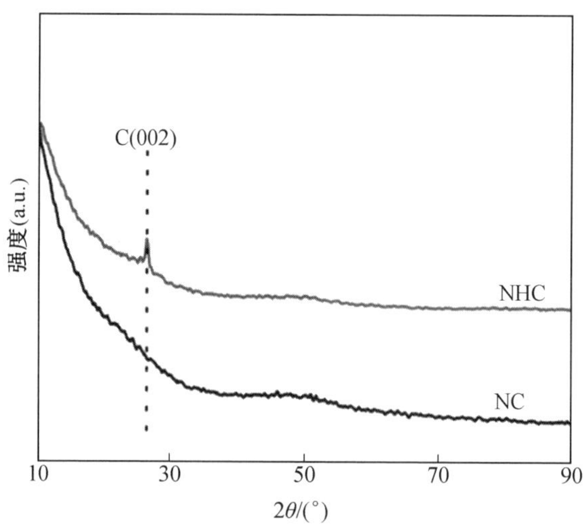

图 7.55　NHC 和 NC 的 XRD 花样

可以发现，相较 NHC-ba，NHC 中未出现与 Fe 对应的强峰，仅在 26°左右出现了碳材料典型的 C(002)晶面衍射峰，说明 Fe 已经几乎全部被酸洗去，与前文中酸洗后失去磁性相符。而 NC 的衍射花样与 NHC 基本相同，但 C(002)的信号很弱，说明以该晶面方向堆叠的 C 原子层数较少，具有规则石墨结构的片段含量低，整体石墨化程度明显低于 NHC。

为研究两者碳结构的差异，进行 Raman 光谱测试，谱图如图 7.56 所示。两者均出现典型的碳材料信号：在 1 380 cm^{-1}附近的 D 带和 1 590 cm^{-1}附近的 G 带。通过对峰进行拟合，将拟合峰的面积作比值，确定 I_D/I_G值，用以表征碳材料的石墨化程度。可以看出，NHC 的 I_D/I_G值为 2.63，明显低于 NC 的 3.19，而且在 2 700 cm^{-1}附近出现的 2D 带也是高石墨化碳所特有的。综合 XRD 和 Raman 分析可以认为，NHC 中存在更高比例的具有连续 sp^2杂化结构的碳原子，因此具有更高的石墨化程度。

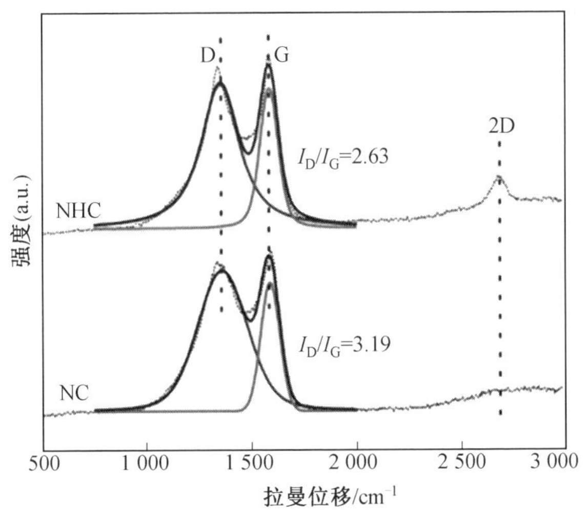

图 7.56　NHC 和 NC 的 Raman 谱图

从图 7.57(a)的低倍 TEM 照片中可以看出，NHC 和图 7.51(b)的 h-PANI 相比保留了空心形貌，但空心结构边缘变得不规则，可见若干破碎部分，空心部分直径也有所减小，反映出热处理过程中有机物发生碳化的同时也失去大量组分，但碳化后仍保持了有机物的基本形貌。从图 7.57(b)的高倍 TEM 照片中可以看出，NHC 颗粒是由众多蓬松的薄层片状堆叠所成，堆叠的厚度约为 30 nm。在图 7.57(c)中观察到 NC 的球形度相较 NHC 更好，基本与 h-PANI 相似；在图 7.57(d)的高倍 TEM 照片中观察到，虽然 NC 也为空心球形，但组成单元与 NHC 不同，是由不规则的纳米棒紧密堆叠而成，TEM 照片中的颜色明显较 NHC 更深，

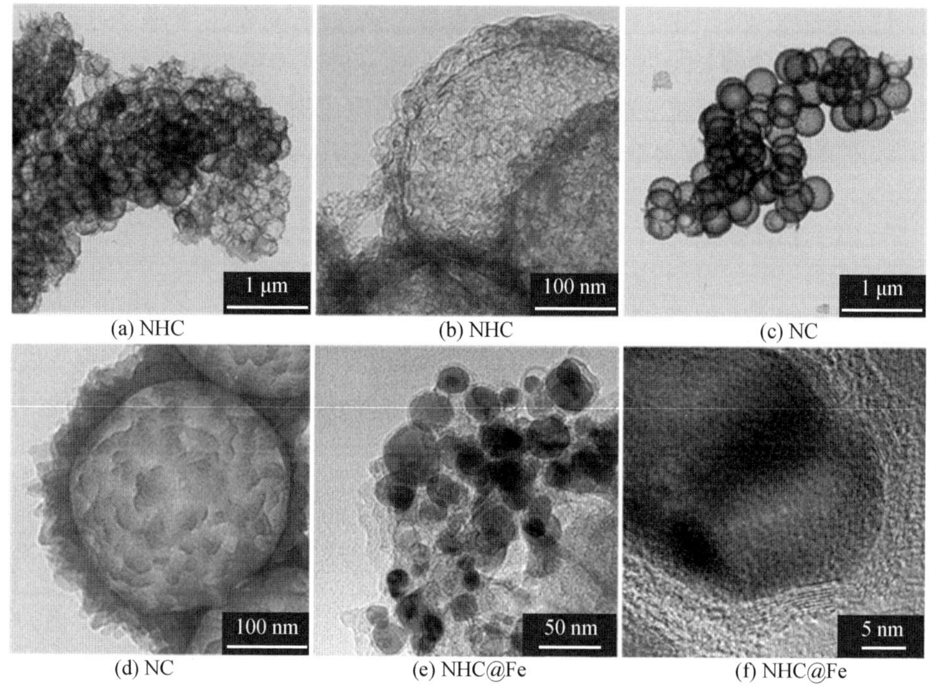

图 7.57　热处理制得材料的 TEM 照片

说明电子穿越的厚度更厚,材料更为致密。对比两者可以发现,引入金属氧化物参与 h-PANI 的热处理过程对产物的形貌有显著影响。

结合 XRD 和 Raman 结果,推测原因在于被聚苯胺热解产物还原的单质 Fe 催化了石墨烯片的形成,而由于 Fe 的量较多,催化生长的石墨烯片普遍较薄且不完整,在后续酸洗处理中将 Fe 完全除去,留下了大量以三维形式排列且堆积蓬松的薄层高石墨化石墨烯碳壳,构成了 NHC 的颗粒。Fe 模板的引入和除去极大地改善了 NC 表面的致密堆积情况,对进一步提升碳材料的表面/体相原子比十分有利。

由于在制备 NHC 中使用的氧化铁量较多,Fe_2O_3/h-PANI 热处理后不经酸洗时 Fe 含量高导致磁性过强,不能进行 TEM 测试,而酸洗后 NHC 中的 Fe 已经完全除去,因此选用前期探索实验中 PANI 生长少量 Fe_2O_3后热处理并酸洗得到的 NHC@ Fe 进行 TEM 表征,证实 Fe 颗粒能催化石墨烯壳层生长,如图 7.57(e)、(f)所示。可以观察到在碳结构中镶嵌有大量金属颗粒,尺寸在数十纳米左右且外层均有完整的层状结构包裹,经晶格条纹测量确定为 C(002)晶面,对应石墨烯材料。产生这种结构的原因在于 NHC@ Fe 使用的 Fe_2O_3不足,催化生长

的石墨烯层完整且较厚,因此在后续的酸洗处理中保护了 Fe 不被溶解。由此可以设想当 Fe_2O_3 过量时,一方面可以生成大量不完整且较薄的石墨烯层,有利于表面碳原子占比提升,另一方面也能确保其中的 Fe 在后续酸洗处理中被完全除去,得以实现分级结构的构筑。

为表征 Fe 引入对 h-PANI 热解产物的孔结构的影响,对 NHC 和 NC 进行 N_2 吸脱附测试,并通过 DFT 计算孔径分布,如图 7.58 所示。

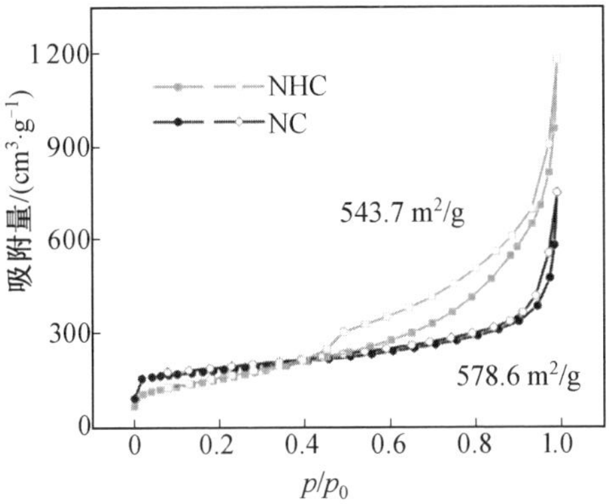

(a) N_2 吸脱附等温线

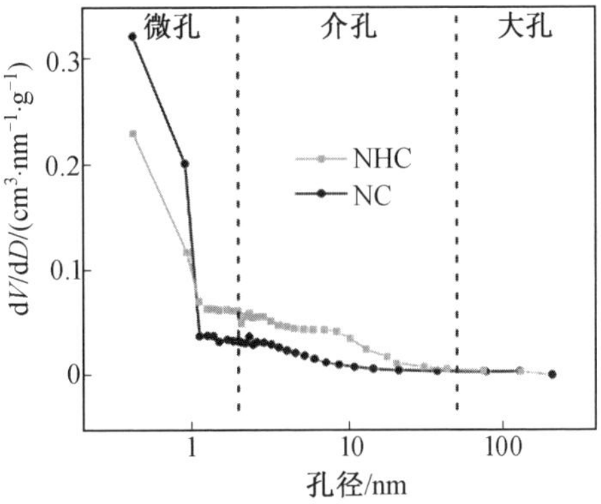

(b) 孔径分布

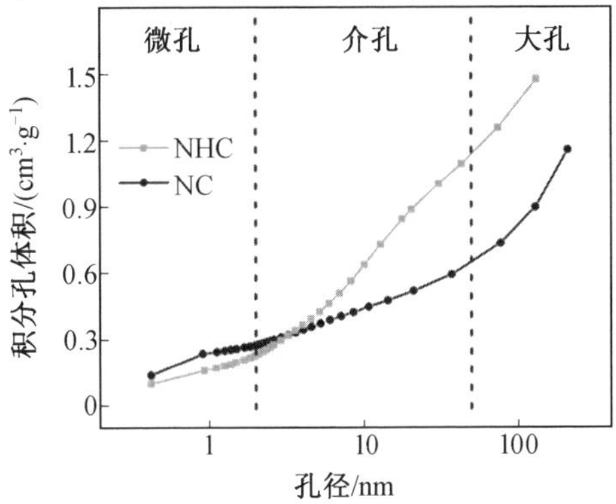

(c) 孔体积分布

图 7.58　NHC 和 NC 的表面孔结构表征

图 7.58(a)中 NHC 和 NC 的 N_2 吸脱附等温线均可以归为Ⅳ型,并在中等相对压力后出现回滞环,表明两者均存在介孔结构。但按照等温线和回滞环的形式以及出现位置进行区分,两者又分属于不同类型。NHC 在相对压力大于 0.4 时出现回滞环,且等温线在高相对分压处不出现平台,对应的是 H3 型回滞环。这一类回滞环反映的孔结构为平板狭缝,通常由片状粒子堆叠产生,与上文观察的 TEM 照片中堆叠的石墨烯片相符。而对 NC 来说,虽然在高相对压力时也不

出现平台,但在相对压力较低时出现明显的一段吸附量平台,因此应该归为 H4 型回滞环,通常见于微孔介孔复合材料。由相当长的吸附量平台以及相对较小的回滞环可以推断出,NC 中含有大量微孔,而介孔含量相对于 NHC 明显较少。根据图中给出的 BET 多点法计算的比表面积,NC 高达 578.6 m^2/g,略高于 NHC 的 543.7 m^2/g。

图 7.58(b)中给出的微分孔径分布曲线是由 N_2 吸脱附等温线脱附值按照 DFT 计算分析得到。可以看出,NC 在孔径小于 1 nm 时的微分孔体积更高,而在更大孔径处的微分孔体积明显小于 NHC。在图 7.58(c)给出的孔体积分布中,两种材料的累计孔体积(V)在大约 3 nm 时相等,更大孔径时 NHC 的累计孔体积更大。得到 NHC 的总孔体积为 1.47 cm^3/g,明显高于 NC 的 1.15 cm^3/g,其中 NHC 具有更低比例的微孔(15%)和更大比例的介孔(59.2%),其中介孔体积值为 NC 的2.7 倍以上。这说明将 Fe 模板引入 h-PANI 热解过程后,所得材料的孔结构被极大简化,考虑到 NHC 的介孔多由石墨烯片堆叠而成,NHC 碳原子的表面占比更高,与实验设计也相符。

在0.1 mol/L 的 KOH 溶液中对所制备的各催化剂进行氧还原催化性能测试。图 7.59 给出了 Cu-NHC、Cu-NC、NHC 和商业 Pt/C 催化剂在 0.1 mol/L KOH 溶液中的1 600 r/min下的 ORR 极化曲线,并对比了氧还原起始电势(E_{onset})、半波电势($E_{1/2}$)和 0.85 V 的动力学电流密度(i_k)。

(a) 1 600 r/min下的ORR极化曲线

(b) 动力学电流密度曲线

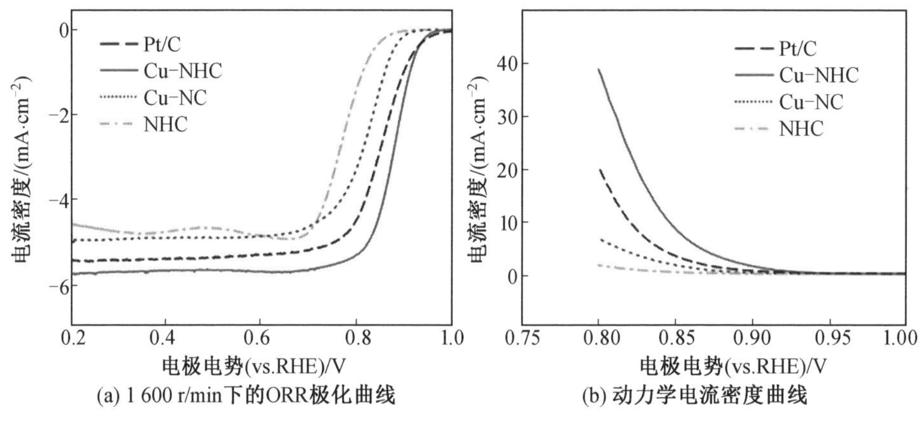

图 7.59 Cu-NHC、Cu-NC、NHC 和商业 Pt/C 催化剂在 0.1 mol/L KOH 溶液中的 ORR 性能

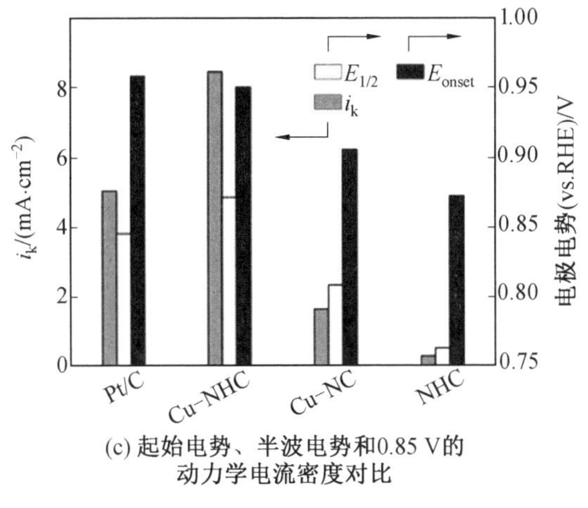

(c) 起始电势、半波电势和0.85 V的动力学电流密度对比

续图 7.59

对于还原反应,相较而言更理想的催化剂产生相同大小的电流密度时的电势应该更正,即过电势更小。由图 7.59 可见,Cu-NHC 的极化曲线位于最右侧,表明其氧还原催化活性更佳,且明显优于商业 Pt/C 催化剂,而不具有分级结构的 Cu-NC 和不具有 Cu 位点的单独载体 NHC 的活性均很差,表明分级结构载体和 Cu 位点的配合可以产生高 ORR 活性。在图 7.59(b)中给出的动力学电流密度随电势变化的曲线中,Cu-NHC 的电流密度在整个区间均高于商业 Pt/C 催化剂,证明了其优异的氧还原催化活性。由图 7.59(c)可以发现,Cu-NHC 的半波电势可以达到 0.871 V,较商业 Pt/C 催化剂高 26 mV;0.85 V 的动力学电流密度为 8.45 mA/cm^2,高出商业 Pt/C 催化剂 68%,是作为对比的 Cu-NC 的 5.18 倍,NHC 的 29.13 倍。

由于使用了过量铁氧化物硬模板,生长的石墨化碳层不完整,酸洗后金属完全被除去,产物 NHC 中因大量片状石墨烯碎片堆叠而形成三维结构,具有很高的表面原子占比和畅通的传质路径,相比于普通聚苯胺热解碳 NC,经过气相反应生长出的 Cu 单原子位点含量提升 3 倍以上。因此,载体的独特表面结构造成的高 Cu 载量是 Cu-NHC 活性较 Cu-NC 提升的主要原因。

7.3.4　局部曲率影响 Cu 单原子位点氧还原性能机制的研究

对单原子催化剂的研究受到了广泛的重视,也不断有研究者在为调控单原子催化剂的活性和选择性而努力,但由于缺乏对催化剂在催化反应中具体行为的了解,大多数的研究处于试错阶段,效率不高。若能明晰单原子催化剂中活性中心在反应过程中的动态行为,则有利于设计高性能催化剂。但由于活性位点结构和反应过程的复杂性,直到近年来随着原位技术,尤其是原位 XAS 的发展,研究者才有机会真正认识和了解金属单原子位点在催化电化学反应时的动态行为。例如,在广泛研究的 ORR 催化剂 Fe-N-C 中,Fe 活性位点在 ORR 反应过程中不断经历 Fe^{2+}/Fe^{3+} 的变价,而只有 Fe^{2+} 才能作为 O_2 吸附和还原的活性位点;又如,在非原位环境下具有 RuN_4 结构的单原子催化剂,在催化氧析出反应(OER)的过程中会自发结合氧原子,转变为 O-RuN_4 结构,而这种结构被认为是 OER 真正的活性位点。这一类的动态行为虽然对活性位点鉴别和理解反应过程十分有意义,但目前隐藏在这些动态行为背后的构效关系仍不得而知。通过实验已经证明,碳载体对单原子的结构有着巨大影响,而科研界对于碳载体结构与其上生长的单原子位点催化性能这一构效关系的研究还不够充分。

碳纳米管(CNT)是一类特殊的碳材料,具有空心管状结构,以及很高的长径比,可以视为石墨烯片绕轴卷绕得到的。虽然碳纳米管的基本组成单元和石墨烯一样,均为 sp^2 杂化碳骨架构成的六元环结构,但由于卷绕涉及表面的弯曲,显著影响了化学键的方向。对于同一碳原子形成的三个 σ 键(C—C)而言,原本的平面结构出现了夹角,使得 C 具有了部分 sp^3 杂化的性质,C—C 键的键能减弱,反应活性提高。有研究表明,相比于大管径碳管,小管径的碳管具有高曲率和更高的活性,使得其在表面氧化反应中所需条件更加温和。除了 σ 键,表面弯曲使得原本对称分布于石墨烯片层两侧的 π 电子云发生改变,外层电子密度明显升高,增强了对吸附物种的作用。由于在碳基金属单原子催化剂中,金属位点被碳载体中的配位原子锚定,其电子云参与到共轭 π 键中,势必也会受到表面弯曲产生的影响而发生结构和性能改变。理论计算表明,生长在不同管径 CNT 上的 FeN_4 单原子位点对 ORR 中间产物 $^*OH$ 的吸附强度随着管径增加而减弱,此外 FeN_4 位点的稳定性与管径大小正相关;而 Co 单原子的氢析出反应(HER)活性也与碳管管径关系密切。然而这些报道中研究的管径范围基本都在 1 nm 以内,未能反映真正被广泛使用的 CNT 尺寸。

本节将在不同尺寸的石墨化碳载体上负载 Cu 单原子,并利用理论计算和原位表征分析 Cu 单原子活性受载体曲率的影响规律。

首先使用 TEM 对 Cu-CNT-8 和 Cu-CNT-4 的形貌进行表征,如图 7.60 所示。从图 7.60(a)和(d)的低倍照片可以看出,Cu-CNT-4 和 Cu-CNT-8 微观上均为相互交错的管状,符合 CNT 材料的典型特征。但对比发现两者形貌上略有不同,Cu-CNT-8 具有沿轴向明显的明暗交替现象,且能观察到有高对比度的类球形结构;而这两点在 Cu-CNT-4 上均观察不到。产生这种差距的原因是两者明显的管径差异。Cu-CNT-8 较大的管径使得低倍照片中轴向明暗对比十分明

显，而类球形结构是 TEM 测试中处于垂直观察平面位置的纳米管末端，对于 Cu-CNT-4，其管径很小而长度很长（数十微米级），较高的长径比使其易发生团聚，在 TEM 中观察到的实际是交织在一起的纳米管束，因此明暗对比不明显，这一点在图 7.60（b）和（e）的 HRTEM 照片中体现得更明显。图中显示 Cu-CNT-4 基本不存在独立的单根碳管，管束边缘部分观察到单根碳纳米管，测量确定其直径约为 4 nm 且为单壁结构；Cu-CNT-8 的直径约为 8 nm，且管壁具有沿轴向分布的连续晶格条纹，经过测量得到晶面间距为 0.34 nm，对应 C（002）晶面，说明 Cu-CNT-8结晶性较高。Cu-CNT-8 的壁厚在 2.5 ~ 3 nm，说明纳米管由 8 ~ 9 层碳原子排列而成。由于金属单原子和周围配位原子构成的活性中心尺寸仅在 Å 量级，远小于碳管直径的尺度，因此 CNT-4 的堆叠结构并不影响对其表面的金属单原子位点的结构分析。

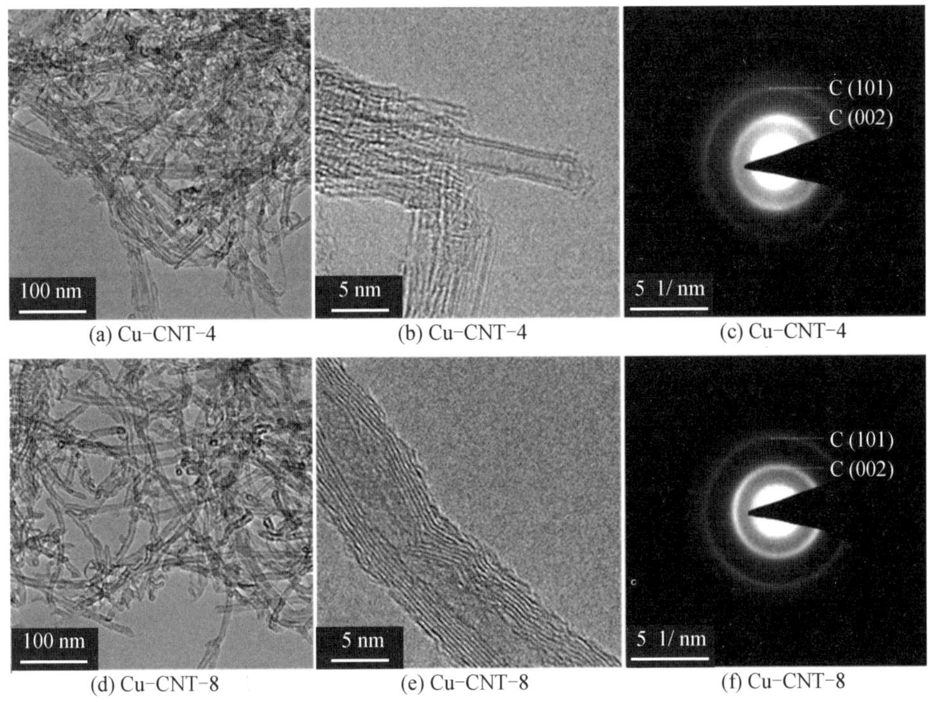

(a) Cu-CNT-4　(b) Cu-CNT-4　(c) Cu-CNT-4

(d) Cu-CNT-8　(e) Cu-CNT-8　(f) Cu-CNT-8

图 7.60　催化剂的 TEM 照片、HRTEM 照片和 SAED 花样

使用 XRD 和 Raman 对 Cu-CNT-8 和 Cu-CNT-4 的晶体结构和碳骨架基本结构进行表征，得到的 XRD 花样和 Raman 谱图分别如图 7.61 和图 7.62 所示。

从图 7.61 中可以看出，两种材料均在 26°附近出现明显的衍射峰，由 Bragg 公式计算的 d 值符合 C(002)晶面的晶面间距。对于 Cu-CNT-8，这一衍射信号

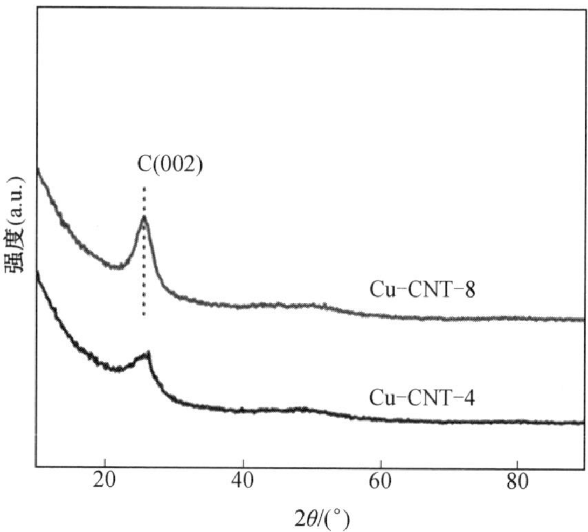

图 7.61　Cu-CNT-8 和 Cu-CNT-4 的 XRD 花样

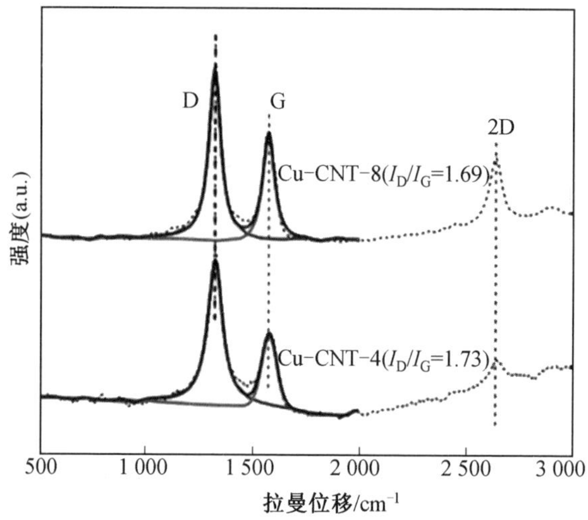

图 7.62　Cu-CNT-8 和 Cu-CNT-4 的 Raman 谱图

显然对应按 C(002)方向排列组成管壁的多层碳原子,但对于 Cu-CNT-4,由于该类碳管为单壁,在单根碳管内部 C(002)方向仅有一层原子,不应产生 XRD 衍射峰,结合 TEM 表征 Cu-CNT-4 的结构中存在多根单壁碳管结成一束的情况,不同根碳管紧密排列时的管壁具有类似 C(002)的堆叠形式,产生了衍射信号,而衍射峰的不对称性与单根碳管沿集中方向排列有关。值得注意的是,Cu-CNT-8 和 Cu-CNT-4 均未检出和 Cu 有关的晶体物种的衍射峰。图 7.62 中的 Raman 信

号符合典型碳材料的特征：即在 1 350 cm^{-1} 附近的 D 带和 1 550 cm^{-1} 附近的 G 带，以及只有高度石墨化碳材料中才出现的在 2 650 cm^{-1} 附近的 2D 峰。通过对 D 带和 G 带面积的拟合，可以确定材料的 I_D/I_G 值，用于比较石墨化程度，可以看出 Cu-CNT-8 和 Cu-CNT-4 缺陷程度相差不大。

对 Cu-CNT-8 和 Cu-CNT-4 材料进行元素分析，由 XPS 得到两者表面化学组成相似，均含有 C、N、O 和 Cu 元素，且各元素的含量基本相同。Cu 的体相含量用 ICP-OES 测得，两材料也基本相同，质量分数均在 2% 左右。

随后使用 XPS 和 XAS 详细分析了两材料中 Cu 的平均氧化态和化学环境，并与 7.3.2 节中石墨烯生长 Cu 单原子位点得到的 Cu-G 材料进行对比，如图 7.63所示。首先对比了三种材料的 Cu 2p 和 Cu LMM 俄歇高分辨 XPS 谱图。从图 7.63(a) 中观察到两组 Cu-CNT 材料 Cu 2p 信号峰型与 Cu-G 略有不同，除较低结合能位置出现的一组对应 Cu(0) 或 Cu(Ⅰ) 的主峰外，两组 Cu-CNT 材料在稍高结合能位置出现了较强的肩峰，对应 Cu(Ⅱ)，表明以 CNT 为碳源得到的 Cu 单原子催化剂可能具有较高的平均氧化态。但在分裂的强峰之间未观察到卫星峰，表明 Cu 的 2p 轨道仍处于全满状态，不存在严格意义上具有 $3d^9$ 电子构型的 Cu(Ⅱ)，这一点得到了俄歇参数的佐证。通过对 Cu 2p 信号最强处的结合能与 Cu LMM 信号最强处的动能数值的加和，计算出 Cu-CNT-8 和 Cu-CNT-4 材料的俄歇参数分别为 1 849.8 eV 和 1 850.0 eV，相比于 Cu-G 的 1 849.3 eV 有所增加，但远不及 Cu(Ⅱ) 对应的数值 (>1 851 eV)，仍处于 Cu(Ⅰ) 的范围内。随后使用 XAS 进一步确认 Cu-CNT-8 和 Cu-CNT-4 材料中 Cu 的状态。采集了两者 Cu K 边的 XANES 信号，如图 7.63(b) 所示。整体来看，两组生长在碳管上的 Cu 单原子位点的吸收边特征相似，与 Cu-G 有一定差别，且白线位置的强度按如下顺序依次升高：Cu-G<Cu-CNT-8<Cu-CNT-4。但将吸收边位置处放大，从图 7.63(c) 中可以发现，吸收开始时 Cu-CNT-8 的信号与 Cu-G 重合，而在更高能量处又与 Cu-CNT-4 重合。这种趋势在图 7.63(d) 中的一阶微分曲线上也能看出，说明 Cu-CNT-8 兼具 Cu-G 和 Cu-CNT-4 的某些特征。

XPS 和 XAS 的结果都表明三种材料中 Cu 的平均氧化态差异不大，其吸收边位置和白线强度也远不及 CuO 代表的 Cu(Ⅱ)，而是在 Cu(Ⅰ) 和 Cu(Ⅱ) 之间，与 XPS 分析结果相吻合。对 EXAFS 曲线进行傅立叶变换得到 R 空间的谱图，如图 7.63(e) 所示，可以看出三组材料中 Cu 的第一层配位位置基本相同，在 1.5 Å 附近，符合单原子 Cu 的特征。

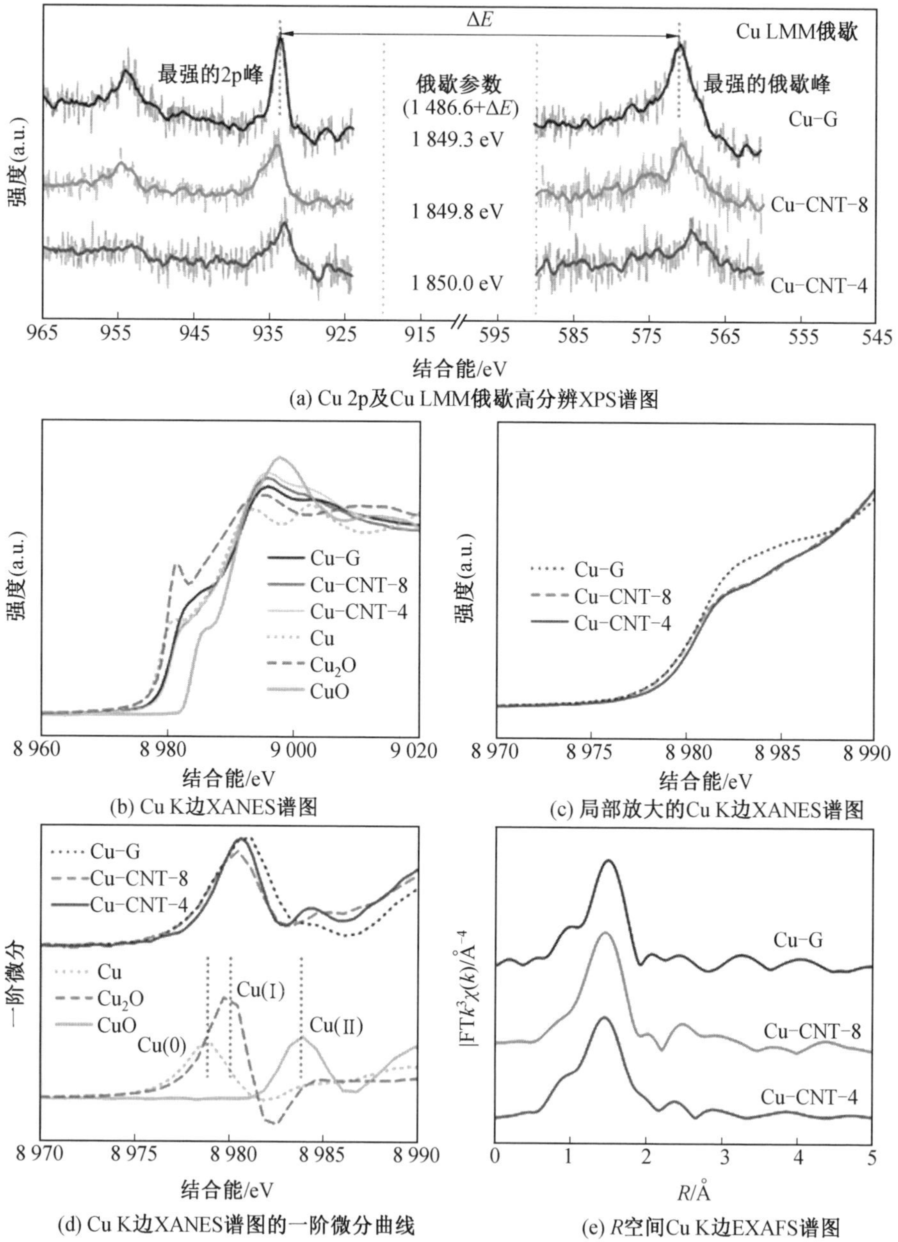

(a) Cu 2p及Cu LMM俄歇高分辨XPS谱图

(b) Cu K边XANES谱图

(c) 局部放大的Cu K边XANES谱图

(d) Cu K边XANES谱图的一阶微分曲线

(e) R空间Cu K边EXAFS谱图

图 7.63　对 Cu-CNT-8、Cu-CNT-4 和 Cu-G 中 Cu 的元素分析

为得到在石墨烯和碳纳米管上生长的 Cu 单原子位点的精确化学配位环境，对 Cu-G 和 Cu-CNT-8 的 *R* 空间 EXAFS 进行拟合，拟合结果如图 7.64 所示。可以看出，只使用 Cu—C 和 Cu—N 路径即可对两种载体上的 Cu 进行拟合，无论从 *R* 空间还是 *k* 空间来看，拟合均较为精确。根据拟合参数，Cu-G 和 Cu-CNT-8 中的 Cu—C 和 Cu—N 均为 2 配位，与 7.3.2 节的初步分析结果相同。这反映了两类碳载体上生长 Cu 单原子位点的配位结构相似，均是以非对称 CuN_2C_2 形式存在，其中 Cu—C 键长较短，Cu—N 键长较长。

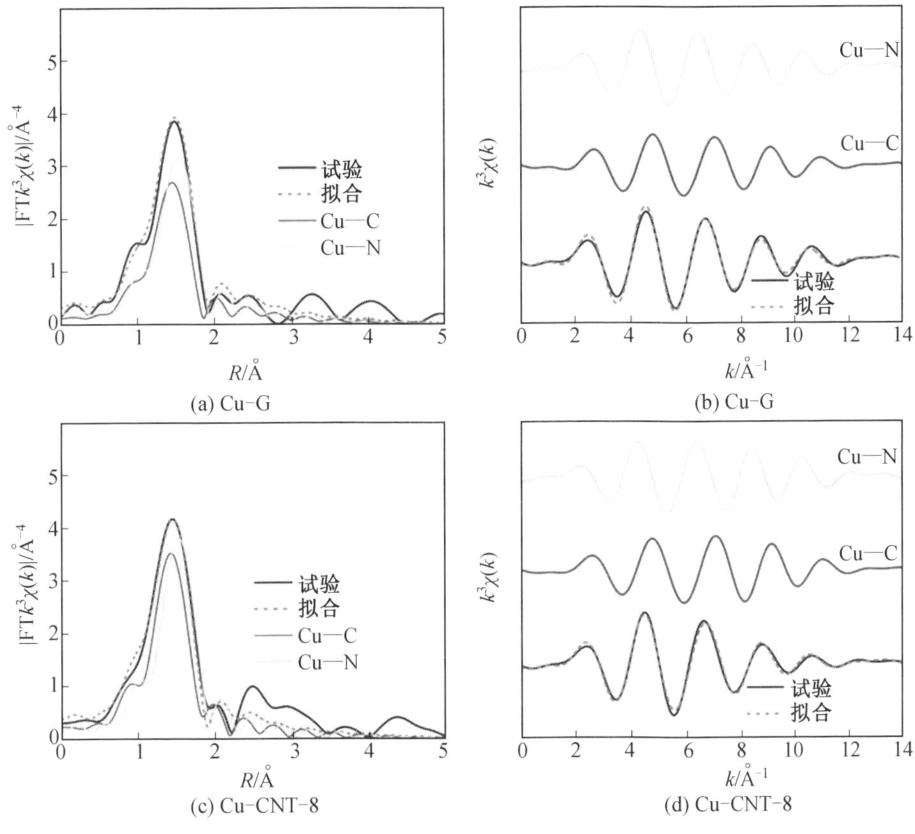

(a) Cu-G　　(b) Cu-G

(c) Cu-CNT-8　　(d) Cu-CNT-8

图 7.64　对催化剂 *R* 空间和 *k* 空间 Cu K 边 EXAFS 谱图的拟合结果

在 0.1 mol/L 的 KOH 溶液中评估 Cu-CNT 催化剂的氧还原性能。首先进行活性测试，图 7.65(a) 给出了两催化剂在 1 600 r/min 下的 ORR 极化曲线。可以看出 Cu-CNT-8 的极化曲线位于电势更正的位置，且极限电流更大。在选定区间内 Cu-CNT-8 的电流密度始终高于 Cu-CNT-4，说明其 ORR 活性更高。可以看出 Cu-CNT-8 的起始电势最正，达到 0.933 V，明显正于 Cu-G 的 0.923 V，略正于 Cu-CNT-4 的 0.928 V。同时，Cu-CNT-8 也具有最高的半波电势，为 0.863 V，以下依次为 Cu-G(0.847 V)和 Cu-CNT-4(0.843 V)。选取 0.85 V 的动力学电流密度进行比较，Cu-CNT-8 达到 9.24 mA/cm^2，为 Cu-CNT-4 的 2.38 倍(3.88 mA/cm^2)、Cu-G 的 2.44 倍(3.79 mA/cm^2)。在比较性能时涉及碳纳米管和石墨烯两种碳源，载体性质的差异导致金属载量在不同催化剂中存在较大区别，为了定量确定碳源性质对 Cu 单原子位点本征催化活性的影响，需要将活性归一化到单个活性位点，因此计算了三种催化剂的翻转频率(TOF)。在计算 TOF 时，选取 0.85 V 的动力学电流密度作为性能指标，并使用 ICP-OES 得出材料中 Cu 的体相含量计算活性位点数。这里假定所有的 Cu 原子均为活性位点，且所有的活性位点都是 Cu 原子，符合计算 TOF 的通常假设。通过计算，Cu-CNT-8在 0.85 V 下，单个活性中心的 TOF 达到 0.72 e/s，为 Cu-CNT-4 的 4.44 倍、Cu-G 的 6.54 倍。将性能归一化到单位金属位点后，TOF 数值明显揭示出相同的 Cu 单原子位点在三种碳基体上体现出不同的氧还原活性。

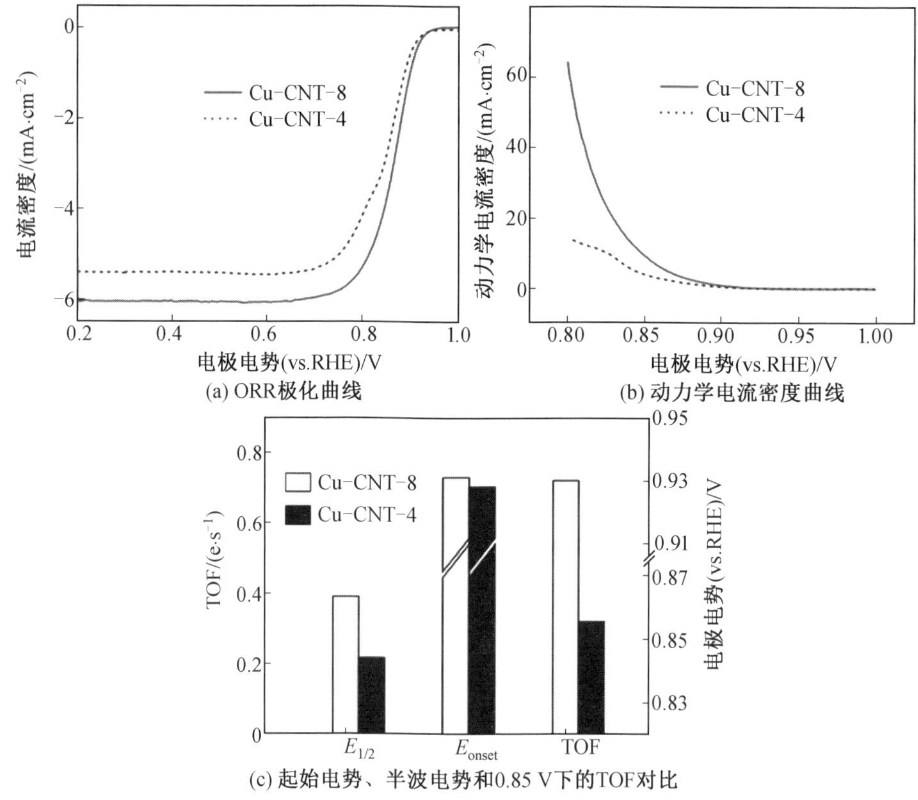

图 7.65 Cu-CNT-8 和 Cu-CNT-4 在 0.1 mol/L KOH 溶液中的 ORR 活性

为解释相同活性位点在不同基底上的活性和选择性差异，进行量子化学计算分析。在建模阶段，为了在量子化学计算中尽可能全面地模拟 Cu 单原子位点所处的真实化学状态，对于两种碳管的样品，选用手性特征参数(29, 29)的碳管模拟 CNT-4，以(59, 59)的碳管模拟 CNT-8，力求使模型的管径和实验观测值相似，两模型理论的管径为 39.3 Å 和 80.0 Å，接近实测值。模型中两种碳管均为扶手椅(armchair)构型，具有金属性，能保证电子传输路径的顺畅。对于 Cu-G，则选用简单的石墨片段作为模型。选用 XAS 拟合得到的活性位点结构，即中心原子 Cu 由周围两个 C 和两个 N 原子配位，并整体镶嵌于碳骨架的双原子空位中，如图 7.66 所示，作为对比，使用 Cu(111)晶面代表 Cu 单质。

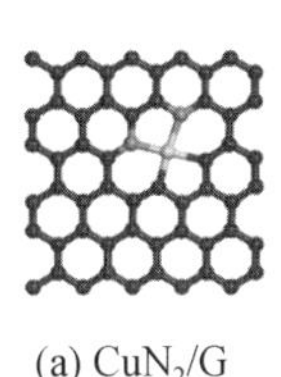

(a) CuN_2/G

(b) $CuN_2/CNT-8$

(c) $CuN_2/CNT-4$

图 7.66　用于量子化学计算的模型示意图

首先按照碱性条件下氧还原反应的耦合机理 4 电子路径，将氧气还原的过程分为 5 个基元步骤。对氧气分子的吸附位点进行优化，模拟出的氧气和各中间物种的吸附形式如图 7.67 所示。可以确定氧气吸附的稳定位置在 Cu 上且采用端位吸附(end-on)形式。根据对不同模型上氧气和氧还原中间物种吸附的自由能进行计算，图 7.68(a)、(b)所示分别是得到的三种单原子模型和 Cu(111)上的自由能随反应路径的变化曲线。

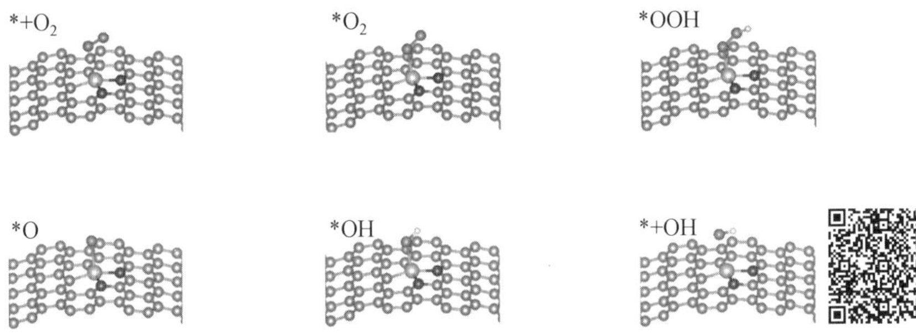

图 7.67　CuN_2/G 模型上氧气和氧还原中间物种的吸附形式示意图

首先可以看出三种单原子模型上的自由能曲线具有更多相似性，与 Cu(111)差异明显。可以发现 Cu(111)上各中间物种吸附后自由能较低，说明这些物种吸附强，尤其以 *O 和 *OH 最强，以至于 *OH 脱附这一基元反应需要克服更

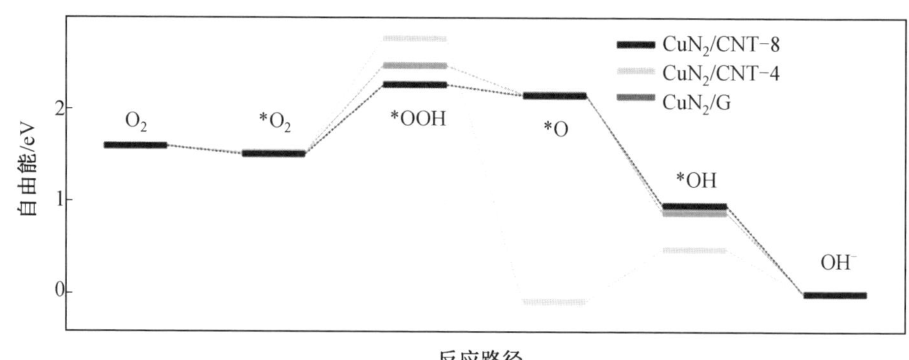

(a) CuN$_2$/G、CuN$_2$/CNT-8和CuN$_2$/CNT-4

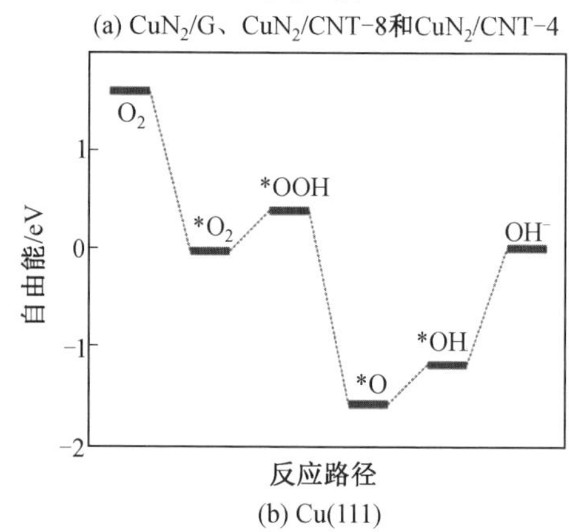

(b) Cu(111)

图 7.68　不同模型上氧还原过程的自由能随反应路径的变化曲线

高能垒。根据 Sabatier 原理，Cu 单质的 ORR 性能较差与含氧物种吸附过强有关。这些含氧中间物种长时间占据活性位点，使得新的氧气分子难以吸附，因此无法体现出高活性。对于三种单原子模型，由自由能的数值可以看出中间产物的吸附明显减弱。第一步 O_2的化学吸附，三种模型上的 ΔG 相似，且均为负，说明 O_2在热力学上可自发吸附在这些 Cu 单原子位点上；第二步 $^*O_2$的质子化反应，ΔG 均为正，热力学不利，需要外加能量才能使反应进行；第三步质子化后 $^*OOH$ 中发生 O—O 键断裂反应，三种模型上均是热力学有利，但在 CuN$_2$/CNT-4 上由于 $^*O$ 物种吸附更强，使得该步骤能量变化明显较其他两个模型上大，体现出这种模型的特殊性；第四步 $^*O$ 的质子化在 CuN$_2$/G 和 CuN$_2$/CNT-8 上均为热力学有利，但由于在 CuN$_2$/CNT-4 上 $^*O$ 的吸附过强，极大降低了体系的自由能，使得下一步的质子化反应能量不利；最后一步 $^*OH$ 脱附为自由的 OH^-进入溶液，三种模型上均是热力学有利。所以从氧还原涉及的基元反应来看，在 CuN$_2$/G 和

CuN_2/CNT-8 模型上进行的能量变化比较相似，而在 CuN_2/CNT-4 上较为特殊，可能与载体的性质渐变有关，这将在后文中继续分析。对氧还原整个过程进行分析，所有基元反应中 ΔG 最大的一步为整个反应的电势控制步骤（potential determining step，PDS），而这一步的 ΔG 数值等于反应的限制电势（limiting potential），与催化剂的反应活性有关，可以用来对比衡量不同催化剂的活性。

由各步基元反应的 ΔG 对比可知，PDS 在三种单原子催化剂中保持一致，均为 $^*O_2$ 的质子化，其中 CuN_2/CNT-8 模型中的限制电势最小，为 0.756 V，小于 CuN_2/G 上的 0.941 V 和 CuN_2/CNT-4 上的 1.238 V，说明该模型对应的材料 Cu-CNT-8的理论活性最高，与实验结果相吻合。此外还可以看出，在 Cu(111) 上，反应的 PDS 变为最后一步吸附的 $^*OH$ 脱附，与三种单原子催化剂上不同，说明金属的单原子化可以通过影响中间物种的吸附来影响反应的进行。Cu(111) 上的限制电势为 1.188 V，远高于 CuN_2/CNT-8，但低于 CuN_2/CNT-4，说明只有具有特定结构的单原子活性位点才可能体现出优于相应金属单质的理论 ORR 活性，更加突出了单原子位点设计的重要性。

分析不同位点上吸附不同中间物种的电子结构变化情况。图 7.69 为吸附 O_2 的三种单原子模型的差分电荷密度侧视图和俯视图，图中黄色区域和蓝色区域分别表示与各原子未成键状态相比，成键后电子的富集和缺失，原子间的电子云密度变化越明显，表示其电子作用越强。

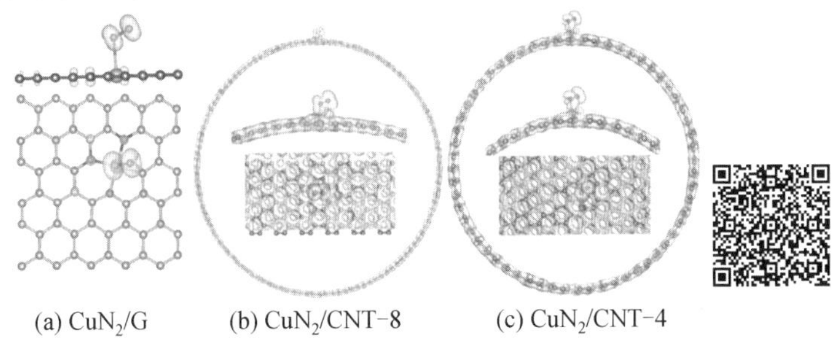

图 7.69　吸附 O_2 的三种单原子模型的差分电荷密度侧视图和俯视图

在 CuN_2/G 模型上，可以看出 O_2 分子周围有明显的电子富集，相同的现象也在另外两个模型中体现，这是由于存在电负性，活性位点向所吸附 O_2 转移电子。通过计算 O_2 分子所具有的马利肯（Mulliken）电荷密度，可以看出吸附于 CuN_2/CNT-8 模型上的 O_2 具有最多的负电荷密度，为-0.041，而相比之下 CuN_2/CNT-4 和 CuN_2/G 分别为-0.023 和-0.037。由于活性位点向吸附物种转移电子的量直接反映了后续反应进行的难易程度，转移电子越多越有利于后续还原反应的进行，对应的理论反应活性也越高，因此电子结构分析结论与自由能变化曲线和

实验结果相吻合。目前的实验结论表明,不同载体上相同的活性位点,向 O_2 转移电子的量产生了差异,影响了后续反应进行的难易程度,也造成了性能的差异,那么寻找造成这种电子转移能力差异的结构原因,便能建立载体的结构与其上生长的 Cu 单原子位点 ORR 性能的构效关系,实现本章实验设计中想要达成的目标。

以化学研究中常应用的"结构决定性质"作为指导,分析三种单原子模型中 Cu 位点周围的结构差异。首先进行键角分析(图 7.70)。理想情况下尺寸合适的金属单原子嵌入石墨烯的双原子缺陷并被缺陷周围的原子配位后,所有原子仍将共面,此时对应的局部结构为平面。当表面本身弯曲或 Cu 上有轴向的吸附原子产生新的作用时,金属原子周围将偏离平面,而这种偏离程度可以用金属周围 4 个配位原子中两两相邻的原子与中心金属所成的键角之和 α 衡量。为简便起见,使用 α 偏离 360°的程度表示 θ 角。对三种模型在不同吸附状态下的 θ 角进行测量计算,并在图 7.70(b)中作图对比。

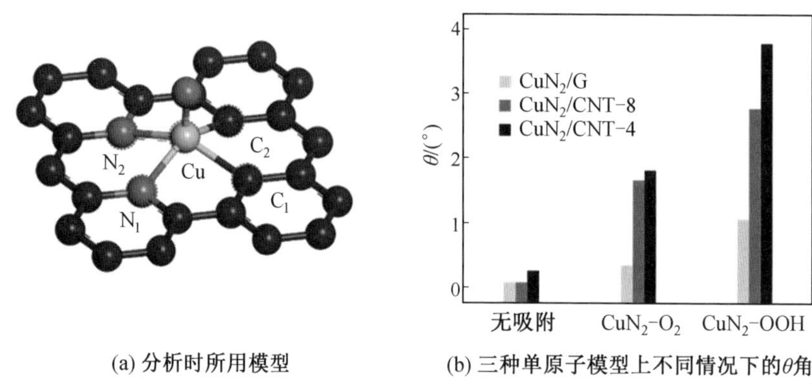

(a) 分析时所用模型

(b) 三种单原子模型上不同情况下的θ角

图 7.70　不同位点上的键角分析

在没有吸附物种时,CuN_2/G 模型的 θ 角仅为 0.07°,虽然由于两种配位原子的存在引入了一定的不对称性,难以确保 Cu 处于完全平面的配位环境中,但已经十分接近理想的平面结构,而 CuN_2/CNT-4 的 θ 角为 0.26°,较 CuN_2/G 已经增加了 271%,能够体现出弯曲表面对化学键的扭曲效果。值得注意的是,虽然 CNT-8 表面也是弯曲的,但 CuN_2/CNT-8 的 θ 角为 0.08°,与 CuN_2/G 几乎相同。这说明随着 CNT 管径的逐渐增大,表面弯曲的效应将逐渐减弱,当直径达到8 nm 时,弯曲带来的化学键扭曲已经十分微弱。当 O_2 吸附在活性中心后,CuN_2/G 的 θ 角增大为 0.33°,而此时原本与其具有相似平面偏离程度的 CuN_2/CNT-8,其 θ 角已经达到 1.67°,为 CuN_2/G 的 5 倍,已经接近 CuN_2/CNT-4 的 1.82°。这种情

况和 OOH 吸附时也基本相似。这说明吸附了含氧物种后，碳管上的 Cu 单原子位点局部结构偏离平面的程度远高于石墨烯上的相同位点，而相较而言 CNT-4 上的偏离程度高于 CNT-8。

不同的偏离程度也能通过吸附 O_2 前后 Cu—N 的平均键长变化得以验证，见表 7.1。

表 7.1　CuN_2/G、CuN_2/CNT-8 和 CuN_2/CNT-4 模型上不同情况下的 Cu—N 键长

模型	$d_{Cu—N}$/Å		$\Delta d_{Cu—N}$/Å
	吸附 O_2 前	吸附 O_2 后	
CuN_2/G	1.909	1.922	0.013
CuN_2/CNT-8	1.915	1.930	0.015
CuN_2/CNT-4	1.924	1.945	0.021

可以看出，Cu—N 键在位点吸附 O_2 后均有所伸长，且长度变化量满足如下顺序：CuN_2/G<CuN_2/CNT-8<CuN_2/CNT-4。键长和键角的变化都体现出吸附了含氧物种后，位点的平面偏离程度存在差异，这种偏离平面的行为可以视为一种对原有结构的扭曲，而不同的偏离程度实际上对应着活性位点在反应过程中的结构扭曲程度的变化。为了验证理论计算的结果，利用原位 XAS 观察 Cu-CNT-8 在不同测试条件下的结构变化。

图 7.71(a) 给出了 Cu-CNT-8 在 0.2 V 和 1.0 V 下测试得到的 Cu K 边 XANES 谱图，并将非原位下得到的信号加入进行对比。

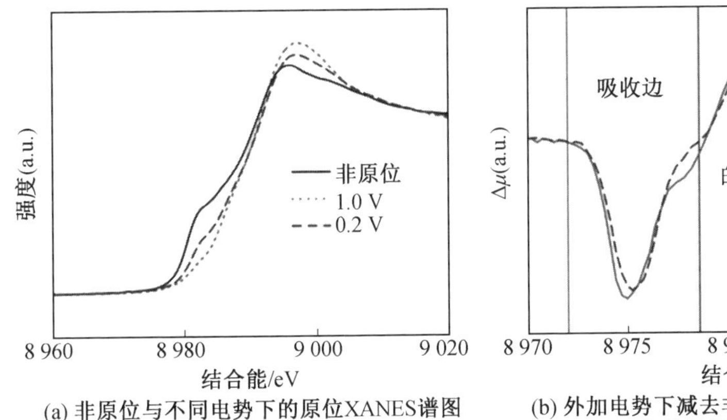

(a) 非原位与不同电势下的原位XANES谱图

(b) 外加电势下减去非原位条件下XANES信号得到的Δμ谱图

图 7.71　不同测试条件下的 Cu-CNT-8 的 Cu K 边 XANES 谱图

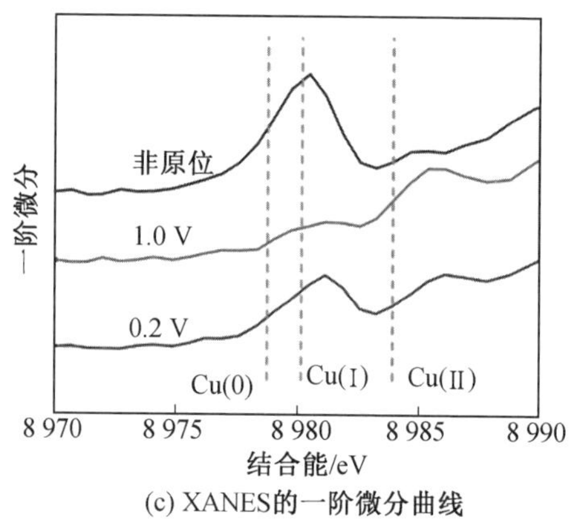

(c) XANES的一阶微分曲线

续图 7.71

将图 7.71(a)中在外加电势下测得的 XANES 信号减去非原位条件下的信号，可以得到图 7.71(b)中所示的 $\Delta\mu$ 谱图，以便更加准确地反映曲线不同位置的变化情况。可以观察到从非原位到 1.0 V 时，吸收边正移，白线强度提升，分别对应 $\Delta\mu$ 谱图中的向下和向上的两个峰值，说明 Cu 的平均氧化态升高，而 0.2 V测试时 Cu 氧化态的提升程度不如 1.0 V 时。对 XANES 取一阶微分，由图 7.71(c)可见，虽然与非原位状态相比，施加电势 0.2 V 和 1.0 V 使得 Cu 氧化态提升，但仍处于 Cu(Ⅰ)和 Cu(Ⅱ)之间，并不发生完全变价。

图 7.72(a)比较了不同测试条件下得到的 Cu K 边 EXAFS 谱图。可以看出与非原位状态相比，外加电势时第一层配位强度明显增大，且 1.0 V 时的增加幅度大于 0.2 V。这种现象也是由 1.0 V 时 Cu 表面 O_2的覆盖度更高导致的。对 1.0 V下得到的 Cu K 边 EXAFS 谱图进行拟合，结果如图 7.72(b)所示。可以看出，除原有的 Cu—N 和 Cu—C 路径之外，需要使用额外的 Cu—O 路径来实现曲线的拟合，而得到的 Cu—O 配位数为 1，与计算模型中端式吸附的 O_2对应，也证实了 Cu 是所制备的这一类单原子催化剂中 O_2吸附和还原的位点。由于 1.0 V 下测得的信号能体现吸附了 O_2时 Cu 的化学环境和配位状态，可以通过拟合参数的变化情况寻找结构变化的实验证据。发现在吸附 O_2后，Cu—C 和 Cu—N 配位距离均伸长，其中 Cu—N 配位距离由 1.97 Å 提升到 1.99 Å，增加量为 0.02 Å，与计算模型中的增加量 0.015 Å 十分接近，为计算结果中含氧物种吸附导致结构扭曲提供了实验证据支持。

实际上，单原子催化剂在原位反应过程中的结构扭曲是由金属位移引起的。这种结构扭曲可以看作金属活性位点对新吸附物种的结构响应，已经在 ORR、OER 和 HER 等众多环境中被观察到。综合本节计算和实验结果，认为金属中心

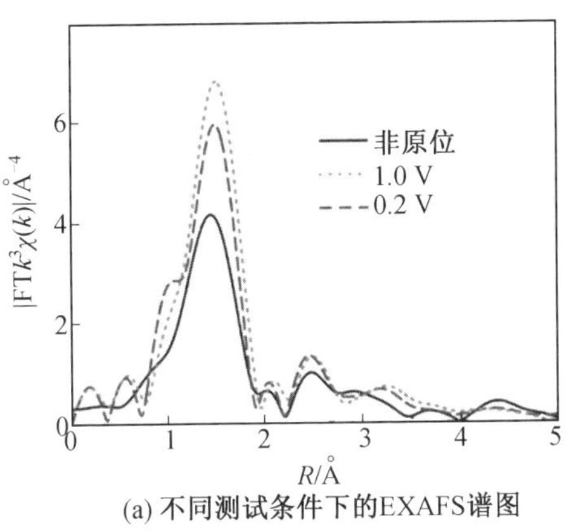

(a) 不同测试条件下的EXAFS谱图

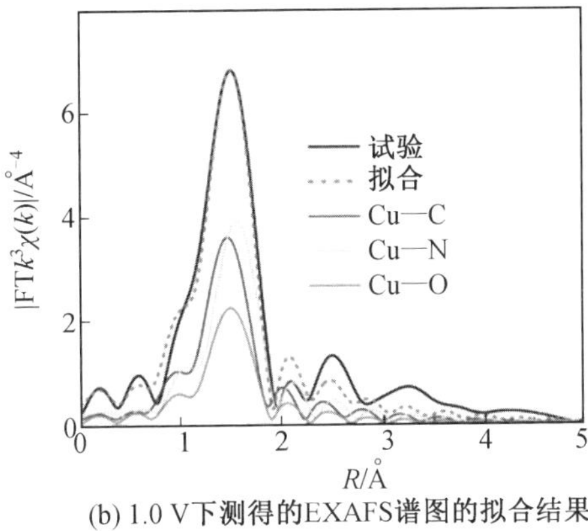

(b) 1.0 V下测得的EXAFS谱图的拟合结果

图 7.72　Cu-CNT-8 的 Cu K 边 EXAFS 谱图与拟合结果

生长在不同的碳载体上时，其结构响应程度，即金属位移程度取决于碳载体对金属位移的限制作用。碳纳米管表面的弯曲，使得其内部具有一定的应力，造成体系能量的升高而产生了释放应力的趋势。当碳管作为金属单原子 ORR 催化剂的载体时，金属位点在新吸附含氧物种的作用下倾向于发生较大程度位移，以更大的结构扭曲释放碳载体内部应力，使得体系能量降低并趋于稳定。碳管管径越小，表面弯曲程度越大，内部弯曲应力也越大，位点产生的结构扭曲就越明显。当具有平面结构的石墨烯作为载体时，由于基本不存在弯曲应力，因此相应的释放应力趋势也不明显，金属中心在相同的吸附物种作用下的位移较小，整体结构扭曲程度也较小。这一现象与高表面曲率的碳管或 C60 具有较强的化学反应活性原理相似。

由此总结出 Cu 单原子催化剂中碳载体表面曲率对 ORR 活性的影响机理，如图 7.73 所示。

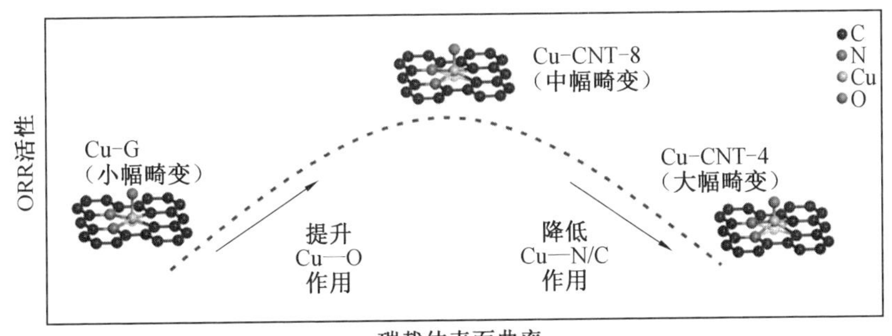

图 7.73　碳载体表面曲率对 ORR 活性的影响机理示意图

金属位移导致的结构扭曲是由金属原子所处的晶体场受到新吸附含氧物种的改变引起的,因此对于实现位点与含氧物种间的强烈电子作用有重要意义。当新吸附含氧物种后结构扭曲程度较小时(如 CuN_2/G),不利于活性金属中心与含氧物种成键,造成位点向含氧物种的电子转移不顺畅;而当金属位移程度过大时(如 CuN_2/CNT-4),造成的结构扭曲过大,可能削弱碳载体上原有用于稳定金属单原子的配位键,也不利于载体向含氧物种的电子转移。因此,只有平衡金属位移的两方面作用,才能实现催化剂向含氧物种的最大限度的电子转移,促进后续反应顺利进行。因此在制备碳基金属单原子催化剂时,可以通过碳载体的选择或设计使得单原子位点附近具有不同的表面曲率,进而影响单原子位点在催化反应时的结构扭曲程度,最终实现对催化性能的调控。若能保证活性位点既可与新吸附物种建立强烈的电子相互作用,又不削弱金属中心与原有配体的成键,便能在理论上实现高 ORR 活性。

7.4 非贵金属 OER 催化剂的制备与性能研究

7.4.1 非贵金属 OER 催化剂概述

普鲁士蓝及其类似物可以作为一类有潜力的前驱体制备具有碳壳和过渡金属核的核壳结构非贵金属催化剂。普鲁士蓝及其类似物的化学式通常为 $M[M'(CN)_6]$,其中 M 和 M′分别代表不同的金属元素或离子。在该结构中,络合离子$[M'(CN)_6]^{n-}$容易与抗衡离子 M^{n+}结合形成多种 MOF 材料,是一类理想的研究对象。在本节中,利用多种基于普鲁士蓝的 MOF 材料进行 OER 非贵金属电催化剂制备和性能探索。

7.4.2 双金属 NiFe@NC 催化剂的制备和表征

通过改变前驱体中 Ni/Fe 的比例可以调节最终制备的包覆型催化剂中碳层的性质。通常,如果要改变 MOF 中某些元素的比例,可以使用沸点较低的金属如 Mg、Zn 等占位。在进一步的热处理过程中,这些金属会挥发,从而实现对最终催化剂中金属比例的调控。但是该方法存在一些问题:一方面,这些易挥发金属转化为气体会在热处理过程中对催化剂的形貌产生影响;另一方面,这些金属本身可能也会对催化剂的形成产生一定影响。为了避免这些问题,并且尽可能地消除前驱体结构差异造成的影响,选择结构类似的两种 MOF 前驱体:

$Fe_2^{III}[Ni^{II}(CN)_4]_3$ 和 $Fe^{II}[Ni^{II}(CN)_4]$。这两种前驱体的配离子都是 $[Ni^{II}(CN)_4]^{2+}$，抗衡离子分别为 Fe^{3+} 或 Fe^{2+}，在本节中分别简写为 MOF($Ni^{II}Fe^{III}$)和 MOF($Ni^{II}Fe^{II}$)。在这两种前驱体中，Ni/Fe 的理论原子比可以通过改变前驱体中平衡 Fe 离子的价态得以调控。对于 MOF($Ni^{II}Fe^{III}$)和 MOF($Ni^{II}Fe^{II}$)，其 Ni/Fe 的理论原子比分别为 1.5∶1 和 1∶1。两种 MOF 前驱体的晶体结构特征并没有因为平衡离子的改变而受到任何影响，同时不需要引入任何其他金属元素。该结果意味着这两种 MOF 前驱体可以作为良好的研究模型。

图 7.74 所示为 $Ni^{II}Fe^{III}$@NC 和 $Ni^{II}Fe^{II}$@NC 催化剂的 XRD 谱图。两种催化剂展现了相似的 XRD 衍射峰，说明 $Ni^{II}Fe^{III}$@NC 和 $Ni^{II}Fe^{II}$@NC 催化剂也具有类似的晶体结构。为了初步确认各组分，将图 7.74(a)的测试结果与金属 Ni(PDF# 04-0850)、金属 Fe(PDF# 52-0513)及石墨(PDF# 41-1487)的标准 XRD 谱图进行比对，可以初步判断该催化剂中存在 Ni、Fe 及石墨化碳。

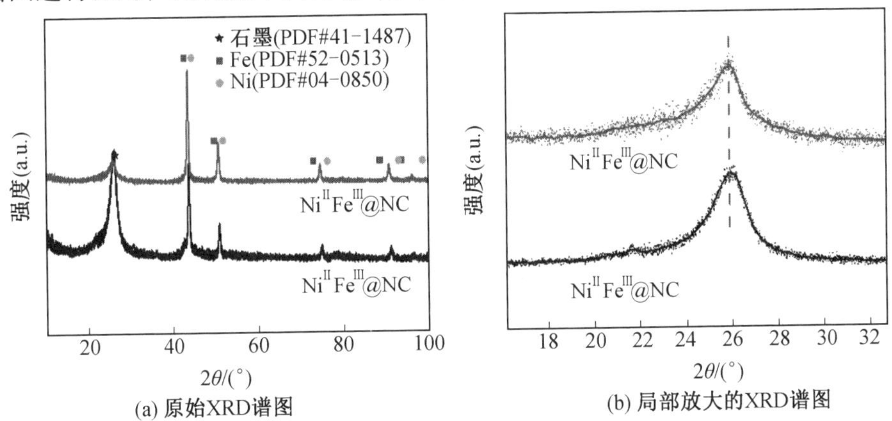

(a) 原始XRD谱图　(b) 局部放大的XRD谱图

图 7.74　$Ni^{II}Fe^{III}$@NC 和 $Ni^{II}Fe^{II}$@NC 催化剂的 XRD 谱图

图 7.75 所示为 $Ni^{II}Fe^{III}$@NC 和 $Ni^{II}Fe^{II}$@NC 催化剂的 HAADF-STEM 照片。整体来看，两种催化剂中 NiFe 颗粒都均匀分布，且粒径分布大致相似。

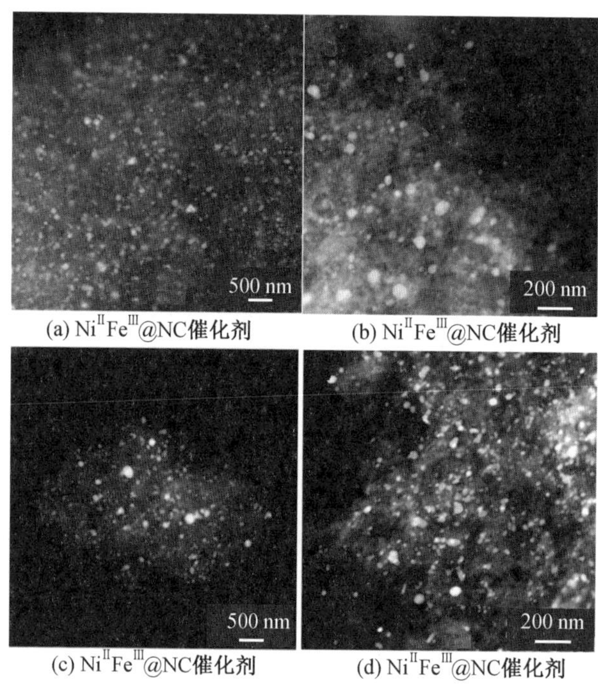

图7 75　Ni^{II}Fe^{III}@NC 和 Ni^{II}Fe^{II}@NC 催化剂的 HAADF-STEM 照片

图 7.76 所示为 Ni^{II}Fe^{III}@NC 和 Ni^{II}Fe^{II}@NC 催化剂不同分辨率的 TEM 照片。其中,图 7.76(a)、(d)分别为 Ni^{II}Fe^{III}@NC 和 Ni^{II}Fe^{II}@NC 催化剂的全貌照片,从中可看出二者 NiFe 颗粒分布均匀,粒径相似,与图 7.75 结论一致。此外,还发现两种催化剂中碳壳的形貌有所差别。通过进一步增加放大倍数,可以分析催化剂中碳壳的一系列形态学特点,如图 7.76(b)、(e)所示:对于 Ni^{II}Fe^{III}@NC 催化剂,碳壳整体看是球状的(图 7.76(b)),而 Ni^{II}Fe^{II}@NC 催化剂呈现管状形貌,同时被一些碳孔壁隔开(图 7.76(e))。如前所述,这归因于不同的 Ni/Fe 比例。图 7.76(c)、(f)所示为 Ni^{II}Fe^{III}@NC 和 Ni^{II}Fe^{II}@NC 催化剂中碳壳的不同生长过程:对于 Ni^{II}Fe^{III}@NC,其前驱体中较高的 Ni/Fe 比例导致了更快的碳生长速度,产生了更多的孤立的活性位点以及球状的碳壳;对于 Ni^{II}Fe^{II}@NC,前驱体中低 Ni/Fe 比例造成较低的碳生长速度,导致在钝化之前沿某一方向的晶面选择性,使管状的碳壳形貌得以实现。同时观察到该催化剂中碳壳为 7~12层碳原子厚度,因此厚度并不均匀。碳壳厚度对催化剂催化活性的影响是未来研究的方向之一。

图 7.77 所示为 Ni^{II}Fe^{III}@NC 催化剂的 EELS 元素分布图。从图中可见,颗

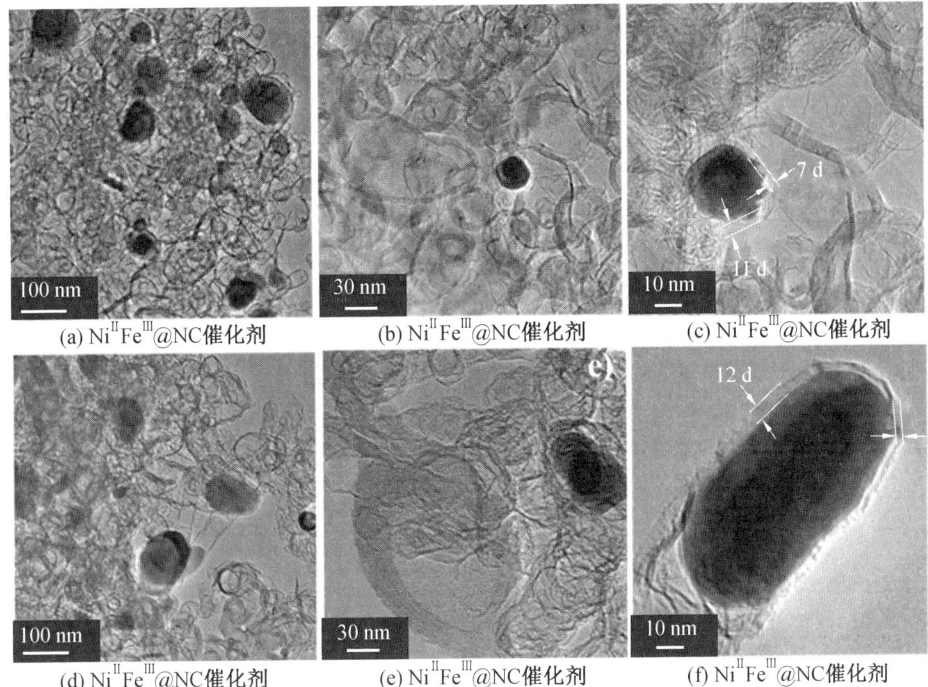

(a) $Ni^{II}Fe^{III}$@NC催化剂　(b) $Ni^{II}Fe^{III}$@NC催化剂　(c) $Ni^{II}Fe^{III}$@NC催化剂

(d) $Ni^{II}Fe^{III}$@NC催化剂　(e) $Ni^{II}Fe^{III}$@NC催化剂　(f) $Ni^{II}Fe^{III}$@NC催化剂

图 7.76　$Ni^{II}Fe^{III}$@NC 和 $Ni^{II}Fe^{II}$@NC 催化剂不同分辨率的 TEM 照片

粒中 Ni 和 Fe 元素均匀分布，与 XRD 谱图结论一致。此外，在 NiFe 颗粒周围有较强的 C 元素信号，支持了 C 包覆在 NiFe 颗粒表面的结论。

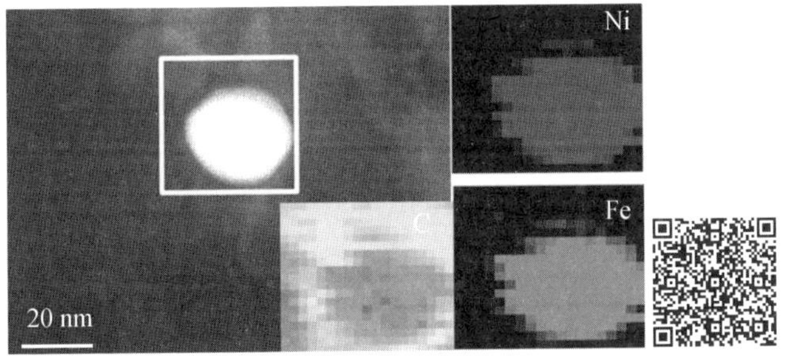

图 7.77　$Ni^{II}Fe^{III}$@NC 催化剂的 EELS 元素分布图

7.4.3　双金属 NiFe@NC 催化剂的电化学性能表征

通过在氧气饱和的 0.1 mol/L KOH 溶液中的线性扫描测试对上述四种催化剂的 OER 电催化性能进行评价（电势范围为 1.2～1.9 V，扫描速率为 10 mV/s，电极转速为 900 r/min)，作为比较测试了贵金属催化剂 IrO_2 和 20%（质量分数）Pt/C 的 OER 活性，如图 7.78 所示。$Ni^{II}Fe^{III}$@NC 和 $Ni^{II}Fe^{II}$@NC 催化剂在 10 mA/cm^2处（相对电极表观面积的电流密度）的过电势与商业 IrO_2催化剂相当，而 Pt/C 催化剂的 OER 活性最低。与 $Ni^{II}Fe^{III}$@NC 和 $Ni^{II}Fe^{II}$@NC 相比，以 $Ni_3^{II}[Fe^{III}(CN)_6]_2$和 $Ni_2^{II}[Fe^{II}(CN)_6]$为前驱体制备的催化剂则呈现了更低的 OER 活性。因此，从活性的角度，$Ni^{II}Fe^{III}$@NC 和 $Ni^{II}Fe^{II}$@NC 催化剂更有优势。下面对 $Ni^{II}Fe^{III}$@NC 和 $Ni^{II}Fe^{II}$@NC 催化剂的 OER 活性进行分析。

同时在 0.1 mol/L 和 1.0 mol/L KOH 溶液中测试 $Ni^{II}Fe^{III}$@NC 和 $Ni^{II}Fe^{II}$@NC 的 OER 活性，如图 7.79(a) 所示。在 10 mA/cm^2 处，$Ni^{II}Fe^{III}$@NC 在 0.1 mol/L和 1.0 mol/L KOH 溶液中的过电势分别为 397 mV 和 258 mV，而 $Ni^{II}Fe^{II}$@NC 为 394 mV 和 239 mV。随极化增加，$Ni^{II}Fe^{III}$@NC 和 $Ni^{II}Fe^{II}$@NC 催化剂的 OER 活性明显比 IrO_2大。

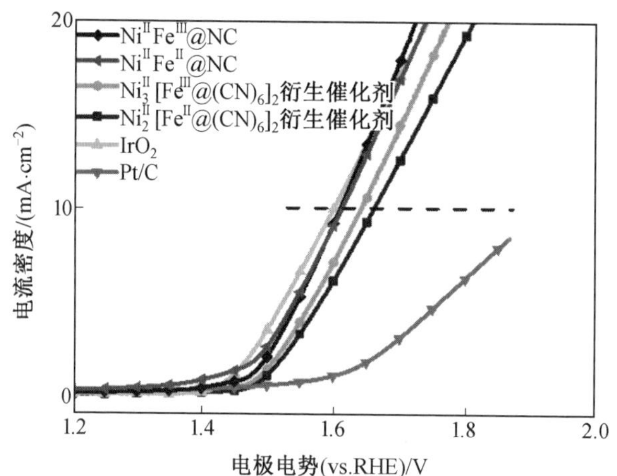

图 7.78 $Ni^{II}Fe^{III}$@NC、$Ni^{II}Fe^{II}$@NC 催化剂，$Ni_3^{II}[Fe^{III}(CN)_6]_2$、$Ni_2^{II}[Fe^{II}(CN)_6]$衍生催化剂的 LSV 曲线

图 7.79(b)所示为根据极化曲线绘制的 Tafel 曲线，由此计算各种催化剂的 Tafel 斜率。在三种催化剂中，$Ni^{II}Fe^{III}$@NC 在 0.1 mol/L 和 1.0 mol/L KOH 溶液中都展示了最低的 Tafel 斜率，分别为 81 mV/dec 和 60 mV/dec。与之形成对比，$Ni^{II}Fe^{II}$@NC 催化剂在 0.1 mol/L 和 1.0 mol/L KOH 溶液中的 Tafel 斜率分别为 123 mV/dec 和 75 mV/dec；商业 IrO_2催化剂测试得到的斜率则分别为 90 mV/dec 和 75 mV/dec。上述结果说明，$Ni^{II}Fe^{III}$@NC 和 $Ni^{II}Fe^{II}$@NC 催化剂具有良好的 OER 活性。

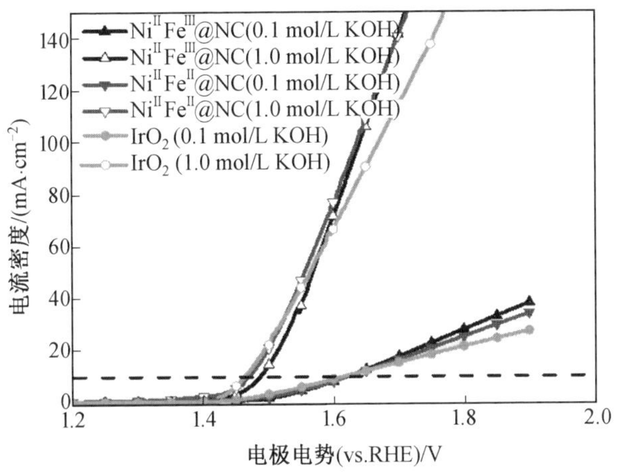

(a) LSV曲线(扫描速率10 mV/s, 转速900 r/min)

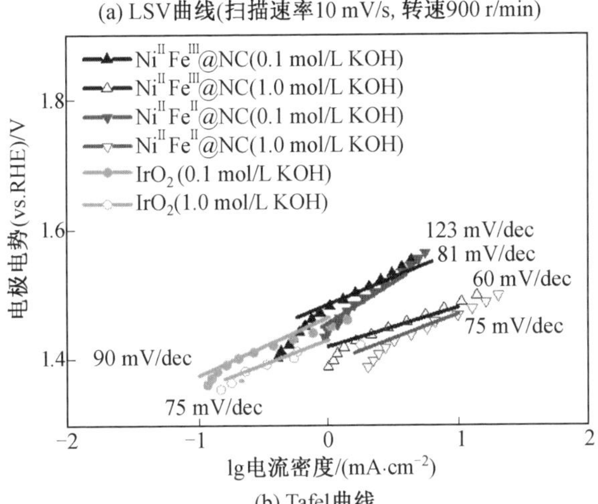

(b) Tafel曲线

图7.79 $Ni^{II}Fe^{III}$@NC、$Ni^{II}Fe^{II}$@NC、IrO_2催化剂在氧气饱和的0.1 mol/L和1.0 mol/L KOH溶液中的OER活性

不同于纯碳材料的极低OER活性，过渡金属颗粒表面的碳壳已被证明对OER具有活性，因为内部过渡金属颗粒会转移电子到碳壳，从而改善碳壳对OER过程中间产物的自由能($\Delta G(O^*)-\Delta G(HO^*)$)，从而使其具有OER电催化活性。因此考察碳壳包覆的过渡金属颗粒对表面活性位点的影响，进一步理解Fe和Ni的具体作用对设计具有相似结构的高性能OER催化剂具有重要意义。

X射线吸收谱(XAS)是十分有力的分析工具，可以用于鉴别催化剂中Fe和Ni的化学状态以及局域结构。图7.80(a)所示为$Ni^{II}Fe^{III}$@NC和$Ni^{II}Fe^{II}$@NC

催化剂和标准样品中 Fe K 边的 XANES 谱图。与 0 价、+2 价和+3 价的标准含铁样品的吸收边位置相比,两种催化剂中 Fe 元素的平均价态在+2.5 和+3 之间。然而,在两个催化剂的 XANES 吸收边上,7 114 eV 位置附近的一个小峰与 Fe 箔上相同的峰位置一致,说明两种催化剂中部分 Fe 元素是金属态。显然 Fe^0、Fe^{2+} 和 Fe^{3+} 三种状态的 Fe 都被观察到。催化剂中 Fe^{2+} 和 Fe^{3+} 的存在可能是因为其中含有某些 Fe 的碳化物、氮化物或氧化物。因此认为 $Ni^{II}Fe^{III}$@NC 和 $Ni^{II}Fe^{II}$@NC 催化剂中上述 Fe 的化合物的含量很少。此外,图 7.80(b)中 $Ni^{II}Fe^{III}$@NC 和 $Ni^{II}Fe^{II}$@NC 催化剂相应的 EXAFS 谱图展示了与 Fe 箔相似的 Fe 结构。在 2.2 Å(归为 Fe-Fe 壳)之前有一个弱信号(约在 1.5 Å 处),可以看作是 Fe—O/N/C 的信号,说明这些化合物非常少,与催化剂中大量存在的晶体金属 Fe 形成对比。因此,两种催化剂中金属态的 Fe 是主要成分之一。据此,催化剂中 Fe 反常的价态和其他物理表征得到的结论是相互矛盾的。一个合理的解释是催化剂中被碳壳包覆的 NiFe 纳米颗粒中的 Fe 的电子转移或偏移到外面包覆的碳壳,一方面导致反常的表观 Fe 价态,另一方面增大了碳壳表面 $\Delta G(O^*)-\Delta G(HO^*)$,从而活化了碳壳,提高了外层碳表面的 OER 活性。

图 7.80(c)所示为两种催化剂中 Ni K 边的 EXAFS 谱图。与 Fe 元素不同,仅观察到 0 价态的金属 Ni,表明两种催化剂中都存在金属 Ni。据此可以推测从 Ni 到包覆碳壳可能没有电子转移或偏移。因此在本节中,Ni 更有可能起到其他作用,而不是为碳壳直接贡献电子。通过比较图 7.80(b)、(d),发现与标准 Fe 或 Ni 箔相比,两种催化剂都展示了明显的 Fe—Fe 或 Ni—Ni 偏移。这说明 NiFe 颗粒中的 Ni 使得 NiFe 晶格发生收缩(Ni 的原子半径小于 Fe),导致了更紧密堆积的合金。该结果说明尽管 Ni 可能不直接提供电子,但是调节了 NiFe 金属纳米颗粒的局域结构和电子结构,可能促进 Fe 的电子转移,从而更进一步地提高 $\Delta G(O^*)-\Delta G(HO^*)$,对活化惰性的碳层也起到了关键作用。

在图 7.80(b)中 1.5 Å 处观察到了很弱的 Fe—O/N/C 的信号,说明 $Ni^{II}Fe^{III}$@NC 和 $Ni^{II}Fe^{II}$@NC 催化剂中可能存在少量的 Fe-N-C 结构。然而,在 $Ni^{II}Fe^{III}$@NC 和 $Ni^{II}Fe^{II}$@NC 催化剂中该结构含量很少,同时两种催化剂中 Fe—O/N/C 的 EXAFS 峰差异较大,说明 Fe-N-C 结构不是主要的 OER 活性位点。

除了活性,OER 催化剂的稳定性也很关键,甚至比 ORR 催化剂的稳定性要求更高,主要是因为这一类催化剂更加严苛的高电势氧化工作环境。为评估催化剂的稳定性,采用动电势扫描方法对催化剂的 OER 稳定性进行评价,即在 1.2~1.9 V之间进行循环伏安测试。图 7.81(a)、(b)所示分别为 $Ni^{II}Fe^{III}$@NC 和 $Ni^{II}Fe^{II}$@NC 催化剂不同圈数 ADT 循环后的活性变化。二者的活性开始先增

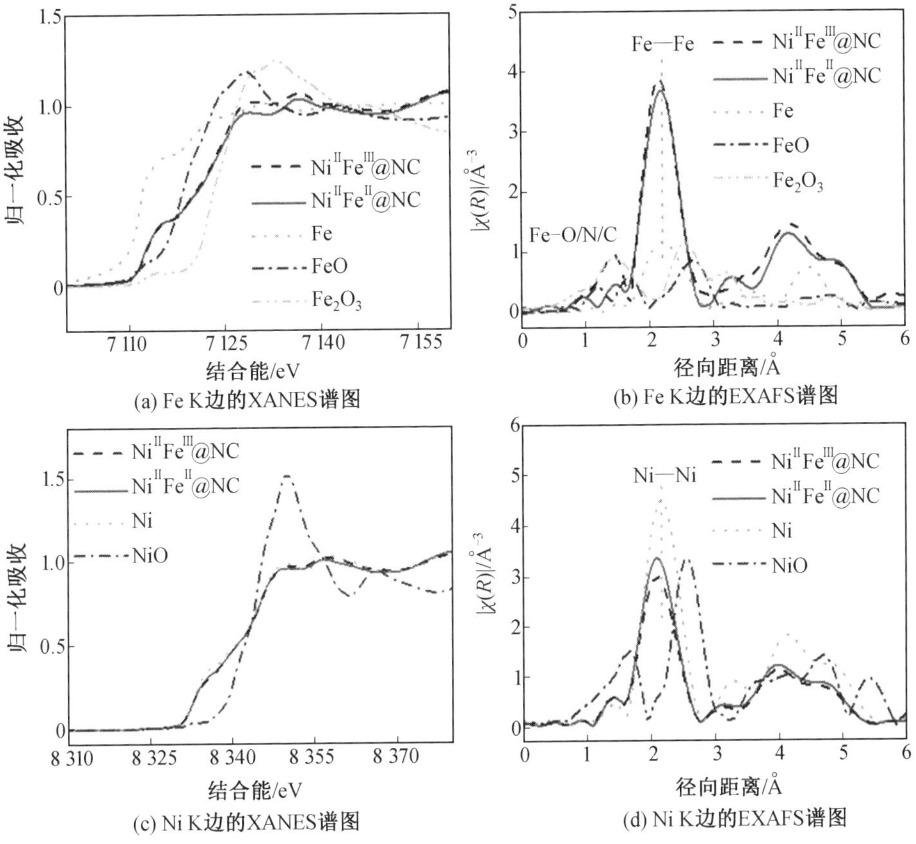

(a) Fe K边的XANES谱图

(b) Fe K边的EXAFS谱图

(c) Ni K边的XANES谱图

(d) Ni K边的EXAFS谱图

图 7.80 $Ni^{II}Fe^{III}$@NC 和 $Ni^{II}Fe^{II}$@NC 催化剂和标准样品中 Fe 元素的 XANES 谱图

大,说明 $Ni^{II}Fe^{III}$@NC 和 $Ni^{II}Fe^{II}$@NC 催化剂有一个缓慢活化的过程。如图 7.81(a)所示,$Ni^{II}Fe^{III}$@NC 催化剂的 OER 活性在最初的约 2 000 圈循环过程中一直提高,即极化曲线向低电势移动(过电势降低);而后保持该活性(0.1 mol/L KOH 溶液中 10 mA/cm^2 电流密度处过电势约为 360 mV)达 10 000 圈循环;而图 7.81(b)所示的 $Ni^{II}Fe^{II}$@NC 催化剂在 2 000 圈循环之后开始观察到了急剧衰减。

上述实验结果表明 $Ni^{II}Fe^{III}$@NC 催化剂的稳定性十分优异。进一步执行更多次 ADT 循环,如图 7.82 所示。$Ni^{II}Fe^{III}$@NC 催化剂在 20 000 圈循环后依旧稳定,直到 30 000 圈循环后其活性才衰减到比初始活性低的状态。

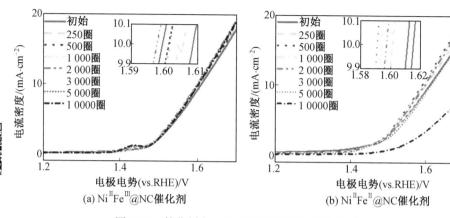

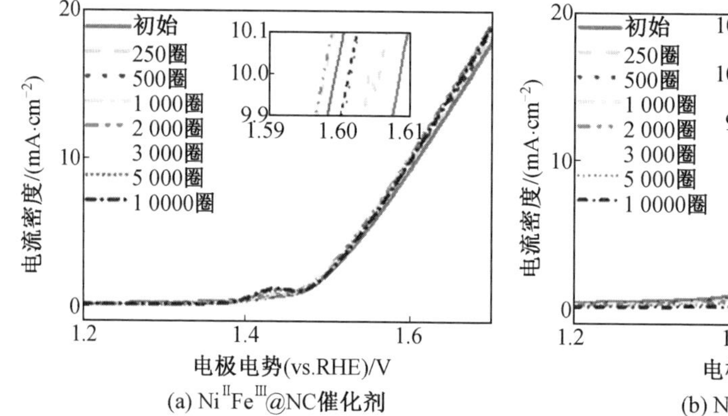

图 7.81 催化剂在一定 ADT 循环后的 LSV 曲线

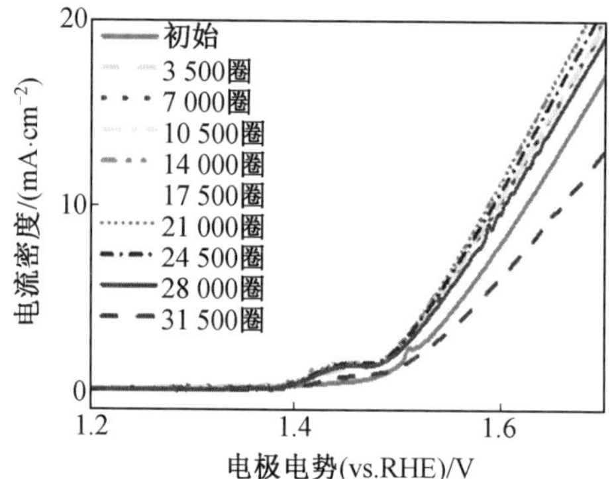

图 7.82 $Ni^{II}Fe^{III}$@NC 催化剂在一定 ADT 循环后的 LSV 曲线

本章参考文献

[1] LIU Y X, ZHANG W Y, HAN G K, et al. Deactivated Pt electrocatalysts for the oxygen reduction reaction: The regeneration mechanism and a regenerative protocol[J]. ACS Catal, 2021, 11(15): 9293-9299.

[2] YANG Y P, XU X C, SUN P P, et al. Ag_{NPs}@ Fe-N-C oxygen reduction catalysts for anion exchange membrane fuel cells[J]. Nano Energy, 2022, 100: 107466.

[3] OUYANG C, ZHENG L R, ZHANG Q H, et al. A simple preheating-pyrolysis strategy leading to superior oxygen reduction reaction activity in Fe-N/carbon

black[J]. Adv Mater, 2022, 34(40):e2205372.

[4] WANG R G, ZHANG L F, SHAN J Q, et al. TuningFe spin moment in Fe-N-C catalysts to climb the activity volcano via a local geometric distortion strategy[J]. Adv Sci, 2022,9(31): e2203917.

[5] LIN Y Y, LIU K, CHEN K J, et al. Tuning charge distribution of FeN_4 via external N for enhanced oxygen reduction reaction[J]. ACS Catal, 2021, 11 (10): 6304-6315.

[6] HAN G K, LI L F, LI X D, et al. Proof-of-concept fabrication of carbon structure in Cu-N-C catalysts of both high ORR activity and stability[J]. Carbon, 2021, 174: 683-692.

[7] ZHOU Y Z, CHEN G B, WANG Q, et al. Fe-N-C electrocatalysts with densely accessible Fe-N_4 sites for efficient oxygen reduction reaction[J]. Adv Funct Mater, 2021,31(34): 2102420.

[8] LI L F, WEN Y D, HAN G K, et al. Tailoring the stability of Fe-N-C via pyridinic nitrogen for acid oxygen reduction reaction[J]. Chem Eng J, 2022, 437: 135320.

[9] LIU J Y, WAN X, LIU S Y, et al. Hydrogen passivation of M-N-C (M=Fe, Co) catalysts for storage stability and ORR activity improvements[J]. Adv Mater, 2021,33(38):e2103600.

[10] LIANG Z Z, KONG N N, YANG C X, et al. Highly curved nanostructure-coated Co, N-doped carbon materials for oxygen electrocatalysis[J]. Angew Chem Int Ed, 2021, 60 (23): 12759-12764.

[11] XIE X H, HE C, LI B Y, et al. Performance enhancement and degradation mechanism identification of a single-atom Co-N-C catalyst for proton exchange membrane fuel cells[J]. Nat Catal, 2020, 3: 1044-1054.

[12] CHEN Y Z, WANG C M, WU Z Y, et al. From bimetallic metal-organic framework to porous carbon: High surface area and multicomponent active dopants for excellent electrocatalysis[J]. Adv Mater, 2015, 27 (34): 5010-5016.

[13] BAI Z Y, HENG J M, ZHANG Q, et al. Rational design of dodecahedral $MnCo_2O_{4.5}$ hollowed-out nanocages as efficient bifunctional electrocatalysts for oxygen reduction and evolution [J]. Adv Energy Mater, 2018, 8 (34): 1802390.

[14] HA Y, FEI B, YAN X X, et al. Atomically dispersed Co-pyridinic N-C for superior oxygen reduction reaction [J]. Adv Energy Mater, 2020, 10 (46): 2002592.

[15] HAN X P, LING X F, WANG Y, et al. Generation of nanoparticle, atomic-cluster, and single-atom cobalt catalysts from zeolitic imidazole frameworks by spatial isolation and their use in zinc-air batteries[J]. Angew Chem Int Ed, 2019, 58(16): 5359-5364.

[16] GONG L Y, ZHANG H, WANG Y, et al. Bridge bonded oxygen ligands between approximated FeN_4 sites confer catalysts with high ORR performance [J]. Angew Chem Int Ed, 2020, 59(33): 13923-13928.

[17] ZAMAN S, HUANG L, DOUKA A I, et al. Oxygen reduction electrocatalysts toward practical fuel cells: Progress and perspectives[J]. Angew Chem Int Ed, 2021, 60 (33): 17832-17852.

[18] KAYE S S, LONG J R. Hydrogen storage in the dehydrated prussian blue analogues $M_3[Co(CN)_6]_2$(M=Mn, Fe, Co, Ni, Cu, Zn)[J]. J Am Chem Soc, 2005, 127(18): 6506-6507.

[19] UEMURA T, KITAGAWA S. Prussian blue nanoparticles protected by poly(vinylpyrrolidone)[J]. J Am Chem Soc, 2003, 125(26): 7814-7815.

[20] CHU Z Y, ZHANG Y N, DONG X L, et al. Template-free growth of regular nano-structured Prussian blue on a platinum surface and its application in biosensors with high sensitivity [J]. J Mater Chem, 2010, 20 (36): 7815-7820.

名词索引

Y

Z